ECO-SAVOIRS

POUR TOUS

L'Humain en rapport avec l'Univers, la Terre, la Vie, les Sciences.

Ouvrage rédigé et illustré par

Marc CARL

AVANT PROPOS

La première vocation de cet ouvrage est de constituer une base documentaire suffisante pour nous aider à bien comprendre le sens historique de notre évolution, jusqu'à son état actuel, et même au-delà, éclairant ainsi son possible futur. Ce qui nécessite des repères historiques et pratiques fiables. En étant alimentée par un inventaire actualisé de nos connaissances et de nos moyens technologiques, notre analyse est alors d'autant mieux capable de continuer à bien orienter nos choix sociétaux, nos projections de développement, et l'avenir de nos descendants.

C'est pourquoi cet ouvrage est d'abord historique et pratique. Il n'a pas pour objet une réflexion critique sur la science et sa méthodologie, ou sur une théorie de la connaissance. Construit plus comme un récit argumenté que comme un traité, il décrit dans le temps une évolution des savoirs liés aux besoins évolutifs des collectivités humaines, en insistant sur le contexte socio-culturel, sur les interactions humaines, et sur les conditions particulières, des découvertes et des découvreurs. Ce qui contribue à révéler les processus adaptatifs sous-jacents, et à éclairer notre trajectoire évolutive.

Bien qu'il y ait un enchainement coordonné de différents sujets, chaque partie, chaque thème, peut être abordé directement et séparément. Ce qui peut occasionner quelques répétitions et redondances d'un sujet à l'autre, mais l'avantage l'emporte finalement sur l'inconvénient.

La progression de lecture part d'une approche globale, qu'on analyse progressivement en détaillant ses aspects essentiels et ses enchainements logiques, pour mieux aborder ensuite certaines séquences particulières.

J'ai rectifié, trié, et reformulé plusieurs fois les exposés, en puisant dans diverses publications scientifiques et encyclopédiques, et j'ai actualisé autant que possible les contenus, selon les connaissances de la fin du 20ème siècle. Ce qui implique qu'il faudra tôt ou tard réactualiser encore ces contenus.

Des crédits d'images et des textes-sources tiers ayant été particulièrement variés et adaptés, et puisés dans le domaine public, il aurait été fastidieux, difficile, voire inutile, de les préciser tous. Mais en retour, des illustrations et des extraits de cet ouvrage peuvent être librement repris, commentés, annotés, pour enrichir d'autres travaux.

Mon travail s'inscrit dans une démarche de partage des ressources, et notamment des informations et des connaissances, l'une des bases fortes sur lesquelles doit se développer un éco-humanisme aussi universel que possible, où chaque contributeur peut reprendre et corriger tel ou tel élément antérieur pour améliorer les savoirs qu'il transmet, sous réserve que cela soit fait dans l'intérêt général humain, et sans corruption ni falsification de l'information.

La matière historique ne manque pas, et certaines sources remontent loin dans le temps. Par exemple, des conceptions proto-védiques avaient déjà évoqué depuis plus de 7.000 ans, puis confirmé dans les Vedas au 2ème millénaire avJC, que le phénomène universel originel pouvait être représenté comme un œuf infiniment petit devenant un organisme infiniment grand. L'analogie était étonnamment pertinente pour l'époque, a-fortiori lorsqu'on considère que l'œuf contient intrinsèquement tout ce qui lui est nécessaire pour naître et se développer (de même que notre grande Maison humaine commune) dans l'environnement naturel.

Notre science moderne a confirmé ces pré-sciences (jusque dans la théorie du big-bang), avec des outils conceptuels et technologiques de plus en plus puissants, et surtout, en démontrant que notre espèce suit une trajectoire évolutive exceptionnelle, dont les implications sont immenses. Notre con-science en devient non seulement de plus en plus éveillée, mais aussi émerveillée, devant l'étendue de nos possibles, et de nos capacités croissantes d'amélioration.

MC 23-12-1999

contenu de l'ouvrage :

PARTIE 1 : A LA DECOUVERTE DE NOTRE ENVIRONNEMENT

1. l'écologie humaine p.11
2. l'environnement universel p.21
3. la Terre et sa géologie p.31
4. les océans, l'hydrosphère p.45
5. l'atmosphère et le climat p.59
6. la biosphère p.71
7. à l'origine de la Vie p.75
8. la structure de la Vie p.81
9. l'évolution biologique p.91
10. le vivant mis en ordre p.115

PARTIE 2 : MIEUX COMPRENDRE LA VIE TERRESTRE

1. le monde végétal p.127
2. le monde animal p.137
3. l'espèce humaine p.159
4. l'anatomie p.167
5. la physiologie p.173
6. l'unité biologique p.201
7. la génétique p.219
8. la vie artificielle p.237
9. la chimie ancienne p.251
10. la chimie intermédiaire p.269
11. la chimie moderne p.287

PARTIE 3 : LA MECANIQUE UNIVERSELLE

1. le calcul de la Physis p.299
2. les mathématiques antiques p.311
3. les mathématiques classiques p.321
4. les mathématiques modernes p.347
5. la physique ancienne p.357
6. la physique classique p.387
7. la physique moderne p.407
8. les systèmes dynamiques p.423
9. chaos et complexité p.437
10. la relativité p.449
11. la mécanique quantique p.463
12. matière et microstructures p.473

CONTINUONS A EXPLORER,

encore, et encore,

(rovers martiens)

toujours mieux,
et toujours plus loin,

y compris dans notre
propre passé.

En continuant cette lecture, nous partons donc en exploration dans notre monde, mais aussi dans celui de nos ancêtres, et dans notre possible futur.

C'est un champ d'exploration immense. Pour ne pas nous y égarer, nous devons disposer de repères, dans l'espace et dans le temps, qui nous aident à mieux comprendre et situer notre trajectoire évolutive. A chaque exposé, vous pourrez évaluer et choisir les repères qui vous paraissent les plus pertinents.

Grâce aux avancées de notre science collective, nous avons déjà découvert que depuis environ 550 millions d'années, nous avons d'abord été successivement des invertébrés aquatiques, puis des poissons, des amphibiens, des reptiles, des reptiles mammaliens, et enfin, 350 millions d'années plus tard, des mammifères. Beaucoup plus tard encore, il y a seulement 2,5 millions d'années, notre espèce s'est constituée, par mutation-séparation depuis une souche de singes humanoïdes, puis par diverses hybridations internes.

Mais au regard de la progressivité des séquences évolutives naturelles du reste du vivant terrestre, le développement de notre espèce moderne apparait comme exceptionnellement rapide, et son accélération est étonnante. Depuis les quelques 3 millions d'Hommes vivant sur Terre au début du mésolithique, on est arrivé à une masse plus de 2000 fois supérieure en l'an 2000, avec plus de 6 milliards d'Hommes.

Or, sauf chez les humains modernes, devenus des acteurs conscients du phénomène, l'adaptation d'un animal à son environnement ne résulte pas d'un projet, mais d'une tendance naturelle qui n'implique pas automatiquement une complexification importante, ni une projection intelligente.

Alors, que s'est-il passé pour nous ? Si notre espèce poursuit un projet naturel particulier de développement, nous avons intérêt à en discerner le sens et les conditions, en comprenant comment nous sommes devenus ce que nous sommes, et conscients de l'être, dans notre environnement d'origine.

Tout ceci de manière scientifique, logique, et appuyée sur un savoir ouvert, non verrouillé par des croyances religieuses ou des superstitions. Car nous sommes devenus trop puissants et trop impactants pour que la nature de notre planète d'origine contribue à réparer nos erreurs en temps utile. Pour mieux pouvoir, nous devons donc toujours mieux savoir, et réviser d'autant nos croyances, sachant que de la qualité de notre savoir dépend la qualité de notre (sur)vie.

LE DEVELOPPEMENT DE L'HUMANITE

Un progrès parfois à la limite du pire.

Le pire n'est jamais certain, mais les limites restent proches …

Sachons les gérer au mieux.

PARTIE 1

A LA DECOUVERTE DE NOTRE ENVIRONNEMENT

et de la place prise par l'humanité

Note sémantique introductive

Ce livre évoque à plusieurs reprises le concept moderne de "Maison humaine commune".

Ce concept représente une entité symbiotique et synergétique existentielle, naturellement constituée par l'espèce humaine pour sa survie évolutive, et qui combine dynamiquement pour cela un contenant et un contenu.

Le contenant est l'ensemble structurel et matériel qui favorise la protection et le développement commun, et le contenu est l'ensemble interactif des participants, humains et commensaux, en projection évolutive proactive d'intérêt général.

Une particularité notable est que cette Maison humaine renforce son contenant avec tous les moyens et ressources utiles, tout en maintenant son contenu en cohésion dynamique par un "esprit d'espèce" motivant, propre au fait humain civilisé, et par un processus à la fois intégrateur et structurant.

Aucune autre espèce vivante connue ne développe une telle capacité évolutive consciemment structurante, intégratrice, et cohésive, appliquée notamment dans le processus adaptatif moderne dit "sociétal", qui structure l'organisation sociale pour la rendre capable d'y intégrer efficacement de plus en plus de groupes et d'individus, sans y perdre sa cohésion.

Ces éléments conceptuels étant particulièrement portés et exprimés par le courant culturel éco-humaniste, des apports significatifs de ce courant sont rappelés dans ce livre.

L'ECOLOGIE HUMAINE

Il est évident que l'évolution de l'Homme a entraîné des interactions exceptionnelles avec son milieu de vie, sur toute la planète Terre. Grâce à son système nerveux perfectionné, l'Etre humain a franchi de nombreuses limites imposées par les systèmes naturels, et il a conquis une position dominante sur l'ensemble de sa planète d'origine. Désormais, notre espèce est l'agent biologique modificateur le plus puissant dans beaucoup de milieux, ce qui influe sur les mécanismes évolutifs du reste de la vie sur toute la planète. Notre espèce a modifié elle-même jusqu'à ses propres caractéristiques évolutives naturelles. De plus en plus intelligemment renforcée par sa socialisation, elle s'est rendue capable de conceptualiser et de maitriser suffisamment d'information pour pouvoir imaginer et construire des moyens de plus en plus complexes, selon ses besoins.

En maîtrisant l'information nécessaire à son propre système, elle s'est ainsi rendue capable de piloter son propre développement, y compris génétique, ce qui en fait une espèce consciemment mutante. Et ceci va déjà très loin : alors que, comme tout autre organisme animal, l'Etre humain a toujours dû se nourrir d'autres organismes, animaux ou plantes, sa technologie lui permet désormais de synthétiser artificiellement sa nourriture, par des manipulations moléculaires adéquates. Il devient ainsi le premier représentant d'un nouvel organisme super-animal, c'est à dire d'un organisme animal ayant aussi les caractéristiques des plantes, seules capables jusqu'alors de produire directement leur substance organique à partir de l'environnement physico-chimique et énergétique naturel.

Et ce super-animal programme de mieux en mieux le plus puissant bio-ordinateur naturel connu, son cerveau, dont plusieurs milliards d'exemplaires sont devenus coordonnables, par une socialisation croissante. Malgré tout, nous nous trouvons dans une situation paradoxale. Car nous savons, grâce aux connaissances acquises, que nous ne pouvons pas nous passer de la nature, mais nous avons parfois tendance à agir en affaiblissant la capacité de notre biotope planétaire à supporter les prélèvements et les émissions d'une population humaine en expansion.

Notre potentiel d'impact sur les milieux planétaires (encore mal évalué, et par là souvent imprudent) s'est accentué dans des phases relativement courtes, si on les compare aux rythmes d'évolution des autres écosystèmes.

Vers 1800, nous avons atteint le premier milliard d'êtres humains, et en l'an 2000 nous en avons recensé environ 6 milliards. Les petits centres urbains où les transports s'effectuaient par traction animale sont devenus d'immenses métropoles, avec des dizaines de millions de personnes véhiculées par des millions d'engins motorisés. Les grands systèmes de production et de distribution d'énergie et de biens produisent une grande quantité de déchets, qui ont bouleversé çà et là le territoire naturel, et qu'il faudra désormais bien recycler pour ne pas nous empoisonner.

Mais en dépit du progrès extraordinaire de nos connaissances, concernant la réalité physique, chimique et biologique observable, nous avons encore une compréhension insuffisante des équilibres dynamiques des systèmes naturels, de leur évolution, et de leur capacité de réaction aux interventions humaines. En fait, nous vivons une période transitoire, où d'un côté, nous modifions de plus en plus de systèmes de notre biotope, par des interventions parfois lourdes, et d'un autre côté, en dépit des progrès de notre science, nous ignorons encore beaucoup de choses.

Nous avons une difficulté à comprendre parfaitement la complexité interactive de cette nature, et donc aussi à gérer le système Terre que nous avons colonisé, parce que nous utilisons un appareil perceptif et cognitif biologique aux capacités magnifiques mais limitées (notre cerveau). Nous l'avons déjà bien sur-programmé, par notre culture, mais les phénomènes, les événements, les autres êtres observés, l'objet et le sujet de l'observation, n'y sont pas encore reliés dans un tout assez cohérent, et nous ne pouvons en voir que certaines manifestations et apparences.

Faute de mieux, notre science avance en analysant cette réalité apparente, en la classant en parties, en étudiant les éléments qui composent l'ensemble, ce qui nous aide à approfondir l'étude de nos interactions avec telle ou telle partie de notre environnement, en décryptant sa complexité. Mais pas toujours assez objectivement, puisque nos valeurs, nos idéologies, notre culture au sens large, influencent aussi notre capacité cognitive et d'analyse. Il faut être conscient de tous ces facteurs combinés, pour éviter d'entrer dans l'impasse d'une confiance excessive dans nos représentations culturelles du moment, tous super-animaux savants que nous soyons devenus. Beaucoup de choses restent à mieux comprendre, et beaucoup d'informations ne sont pas encore accessibles.

Mais notre grande Maison humaine se construit malgré tout, et sa science intrinsèque, l'écologie, étudie de plus en plus les interactions entre les êtres vivants et les milieux dans lesquels ils vivent. Le terme écologie a été introduit par Ernst Haeckel (1834-1919) dans son œuvre de 1866 *Morphologie générale des organismes*, pour définir l'étude des diverses "maisons communes" du vivant dans leur milieu (terme issu du grec, oïkos, maison, et logia, étude).

Haeckel, disciple allemand de Charles R. Darwin (1809-1882) et amateur de néologismes, voulant mettre de l'ordre dans les différentes branches de la recherche scientifique de son époque, avait suggéré d'appeler écologie un domaine d'études incluant la science de l'économie, des habitudes, et des comportements, par lesquels les organismes interagissent et s'adaptent. En pratique, il s'agissait de la science des rapports des organismes vivants avec leur monde ambiant, leur habitat, leurs habitudes, mais aussi avec les énergies et les symbioses liées.

Haeckel avait ainsi introduit un terme savant pour une nouvelle science mais, comme l'écrivit à juste titre en 1927 Charles Elton, considéré comme le fondateur de l'écologie animale, dans son classique *Animal Ecology*, l'écologie est un terme nouveau qui se réfère à une chose très ancienne. Plusieurs historiens des sciences ont rattaché la naissance de l'écologie à l'école milésienne, d'autres à l'époque où Aristote (384-322 avJC.) réalisa son œuvre, et d'autres à la notion d'économie de la nature proposée par le naturaliste suédois Carl von Linné (1707-1778) au 18ème siècle.

Ce qui est remarquable, c'est que tous ces savants ont su mettre en relation les espèces, entre elles et dans leurs milieux de vie, et qu'ils ont analysé la nature de manière globale et imbriquée. Ils ont ainsi défini les caractéristiques principales d'une véritable discipline scientifique. De même que l'anthropologue Claude Lévi-Strauss qualifiait l'anthropologue d'astronome des sciences de l'Homme, on définira l'écologiste, plus largement, comme un astronome des sciences de la Vie, y projetant un regard humain. Dans cet esprit, au 20ème siècle, l'éco-humanisme a pu confirmer la complémentarité naturelle de l'écologie et de l'humanisme, jusque dans leurs formes modernes, qui ont intégré un fond philosophique et une projetabilité compatibles.

Eugene et Howard Odum soulignaient que l'écologiste utilise dans ses études un instrument imaginaire, le macroscope, pour faciliter une approche globale zoomable. Que voit-on dans ce macroscope ? Si l'on distingue les différents niveaux d'organisation de la nature, du plus simple au plus complexe, on peut identifier des atomes, des molécules, des cellules, des organismes, des niveaux intermédiaires de populations d'organismes (biocénoses, écosystèmes, biomes) et enfin la biosphère, l'ensemble global.

Le domaine d'étude de l'écologie s'étend donc jusqu'aux niveaux complexes et imbriqués du vivant global (écosystèmes et biosphère), où elle fait même intervenir certains concepts physiques et mathématiques d'analyse des systèmes et de traitement quantitatif de l'information, information nécessaire aux bio-systèmes, et révélant leurs caractères évolutifs distinctifs.

C'est ainsi que l'écologie moderne, reliée à la fois aux sciences humaines et aux sciences naturelles, fait interagir plusieurs disciplines complémentaires dans des rapports déductifs et intuitifs fructueux. Dès les origines de cette science, plusieurs chercheurs en ont souligné l'importance interdisciplinaire. Barrington Moore, le premier président de l'American Ecological Society, lors d'une réunion en 1919, déclarait que l'écologie était une science de la synthèse, essentielle pour comprendre le monde dans sa globalité.

Aristote a été considéré comme un précurseur notable de la vision écologique, dans la mesure où même si ses descriptions ont un caractère typiquement naturaliste, surtout les descriptions de type zoologique, elles posent des questions de fond et suggèrent des réflexions sociétales connexes, et par là, déjà éco-humanistes. Quelques auteurs anciens ont suivi cette voie, en analysant des formes particulières de vie, comme Théophraste (env. 371-288 av. J-C) ou Pline l'Ancien (23-79), dont la célèbre *Naturalis historia*, pendant quinze siècles, constituera le patrimoine commun de nombreux savants et artistes.

L'influence motrice de ces précurseurs sur l'évolution sociétale a toutefois diminué pendant certaines périodes. Car après eux, les progrès de la connaissance libre ont été temporairement freinés par l'emprise des religions monothéistes abrahamiques (judaïsme, christianisme, puis islam), qui attribuaient une grande importance au rôle dogmatiquement central de l'espèce humaine sur Terre, en séparant l'Homme de la Nature, avec une forte primauté du premier par rapport à la seconde. Le caractère animiste de la complémentarité Homme/nature, longtemps présent dans les cultures populaires antiques, et encore résiduel aujourd'hui dans quelques cultures survivantes, est donc resté pendant plus de 2.000 ans une référence minorée dans la pensée des sociétés empreintes de religiosité abrahamique.

Là, pendant plusieurs siècles, la science s'est prudemment cantonnée dans un rôle de contribution à la faculté de raisonner, mais sans contrarier les dogmes pieux temporairement imposés. Devant tempérer ses analyses non conformes à la doxa, la science a continué à explorer la nature comme s'il s'agissait d'une grande horloge mécaniste, qu'il fallait désassembler avec circonspection pour en comprendre les lois et les engrenages.

Puis certains esprits se sont réveillés, surtout lors de la Renaissance européenne, jusqu'à ce que, par réaction à cette tendance trop mécaniste, le géologue James Hutton (1726-1797), inspiré par l'analogie entre la circulation sanguine de notre corps et la circulation de l'eau sur la planète, propose une représentation de la Terre comme un supra-organisme quasi-vivant, dans une approche physiologiste presque comparable à celle de la médecine, et considérée depuis comme un fondement de l'écologie scientifique.

Il s'agissait d'une vision rupturielle, impliquant une analyse du milieu naturel dans une logique de complémentarité systémique globale, différente de l'esprit restrictif et réductionniste des sciences de l'époque, particulièrement spécialisées, sectorielles, et sensibles au conformisme religieux. Ce qui ne signifiait pas que tout ce qui était réductionniste était mauvais, et que tout ce qui était global était bon, mais que la science analysait dès lors avec moins de dogmatisme la pertinence respective de ces approches.

Et c'est justement à partir de cette question d'équilibre pertinent, appliqué à l'équilibre général de la nature, qu'au milieu du 18ème siècle, le naturaliste suédois Carl von Linné a commencé à consolider les premières fondations de ce qui allait devenir l'écologie moderne. A son époque, une nouvelle tendance à rechercher l'équilibre et la globalité des phénomènes biologiques était confortée par de grands voyages d'exploration et de recherche des européens, qui favorisaient les progrès des analyses de type écologique, même si à l'origine, ils avaient surtout pour but de conquérir de nouvelles terres à la recherche de plus de ressources géo-stratégiques.

Alexander von Humboldt (1769-1859), naturaliste et géographe allemand, ami de Goethe, compte parmi ceux qui, entre le 18ème et le 19ème siècles, par leurs travaux, ont contribué le plus nettement aux progrès de l'écologie. Avant de partir pour une expédition de cinq ans en Amérique centrale et en Amérique du Sud, von Humboldt avait écrit à son ami Karl Freiesleben en 1799 : *je tâcherai de découvrir l'interaction entre les forces de la nature et les influences exercées par le milieu géographique sur la vie végétale et animale. Autrement dit, je me propose d'explorer l'unité de la nature.*

Après son retour de ce long voyage, von Humboldt écrit encore : *dans la forêt amazonienne aussi bien que sur les hautes cimes des Andes, j'ai toujours été conscient qu'une seule haleine, d'un pôle à l'autre, donne aux roches, aux plantes, aux animaux, et au cœur de l'Homme, une seule et même vie.*

L'œuvre de ce célèbre géographe a été caractérisée par une vision globale de la nature, qui confortait les contributions préalables de Linné et Hutton, et qui préparait le terrain à Charles Darwin.

En effet, Charles R. Darwin a pu établir en 1859 une solide théorie de l'évolution des espèces, capitale dans l'histoire de l'écologie. Peu d'autres savants ont autant influencé la perception de la nature au cours des 19ème et 20ème siècles. Darwin considérait la nature comme un réseau de relations complexes, et il affirmait qu'aucun organisme ou aucune espèce ne pouvait vivre indépendamment de ce réseau, où même les créatures les plus insignifiantes pouvaient influer sur la qualité de vie des autres espèces.

Dans ce cadre darwinien, les animaux essaient chacun de prendre une place dans l'économie de la nature, et la sélection naturelle facilite la survie de ceux qui sont le mieux adaptés. La pensée, les recherches et les réflexions de Darwin ont influencé toute la recherche écologique qui a suivi.

Pour sa part, le botaniste danois Eugène Warming a été considéré lui aussi comme un pionnier notable de l'écologie scientifique. Auteur de plusieurs ouvrages, notamment en 1895 de "L'écologie des plantes", une introduction à l'étude des communautés des plantes, il y aborde de façon approfondie ce que l'on peut définir comme la base de l'écologie végétale.

Il y effectue une vaste révision corrélée des facteurs environnementaux, avec l'influence de la lumière, de la température, de l'humidité et de l'eau, sans négliger les propriétés chimiques et physiques du sol et les rétroactions des plantes et des animaux sur le sol. Warming aborde les dynamiques et les compétitions intra et inter-spécifiques, et il analyse les mécanismes d'adaptation des espèces à leur milieu. Il insiste sur le fait que l'objectif de sa recherche consiste à pouvoir démontrer scientifiquement que chaque membre d'une biocénose est en rapport morphologique, anatomique et physiologique avec les autres constituants du milieu dans lequel il vit.

Au cours du 20ème siècle, l'écologie va s'affirmer de plus en plus comme une science mature et bien définie. En 1913 naît en Angleterre la première société scientifique d'écologie, rapidement suivie en 1915 par la création semblable d'une société américaine. De nombreux écologistes contribuent, par leurs études et leurs recherches, à mieux définir le domaine d'action et à approfondir davantage le fonctionnement des systèmes naturels, au cours de cette importante période de maturation. On peut citer, parmi tant d'autres, Frederic Clements, Henry Gleason, Victor Shelford, Charles Adams, Charles Elton, et René Dubos.

De nouveaux termes et concepts sont élaborés : la "succession" essaie d'analyser les différentes phases d'évolution d'une communauté vivante ; le "climax" identifie la phase théorique optimale d'évolution d'une communauté biologique.

Les "pyramides alimentaires" permettent de situer les relations alimentaires complexes entre les différentes espèces vivantes, etc. Au milieu des années 1930, Arthur Tansley introduit l'idée d'écosystème, affirmant que la notion la plus importante à considérer est l'entité d'un système (dans un sens proche de celui utilisé en physique), qui comprend non seulement l'ensemble des organismes, mais aussi l'ensemble des facteurs physiques qui forment ce que nous appelons un biome, avec notamment les facteurs d'habitat au sens large. Ces systèmes, appelés dès lors écosystèmes, présentent une grande diversité de types, de dimensions, et de comportements.

De leur côté, d'autres écologistes ont tenté de comprendre les flux énergétiques opérant entre les différents constituants d'un écosystème, et ils ont proposé des analyses éco-énergétiques des milieux. Le célèbre article de Raymond Lindemann de 1942 sur l'écologie du lac Cedar Bog, publié dans Ecology, illustre bien l'approche éco-énergétique du 20ème siècle. Lindemann y confirmait comment sa méthode d'analyse permettait d'apprécier scientifiquement les processus biologiques naturels selon leurs interactions. Les bilans énergétiques des écosystèmes devinrent un sujet particulièrement approfondi par les frères Odum. À Eugene Odum, on doit la publication d'un traité d'écologie, publié pour la première fois en 1953, qui a longtemps constitué un point de repère notable pour la compréhension de la biosphère.

Cette voie étant balisée, au cours des dernières décennies du 20ème siècle, le domaine d'analyse de l'écologie scientifique a pu s'organiser parallèlement, et parfois conjointement, avec celui de l'éco-humanisme, où une Maison humaine commune associe de manière complémentaire, et de plus en plus efficacement, sa dimension environnementale et son organisation sociétale.

Dès lors, divers chercheurs ont multiplié les analyses et les études sur les fluctuations des populations, sur les modèles de leur distribution, sur l'évolution des systèmes naturels, sur les cycles des éléments fondamentaux (carbone, oxygène, azote, etc.), sans oublier la résistance des systèmes naturels aux changements impulsés par l'intervention humaine (y compris par l'émission de radiations, la diffusion de substances polluantes, etc). D'autre part, l'utilisation des techniques modernes de détection à distance, fondées sur l'emploi de satellites artificiels, a permis de lancer de grands programmes de contrôle et de surveillance combinés des systèmes naturels de la planète, comme le Programme International Géosphère-Biosphère.

L'écologie a profité en outre des progrès de la génétique, de la biologie moléculaire, des sciences de l'évolution, et de la biologie de la conservation, et elle a perfectionné d'autant mieux ses méthodes d'analyse.

De nouvelles approches sont nées, telles que celle de l'écologie du paysage (Landscape Ecology), qui a proposé d'analyser les problèmes environnementaux dans une vision d'ensemble du paysage concerné, ou telle que l'écologie du rétablissement (Restoration Ecology), qui a visé à approfondir l'évolution des systèmes naturels pour les rétablir au mieux après des impacts éventuellement néfastes. Ce qui a facilité aussi une analyse critique et prospective mieux argumentée des effets anthropiques.

Une contribution particulièrement utile dans ce sens a été apportée dans les années 1970, par des recherches et des travaux sur la coévolution imbriquée du domaine sociétal et du domaine environnemental. Ce qui a là encore renforcé aussi l'éco-humanisme, dont la démarche prospective implique que le bon développement de la Maison commune de l'Humanité reste garant de l'équilibre de tout le milieu naturel où elle interagit. Ceci pour autant que l'Humanité reste capable de bien comprendre son environnement, et de s'y adapter de mieux en mieux.

Car l'adaptation de l'Humanité à l'évolution d'un environnement soumis à l'aléatoire, au chaos, et à l'accident, dépend de son savoir, donc de sa culture, qui gouverne son autocorrection, et de là l'optimisation de son organisation et de sa cohésion. Autrement dit, notre adaptation permanente à l'aléatoire dépend de notre qualité culturelle, par laquelle, même s'il est évident que les systèmes naturels présentent une grande complexité intrinsèque -d'où notre difficulté à faire des prévisions sur leur évolution- il faut toujours mieux les comprendre pour pouvoir mieux les gérer.

Nos connaissances et nos moyens d'investigation doivent évoluer en conséquence. Et là, le travail à faire reste considérable, notamment parce que dans des systèmes complexes, non linéaires et chaotiques, de petits changements peuvent entraîner, avec le temps, des variations beaucoup plus grandes et imprévisibles, ce à quoi il faut s'adapter en temps utile.

Pour cela, nos meilleurs modèles de prévision informatisés sont devenus capables de nous fournir le sens, la direction générale, selon laquelle tel ou tel système évolue, mais ils ne peuvent pas prévoir exactement ce qui aura lieu. Ils nous disent seulement ce qui pourrait probablement avoir lieu. L'observation peut lever une partie du doute, mais seulement au moment où elle est effectuée ; aussitôt après tout peut changer.

C'est pourquoi nos meilleurs moyens scientifiques nous apportent seulement une compilation et une analyse de l'information momentanément disponible (encore généralement insuffisante), avec une description des apparences, et un calcul plus ou moins approfondi des probabilités.

Les grandes théories les plus fondamentales, comme celle de la mécanique quantique, ne peuvent d'ailleurs être comprises que dans ces conditions. Il est important de prendre conscience de cet état très relatif des choses.

Nous sommes logiquement amenés à en déduire que nous devons rester en permanence capables de réagir, donc capables de nous adapter en temps opportun, aux changements, notamment imprévus, de notre environnement, que nous devons pour cela continuer à connaître le mieux possible, de manière à pouvoir le gérer et y interagir le mieux possible.

C'est pourquoi, dans cet ouvrage, nous allons progressivement faire un point sur nos connaissances, en suivant le fil historique des découvertes scientifiques majeures faites depuis les 3 derniers millénaires, concernant le cosmos, la Terre, la vie sur Terre, et l'état des substances et des forces qui nous permettent d'y exister. Nous pourrons d'autant mieux projeter notre avenir.

Car dans tous les cas, il faudra continuer à partager et à projeter socialement nos connaissances de manière efficiente, sachant que l'ensemble continuellement actualisé de ces connaissances doit nous permettre d'alimenter non seulement notre raisonnement conscient mais aussi notre intuition, individuelle et collective, qui souvent peut débloquer des contradictions scientifiques et philosophiques, et de là, nos choix évolutifs modernes.

Autrement dit, le patrimoine actualisé de nos connaissances collectives doit être soigneusement préservé, et transmis aux générations suivantes, qui pour mieux pouvoir, devront elles aussi, à leur tour, continuer à mieux savoir ; on ne le répétera jamais assez. Notre savoir collectif nous ayant été transmis, et amélioré, par nos ancêtres, nous devons continuer à le transmettre aussi bien, à notre tour, à nos descendants. Sans cela, ils régresseraient dans leur développement, et pourraient faire des fautes évolutives fatales.

Dans ce sens, ce livre a pour vocation de contribuer à l'indispensable transmission permanente des connaissances d'intérêt général humain, dont l'actualisation, et l'amélioration connexe, dépendent de leur meilleur partage possible dans toute la communauté humaine vivante. Ce qui est l'une des buts principaux de l'éco-humanisme, philosophie existentielle du fait humain.

En continuant à progresser dans cette lecture, nous allons, dans les exposés suivants, nous situer d'abord dans l'environnement le plus global et le plus vaste que nous puissions percevoir, le cosmos, avant de revenir à notre petite planète originelle, et à ses particularités, notamment à sa biosphère. Nous passerons ensuite en revue les outils et les savoirs qui nous servent à explorer cet environnement et à renforcer notre adaptation à ce que nous découvrons.

L’ESPACE

Une nouvelle frontière collective de l’humanité.

Un espace-temps immense à explorer et à utiliser, qui motive la recherche scientifique et technologique.

Mais aussi un ailleurs qui détermine un nouveau sentiment d’identité collective humaine.

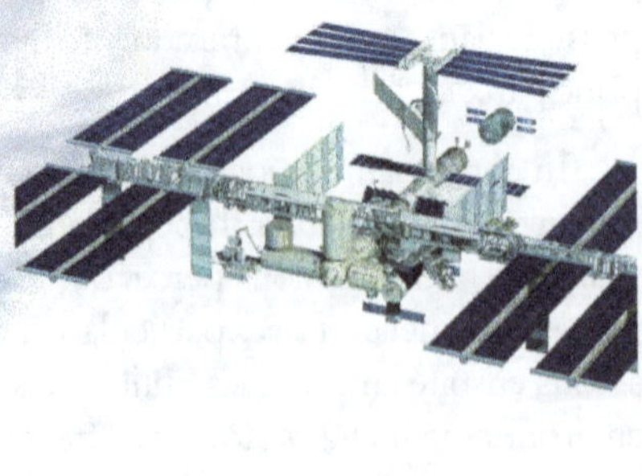

L'ENVIRONNEMENT UNIVERSEL
(et ses macro-structures)

La cosmologie (du grec kosmos, Univers) est une science presque aussi ancienne que l'Homo sapiens. Depuis des temps immémoriaux, l'esprit humain s'est interrogé sur l'origine de ce qui l'entoure : la Terre sur laquelle il vit, le Soleil, la Lune, les étoiles, etc. Mais ce n'est qu'au cours du 20ème siècle que des savants ont disposé d'instruments capables d'aider à comprendre et à vérifier de façon de plus en plus exacte la constitution, l'origine et l'évolution de l'Univers dans lequel nous vivons.

La cosmologie moderne dispose de télescopes de plus en plus performants, de satellites et de radio-antennes, de sondes lointaines, permettant de reconstruire l'histoire et la géographie de l'Univers. Un ensemble immense : selon les estimations des astronomes, il y a au moins 2.000 milliards de galaxies, et chacune contient des centaines de milliards d'étoiles.

En outre, ces galaxies ne sont pas distribuées n'importe comment, elles sont regroupées en amas et en superamas, séparés par d'immenses espaces matériellement vides. Notre observation scientifique, qui ausculte la structure de cet Univers pour la comprendre, contribue aussi par voie de conséquence à reconstruire son histoire, et à imaginer son avenir.

Là, parce que les galaxies paraissent s'éloigner de nous, cela peut signifier que l'Univers est en expansion, et que si l'on pouvait remonter le temps, les galaxies se rapprocheraient de plus en plus, au point que l'Univers aurait théoriquement connu un début, un moment où toute la matière était comprimée au maximum possible. Ce moment a été calculé à 13,7 milliards d'années environ, quand tout aurait commencé par une expansion subite, appelée big-bang. L'Univers devait être alors une espèce de boule d'énergie extrêmement chaude et dense. Et à partir de cet état, il semble avoir commencé à se dilater et à se refroidir de plus en plus.

Au bout de quelques minutes, les premiers éléments d'atomes se sont synthétisés, mais ce n'est qu'un million d'années après ce présumé big-bang que se sont formés les premiers vrais atomes (noyaux ayant capturé des électrons) et que la matière que nous connaissons a commencé à s'agréger sous l'effet de la force de gravité. Peu à peu sont nées des étoiles, des planètes, des galaxies, etc, jusqu'au monde que nous connaissons.

Mais de grandes interrogations subsistent. Quelles sont les vraies dimensions de cet Univers ? De quelle substance est-il vraiment constitué ? Comment finira-t-il ? C'est à ces questions et à bien d'autres que s'efforcent de répondre les spécialistes scientifiques qui s'occupent de cosmologie.

Commençons par observer notre milieu local. Quand on regarde le ciel depuis la Terre, par nuit claire, on peut distinguer au loin, sur un fond sombre parsemé d'étoiles, une sorte de brume un peu lumineuse. C'est la signature de notre propre galaxie, la Voie Lactée, sur la voûte céleste visible. Dans cette galaxie, la planète sur laquelle nous vivons, la Terre, fait partie d'une famille cosmique locale, où avec le Soleil, ses planètes et d'autres corps mineurs, elle forme ce que l'on appelle le Système solaire. Au centre, brille le Soleil, une étoile composée pour l'essentiel d'hydrogène, et qui contient 99,85 % de la matière de tout son système.

Avec une telle masse, le Soleil exerce une force de gravité intense sur tous les autres corps qui tournent autour de lui, et principalement sur ses neuf planètes et leurs satellites. Les astronomes distinguent ces planètes selon deux catégories : les planètes telluriques proches, denses, semblables à la Terre dans leur constitution, et les planètes lointaines, en tout ou partie gazeuses, plus légères, appelées joviennes parce qu'elles sont semblables à Jupiter. Il existe en outre une grande quantité de corps plus petits, appelés astéroïdes ou planétoïdes.

Les quatre planètes denses proches, par ordre de distance croissante au Soleil, sont Mercure, Vénus, la Terre, et Mars. Elles ne sont pas très grandes (leurs diamètres sont compris entre 5.000 et 13.000 km), elles ont une surface solide, un noyau central composé de métaux, et sauf Mercure, elles sont entourées d'une mince enveloppe gazeuse appelée atmosphère. La Terre est la seule planète sur laquelle la vie se soit apparemment développée et ait perduré. En l'état actuel de nos connaissances, c'est aussi la seule -avec Mars- qui soit en mesure de l'accueillir. Pour la Terre, ce n'est qu'à sa distance particulière du Soleil que la température de surface reste adéquate pour qu'en même temps l'eau ne gèle pas partout, et qu'elle ne s'évapore pas excessivement.

Heureusement, car l'eau à l'état liquide est le principal milieu dans lequel peuvent se produire les réactions chimiques indispensables à la croissance et à la reproduction des organismes vivants, tels qu'on les connaît.

Les planètes lointaines sont, par ordre de distance croissante du Soleil, Jupiter, Saturne, Uranus et Neptune. Ces planètes sont moins denses, mais beaucoup plus grandes que leurs cousines telluriques, leur diamètre étant compris entre 50.000 et 140.000 km. Elles sont composées pour l'essentiel de gaz, et il est difficile d'établir une délimitation entre leur atmosphère et leur surface réelle. La plus lointaine de ces planètes, Pluton, bien qu'elle se trouve dans la zone des planètes joviennes, a des caractéristiques hybrides. Il s'agit d'une planète dense et de petite taille, dont les dimensions sont comparables à celles de notre Lune. C'est pourquoi on tend à penser que ce n'est pas une planète comme les autres, mais un satellite de Neptune qui aurait échappé à l'attraction de sa planète.

Effectivement, les principaux autres objets massifs du Système solaire sont des satellites. Certains se sont probablement formés en même temps que la planète autour de laquelle ils gravitent, tandis que d'autres ont été piégés par elle dans un deuxième temps. Saturne et Jupiter comptent le plus grand nombre de satellites. Mars a seulement 2 satellites, la Terre n'en a qu'un (la Lune), tandis que Mercure et Vénus en sont dépourvus. Pour leur part, les planètes joviennes ont une autre caractéristique distinctive : elles sont entourées d'un système d'anneaux formés de petits corps solides. Saturne est la planète dont le système d'anneaux est le plus développé, ces anneaux ayant été découverts à l'aide des premiers télescopes du 17ème siècle. Il existe enfin une classe de nombreux petits corps qui gravitent, soit dans l'espace compris entre les deux groupes de planètes, soit au-delà de l'orbite de Pluton. Selon leur nature, ces corps sont appelés astéroïdes (ou micro-planètes), comètes, ou météorites.

Les astéroïdes sont des corps solides de petites dimensions, qui occupent pour la plupart l'espace situé entre les orbites de Mars et de Jupiter. Les comètes sont des conglomérats de roches et de glace dite sale (mélange d'eau, d'ammoniac, de méthane, etc.) de quelques kilomètres de diamètre. Elles sont répandues dans l'ensemble du Système solaire, mais on pense qu'il existe une sorte de réservoir de comètes situé à la périphérie du système, à très grande distance du Soleil. Quand elles sortent de ce réservoir et quand elles se dirigent vers l'intérieur du système solaire, les comètes subissent un changement spectaculaire. Sous l'effet du rayonnement solaire, leur substance se sublime (en gaz) et forme une longue traînée, la queue.

Quant aux météorites, ce sont des fragments de roches et de métaux, dont les dimensions, en règle générale, varient de quelques dizaines de mètres à quelques millimètres. Elles circulent dans l'espace interplanétaire, et quand elles sont attirées par telle ou telle planète, elles y tombent, en y creusant des cratères si le sol est solide et si leur masse est assez forte. Quand la planète est entourée d'une atmosphère gazeuse, la météorite qui la traverse y subit des modifications. Elle peut se consumer en tout ou partie, en s'échauffant par suite du frottement dû à la résistance de l'atmosphère. C'est la cause du phénomène des étoiles filantes que l'on peut observer par les nuits d'été sur Terre.

La genèse globale du système solaire est désormais mieux connue. L'origine de ses divers composants remonte à l'époque de la formation du Soleil, il y a environ 4,6 milliards d'années. À cette époque, un grand nuage local de gaz et de poussières en rotation lente (la masse protosolaire) s'est contracté, et condensé, puis sa densité et sa température centrale ont augmenté jusqu'à atteindre des valeurs suffisantes pour amorcer des réactions thermonucléaires, et une étoile incandescente (le Soleil) s'est activée.

En se contractant, le reste du nuage protosolaire s'est aplati en disque et a engendré des planètes, par un processus qui a duré au moins 100 millions d'années, pendant lequel de nombreux grains de matière se sont concentrés progressivement çà et là. Les conditions physiques du disque étaient très différentes entre le centre et la périphérie. Au centre intervenaient les températures et les pressions les plus élevées, pendant que les matières les moins denses se dispersaient en périphérie.

Les planètes telluriques proches du Soleil ont ainsi pu se former par attraction-accumulation de petits corps denses, alors que vers la périphérie, au-delà de la ceinture d'astéroïdes, la température et l'attraction plus faibles ont favorisé la condensation et la combinaison de composés contenant de l'hydrogène, de l'hélium, du carbone, et de l'azote, jusqu'à former des planètes gazeuses géantes. C'est la raison pour laquelle les planètes internes sont constituées de masses solides et denses, tandis que les planètes externes sont moins denses et plus volumineuses (à l'exception de Pluton).

Quel est l'avenir de tout cela ? Les astrophysiciens stellaires, qui se consacrent à l'étude des étoiles et de leurs mécanismes de fonctionnement, ont découvert que chaque étoile a son propre cycle évolutif, et qu'elle ne dure pas éternellement. Elle nait, se structure, et atteint une situation très chaude, qui dure quelques milliards d'années. Pendant cette phase, par exemple, notre étoile-Soleil transforme son hydrogène en hélium.

Une fois l'hydrogène épuisé, l'étoile commence à convertir l'hélium en éléments encore plus complexes, et elle devient une géante rouge. Les étoiles de petite ou moyenne masse (comme le Soleil) évoluent ensuite vers un état dégénéré de naines blanches, parce que leur température centrale est insuffisante pour amorcer d'autres réactions de fusion nucléaire.

Mais les étoiles les plus massives (plus de huit à dix fois la masse du Soleil) parviennent à une température centrale suffisante pour produire d'autres cycles de fusion nucléaire. S'y forment alors des éléments de plus en plus complexes, jusqu'au fer. Pour finir, une telle étoile devient finalement instable, son cœur s'effondre, et son enveloppe extérieure est éjectée dans une explosion gigantesque, appelée supernova. Il en reste un résidu très compact, une étoile à neutrons, ou un trou noir pour les plus grandes.

Les étoiles se présentent ainsi sous une grande variété de masses, de luminosités, de couleurs, et de compositions chimiques. Cela dépend de l'état évolutif dans lequel se trouve chacune, et de sa distance par rapport à notre observation. Les étoiles jeunes, chaudes et lumineuses, nous apparaissent en tons plutôt bleus, tandis que les étoiles les plus vieilles, relativement plus froides, nous apparaissent plutôt rouges.

Il est intéressant de rappeler qu'en se servant de ces estimations (au demeurant erronées, étant donné qu'il ne pouvait pas savoir alors quelle était la véritable source de l'énergie solaire), Thomson avait émis imprudemment une objection à la théorie de l'évolution des espèces de Darwin, car selon lui, le Soleil n'aurait pas pu fonctionner plus de quelques centaines de milliers d'années. La suite des découvertes allait corriger cela.

De son côté, William Huggins (1824-1910) qui observait en 1864 ce qu'on appelait alors une nébuleuse planétaire, supposa, selon ses analyses spectroscopiques, qu'elle était constituée de gaz incandescents, puisqu'avant 1920, le terme nébuleuse désignait un amas local de gaz ionisés et de poussières, en ignorant sa vaste consistance matérielle réelle.

Heureusement, au début du 19ème siècle, l'utilisation de télescopes de plus en plus puissants, permettant d'explorer plus loin le ciel, a aidé à déterminer plus exactement la position et le type des astres, des amas, et des phénomènes stellaires. Ce qu'on appela alors l'astronomie de position atteignit une précision inconcevable auparavant. Et les observatoires astronomiques, tels que celui de Greenwich, commencèrent vers la fin du siècle à devenir de modernes laboratoires de physique, où travaillaient des chercheurs désormais professionnalisés et plus nombreux.

Toutefois, dans une telle science, fondée sur l'observation, mais tributaire d'instruments encore imparfaits, et d'une interprétation inexpérimentée des images obtenues, il était encore problématique de distinguer ce qui était l'objet réel observé et ce qui était un effet optique produit par l'instrument et la pollution atmosphérique. Un cas typique fut la découverte des célèbres canaux de Mars par l'astronome italien Giovanni V. Schiaparelli (1835-1910), découverte qui devait temporairement alimenter l'imagination populaire sur des rencontres et des invasions d'extraterrestres.

La controverse sur la nature des nébuleuses ne devait être résolue qu'au début du 20ème siècle. Entre-temps, elle avait suscité des débats contradictoires sur l'évolution stellaire, où l'observation insuffisamment précise de nouvelles et très nombreuses nébuleuses spirales avait tout de même contribué à renforcer la thèse selon laquelle ces nébuleuses étaient en phase de formation de nouvelles étoiles. Mais au début du 20ème siècle, presque tous les astronomes étaient encore d'accord pour considérer que les astres observables faisaient partie de notre Galaxie. Ce n'est qu'après le renforcement et la meilleure localisation des observatoires qu'on a pu corriger cela.

Ce renforcement s'est initié principalement aux États-Unis, grâce à la tenace initiative d'astrophysiciens tels que George Ellery Hale (1868-1938) et Percival Lowell (1855-1916), auquel on doit entre-autres la prévision de l'existence d'une neuvième planète au-delà d'Uranus, c'est-à-dire Pluton, observée seulement en 1930. Pour soutenir leurs découvertes, ont été construits les observatoires du mont Wilson, le Lowell Observatory en Arizona, et l'observatoire du mont Palomar (1948), doté alors du plus grand télescope compact à miroir du monde.

Puis leur observation se focalisa sur une immense nébuleuse spirale, déjà localisée à la fin du 19ème siècle, et appelée Andromède. Un assistant de Lowell, Vesto Melvin Slipher (1875-1969), réussit à en obtenir 4 plaques photographiques qui révélaient des raies spectrales très nettes. Le problème était que ces raies, tout en étant analogues aux raies émises par le Soleil et par d'autres nébuleuses, étaient légèrement déplacées par rapport à la position à laquelle on pouvait s'attendre. La seule façon d'interpréter ce déplacement était de penser que la nébuleuse était en mouvement. Et le calcul de la vitesse de déplacement donna un résultat surprenant. La nébuleuse d'Andromède se déplaçait à une vitesse d'au-moins 300 km/s.

En 1914, Slipher avait calculé la vitesse de 15 autres nébuleuses spirales, trouvant que la plupart d'entre elles s'éloignaient du Soleil à des vitesses qui dépassaient 1000 km/s (3,6 millions de km/h).

S'il s'était agi de proto-étoiles internes à la Voie Lactée, elles auraient dû au contraire avoir une vitesse comparable à celle des autres étoiles. C'est ainsi que certains chercheurs commencèrent à penser qu'il pouvait s'agir d'autres galaxies, différentes de la nôtre. La question fut résolue définitivement par les travaux réalisés entre 1923 et 1924 par Edwin P. Hubble (1889-1953). Non seulement il observa, à l'intérieur de la nébuleuse d'Andromède, des étoiles qui présentaient une rapide augmentation de brillance et qui s'éteignaient aussi rapidement (les supernovæ), mais aussi des étoiles dont la brillance variait de façon régulière et périodique (les céphéides). Cette régularité permit d'en mesurer plus précisément la distance, et Hubble releva une distance d'environ un million d'années-lumière. Or, même les estimations par excès du diamètre de la Voie Lactée n'étaient jamais supérieures à 300.000 années-lumière. Par conséquent, Andromède ne pouvait être qu'une autre galaxie.

En fait, une galaxie est un gigantesque amas d'étoiles, de poussières et de gaz, dont la cohésion est assurée par son attraction gravitationnelle interne. La Voie Lactée -notre galaxie- contient plus de 200 milliards d'étoiles, et sa forme, semblable à une grande roue à vent lumineuse, la range parmi les galaxies spirales. Il existe dans l'Univers de nombreuses autres galaxies, séparées par de vastes étendues d'espace vide. Leur forme apparente permet de les classer en galaxies elliptiques (de forme ovale ou sphéroïdales), galaxies spirales (avec des bras de matière tournant autour d'un noyau central), galaxies lenticulaires (de forme intermédiaire entre les elliptiques et les spirales), et galaxies irrégulières (atypiques).

D'autre part, la distribution de ces galaxies dans l'Univers n'est pas uniforme. Elles tendent, en effet, à se réunir en groupes plus ou moins grands qui, à leur tour, peuvent appartenir à des amas encore plus grands. Notre Galaxie fait partie d'un petit groupe de galaxies appelé Groupe Local, auquel appartient aussi la galaxie quasi-jumelle d'Andromède. Le Groupe Local fait à son tour partie d'un conglomérat plus grand, connu sous le nom d'amas de la Vierge. Au milieu du 20ème siècle, on observait déjà plus de 10.000 amas, dont les plus grands comprenaient plus de 10.000 galaxies.

Les galaxies dites actives sont appelées ainsi en raison de la très forte dissipation d'énergie qui les caractérise. Dans certains cas, leur énergie émise peut être des millions de fois supérieure à celle d'une galaxie normale. Parmi les galaxies actives, on distingue les radiogalaxies, les galaxies de Seyfert, les BL Lacertæ, les galaxies à starburst (ou à sursauts de formation d'étoiles), et s'y ajoutent les quasars, considérées comme les objets célestes les plus lointains, témoins d'un Univers plus jeune.

Les galaxies ne sont pas des ensembles qui restent isolés, dans la mesure où elles interagissent occasionnellement les unes avec les autres, souvent même violemment. Elles peuvent changer de forme lors de ces interactions, de façon à former de nouvelles galaxies plus grandes. Dans certains cas, de petites galaxies peuvent aussi être purement et simplement englouties par des galaxies géantes, dites cannibales, qui les attirent par la force de leur intense champ gravitationnel.

Après qu'Edwin P. Hubble ait démontré que l'Univers était peuplé de très nombreuses galaxies, certaines étant semblables et d'autres étant différentes de la nôtre, l'observation astronomique a entrepris une étude plus précise de leurs caractéristiques, en vue d'une classification adéquate. Et là, de nouveaux changements conceptuels ont à la fois accéléré et modifié les priorités et les conditions de ces recherches. En effet, Albert Einstein avait formulé en 1917 sa théorie de la relativité générale, en mettant en relation certaines hypothèses sur la nature de l'Univers, qui impliquaient une nouvelle topologie et une nouvelle typologie stellaires.

Certains astrophysiciens commencèrent dès lors à corréler leurs observations astronomiques avec la nouvelle théorie générale de l'Univers induite par la relativité d'Einstein. Parmi ces astrophysiciens, le Hollandais Willem de Sitter (1872-1934), le Russe Aleksandr Aleksandrovitch Fridman (1888-1925) et le Belge Georges Lemaître (1894-1966) commencèrent à conjecturer que l'Univers n'était pas statique. Leurs suppositions amenaient même à rendre plausible, d'un point de vue théorique, la possibilité que l'Univers soit en expansion.

Le support expérimental de cette hypothèse fut fourni une fois encore par Hubble. En observant systématiquement le déplacement des spectres émis par les galaxies, il parvint à formuler une nouvelle loi qui mettait en évidence comment ce décalage vers un refroidissement entropique (appelé aussi décalage vers le rouge, ou redshift) était apparemment proportionnel à la distance à laquelle se trouvait la galaxie observée.

Cette donnée pouvait être interprétée en corrélation avec l'hypothèse de l'expansion de l'Univers. Et par logique inverse, si l'Univers était en expansion constante, en remontant dans le temps, il y a quelques milliards d'années, il pouvait être entièrement contenu dans un volume beaucoup plus petit. Il devenait non seulement possible de parler d'un âge de l'Univers, mais on pouvait imaginer aussi qu'au commencement des temps, à partir d'une masse très concentrée, une forte expansion subite, un big-bang, aurait pu être à l'origine de l'Univers où nous existons.

Pour pouvoir vérifier l'hypothèse de cette expansion originelle, les dimensions de cet univers, et la détermination exacte des distances des galaxies en mouvement, ont continué à être vérifiées, au fur et à mesure des progrès conceptuels et technologiques. Parmi les différentes méthodes de mesure, les plus utilisées ont privilégié la mesure du redshift (décalage vers le rouge) de chaque galaxie, ainsi que l'émission de l'hydrogène interstellaire qui y est présent, et en complément, l'activité comparée d'étoiles de référence, comme les céphéides, ou les supernovæ.

Dans un tel champ d'investigation, les perspectives d'observations, de recherches, et de découvertes restent évidemment très importantes. Toutefois, nous devons être conscients que nous analysons tout cela à partir de référentiels et d'instruments humains, en utilisant et en extrapolant ce que nous avons observé et découvert depuis la Terre, avec notre système cognitif spécifiquement terrien et humain, appliqué notamment au concept et à la mesure d'un référentiel de temps arbitraire, utilisé faute de mieux.

Même si nos progrès technologiques et conceptuels sont évidents, tout ceci doit donc nécessairement être compensé par un doute à la fois constructif et prudent, dont le principe est particulièrement mis en évidence et en pratique dans le référentiel conceptuel éco-humaniste.

Ce relativisme prudent ne nous empêche ni de continuer à découvrir notre environnement cosmique global, ni de continuer à explorer et à mieux connaître notre environnement local, en l'occurrence la planète sur laquelle nous vivons actuellement, la Terre, où en plus de sa propre consistance locale, nous pouvons rechercher et traiter beaucoup d'informations utiles sur la consistance et les forces d'autres parties de notre univers, et sur les conditions d'équilibre et de cohésion de ses divers systèmes.

LA SURFACE TERRESTRE

Une magnifique mosaïque de froid, de chaud, de sec, d'humide, de calme, de tempête, avec des contrastes extrêmes

… mais dont l'équilibre dynamique reste fragile, malgré la force apparente des structures naturelles.

LA TERRE ET SA GÉOLOGIE

En s'approchant de notre planète, un visiteur provenant d'ailleurs remarquerait probablement deux faits. D'abord, la présence d'une atmosphère gazeuse, et d'autre part le fait qu'une grande partie de la surface terrestre, environ 70%, est recouverte d'eau. Mais comment pourrait-il décrire la Terre de retour chez lui ? Il pourrait raconter, par exemple, avoir vu une planète faite de différentes couches enveloppantes, enchâssées les unes dans les autres.

L'atmosphère, la couche extérieure, épaisse d'environ 600 km, est un mélange de gaz incluant notamment de l'oxygène, indispensable à beaucoup d'organismes vivants. L'hydrosphère, la deuxième couche, est formée par l'ensemble des eaux, incluant les océans, les lacs, les fleuves et les eaux souterraines. Cette hydrosphère repose sur les matériaux rocheux de la lithosphère, une couche rocheuse solide et refroidie sur laquelle nous pouvons nous déplacer et vivre naturellement. Epaisse de 10 à 35 km, cette croûte repose sur le manteau terrestre, un magma visqueux et très chaud, profond d'environ 3.000 km. Au centre, enfin, se tient un noyau, d'un rayon de plus de 3.300 km, avec un cœur solide, où les températures sont mesurées jusqu'à quelques 5.500 °C (presque autant que les 6.000 °C de la surface du Soleil).

Par rapport au rayon de la Terre (6.371 km), sa croûte superficielle est aussi fine qu'une coquille d'œuf, tout en étant aussi dure et fragile que celle-ci, et donc susceptible de se casser. Elle joue néanmoins un rôle fondamental pour le développement de la vie sur notre planète, puisqu' elle est constituée de roches qui font office d'isolants thermiques.

Les plaques imbriquées de cette croûte solide changent lentement mais continuellement d'aspect. Elles interagissent entre plaques adjacentes par l'effet de divers agents et forces combinés, et en outre, leur surface s'érode. Le Grand Canyon du Colorado, un long fossé de 2 km de profondeur au fond duquel coule le fleuve Colorado, n'existait pas il y a 20 millions d'années ; il a été creusé par les eaux du fleuve, qui y ont exercé une érosion continuelle.

Comme le Colorado, d'autres fleuves érodent leur sol depuis la partie amont de leur parcours, et ils en transportent les débris vers la mer, ce qui contribue en aval à colmater des zones côtières, par alluvionnement. La plaine du Pô, par exemple, s'est formée grâce à l'action de fleuves et de glaciers, qui au cours de milliers d'années ont déposé des matériaux arrachés aux proches montagnes alpines.

Les changements de la croûte terrestre résultent ainsi de deux forces principales, l'une externe, mue par la chaleur du Soleil, qui actionne l'érosion, et l'autre interne, mue par le fait que les matériaux enfouis à des milliers de kilomètres de profondeur ont la particularité de déplacer en permanence une partie de leur potentiel calorique et de leur substance malléable. Ces deux agents combinés ont une puissance considérable. La chaleur interne dissipée par la Terre correspond à environ 1.000 fois l'énergie libérée chaque année par les tremblements de terre et est 250.000 fois plus forte que l'énergie libérée par l'explosion d'une bombe nucléaire d'un million de tonnes de trinitrotoluène (TNT).

Cette chaleur interne (géothermique) alimente des sources thermales chaudes, et des éruptions volcaniques, et surtout, elle entretient de lents mouvements de la surface terrestre qui ont pour effet de provoquer des failles d'un côté, et de fortes compressions d'un autre côté, entre les zones de contact. Ces mouvements sont à l'origine de gigantesques renflements (les montagnes) et de la dérive des continents.

Quant à la chaleur externe (solaire), elle impacte l'atmosphère et les océans, modifie le climat, et en combinaison avec les pluies et les vents produits, elle érode les roches des montagnes, et en général toute la surface planétaire, formant des débris qui, transportés par les fleuves, modifient des zones côtières. Ayant appris à connaitre ces flux de chaleur exogènes et endogènes, nous nous développons en les utilisant au mieux, sur la couche d'interface tempérée constituée par la croûte solide terrestre.

Là, des éruptions volcaniques et des impacts sismiques peuvent changer l'aspect d'un territoire en peu de temps, mais généralement, à l'échelle temporelle humaine, l'aspect de la Terre se modifie lentement. Il faut des centaines de millions d'années pour que se forme un océan, environ 20 millions d'années pour qu'une montagne s'élève, et encore des dizaines de millions d'années pour qu'elle soit nivelée jusqu'au niveau de la mer. En ce qui concerne les phénomènes d'expansion lente des fonds des océans, de part et d'autre des diverses failles, cela se produit à une vitesse de quelques centimètres seulement chaque année.

Ces failles sont des fractures d'où sort une matière magmatique semblable à celle que rejettent aussi les volcans pendant leurs éruptions, et qui se solidifie en surface en s'ajoutant à la croûte existante, pendant qu'à une autre extrémité la croûte redescend dans le magma pour s'y refondre.

La croûte terrestre est ainsi répartie en grandes calottes courbes (les plaques tectoniques) qui se déplacent lentement à la surface du manteau magmatique. Tout au long des failles (dites aussi dorsales) océaniques où se forme la nouvelle croûte solide, les plaques s'éloignent, tandis que du côté opposé elles se compriment, sur des zones de subduction, puis se réincorporent au magma. C'est pourquoi l'on enregistre souvent, de part et d'autre de ces lignes, des tremblements de terre, dus à la friction des plaques en compression, et l'on y trouve des volcans qui répandent du magma venant des profondeurs. Le résultat est que les planchers océaniques se renouvellent complètement tous les 200 millions d'années environ.

En étudiant ces processus, les géologues ont recueilli beaucoup d'informations, utilisables dans différents domaines pratiques, notamment pour chercher des sources de matières telles que le charbon et le pétrole, là où il y a le plus de probabilités d'en trouver, ou bien pour projeter avec précaution des travaux d'ingénierie tels que ponts, tunnels, ou barrages. En effet, de grandes catastrophes dues aux tremblements de terre ou aux éruptions volcaniques peuvent avoir moins de conséquences si l'on sait pré-calculer, et prendre en compte, le contexte tectonique et le risque géologique.

Mais cette capacité est récente, puisque la géologie scientifique n'est née qu'au 18ème siècle, et qu'elle n'a été modernisée qu'au 20ème siècle. Même si l'on retrouve dans l'histoire antique quelques observations de phénomènes géologiques, les premières tentatives réussies de leur étude dans un cadre cohérent et approfondi datent du 18ème siècle. Avant cela, et pendant des siècles, des naturalistes et des penseurs, intéressés ou intrigués par les phénomènes géologiques et par leurs effets, s'étaient limités à décrire, par exemple, des éruptions volcaniques, diverses roches, ou des tremblements de terre, et à formuler des hypothèses explicatives, parfois en partie correctes, mais sans pouvoir aller assez loin, parce qu'ils ne disposaient pas encore des connaissances physiques et chimiques suffisantes.

La géologie d'avant le 18ème siècle était donc hétéroclite, puisque tour à tour empirique, descriptive, parfois analytique, mais aussi métaphysique, voire dogmatique, dans certaines explications. En tout état de cause, elle n'existait pas encore comme science autonome, tout comme n'existait pas encore la profession de géologue.

Quand Richard de Bury (1287-1345) utilisait le mot géologie dans son *Philobiblion*, il ne lui attribuait qu'un sens profane de simple science terrestre, en opposition notamment à la théologie, science divine. En cela, la géologie a eu une évolution différente de celle d'autres branches du savoir scientifique comme les mathématiques, science ancienne caractérisée par une application et un objet d'étude ouverts à l'abstraction, ou comme l'astronomie, caractérisée dès le début par une tendance à la spéculation conceptuelle, ou même comme la médecine, qui existait en raison d'un domaine d'intervention sensible universel, la souffrance et la maladie.

Dans le monde antique, une proto-géologie avait effectivement fait ses premiers pas en raison d'exigences pratiques, et assez peu en raison de préoccupations théoriques et savantes. Ses branches les plus utilitaires se sont développées d'abord, puisque l'hydrologie découlait de la nécessité de prévenir les crues et d'en atténuer les dommages, la minéralogie servait à reconnaître les sites adaptés aux exploitations minières, et la pétrographie se développait parce que les constructions en pierre de grandes dimensions incitaient à chercher les matériaux les mieux adaptés.

Certains travaux présentaient néanmoins parfois un intérêt et une portée à caractère plus scientifique. En se basant sur la présence de fossiles dans les roches sédimentaires, les savants grecs anciens Anaximandre (610-546 avJC), Xénophon (430-355 avJC), Xénocrate (396-314 avJC) et d'autres, avaient formulé l'hypothèse selon laquelle il y aurait eu dans le passé des transgressions et des régressions marines.

Hérodote (484-430 avJC), après un long voyage en Égypte, avait conclu avec juste raison en 450 avJC que le delta du Nil, et l'Égypte elle-même, s'étaient formés sur une très longue durée, parce que chaque crue y abandonnait une fine couche de sédiments. C'est également Hérodote qui avait proposé le mot delta, en remarquant que la zone où le fleuve débouchait dans la mer semblait triangulaire, comme la lettre grecque majuscule du même phonème.

Plus scientifiquement, Aristote (384-322 avJC), Théophraste (372-287 avJC) et Aristarque de Samos (310-230 avJC) avaient évoqué la sphéricité de la Terre, tandis que Dicéarque (4ème- 3ème siècle avJC), Ératosthène (276-194 avJC), et Eudoxe de Cnide (400-347 avJC) en avaient estimé les dimensions, et que Parménide (5ème siècle avJC) y avait tracé des zones climatiques. Pythéas (4ème siècle avJC) avait relié les marées aux positions de la Lune, et Straton de Lampsaque (328-270 avJC) avait formulé des hypothèses logiques sur la dynamique des systèmes fluviaux.

Il a notamment écrit que la mer n'avait pas de pentes en surface, une affirmation chargée d'importantes implications géologiques et théologiques (mais pas si évidente que ça jusqu'à la fin du 17ème siècle).

Chez les Romains, ensuite, Pline l'Ancien (23-79), avant de mourir étouffé par les cendres du Vésuve lors de l'éruption de 79 qui détruisit Pompéi et Herculanum, avait décrit des minéraux et des roches dans sa monumentale *Historia naturalis*, en insistant particulièrement sur ceux qui permettaient des applications techniques, comme les argiles, les marbres, et les gemmes, lesquels ont donc occupé un premier espace important dans le classement des connaissances géologiques.

Après une éclipse lors du Moyen Âge européen, des études et des observations géologiques reprirent, avec des incidences indirectes. En effet, les voyages par mer permettaient le développement d'études des fonds côtiers, reportées notamment dans l'Atlas Catalan de 1375, le guide alors le plus précieux pour la navigation, contenant des indications précises sur les marées et les fonds rocheux. L'analyse de ces fonds poussa en 1517 le médecin Girolamo Fracastoro (1478-1553), dans une lettre adressée au jurisconsulte véronais Torello Saraina sur le lien entre le Déluge et les fossiles observés, à déclarer que ces derniers ne pouvaient pas être issus d'un événement tel que le Déluge, puisqu'on ne trouvait pas de fossiles de poissons d'eau douce à l'intérieur des roches étudiées.

Au 17ème siècle, ensuite, la géologie avait accompli quelques autres avancées partielles, puisque ce siècle s'est achevé avec de nouvelles découvertes, incluant la proposition de modèles et de théories, qui d'une façon ou d'une autre ont amorcé le débat scientifique du siècle suivant. Le terme de géologie a été timidement introduit dans une intention innovante par Ulisse Aldrovandi (1522-1605) en 1603, mais pendant encore près de deux siècles, le terme le plus usité est resté oryctologie (du grec orissein, creuser).

Des bases scientifiques de paléontologie et de sédimentologie ont ensuite été ajoutées, et renforcées par l'œuvre d'artistes et d'érudits comme Agostino Scilla (1629-1700), qui fit des observations plutôt correctes sur la sédimentation dans le détroit de Messine, reconnut l'origine des fossiles plio-pléistocéniques, et étudia le mouvement des vagues de la mer Tyrrhénienne. Bernardino Ramazzini (1633-1714) avança l'idée que la plaine du Pô était le lit alluvionnaire ancien du Pô. Ailleurs, les Anglais Martin Lister et Edward Lhuyd analysaient des fossiles et anticipaient les principes de la stratigraphie, qui seront par la suite ordonnés de façon plus systématique par Nicolas Sténon.

Johannes Kepler (1571-1630), dans son *Astronomie*, expliquait les marées par l'attraction gravitationnelle de la Lune, thèse confirmée par Galilée, mais contestée par Descartes. De son côté, William Gilbert (1544-1603) publiait le *De Magnete*, dans lequel il affirmait que la Terre agissait elle-même comme un immense aimant ayant deux pôles opposés, dont le champ magnétique influençait les aiguilles des boussoles. D'intéressantes contributions.

D'autres érudits amélioraient leur connaissance de la géothermie par la lecture d'anciens écrits grecs et latins. Exploitant cela, Athanasius Kircher (1602-1680), dans son *Mundus subterraneus* de 1665, vérifia l'augmentation de la température en fonction de la profondeur, et il proposa un modèle de l'intérieur de la Terre. Selon son analyse, existerait un grand feu au centre, et des ramifications se dirigeraient vers les bouches superficielles des volcans, tandis que l'eau, contenue dans de grandes cavités, arriverait aux océans à travers des fractures et des fissures. C'était une représentation usuelle dans la plupart des cosmogonies de la Renaissance, où le globe terrestre était représenté comme constellé de cavernes qui contenaient de l'eau, de l'air et du feu. Et cet ensemble était supposé provenir du recyclage de minéraux et de résidus d'une terre primordiale.

A travers l'œuvre de Haüy et de Mohs, la minéralogie s'affranchit ensuite de ces représentations rudimentaires, et elle prit des caractéristiques plus modernes, aussi bien dans la systématique que dans l'étude physique objective des minéraux, qui n'était alors plus seulement basée sur la couleur et les propriétés thaumaturgiques. Pour sa part, la géographie stratigraphique trouva une base dans l'œuvre de Giovanni Arduino (1714-1795), géologue inventeur de la terminologie Primaire, Secondaire, Tertiaire et Quaternaire, utilisée ensuite jusqu'à l'époque moderne pour la division des temps géologiques.

Au siècle précédent, Niels Steensen (1638-1686), plus connu sous le pseudonyme de Nicolas Sténon, avait été considéré lui aussi comme l'un des premiers maîtres de la géologie. Danois de naissance, il s'installa en Italie, où il resta longtemps à la cour des Médicis, comme anatomiste et géologue, avant de prononcer ses vœux et de choisir une vie ecclésiastique. Parmi ses observations les plus significatives, on retient surtout celle sur la constance de l'angle entre les faces des minéraux, qui fut prouvée expérimentalement, puis codifiée dans une loi de la cristallographie, connue encore aujourd'hui comme loi de Sténon. On y trouve aussi la formulation des principes qui régissent les processus de sédimentation. Théorisés en 1669, ils sont connus en tant que principe de l'horizontalité originelle, principe de la superposition, et principe de la continuité latérale originelle.

Au 18ème siècle eurent lieu des discussions très vives sur la formation des reliefs montagneux et des roches, entre lesquels on ne faisait pas encore assez de distinction. On se demandait plutôt dans quelle mesure le feu et l'eau en étaient responsables. C'est ainsi que dans ce débat, les géologues qui penchaient pour l'intervention de l'eau ont été appelés neptunistes (de Neptune, dieu romain de la Mer), et les autres ont été appelés plutonistes (de Pluton, dieu des Enfers et du feu tellurique).

Dans la proposition neptuniste, les montagnes se seraient formées à la suite d'une série de dépôts dans un océan immense qui recouvrait jadis toute la Terre. Même les couches inclinées ou plissées y étaient expliquées par le fait qu'elles s'étaient déposées en épousant l'inclinaison des surfaces préexistantes, comme lorsqu'une solution précipite non seulement sur le fond du récipient, mais également sur ses côtés.

Abraham Gottlob Werner (1749-1817), de l'École des mines de Freiberg, l'initiateur du neptunisme, était connu pour avoir étayé son argumentation par des observations qu'il avait menées lui-même dans les zones minières allemandes.

Werner déclarait que l'âge de la Terre était beaucoup plus important que celui qui était donné par la Bible, et que les formations géologiques se disposaient de façon ordonnée en strates superposées, déposées graduellement. Selon Werner, la masse primordiale de la Terre aurait été submergée par un océan gigantesque à partir duquel se seraient formés au fur et à mesure, par sédimentation, tous les types de roches, granits et basaltes compris.

Dans cette vision, les chaînes des montagnes et les bassins de sédimentation étaient déjà existants, et par conséquent les couches s'y déposaient naturellement inclinées et plissées. Horace Bénédict de Saussure (1740-1799), un autre neptuniste, armé d'un marteau et à dos de mulet, réalisa en 1796 une exploration de toutes les cimes accessibles des Alpes, au terme de laquelle il rédigea *Voyages dans les Alpes*, la première étude moderne de géologie régionale, qui ne prouvait pas pour autant les affirmations neptunistes.

C'est pourquoi d'autres savants contestaient les idées des neptunistes en considérant qu'elles n'expliquaient pas de façon satisfaisante tous les phénomènes géologiques. En particulier, l'existence des volcans et des roches volcaniques justifiait un courant de pensée selon lequel beaucoup de roches semblaient d'origine ignée, c'est-à-dire provoquées par la chaleur interne de la Terre, et ne devaient donc pas être rattachées à des processus de sédimentation.

Un plutoniste éminent, Jean-Étienne Guettard (1715-1786) présenta en 1752 à l'Académie royale des sciences de Paris un mémoire sur quelques montagnes de France qui avaient été volcans, en soutenant l'origine volcanique des roches basaltiques. Bien qu'ignoré pendant des décennies, Guettard doit être considéré comme le fondateur de la géologie stratigraphique moderne. Il a été aussi parmi les premiers à dessiner des cartes géologiques, tout en menant des recherches de minéralogie et de géographie physique, et en étant l'initiateur de la paléontologie en France.

Au 18ème siècle, d'autres recherches qui contredisaient le mythe du Déluge, maintenu par la prégnance de la religiosité chrétienne, ont connu une nouvelle vigueur. On avait découvert dans des bibliothèques assyro-babyloniennes des récits mentionnant des déluges immémoriaux, desquels le déluge biblique de Noé pouvait s'inspirer, puisqu'un très ancien habitant mythique de la Mésopotamie, Hasisi-Hadra, aurait construit un navire pour s'y réfugier durant les sept jours et les sept nuits du déluge de son époque.

Certains géologues ont profité du débat pour introduire l'idée que le déluge en question résulterait plutôt d'un violent séisme qui aurait permis alors à la mer d'envahir les terres de la basse Mésopotamie et d'y détruire villes, champs et cultures. Mais aux 17ème et 18ème siècles, les modèles abrahamiques de la genèse de la Terre, inspirés ou non d'événements catastrophiques mythiques analogues, étaient encore dominants, et ils imposaient une argumentation sur la base de ce que l'on considérait comme l'âge officiel de la Terre (quelques milliers d'années seulement selon la Bible). Un recalcul très antérieur de l'âge de la Terre contredisait donc les mythes abrahamiques de la genèse planétaire, concernant notamment les phénomènes de formation des montagnes et des mers.

Tant que le catastrophisme religieux mythique prévalait, la durée et les causes des phénomènes telluriques nouvellement découverts ne pouvaient donc pas encore sans risques être mis en contradiction avec les dogmes dominants. La plupart des savants, craignant la réaction religieuse publique de leur époque, ne voulaient pas attribuer plus de 9.000 ans à la Terre.

Mais tout ceci commença à changer avec les premières tentatives de Georges Leclerc de Buffon (1707-1788), qui osa une estimation de 100.000 ans. Plus tard, Lord Kelvin (1824-1907) renchérira en proposant que la Terre puisse avoir entre 100 et 200 millions d'années. Mais ce n'est qu'au tout début du 20ème siècle, grâce aux techniques radio-isotopiques, qu'on a enfin obtenu des éléments assez probants pour dater de manière plus réaliste l'âge de la Terre, à plus de 5 milliards d'années.

Jusqu'alors, le catastrophisme et la superstition avaient borné l'imagination officielle. Dans son *Telluris theoria sacra*, publié en 1681 en latin puis en anglais et qui connut une grande popularité, le théologiste anglican Thomas Burnet avait proposé un modèle d'histoire de la Terre où tout était expliqué par l'eau et le feu, et où l'on trouvait même des prévisions sur un futur nouveau déluge. Pour sa part, dans *New Theory of the Earth*, William Whiston (1667-1752) supposait que la rotation de la Terre aurait commencé à la suite d'une collision avec la queue d'une comète.

En 1812, dans le même esprit, avaient été publiées les *Recherches sur les ossements fossiles des quadrupèdes*, du Français Georges Cuvier (1769-1832), une figure célèbre parmi les catastrophistes, éminent paléontologue, et expert d'anatomie comparée. Au premier volume de son *Discours préliminaire*, Cuvier soutenait que des incursions et des retraits répétés de la mer, violents et soudains, avaient caractérisé l'évolution de la vie sur Terre. Des groupes entiers d'animaux auraient ainsi été tués en masse par la succession de ces catastrophes, et les mammouths congelés, parfaitement conservés (pourvus de viande, de poil et de défenses), trouvés dans les glaces de Sibérie, témoignaient de la soudaineté de ces événements.

Les espèces naturelles étaient considérées comme fixes et immuables dans l'œuvre de Cuvier, qui s'opposait à toute relation entre fossiles, animaux actuels, et changements adaptatifs dans la nature. Pour lui, les strates inclinées et le soulèvement des montagnes étaient dus à des événements catastrophiques. Les inondations successives étaient une autre preuve, conforme au Déluge biblique, du caractère cyclique et de l'existence de ces catastrophes. En d'autres termes, il cherchait lui aussi à démontrer que les données géologiques s'accordaient avec le mythe religieux du Déluge.

Mais quand il devint trop évident que la Terre devait avoir -au moins- plusieurs centaines de millions d'années, les théories catastrophiques furent progressivement suspectées, puis délaissées. Et dans ce contexte de dépassement du paradigme catastrophiste, a pu prospérer un courant de pensée opposé, appelé actualisme. Au-delà de l'âge effectif de la Terre, les tenants de ce modèle étaient convaincus que les changements géologiques étaient guidés par un lent gradualisme.

Robert Hooke (1635-1702), expérimentateur de la Royal Society, estimait que les processus actifs à la surface de la Terre étaient le fruit de changements successifs qui avaient toujours été en cours et qui avaient placé les mers à la place des montagnes et inversement.

Dans son *Discours of Earthquakes* de 1668, il soulignait que des tremblements de terre et des déplacements de l'axe de rotation de la Terre pouvaient avoir eu lieu souvent, depuis un lointain passé, et que la durée du jour était peut-être différente, il y a très longtemps.

Une argumentation encore plus décisive contre le catastrophisme fut apportée au 18ème siècle par James Hutton. Ce gentilhomme écossais (1726-1797) exposa ses idées dans son livre *Theory of the Earth with Proof and Illustration*, présenté à la Royal Society d'Edimbourg en 1785. Contre l'idée d'une Terre statique créée par fait divin moins de 10.000 ans avant, comme la voyaient encore ses contemporains, Hutton expliqua que, sur une beaucoup plus longue période, des processus à action lente et continue, comme l'érosion, pouvaient conduire à de grandes modifications.

Dans son ouvrage, ce savant soulignait que l'eau et l'air attaquaient et désintégraient en permanence les roches, et que ce processus de dégradation produisait des détritus, sous forme de graviers, de sables et de boues, qui par la suite étaient transportés par les flux d'eau et d'air, pour finir à proximité ou au-dessous du niveau de la mer. De cette façon, selon Hutton, se formaient des dépôts, qui avec le temps se condensaient et se cimentaient pour devenir des roches sédimentaires.

Le savant écossais identifia ensuite une autre force très active mue par la chaleur interne de la Terre, et qui, par un phénomène d'expansion thermique, provoquait des remontées de matière chaude, c'est-à-dire des intrusions ignées, et par conséquent, un véritable soulèvement et une déformation des sédiments, en plis et en failles. Le résultat final était la formation de reliefs par un processus dit d'orogenèse.

Dans le cas des sédiments marins, ces transformations se terminaient par la formation de terre ferme, mais celle-ci subissait par la suite des phénomènes érosifs, donnant lieu à de nouveaux cycles de transformations. Le processus d'érosion-transport-dépôt fut considérée par Hutton comme permanent, ce qui le porta à formuler un principe fondamental de la géologie moderne, appelé principe de l'actualisme, ou de l'uniformisme, selon lequel il est possible de reconstruire le passé de la Terre sur la base d'observations actualisées, parce que les forces de transformation restaient les mêmes depuis l'aube des temps.

Ces idées fondamentales ont été reprises au 19ème siècle par Charles Lyell (1797-1875), qui, entre 1830 et 1833, publia les trois volumes de ses *Principles of Geology*.

Après des études de droit, Lyell avait décidé de se consacrer plutôt à sa véritable passion, les sciences naturelles. Pour ce faire, il entreprit une série de voyages, d'abord en Angleterre, puis en France et en Italie, où il visita particulièrement la Sicile. De ces voyages et de ses observations, Lyell tira les éléments essentiels de sa théorie sur l'actualisme. Selon lui, les lois physiques qui régissaient les phénomènes terrestres étaient immuables et constantes. Il affirma que sa confiance dans les observations géologiques scientifiques, et sa découverte de l'histoire réelle de la Terre, s'appuyaient sur la confiance qu'on peut avoir dans la constance de ces lois naturelles. Le fait qu'elles soient immuables et constantes lui permettait donc de raisonner de manière certaine par analogie.

Sur la base de cette conception de la nature, Lyell put contester certaines théories admises depuis de nombreuses années, dont celle du refroidissement de la Terre. En effet, il n'y avait pas de preuves que l'activité volcanique ait été par le passé plus intense qu'à son époque, et les pauses apparemment très longues entre les périodes d'activité de certains volcans s'expliquaient parce que l'échelle réelle du temps n'était pas transposable dans le ressenti intuitif du rythme de l'évolution naturelle de la Terre. Les théories catastrophistes reçurent un coup fatal lors de la publication des *Principes* de Lyell, et beaucoup de tenants du Déluge et autres catastrophes mythiques se convertirent à l'actualisme. C'est en partie pour cette raison, et pour l'importance qu'il attribua aux observations faites sur le terrain, que Lyell a été considéré comme un co-fondateur de la géologie moderne.

Finalement, vers la fin du 19ème siècle, la vivacité et l'intérêt du débat scientifique concernant la géologie ont abouti à la création d'un Congrès géologique international, dont la première session s'est tenue à Paris en 1880, et dont le but était d'améliorer l'activité de la recherche scientifique en la matière, à travers une coordination et des échanges permanents. Même au niveau politique et économique, on devenait de plus en plus officiellement convaincu de l'utilité des reconnaissances cartographiques détaillées des ressources géologiques et minérales. En 1873, un Comité géologique d'État entreprit en Italie le relevé géologique de la Sicile, et continua par l'édition d'une carte géologique à 1/100.000 de tout le territoire national.

En 1879, naquit aux États-Unis le Geological Survey, et d'autres initiatives de ce genre furent prises en quelques années par les principaux pays, en vue de se doter d'une documentation géologique nationale. Au cours de la deuxième moitié de ce siècle, l'intérêt pour les recherches et les études scientifiques géologiques a été particulièrement productif, G.J. Poulett-Scrope publiant notamment un ouvrage qui décrivait tous les volcans actifs connus.

Une autre avancée notable résulta de la campagne d'exploration du navire Challenger (1872 à 1876) qui inaugurait une recherche océanographique ambitieuse. Le navire parcourut les océans en bouclant un périple de 69.000 milles nautiques, et en accumulant 600 caisses d'échantillons en tous genres. Parmi les travaux scientifiques qui en ont découlé, publiés en cinquante volumes, figuraient une reconnaissance de la température des eaux profondes, la définition de la loi de la composition constante de l'eau de mer, et la découverte de la dorsale océanique atlantique.

Ailleurs, se poursuivaient d'autres recherches sur les mouvements de la croûte terrestre. En 1889, C.E. Dutton introduisit le terme d'isostasie, pour caractériser l'équilibre qui intervient à une certaine profondeur entre des éléments de la croûte terrestre d'épaisseur ou de densité différentes. Peu avant, de 1883 à 1888, Eduard Suess avait publié le traité *Das Antlitz der Erde* (la Face de la Terre), dans lequel il soulignait l'importance des mouvements horizontaux de la croûte pour la formation des chaînes montagneuses. Il formulait l'hypothèse selon laquelle la Terre était formée de trois enveloppes constituées de sial, sima et nife, c'est-à-dire caractérisées respectivement par leurs teneurs en silicium et en aluminium, ou en silicium et en magnésium, ou en nickel et en fer.

Dans les premières années du siècle suivant, intervinrent une distinction et une collaboration entre géophysique et géochimie, et en 1908, F.G. Clarke compila dans *The Data of Geochemistry* les analyses chimiques effectuées sur des roches dans les laboratoires du US Geological Survey. Ce recueil, régulièrement mis à jour, constitua dès lors une source importante de données géochimiques. Entre-temps, d'autres progrès avaient lieu : la construction des premiers sismographes, qui permettaient de quantifier les phases d'un tremblement de terre, la mise au point de l'échelle de Mercalli-Cancani, l'éclaircissement de la nature différente des ondes sismiques, l'identification par Andrija Mohorovicic (1857-1936), de la discontinuité de consistance entre le manteau et la croûte terrestre, phénomène appelé encore aujourd'hui Moho en référence à son nom.

Dans les premières décennies du 20ème siècle, on commença à considérer l'idée d'une dérive des continents, en particulier grâce à Alfred Wegener (1880-1930), qui formula une hypothèse convaincante, reprise et adaptée par la théorie de la tectonique des plaques. En outre, de nouveaux instruments et de nouvelles techniques de recherche comme l'échosondeur à ultrasons, le gravimètre et le sismographe, rendirent possible une prospection de plus en plus précise des sous-sols, y compris océaniques.

Ce qui a permis aussi bien une identification pratique de gisements de pétrole au moyen de mesures gravimétriques, qu'une découverte de l'hétérogénéité des fonds océaniques, et de la composition des entrailles géologiques profondes de la Terre. Dans les années 1950, C.F. Richter (1900-1985) et B. Gutenberg (1889-1960) relièrent la sismicité et le volcanisme en présentant de nouvelles analyses des forces et de la composition de l'intérieur de la masse chaude planétaire.

Avec tout cela, pendant l'Année géophysique internationale de juillet 1957 à août 1958, ont pu être exposés les résultats d'études menées dans plus de soixante-dix pays, où les orientations des recherches étaient harmonisées avec celles d'autres domaines scientifiques complémentaires.

Un nouveau cadre conceptuel a ensuite été ajouté dans les années 1960, grâce en particulier à John Tuzo Wilson (1908-1993), inventeur de la notion de faille transformante, qui révolutionnera la géologie. Et finalement, la théorie devenue assez mature de la tectonique des plaques s'est affirmée comme le principal modèle de référence pour les décennies suivantes.

Un débat connexe a malgré tout fait émerger d'un côté une opposition à cette théorie, opposition basée sur une résurgence temporaire du catastrophisme, et d'un autre côté, sur de nouvelles hypothèses évoquant des processus évolutifs liés, biologiques, et -plus sérieusement- géologiques.

Il a fallu clarifier cela, puisque par exemple, en paléontologie, des extinctions de masse ayant eu lieu dans le passé étaient explicables sur la base d'événements discontinus tels que, par exemple, des changements climatiques soudains ou l'impact de météorites. Ces hypothèses logiques ne pouvaient cependant pas appuyer le catastrophisme, puisqu'elles confirmaient en fait des analyses contredisant le catastrophisme mythique antérieur.

Mais en matière géologique, et notamment en ce qui concerne la théorie de la dérive des continents, certains chercheurs ont soutenu aussi que le processus de réabsorption de la croûte terrestre dans les fosses océaniques n'était peut-être pas équilibré par une émission volumique égale de matière en fusion issue des failles. Selon eux, par différentiels de dilatation calorique, l'émission continuelle excessive de croûte océanique nouvelle sortant des dorsales océaniques pouvait produire une augmentation volumique de la Terre.

Cette théorie, qui induisait une hypothétique expansion-décompression terrestre variable, a été critiquée dans la mesure où elle impliquait une expansion non compensée, et non mesurée, des fonds océaniques, contredisant les principes usuels de la tectonique des plaques.

Dans cette conception, que peu de preuves venaient jusqu'alors conforter, la rotation terrestre aurait été en outre sous-évaluée parce qu'on la considérait comme une force relativement peu impactante. Or, cette force pourrait peut-être influer tout de même sur le comportement de la surface terrestre, et par voie de conséquence sur l'évolution écologique et phénoménologique de la planète, en tenant compte notamment de la vitesse de rotation interne de son noyau profond, une boule métallique plus ou moins solide, entretenant une dynamo énergétique qui agirait sur la dilatation thermique des couches supérieures, comme découvert en 1936 par la danoise Inge Lehmann (1888-1993).

En d'autres termes, un tel renouvellement différemment compensé de la croûte terrestre induirait que la Terre n'aurait pas seulement changé d'aspect, mais aussi de dimensions, dans le temps, se dilatant et se contractant en outre sous l'effet de conjonctions cosmiques périodiques et de fluctuations de gravité, thèses déjà soutenues en partie en 1937 par l'un des maîtres de la géologie, Samuel Carey (1911-2002), qui fut le premier à formuler l'hypothèse d'une Terre en gonflement variable.

Des recherches futures permettront éventuellement de trancher ce débat, mais en attendant, il faut s'en tenir aux théories les plus pertinentes et les plus utiles pour la gestion de notre biome terrestre, qui faute de preuves suffisantes ne prennent pas en compte ces hypothèses.

Un super-continent appelé Pangée occupait toute la surface émergée terrestre il y a 250 millions d'années (Permien).

LES OCÉANS, L'HYDROSPHERE

Si on l'observe depuis l'espace, notre planète d'origine apparaît presque toute blanche et bleue. Elle est blanche du fait des nuages qui l'enveloppent, et bleue du fait des mers et des océans, puisque l'atmosphère disperse d'abord les longueurs d'ondes les plus courtes de la lumière solaire, donc le bleu, et que la mer reflète cette couleur dominante.

Les masses liquides, qui occupent 71 % de la surface planétaire, peuvent la recouvrir sur plus de 11 km de profondeur. Ces masses ne sont pas immobiles ; en s'en approchant, on les voit agitées sous l'effet des vents et du Soleil. Les vents agitent la surface, en produisant des vagues, et en poussant des courants sur des milliers de kilomètres, tandis que la chaleur du Soleil y impulse en outre des mouvements de brassage en profondeur.

La circulation incessante de ces courants marins a des effets importants sur le climat planétaire. La réserve d'eau océane possède une grande capacité thermodynamique, c'est-à-dire qu'elle absorbe une grande quantité d'énergie pour se réchauffer, puis une fois réchauffée, elle répartit cette énergie à longue distance par plusieurs courants, qui exercent une forte influence sur le climat planétaire. Les courants chauds, comme le Gulf Stream, recueillent la chaleur des tropiques et la restituent dans les zones plus froides ; et les courants froids ont un circuit et un effet en sens inverse.

Au début de son histoire, quand la Terre n'avait ni océans ni atmosphère, sa chaleur endogène avait provoqué l'évaporation de gaz tels que l'azote, le gaz carbonique, et surtout la vapeur d'eau, mélangés et progressivement accumulés jusqu'à constituer une épaisse couche retenue par la force de gravité. La vapeur d'eau s'est ensuite condensée, jusqu'à constituer l'importante masse océanique actuelle. Est-ce que le même processus aurait pu avoir lieu sur d'autres planètes de notre système solaire ? Probablement pas. Sur les planètes situées entre la Terre et le Soleil, la gravité n'était pas assez forte pour retenir et condenser les gaz légers et pour empêcher certains de se disperser dans l'espace. Et sur les planètes externes, les températures sont si basses que l'eau y reste séquestrée en glace.

Il ressort donc des connaissances dont nous disposons que la Terre est la seule planète du Système solaire où l'eau a pu être (et rester) suffisamment disponible en trois états différents : solide, liquide et gazeux.

Il faut cependant préciser que cette eau disponible n'est pas seulement contenue dans sa masse océanique. En permanence, des millions de tonnes d'eau s'évaporent et recirculent sous forme de vapeur, puis de pluie, dont des milliards de gouttes martèlent le sol, le remuant et le modelant. Ensuite, la force de gravité réunit cette eau d'aspersion, qui ruisselle, forme des torrents, des fleuves, des lacs, et retourne tôt ou tard dans la masse océanique.

Lorsque cette eau atteint la croûte terrestre émergée, une partie s'y enfonce et y forme des réserves liquides souterraines. Une autre partie s'évapore dans l'air, et une autre partie est absorbée par les plantes, d'où elle s'évapore de nouveau à travers les feuilles. Ce cycle est permanent, et permet d'entretenir des réserves annexes, notamment dans des glaciers, dont les masses gelées se déplacent et se renouvellent très lentement. De nos jours, les glaciers se situent dans les zones de montagnes et dans les régions polaires, mais pendant les dernières ères glaciaires, la plus grande partie de l'Amérique du Nord, de l'Europe, de l'Asie et de l'Afrique du Sud était couverte de glaciers et de plaques gelées. Le niveau des océans variait selon l'importance des réserves ainsi immobilisées.

La plupart de ces phénomènes ont été pris en compte et étudiés par la science de l'océanographie, dont la création a répondu à des nécessités surtout pratiques, particulièrement liées au réseau des relations commerciales et des communications que les premières civilisations ont commencé à tisser dès les époques les plus reculées. Dès lors, des marins ont essayé d'accumuler des informations sur la mer et sur les caractéristiques des régions qu'ils visitaient le plus fréquemment, pour pouvoir y voyager plus en sécurité, et aussi rapidement que possible.

Au fil des époques, leurs connaissances se sont améliorées, mais la formation des marins a longtemps reposé sur une expérience pratique, par apprentissage sur les bateaux, une dure épreuve qui pénalisait les erreurs. Puisqu'ils avaient besoin de moyens et de savoirs aussi efficaces que possible, des savants les ont aidés à améliorer leurs savoirs empiriques, en commençant par replacer ces savoirs épars dans un ensemble aussi cohérent que possible, utilisant des cartes et des calculs mathématiques.

La carte descriptive et exploitable la plus ancienne que l'on connaisse remonte à Ératosthène de Cyrène (276-194 avJC.), et dispose déjà d'une grille comme sur les cartes modernes dotées de longitude et de latitude.

Ératosthène avait calculé la circonférence de la Terre de façon ingénieuse, en se fondant sur l'observations de la longueur des ombres portées à Alexandrie, et au niveau du tropique du Cancer, le jour du solstice d'été. La mesure qu'il obtint, 43.000 km, est étonnamment proche de la mesure moderne vérifiée (40.075 km).

Par la suite, Claude Ptolémée, au 2ème siècle, produisit une carte améliorée du monde alors connu, mais où il utilisa de façon erronée une valeur de la circonférence terrestre égale à 37.000 km. Une erreur qui devait avoir des conséquences importantes, car les voyageurs du 16ème siècle, parmi lesquels Christophe Colomb, se fièrent au travail et aux estimations de Ptolémée, alors revalorisés par les savants de la Renaissance. Ils calculaient des valeurs basées sur une dimension de la Terre qui était inférieure à sa taille réelle. Cette erreur fut corrigée au 17ème siècle.

En même temps que des documents cartographiques, étaient rédigés des livres spéciaux contenant des informations pratiques sur les courants et sur les distances, exprimées en jours de navigation entre les différents ports. Ces informations ont fourni une masse de données qui ont permis bien plus tard à l'officier de la Marine militaire américaine Matthew Maury de rédiger, en 1847, un premier atlas des courants océaniques.

D'autres séries d'informations, rapportant la profondeur et la nature des fonds, le profil et le dessin de la côte, les expositions des baies aux vents et aux vagues, étaient recueillies aussi par les navigateurs, et facilitaient l'accès aux principaux lieux d'accostage. Ces informations complémentaires importantes étaient reportées dans des livres appelés portulans, qui permettaient aux navigateurs d'éviter les pièges des écueils affleurants, et des positions dangereuses dans les mouillages.

Cartes et portulans connurent un grand développement depuis le 16ème siècle du fait de la multiplication des explorations océaniques. La trajectoire du bateau mesurée par rapport à la carte donnait une information utile aux navigateurs, car cela indiquait la dérive due au vent, et l'effet des courants océaniques qu'ils rencontraient. Mais les navigateurs d'alors, tout en reconnaissant l'effet et l'importance de ces courants, ne pouvaient pas encore en mesurer assez la vitesse et la direction.

Leur route restait approximative. Sans chronomètres précis pour mesurer la longitude, dont l'utilisation ne devait devenir régulière qu'au 19ème siècle, ils ne pouvaient déterminer leur position qu'en se fondant sur celle du Soleil, c'est-à-dire en mesurant uniquement la latitude, et en la croisant avec une valeur approximative de la direction et de la distance parcourue.

Or, la dérive produite par les grands courants océaniques était forte, notamment celle du grand courant nord-équatorial allant de l'Afrique vers les Amériques, identifié et signalé par Christophe Colomb au cours de son troisième voyage. Ailleurs, à la même époque, des navigateurs portugais découvraient et cherchaient à exploiter le courant des Aiguilles en Afrique orientale. Dans le Pacifique, l'existence du Kuroshio, un courant qui portait au nord puis au nord-est le long des côtes du Japon et de la Sibérie jusqu'en Amérique du Nord, était connu des pilotes espagnols des galions qui assuraient la liaison entre leurs colonies des Philippines et du Mexique.

Ces courants influaient évidemment sur les routes choisies par les navires selon leur destination. Par exemple, le galion espagnol qui reliait Manille au Mexique chaque année, suivait des routes différentes à l'aller et au retour. À l'aller, vers Manille, il suivait la route équatoriale, en cherchant à exploiter le courant pacifique nord-équatorial qui allait vers l'Asie, mais au retour il cherchait à suivre le Kuroshio, et donc il remontait très au nord, le long des côtes de la Sibérie, puis il redescendait toute l'Amérique du Nord jusqu'au Mexique.

Si on survivait aux tempêtes, aux maladies et aux erreurs de direction, cet aller-retour durait deux ans. De la même façon, le parcours le plus rapide entre l'Europe et l'Afrique méridionale ne consistait pas à suivre les côtes africaines, où les vents et les courants allaient en sens contraire, mais à traverser l'Atlantique vers le Brésil, et à descendre le long des côtes argentines, jusqu'à rencontrer le courant Circumpolaire antarctique, qui décrivait un grand anneau autour du continent antarctique, ce qui facilitait un passage rapide vers le Cap de Bonne-Espérance. Pendant de nombreux siècles, les informations recueillies dans les portulans représentèrent presque toutes les connaissances pratiques de l'océanographie.

Puis un nouveau développement océanographique s'amorça, suite aux trois grands voyages du capitaine James Cook, accomplis dans le Pacifique entre 1768 et 1779. Lors de ces voyages, les navires de Cook avaient à bord des chronomètres qui permettaient de calculer avec une meilleure précision la longitude, et donc d'améliorer la position relevée. La connaissance plus fiable de la position géographique permettait aussi une meilleure estimation de l'effet de dérive des courants. La publication du compte rendu des voyages de Cook contribua fortement à élargir l'horizon culturel et pratique européen, et à vulgariser la connaissance des conditions de déplacement sur les océans, où les principales nations européennes de l'époque organisèrent alors davantage de voyages d'exploration, parfois en commun.

Napoléon Ier envoya deux navires français, Le Géographe et Le Naturaliste, qui eurent des échanges avec des expéditions russes, danoises et britanniques. Les savants embarqués étaient souvent des médecins polyvalents, préparés intellectuellement à toutes les découvertes. Sur place, pendant que différentes notions géographiques étaient consolidées, un grand nombre d'échantillons géologiques et biologiques étaient recueillis. Et progressivement, la mer commença à intéresser en outre d'éminents physiciens et chimistes. La première analyse de l'eau marine fut publiée par le chimiste français Antoine-Laurent de Lavoisier en 1776, tandis que Pierre-Simon de Laplace élaborait une théorie des marées en se fondant sur les résultats de Newton. Pour sa part, James Rennel réalisa une première synthèse des courants atlantiques en 1832.

Au milieu du 19ème siècle, il y avait donc une communauté de scientifiques qui savaient que les océans constituaient un système interactif d'une grande richesse, avec des constituants physiques, chimiques et biologiques particulièrement complexes. De nouveaux instruments de mesure et d'analyse furent progressivement installés sur des navires de recherche, tandis que des gouvernements appréciaient l'intérêt que les informations recueillies lors des campagnes d'explorations océaniques représentaient sur l'échiquier politique et stratégique mondial. Un nouveau domaine scientifique était prêt à s'organiser avec de tels buts et moyens.

Et le développement industriel lui donna une importance accrue. Lorsque l'essor du télégraphe conduisit à poser des câbles transocéaniques, les opérateurs ont eu besoin d'aide pour connaitre la profondeur et la nature des fonds, et y choisir de bons tracés. Un renforcement significatif de l'océanographie résulta de cette combinaison d'intérêts, et le domaine commença à se structurer comme une science. L'usage du mot océanographie se répandit. Dans un dictionnaire français de 1878, on le trouvait encore défini simplement comme une description de l'océan, mais en Allemagne on commençait à utiliser le terme de thalassographie, et à la fin du siècle, l'usage du terme océanographie était devenu courant. En Russie, on utilisait le terme d'océanologie. Quant aux États-Unis, l'océanographie y fut liée au développement du pays, et fortement conditionnée par le climat de frontière prédominant encore au 19ème siècle ; les océans y devinrent un prolongement de leur expansion territoriale, une sorte de frontière supplémentaire, qu'il fallait aussi explorer et décrire.

C'est ainsi que fut institué aux USA un service de cartographie des eaux côtières, qui traitait aussi des voies d'eau intérieures, tandis que la haute mer était confiée à la Marine, qui institua un "Dépôt légal des cartes".

Ce service administrait les instruments de cartographie des océans, ainsi que le calibrage et la normalisation des instruments de mesure. Et puisque la vocation de ce service était l'aide à la navigation, par la collecte et la diffusion d'informations, propres à rendre plus sûr et plus rapide le passage sur les grandes voies commerciales, son activité se concentra d'abord sur les caractéristiques de surface de l'océan, avec les vents, courants, et marées qui en déterminaient la variabilité. Plus tard, en en complément, se développa aussi un intérêt pour la circulation abyssale, en profondeur.

En 1842, lorsque le lieutenant Matthew Maury fut nommé directeur du Dépôt des cartes, une ère nouvelle commença avec lui. Maury s'engagea avec une grande énergie dans la réalisation des premières cartes des courants et des vents. Ses cartes furent tracées en rassemblant les rapports des capitaines des navires commerciaux, déjà disponibles à l'époque en bonne quantité. Maury y traita les observations de façon systématique, et il fut bientôt en mesure d'offrir des cartes qui indiquaient la plupart des vents et des courants dominants. Sa première carte fut publiée en 1847 et l'exploitation de cet outil graphique donna d'excellents résultats.

Des clippers parcouraient déjà la route New-York/San Francisco, via le détroit de Magellan ou le cap Horn, en quatre mois, mais avec les cartes de Maury, certains navires furent en mesure de gagner un mois sur le trajet, et le record de parcours fut porté à 89 jours. Les résultats furent si encourageants que Maury proposa, lors la Conférence internationale de météorologie maritime de 1853, de créer un réseau plus élargi, international, en invitant les navires des autres pays à participer au système, et donc à échanger leurs observations navales au bénéfice de tous. Dix nations maritimes acceptèrent. C'est ainsi que fut créé le premier réseau international d'observations océanographiques.

Maury joua aussi un rôle important dans la pose du premier câble transocéanique atlantique. Une compagnie télégraphique lui avait demandé un avis sur les caractéristiques du fond océanique selon un parcours prévu pour le câble entre Terre-Neuve et l'Irlande. Maury répondit avec un grand optimisme que le fond de la mer entre les deux points indiqués semblait fait exprès pour y poser des câbles télégraphiques, se fondant sur environ trente mesures effectuées sur un parcours de 3.600 km, sans doute un bel exemple d'intuition professionnelle. Le câble fut posé en 1858 et même s'il se rompit trois mois après (il fallut attendre 1866 pour qu'une communication télégraphique durable puisse enfin être rétablie), cet événement encouragea de nombreux projets de pose d'autres câbles télégraphiques.

Chaque projet nécessitait une campagne de prospection le long d'une route repérée, où peu à peu une grande quantité de données fut recueillie. Les profils bathymétriques tracés pour la pose des câbles marquèrent le début d'une époque pionnière d'exploration et de cartographie des fonds marins, qui par la suite devait déboucher sur de multiples découvertes géologiques et biologiques dans le vaste Monde du Silence.

En Angleterre, l'océanographie se développa grâce à une série d'incitations différentes, tenant compte notamment des besoins de la biologie. Des descriptions sommaires, relatives aux organismes marins animaux et végétaux avaient déjà été faites au cours des 16ème et 17ème siècles, puis des expéditions destinées à mieux approfondir la connaissance des caractéristiques physiques et biologiques du milieu marin avaient été organisées depuis le milieu du 19ème siècle. C'était le cas pour la croisière du Beagle (1831-1836), de laquelle Darwin rapporta les bases de sa théorie de l'évolution. Et de 1868 à 1870, les campagnes britanniques du Lightning et du Porcupine rapportèrent la preuve de la présence d'une grande variété d'invertébrés jusqu'à 4.450 m de profondeur.

Mais la plus importante de ces croisières fut celle du Challenger (1872-1876), doté de deux laboratoires de recherche, biologique et chimique, spécialement équipés pour l'étude océanographique. Quand le Challenger appareilla, quatre jours avant Noël 1872, le personnel scientifique de l'expédition, dirigé par Wyville Thomson, avait pour objectif de vérifier diverses caractéristiques de l'océan profond, mais en ce jour de décembre, personne n'avait complètement conscience des implications d'une telle campagne.

La première opération eut lieu dans le bassin océanique des Canaries, où un instrument de dragage fut descendu à une profondeur jamais atteinte auparavant. L'attente dura pendant toute la journée, dans la crainte continuelle d'une rupture du câble ou du moteur du treuil, mais la drague ruisselante d'eau fut enfin remontée sur le pont, sous la lumière des lampes, et son chargement d'environ 100 kg d'argile roussâtre se déversa sur le pont.

Si le fond des océans avait été la surface d'une autre planète, le Challenger aurait pu être l'équivalent d'une aire de retour d'un équipage d'astronautes. L'argile rouge fut analysée de la même façon attentive que pour des météorites, mais ce jour-là un examen attentif et approfondi ne révéla pas de traces d'organismes vivants. Ce fut une déception pour les chercheurs qui s'attendaient à mieux avec ce premier échantillon recueilli dans les sombres et profonds abîmes sous-marins.

Ils ne se découragèrent pourtant pas, et les échantillons suivants leur donnèrent raison. Presque tous révélèrent une grande quantité de créatures vivantes de tous types, et bientôt Thomson put affirmer avec satisfaction que la vie marine n'avait pas de limites de profondeur. Les échantillons recueillis par le Challenger furent transmis à des savants de différents pays, qui produisirent des rapports et des traités sur les espèces animales collectées. Le premier volume du rapport de l'expédition fut publié en 1880 et le cinquantième et dernier en 1895. Les résultats des recherches du Challenger alimentèrent l'essentiel du savoir océanographique du 19ème siècle.

Ces volumes consignaient la plupart des données marines géologiques disponibles alors, même si des données relatives aux marées et à la houle manquaient encore. L'expédition du Challenger fut la première d'une longue série du même genre. Dans les années suivantes, le navire russe Vitiaz, le navire italien Vittor Pisani, le Blake et l'Albatros américains, le Drache et le Nazional allemands, le Travailleur et le Talisman français, sillonnèrent les océans pour un travail sans précédent. On peut ajouter à cela l'expédition du Dana (1920-1922), grâce à laquelle Schmidt put localiser dans la mer des Sargasses une zone de reproduction des anguilles. Du côté italien, il y eut aussi la croisière du Washington (1881-1886) au cours de laquelle fut découverte la faune abyssale de la mer Tyrrhénienne.

En complément de ces premières expéditions océanographiques, furent construits des laboratoires permanents à proximité de la mer, équipés pour l'étude de la faune et de la flore marines. Parmi ces laboratoires, en Italie, le premier fut installé à Naples en 1872, et il devint un institut biologique de premier ordre, qui acquit une réputation mondiale.

Le développement moderne de la biologie marine se renforça aussi avec des études quantitatives sur le plancton (Brandt en 1899) et sur le benthos (avec Kiel en 1865, auquel on doit la notion de biocénose, puis avec Petersen en 1911). La première institution internationale créée dans ce cadre en expansion fut l'International Council for the Exploration of the Sea, à Copenhague, dont l'objectif était une standardisation des méthodes et des définitions utilisables en biologie marine.

Puis, à la fin du 19ème siècle, un petit groupe de chercheurs scandinaves commença à s'intéresser plus particulièrement au mouvement de l'océan, à sa variabilité périodique, et aux fluctuations des courants. Auparavant, les spécialistes maritimes semblaient s'être contentés de décrire l'état superficiel de l'océan, et ce qu'il contenait de plus apparent, sans se préoccuper particulièrement de la façon dont les masses fluides marines interagissaient.

Même si John Elliot Pillsbury avait conçu un instrument pour mesurer les courants, on pratiquait encore plutôt des mesures indirectes des flux selon leurs effets. Et parce que certaines indications de température impliquaient l'existence de courants précis et importants, en 1845, le physicien allemand E.H. Lenc (1804-1865) exposa un premier schéma de circulation océanique qui caractérisaient mieux ces courants, influencés par la rotation terrestre.

Dans sa présentation, les cellules de circulation étaient symétriques. Et ce modèle intéressa aussitôt Maury et Ferrel, malgré le fait que les mesures prises par les expéditions, comme celles du Challenger, indiquaient que les températures relevées en profondeur n'étaient pas symétriques par rapport à l'équateur. Les courants océaniques suscitèrent encore plus d'intérêt quand le zoologue Georg Sars, chargé d'étudier les migrations de la morue, découvrit que contrairement à ce que l'on pensait jusqu'alors, les œufs étaient complètement à la merci des courants. Une connaissance exacte des courants, jusqu'aux plus profonds, était donc utile pour pouvoir comprendre aussi les mouvements migratoires des poissons, en vue de leur pêche.

Les chercheurs scandinaves utilisaient déjà des techniques de calcul des courants fondées sur une méthode dynamique créée par Walfrid Ekman. Mais cette méthode restait peu utilisée, car même si elle était sophistiquée, on ne disposait pas initialement de preuves assez solides de son exactitude. En 1924, un océanographe allemand, Georg Wüst, utilisa pourtant cette méthode pour calculer des courants à différents niveaux de profondeur dans le détroit de Floride, et il démontra qu'ils étaient conformes aux mesures directes des courant effectuées par Pillsbury vers 1880. La méthode dynamique fut alors utilisée par la Patrouille internationale des icebergs, formée dans les années 1920, qui vérifia en effet que le calcul des courants selon cette méthode s'appliquait bien à la dérive des icebergs, validant d'autant mieux cette méthode.

Une autre confirmation de la méthode dynamique d'Ekman eut lieu lors de la croisière du Meteor en 1925, qui avait comme objectif l'exploration du système des courants dans l'ensemble océanique. La croisière était initialement prévue dans l'océan Pacifique, mais pour alléger les coûts de carburant (fioul), les organisateurs avaient décidé de convertir le Meteor au charbon, et de se limiter d'abord à l'Atlantique, plus proche. Le voyage du Meteor fut la première exploration systématique d'un grand bassin océanique. On décida des relever des profils à intervalles réguliers entre 20° de latitude nord et 55° de latitude sud. Chaque profil comportait de nombreuses mesures de température et de salinité, depuis la surface jusqu'au fond de l'océan, trois ou quatre kilomètres en dessous.

Les rapports du Meteor furent publiés en seize volumes, et l'un des principaux résultats fut de démontrer que le système de courants profonds de l'Atlantique était influencé par la morphologie du fond beaucoup plus qu'on ne le croyait. On confirma notamment le fait que les eaux profondes de l'Atlantique étaient constituées de trois strates principales. On y distinguait l'eau profonde antarctique, qui se formait à proximité du continent antarctique et qui plongeait en coulant vers le nord, à de grandes profondeurs ; puis venait l'eau antarctique intermédiaire, qui s'immergeait à des profondeurs moindres ; et vers la fin de parcours intervenait l'eau profonde nord-atlantique, qui se formait à proximité du Groenland et de Terre-Neuve, et qui s'intercalait entre les deux autres.

La croisière du Meteor a été considérée comme la première campagne d'océanographie menée dans un esprit systématique moderne. Les principales expériences menées ensuite pour explorer la circulation océanique, comme le WOCE (World Ocean Climate Experiment) ont été des héritières de cette première croisière pionnière. A la fin du 20ème siècle, un nouveau navire de recherche allait reprendre le nom mythique de Meteor, et parcourir lui aussi les océans pour en dévoiler les derniers mystères.

Malgré tout cela, les contributions de quelques physiciens, surtout durant la Seconde Guerre mondiale, ont été plus connues que celle des océanographes et des météorologues, alors que l'océanographie avait pourtant joué un rôle important, peut-être égal à celui du projet Manhattan des USA (la construction de la première bombe atomique). En effet, durant cette guerre, des océanographes ont résolu des problèmes fondamentaux pour la marine, et ils ont créé un vaste réseau de laboratoires coordonnés. Financés par les gouvernements intéressés, certains domaines ont bénéficié d'un intérêt stratégique fort, par lequel de nouvelles disciplines ont été développées, notamment l'acoustique sous-marine.

Dès la Première Guerre mondiale (1914-1918), on avait étudié les effets de la propagation du son dans l'eau, dans le but d'améliorer la détection des sous-marins. Ce domaine connut un essor important avec l'invention des transmetteurs à haute fréquence, un type de haut-parleurs qui permettait de générer un faisceau d'ondes sonores bien focalisé, et par conséquent, directionnel. Dans les années 1930, on avait construit et testé des systèmes, appelés par la suite sonars, mais dont les résultats initiaux n'avaient pas été d'emblée satisfaisants. Ces appareils semblaient fonctionner par à-coups, de façon hasardeuse. On remarquait qu'un sonar fonctionnait bien le matin, mais qu'il tendait à donner de mauvais résultats dans l'après-midi.

L'énigme de l'effet d'après-midi fut résolue lorsque les opérateurs de l'US Navy se décidèrent à demander l'aide des océanographes de Woods Hole, un important centre de recherches océanographiques de la côte atlantique des États-Unis, dirigé à l'époque par Henry Bigelow.

Lors d'une série de croisières conjointes effectuées par le navire de recherche de Woods Hole et des navires de la Navy, on découvrit que l'effet d'après-midi était dû à la structure thermique de l'océan, et que les propriétés de propagation du son dans l'eau dépendaient de sa température. De la même façon qu'un prisme déviait les diverses longueurs d'onde de la lumière, créant les couleurs de l'arc-en-ciel, les couches d'eau à des températures différentes faisaient office de prisme déviant les faisceaux d'ondes sonore.

Le sonar émettait des impulsions sonores très courtes (pings) réfléchies par les objets immergés, et à partir de l'intervalle entre l'émission et la réception, il était possible de calculer la distance, la vitesse et la direction de l'objet analysé. Mais si, entre le sonar et l'objet, s'interposaient des couches d'eau qui perturbaient le parcours du faisceau, le déviant et l'empêchant d'atteindre en retour le sonar, le système n'était plus assez fiable.

Au cours de la journée, la structure thermique de l'océan superficiel se modifiait, si bien que le sonar était inutilisable sans des corrections ad-hoc, qui ne pouvaient être apportées qu'en connaissant la structure thermique de l'eau. D'où l'importance de bien connaitre la répartition verticale de la température. À l'époque, on savait seulement que dans les océans tempérés et tropicaux, il existait une couche superficielle à température uniforme, sous laquelle se trouvait une couche en diminution rapide de température, la thermocline. Puis, sous la thermocline, se trouvait l'étendue des eaux abyssales, où la température changeait peu.

Ces connaissances se fondaient cependant sur une quantité insuffisante de mesures existantes. Et pour augmenter cette quantité, il fallait trouver un moyen de relèvement de la température qui soit rapide, fiable, et praticable depuis un navire en route. Une réponse consista en la mise au point du bathythermographe (BT), un nouvel instrument qui mesurait la température en profondeur, et qui la transmettait au moyen d'un câble jusqu'au vaisseau enregistreur, où elle était transcrite graphiquement sur un rouleau de papier. Durant la seconde guerre mondiale, les navires ayant été dotés de BT ont pu recueillir environ 60.000 profils de température dans l'océan Atlantique. La disponibilité de cette masse de données métamorphosa l'océanographie traditionnelle.

Le Gulf Stream, que Maury considérait comme un fleuve dans la mer, se révéla alors très différent du fleuve placide d'eaux tropicales que les océanographes du 19ème siècle imaginaient. Il se déplaçait, en changeant de parcours d'une semaine à l'autre, et en créant des méandres et des tourbillons, qui se détachaient du courant principal des deux côtés. Des tourbillons froids isolés, appelés anneaux, se détachaient au sud, tandis que des tourbillons chauds se manifestaient au nord. Le système du Gulf Stream, dans sa complexité, se modifiait trop rapidement pour être modélisé par des expéditions océanographiques sans un équipement ad-hoc, et seul l'usage du BT pouvait rendre possible de tels relevés exploitables scientifiquement.

Avec leurs nouvelles corrections d'emploi, la disponibilité de sonars plus précis et fiables fournit un avantage aux anglo-américains dans la guerre de l'Atlantique (1941-1945). D'autres découvertes importantes furent réalisées aussi durant cette période grâce à l'application du sonar, telle que la détection du deep scattering layer, (ou couche diffusante profonde), une couche plus ou moins bien définie mais présente dans la plupart des eaux océaniques, produite par l'activité de populations stratifiées d'organismes marins. Par la suite, l'application des techniques électroacoustiques des sonars a permis d'analyser de plus en plus précisément la morphologie et la nature des fonds. Marie Tharp, qui retraça une carte des fonds océaniques grâce à cela, contribua d'autant mieux à la formulation de la théorie de la dérive des continents.

Après la seconde Guerre Mondiale, des sondes océanologiques de plus en plus perfectionnées permirent de mesurer avec précision la température, la salinité, la teneur en oxygène, et d'autres paramètres, relevés à différentes profondeurs, ces informations étant récupérées en surface au moyen de systèmes d'enregistrement électroniques. Dès la fin de ce conflit, une océanographie moderne était donc en plein développement.

Harald Sverdrup et Walter Munk à Scripps, et Henry Stommel à Woods Hole, entreprirent notamment de formuler une théorie améliorée du Gulf Stream et de son système de contre-courants, incluant ses méandres et tourbillons. Mais ils furent temporairement gênés par un phénomène d'intensification du courant à proximité de la côte américaine, connu sous le nom d'intensification occidentale. Ce phénomène de renforcement des courants le long des côtes est des continents, observable également dans le courant pacifique Kuroshio, le long des côtes du Japon, fut expliqué par Stommel en 1948, lorsqu'il démontra que l'intensification était une conséquence de la variation latitudinale de la force de Coriolis. Cette force était supposée avoir la même intensité partout en raison de la sphéricité de la Terre, mais elle augmentait pourtant au fur et à mesure qu'on s'approchait des pôles.

Ces travaux de Stommel étaient typiques du développement de l'océanographie scientifique d'alors, et dans les années 1950 d'autres progrès importants conduisirent à l'introduction de théories explicatives de la thermocline. Mais malgré des avancées significatives dues à ces analyses, les méthodes analytiques théoriques ne pouvaient pas encore décrire suffisamment le comportement complexe de l'océan, même s'il était plus aisé à analyser que celui de l'atmosphère. Les forces en présence y étaient moins intenses et les échelles temporelles plus étendues, mais il fallait davantage de capteurs, et de puissance de calcul, pour valider de nouveaux modèles.

Bien que des équations aient pu déjà donner des tendances utiles, ce problème n'a donc pu être vraiment résolu que grâce à la puissance de calcul des ordinateurs des années 1980, qui ont pu exploiter la modélisation globale de l'océan précédemment commencée à Princeton par Kirk Bryan dans les années 1960. Dès lors, les premières simulations mettaient en lumière une vaste série de phénomènes, presque tous requérant plus de vérification et d'analyse, mais les premières tendances étaient prometteuses.

Ces progrès ont été d'autant plus notables qu'ils étaient dopés par des capteurs et des ordinateurs de plus en plus performants. Des modèles océaniques ont été couplés à des modèles atmosphériques par Kirk Bryan et Suki Manabe, tandis que de nouvelles simulations climatiques étaient testées. Ces simulations ont été appliquées sur des périodes de milliers d'années, de manière à vérifier notamment les théories concernant la stratification de l'océan, ainsi que la circulation générale et la circulation profonde de ses eaux.

Même les anciens rapports du premier Meteor, relatifs au système de courants dans l'océan Atlantique, ont été ré-analysés et validés avec ces moyens, et des simulations ultérieures ont confirmé l'importance de la morphologie du fond pour la détermination des grands courants abyssaux. Par la suite, ont été développés des modèles de simulation des glaces marines, associés eux aussi à des modèles océaniques et atmosphériques.

Au milieu des années 1980, des modèles de simulation des courants équatoriaux ont été appliqués avec succès à l'étude d'El Niño. Et George Philander, de l'Université de Princeton, a démontré comment un modèle océanique, bien associé aux mesures des vents et des températures atmosphériques, était en mesure de reproduire le comportement variable des océans pendant de nombreuses années. C'était d'autant plus utile que les meilleurs moyens pour faire des prévisions saisonnières au niveau planétaire dépendaient de la capacité à construire un système précis de prévisions océaniques, tenant compte du rôle régulateur climatique majeur de la masse océanique.

Malgré tout, certaines limites n'ont pas pu être franchies à cette époque. Les observations ont été multipliées, mais les océans sont restés partiellement inobservés, parce que leur étendue était telle qu'il était difficile d'y développer et de maintenir un réseau suffisant de stations d'observation sur site. Cette situation a été compensée en partie par le fait que d'année en année, des navires commerciaux ont continué à recueillir les températures superficielles, et celles des couches immédiatement inférieures, au moyen d'un instrument appelé XBT, c'est-à-dire un BT jetable, qui n'était pas récupéré mais qui se perdait sur le fond à la fin de ses mesures. Et tout au long de l'Équateur, dans l'océan Pacifique, puis ailleurs, on a disposé des réseaux TAO qui gèrent des bouées ancrées, lesquelles mesurent de façon continue les courants et les températures.

Mais après avoir constaté que ces mesures ne suffisaient pas encore à déterminer les caractéristiques tridimensionnelles de l'océan avec la précision requise pour des prévisions modernes, on a ajouté à ce dispositif des satellites artificiels à très haute altitude, qui ont permis une description synoptique combinée. Les mesures de température de surface par satellites ont amélioré la fiabilité des cartes de température superficielle de toutes les régions mondiales, mises à jour chaque semaine par la NOAA (National Oceanic and Atmospheric Administration) des USA, à Washington.

Quelques erreurs dans les mesures effectuées par les satellites ont été décelées, mais malgré cela, un recoupement soigné des relevés effectués sur mer et par satellite a permis une nette amélioration des connaissances et des bases statistiques. Par ailleurs, les technologies se sont améliorées, au point que certains satellites ont pu mesurer la hauteur des vagues et leur spectre, et estimer le vent superficiel. Un satellite comme le TOPEX/Poséidon a été doté d'un système de mesure du niveau de la mer avec une précision de l'ordre du centimètre. À partir d'un tel relevé fiable du niveau de la mer et de la température de surface, il a été possible de mieux calculer la quantité de chaleur contenue dans chaque portion locale d'eau océanique, et de mieux en déduire l'évolution des courants.

Quoi qu'il en soit, l'avenir de l'océanographie dépend encore du progrès combiné des moyens d'observation, de mesure, et de traitement informatique rapide, avec en outre, concernant les interactions atmosphériques, une bonne corrélation des relevés et des analyses océanographiques avec ceux, complémentaires, de la météorologie. Ce qui semble normal, tant ces domaines scientifiques sont de plus en plus corrélés, dans leur intérêt commun.

L'ATMOSPHERE ET LE CLIMAT

La météorologie, la science du climat, a préoccupé très tôt l'Humanité. Des activités humaines en ont tellement dépendu qu'on a trouvé des références météorologiques dans les plus anciens documents connus. Les civilisations antiques qui dépendaient, pour leur survie, de la récurrence périodique d'événements liés au temps, comme les crues du Nil pour les Égyptiens, ou celles du Tigre et de l'Euphrate pour les Babyloniens, avaient d'abord imaginé des théories sommaires qui reliaient ces événements au mouvement des astres, et à des divinités liées.

Dans la Grèce du 7ème siècle avJC s'est ensuite développée une forme d'analyse devenant plus scientifique, puisque capable de formuler des théories selon une observation de plus en plus approfondie et rationnelle. Là, on a essayé d'expliquer les principaux phénomènes naturels connus, dont les plus quotidiens et les plus importants pour les activités humaines de l'époque étaient effectivement météorologiques. En l'état des connaissances et des outils, l'ensemble des phénomènes à étudier était encore limité, et leurs manifestations apparentes -tonnerres, éclairs, pluies, crues, etc- en étaient les principaux objets d'étude. On peut malgré tout retracer comment la science antique s'est structurée, pour bonne part, dans un tel référentiel.

Vers 650 avJC, le philosophe et mathématicien Thalès s'était intéressé au fait climatique, en essayant d'y discerner une influence cosmique, selon différentes références de l'époque (indo-védiques, égyptiennes, et babyloniennes). Il avait formulé une théorie sur les crues du Nil, dont la récurrence annuelle laissait les Égyptiens pleins d'émerveillement et de gratitude pour la providence. En effet, les précipitations qui alimentaient ces crues avaient lieu loin au sud de la zone où se manifestait leur effet, si bien que la crue semblait un phénomène mystérieux et inexplicable. Thalès, pragmatique, pensa que la cause pouvait en être le cycle saisonnier des vents étésiens (qui soufflent du nord en Méditerranée orientale), lesquels à la fin de l'été pouvaient contrarier l'écoulement des eaux du Nil, causant leur montée.

Ses disciples Anaximandre (610-546 avJC) et Anaximène (585-525 avJC) cherchèrent de leur côté la cause du tonnerre et de la foudre. Pour eux, le tonnerre pouvait être généré par la collision de masses d'air, dont le frottement produisait la foudre. Exception faite de cette explication étrange mais suggestive, qui aurait nécessité l'existence dans l'atmosphère d'une espèce de combustible pour éclairs, Anaximandre interpréta correctement le vent comme un flux d'air, tandis que son co-disciple Anaximène parvint à comprendre que l'air chaud était dilaté et raréfié, et que l'air froid était plus dense.

Pas à pas, leurs savoirs s'affinaient. Au siècle suivant, Anaxagore (500-428 avJC) chercha une solution au problème de la grêle estivale, apparemment paradoxale puisqu'on considérait qu'en saison estivale la glace ne pouvait pas se former. Une affirmation moins gratuite qu'il ne semble, si l'on pense qu'elle se basait sur l'observation du climat grec en été. En cherchant une solution au problème de la grêle, Anaxagore établissait une relation qui liait la température et l'altitude dans l'atmosphère. Pour Anaxagore, la température diminuait quand l'altitude augmentait, parce que la quantité du rayonnement solaire réfléchie par la surface de la Terre diminuait.

Cette diminution ne continuait que jusqu'à une certaine altitude, parce qu'au-delà d'un certain point, la température commençait à remonter, jusqu'à devenir suffisamment chaude pour permettre la combustion de la substance inconnue qui produisait les éclairs et le tonnerre. Ainsi, se fondant probablement sur l'expérience d'une ascension en montagne qui lui révéla la diminution de température, mais devant également donner une explication du tonnerre et de la foudre dans le cadre du contexte culturel de son époque, Anaxagore parvint à une description plutôt réaliste de la structure verticale de la température atmosphérique, même si sa théorie était erronée.

Démocrite (460-370 avJC) traita à son tour le phénomène des crues du Nil, en formulant une théorie intéressante mais complexe qui combinait les vents étésiens et la couverture neigeuse du nord de la Grèce, considéré alors comme l'extrême-nord du monde. Selon Démocrite, la fonte des neiges au printemps provoquait une formation exceptionnelle de nuages qui, transportés par les vents étésiens vers l'Égypte, finissaient par provoquer les pluies et les orages responsables des crues. Bien que d'un point de vue moderne cette théorie ne soit pas fondée, il est intéressant de remarquer qu'elle exprimait pour la première fois une notion de transport, avec une dimension plus élargie des phénomènes météorologiques.

Mais le premier véritable traité antique de météorologie connu est plutôt celui d'Aristote (384-322 avJC).

Ceci malgré le fait que ses *Météorologiques* établissaient un cadre cosmologique qui ordonnait les phénomènes climatiques sans distinction claire par rapport aux phénomènes astronomiques, et que selon ses conceptions les éléments naturels universels (terre, eau, air et feu) se répartissaient partout sur quatre sphères concentriques. Ses textes contenaient toutefois quelques intuitions remarquables, comme l'idée d'une stratification des éléments (l'eau, plus lourde, au-dessous de l'air) et celle selon laquelle la chaleur solaire était responsable de l'évaporation de l'eau.

Aristote reprenait ainsi l'idée que la température diminuait avec l'altitude et que les nuages étaient composés pour l'essentiel d'eau condensée. De cette façon, il a pu bâtir une théorie qui expliquait la localisation verticale des nuages. Il pensait que les nuages ne pouvaient pas se former beaucoup plus haut que la cime des montagnes, où ils seraient trop proches de la sphère du feu, ni trop près du sol, où la chaleur réfléchie empêcherait leur formation.

Ses Météorologiques contiennent finalement de nombreuses affirmations erronées, qui ne peuvent être uniquement attribuées au manque d'instruments de mesure précis, et qui sont surtout dues à une insuffisance conceptuelle. L'affirmation selon laquelle la foudre suit le tonnerre, par exemple, ne demande qu'un peu d'observation patiente pour être démentie. Il semblerait donc qu'Aristote ne se soit pas beaucoup soucié de la réalité, mais qu'il ait seulement cherché à justifier ses propres présupposés, en traitant seulement les phénomènes naturels qui l'intéressaient. En dépit de ces réserves, les Météorologiques ont été le premier ouvrage traitant de façon systématique de météorologie, et elles en sont restées une importante source de références jusqu'au 18ème siècle.

Ceci avec quelques compléments, puisque tandis qu'Aristote s'occupait surtout de théorie, l'un de ses élèves se consacrait davantage aux applications pratiques. Théophraste (371-288 avJC) écrivit en effet le premier précis de prévision du temps, et il fut par là le second météorologue notable de l'histoire, après Aristote. Dans ses petits livres, *Sur les signes du temps* et *Sur les vents*, il consigna des dizaines d'indices pratiques qui selon lui pouvaient être utilisés pour prévoir la pluie et les vents. Nombre de proverbes populaires encore en usage aujourd'hui puisent leur source dans ces livres.

La référence prioritaire aux travaux d'Aristote demeura jusqu'aux travaux de Jérôme Cardan (1501-1576), et surtout jusqu'à Descartes (1596-1650). En effet, dans un appendice de son *Discours de la méthode*, Descartes a traité des phénomènes météorologiques en introduisant un élément quasi-atomiste pour expliquer les interactions de l'atmosphère et des océans.

Pour Descartes, les nuages étaient composés de gouttelettes d'eau et de cristaux de glace, et la pluie tombait quand les gouttes devenaient trop grosses pour rester suspendues en l'air. Bien. Mais il se trompait en ajoutant que la foudre était due à des exhalaisons combustibles émises par les nuages.

Grâce à la contribution de Descartes, et malgré ses quelques erreurs et ingénuités, la météorologie commença pourtant à devenir une science plus exacte. Et son développement fut accéléré par l'invention d'instruments capables de mesurer de façon quantitative le niveau de chaleur d'un corps ou d'un fluide : les thermomètres. On ne sait pas exactement qui est parvenu à réaliser le premier thermomètre. Mais un fait bien documenté est qu'au début du 17ème siècle, aussi bien au sud des Alpes que dans le nord de l'Europe, deux groupes presque indépendants de chercheurs étaient parvenus à la construction d'instruments destinés à mesurer la chaleur. En Italie, Galilée (1564-1642) et le médecin padouan Santorio Santorio (1561-1636) avaient utilisé et construit des instruments fondés sur le principe de la dilatation des liquides selon la chaleur reçue.

Dans le même temps, un mystique gallois de la Rose-Croix, Robert Fludd, et l'inventeur hollandais Cornelius van Drebbel, parvinrent eux aussi à construire des thermomètres, un peu différents des thermomètres italiens, mais fondés sur le même principe. Les thermomètres devinrent populaires dans la deuxième moitié du 17ème siècle, au point que l'on finit par les vulgariser sous l'appellation de thermoscopes. Leur usage le plus utile, scientifiquement, restait toutefois météorologique.

L'un des plus célèbres thermomètres à air fut construit par Otto von Guericke. Il s'agissait d'un instrument de plus de trois mètres de haut, fabriqué en cuivre et en laiton, dans lequel un petit ange de bronze faisait office d'index sur l'échelle. Peint en bleu et couvert d'étoiles dorées, il était capable selon son constructeur d'indiquer, si on le laissait en plein air, le jour le plus chaud et le jour le plus froid de l'année. L'oscillation continuelle de la température impressionnait beaucoup à l'époque, et Guericke eut la fantaisie d'ajouter sur son instrument la mention "mobile perpétuel".

Un défaut de ces premiers thermomètres tenait pourtant au fait que, outre à la chaleur, ils étaient dépendants aussi des variations de la pression atmosphérique. En d'autres termes, les premiers thermomètres étaient aussi des baromètres. Evangelista Torricelli (1608-1647) confirma effectivement que son baromètre à mercure présentait des variations de niveau, dues à la fois à des variations de pression et à des variations de température. Il fallait donc mieux distinguer, d'une façon ou d'une autre, ces types de mesure.

Une solution fut trouvée par Ferdinand II de Médicis, grand-duc de Toscane, qui était alors considéré comme plus brillant homme de science que de gouvernement. Dans la deuxième moitié du 17ème siècle, Ferdinand II fit construire différents types de thermomètres scellés, contenant des liquides divers. Le scellement les rendait indépendants de la pression atmosphérique, et donc incapables de réagir à autre chose qu'à une variation de température. Le modèle construit vers 1654 et distribué à des observatoires de Parme, de Milan et de Bologne (qui constituèrent en fait le premier réseau d'observation météorologique) consistait en une ampoule close et en un mince tube dans lequel le liquide, en se réchauffant, se dilatait. La température était indiquée par le niveau du liquide sur une échelle divisée, selon le modèle, en cinquante ou en cent parties.

Ce thermomètre dit florentin fut l'un des piliers de l'Accademia del Cimento (Académie de l'expérience), une organisation d'inspiration galiléenne née à l'initiative du cardinal Léopold de Médicis. Pendant dix ans, de 1657 à 1667, date à laquelle elle fut dissoute à cause des pressions de l'Église catholique, l'Accademia recueillit les données provenant d'un petit réseau d'observations météorologiques. L'Accademia publiait ses résultats dans un compte rendu annuel, les *Saggi dell'Accademia del Cimento*. Mais avec ou sans aide externe, les météorologues de l'époque accumulaient parmi eux de plus en de connaissances et de compréhension des processus atmosphériques.

Avec un circuit scellé, le thermomètre prit notamment une forme plus moderne, même si, évidemment, d'importantes modifications devaient encore apparaître, surtout en termes d'échelles de référence standardisées, d'amélioration de la sensibilité de l'instrument, et de sa facilité de déplacement (poids et encombrement). Et de manière connexe, les progrès dans la construction du thermomètre induisaient aussi des développements dans la conception du baromètre. Comme nous l'avons vu, le thermomètre galiléen non scellé était aussi sensible aux variations de pression qu'à celles de la température. Torricelli et Descartes mirent donc au point un instrument semblable au thermomètre galiléen, mais dont l'utilité première était de mesurer d'abord la pression atmosphérique.

Descartes introduisit un liquide plus léger que le mercure, pour améliorer la sensibilité de l'instrument. Et des baromètres à deux ou trois liquides, comme ceux que réalisa Robert Hooke pour la Royal Society de Londres, devinrent bientôt usuels. Ces conceptions du baromètre demeurèrent inchangées jusqu'au travail du chercheur suisse Jean De Luc, qui en 1749 réalisa un baromètre portatif de meilleure précision, resté en usage courant jusqu'à l'avènement des baromètres modernes.

D'autres instruments importants pour la météorologie furent inventés aussi au 18ème siècle. L'hygromètre notamment, instrument qui mesurait l'humidité de l'air, naquit des efforts de De Luc et de son concitoyen Horace de Saussure. Ils construisirent des modèles utilisant les variations mécaniques produites dans différents types de matériaux par l'humidité. Des anémomètres et des pluviomètres, instruments qui mesurent respectivement l'intensité du vent et la quantité de précipitation, furent en outre mis au point eux aussi à cette époque.

Par ailleurs, des nécessités géopolitiques contribuaient pour leur part aux progrès météorologiques. Le développement des grandes marines commerciales et militaires des nations d'Europe, aux 17ème et 18ème siècles, concomitant à leur expansion économique, qui couvrait désormais le monde entier, donna une nouvelle dimension à la météorologie, puisque de grands voyages d'exploration maritime permettaient de recueillir des observations météorologiques dans des régions du monde très éloignées les unes des autres, et à diverses latitudes.

Les capitaines des navires avaient besoin d'informations sur les vents et sur les courants marins de ces mers inconnues, souvent difficiles, et ils devaient tenir à jour leurs informations de route, si bien que des observations météorologiques étaient régulièrement consignées dans les livres de bord des navires. Si approximatives qu'elles fussent, de telles informations suffirent à George Hadley (1685-1768) pour créer en 1735 la première carte de la circulation générale de l'atmosphère. Hadley avait remarqué qu'à l'équateur, l'air s'élevait rapidement, réchauffé par le fort rayonnement solaire local, puis qu'il se dirigeait en altitude vers les pôles, d'où il redescendait à la surface pour revenir vers l'équateur, en circuit permanent. Dans l'ensemble, il s'agissait d'un schéma de circulation avec convection, semblable à ce qui s'observait dans une casserole chauffée.

Hadley pensa que dans le cas de la Terre, la zone de chauffage maximum se trouvait à la hauteur de l'équateur. Son ingéniosité scientifique peut être mieux appréciée si l'on pense que les seules observations disponibles à son époque étaient celles concernant les mouvements du vent en surface. Ainsi, les trois quarts du schéma de Hadley -la partie ascendante équatoriale et le mouvement à la hauteur des pôles- étaient des spéculations innovantes fondées sur des principes physiques généraux, sans la moindre observation de confirmation.

Au début, ce schéma de Hadley semblait assez bien construit, mais il a été contredit par l'observation de certains vents superficiels.

Car les capitaines des navires marchands transocéaniques savaient bien que des vents équatoriaux presque constants, les alizés, soufflaient du nord-est ou du sud-est, mais certainement pas directement du nord ou du sud comme l'indiquait la circulation théorique d'Hadley. Hadley, connaissant les effets de la rotation terrestre, a toutefois maintenu sa théorie en invoquant cette rotation, probable responsable selon lui de la déviation de la circulation de la ligne directe nord-sud qu'il présumait.

Son modèle demeura donc le modèle principal de description de la circulation jusqu'au 19ème siècle, lorsqu'il fut remis en cause par de nouveaux relevés météorologiques. Le point critique concernait les moyennes latitudes de l'hémisphère Nord, où Hadley prévoyait des vents de nord-ouest, et où les relevés indiquaient clairement en revanche la prédominance de vents de sud-ouest. Comme cela devait arriver de nombreuses autres fois en météorologie, une anomalie confirmée allait donc être à l'origine d'une révision notable, en l'occurrence celle de la circulation de Hadley, grâce aux travaux de James Thomson (1857) et de William Ferrel (1856).

La circulation conçue par Ferrel et Thomson était semblable à celle de Hadley dans les zones équatoriales, mais pour expliquer les flux de sud-ouest figurant dans l'analyse de certains relevés, elle introduisait une nouvelle cellule, qui par la suite fut dénommée cellule de Ferrel. Dans l'ensemble, dès que la circulation de Ferrel-Thomson a été confirmée par l'observation, elle s'est affirmée comme un nouveau modèle standard.

Il restait toutefois un souci, dû au fait que la véritable circulation générale était encore loin de présenter les caractéristiques d'uniformité et de symétrie prévues par ces théories. C'est pourquoi, pendant le 19ème siècle, des discussions sur l'origine et sur la structure des tempêtes divisèrent les météorologues et les marins. Et là, comme cela arrive souvent encore aujourd'hui, ne s'opposaient pas seulement des théories, mais plus largement, des écoles de pensée. D'un côté, des chercheurs américains soutenaient que les tempêtes, comme cela apparaissait sur la base de leurs observations, étaient des phénomènes de nature rotatoire, c'est-à-dire des tourbillons mouvants, d'un diamètre de plusieurs centaines de kilomètres, caractérisés par des vents à forte courbure et par une basse pression centrale.

En face, une école européenne était représentée par le météorologue allemand Heinrich W. Dove (1803-1879), une personnalité marquante qui conditionna, pas toujours de façon heureuse, une grande partie de la recherche météorologique européenne du 19ème siècle.

Dove prétendait que les tempêtes n'étaient pas rotatoires, mais qu'elles étaient le résultat de fluctuations des courants généraux. Il considérait que, dans le cadre du modèle de la circulation générale de Thomson-Ferrel, il existait deux courants atmosphériques principaux, semblables à deux fleuves d'air : l'un chaud et humide, situé aux latitudes tropicales, et l'autre froid et sec, agissant aux latitudes polaires. Les tempêtes étaient simplement une transition d'un fleuve à l'autre, le résultat du passage rapide des fleuves d'air au-dessus d'une certaine zone. Pour appuyer ses dires, Dove présentait de nombreuses observations effectuées en Europe. Les rares données pertinentes disponibles ne permettaient pas de choisir entre l'une et l'autre des deux théories, si bien que, comme il arrive souvent quand les observations ne sont pas suffisantes et que la force des arguments scientifiques dépend de l'impact des arguments verbaux, il s'ensuivit une série de disputes interminables.

Ce différend a été résolu par une explication en deux temps. Le premier pas consista à reconnaître que la circulation générale était dans un état naturellement turbulent. Cette théorie fut formulée par un groupe de chercheurs norvégiens passés à la postérité sous le nom d'École de Bergen, dirigés par Vilhelm Bjerknes (1862-1951) et par son fils Jakob (1897-1975). L'École de Bergen formula l'hypothèse que les perturbations mouvantes typiques des moyennes latitudes étaient causées par une confrontation incessante entre l'air d'origine équatoriale et l'air d'origine polaire.

La zone de contact était une zone fortement turbulente, dans laquelle les masses d'air étaient continuellement brassées, mais où l'on pouvait reconnaître des contours nets, les fronts. Le mouvement de ces fronts déterminait le temps atmosphérique qui était observé au jour le jour. Les tourbillons qui mélangeaient les masses d'air sur le front avaient un cycle bien précis, avec des phases nettes de croissance rapide, de stabilisation et d'affaiblissement. Autrement dit, les tourbillons constitutifs de tempêtes naissaient, croissaient et mouraient, naturellement et de manière récurrente.

En termes plus précis, Vilhelm Bjerknes (1937-1951) suggéra que la circulation que l'on observait jour après jour dans l'atmosphère était le résultat du développement d'instabilités de toutes natures. En particulier, Bjerknes émit l'hypothèse selon laquelle la circulation de Ferrel-Thomson représentait l'état de base, spontanément instable, de la circulation. Les instabilités de l'état de base, après une période initiale de croissance linéaire, se stabilisaient plus ou moins, de façon non linéaire, après avoir déformé et tordu la circulation de Ferrel-Thomson.

Et à ces instabilités initiales s'en ajoutaient d'autres, qui déformaient à leur tour, encore plus, l'état de base. La masse fluide impliquée prenait ainsi rapidement l'aspect d'un fluide complètement turbulent.

À la fin des années 1940, les efforts conjoints de Jules Charney (1917-1981) et de J. Eady menèrent enfin à la formalisation d'une théorie de l'instabilité plus précise, à travers une théorie mathématisée connue sous le nom de théorie de l'instabilité barocline. On savait par exemple que des tourbillons tendaient à se créer le long de la côte Est des États-Unis, pour traverser l'Atlantique dans une phase de croissance rapide, et arriver ensuite en Europe. Mais toutes les perturbations ne suivaient pas ce schéma.

Certaines naissaient avant ou après, certaines n'arrivaient pas en Europe, d'autres y parvenaient sous une forme plus violente. Cette grande variabilité de comportements avait alimenté l'incompréhension transatlantique du 19ème siècle, parce que les chercheurs américains et européens observaient en fait le même phénomène mais dans des phases différentes de croissance. Lorsqu'il venait de naître, en Amérique, le phénomène était plus tourbillonnant et son aspect rotatoire était plus évident. À l'arrivée, en Europe, il était en phase d'affaiblissement, et par conséquent plus diffus et linéaire.

Il a fallu attendre les années 1950 pour résoudre la deuxième partie de cette énigme, quand il a été assez clair que l'atmosphère subissait un changement substantiel associé à l'action des énergies (thermique et mécanique) appliquées dans sa partie inférieure. La force mécanique principale était ensuite influencée par l'effet des montagnes terrestres, qui déformaient la circulation de façon plutôt constante dans le temps. Le résultat était que la circulation générale s'établissait selon deux grands arcs, notamment en aval de la chaîne des montagnes Rocheuses, et en aval du plateau himalayen.

La force thermique dépendait alors du contraste (gradient) thermique entre les continents et les océans, sachant que les continents tendaient à réagir plus rapidement aux changements de saison. En hiver ils devenaient rapidement très froids, tandis qu'en été ils devenaient très chauds. L'océan réagissait plus lentement, et cela créait une situation différentielle décalée.

En hiver, un continent plus froid s'opposait ainsi à un océan encore relativement chaud, tandis qu'en été prévalait la situation inverse. Dans un travail célèbre des années 1950, Joe Smagorinsky analysa ces deux facteurs, pour conclure qu'ils avaient une importance égale, et qu'ils contribuaient au maintien de la circulation atmosphérique, dans un équilibre dynamique qu'il fallait seulement mieux modéliser.

Tous ces résultats, qui soulignaient l'importance de l'instabilité et des forces de cette circulation, outre la récurrence de ses phénomènes, amenèrent au constat qu'une description de la circulation atmosphérique n'était pas possible à travers la méthode théorique classique, limitée par ses moyens de recoupement peu réactifs, et ses calculs mal approfondis. En d'autres termes, la circulation atmosphérique était un problème si complexe qu'elle ne pouvait être décrite qu'au moyen d'équations mathématiques impossible à résoudre alors vite avec du papier et un crayon.

L'arrivée des ordinateurs changea donc opportunément la situation. La première simulation numérique d'un modèle atmosphérique fut effectuée à Princeton, au début des années 1950, par un groupe qui comprenait Jules Charney, John von Neumann et Joe Smagorinsky, sur l'un des premiers ordinateurs mécaniques disponibles. L'expérience fut aussitôt un succès, bien que pour s'adapter aux limites de la machine, ils aient adopté une simplification particulière des équations, qui consistait à considérer l'atmosphère sans épaisseur particulière. En l'espace de quelques années, divers autres modèles numériques furent utilisés pour effectuer des prévisions du temps au Service météorologique des USA.

Les potentialités des modèles numériques comme instruments d'étude et de recherche apparurent si évidentes qu'aux USA fut créé un laboratoire entièrement consacré à l'étude de l'atmosphère par simulations numériques. Ce laboratoire a été appelé GFDL, Geophysical Fluid Dynamics Laboratory (Laboratoire de Dynamique Fluide Géophysique). Situé d'abord à Washington, il intégra, à partir de la fin des années 1960, le campus de l'université de Princeton, au New Jersey. Sous la direction de Joe Smagorinsky, ce laboratoire se hissa rapidement à l'avant-garde du développement de la météorologie mondiale, obtenant une série de succès importants qui ont contribué à l'affirmation des techniques numériques comme principaux outils d'étude dans ce domaine.

Effectivement, c'est au GFDL que furent réalisés le premier modèle de circulation générale, et le premier ensemble d'équations mathématiques permettant de décrire cette circulation générale. On y démontra l'origine de la stratification thermique de l'atmosphère, et l'importance de l'équilibre radiatif convectif. On y réalisa également les premiers modèles couplés qui simulaient à la fois le comportement de l'atmosphère et celui de l'océan. Vers le début des années 1970, les études pionnières de Kiku Miyakoda, un spécialiste du GFDL, montrèrent la possibilité d'étendre des prévisions numériques jusqu'à dix jours, et parfois davantage.

S’ensuivirent d'autres succès notables dans les années 1980, lorsqu'au GFDL on démontra que les événements d’El Niño pouvaient désormais eux aussi être simulés et analysés par les modèles numériques du laboratoire. À partir de cette avancée, diverses autres études suivirent dans le reste du monde pour démontrer la possibilité d’effectuer des prévisions saisonnières poussées jusqu’à six ou neuf mois d’avance. Les travaux de Miyakoda eurent un effet stimulateur en Europe, où en 1976 ils motivèrent la création du Centre européen de prévisions météorologiques à moyen terme, installé à Reading, en Angleterre, qui put élaborer des prévisions météorologiques détaillées valables jusqu’à dix jours.

Pour leur part, dans les années 1970, les études de Suki Manabe avaient confirmé aussi le rôle des montagnes dans la détermination de la circulation des flux terrestres, et elles ont définitivement éclairci certains problèmes des années 1950 concernant la cause et les mécanismes de la circulation générale. Elles ont même indirectement alimenté le développement de sciences voisines, telles que la chimie atmosphérique et l’océanographie, et de là, elles ont eu une incidence positive sur une meilleure compréhension de la biosphère, où ces flux contribuent à modifier le cours de la vie.

Réserve de biosphère de Castro Verde au Portugal (Unesco)

LE CONCEPT GLOBAL DE BIOSPHÈRE

La biosphère pourrait aussi bien être appelée le biofilm, puisqu'il s'agit en fait de la fine enveloppe superficielle planétaire où ont pu se développer les êtres vivants. Elle comprend l'air, l'eau, le sol ferme, ainsi que les êtres vivants eux-mêmes. Si on compare l'épaisseur de ce biofilm au rayon de la Terre (6.371 km), on constate effectivement qu'il s'étend sous une enveloppe gazeuse d'épaisseur variable (de 350 à 800 kilomètres), et à la surface d'une couche plus dense et tempérée d'une trentaine de kilomètres d'épaisseur, recouverte à plus de 70% par les masses liquides océaniques.

Une telle couche, propice à la vie, mais relativement mince, n'a pu se constituer et se stabiliser que dans d'exceptionnelles conditions favorables. L'une de ces conditions est que depuis un milliard d'années environ, le champ magnétique terrestre s'est renforcé et stabilisé. En protégeant presque tout le globe de la plupart des rayonnements et des particules cosmiques nocives, ce flux magnétique a favorisé sur cette couche l'éclosion de multiples formes de vie à partir de cellules eucaryotes primitives. En ont dérivé ensuite des organismes multicellulaires, d'abord marins, puis à partir du Cambrien, diversifiés en de nombreuses autres formes. Jusqu'à nous…

L'enveloppe superficielle biosphérique a un aspect plutôt esthétique lorsqu'on la voit de l'espace : bleue, blanche, verte, brune. Mais une réalité demeure : dès qu'on s'en éloigne, même assez peu, les conditions physiques empêchent toute forme de vie évoluée non protégée, puisqu'à 30 km d'altitude, l'air est trop froid, et l'oxygène trop rare, et à 100 km sous la croûte terrestre, au contraire, la température atteint 3.000 °C sous de fortes pressions.

Avec sa multitude de communautés végétales et animales, qui occupent horizontalement une grande partie des terres émergées et qui peuplent aussi les milieux aquatiques, la vie sur Terre n'est donc présente verticalement que dans une mince couche située entre des épaisseurs d'environ 15 km au-dessus et au-dessous du niveau de la mer.

Mais là, toutes les conditions nécessaires à la vie sont réunies. Il y a abondance d'éléments, notamment le carbone, l'hydrogène, l'azote, et l'oxygène, qui constituent les briques principales avec lesquelles se sont construits les êtres vivants. Et surtout, il y a de l'eau en grandes quantités. Par ses propriétés chimiques et physiques, l'eau est indispensable à la vie planétaire, jusqu'à co-réguler même le climat qui favorise cette vie. Sur Terre, cette eau est disponible sous diverses formes : solide, liquide et gazeuse, douce, saumâtre et salée, superficielle et souterraine.

En complémentarité avec l'eau, l'atmosphère, c'est-à-dire l'ensemble mobile des gaz retenus autour de la planète par la force de gravité, contribue aussi à homogénéiser les températures à la surface de la Terre. Elle protège les formes de vie résidentes contre les impacts de particules cosmiques, et grâce à la présence d'un gaz particulier (l'ozone) dans ses couches hautes, elle atténue les radiations ultraviolettes solaires, qui peuvent être dangereuses pour la plupart des organismes vivants résidents. Grâce à ces masses régulatrices, gazeuses et liquides, la température moyenne du biofilm reste dans une plage de valeurs appropriée au bon déroulement des réactions chimiques nécessaires à la vie. En plus, les radiations solaires filtrées fournissent un complément d'énergie indispensable pour alimenter les différents écosystèmes, et tout cela fonctionne en imbrication, et en équilibre global.

Est-ce que cela peut durer éternellement ? Hélas non. La durée d'existence de la Terre est limitée par l'évolution physique de son Soleil, et même avant que cet astre ne détruise ses planètes proches (y compris la Terre), les conditions d'irradiation et de chaleur y deviendront incompatibles avec la vie supérieurement évoluée actuelle. L'échéance fatale est estimée entre 1 et 3 milliards d'années après notre époque. Mais pour le moment, les conditions physiques et chimiques auxquelles nous nous sommes bien adaptés continuent à constituer une combinaison rare de facteurs favorables.

D'autant plus qu'elles se sont développées, puis équilibrées, au fur et à mesure de l'apparition et de l'évolution de la vie elle-même. En effet, l'atmosphère terrestre n'a pas toujours été le mélange de gaz que nous respirons maintenant. Juste après l'apparition des premières formes de vie, et pendant des centaines de millions d'années, cette atmosphère était privée d'oxygène. Ce sont les premiers micro-organismes capables d'effectuer une photosynthèse qui l'ont produit, jusqu'à ce que ce gaz s'accumule lentement, pour atteindre sa concentration actuelle, et parfois même plus. L'atmosphère terrestre s'est ainsi chargée peu à peu en oxygène (> 20% aujourd'hui) depuis 2,4 milliards d'années, principalement sous l'action de cyanobactéries, l'une des formes les plus primitives du vivant.

Si cette vie n'avait pas éclos sur notre planète, l'atmosphère y serait probablement encore constituée pour l'essentiel de gaz carbonique, et tous les gaz présents auraient réagi entre eux pour atteindre un autre équilibre de leur potentiel et de leurs propriétés. Pour que les gaz atmosphériques puissent se maintenir dans les proportions favorables actuelles, l'activité des êtres vivants a été, et reste, nécessaire.

Les êtres vivants n'ont donc pas seulement élaboré l'atmosphère telle que nous la connaissons aujourd'hui, mais ils participent constamment à son entretien, et ils y maintiennent à un niveau constant, favorable à leur développement, la concentration équilibrée des différents gaz.

Tout ceci s'effectue en synergie, puisque les algues unicellulaires microscopiques qui vivent dans les océans ont fourni -et fournissent encore- 70 % de l'oxygène présent dans l'atmosphère, qui protège d'autant mieux l'équilibre de la couche d'ozone, laquelle protège les êtres vivants contre les rayons ultraviolets. Ces divers apports s'intègrent ainsi dans un système d'échanges globaux qui fait circuler en permanence les substances et les forces utiles à la vie, portées essentiellement par les flux de l'eau et de l'air, et qui maintiennent en équilibre la biosphère commune. Car en association avec l'air, l'eau ne cesse de se déplacer en cycles ininterrompus, ce qui renforce le système dynamique auto-organisé commun en répartissant les composants complémentaires de la biosphère. Cette activité auto-régulatrice du biotope global terrestre constitue une homéostasie.

En voulant confirmer cela, et après d'autres précurseurs célèbres, les chercheurs James Lovelock et Lynn Margulis ont avancé en 1974 une hypothèse suggestive selon laquelle la Terre héberge un supra-organisme capable de se maintenir dans un état stable, en dépit des changements qui interviennent, aussi bien de l'extérieur que de l'intérieur. Ils ont appelé Gaia ce supra-organisme, du nom de la divinité grecque qui représentait jadis la Terre. D'autres analyses semblables, amplifiées par les moyens de communication améliorés de la fin du 20ème siècle, et de nouvelles initiatives connexes (plus ou moins politisées) ont éveillé l'opinion publique mondiale à une préservation plus consciente et à une bonne gestion de ce système planétaire.

Dès le début du 20ème siècle, de telles initiatives avaient commencé à germer et à se concrétiser, notamment avec la permaculture (abréviation du terme anglais "permanent agriculture", ou agriculture pérenne) qui avait été introduite en 1910 par l'américain C.G. Hopkins, et repris en 1911 par F.H. King, pour capitaliser les méthodes d'optimisation de la fertilité des sols, favorisant les meilleures symbioses et complémentarités naturelles.

En 1978, après la publication de *l'Hypothèse Gaia* par Lovelock et Margulis, les australiens David Holmgreen et Bill Mollison ont publié en complément un autre traité d'agriculture pérenne, intitulé *Permaculture One*, où ils ajoutaient aux concepts existants des recommandations éthiques visant à faire prendre en mains par chaque Être humain et par leur Maison commune leur propre destin et leur responsabilité existentielle. Cette approche, appelée permaculture de design, s'est développée en parallèle avec l'agro-permaculture initiale.

Certaines de ces initiatives ont en outre logiquement alimenté, et conforté, le développement de l'éco-humanisme, par leurs complémentarités actives et sensées, à la fois environnementales et sociétales.

En restant dans cette démarche de valorisation de la complémentarité de l'inorganique et du vivant, nous allons continuer dans les prochains exposés à approfondir d'autres particularités de la vie Terrestre, en mettant en évidence les structures et les mécanismes fondamentaux de la nature planétaire, et les raisonnements conceptuels humains qui en ont permis l'analyse et l'utilisation. Pour commencer, et puisque c'est la vie qui a amélioré sans cesse les conditions de sa sur-vie, revoyons plus précisément en quoi consiste le phénomène de la vie, et comment nous l'avons découvert, compris, et utilisé.

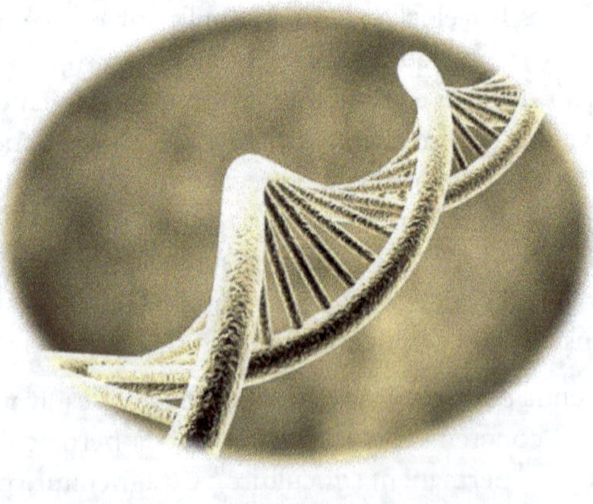

Le duplicateur permanent de la vie
(Structure d'ADN en double hélice)

A L'ORIGINE DE LA VIE

Comme nous l'avons vu dans les exposés précédents, la Terre s'est formée il y a 4,5 milliards d'années environ, avec les autres planètes du Système solaire. Mais pendant ses premières 500 millions d'années d'existence, particulièrement turbulentes, les conditions naturelles sur notre planète n'ont pas été compatibles avec le développement d'une quelconque vie.

Effectivement, les plus anciennes traces de vie fossiles découvertes ont été des empreintes de cellules, étrangement semblables aux cyanobactéries actuelles, retrouvées dans la formation de Pilbara, en Australie occidentale, et âgées selon toute vraisemblance de quelques 4 milliards d'années. Des dépôts de substances carbonées ont aussi été trouvés dans la formation d'Isua, au Groenland. Datés d'environ 3,8 milliards d'années, ils révèlent un rapport particulier entre les isotopes stables du carbone, qui indique leur production par des organismes. Il aura donc fallu quelques centaines de millions d'années pour qu'un bouillon de substances chimiques favorise le développement d'organismes, déjà fondamentalement plus complexes que n'importe quel autre objet non vivant existant alors dans ce milieu.

L'origine de la vie sur Terre est un débat que la science a relancé au cours du 19ème siècle, après la publication de *l'Origine des espèces*, l'œuvre dans laquelle Charles R. Darwin (1809-1882), expliquait en 1859 sa théorie de l'évolution biologique par une sélection naturelle. Jusqu'alors, beaucoup de savants occidentaux pensaient que les formes de vie connues avaient été créées telles quelles par intervention divine, en ignorant les savoirs antiques pourtant pertinents qui traitaient déjà de l'évolution naturelle. Darwin perturbait ces savants, car son idée que les formes de vie modernes puissent être le produit d'un très long processus d'évolution biologique, au cours duquel les formes les plus simples avaient donné vie à des formes de plus en plus complexes, impliquait qu'en remontant dans le temps, on arriverait à un organisme à l'origine de tous les autres, voire à plusieurs organismes originels très anciens, et même en tout ou partie extra-terrestres.

Pourtant, avant le 19ème siècle, et notamment depuis les grecs anciens, des organismes premiers (primitifs) avaient déjà pu être imaginés comme issus spontanément d'une matière inanimée. Comme jadis Anaximandre, Darwin conjectura donc, dans une lettre de 1871, que la vie sur la Terre pourrait avoir commencé dans un petit étang tiède, à partir de l'agrégation fortuite de molécules organiques, lesquelles d'une façon ou d'une autre, parviendraient à s'organiser en une entité capable de se nourrir et de se reproduire. Pour vérifier cette hypothèse, pendant des décennies, beaucoup de savants ont re-conjecturé à leur façon le problème de l'origine de la vie.

À cette occasion, des scénarios divers ont été imaginés, préférant par exemple aux processus lents et fortuits des processus plus rapides découlant de multiples apports de molécules extra-terrestres (panspermie), ayant pu se réactiver et se développer vers la fin du premier milliard d'années de vie de notre planète. Quelques-uns de ces scénarios ont été en partie validés.

Mais une certaine prudence est restée nécessaire, sachant que l'origine de la vie remonte à des époques très éloignées où les conditions sur Terre étaient complètement différentes des conditions actuelles. Cela ne pourrait plus, par conséquent, se répéter de la même façon. Comme tous les événements historiques, en particulier ceux qui ont eu lieu en l'absence de témoins, le mécanisme de la vie peut être reconstitué, mais sans avoir la certitude de son processus original réel. Les données sûres dont nous disposons sont peu nombreuses, comme sont peu nombreuses les expériences réalisables pour vérifier les hypothèses. En raison du mystère qui a toujours enveloppé ce processus originel, et de la fascination qu'il exerce, beaucoup de savants, souvent dans des domaines différents, ont malgré tout recherché les explications les plus probantes possibles.

C'est pourquoi les théories avancées pour l'expliquer ont été nombreuses. Et une première évidence qui en a émergé, c'est qu'un être vivant est une structure complexe dont l'élément chimique de base est le carbone. Ensuite, un tel être est capable de maintenir à un niveau constant son état chimique interne en dépit des variations du milieu externe, en mobilisant de l'énergie. Avec ces facultés, son organisme est capable de se reproduire, en générant des copies plus ou moins identiques de lui-même, et il peut initier des changements adaptatifs grâce aux mécanismes sélectifs de l'évolution. Cet organisme vivant réunit donc, d'une part, un système métabolique qui lui permet d'utiliser de l'énergie pour réaliser les réactions chimiques indispensables au maintien de son état interne, et d'autre part, il utilise un système génétique, qui gère les instructions nécessaires à la reconstruction fidèle de ses différentes parties.

Voyons plus en détail ce processus, en commençant par le fait que dans toutes les cellules observées, les fonctions métaboliques sont assurées par des protéines (complexes moléculaires), alors que les fonctions génétiques le sont par des acides nucléiques (ADN et ARN, esthers phosphoriques). La construction des acides nucléiques nécessite des enzymes spéciales, qui sont aussi des protéines, tandis que pour la construction des protéines, il faut les instructions contenues dans les acides nucléiques. Le système métabolique est donc indispensable pour créer le système génétique, et réciproquement.

Mais lequel est apparu en premier ? Et comment y est-il parvenu sans l'aide de l'autre ? Pendant longtemps, le problème majeur de l'origine de la vie a tourné autour de ces deux questions, comme dans la précession de l'œuf et de la poule. Et presque toutes les théories et les modèles traitant de l'origine de la vie se sont d'abord basés sur l'origine première soit du métabolisme, soit du système génétique. Un premier modèle convainquant pouvant expliquer l'origine de la vie avait été élaboré par le savant russe Aleksandr Oparin (1894-1980) en 1924, faute de mieux, alors que la biologie moléculaire n'était pas encore née. Ce modèle a présupposé le métabolisme, et plus précisément la cellule, comme point de départ.

Mais ça ne réglait pas pour autant le problème global. Pour que se crée un système métabolique, des protéines doivent d'abord se former, tandis que pour qu'un système génétique se crée, des acides nucléiques doivent d'abord se former. Les protéines sont de longues chaînes associant vingt types d'acides aminés différents, et les acides nucléiques sont de longues chaînes formées de quatre types de nucléotides différents. Or, puisque ni les acides aminés ni les nucléotides ne se forment spontanément, le problème de l'origine de la vie résidait encore dans un processus chimique qu'il fallait évidemment identifier et comprendre.

L'un des premiers jalons forts sur cette voie fut une expérience menée en 1953 à l'université de Chicago par le jeune biochimiste Stanley L. Miller. Dans une ampoule de verre contenant de l'eau et un mélange gazeux (hydrogène, méthane, ammoniac et vapeur d'eau), semblable à celui qui pouvait être présent dans l'atmosphère primitive, Miller provoqua pendant trois jours de puissantes décharges électriques, pour simuler l'effet de la foudre. À sa surprise, il se forma dans l'ampoule un riche mélange d'acides aminés. Cette expérience, et d'autres qui suivirent en utilisant des mélanges un peu différents et d'autres formes d'énergie (par exemple des radiations ultraviolettes) démontrèrent qu'une formation d'acides aminés avait sans doute pu être auto-générée d'une manière similaire dans les conditions de la Terre primitive.

Restait toutefois le problème, non négligeable, de ce qu'on appelle la chiralité. En effet, chaque molécule d'acide aminé peut exister sous deux formes, qui diffèrent non par leur composition, mais par leur configuration spatiale, en faisant tourner le plan de la lumière polarisée soit dans le sens des aiguilles d'une montre (dextrogyre), soit dans le sens inverse des aiguilles d'une montre (lévogyre). Dans les expériences comme celles de Miller, il se forme toujours un mélange d'acides aminés dextrogyres et lévogyres, tandis que, dans tous les organismes, les protéines sont constituées exclusivement d'acides aminés lévogyres.

Quant aux nucléotides, il était encore plus difficile d'imaginer la façon dont ils avaient pu se former. Leurs molécules sont constituées d'une base organique, d'un sucre et d'un radical phosphorique, qui composent chimiquement l'ADN. En 1960, alors qu'il travaillait sur un mélange d'ammoniac, d'acide cyanhydrique, et d'eau, le chimiste Joan Oró parvint à obtenir de l'adénine et de la guanine, deux des bases organiques des nucléotides, mais avec des rendements médiocres. Et les nucléotides obtenus en attachant à une base un sucre et un radical phosphorique étaient instables dans une solution aqueuse. Ce n'est donc pas par hasard que l'ADN des cellules se trouvait empaqueté par des protéines spéciales, dans un milieu où les molécules d'eau étaient liées par des ions.

En suivant un autre raisonnement, parmi les hypothèses avancées pour expliquer l'origine des nucléotides et des acides aminés, il y avait celle selon laquelle ces substances auraient pu arriver sur Terre depuis l'espace, portées par des comètes ou des météorites. Dans cette hypothèse, elles pourraient s'être formées dans des conditions inconnues, mais même à de basses températures. La découverte en 1969 de traces d'acides aminés lévogyres sur une météorite tombée à Murchinson, en Australie, semble avoir donné du crédit à cette hypothèse. Mais on n'a pas pu avoir la certitude que ces acides aminés ne soient pas en fait le résultat d'une contamination de la météorite après son entrée dans l'atmosphère terrestre.

Certains savants, comme les astrophysiciens Fred Hoyl, Chandra Wickramasinghe, et Francis Crick (nobélisé pour la découverte de la structure de l'ADN), ont pourtant persisté à affirmer que les premières formes de vie provenaient, le plus probablement, de l'espace. Ces hypothèses, qualifiées de panspermie directe, n'ont toutefois pas été confirmées par des résultats expérimentaux, ce qui renvoyait à une entité cosmique incertaine le problème de l'origine de la vie. D'autres théoriciens ont donc continué à chercher plutôt une réponse sur Terre.

Car là, quand un mélange de protéines, de sucres, de lipides et d'acides nucléiques était versé dans de l'eau, deux phases se séparaient spontanément, et l'une d'elles était riche en petites gouttelettes, délimitées par une substance comparable à la membrane plasmique d'une cellule. Ces gouttelettes, vaguement semblables aux cellules, furent baptisées coacervats par Oparin. Dans le cadre d'une série d'expériences, des coacervats contenant des enzymes parvenaient à assimiler des substances du milieu extérieur, et à opérer sur elles une série de réactions chimiques.

Selon Oparin, la vie aurait donc pu commencer lorsqu'une population fortuite de molécules protéiques d'un tel coacervat, séparées du milieu extérieur par une membrane devenue assez solide, aurait pu s'organiser en cycles métaboliques, c'est-à-dire en cycles de réactions chimiques déclenchées par certaines d'entre elles. Il y aurait eu ainsi d'abord la cellule primitive, puis les enzymes. Les gènes, entités encore vagues à l'époque d'Oparin, ne rentraient pas dans son modèle. Mais on avait progressivement proposé ensuite d'autres modèles génétisés, qui confortaient sa théorie.

De son côté, le biochimiste anglais Sidney W. Fox publiait en 1977 des résultats d'expériences sur ce qu'il appelait des microsphères. En posant un mélange de deux acides aminés sur du sable de silice réchauffé, Fox parvenait à obtenir des fragments protéiques qui, placés dans l'eau, s'associaient en formant des microsphères, dotées de propriétés semblables à celles des cellules. Elles étaient délimitées par une membrane semi-perméable, et elles étaient dotées de certaines capacités enzymatiques, autrement dit de la capacité à déclencher des réactions chimiques d'intérêt biologique, notamment à produire des sphères plus petites qu'elles expulsaient, et à s'unir à d'autres sphères, ou à se diviser. C'était là encore un modèle intéressant pour imaginer l'origine des premières structures cellulaires. D'autres chercheurs évaluaient par ailleurs l'origine possible des premières membranes biologiques à la surface de séparation entre l'air et l'eau, où pourraient s'être déposées des pellicules de protéines, de lipides, et/ou d'hydrocarbures.

D'autres recherches encore ont pris une direction différente. Elles ont visé à explorer la possibilité que le matériel génétique primitif, ayant guidé la synthèse des protéines, ait été constitué de certains minéraux aux propriétés particulières. Selon le chimiste anglais Alexander Cairns-Smith, qui en émit l'idée en 1966, ce rôle pourrait avoir été rempli par des microcristaux contenus dans de l'argile. Dans les réseaux de ce type de cristaux, les atomes métalliques étaient disposés de façon irrégulière, ce qui donnait lieu à une distribution potentiellement intéressante des charges électromagnétiques à la surface libre du cristal.

Effectivement, les molécules organiques qui entraient ainsi en contact les unes avec les autres semblaient disposées selon une distribution de charges électromagnétiques, de façon à interagir entre elles selon certaines modalités inattendues. Là, d'une façon ou d'une autre, un certain type d'information pouvait être transféré du cristal aux molécules organiques. L'étude des propriétés électromagnétiques et de leur incidence directe sur les propriétés bio-chimiques, par notamment des interférences dirigées et dosées de faisceaux d'ondes de basses fréquences, a alors débouché sur la création d'une nouvelle discipline dédiée, la biophysique optique.

Par cohésion électromagnétique, seraient donc d'abord intervenues de l'argile, puis des enzymes protéiques, puis des cellules, où finalement des acides nucléiques auraient pu remplacer l'argile comme porteurs de l'information génétique. En 1986, le chimiste allemand Günter Wächtershäuser a proposé une démarche alternative mais complémentaire, avec comme proto-matériel génétique des cristaux de pyrite et du sulfure de fer.

Mais les modèles qui ont fait l'objet du plus grand nombre de confirmations expérimentales, et qui coïncidaient le mieux avec les données de l'observation, postulaient la formation d'un système métabolique fondé d'abord sur les acides nucléiques, et où les protéines auraient assuré dans un deuxième temps certaines des fonctions métaboliques.

Une autre possibilité, restant à évaluer, était qu'une classe particulière de molécules ait pu remplir, ne serait-ce que temporairement, aussi bien les fonctions métaboliques que les fonctions génétiques. Malheureusement, 3,5 milliards d'années d'évolution avaient effacé toute trace d'organismes ayant pu fonctionner d'une manière différente de celle des organismes observables au 20ème siècle.

Il en a résulté que l'hypothèse selon laquelle le système métabolique et le système génétique se seraient formés en même temps sur Terre restait incertaine, et elle a été considérée comme trop compliquée à expérimenter. Tant que l'hypothèse d'un ensemencement cosmique par des molécules déjà porteuses de systèmes métaboliques et génétiques actifs n'était pas complètement validée non plus, cela a reporté encore un peu plus une explication consensuelle du phénomène original.

Malgré tout, cela ne nous empêche pas de continuer à explorer la structure du vivant, en tenant compte de ce qui est déjà suffisamment organisé et vérifié à notre époque, quelle que soit l'hypothèse choisie quant à l'origine réelle du phénomène, 4 milliards d'années auparavant. Pour cela, nous allons raisonner ici depuis la structure de l'ADN.

LA STRUCTURE PARTICULIERE DE LA VIE SUR TERRE

Dans les organismes connus actuellement sur Terre, à l'exception de certains virus, la molécule porteuse de l'information génétique, et qui la transmet d'une génération à l'autre, est l'ADN. Toutefois, L'ADN est une molécule passive, incapable de se répliquer ou de diriger la synthèse des protéines. Heureusement, une autre molécule, l'ARN, sait faire plus de choses ; elle est en particulier capable d'effectuer une transcription et une traduction d'informations. Dans la cellule, l'information génétique emmagasinée dans l'ADN est donc traitée et copiée sous forme d'ARN.

Les molécules d'ARN forment les parties essentielles des ribosomes, les particules dans lesquelles a lieu la synthèse des protéines. Et les molécules d'ARN portent à ces ribosomes les acides aminés qui servent à construire les protéines. C'est pourquoi des recherches se sont particulièrement concentrées sur l'ARN, puisque cette molécule ne semblait pas être capable de déclencher seule des réactions chimiques, sans l'aide préalable de protéines.

Ce problème a pu être résolu en 1982, quand le biochimiste américain Thomas R. Cech a découvert que des molécules d'ARN étaient capables d'effectuer une série de réactions chimiques sur elles-mêmes, comme le fait de découper des parties et d'en unir d'autres. Même si chaque molécule ne pouvait déclencher qu'un seul cycle de réactions, alors qu'une enzyme protéique peut en faire plusieurs milliers, le dogme selon lequel seules les protéines étaient dotées d'activités enzymatiques était infirmé par cette découverte.

Un an après, un autre biochimiste américain, Sidney Altman, démontra que des molécules d'ARN pouvaient en réalité déclencher de nombreux cycles de réactions, exactement comme le fait une enzyme protéique. Ces molécules d'ARN ont été appelées ribozymes. En raison de l'extraordinaire importance de leurs découvertes, Cech et Altman reçurent un prix Nobel de médecine en 1989.

Le biochimiste américain Walter Gilbert (1922-1982), proposait pour sa part un schéma selon lequel les fonctions enzymatiques, conservées par l'ARN dans les organismes actuels, pourraient aussi être le témoignage d'un monde à ARN ancestral. Selon son hypothèse, il y aurait eu initialement une phase primitive de développement de la vie, avec des organismes constitués uniquement d'ARN, phase qui à un certain moment aurait été remplacée par une nouvelle phase où l'ADN a assuré presque toute la fonction génétique, et où les protéines ont assuré la fonction métabolique.

Autour de cette conception, se sont articulés des expériences et des modèles particulièrement intéressants. Mais une question qui en a découlé a été de savoir de quelle façon pouvait s'être formé un monde à ARN.

Le chimiste allemand Manfred Eigen avait essayé d'y apporter une réponse. Avec ses collaborateurs, Eigen démontra en 1981 qu'en présence d'une enzyme protéique, un mélange de nucléotides (les constituants de base de l'ARN) produisait une molécule d'ARN, laquelle se répliquait, produisait des mutations, et luttait avec sa descendance pour la survie. Selon Eigen, la vie sur Terre pourrait donc avoir commencé à partir d'une population de molécules d'ARN, semblables mais non identiques, chacune d'entre elles remplissant une fonction de moule pour la synthèse de molécules nouvelles.

Dans cette population, qu'il a appelée quasi-espèce, les différents individus étaient en compétition les uns contre les autres. Par sélection naturelle, ceux qui restaient les plus semblables et qui constituaient l'essentiel des populations survivaient, et ceux dans lesquels s'accumulaient trop de mutations étaient écartés. Ce n'est que par la suite que plusieurs quasi-espèces d'ARN se seraient associées avec des populations de protéines, atteignant progressivement un équilibre d'ensemble stabilisé.

Cette nouvelle modélisation, appelée hypercycle par Eigen, induisait que l'ARN puisse d'emblée porter l'information génétique nécessaire à la construction de nouvelles protéines, et que les protéines puissent d'emblée aider l'ARN à synthétiser des copies de lui-même, puis d'autres protéines. On pouvait ainsi imaginer une division du travail entre les acides nucléiques et les protéines.

Des expériences du chimiste américain Leslie Orgel ont corroboré d'une certaine manière celles de Eigen. En partant d'un même mélange de nucléotides, en l'absence d'une enzyme protéique mais en présence d'une molécule d'ARN remplissant la fonction de moule, Orgel est parvenu à créer des populations de molécules d'ARN au comportement semblable à celui qu'avait observé Eigen.

Mais même en s'appuyant sur ces découvertes convaincantes, le monde à ARN soulevait deux problèmes qui n'ont pas eu de bonne réponse, un premier problème étant de type chimique, le deuxième de type probabiliste.

Le problème chimique était celui de l'origine des nucléotides qui formaient l'ARN. En 1999, personne n'était encore parvenu à proposer un processus par lequel des quantités suffisantes de nucléotides auraient pu se former dans l'atmosphère ou dans les océans primitifs, sous une forme chimique utile. Certains chercheurs ont donc continué à évaluer l'hypothèse de précurseurs chimiques plus simples, pour le système génétique primordial, dont la synthèse pourrait avoir été moins problématique. Il pourrait ainsi avoir existé d'abord un acide nucléique plus simple, quoique moins précis, dont les fonctions auraient été par la suite assurées par l'ARN.

Le deuxième problème avait été soulevé en 1981 par Ursula Niesert, une chercheuse allemande. Il concerne la possibilité (ou non) que, après la formation de molécules d'ARN en mesure de se répliquer et d'évoluer, en luttant entre elles et en collaborant avec des molécules protéiques, ces dernières puissent avoir été assez stables pour durer. Les modèles de monde à ARN, comme celui proposé par Eigen, présupposent en effet que la réplication des molécules d'ARN porteuses de l'information génétique fonctionne de façon sécure et pérenne.

Mais si, au cours de la réplication, il se produit des erreurs, c'est-à-dire si certains nucléotides sont remplacés par des nucléotides différents, ces erreurs peuvent s'accumuler progressivement de génération en génération, désorganisant finalement tout le système. Il se produit alors ce qu'on appelle une catastrophe des erreurs. Le taux d'erreur maximum acceptable, calculé par Niesert grâce à une série de simulations sur ordinateur, s'est trouvé être très bas, plus ou moins égal à celui que l'on observe dans les systèmes génétiques actuels, beaucoup plus perfectionnés que les systèmes primitifs, et dotés en outre de mécanismes biochimiques de contrôle et de réparation des éventuelles erreurs de copie (réparation de l'ADN endommagé).

Les simulations ont montré trois catastrophes possibles dans un monde à ARN. La plus probable est ce que l'on appelle l'ARN égoïste, c'est-à-dire la possibilité que, à la suite d'une série de mutations, une molécule d'ARN apprenne à se répliquer elle-même plus rapidement que les molécules avec lesquelles elle est en compétition, mais oublie sa fonction enzymatique, devenant ainsi un véritable parasite qui tôt ou tard bloque le système entier.

L'un des principaux physiciens du 20ème siècle, l'américain d'origine anglaise Freeman Dyson, a essayé de contribuer à la résolution de ce problème. Il s'est efforcé d'associer dans un modèle théorique unitaire les deux principales directions de recherche, celle sur l'origine du système génétique et celle sur l'origine du système métabolique, en contournant les problèmes que l'une et l'autre posaient alors.

Selon Dyson, la vie pourrait avoir eu une double origine. Il se serait d'abord formé un système métabolique, fondé sur les protéines, puis un système génétique, fondé sur l'ARN, s'unissant au système métabolique dans une relation initialement parasitaire, mais qui se serait transformée par la suite en une relation d'utilité réciproque. Dyson est parti d'une analogie illustrée en 1948 par le mathématicien américain d'origine hongroise John von Neumann (1903-1957).

Là, un peu comme un ordinateur artificiel, un organisme vivant pouvait être considéré comme composé de constituants fondamentaux associés. Selon la terminologie utilisée plus tard dans ce domaine (von Neumann était un pionnier de l'informatique), on pouvait appeler hardware le support matériel, et software la dotation logicielle. L'un traitait l'information que l'autre contenait. Dans la cellule, le hardware était constitué par les protéines, et le software était constitué par les acides nucléiques (ADN ou ARN).

Pour que l'organisme se reproduise, l'un et l'autre sont nécessaires, mais d'un point de vue logique, le hardware précède le software. Un organisme uniquement constitué de hardware protéique peut continuer à exister et à conserver son métabolisme tant qu'il trouve de quoi se nourrir. Mais un organisme uniquement constitué de software, par contre, est obligé de devenir un parasite, parce que sans hardware dans lequel il puisse se répliquer, il est impuissant. Dans ce cas, il peut agir comme un virus, qui, doté uniquement d'un système génétique, a besoin pour se répliquer d'une cellule dont il puisse exploiter l'appareil métabolique.

Selon Dyson, les premiers organismes furent donc probablement des cellules dotées d'un appareil métabolique contrôlé par des enzymes protéiques, et capables de croître et de se diviser comme les coacervats d'Oparin ou les microsphères de Fox. Ces cellules primitives ne se répliquaient pas nécessairement avec une grande précision, mais elles étaient quand même protégées du risque d'accumulation catastrophique des erreurs par le fait que, puisqu'elles étaient privées de système génétique, les éventuelles erreurs commises dans un cycle de division ne se transmettraient pas à la division suivante, autrement dit, elles ne pouvaient pas s'accumuler.

Cela définissait des organismes simples, mais assez stables et robustes, pour qu'au cours de millions d'années, à travers une sélection de type darwinien, ils aient eu la possibilité de perfectionner leurs voies métaboliques. L'une de ces voies était la capacité de synthétiser l'ATP (l'adénosine triphosphate), la molécule qui aujourd'hui encore est le principal transporteur d'énergie dans les organismes, puis l'AMP (l'adénosine monophosphate), l'un des principaux messagers à l'intérieur de la cellule, qui est aussi un constituant chimique de l'un des quatre nucléotides qui constituent l'ARN.

Au fil du temps, dans l'une de ces protocellules chargées d'AMP, il peut s'être produit un accident : des nucléotides se formèrent, puis à l'aide d'enzymes présentes dans la cellule, s'unirent pour former une molécule d'ARN, qui commença à se répliquer. En d'autres termes, il se produisit ce qui devait se répéter quelques milliards d'années plus tard dans le laboratoire de Manfred Eigen. Cette hypothèse permet d'éviter les problèmes que pose une synthèse spontanée, impliquant l'absence d'enzymes dans les premiers nucléotides. Dans un premier temps, l'ARN ainsi formé dut donc se comporter comme un parasite, utilisant les nucléotides synthétisés par la cellule pour fabriquer des copies toujours nouvelles de lui-même.

Des copies, rappelons-le, qui luttaient entre elles, tout en améliorant progressivement leur capacité à se répliquer. Mais au fil du temps, comme cela a lieu très souvent dans les rapports entre un parasite et son hôte, les deux organismes améliorèrent probablement leurs relations, au point de devenir utiles l'un à l'autre. Ainsi, l'ARN se chargea de répliquer avec une plus grande efficacité l'appareil métabolique protéique, tandis que les protéines se chargèrent de répliquer avec une plus grande précision l'ARN, et plus tard la molécule très semblable qui prit sa place, l'ADN. Une telle évolution par parasitisme et symbiose est utilisée aussi par la biologiste américaine Lynn Margulis pour expliquer l'origine de la cellule eucaryote moderne, en précisant que ce phénomène se serait apparemment reproduit partout au cours de l'histoire biologique.

Quoi qu'il en soit, ces recherches sur l'origine de la vie avaient commencé à partir de présupposés proches de ceux rappelés par Charles R. Darwin (1809-1882) au 19ème siècle, qui disait que la vie naissait dans un petit étang tiède, c'est-à-dire à partir d'une concentration locale de matière organique en phase aqueuse, dans laquelle un mélange des molécules appropriées trouvait par hasard une façon de donner vie à une micro-entité capable d'absorber des nutriments, de croître et de se multiplier, en prenant ensuite tout son temps pour améliorer progressivement son fonctionnement, jusqu'à devenir ce miracle de complexité et de perfection qu'est une cellule vivante.

Outre les biologistes, des géophysiciens ont cherché eux-aussi à évaluer cette idée d'évolution lente, graduelle et tranquille. Car au cours du premier milliard d'années de vie de la Terre, au terme duquel il existait déjà des organismes complexes et perfectionnés comme les cyanobactéries, notre planète n'avait pas été tranquille. Au contraire, il y a 3,8 milliards d'années, la Terre était encore soumise à un bombardement intense d'astéroïdes et de comètes, résidus du Système solaire primitif.

Les signes de ces anciens impacts ont été effacés par l'érosion et par la tectonique des continents, mais ils sont encore visibles sur la Lune. Pendant cette période, notre satellite fut frappé par au moins deux astéroïdes de plus de 100 kilomètres de diamètre. Selon un calcul fondé sur la plus grande surface et la plus grande attraction gravitationnelle de notre planète, la Terre devait avoir été frappée une trentaine de fois par des corps célestes de cette dimension. Les impacts avec des objets de moindres dimensions se calculent quant à eux par centaines. Les conséquences des impacts avec les astéroïdes n'ont été étudiées qu'à la suite de l'hypothèse avancée par le géologue Walter Alvarez en 1981 selon laquelle l'extinction des dinosaures, et avec eux de 75 % des formes de vie existant sur Terre il y a 66 millions d'années (extinction du Crétacé), serait due à un impact d'astéroïde de 10 kilomètres de diamètre environ.

Selon les modèles informatisés, l'impact avec un astéroïde d'un diamètre de 100 kilomètres, en plus de laisser un trou de 1.500 kilomètres de diamètre, aurait soulevé un gigantesque nuage de roche vaporisée à une température d'environ 2.000 °C, ce qui aurait vaporisé à leur tour les couches superficielles des océans, remplissant l'atmosphère de vapeur d'eau. Ce gaz, doué d'un fort effet de serre, aurait porté la température de l'atmosphère à plus de 1.000 °C, laquelle n'aurait commencé à baisser assez pour déclencher les premières pluies qu'après 2.000 ou 3.000 ans. Des impacts de ces dimensions, mais probablement aussi des impacts bien plus fréquents avec des corps de moindres dimensions, auraient stérilisé plusieurs fois le petit étang matriciel existant sur la Terre. En d'autres termes, les formes de vie déjà existantes auraient été détruites.

La vie pourrait donc avoir tenté plusieurs fois de se développer sur notre planète, ou bien elle pourrait n'avoir essayé de le faire qu'à la fin de la période de bombardement cosmique, mais dans tous les cas, tout a dû se passer plus rapidement que nous l'avions pensé dans un premier temps. Il est probable, en d'autres termes, que l'on soit passé des premières protéines ou des premiers acides nucléiques aux cellules, pendant une période de quelques millions d'années seulement.

Mais une autre hypothèse peut être, elle aussi, prise en considération. Elle dit que, tandis que la surface terrestre était soumise à un bombardement d'astéroïdes, la vie aurait pu se maintenir dans un endroit plus tranquille : les profondeurs océanes. Plusieurs chercheurs, stimulés par les hypothèses formulées par le microbiologiste américain Norman Pace, ont effectivement pensé que les premières formes de vie s'étaient peut-être abritées dans des sources hydrothermales océaniques. Découvertes en 1977 par un sous-marin de recherche au large des îles Galapagos, dans l'océan Pacifique, ces sources se forment à proximité des fractures de la croûte terrestre pleines de magma incandescent. L'eau de l'océan y pénètre et, quand elle arrive à ébullition, elle en ressort chargée de sels minéraux de toute nature, comme cela se passe dans un geyser.

Autour de ces sources vivent de riches colonies de bactéries thermophiles (qui aiment la chaleur), capables d'utiliser pour leur subsistance les sels minéraux portés par les eaux chaudes. Ces bactéries forment à leur tour la base d'une chaîne alimentaire qui nourrit un grand nombre d'organismes, parmi lesquels des mollusques, des vers géants, des homards aveugles, etc. La croûte terrestre primitive devait être encore assez mince pour que des sources de ce type aient existé çà et là dans les océans.

Le microbiologiste américain Carl Woese a fourni une confirmation intéressante de cette hypothèse. Il savait que tous les organismes s'étaient formés à partir du même type d'ancêtre, puisque tous, des bactéries à l'Homme, partagent le même modèle de code génétique. Woese a étudié les rapports de parenté qui se situent aux racines de l'arbre du vivant, surtout chez les bactéries. Comparant le patrimoine génétique des différents types de bactéries, il a conclu que les formes les plus anciennes étaient précisément celles qui vivaient dans les sources hydrothermales et dans les geysers.

Si elle n'est pas née dans un petit étang chaud, la vie pourrait donc être née (et avoir été protégée) dans un autocuiseur bouillant sous-marin. Cependant, le fait qu'une vie ait pu être protégée du bombardement météorique par de fortes épaisseurs océanes n'exclut pas la possibilité qu'elle se soit formée auparavant plus en surface, et que les abîmes n'aient été pour elle qu'un de ses refuges, dont elle a pu ré-émerger plus tard.

Mais dans un cas comme dans l'autre, la plupart des scientifiques ont été convaincus que l'origine de la vie avait résulté de processus chimiques, donc déterministes, ce qui aurait deux conséquences. La première est qu'il s'agirait d'un processus relativement rapide, puisque certaines estimations évoquent un délai d'environ 10 millions d'années.

La deuxième est que, dès que les conditions biochimiques existaient, le démarrage de la vie était un événement difficilement évitable. En allant plus loin, si l'on considère qu'il y a au-moins 200 milliards d'étoiles dans la Voie lactée, et que celle-ci n'est que l'une des centaines de milliards de galaxies de l'univers, il existe de grandes possibilités que des formes de vie cellulaire semblables aux nôtres aient pu se former aussi ailleurs.

Toutefois, l'existence de plantes et d'animaux tels que ceux qui vivent sur la Terre, et a fortiori dotés d'intelligence, est théoriquement moins probable ailleurs, puisque l'évolution biologique dont ils sont issus n'est pas un processus déterministe, mais un processus fortement dépendant d'une chaîne de faits locaux imprévisibles. Autrement dit, c'est un processus qui ne se répète probablement jamais deux fois de la même façon.

De plus, même si les modalités selon lesquelles les organismes se sont différenciés, en devenant de plus en plus complexes, sont assez bien expliquées par la théorie de l'évolution biologique, par contre, l'origine de la vie, c'est-à-dire des premiers organismes en mesure d'évoluer, reste encore partiellement hypothétique. Dans l'état actuel des connaissances, créer même le plus simple organisme vivant en mesure de se reproduire équivaut plus ou moins, en termes de probabilité, à agiter un grand récipient dans lequel on aurait mis toutes les pièces qui composent une automobile, pour qu'à un certain moment il sorte du récipient une automobile fonctionnelle.

Pour répondre à cela, un chercheur a particulièrement expérimenté les conditions qui auraient pu avoir rendu le plus probable la naissance de la vie sur la Terre. Il s'agit de Stuart Kauffman, un logicien et biologiste américain, qui a traité ce problème de façon statistiquement approfondie, en essayant de découvrir comment se comporterait un réseau complexe de bio-unités, dont chacune influencerait le comportement des autres. L'ensemble des réactions chimiques du métabolisme, ou du système interactif des gènes, sont des exemples de réseaux de ce type.

Or, jusqu'à quel point pouvait-on raisonner de manière fiable ? Si les mathématiques pouvaient déjà difficilement prévoir le comportement d'un système avec cinq variables, les biologistes pouvaient-ils décrire le fonctionnement d'un génome humain composé de milliers de gènes ?

Le premier problème, pour Kauffman, a donc été de comprendre dans quelle mesure le comportement d'un système dépendait des variables de ses constituants. Son projet impliquait ensuite de vérifier comment un système complexe était en mesure de s'auto-organiser, pour créer une structure et un comportement assez cohérents et stables pour se développer durablement.

C'est pourquoi, dans sa première expérience, Kauffman simula dans un ordinateur une espèce d'automate cellulaire. Il s'agissait d'un système génétique de cent éléments, dont chacun pouvait se trouver dans deux états différents. L'état d'un élément à chaque génération successive devait dépendre de celui de deux autres, sur la base de seize règles de l'algèbre de Boole. L'état de départ de chaque élément était fortuit, tout comme le choix des règles. Or, dans toutes les simulations, à partir de conditions de départ différentes, et après dix générations environ (un délai très court) le système trouvait par lui-même un comportement cohérent et stable.

Ce phénomène a été confirmé par l'analyse d'attracteurs périodiques, qui mettaient en évidence la tendance auto-cohésive d'un système où de nombreux éléments étaient en interaction entre eux, tendance sans laquelle le système resterait chaotique. Selon Kauffman, des constructions très complexes, comme le système de régulation génétique d'un organisme, ne dépendaient pas tant de leur constitution chimique que d'une propriété commune à tous les réseaux mobilisant un grand nombre d'interactions locales. C'était une propriété d'auto-cohésion, qui intervenait dans la différenciation cellulaire d'un embryon aussi bien que dans le fonctionnement du système immunitaire. Et c'était susceptible de fournir une explication au paradoxe probabiliste de l'origine de la vie.

En effet, les principaux composés qu'on peut trouver dans les êtres vivants, à savoir les protéines et les acides nucléiques, sont des polymères (chaînes) de substances simples -respectivement acides aminés et nucléotides- dont on pense qu'ils étaient abondants dans les océans primitifs. Et les réactions qui les produisent sont catalysées, c'est-à-dire favorisées de manière neutre, par d'autres substances simples, faciles à simuler.

Effectivement, en simulant un bouillon de culture de l'océan primordial supposé, par des programmes informatiques, où un polymère est constitué par une chaîne de symboles, on a découvert qu'une association fortuite des composés de départ donnait rapidement naissance à un système de réactions stables, qui pouvaient se répéter.

En d'autres termes, la naissance d'un organisme complexe pourrait avoir été beaucoup plus probable qu'on ne l'imaginait jusqu'alors. Comme si la vie voulait naître d'une manière ou d'une autre. Pour confirmer cela, Steen Rasmussen, un physicien danois, a essayé de simuler l'origine de la vie dans un bouillon primordial informatique appelé VENUS (Virtual Evolution in a Nonstochastic Universe Simulator).

Cette simulation expérimentale, après vingt-deux millions d'instructions exécutées et environ cent mille générations, a produit ses premiers organismes pionniers, selon des schémas d'instructions qui ont déclenché une auto-évolution. Quelle que soit la genèse biologique réelle, sur Terre, un tel processus d'évolution pourrait donc être intervenu pour développer et pérenniser des premières formes organiques. Et on peut imaginer que le processus qui a su construire les premiers organismes vivants, par auto-organisation, s'est ensuite lui-même adapté et prolongé pour diversifier et rendre de plus en plus complexes ses descendants, dans un processus aussi auto-corrigé et sélectif que les nécessités d'adaptation au milieu le nécessitaient.

Cette théorie a été corroborée plusieurs fois, avec succès, à l'aide d'ordinateurs, en révélant les conditions qui devaient nécessairement être réunies pour que des populations d'organismes se multiplient et interagissent productivement les uns avec les autres. L'expérimentation avec des modèles informatisés du vivant présente l'avantage, par rapport à la simple observation passive de la nature sur le terrain ou en laboratoire, de pouvoir simuler facilement un très grand nombre de générations, en testant étape par étape ce qui arrive au patrimoine génétique des organismes étudiés.

Ceci a dépassé le seul domaine scientifique, puisque l'éco-humanisme en a profité aussi. Les processus d'auto-organisation et d'auto-correction qui éclairent la trajectoire évolutive du vivant, jusqu'à la trajectoire humaine, participent donc désormais aussi au raisonnement conceptuel de l'éco-humanisme, qui continue à s'alimenter des progrès scientifiques pour actualiser et garder en cohérence ses bases philosophiques. D'une manière ou d'une autre, les retombées socio-culturelles de ces progrès ont effectivement pu faire évoluer des paradigmes importants de la pensée humaine.

De la théorie à la pratique moderne.

Un animalcule-robot de synthèse, mélange de silicone et de cellules vivantes. Se déplace et nage comme une raie. (1cm, 10 grammes)

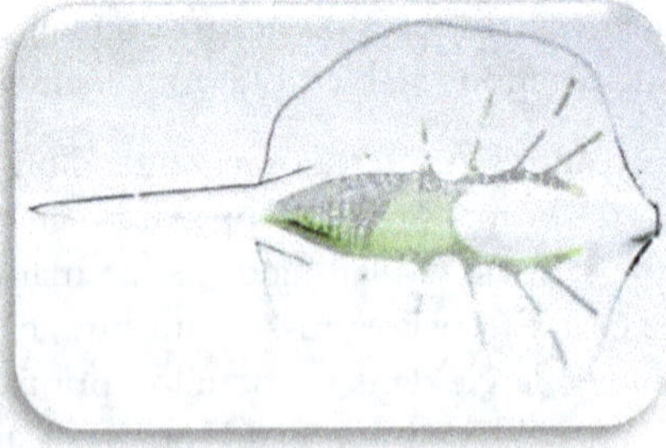

L'EVOLUTION BIOLOGIQUE

Aux 19ème et 20ème siècles, l'impact combiné des théories de l'évolution et de la relativité sur la pensée philosophique, et sur la conception de la place de l'Homme dans son environnement, a installé un nouveau paradigme. Jadis, l'Homme pré-copernicien occidental pensait être au centre d'un univers créé pour lui. Mais après Copernic, Kepler, Galilée et Newton avaient contesté cela. La Terre n'était plus qu'une simple petite planète tournant autour d'un Soleil beaucoup plus grand, et l'Homme paraissait devoir évoluer dans un cosmos rempli de beaucoup de vide, d'autres planètes, et d'autres soleils.

À son tour, Darwin a fait progresser la biologie en démontrant que les espèces vivantes, y compris l'Homme, n'étaient pas apparues sur Terre sous leur forme actuelle. Il a expliqué que chaque espèce descendait d'ancêtres différents, après une longue histoire évolutive, où la diversité des êtres vivants était une conséquence de leur adaptation à des milieux locaux différents, et où la variété de leurs structures et de leurs fonctions résultait de leur adaptation à différents modes de vie.

L'espèce humaine présente toutefois une particularité, dans la mesure où elle s'est adaptée à son milieu de manière de plus en plus consciente : de génération en génération, une hérédité culturelle proactive a été ajoutée à l'hérédité biologique, dégageant l'Homme, au moins partiellement, de la sélection naturelle résultant de sa simple adaptation biologique au milieu, jusqu'à pouvoir pressentir et projeter son possible futur, de plus en plus loin, et de plus en plus efficacement.

Au-delà du cas particulier du fait humain, le devenir et la transformation ont été vus par la théorie de l'évolution comme des caractéristiques adaptatives fondamentales du vivant complexe, pouvant probablement s'appliquer dans tout l'Univers. Cette conception a changé de façon radicale l'auto-représentation traditionnelle de l'Homme occidental dans la nature. L'immanence apparente des lois physiques de l'Univers, et les mythes créationnistes, qui permettaient peut-être jadis à certains Êtres humains de dormir plus sereinement, en ont été bouleversés.

Car même si les mécanismes par lesquels opère l'évolution inorganique restaient différents de ceux qui animent l'évolution biologique, le devenir et le mouvement caractérisaient désormais tout le contexte universel dans lequel l'Homme évoluait. L'Univers n'étant pas statique mais dynamique, et immense, le mouvement y avait un sens et des effets en conséquence.

En cherchant à mieux en évaluer les implications pour le vivant, ceci a provoqué aussi des controverses entre les théoriciens de la biologie évolutionniste, pour savoir si ce mouvement était ou non facteur de progrès. Or, la notion de progrès est ambigüe en matière d'évolution du vivant. Il y a une cause utilitaire naturelle dans le changement, mais le terme de progrès a aussi une connotation culturelle qui n'a rien à voir avec les processus qui régissent l'évolution des structures et des organes biologiques. Une bactérie qui se reproduit de manière exponentielle et qui laisse une multitude de descendants en quelques heures est-elle moins adaptée et capable de progrès qu'un couple de mammifères supérieurs avec sa procréation sexuée ?

L'acception du progrès dans le monde animal est influencée par notre culture dominante, inévitablement anthropocentrée, alors que quoi qu'il en soit, aucun déterminisme ne guide un progrès : chaque espèce biologique, y compris la nôtre, apparait comme une expérience de la nature, où l'évolution suit un processus adaptatif, qui comme tel risque parfois l'insuccès, l'impasse. Malgré cela, notre rôle dans la nature est devenu plus impactant que celui de toute autre espèce connue. Alors, quel rôle l'Homme peut-il avoir dans l'évolution universelle ? Va-t-il en être un simple spectateur, un metteur en scène, un catalyseur ? Il y a des personnes qui se libéreraient de cette question en haussant les épaules, ou qui l'éviteraient, en la considérant comme une préoccupation impertinente, ou arrogante, voire un blasphème.

Or, l'Homme moderne tendant à devenir un être plus rationnel, et probablement le seul à avoir acquis la conscience d'un processus d'évolution naturelle universel, il peut difficilement éviter de se poser de telles questions. Le problème posé induit en quelque sorte le sens de son existence. "L'Homme vit-il seulement pour vivre, et n'y a-t-il pas pour lui de but ou de sens autre que celui-ci, ou bien est-il appelé à participer à la construction du meilleur des univers qui lui soit utile ?" (Theodosius Dobzhansky, 1975, *Diversité génétique et égalité humaine*). La réponse est que oui, c'est un constructeur proactif.

Mais des controverses et des errements ont perturbé la société humaine à ce sujet. Certains savants, par le passé, et jusqu'à récemment, ont évoqué des motifs religieux, et prétexté des théories formulées selon des références partisanes et dogmatiques, pour appliquer parfois de lourds préjugés sociaux.

Du 19ème siècle à nos jours, des partisans d'une discrimination à l'égard de tout type de divergence à leur propre modèle ont même tenté d'imposer des arguments scientifiques biaisés pour étayer leurs théories et leurs préjugés.

Ces préjugés, souvent nés de l'ignorance, ont alimenté des comportements d'exclusion et de suprématie dans certaines sociétés, et une partie du monde scientifique a parfois admis de tels comportements. Au point de laisser craindre qu'avec le progrès rapide des manipulations génétiques, un danger puisse résulter du fait que certains bio-techniciens partisans sachent modifier suffisamment le patrimoine génétique d'individus sélectionnés d'une race ou d'un groupe social, pour que leurs descendants ne puissent plus se reproduire avec d'autres. Le prétexte de survie du plus adapté, emprunté au contexte darwinien, peut alors être utilisé abusivement pour légitimer la pauvreté des couches sociales les plus faibles, et la supériorité des plus aisées, ceci jusqu'à justifier le colonialisme et l'impérialisme comme des conséquences inévitables de la suprématie ethno-culturelle d'une pseudo-élite particulière. Il n'y a pourtant rien de biologiquement probant, ni de scientifiquement correct, dans ces préjugés.

Mais de tels éléments empruntés à la théorie évolutive ont tout de même été appliqués çà et là, jusque dans la criminologie. Cesare Lombroso (1835-1909), un médecin italien de la deuxième moitié du 19ème siècle, avait tenté d'établir une relation entre la physionomie des délinquants et celle des singes, affirmant qu'un criminel l'était dès la naissance. Lombroso essayait de démontrer une hypothétique tendance au crime chez certains animaux pour justifier sa propre approche de la criminologie humaine.

L'équation animalité = criminalité fut portée à des conséquences ridicules, lorsque Lombroso parvint à postuler une ressemblance significative entre l'asymétrie du visage de certains criminels et celle des soles, dont les deux yeux avaient migré sur un seul côté du corps, ou bien en établissant que les prostituées avaient une tendance à avoir des pieds préhensiles comme ceux des singes. La pensée de Lombroso fut pourtant expérimentée, et son influence a sévi pendant de nombreuses années dans des cercles pénaux. Jusqu'à la fin du 20ème siècle, le comportement criminel a encore parfois été rapproché de certaines caractéristiques aberrantes, et la mauvaise foi y était pernicieuse lorsqu'elle utilisait des études génétiques pour tenter de démontrer des hypothèses fallacieuses, oubliant l'importance que revêtait aussi le milieu social dans la formation des tendances criminelles. Heureusement, la plupart des criminologues ont évité d'attribuer le comportement violent de personnes déséquilibrées à des caractéristiques physiques ou génétiques déterministes.

Car le fait de considérer l'Homme comme un descendant mutant d'ancêtres animaux peut aider à comprendre certains de ses comportements, et à mettre en lumière certains de ses aspects réactifs apparemment excessifs. Mais ces comportements sont le plus souvent des compromis adaptatifs entre des qualités génétiquement héritées des parents, même lointains, et des influences du milieu local et social présent.

Physiologiquement, le cortex cérébral, la partie du cerveau qui s'est développée à l'époque évolutive la plus récente, gère désormais nos capacités intellectuelles, mobilisant la logique, la résolution de problèmes complexes, les décisions et les choix de notre esprit. D'autres parties cérébrales, plus anciennes, situées sous le cortex, poussent l'Homme à se comporter de façon inconsciemment réactive, mais encore pertinente pour son adaptation. L'équilibre mental humain dépend de sa flexibilité dans l'intégration des stimuli provenant de ces zones différentes du cerveau, et une cause de nombreux troubles psychiques relève de l'altération de cette coordination nécessaire, qui détermine plusieurs pathologies psychosociales.

Heureusement, c'est devenu culturellement et médicalement gérable. L'efficience du cerveau humain résultant de son adaptation aux conditions du milieu, l'esprit humain peut renforcer cette adaptation malgré la variabilité génétique du vivant, en comprenant que l'espèce et le milieu sont des entités complexes interdépendantes, mais dont les dynamiques ne sont pas toujours prévisibles. L'esprit humain peut en déduire que rien n'étant constant et sûr dans le temps, les corrections adaptatives doivent toujours être considérées comme temporaires, quelle que soit leur utilité au présent. Notre organisme peut ainsi développer des réactions correctives conscientisées, au fur et à mesure de son évolution, ce que notre science explique de mieux en mieux. Nous pouvons expliquer la nausée et les vomissements chez les femmes enceintes comme des réactions adaptatives, lorsqu'elles conduisent à éviter des substances qui peuvent, d'une façon ou d'une autre, être dangereuses pour le fœtus. Et notre dégoût pour certains plats peut s'expliquer par le fait qu'ils contiennent des substances que notre organisme considère comme dommageables.

Mais toutes les corrections adaptatives ne sont pas effectives à l'échelle d'une seule génération. Par exemple, la sélection naturelle n'a pas encore (ou pas assez) éliminé les gènes qui permettent le dépôt de cholestérol dans les veines, ce qui entraîne des maladies cardio-vasculaires, parfois mortelles. Nous sommes gourmands d'aliments souvent nocifs (gras et sucrés) alors que nous négligeons des légumes et des féculents. Nous mangeons souvent trop même quand nous savons que nous sommes devenus trop gros.

La première raison est que l'adaptation évolutive du vivant est graduelle, et qu'elle prend son temps et ses formes. La grande variété de la coloration des plumes d'oiseaux ou l'étrangeté de la forme de certains poissons, tout comme le ronronnement du chat, sont autant de phénomènes qui acquièrent, dans une analyse d'adaptation évolutive, une signification qui va au-delà des simples aspects pratiques immédiats. Beaucoup de caractéristiques d'un organisme, comme sa forme, sa couleur, son comportement, peuvent être mises en relation entre elles et avec celles d'autres organismes, et peuvent être interprétées de façon à en découvrir la valeur adaptative successive, et à y retrouver des signes d'adaptations antérieures. Tout cela s'analyse sur de longues périodes.

Lorsque cette progressivité évolutive est bien comprise, la théorie évolutive peut avoir un rôle central dans presque tous les domaines de la biologie. Comme le disait Theodosius Dobzhansky (1900-1975), l'un des principaux évolutionnistes du 20ème siècle, "rien n'a de sens en biologie, sinon à la lumière de l'évolution". Et l'évolution implique une notion de changement adaptatif graduel, qui peut concerner l'aspect extérieur, ou la physiologie, ou le comportement d'un organisme, et son patrimoine héréditaire transmissible de génération en génération. Par contre, n'importe quel changement ne produit pas nécessairement d'évolution. Un organisme peut changer de forme durant sa croissance, mais dans ce cas il n'évolue pas au sens darwinien, où les phénomènes évolutifs n'impliquent pas seulement l'organisme en temps réel, mais aussi le sort de sa descendance.

Selon quelles nécessités un organisme évolue-t-il ? Les principaux facteurs d'évolution sont à la fois le changement des conditions du milieu au cours du temps, la variation génétique fortuite, et l'adaptation à ces conditions. Mais l'évolution biologique naturelle ayant une direction imprévisible et sans finalité certaine, la notion de progrès est d'autant moins pertinente dans les travaux de biologie évolutionniste. La grande diversité des espèces vivantes est le fruit d'interactions par lesquelles, à partir d'un même ancêtre commun, se sont produites des ramifications, des bifurcations, des impasses et des modifications, notamment par des symbioses micro-organites. Et ce sont ces changements et ces bifurcations adaptatives des organismes, sans déterminisme, qui sont principalement analysés par la science de l'évolution.

Là, un facteur fondamental de survie semble résider dans les capacités réactives adaptatives des organismes, ce qui leur permet d'une manière ou d'une autre de réagir aussi efficacement que possible, lorsqu'ils subissent une variation des conditions de leur milieu. Les exemples d'adaptation réactive que l'on peut trouver dans la nature sont nombreux.

Mais toutes les caractéristiques morphologiques ou comportementales des êtres vivants ne peuvent pas être considérées comme adaptatives, même si elles sont utiles d'une manière ou d'une autre, et héréditaires.

Dans ce sens, au début du 19ème siècle, le naturaliste Jean-Baptiste de Lamarck (1744-1829) avait introduit avant Darwin une théorie générale précursive, selon laquelle tous les êtres vivants auraient subi au cours du temps des transformations. D'après sa théorie, qui avait pris le nom de transformisme, les caractères acquis pendant le développement individuel étaient potentiellement héréditaires, et l'adaptation était le résultat des modifications morpho-physiologiques produites durant la vie des individus, à la suite de l'usage réactif modifié de tels ou tels organes et fonctions, ce qu'ils pouvaient transmettre à leurs descendants.

Charles R. Darwin (1809-1882) a établi une formulation plus complète de ces mécanismes évolutifs sélectifs, dans son célèbre ouvrage sur *l'Origine des espèces*, publié en 1859. Darwin y a expliqué l'adaptation et la formation de nouvelles espèces par sa propre théorie de la sélection naturelle, selon laquelle les individus les plus doués et les plus efficaces d'une population contribuaient plus que les autres à la génération de la descendance, tandis que d'autres individus y contribuaient moins, ou pas du tout. Puisque les caractéristiques de la descendance reflètent celles des parents, les caractères des parents qui génèrent le plus de descendance deviennent de plus en plus fréquents dans les générations suivantes, et la composition génétique de la population se modifie avec le temps. Jusqu'au début du 20ème siècle, il y a eu différentes tentatives pour réfuter ces théories, et une réticence à accepter la théorie de la sélection naturelle.

Celle-ci a pris néanmoins un ascendant important à partir des années 1920, grâce notamment à la redécouverte des expériences de Gregor Mendel, initiateur de la génétique, et grâce aux développements des études biométriques. C'est en effet grâce à la réconciliation entre les théories mendéliennes et l'étude de la variabilité statistique des caractères chez des populations naturelles que l'on est parvenu à une synthèse modernisée de la théorie de l'évolution, appelée néodarwinienne, ou théorie synthétique de l'évolution. Les principaux acteurs liés à cette phase ont été le mathématicien anglais Ronald A. Fisher (1890-1962), le généticien John B. S. Haldane (1892-1964) et le mathématicien américain Sewall Wright (1889-1988), lesquels, au début des années 1930, publièrent les fondements d'une discipline appelée génétique des populations, qui corroborait les lois de la génétique de Mendel, avec une référence à la variabilité que l'on observait dans diverses populations naturelles.

La génétique s'orienta alors vers les études évolutionnistes en suivant la voie ouverte par Theodosius Dobzhansky, né en Russie mais travaillant aux États-unis, qui étudia notamment l'évolution des populations de la mouche du fruit, la drosophile. D'autres chercheurs tels que les anglais E. B. Fors et H. B. D. Kettlewell travaillaient de leur côté sur la sélection adaptative dans les populations naturelles, fondant ce que l'on appelle la génétique écologique. Un autre nom étroitement lié à cette phase de floraison des études de biologie évolutionniste a été celui de Julian S. Huxley (1887-1975), qui vulgarisa les concepts de synthèse moderne et qui divulgua à un large public les concepts élaborés par Fisher, Haldane et Wright.

Cette voie de l'évolutionnisme est restée contestée quelque temps. Dans les années 1930, des spécialistes de systématique (dont G. C. Robson et O. W. Richards) n'acceptaient ni les théories de Mendel, ni celles de Darwin. Et des généticiens, comme l'allemand R. Goldschmidt, soutenaient plutôt une théorie de macromutations, d'après laquelle les espèces évoluaient non pas à travers la sélection de petites variantes mais par la succession de mutations aux effets plus conséquents. En outre, bien que l'ouvrage de Darwin s'intitule l'Origine des espèces, la façon dont effectivement les espèces naissaient n'y était pas encore assez traitée par l'auteur, et la discussion au sujet de l'énigme de l'origine des espèces était donc d'autant plus entretenue.

Ernst Mayr (1904-2005), qui avait quitté l'Allemagne nazie avec Goldschmidt, a finalement fait avancer la théorie de la spéciation (c'est-à-dire les modalités par lesquelles naissent de nouvelles espèces) et la définition de la notion d'espèce, avec une série de conséquences importantes au niveau des études de systématique. De son côté, la biologie systématique, qui visait à définir les groupes d'êtres vivants et à les classer par affinités, fut la première discipline à appliquer officiellement une synthèse moderne, à travers la révision de ses méthodes et de ses conclusions.

Le paléontologue américain George G. Simpson (1902-1984) en fut un promoteur notable. Il appliqua une synthèse moderne néo-darwinienne à ses études paléontologiques, réfutant entre autres la croyance, répandue à l'époque, selon laquelle des séries fossiles analysées pouvaient indiquer une tendance implicite des espèces à évoluer dans une direction déterminée. Vers le milieu des années 1940, la synthèse moderne avait donc déjà influencé plusieurs domaines de la biologie. Mais la route allait rester difficile et le débat animé, jusqu'au développement, à partir des années 1960, de la biologie moléculaire. Les théories pouvant dès lors être mieux vérifiées par l'étude des molécules protéiques, une grande quantité de données traitées a confirmé l'importance de la synthèse moderne.

Les travaux du généticien japonais Motoo Kimura ont toutefois rappelé le rôle du hasard dans le changement évolutif, aussi bien au niveau protéique que, par la suite, au niveau de l'ADN, ceci démontrant que la plupart des changements évolutifs des séquences d'ADN étaient neutres par rapport à l'évolution (selon la théorie dite neutraliste). Et du côté de la paléontologie, les américains Niels Eldredge, Stephen J. Gould et S. M. Stanley ont proposé, à l'issue d'une étude approfondie de la macroévolution de fossiles, une théorie dite des équilibres ponctués, selon laquelle l'évolution des espèces n'était pas graduelle, mais suivait une alternance de longues périodes de stagnation, et de courtes mais intenses périodes de changement évolutif.

Pourtant, malgré la grande quantité d'études et de confirmations publiées, quelques théoriciens ont continué à ignorer, voire à nier, la théorie darwinienne de l'évolution. Le cas le plus connu est celui du mouvement créationniste, qui a nié l'existence d'une telle évolution en proposant en alternative un ersatz pseudo-scientifique. Ce mouvement a été si remuant (plus politiquement que scientifiquement) que certains évolutionnistes célèbres (S.J. Gould, paléontologiste à Harvard, D. Futuyima, biologiste évolutionniste à l'université de l'Etat de New York, et R. Dawkins, professeur de zoologie à l'Université de Cambridge) ont été amenés à écrire des articles et des volumes entiers pour expliquer et pour défendre l'évolution darwinienne.

En fait, cette théorie de l'évolution était considérée par ses opposants les plus rétrogrades comme culturellement inacceptable, pas tant du fait de ses implications biologiques, mais en raison de la place à laquelle l'Homme était ramené, révélant des contradictions philosophico-religieuses où certains détracteurs bornés maintenaient que la Terre était (bibliquement) plate.

C'est pourquoi, même si l'évolution a été scientifiquement admise comme un fait avéré et probant, il a longtemps été nécessaire de préserver cela de fortes réactions d'ignorance et de mauvaise foi. Heureusement, des preuves de l'évolution ont pu être constatées partout, de manière récurrente, et certains phénomènes ont même pu être observés dans un intervalle de temps compatible avec la durée de la vie humaine.

Un phénomène significatif a été par exemple celui du Biston betularia, un papillon de nuit dont la forme sombre (mélanique) constituait, en 1848, seulement 1 % de la population totale, dans une zone près de Manchester (UK), tandis que, après l'industrialisation britannique, en 1898, elle en constituait 99 %. Cette forme de mélanisme adaptatif était constatée aussi dans la plupart des pays industrialisés et représentait un bon cas pédagogique de processus de sélection naturelle.

Qu'était-il arrivé aux papillons de Manchester ? À cause du noircissement des arbres, dû à la suie rejetée par des usines toujours plus nombreuses, sur les arbres où ils se posaient, les individus les plus clairs de ces insectes devenaient plus visibles aux yeux de leurs prédateurs (les oiseaux) et, par conséquent, plus faciles à capturer, tandis que les individus plus foncés étaient moins chassés. Ainsi, au fil des générations, les formes sombres se sont mieux préservées et reproduites, et sont devenues les plus fréquentes. Cet exemple démontre que, bien que l'évolution soit un processus généralement lent, elle peut être constatée aussi à plus court terme.

D'autres changements évolutifs visibles pouvaient en outre être à la fois produits artificiellement et observés à court terme. Une sélection artificielle opérée par l'Homme produisait déjà des variétés de plantes cultivées fournissant des récoltes de plus en plus abondantes, des poules qui pondaient plus d'œufs, des vaches qui produisaient plus de lait, une grande variété de races de chiens et de chats, tout cela par la sélection de caractéristiques particulières d'une génération à l'autre. Les résultats de cette sélection provoquée apportaient eux aussi la preuve que les espèces pouvaient subir des changements évolutifs dans des délais relativement courts.

Par contre, certains changements anciens et à long terme restaient plus difficiles à interpréter. Si l'on observe dans la nature des espèces différentes les unes des autres, leur différence apparente n'implique pas l'absence d'une certaine gradation préalable, dans une variation passée, mais qui n'est plus observable. Inversement, deux espèces distinctes, si elles sont observées dans des zones géographiques particulières, peuvent apparaître comme de simples nuances l'une de l'autre, au point de faire douter qu'il s'agisse véritablement de deux espèces différentes, et non pas d'une seule espèce variable selon la localité.

La plupart du temps, on ne peut donc observer que le résultat d'un processus évolutif long, mais pas ses phases intermédiaires, malgré quelques exceptions, comme pour l'Archæoptéryx, dont le fossile témoigne de l'évolution des oiseaux à partir des reptiles, et qui présente des caractères reptiliens mêlés à ceux des oiseaux. Malheureusement, des découvertes comme celle-ci ne sont pas fréquentes, et souvent il manque des maillons intermédiaires qui permettraient la reconstruction complète d'une chaîne évolutive. Pourtant, avec ténacité, la recherche scientifique a avancé et a accumulé patiemment des preuves. De longues continuités de séries fossiles, comme celles de certaines diatomées (algues unicellulaires dotées d'une coquille) ont notamment pu contribuer à mieux démontrer leurs phénomènes d'évolution.

Et en étudiant les caractères de chaque classe de vertébrés connus, on a pu établir un réseau suffisamment probant de relations et de mutations successives. En suivant un tel fil directeur, les poissons ont des branchies, comme les amphibiens à l'état larvaire, mais les reptiles, les oiseaux et les mammifères en sont dépourvus. Cependant, les amphibiens ont quatre pattes comme les autres vertébrés terrestres, à la différence des poissons. On est donc porté à déduire une progression évolutive des poissons aux amphibiens, puis aux reptiles, et enfin aux mammifères, et l'étude des fossiles confirme bien cette hiérarchie.

Les plus anciens vertébrés fossilisés dans les roches sont effectivement des poissons, suivis par les amphibiens, les reptiles, et enfin les mammifères, tous ces animaux fossilisés témoignant de la modification continue de leurs structures sur de très longues périodes. Ainsi, on dispose d'une échelle d'analyse de plus en plus grande, capable de mieux aider à répartir et à situer les changements évolutifs qui, depuis les origines de la vie, ont abouti à la grande variété des formes vivantes.

Mais même si la bio-diversité accumulée sur Terre surprend quand on étudie ses très nombreuses formes vivantes, on a découvert aussi que les innovations véritables y ont été relativement rares. Comme l'a fait remarquer Milne Edwards (un collègue de Darwin) dans une phrase reprise dans l'ouvrage de Darwin l'Origine des espèces "la nature est prodigue de variétés, mais avare d'innovations". C'est comme si l'évolution travaillait à adapter surtout le meilleur matériel dont elle dispose déjà.

Il en découle que deux espèces prises au hasard dans la nature peuvent présenter un certain degré de ressemblances, avec une similitude par homologie, et aussi une similitude par analogie. Les requins, les dauphins et les baleines possèdent une forme analogue parce qu'ils partagent un même mode de vie aquatique. Les ailes des oiseaux et des chauves-souris ont des structures analogues, nécessaires au vol. Si l'on considère, en revanche, ce même membre qui est commun aux amphibiens, aux reptiles, aux oiseaux et aux mammifères, on peut observer que, à part quelques modifications spécifiques présentes chez les individus adultes, il s'agit toujours d'un membre à cinq doigts (pentadactyle). Mais il n'existe pas, liée au milieu ou à la fonction, de raison pour laquelle ce membre doit toujours avoir cinq doigts. Pourtant, malgré la diversité d'utilisations que les différentes espèces en font, et même si le membre s'est modifié en une multitude de formes, l'anatomie comparée a mis en évidence une structure à cinq doigts, toujours observable dans les diverses classes connues de vertébrés.

Ce type de ressemblance était appelé faute de mieux par les morphologistes, avant Darwin, le "plan de la nature", une définition plutôt mystique, et dépourvue de fondement scientifique. L'explication scientifique formulée à la lumière de la théorie de l'évolution a été plus simple et plus logique : le membre compte cinq doigts parce que les amphibiens, les reptiles, les oiseaux, et les mammifères, descendent tous d'un ancêtre commun pentadactyle (poisson). Ce type de ressemblance, dû à l'existence d'un ancêtre commun, est appelé homologie. Et on peut trouver des homologies à tous les niveaux de l'organisation de la vie, depuis les membres locomoteurs jusqu'aux molécules, et aux séquences d'ADN.

Ce sont souvent les homologies entre les espèces vivantes et les espèces fossiles qui ont montré de façon irréfutable que les unes et les autres se sont formées à partir d'un ancêtre commun. Certaines de ces homologies sont immédiatement convaincantes. Les baleines, bien qu'elles n'aient pas de membres postérieurs, ont, même sous une forme réduite, un fémur et des os du bassin, comme d'ailleurs les boas et les pythons. Ces structures sont dites vestigiales, et dans le cas des baleines et de certains serpents, cela suggère qu'ils descendent d'animaux à quatre pattes. La faune des cavernes obscures présente généralement des yeux diminués voire absents, c'est-à-dire des formes vestigiales d'yeux, autrefois fonctionnels chez leurs ancêtres qui vivaient à l'extérieur en pleine lumière, mais qui en ont perdu l'utilité.

L'Homme présente un appendice de son intestin qui servait probablement à ses lointains ancêtres de cavité digestive annexe. Aujourd'hui, cet appendice n'a apparemment plus de fonction particulière, et il s'infecte même parfois, provoquant une appendicite, et rendant nécessaire son ablation. Toutes les structures vestigiales ne sont cependant pas privées de fonction. Il semble que chez une baleine fossile remontant à 40 millions d'années, les os du bassin servaient de support durant l'accouplement. Et beaucoup d'autres exemples confirment que la nature est prodigue en variations adaptatives. L'aiguillon des guêpes est une modification de l'organe utilisé jadis, et aussi par d'autres insectes, pour pondre leurs œufs (c'est pourquoi seules les femelles piquent).

Le sabot du cheval se développe par suite d'un ralentissement de la croissance des doigts latéraux et d'une accélération de celle du doigt moyen. La structure portante des ailes d'une chauve-souris est obtenue par un développement exceptionnel des doigts du membre antérieur. Les ailes d'une raie Manta ne sont que des nageoires pectorales très développées. Les évents des Cétacés sont des narines qui se sont déplacées vers un endroit plus efficace pour la respiration en émersion.

D'un autre côté, ces variations autour d'une même disposition fonctionnelle peuvent parfois finir en inconvénients. Nous devons extraire nos dents de sagesse, parce que notre mâchoire est devenue plus courte que celle de nos ancêtres, et qu'elle ne peut plus recevoir le même nombre de dents. Nous devons prendre de la vitamine C parce que nos ancêtres mangeurs de fruit avaient perdu l'utilité de la synthétiser.

L'étude du développement embryonnaire animal fournit d'autres indications intéressantes, et permet de se faire une idée de l'origine d'organismes différents descendant d'ancêtres communs. Les premières phases du développement embryonnaire chez tous les vertébrés sont étonnamment semblables, et un embryon précoce d'amphibien est difficilement distinguable d'un embryon précoce de mammifère. Comment expliquer ce fait, sinon par l'hypothèse d'une ascendance commune ? S'ils ne descendent pas de reptiles, pourquoi les oiseaux présentent-ils des dents dans certaines phases du développement embryonnaire, et en sont-ils dépourvus au stade adulte ? S'il n'y avait pas une parenté commune entre tous les vertébrés, pourquoi à un certain stade l'embryon lové dans le ventre maternel d'une femme du 20ème siècle présente-t-il l'ébauche de branchies ?

Un autre facteur important de l'adaptabilité évolutive s'observe dans la dynamique quantitative de reproduction. Une femelle de morue atlantique de dix ans peut libérer dans l'eau jusqu'à 2.000.000 d'œufs. Si tous ces œufs éclosaient et si toutes les larves parvenaient au stade adulte, en l'espace de quelques décennies, la mer déborderait de poissons. La réalité est qu'en moyenne, sur ces 2 millions d'œufs, seuls deux ou trois parviennent à maturité. Chez de nombreuses espèces animales, la mortalité touche principalement les premiers stades du développement.

Et même chez les espèces qui produisent une descendance très peu nombreuse, comme les éléphants, Darwin a calculé que si tous les descendants d'un couple survivaient, en à peu près 700 ans on en compterait 19 millions. Or, il n'existe pas dans leur milieu naturel de ressources suffisantes pour alimenter autant de morues et d'éléphants.

L'équilibre est donc maintenu dans la mesure où une grande partie de la descendance meurt avant de se reproduire. La clé du maintien évolutif de chaque espèce consiste alors à doter le mieux possible ses survivants potentiels. Parfois, la chance intervient, mais en général, celui qui survit est surtout le mieux capable de lutter avec succès contre d'autres individus, d'échapper aux prédateurs, de résister à l'infection, c'est-à-dire qu'il possède un ensemble de propriétés que les anglo-saxons appellent fitness (aptitude).

Car la lutte pour l'existence ne se limite pas à une lutte physique, mais elle inclut toutes les difficultés qu'un organisme doit surmonter pour croître et se reproduire. C'est notamment pourquoi la sélection naturelle, comme moteur de l'évolution, opère aussi par une fécondité appropriée, à séquences plus ou moins courtes, et en exploitant la variabilité sélective présente dans les caractères les plus réactifs de la descendance.

Dans le phénomène de mélanisme observé chez Biston betularia *(vu ci-avant)*, la sélection naturelle favorisait à chaque génération les variantes les plus sombres qui, ayant moins de probabilités d'être victimes des prédateurs, parvenaient mieux à se multiplier. La descendance de ces variantes plus sombres héritait de la coloration des parents et l'espèce en était renforcée peu à peu, la reproduction étant assez rapide.

Chaque reproduction maintenait un potentiel utile de variabilité dans la coloration, pour que de génération en génération, les individus les plus adaptés survivent et procréent. Par conséquent, pour qu'il y ait sélection naturelle, il doit y avoir reproduction, variabilité, et hérédité, en temps utile. Cette sélection est un moteur de l'évolution pour autant qu'elle développe des adaptations réactives opportunes, quantitatives et qualitatives.

Ce modèle de raisonnement peut par exemple éclairer un événement à l'échelle de millions d'années comme celui de l'évolution des amphibiens à partir des poissons. Entre -360 et -370 millions d'années avant notre époque, l'abaissement du niveau océanique avait facilité l'apparition de certaines adaptations à la vie terrestre. Exploitant leur variabilité, la sélection naturelle avait favorisé les formes qui développaient les caractéristiques les plus adaptées à ce changement, jetant les bases de l'évolution des amphibiens, et déterminant leur morphologie et leur physiologie.

Pour se faire une idée de la variabilité à l'œuvre dans la nature, il suffit de regarder autour de soi et d'observer qu'il n'existe pas deux êtres vraiment identiques, à moins qu'il ne s'agisse de jumeaux homozygotes. La variabilité est présente à tous les niveaux de la vie, aussi bien au niveau des structures comme les organes ou les membres, qu'au niveau des cellules, des protéines ou des séquences d'ADN. Dans chaque population, il existe une variabilité, active à tous les niveaux, qui influe sur le fitness des organismes. Et les organismes qui ont un plus grand fitness ont une plus grande probabilité de se reproduire et de contribuer à la génération suivante.

Rappelons à ce propos, incidemment, que le renforcement conscient de l'adaptabilité permanente, exploitant la variabilité réactive de notre propre espèce, est aussi un objectif majeur de l'éco-humanisme moderne.

En poursuivant ce raisonnement, si la variabilité est l'un des facteurs évolutifs les plus importants chez les êtres vivants, on peut se demander quelle est son origine. Et là, nous remarquons d'abord que l'union des deux différents bagages chromosomiques au cours de la reproduction sexuée est déjà source de variabilité. Chez les animaux, un brassage génétique peut contribuer à augmenter la variabilité, même quand il résulte d'accouplements entre des individus appartenant à des populations de la même espèce, mais provenant de parties éloignées de leur aire de distribution.

En outre, la dynamique essentielle de la variabilité est alimentée par des mutations, dont certaines peuvent être dues à des erreurs de copie de l'ADN durant la phase de réplication, erreurs qui peuvent impliquer un gène unique, ou des chromosomes entiers. Lorsque de telles mutations sont produites artificiellement, elles sont souvent fatales à leur porteur, mais pour les scientifiques, elles représentent une source de variabilité instructive.

En fait, la plupart des processus naturels sont longs et aléatoires, et la nécessité d'adaptation d'une espèce à un milieu particulier ne déclenche pas automatiquement la production de mutations prédéterminées. Les mutations sont fortuites par rapport à la direction de l'adaptation. La mutation qui permet à la girafe d'avoir un cou légèrement plus long que celui de ses prédécesseurs ne s'est pas faite parce qu'un cou plus long est nécessaire pour atteindre des branches plus hautes. La mutation a lieu, et s'il en a résulté un avantage, elle s'est perpétuée, la sélection naturelle favorisant simplement les individus qui présentent des mutations suffisamment avantageuses.

Dans des populations étendues et nombreuses, la variabilité et la sélection naturelle sont les principaux facteurs qui permettent d'expliquer les changements adaptatifs. Mais dans une population plus petite et isolée, telle qu'une population insulaire, il peut arriver que, d'une génération à l'autre, on perde fortuitement une certaine quantité de variabilité génétique. La population étant trop réduite, les individus matures du point de vue reproductif peuvent alors être porteurs de tous les caractères de la population. S'il existe des caractères héréditaires plus fréquents par rapport à d'autres, il est probable que, toujours par effet du hasard, ces caractères tendent à être les seuls présents dans les générations descendantes.

Et pour cette raison, cette population isolée pourra tendre à devenir une race géographique, voire une espèce, plus ou moins fragilisée, et aléatoirement mutante. Ce phénomène, appelé dérive génétique, peut contribuer aussi, à côté de la sélection naturelle, au changement évolutif permanent qui produit la multiplication ou la régression des organismes sur Terre.

Jusqu'à présent, la nature a plutôt bien géré tout cela. Et les formes de vie existantes ont entretenu assez de diversité et de variabilité pour que presque tous les organismes ayant survécu aux catastrophes passées aient gardé une capacité de s'adapter de manière assez réactive aux conditions de leur époque, en développant des structures et des fonctions appropriées et spécialisées, qui favorisent et qui garantissent leur survie dans leur biome.

Heureusement pour eux, car ils doivent nécessairement continuer en permanence à surmonter les problèmes générés dans et par leur milieu de vie. Outre les phénomènes d'intra-mutation, puis de concurrence, dans leur propre espèce, et contre d'autres espèces, ils doivent surmonter des variations de température, des agressions par des prédateurs, des infections parasitaires, des carences de nourriture, etc. Au cours des générations, la sélection naturelle, en optimisant la variabilité héréditaire dans les populations, a privilégié les meilleures adaptations à ces phénomènes récurrents, et le développement corrélatif des espèces qui en ont profité.

En tenant compte de cela, la théorie de l'évolution s'est construite selon trois facteurs liés : la présence d'une variabilité entre les différents organismes, l'hérédité sélective de la variation, et le fait que des variations contribuent de façon utile à maintenir une quantité suffisante de descendants mieux adaptés. Le processus d'adaptation n'étant pas assez distingué dans sa première formulation, Darwin l'introduisit aussi comme quatrième condition, soulignant que les caractères qui augmentaient la probabilité de survie et de succès reproducteur d'un individu avaient également une plus grande probabilité d'être valorisés dans les générations suivantes.

Cette course-poursuite entre les adaptations nécessaires et les conditions ambiantes changeantes est un mécanisme naturel qui offre de remarquables thèmes d'étude et d'observation, et qui peut aider à expliquer pourquoi certaines espèces, apparues au cours de l'histoire de la Terre, se sont ensuite éteintes, ainsi que cela ressort des recherches et des investigations, notamment fossiles, de l'évolution des animaux et des plantes.

Mais peut-on affirmer pour autant que la théorie de la sélection naturelle explique toutes les adaptations et les disparitions connues ? En fait, même si l'adaptation est un phénomène utile à tous les êtres vivants, il existe toujours des caractéristiques qui ne semblent pas être adaptatives, et qui, par là, ne peuvent pas être attribuées à la sélection naturelle. Par exemple, il semble difficile de trouver un sens adaptatif aux mamelons mâles, chez l'Homme, alors qu'ils ne constituent que des attributs secondaires dans le développement des organes sexuels.

L'adaptation est un concept à nuancer. Si l'on observe une tortue marine qui marche péniblement sur le sable pour y pondre ses œufs, on n'a pas l'impression que ses pattes soient adaptées à cette tâche particulière. Pourtant, la tortue se déplace mieux sur le sable qu'une baleine qui s'y est échouée. En ce sens, l'adaptation doit être considérée comme un compromis pragmatique, et l'évolution résultante peut être comparée au travail d'un ingénieur qui doit continuellement faire de tels compromis.

Ainsi, la morphologie d'un hareng est un compromis entre les conditions hydrodynamiques requises pour un nageur infatigable (un corps fuselé et une nageoire caudale en forme de croissant) et la nécessité de ne pas être trop visible par les prédateurs qui nagent dans les eaux environnantes (d'où un corps comprimé latéralement).

Notre langue joue un rôle aussi bien dans la mastication et dans le goût que dans l'émission de sons, et sa morphologie est un compromis entre ces nécessités. La possibilité de maintenir la station debout nous permet de transporter des objets, mais nous expose en revanche à des maux de dos. Le rhinocéros indien a une seule corne, tandis que le rhinocéros africain en a deux ; mais il n'y a pas de raison de penser qu'une seule corne soit une adaptation contre les prédateurs indiens et que deux cornes représentent une adaptation contre les prédateurs africains. Plus simplement on peut penser que ces deux espèces se sont développées à partir de conditions initiales légèrement différentes, et qu'elles ont réagi ensuite à des conditions adaptatives locales différentes.

Compte tenu de ces considérations, et sachant que certains changements évolutifs sont fortuits, il ne faut donc pas tenter de trouver une explication adaptative à tous les phénomènes biologiques. L'adaptation existe et est constamment observable dans le monde qui nous entoure, mais ce n'est qu'un des aspects de l'évolution. Un poisson a des nageoires par et pour son adaptation à la nage, tout comme un cétacé. Un oiseau a des ailes adaptées au vol, de même pour une chauve-souris ou pour un papillon.

Mais si cette convergence de formes entre des lignées évolutives indépendantes témoigne d'un phénomène adaptatif, elle ne justifie pas à elle seule le phénomène. Par exemple, le processus d'adaptation est intéressant à analyser en matière de reproduction. Une femelle qui se reproduit de manière asexuée produira des femelles qui à leur tour se reproduiront de manière asexuée. En revanche, une femelle qui a besoin d'un partenaire pour se reproduire, aura une descendance constituée en moyenne pour moitié de mâles et pour moitié de femelles.

Si nous supposons que chacune des femelles a deux rejetons, le nombre de femelles qui se reproduisent de façon asexuée doublera à la deuxième génération, tandis que le nombre de celles qui se reproduisent sexuellement restera constant. À ce niveau, cela représente un désavantage, en termes évolutifs, pour la reproduction sexuée, qui mènerait à un moindre fitness.

Imaginons aussi qu'une femelle mature ait un bagage génétique parfaitement adapté au milieu dans lequel elle vit. Si la femelle est asexuée, elle transmettra intact ce bagage. Mais une femelle sexuée ne transmettra que la moitié de ses gènes à sa descendance, parce que l'autre moitié sera apportée par un mâle qui pourrait n'être pas aussi bien adapté qu'elle à son milieu. De cette façon, la descendance de la femelle asexuée pourrait avoir des avantages par rapport à celle de la femelle sexuée. Quel intérêt adaptatif peut donc avoir la reproduction sexuée dans le cadre de l'évolution ? Eh bien d'abord, la variabilité.

Car la reproduction sexuée génère et entretient une variabilité, et cette variabilité peut être avantageuse pour la descendance parce qu'elle lui offre une gamme plus vaste de possibilités pour réagir aux changements du milieu. En outre, certains points de l'existence et du maintien de la reproduction sexuée restent encore appréciables d'un autre point de vue, logique scientifiquement. Car les particularités de certains organismes portent à réfléchir sur certaines imperfections apparentes d'adaptation liées au sexe.

Les individus mâles chez certains oiseaux ont un plumage voyant, étonnamment coloré, qu'ils mettent en évidence lors de leur parade nuptiale. Il est probable que le choix de la femelle se portera sur le mâle dont la performance lui semblera la meilleure. Mais qu'en est-il du danger que court ce mâle face à un prédateur, lorsqu'il se promène avec une telle livrée ?

En fait, ces types de caractères et de comportements relèvent en général de caractères sexuels secondaires, qui ne sont pas directement mis en jeu pendant l'acte reproducteur, ou pour les soins de la descendance. La queue du paon mâle est un exemple des plus connus. Cet oiseau sera probablement choisi par la femelle pour sa splendide livrée et pour son beau rituel, mais que penser lorsqu'il est attaqué par un prédateur et qu'il est gêné dans sa fuite par sa lourde queue ? La réponse est que chez de nombreux animaux, le succès reproductif est plus important que le risque de prédation.

Une autre contribution de l'analyse adaptative est de situer à quel niveau d'organisation agit la sélection naturelle. Là, on peut prendre l'exemple du lemming, un rongeur qui vit dans la toundra arctique, et qui manifeste des comportements étonnants.

Des populations de lemmings subissent tous les 2 ou 3 ans une forte croissance suivie d'une migration massive. Durant ces exodes, on a observé un comportement apparemment absurde. S'ils rencontrent des étendues d'eau, les lemmings ne s'y arrêtent pas mais s'y jettent, et beaucoup s'y noient. Une question est de savoir qui est avantagé par ce comportement. Y a-t-il adaptation ? S'il s'agit de cela, ce n'est certainement pas une adaptation qui privilégie l'individu qui se jette dans l'eau. Certains chercheurs ont donc pensé que ce suicide collectif pouvait représenter une adaptation qui favoriserait la population dans son ensemble puisqu'elle en diminuait le nombre d'individus, rendant les ressources alimentaires plus disponibles. La sélection agirait là pour le groupe plutôt que pour l'individu.

Cette vision des choses a été critiquée, mais dans certains cas il semble qu'il puisse réellement exister un type de sélection naturelle collective, même indirecte, bien que cela ne soit pas la voie principale de l'évolution. En fait, il est ressorti d'études approfondies que les lemmings qui se noyaient n'étaient pas si nombreux que cela, et que leur comportement résultait plutôt de réflexes naturels d'action en groupe. Effectivement, quand la nourriture commence à manquer là où ils sont, vers la fin de l'hiver, les lemmings partent collectivement en chercher ailleurs, et ils restent dans leur dynamique collective sans calculer individuellement à temps le danger représenté par les étendues d'eau issues de la fonte des neiges.

Si le comportement de noyade était consciemment adaptatif, cela signifierait que chaque lemming qui se noie a des gènes nobles qui le poussent à se sacrifier pour le bien du groupe. Supposons que quelques lemmings n'aient pas ce gène. Après le plongeon dans l'eau, les lemmings aux gènes nobles meurent, tandis que d'autres plus circonspects restent sur les rives à regarder mourir leurs compagnons. Ce qui est certain, c'est qu'à la génération suivante le gène noble sera présent à une fréquence moindre qu'à la génération précédente, et ainsi de suite jusqu'à sa disparition complète.

Une conception alternative niant toute conscience peut même porter à considérer les organismes comme de simples récipients de gènes, créés par les gènes eux-mêmes pour leur permettre de se répliquer, et qu'ils laissent mourir après que cette tâche ait été remplie. Mais cette vision génétique égoïste peut paraître inadaptée pour expliquer d'autres situations où l'on voit un comportement apparemment altruiste. Des parents qui risquent leur vie pour préserver leurs enfants, ou des castes stériles de guêpes, d'abeilles, de fourmis, et de termites, qui s'occupent de leurs semblables avec altruisme, allant même jusqu'au sacrifice de leur vie, représentent des paradoxes apparents en ce qui concerne de tels processus de sélection.

Quel avantage personnel peut tirer une mère en s'exposant au prédateur pour éviter que celui-ci ne dévore ses petits, ou même une abeille ouvrière qui pique et qui meurt pour défendre sa ruche ? John B.S. Haldane, célèbre généticien anglais, a répondu à cela en disant qu'il n'aurait pas sacrifié sa vie pour un seul frère, mais qu'il l'aurait fait pour deux frères, ou pour quatre cousins. Ce qui signifie que la sélection favorise le comportement altruiste lorsque celui-ci concerne des individus qui partagent notre patrimoine héréditaire et qui nous assurent une descendance et/ou une pérennité.

Les abeilles ouvrières sont stériles, mais elles sont sœurs, et même inconsciemment, elles doivent se préoccuper de la survie de leur colonie, de manière que le réservoir de gènes de cette colonie, en raison de leurs comportements solidaires, soit assez préservé pour maintenir le patrimoine héréditaire. Avec un frère ou une sœur, nous partageons la moitié de notre patrimoine héréditaire, avec un cousin nous en partageons un quart. C'est là le sens de l'affirmation de Haldane. Même si les gènes sont les éléments de base de la réplication individuelle, il est donc utile d'analyser aussi leur rôle dans le cadre des ensembles solidarisés vivants, tout en gardant une certaine prudence dans l'appréciation de leur importance à chaque niveau. Mais en tous cas, la préservation de l'espèce y reste un élément moteur.

Car un gène nu ne peut pas survivre. Il a besoin de conditions de co-développement qui lui permettent de se répliquer, de résister aux difficultés du milieu, et d'acquérir son indépendance par rapport à ce milieu. La sélection agira alors principalement au niveau supérieur d'organisation, c'est-à-dire sur l'espèce, dont il faut considérer la mécanique évolutive spatiale.

Et là, outre la co-défense du pool génétique commun, il faut rappeler que le cadre initial pour le développement d'une nouvelle espèce est presque toujours son périmètre reproductif commun. Par conséquent, pour comprendre comment deux espèces se forment à partir d'une espèce préexistante, il faut comprendre aussi les mécanismes par lesquels se forme une barrière reproductive, donc génétique, entre l'espèce existante et la nouvelle espèce.

Comme nous l'avons vu, il y a alors plusieurs possibilités. La formation de deux espèces distinctes peut résulter de nouveaux processus adaptatifs entre deux populations isolées du point de vue géographique. Mais une nouvelle espèce peut aussi évoluer dans des zones contiguës, adjacentes à l'espèce ancestrale, ou même à partir d'une population unique, d'où les deux espèces divergent par leurs comportements, dans la même aire géographique. Ces trois mécanismes sont appelés respectivement spéciation allopatrique, spéciation parapatrique, et spéciation sympatrique.

Pour les exposer sans recourir à des descriptions trop complexes, considérons deux espèces imaginaires, l'une A et l'autre B. Pour faire en sorte que l'espèce B se forme à partir de l'espèce initiale A, il faut qu'à l'intérieur de cette dernière intervienne une variante génétique qui porte les caractéristiques des futurs B, et que les porteurs de cette variante n'aiment plus assez les A, au point qu'ils préfèrent se reproduire entre futurs B.

Cette préférence peut s'accentuer au cours du temps, au point que les futurs B pourraient commencer à manger des choses légèrement différentes de celles que mangent les A, et qu'ils préfèrent la mer à la montagne, la nuit au jour, etc. À la fin du processus, à partir d'une population initiale il peut y avoir deux populations séparées et isolées du point de vue comportemental, y compris reproductif, et donc génétique. Les A et les B pourront alors être considérés comme deux espèces distinctes.

On peut se demander ensuite comment et dans quelles circonstances la nouvelle variante génétique évoluera. La variabilité, comme nous l'avons précisé plusieurs fois, est une caractéristique intrinsèque de toutes les espèces naturelles. Et la variation géographique étant un élément important de cette variabilité, une population locale d'une espèce donnée peut devenir différente, sous de multiples aspects, d'autres populations plus éloignées de la même espèce. Les caractères distinctifs apparents de chaque espèce sont particulièrement sujets à cette adaptation géographique, et la sélection naturelle tend à favoriser cela, pour produire des variantes mieux adaptées aux différentes zones de diffusion de l'espèce.

Dans le cas de la spéciation allopatrique, une différentiation plus particulière s'opère. Car deux populations jadis identiques mais séparées par une barrière géographique, telle qu'une montagne ou un fleuve, peuvent au fil du temps, en l'absence de contacts et de croisements, commencer à diverger. Cela peut produire des mutations locales qui, étant fortuites, peuvent déterminer des changements très différents dans les deux populations. Leur divergence peut être favorisée par des facteurs adaptatifs orientant la sélection naturelle selon les conditions locales respectives, avec des prédateurs différents, des ressources alimentaires différentes, des différences climatiques, qui impulsent une orientation adaptative imprévisible.

Cette divergence peut être aussi tout simplement le fruit du hasard. Dans deux populations à fonctionnement social devenu différent, des phénomènes de dérive génétique fortuite peuvent aussi produire des caractéristiques particulières à chacune d'elles, jusqu'à ce qu'il se constitue une population B génétiquement distincte d'une population A.

Si la barrière persiste dans le temps, les deux populations continueront à évoluer différemment, jusqu'à ce qu'il n'y ait peut-être plus de preuves directes et apparentes qu'il s'agissait d'espèces de même origine. Si, en revanche, pour une cause quelconque, la barrière vient à disparaitre (par suite d'un assèchement de fleuve ou simplement d'une migration), les A et les B entreront de nouveau en contact, mais il peut alors arriver que les éléments nécessaires pour qu'ils se reconnaissent comme membres d'une même espèce aient disparu. Dans les deux cas, ces populations resteront des espèces différentes, non interfécondes.

Cette spéciation allopatrique est un processus important dans l'évolution, et il semble qu'elle soit plutôt commune, comme le laissent à penser les nombreux cas de variation géographique observés. Par contre, dans le cas d'une distribution spatiale dite parapatrique, les A qui, initialement, occupaient une certaine aire géographique, commencent à avoir des ambitions expansionnistes, et à occuper des zones contiguës.

Supposons que ces zones contiguës soient différentes du point de vue écologique par rapport à la zone originaire, et que la sélection naturelle y favorise les A qui ont une queue particulièrement longue et préhensile. Dans cette population s'accumuleront de nouvelles variantes génétiques, par lesquelles les différences entre les A appartenant aux deux populations (centrale et périphérique) tendront à augmenter. La première étape de la spéciation parapatrique sera alors celle de la formation, à la frontière entre les deux populations, d'une zone où seront présents des hybrides, c'est-à-dire des croisements entre les membres des deux populations de A.

Si les hybrides ne sont pas désavantagés, les deux populations resteront simplement deux variantes géographiques de la même espèce A, liées entre elles par un flux génique qui empêchera une spéciation dérivée. Il peut toutefois arriver que des hybrides soient éliminés par la sélection naturelle, comme dans le cas de A hybrides à la queue ni longue ni courte, qui ne leur sert pas à grimper aux arbres, et qui constitue une entrave dans la course pour échapper aux prédateurs. Dans ce cas, puisque la sélection naturelle avantage les couples qui ont une descendance sans queue ou les couples qui ont une descendance à la queue longue, la population de A à la queue longue tendra, du point de vue reproductif, à être distincte de la population sans queue, complétant ainsi le processus de spéciation parapatrique.

Au 20ème siècle, nous avons eu sous les yeux un tel exemple d'hybridation avec une corneille grise, fréquente sur les bords des routes italiennes, qui appartient à l'espèce Corvus corone.

Si, en partant de l'Italie du Sud, on se dirige vers le Nord, on peut en rencontrer un certain nombre sur le chemin, jusqu'à ce qu'on traverse les Alpes pour entrer en France. Là, on commence à ne voir que des corneilles semblables dans leur forme et dans leurs habitudes à celles d'Italie, mais de plus en plus noires. Ceci s'explique parce qu'au cours des quelques kilomètres qui nous éloignent de la corneille grise, nous avons traversé sans le savoir une zone d'hybridation vers les noires françaises.

Enfin, ce qui concerne le dernier mécanisme évoqué, celui de la spéciation sympatrique, il faut savoir que son existence effective en tant que phénomène de spéciation est restée longtemps controversée dans les études de biologie évolutive. Pour l'expliquer, on peut imaginer que dans une population A il existe des variantes parmi lesquelles, par exemple, certains A sont pourvus d'un petit bec, et d'autres d'un bec plus grand.

Les dimensions du bec déterminent le type de nourriture des uns et des autres. Supposons que les A à grand bec soient moins nombreux que les A à petit bec, et que par conséquent, en se nourrissant de graines plus grandes, ils ne soient pas en compétition avec les autres, mais qu'ils aient à leur disposition de la nourriture en quantité suffisante, impliquant qu'ils mangent plus et fassent plus de petits. Une première possibilité est que la sélection naturelle favorise des croisements, donnant lieu à des descendants A capables de se nourrir mieux, avec un bec assez grand.

Il peut cependant arriver aussi que les A à grand bec commencent à choisir des partenaires qui leur ressemblent, ce qui met peu à peu en œuvre des mécanismes d'isolement reproductif entre les deux variantes de A, jusqu'à produire une nouvelle espèce, celle des B, qui dans ce cas peuvent être appelés B à grand bec. Malgré tout, les conditions qui permettent cette spéciation sympatrique sont restrictives par rapport aux autres mécanismes, puisqu'elles nécessitent des variantes stables (appelées polymorphismes, tels que les A à grand bec et les A à petit bec) à l'intérieur d'une même population originelle, c'est-à-dire des variantes que confirmera ensuite (ou non) le processus de sélection naturelle par adaptation.

Mais dans le cadre de cet ouvrage, il n'est pas utile d'aller plus loin dans ces explications génétiques pour présenter les principes généraux et les modalités de l'évolution adaptative, et de la description, du vivant. On résumera donc le propos en rappelant que, autant pour avancer utilement dans leurs analyses et leurs expérimentations, que pour permettre un suivi et un contrôle connexe (notamment éthique), de la gestion du patrimoine naturel vivant, les principaux contributeurs scientifiques dans ce domaine ont dû créer un cadre commun de référence.

Et dans ce cadre, ils ont dû normaliser le mieux possible les concepts et les classements utilisés, en organisant de manière aussi consensuelle que possible la définition et la mise en ordre des espèces et des phénomènes biologiques évolutifs, ainsi que leurs champs d'application respectifs.

Cela dit, on m'a occasionnellement fait remarquer (notamment au cours de séminaires de formation de formateurs éco-humanistes) que le rappel de cette mise en ordre pouvait paraître un peu austère à des personnes qui ne s'intéressaient pas particulièrement aux explications de logique descriptive et référentielle, avec leurs incidences génétiques, évolutives, et conceptuelles. J'ai volontiers admis que dans le cadre de ce livre, même s'il est utile de mentionner les principaux courants de réflexion et les controverses qui ont contribué et prédominé dans ces avancées conceptuelles, il n'est pas pour autant indispensable d'en faire trop.

Pour ceux qui sont intéressés à continuer encore un peu sur ce thème, l'exposé complémentaire suivant va donc rappeler les principaux processus conceptuels et pratiques qui ont présidé à cette classification du vivant et de ses espèces, et à l'analyse fonctionnelle qui a mis en perspective la dynamique évolutive naturelle connue. Mais ceux qui ne s'intéressent pas à la taxinomie peuvent passer directement à la partie suivante de l'ouvrage (p.129).

Notre ancêtre Archicebus,
l'un des premiers primates connus.
(- 55 millions d'années)

Chaque être humain doit bien connaître l'histoire de l'Humanité dans son environnement, avec la période, le sens, la logique, le contenu, les séquences et les conséquences, des évènements les plus importants, dont on peut retenir quelques grandes étapes :

- 13,7 milliards d'années : naissance théorique de l'univers connu
- 4,6 milliards d'années : constitution du système solaire et de la Terre
- 3,8 milliards d'années : début des cellules procaryotes sur Terre
- 2,5 milliards d'années : début des cellules eucaryotes (avec noyau)
- 2,1 milliards d'années : début des organismes multicellulaires
- 600 millions d'années : début des invertébrés complexes
- 540 millions d'années : début des poissons vertébrés marins (agnathes)
- 460 millions d'années : début des poissons à mâchoires
- 420 millions d'années : colonisation terrestre (mousses et insectes)
- 380 millions d'années : début des vertébrés terrestres (amphibiens)
- 260 millions d'années : début des animaux à sang chaud (thérapsydes)
- 220 millions d'années : début des mammifères
- 60 millions d'années : début des primates
- 25 millions d'années : formation des grands singes hominoïdes
- 8 millions d'années : mutation d'hominoïdes vers l'hominisation
- 4 millions d'années : apparition des pré-humains (australopithèques)
- 2,5 millions d'années : apparition des premiers Hommes (Homo habilis)
- 750.000 ans : conquête du feu (Homo erectus/ergaster)
- 400.000 ans : formation des premiers Homo sapiens
- 40.000 ans : prédominance exclusive des Homo sapiens modernes
- 20.000 ans : débuts de la culture organisée de plantes
- 10.000 ans : début de la civilisation, sédentarisation, élevage, écriture.

LE VIVANT MIEUX MIS EN ORDRE

Les biologistes se sont accordés presque tous, au 20ème siècle, sur le fait que l'espèce était l'unité fondamentale de la classification biologique. Mais cette convention a longtemps été délicate, voire controversée. Le problème était d'abord de nature théorique. Pour les questions pratiques courantes, comme la distinction de deux espèces de mouettes dans une baie, on avait recours en général à une approche morphologique, et là un simple guide de reconnaissance des oiseaux pouvait donner des indications suffisantes. La distinction était encore simple dans le cas de deux populations d'une même espèce vivant dans des zones géographiques différentes, et présentant des caractères différents. Ce type de variation, dite variation géographique, était plutôt fréquente dans la nature, et elle était présente aussi chez l'Homme, dont la variabilité est évidente.

Mais une distinction entre espèces pouvait être plus difficile dans le cas d'un passage graduel de l'une à l'autre. Dans ce cas, l'approche simplement morphologique n'était pas la plus appropriée, car s'agissant d'espèces descendant d'un ancêtre commun, il pouvait exister des populations intermédiaires difficiles à distinguer comme espèces séparées (*voir exposé précédent*). Pour mieux clarifier cela, les biologistes évolutionnistes devaient choisir entre différentes définitions du concept d'espèce.

On a d'abord utilisé une définition morphologique, selon laquelle l'espèce a été définie comme un groupe comprenant une série d'organismes se ressemblant, et pouvant être distingués de ceux d'un autre groupe. Puis en 1969, le biologiste évolutionniste Ernst Mayr (1904-2005) a défini l'espèce comme un ensemble de populations naturelles en mesure de se croiser (interfécondes) et isolées d'autres populations semblables en matière de reproduction. C'est devenu le concept biologique d'espèce le plus utilisé, même s'il n'a pas été universellement accepté. En insistant sur ce critère de reproduction, l'espèce a pu être caractérisée aussi par son patrimoine génétique : deux individus qui ne peuvent pas s'accoupler entre eux, et qui ne peuvent pas échanger de gènes, sont isolés du point de vue reproductif, et appartiennent théoriquement à deux espèces différentes.

Mais d'un point de vue pratique, il était encore parfois difficile de définir une espèce selon cette seule distinction, et de valider cela par une observation suffisante. Le critère morphologique semblait plus commode dans certains cas, et il répondait aussi au concept biologique d'espèce, du simple fait que les caractères morphologiques communs à deux individus de la même espèce induisaient leur interfécondité. Or, les membres d'une même espèce n'avaient parfois pas de caractères uniformes, et l'on pouvait distinguer parmi eux plusieurs variantes morphologiques.

C'était le cas des espèces dites polytypiques (formées de nombreuses races géographiques distinctes). Si les populations qui composaient chaque race pouvaient se croiser entre elles, elles étaient supposées appartenir à la même espèce. Mais certains morphologistes cherchaient à distinguer plus finement encore ces populations en différentes espèces. Il pouvait arriver aussi que deux populations morphologiquement identiques soient localement isolées du point de vue reproductif, et soient considérées par là comme des espèces distinctes (on parlait dans ce cas d'espèces sœurs), même si pour la plupart des morphologistes elles constituaient quand même une seule espèce.

La discussion sur le concept biologique d'espèce devait donc encore être mieux clarifiée. On pouvait notamment se demander quels étaient les mécanismes sélectifs qui empêchaient le croisement entre différentes espèces. Par exemple, une jument pouvait être instinctivement rétive à s'accoupler avec un âne, parce qu'elle générerait une descendance stérile (le mulet), et tous les efforts qu'elle déploierait pour transmettre ses gènes seraient perdus à la génération suivante. Les espèces existantes ayant une identité génétique protégée, les mauvais croisements qui produisaient des hybrides stériles étaient naturellement évités.

Il a donc été admis qu'une forme de sélection naturelle puisse agir dans le maintien de mécanismes d'isolement reproductif. Il y a notamment des raisons logiques au fait que des espèces ne se croisent pas, parce qu'elles ont des habitats différents, parce qu'elles ont des périodes de reproduction différentes, ou des comportements nuptiaux et des langages différents.

Mais ceci n'expliquait pas toute la diversité accumulée. Le nombre d'espèces vivantes officiellement décrites était de 2 millions environ, sur 8 millions d'espèces estimées, et cela augmentait au fur et à mesure des découvertes. Une classification plus précise et plus fiable de tant d'espèces restait donc l'une des tâches principales des taxinomistes, c'est-à-dire de ceux qui s'occupaient de classifier les organismes, et de là, les espèces.

Une telle classification des êtres vivants devant être aussi logique et claire que possible, le taxinomiste moderne a continué à répartir les organismes connus dans les catégories les plus pertinentes possibles. Il a cherché à établir des critères efficaces de classement, de façon à conférer un caractère systématique et logique à l'étude exhaustive du vivant, selon une nomenclature et un ordre consensuels. Cet ordonnancement a permis ensuite, tant aux savants qu'aux profanes, de se repérer selon les mêmes termes et références, en suivant une logique et une pertinence des ressemblances et des différences entre les divers organismes. Ces ressemblances et ces différences reflètent leur histoire évolutive, à la fois globale et particulière, d'autant mieux que la classification respecte fidèlement les relations évolutives - notamment fossiles- observées et expliquées entre les différentes espèces.

Au 20ème siècle, par consensus, le niveau le plus élevé de la hiérarchie taxinomique a été le règne, qui a distingué le règne animal et le règne végétal. Le deuxième niveau a été constitué par le phylum. Le phylum des cordés inclut différentes classes, dont les ostéichtyens et les chondrichtyens, les amphibiens, les reptiles, les oiseaux, et les mammifères, tandis que le phylum des arthropodes inclut, par exemple, les insectes, les crustacés, les arachnides, et d'autres invertébrés. Le niveau de classement suivant a été représenté par l'ordre. Les mammifères ont été classés en trente-trois ordres, parmi lesquels on trouvait celui des primates, qui inclut l'Homme et les singes. Un ordre peut être composé de plusieurs familles, une famille de plusieurs genres, et enfin un genre peut inclure plusieurs espèces.

Ceci étant établi, chaque organisme vivant a pu être identifié par la combinaison de deux termes, selon une nomenclature dite binomiale, introduite au 18ème siècle par le systématicien Carl von Linné. Cette combinaison a été utilisée autant en botanique qu'en zoologie. Le premier terme indiquait le genre, et le deuxième, l'espèce. Le loup, par exemple, est de l'espèce lupus, qui appartient au genre canis, au même titre que le chacal, canis aureus. Ces deux animaux sont classés ensemble dans la famille des canidés, avec le renard, qui appartient au genre vulpes, et le chien. Comme les ours, les ratons, les belettes, les hyènes, les lions, les phoques, et les chiens, ils appartiennent à l'ordre des carnivores. Ceux-ci, à leur tour, avec de nombreux autres ordres, constituent la classe ascendante des mammifères.

Si l'on remonte encore dans l'échelle hiérarchique de la classification animale, les mammifères appartiennent, avec les ostéichtyens et les chondrichtyens, les amphibiens, les reptiles et les oiseaux, au phylum des cordés. Et puisqu'ils ne sont ni plantes, ni champignons, ni bactéries, les loups sont inclus dans le règne animal.

Cette classification en règne, phylum, ordre, classe, famille et genre, était toutefois artificielle, puisque la nature n'organise pas une telle hiérarchie, et que les catégories d'êtres vivants s'entrecroisent selon leur libre évolution adaptative au cours du temps. Mais une telle classification statistique présentait un intérêt, notamment didactique, pour ordonner les organismes, des plus simples aux plus complexes, selon les concepts et les besoins humains.

Dans ce domaine, ont cohabité différentes écoles de taxinomie, qui usaient de méthodes et de références différentes. L'école dite cladistique, ou phylogénétique, visait à construire un système dans lequel les organismes étaient regroupés en catégories qui rendaient compte de leurs rapports de parenté. Son fondateur, Willi Hennig, voulait transformer sa classification en modèle d'arbre généalogique, privilégiant les critères les plus pertinents. Les caractères y étaient notamment analysés et classés comme ancestraux, ou bien comme dérivés (c'est-à-dire comme caractères plus avancés et plus modernes du point de vue évolutif). Ce critère temporel y servait de guide pour la reconstruction phylogénétique et pour la définition systématique cladistique des animaux et des plantes.

De son côté, l'école phénétique considérait le plus grand nombre possible de caractères, indépendamment de leur signification évolutive, et les classait selon des algorithmes mathématiques et statistiques (taxinomie numérique). Elle renonçait a priori à opérer une reconstruction évolutive prématurée des organismes, et préférait une classification pragmatique. Mais une certaine incertitude demeurait, puisque les résultats des deux méthodologies pouvaient être différents, et que chacun de ces deux systèmes de classification présentait à la fois des avantages et des limites.

Par exemple, la méthode phénétique ne fournissait pas d'informations sur les relations de parenté qui existaient entre les organismes, et sa classification pouvait laisser de côté des caractères importants parce qu'ils ne pouvaient faire l'objet d'une détermination numérique suffisante. Quant à l'école phylogénétique, tout en étant plus objective, elle pouvait parfois être incertaine, et présenter des lacunes, précisément parce que l'histoire évolutive d'une espèce et ses rapports phylogénétiques avec d'autres espèces n'étaient pas toujours assez clairement analysables.

C'est pourquoi une nouvelle école de classification, appelée taxinomie évolutive, a introduit l'usage d'autres approches méthodologiques (l'analyse phylogénétique des caractères, et l'élaboration numérique), pour mieux unifier en une seule méthode les apports des deux analyses précédentes. En outre, un autre concept d'espèce, qualifié d'écologique, y a été proposé.

Ce concept s'est appuyé sur les caractéristiques écologiques des populations naturelles, pour définir une espèce comme l'ensemble des organismes qui occupaient une même niche écologique. Là, le concept écologique tenait compte des raisons générales selon lesquelles un processus naturel de sélection limitait les croisements entre différentes espèces, en précisant que la sélection naturelle limitait la formation d'hybrides parce que ces derniers pouvaient ne pas être suffisamment adaptables. En particulier, les hybrides recevaient des gènes de deux espèces différentes, et ces gènes, compte-tenu de la différence de passé évolutif des deux espèces, pouvaient ne pas toujours interagir en synergie bénéfique.

En outre, les arguments théoriques concernant la définition du concept d'espèce pouvaient encore être débattus aussi sur le terrain historique. Une espèce visible au présent pouvait avoir une histoire évolutive qui durait depuis des millions d'années. Mais dans ce cas, comment distinguer une espèce de celle qui l'avait précédée ? À quel point de la ligne évolutive pouvait-on insérer valablement une ramification, une bifurcation, ou une divergence ?

Ni le concept morphologique (en raison de son caractère arbitraire), ni le concept biologique (comment connaître les habitudes reproductives d'une espèce éteinte ?), ni le concept écologique (il n'est pas toujours possible de reconstruire les caractéristiques écologiques de formes fossiles) ne pouvaient aider assez sur ce point.

Une solution plus pratique pouvait alors venir de l'école dite cladistique (ou phylogénétique), où l'espèce était définie comme un ensemble d'organismes qui occupaient une ligne évolutive comprise entre deux points de bifurcation. Ce qui pouvait atténuer une partie du caractère arbitraire de subdivision d'une ligne évolutive. Un nouveau critère y faisait tenir compte du passé évolutif connu de l'espèce, en définissant aussi l'espèce comme une séquence de populations entre ses ancêtres et ses descendants, séquence qui se développait séparément d'autres lignes évolutives.

On pouvait remarquer quoi qu'il en soit que ces différentes définitions s'appliquaient à coordonner arbitrairement les nombreux aspects de la réalité complexe des espèces, sachant que la variabilité étant la principale norme naturelle constatée, on ne devait pas séparer artificiellement ce qui relevait d'un continuum spatial et temporel naturel, par des outils conceptuels créés par l'Homme pour ses propres besoins. La réflexion prenait aussi par là un caractère partiellement philosophique, car comme nous l'avons remarqué précédemment, les genres, les familles, les classes, n'existaient pas objectivement dans la nature.

En ce qui concernait l'espèce, l'analyse biologique, et peut-être aussi l'analyse écologique, traitaient de quelque chose qui existait clairement. Mais on ne pouvait pas en dire autant du concept cladistique, même qualifié d'évolutif, ni des classements qui avaient été définis à travers des attributs surtout morphologiques, et selon des choix arbitraires. Le critère morphologique résultait notamment d'apparences et d'appréciations en partie subjectives. Et dans la mesure où des regroupements étaient fondés sur ce critère, on devait reconnaitre qu'ils n'existaient pas aussi distinctement dans la nature, et qu'ils n'étaient que des simplifications qui en facilitaient l'étude.

En poursuivant ce raisonnement, il fallait définir aussi à quelle échelle l'observation et l'analyse restaient assez fiables. C'est pourquoi, quand on abordait des problèmes relatifs à des phénomènes qui avaient lieu à un niveau situé au-dessous de l'espèce, on parlait en termes de microévolution. Inversement, quand on dépassait ce niveau d'observation, et que l'on commençait à observer les changements évolutifs à plus grande échelle, on devait plutôt raisonner en termes de macroévolution.

Et une question importante qui venait quand on passait à cette échelle d'observation était de savoir si la macroévolution était une microévolution extrapolée sur une échelle temporelle plus grande, ou bien si elle était un phénomène à part, pas incompatible, mais qui faisait intervenir des mécanismes et des analyses différents de ceux qui animaient la microévolution.

C'est pourquoi le moyen principal dans l'étude de la macroévolution a été surtout la mesure du taux d'évolution d'une structure ou d'une espèce, principalement à partir de la datation des fossiles disponibles.

Le taux d'évolution était effectivement mieux calculable, et plus fiable, lorsque beaucoup de fossiles étaient datés. Le calcul procédait alors d'une fonction de la différence entre la structure examinée chez l'individu le plus moderne et celle de l'individu ancestral, ceci étant divisé par l'intervalle de temps écoulé.

L'étude de ce taux permettait, par exemple, de remarquer que le taux d'évolution des mammifères avait été plus rapide que celui des mollusques, et qu'en général les formes de vie les plus complexes avaient profité d'une évolution plus rapide que celle des formes les plus simples. En outre, il a été suggéré, toujours sur la base de l'étude des taux d'évolution, que les espèces tendaient à évoluer plus rapidement pendant les phases de spéciation plutôt qu'entre ces phases. Ce dernier thème a alimenté des controverses sur la macroévolution, qui ont opposé les tenants de la théorie des équilibres ponctués aux tenants du gradualisme.

À cet égard, le caractère incomplet de la plupart des fossiles avait déjà gêné Darwin, puisque cela l'empêchait en son temps de prouver des changements évolutifs graduels. Depuis, de nombreux paléontologues s'étaient mis au travail pour trouver des exemples fossiles de changements évolutifs graduels, et deux d'entre eux, Niels Eldredge et Stephen J. Gould, ont travaillé sur les mécanismes impliquant une spéciation allopatrique.

Ils ont notamment considéré que si des B évoluaient dans une zone géographiquement différente de celle de leur espèce ancestrale A, ces deux espèces ne laisseraient de fossiles que dans les aires qu'ils habitaient respectivement, à moins que les B n'envahissent les aires occupées par les A. Dans ce cas, la nouvelle espèce appartiendrait à une lignée de B et elle serait probablement différente de l'espèce ancestrale A. Quand le paléontologue de l'époque trouvait les restes de ces anciennes espèces, il découvrait des fossiles de A et de B dans les mêmes strates de roche, mais il ne trouvait pas de formes intermédiaires AB. Par conséquent, le changement évolutif semblait n'avoir pas été graduel, simplement parce que le processus de divergence avait eu lieu ailleurs.

C'est en partant de cette considération que les deux chercheurs ont proposé une théorie, appelée théorie des équilibres ponctués, dans laquelle ils ont soutenu les points fondamentaux suivants :

1) les espèces évoluent surtout par subdivision de lignes évolutives, la nouvelle espèce se formant par divergence à partir de l'espèce ancestrale ;

2) les nouvelles espèces évoluent plutôt rapidement ;

3) les nouvelles espèces se forment à partir d'une fraction de la population de la forme ancestrale ;

4) chaque nouvelle espèce se forme dans une partie réduite de l'aire de distribution de l'espèce ancestrale, de préférence dans une zone périphérique et isolée.

Mais en opposition à cette théorie des équilibres ponctués, les tenants du gradualisme soutenaient que, en général, les A se modifiaient graduellement dans le temps, donnant naissance aux B, que cette transformation était lente, et qu'elle impliquait toute la population originale des A.

Une autre différence substantielle entre les deux théories résidait aussi dans les taux d'évolution, pendant et entre les événements de spéciation. Dans le cas du gradualisme, ce taux était constant au cours du temps. Mais pour les tenants des équilibres ponctués, ce taux était plus élevé au moment de la subdivision de la ligne évolutive.

Ceci alors que, entre les événements de spéciation, le changement évolutif était très réduit ou inexistant, pendant une période que Eldredge et Gould appelaient une stase évolutive.

Cette controverse a toutefois entraîné plusieurs études visant de façon sérieuse à étayer l'une ou l'autre théorie. Il restait encore beaucoup de travail à faire pour éclaircir les mécanismes macroévolutifs, mais la stimulation intellectuelle induite par ces deux théories différentes a été riche en perspectives et en éclaircissements. Ce qui a pu aller finalement au bénéfice d'une meilleure compréhension de l'histoire évolutive générale du vivant, y compris humaine, dans l'intérêt général.

Car puisque l'étude de la macroévolution permettait de déterminer des taux d'évolution et des mécanismes producteurs de changement, cela impliquait une redéfinition probante des modalités selon lesquelles les transitions entre les entités biologiques s'opéraient réellement. Dans ces conditions, le traçage des mammifères et des oiseaux à partir de reptiles, le suivi de la conquête de la terre ferme par les amphibiens et les plantes terrestres, l'évolution évidente d'organismes pluricellulaires à partir d'organismes unicellulaires, tout cela a pu permettre de confirmer les modalités par lesquelles la vie avait atteint successivement sa richesse actuelle, jusqu'à pouvoir en extrapoler utilement des tendances futures.

Au cours de cette redéfinition, une thématique intéressante des études de macroévolution a porté sur le phénomène de coévolution, terme par lequel se caractérise une évolution interdépendante d'espèces ayant une relation écologique identifiée, et qui tirent réciproquement bénéfice de leurs interactions. On peut citer l'exemple d'une espèce de fourmi largement répandue en Europe (Formica fusca), laquelle profite d'une substance nutritive produite par un organe particulier d'un autre insecte, qui semble avoir de plus en plus produit cette sécrétion pour la fourmi.

La fourmi, en retour, a protégé l'autre insecte contre des parasites nocifs. Ce phénomène symbiotique, bien répandu dans la nature, est appelé mutualisme. L'évolution du comportement de la fourmi (défense contre les parasites) et celle de l'organe de l'autre insecte, sont étroitement liées. D'un point de vue évolutif, on peut imaginer que par protection du liquide produit, la fourmi a eu tendance à décourager de plus en plus les parasites qui auraient pu affaiblir ou tuer cette fabrique ambulante de bonne nourriture. Ce comportement protecteur a avantagé l'autre insecte, y compris du point de vue évolutif, en valorisant ses organes les plus actifs dans la production de la substance nutritive.

Dans ce cas comme dans d'autres, a émergé une sorte de surenchère tendant au renforcement des deux espèces. Ce type de mécanisme, produisant un changement évolutif commun, a été qualifié de coévolution.

D'autres exemples de coévolution sont dans des relations entre hôtes et parasites, ou entre proies et prédateurs, puisqu'une amélioration des capacités des uns peut nécessairement provoquer une augmentation des capacités des autres, au cours du temps. L'évolution de systèmes immunitaires, ou de systèmes nerveux, est ainsi souvent corrélée à des processus coévolutifs. Ce genre de course aux avantages réciproques peut être mis en évidence quand on étudie des fossiles de proies et de prédateurs du passé, et qu'on les compare avec des formes actuellement vivantes. On remarque par exemple que souvent les dimensions du cerveau augmentent au fil du temps, aussi bien chez la proie que chez le prédateur.

Plus le prédateur est rusé, plus la proie doit être rusée pour lui échapper, plus la proie est rusée, plus le prédateur doit être rusé pour la capturer, et ainsi de suite. Si l'intelligence d'une proie ou d'un prédateur est liée aux dimensions du cerveau, on constate donc une augmentation du volume cérébral chez les espèces concernées de proies et de prédateurs. Toutefois, nous parlons ici de temps évolutifs à grande échelle (jusqu'à des dizaines de millions d'années), et de séries temporelles adaptatives longues.

Ce concept ne peut donc pas s'appliquer tel quel à l'évolution humaine moderne, qui est devenue exceptionnellement plus rapide, plus intense, et plus puissante, que celle des autres espèces sur Terre. Il y a des limites à l'anatomie comparée. Il serait notamment absurde de considérer comme stupides ceux qui ont une tête apparemment petite, comme ont pourtant tenté de le faire quelques savants égarés du 19ème siècle. Le cerveau d'Albert Einstein a des mensurations qui correspondent à la moyenne de son époque. Cela devrait servir de référence à ceux qui tentent, par des argumentations pseudo-évolutives, de justifier des préjugés ethnologiques abusivement discriminants, dans un référentiel qui n'a rien de pertinent, ni avec le contexte évolutif naturel réel, ni avec l'exceptionnalité humaine.

Nous pouvons conclure cet exposé en évoquant une contribution particulièrement impliquante du généticien japonais Motoo Kimura, dans la mesure où l'importance de la sélection naturelle dans l'évolution a été remise en question par sa théorie dite neutraliste. Selon cette théorie, fondée sur une série d'observations effectuées au niveau moléculaire, l'évolution serait essentiellement due à des mutations neutres en matière de sélection, c'est-à-dire à des changements neutres en termes de fitness.

Les partisans neutralistes ont soutenu que la plupart des changements évolutifs étaient dus à une dérive génétique non déterministe. Alors que selon les tenants de la sélection naturelle, c'était cette dernière qui déterminait principalement l'évolution, même au niveau moléculaire. Une dérive fortuite n'expliquait pourtant pas tous les changements évolutifs, alors que de son côté la sélection naturelle restait utile pour expliquer de nombreuses formes d'adaptation d'espèces.

Mais les neutralistes ont objecté que les adaptations observées jusqu' alors dans la nature n'étaient représentatives que d'une minorité des changements évolutifs enregistrés dans l'ADN. Au niveau de l'ADN et des protéines, le hasard gardait un effet majeur, et par conséquent, la plupart des changements que l'on observait à ce niveau étaient des changements non-adaptatifs. C'est seulement quand le hasard coïncidait avec le besoin qu'une adaptation pouvait s'ensuivre.

La discussion entre les deux écoles, neutraliste et traditionaliste, n'a pas été close au 20ème siècle, et le thème a gardé un intérêt, ayant d'importantes conséquences sur le plan conceptuel et prospectif humain, y compris en ce qui concerne l'éco-humanisme.

En effet, si l'Humanité continue à prendre en mains volontairement sa propre évolution, et par là sa propre destinée, en intervenant consciemment sur la matière, y compris vivante, et y compris la sienne, en très peu de temps sur l'échelle évolutive naturelle, cela constitue une avancée dans l'inconnu en rupture avec ce que nous savons déjà sur l'évolution du reste du vivant, puisque cela implique de réduire autant que possible l'importance du hasard pout y substituer une projection évolutive consciente et volontaire. Ce processus particulier humain est tellement impliquant que sa prise en compte est réitérée dans cet ouvrage, et plus largement dans la réflexion fondamentale de l'éco-humanisme.

Dans les exposés suivants, nous allons donc continuer à mettre en perspective l'évolution générale dans notre biome planétaire d'origine, sous ses divers aspects connus et complémentaires, y compris humains. Et nous allons rappeler les processus culturels qui en ont permis la compréhension, en mettant en évidence les connaissances qui nous aident à y projeter de mieux en mieux notre propre évolution, même au-delà des limites conceptuelles du moment.

PARTIE 2

MIEUX COMPRENDRE LA VIE TERRESTRE

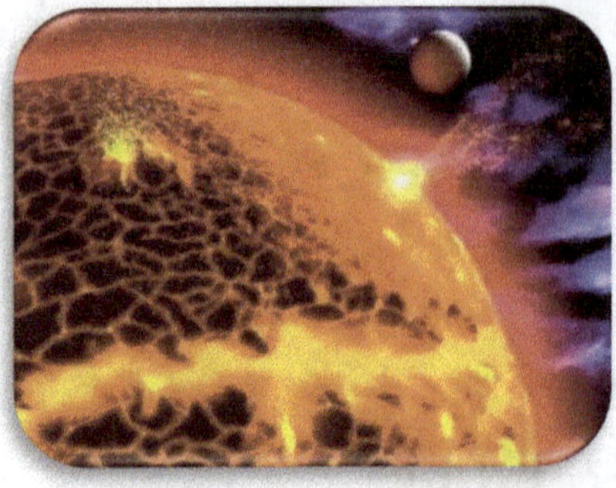

LA TERRE

Des convulsions et du feu primitifs jusqu'à l'équilibre apaisé mais précaire qui permet la Vie.

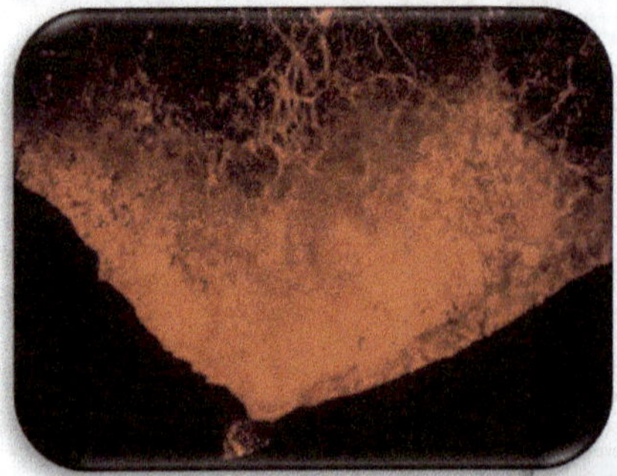

… un équilibre à préserver le plus possible.

LE MONDE VÉGÉTAL

Les plantes sont considérées comme monophylétiques parce qu'elles descendent d'un ancêtre commun, constitué il y a environ 1,6 milliards d'années (au tout début des cellules eucaryotes) par endosymbiose (probable parasitose d'une cyanobactérie par une autre bactérie). Elles utilisent une substance verte secrétée dans leur corps, la chlorophylle, qui les rend capables de capter l'énergie lumineuse du Soleil, et avec ça d'élaborer des molécules complexes (les sucres) à partir de substances simples : l'eau et le gaz carbonique. Ce processus est appelé photosynthèse chlorophyllienne, car il effectue une élaboration chimique (synthèse) qui dépend de la lumière (en grec photos), et qui est rendue possible grâce à la chlorophylle.

Les plantes et certains organismes unicellulaires sont les seuls êtres vivants capables d'utiliser cette fonction. Pour vivre, les plantes n'ont besoin que de lumière, d'eau, de gaz carbonique, et de certains sels minéraux, qu'elles tirent du sol où elles sont fixées, ou de l'eau dans laquelle elles sont immergées. Grâce à un nombre limité d'éléments simples, les plantes élaborent elles-mêmes les molécules complexes qui les constituent et qui leur sont nécessaires pour remplir leurs fonctions vitales. Ce mode de vie a été appelé autotrophe, et l'importance de la photosynthèse allait au-delà de la vie d'une plante isolée ou même du règne végétal, car avant le 21ème siècle, on ne connaissait pas d'autre processus pour capter et transformer en énergie chimique l'énergie solaire dont dépend tout ou partie de la vie sur Terre.

Les plantes emmagasinent cette énergie pour leur propre usage, et elles la rendent ensuite disponible, directement et indirectement, pour les autres êtres vivants. Disponible pour les animaux herbivores, puis pour les animaux carnivores, qui se nourrissent des herbivores, et pour les organismes qui décomposent et consomment les plantes, les déjections des uns et des autres, et les animaux morts. Les plantes constituent ainsi une source primaire indispensable de nourriture, et elles fournissent l'oxygène nécessaire à la respiration de la plupart des autres organismes vivants.

Ce gaz était presque complètement absent de l'atmosphère terrestre pendant les premières phases de l'évolution de la vie, et il s'y est accumulé lentement, pour atteindre avec le temps sa concentration actuelle (et parfois plus), en raison du développement phytologique sur notre planète. Le rôle des plantes dans la régulation de la composition de l'atmosphère reste très important. Du phytoplancton jusqu'aux grandes forêts, les plantes absorbent et stockent notamment beaucoup de CO^2. Et leur masse est considérable.

Depuis les années 1970, et notamment selon les classements de Whittaker et de Woese, le règne végétal a été séparé des champignons, et de nouveaux règnes ont regroupé à part les protistes et les bactéries. Jusqu'alors, la science classifiait les plantes selon qu'elles se reproduisaient au moyen de spores ou de graines, en les répartissant en deux grands groupes : les cryptogames et les phanérogames. Le premier groupe comprenait les algues, les mousses, les hépatiques, les prêles et les fougères. Le second groupe comprenait le reste des plantes, celles dont les graines ne sont pas enfermées dans un fruit, comme les conifères (gymnospermes), mais aussi des plantes à fleurs dont les graines sont contenues dans un fruit (angiospermes).

Les structures végétales physiques se sont révélées très diversifiées. Les algues, par exemple, immergées dans l'eau, n'ont pas de structures de soutien. Leur corps, appelé thalle, a la forme d'une lame allongée, constituée de seulement quelques couches de cellules. L'algue n'a pas besoin d'organes d'absorption, ni d'appareil circulatoire, et elle peut effectuer une photosynthèse dans toutes ses parties, puisque chaque cellule reçoit directement les substances nécessaires du milieu environnant. Par contre, la plupart des autres plantes ont un corps formé de racines, d'un tronc ou d'une tige, et de feuilles.

Les plantes s'observent dans des milieux très variés, aussi bien aquatiques que terrestres, voire hors-sol, et elles peuvent pousser sur de nombreux terrains, sur du sable, sur des roches, mais aussi sur des toits, sur des murs, dans les fentes d'un sol goudronné, voire sur d'autres plantes.

Beaucoup peuvent survivre même dans des milieux où la lumière est excessive, ou au contraire insuffisante, et là où il fait très froid ou très chaud, et dans des milieux où l'eau et les substances nutritives sont soit très abondantes soit presque complètement absentes. En bref, elles s'installent presque partout. Et ceci parce qu'au cours de leur évolution, elles ont su s'adapter à différents milieux et modes de vie, en développant des caractéristiques qui leur permettent de supporter presque toutes les conditions naturelles, jusqu'aux plus extrêmes. Certaines plantes, par exemple, poussent sur des sols presque complètement dépourvus d'azote.

C'est le cas des plantes carnivores, aux feuilles en forme de pinces, ou couvertes de substances adhésives leur servant à capturer des insectes. Ces plantes produisent des enzymes qui digèrent les proies, et qui permettent d'absorber l'azote contenu dans les tissus de ces proies.

L'Homme a su tirer profit de tout cela, en s'adaptant aux ressources accessibles végétales, surtout pour sa nourriture. Il a tiré des plantes (y compris indirectement à travers des animaux dont il s'est nourri) des molécules complexes telles que des sucres, des protéines et des graisses, qu'il a ré-élaborées pour entretenir ses propres fonctions vitales.

Depuis longtemps, les plantes lui ont fourni notamment des arômes qui ont rendu sa nourriture plus savoureuse (des épices, comme le poivre, la cannelle ou les clous de girofle ; des boissons, comme le thé, le café, le cacao et le vin) et un certain nombre de substances indispensables qu'il ne pouvait pas ou plus synthétiser (certaines vitamines par exemple). Le lin, le coton et d'autres tissus, le papier, le bois, le caoutchouc, des huiles, des cires, des parfums, des colorants, et beaucoup d'autres substances que l'Homme a utilisé ensuite à l'échelle industrielle, ont été extraits de plantes.

En étudiant cette activité importante, la botanique a été l'un des tout premiers domaines scientifiques. Dès les temps préhistoriques, l'expérience des soins et de la récolte des plantes, tant alimentaires que médicinales, a progressé, et les savoirs en étaient soigneusement transmis (souvent de mère en fille, comme on l'a observé encore au 20ème siècle chez les dernières populations primitives). Par la suite, les connaissances botaniques ont favorisé une agriculture de plus en plus productive. Et après une longue période d'empirisme, la botanique s'est organisée de manière plus rationnelle.

De nombreux peuples y ont contribué, y compris en Europe aux 15ème et 16ème siècles, où un l'intérêt pour la botanique a été renforcé par l'étude de traités grecs et latins opportunément redécouverts, ce qui a permis de mieux utiliser des plantes de la pharmacopée connue, y compris orientale.

Cet intérêt pour les propriétés utiles des plantes améliorait donc à la fois leur culture et leur étude. À partir du milieu du 16ème siècle, notamment dans les abbayes et dans les villes universitaires européennes, s'ouvrirent des jardins botaniques ayant une vocation pratique et didactique, qui permettaient aux étudiants de bien utiliser les herbes médicinales dont ils apprenaient les propriétés. En 1543, un jardin botanique fut inauguré à Pise, puis vinrent ceux de Padoue (1545) et de Bologne (1567). D'autres jardins botaniques furent installés en Hollande, en Allemagne et en France. Grâce à ces moyens, on a pu disposer d'herbiers de mieux en mieux classifiés.

On connait particulièrement celui de Gherardo Cibo, probablement le plus ancien (1532), conservé à la Biblioteca Angelica à Rome. Mais il y eut aussi ceux de Luca Ghini, et d'André Césalpin. Au point que le nombre croissant de plantes à décrire entraîna le besoin d'une identification plus sûre et d'une description plus systématique, utilisant une nomenclature codifiée et organisée selon des critères de classification pertinents.

L'un des premiers savants à établir une nomenclature des plantes fut André Césalpin (1519-1603), professeur à l'université de Pise, qui, en 1583, publia une œuvre dans laquelle il distinguait déjà 1.500 espèces végétales. Une contribution importante fut apportée ensuite par Casper Bauhin (1550-1624), qui classa 2.700 espèces avec leurs variétés, en évitant les descriptions trop longues et en essayant de construire une classification hiérarchique claire, c'est-à-dire allant des plantes les plus simples aux plus complexes. Devançant Linné, Bauhin commença à utiliser une nomenclature binaire pour préciser les caractéristiques des espèces.

Comme nous l'avons vu au chapitre précédent, un besoin commun de ces botanistes était de trouver une méthode efficace pour intégrer la quantité croissante d'espèces et de variétés découvertes, incluant les observations effectuées au cours des voyages commerciaux et d'exploration. Jusqu'alors, leurs tentatives se limitaient à une énumération incomplète, faute de mieux, et faute notamment de critères suffisants de classification.

John Ray (1627-1705) a donc opportunément introduit en 1688 l'utilisation de caractères morphologiques plus précis, tels que le nombre de pétales ou la disposition des fleurs, afin de délimiter les principales familles végétales. Au-delà de l'intérêt systématique, Ray était animé par le désir de mieux connaître la structure interne détaillée des plantes. Par ses travaux, il a effectivement réussi à améliorer la classification des végétaux, en y intégrant plus précisément leur constitution interne apparente.

Avec la découverte du microscope, commencèrent ensuite des recherches sur la constitution interne de plus en plus intime des plantes. Antony Van Leeuwenhoeck (1632-1723), Robert Hooke (1635-1702) et surtout Marcello Malpighi (1628-1694) furent les premiers à étudier plus précisément la microstructure constitutive des organismes végétaux.

Leurs premières observations sur la conformation plus précise des racines, des feuilles, des fruits et des graines, datent du milieu du 17ème siècle. Malpighi découvrit notamment, dans les tissus observés au microscope, des micro-conformations qu'il appela utricules, et qui furent reconnues par la suite comme étant les cellules végétales. C'était une étape clé.

Puis vers la fin du siècle, l'allemand Rudolph J. Camerarius (1665-1721) analysa pour la première fois les mécanismes de reproduction des plantes. Il découvrit les organes de reproduction, les pistils femelles et les étamines mâles, et la fonction fécondatrice du pollen.

Au 18ème siècle, la systématique, c'est-à-dire la branche de la biologie spécialisée dans la classification des différentes espèces en séries hiérarchisées d'ensembles, devint une discipline scientifique à part entière, grâce à l'œuvre de Carl Von Linné (1707-1778), un médecin et naturaliste suédois doté d'un esprit méthodologique exceptionnel. Linné considérait la classification systématique utilisée à son époque comme une simple étape pour des développements plus larges. En 1731, à l'âge de 23 ans, il présenta donc les fondements d'un nouveau système sexué des plantes (qu'il développa en 1735 dans son œuvre le *Systema Naturæ*), dans lequel les plantes étaient classées selon la disposition de leurs organes reproducteurs, le nombre d'étamines, et d'autres caractères sexués propres aux végétaux.

L'importance de l'œuvre de Linné est liée surtout au fait qu'il a eu le mérite d'avoir définitivement su valider, dans son travail systématique, la nomenclature binaire genre-espèce initiée par Bauhin, dans laquelle chaque espèce était définie par un double nom en latin, le premier pour le genre, et le second pour l'espèce. En se fondant sur des caractères morphologiques, Linné a pu classer ainsi plus de 8.000 espèces.

Son contemporain Bernard de Jussieu (1699-1777) a eu pour sa part le mérite d'établir de manière complémentaire une classification des plantes fondée sur leurs affinités naturelles. Les résultats de son travail ne furent pas publiés par lui, mais par son petit-fils Antoine-Laurent de Jussieu (1748-1836), dans une œuvre célèbre de 1789, le *Genera plantarum*. Selon A.-L. de Jussieu, les traits communs observés chez les plantes correspondaient à des liens de parenté, et sur cette base, le classificateur pouvait reconnaître les plantes appartenant à la même famille ou à des groupes de rang supérieur. L'activité phyto-systématique s'attacha alors à reconnaître et à évaluer les différents caractères végétaux, en appliquant la règle qu'un seul caractère constant était équivalent, voire supérieur, à plusieurs caractères inconstants, même conjugués.

La configuration des feuilles et le schéma de croissance des plantes alimentèrent particulièrement l'intérêt des botanistes au 19ème siècle. Et dans le sens de la pensée anti-mécaniste qui était en train de se diffuser en Europe, des concepts ambigus comme celui de la métamorphose, ou celui de la théorie de la spirale génératrice, furent temporairement introduits.

Puis la morphologie végétale reçut le renfort d'études anatomiques plus claires, telles que celles de Hugo von Mohl (1805-1872), qui en 1831 analysa la nature cellulaire des vaisseaux, la structure et l'épaisseur de leur parois cellulaires, et la conformation de l'écorce et de l'épiderme. S'y ajoutèrent les travaux de Karl W. Naegeli (1817-1891), qui s'occupait à la fois de cytologie, d'anatomie, et de systématique végétales. Entre 1850 et 1880, Naegeli étudia plus précisément la division cellulaire du pollen, et il introduisit une distinction entre les tissus en reformation et les tissus permanents.

Mais au début du 19ème siècle, une imprécision subsistait dans la physiologie des plantes, quant à leur processus de nutrition, puisqu'on estimait encore sommairement que l'eau et l'air leur étaient nécessaires et suffisants. Des analyses plus scientifiques de la physiologie végétale furent donc menées par Nicolas-Théodore de Saussure (1767-1845), qui démontra de façon expérimentale comment une plante décompose l'eau, et s'approprie ses éléments utiles. Et il donna une première explication de la respiration des plantes. Ce chimiste suisse fut également l'auteur de travaux importants concernant la composition et la fonction de l'humus, et concernant le rôle des sels minéraux que la plante absorbe en plus de l'azote.

D'autre part, entre 1820 et 1850, plusieurs découvertes permirent d'identifier des processus qui précisaient les caractéristiques de reproduction des plantes, avec en particulier l'alternance d'une génération végétative asexuée et d'une génération végétative sexuée, ce qui avec des variations différentes fut observé dans tout le règne végétal. On avait remarqué que, dans le cycle reproductif des plantes, existaient deux phases : la première allait de la spore d'origine asexuée à l'œuf, et la seconde de l'œuf fécondé à la spore (en alternance de générations). On parvint en outre à éclaircir les interactions entre les organes mâles et femelles dans la fécondation végétale.

Des observations décisives à ce sujet furent faites sur les algues, végétaux présumés inférieurs, mais où une sexualité spécifique avait été découverte. L'algologue français Gustave Thuret (1817-1875) démontra que l'intervention de spermatozoïdes dans la fécondation y était nécessaire, et il parvint même à obtenir des zygotes hybrides. Entre 1875 et 1884, Edoardo Strasburger (1844-1912) décrivit la division de la cellule végétale et de son noyau, et il observa effectivement, dix années après la publication des découvertes concernant la fécondation animale, la fusion de cellules reproductrices végétales. Plus tard, dans les années 1940, les processus de la photosynthèse allaient être éclaircis à leur tour, grâce à l'acquisition de nouvelles techniques de marquage, et grâce à la chromatographie.

Mais les techniques du 19ème siècle avaient déjà bien préparé le terrain, en améliorant la qualité des observations microscopiques, et les connaissances acquises sur la photorespiration des plantes. L'allemand Julius von Sachs (1832-1897) y avait ajouté d'intéressantes contributions sur la géométrie de la croissance des racines, et sur le fait que les parties vertes des plantes emmagasinaient de l'amidon grâce à l'action de la lumière. Puis il avait expliqué la décomposition du gaz carbonique qui se produisait dans ces parties vertes.

Une avancée majeure avait eu lieu aussi à partir de 1860, pendant que la systématique végétale était influencée, à son tour, par la théorie de l'évolution de Charles R. Darwin (1809-1882). S'inspirant de ces conceptions nouvelles, des classifications outrepassèrent les tableaux synoptiques de l'époque, et débouchèrent sur de nouveaux arbres généalogiques. Dès lors la phyto-systématique n'eut plus pour seul but d'aider à la reconnaissance pratique des plantes, mais elle devint aussi capable de déterminer leurs affinités phylogénétiques et leur évolution arborescente. Cette validation modernisée, inspirée de la théorie darwinienne, commença avec les travaux de A. W. E. Eichler (1839-1887), qui, entre 1870 et 1885, classa les cryptogames et les phanérogames sur une base de phylogenèse, en considérant les phanérogames, plus complexes, comme des plantes plus évoluées.

On peut ajouter à cela les études d'Adolf Engler (1844-1930), professeur à l'université de Berlin et directeur du jardin botanique de cette ville jusqu'en 1921. Engler, en collaboration avec K. Prantl, publia entre 1887 et 1915, une œuvre synthétique colossale sur le règne végétal, qui resta pendant longtemps un instrument de travail fondamental pour les laboratoires de biologie végétale du monde entier, et une référence de base dans la classification des grands herbiers.

Dans le domaine plus général de la physiologie, la découverte des hormones végétales découla elle aussi de recherches effectuées en 1880 par Charles et Francis Darwin, sur l'action de la lumière et sur l'orientation des organes des plantes. Car une plante qui pousse et qui se développe est soumise à l'influence de facteurs environnementaux, surtout physiques, tels que la lumière et la température, mais elle n'est en mesure de les utiliser à son avantage que grâce à l'action de mécanismes de régulation complexes, exercés par des substances particulières de croissance.

Continuant sur cette voie, le Danois P. Boisen Jensen et le Hongrois A. Paal ont clarifié ce concept de substance de croissance. Les deux chercheurs ont découvert notamment que le stimulus qui arrive à la zone de croissance de la plante était de nature chimique.

Là, l'action produisant le développement des cellules végétales était produite par une hormone, qualifiée de phytohormone en raison de son activité dans les plantes, et mise en évidence en 1931 par A.N.J. Heyen.

Cette hormone, appelée auxine, fut remarquée dans les plantes les plus variées, et jusque dans l'urine humaine. L'une des actions principales de l'auxine étant de favoriser la multiplication cellulaire, F. G. Gustafsson obtint en 1936 la croissance d'un fruit jusqu'à son mûrissement en traitant au moyen de cette hormone des ovaires non pollinisés. La croissance étant alors considérée comme un effet de l'équilibre entre stimulants et inhibiteurs, on entrevit également avec cela un traitement possible des tumeurs végétales malignes, avec d'évidentes applications à grande échelle dans des buts de productivité, ce qui augmentait l'utilité de l'analyse végétale.

En effet, alors que la première cellule vivante étudiée au microscope avait déjà été une cellule végétale dans la première moitié du 19ème siècle, les études sur sa composition et sur sa structure progressaient. Au début du 20ème siècle, on pouvait définir ses constituants principaux : le cytoplasme, le noyau cellulaire, et les chloroplastes. Et la recherche s'améliorant, A.F. Shamper avait découvert que les chloroplastes étaient aussi des structures vivantes. De son côté, en 1907, Meves découvrit que dans la cellule végétale existaient des organites analogues aux mitochondries de la cellule animale, qu'il appela chondriosomes. Alexandre Guillermond (1876-1945) consacra vingt ans de recherches, de 1910 à 1930, au chondriome (ensemble des chondriosomes), et les années 1910 furent marquées par d'intéressantes études fondamentales sur la nature du protoplasme.

En progressant ainsi, on assista à un nouvel essor de la cytologie avec le développement de sa partie génétique, dans le cadre de laquelle des études se concentrèrent sur la configuration du noyau. L'un des principaux résultats fut la mise en évidence au début du 20ème siècle de la polyploïdie, résultant de mutations particulières des chromosomes et d'un gamète, qui provoquent la formation d'un groupe supplémentaire de chromosomes. On commença à penser à cette époque que ce type de mutation, qui se produisait à la suite d'incidents de la méiose ou de la mitose, jouait un rôle important dans l'évolution, et pouvait donner des avantages, notamment une résistance aux maladies de certaines espèces.

Plus généralement, comme nous l'avons vu précédemment, au cours des deux dernières décennies du 20ème siècle, deux nouvelles écoles taxinomiques, le cladisme et la phylogénétique, avaient fait progresser de façon considérable la précision méthodologique des classifications.

Mais ceci avait aussi fait émerger indirectement des ambiguïtés, et avait porté à réactualiser des questions alors sans réponses, car même si de nouveaux schémas de classification, débarrassés de certains des groupes traditionnels connus, étaient de plus en plus utilisés, il subsistait encore des doutes sur la dérivation phylogénétique de familles tout entières, voire de certains ordres, suspectés notamment de paraphylétisme.

À la fin du 20ème siècle, en raison de ce défaut de briques conceptuelles suffisantes, en raison aussi de différences notables entre les méthodes employées, quelques éléments importants restaient donc encore en suspens. Si l'on comparait les systèmes de classification proposés, par exemple pour les angiospermes, le nombre total d'ordres pouvait y varier de 83 à 166, et le nombre de familles pouvait passer de 388 à 533.

Toutes les plantes, ainsi que de nombreux autres organismes vivants, n'avaient donc pas encore une place stable et définitive dans les classements hiérarchisés du moment, par lesquels on aurait pu représenter leur diversité, en tenant compte notamment de leurs liens de parenté. Là encore, le feuilleton scientifique continuait, autant pour le monde végétal que pour le monde animal.

On en retenait qu'une vie multicellulaire eucaryote s'était progressivement développée depuis ±2 milliards d'années, et que les formes complexes d'organismes qui pouvaient permettre une distinction entre végétaux et animaux, et qui étaient supérieures à 1 mm de diamètre, dataient de ±700 millions d'années. Au niveau unitaire, les dimensions de la cellule animale (10 µm, ou 10 milliardièmes de mètre) étaient restées inférieures à celles de la cellule végétale (jusqu'à 100 µm). L'une et l'autre avaient gardé en commun une membrane extérieure protectrice, un noyau interne, un cytoplasme, des ribosomes, et une taille inférieure à 0,1 mm. Mais outre par leur taille, elles différaient par d'autres caractères (spécialisation ou non-spécialisation, autotrophie ou hétérotrophie, utilisation d'amidon ou de glycogène, etc).

En ce qui concerne le monde animal, et son organisation, que nous allons aborder dans l'exposé suivant, nous allons d'abord resituer préalablement -en courte digression- la place et les besoins particuliers de l'animal humain, en tant qu'animal mutant très particulier, devenant de plus en plus capable de créer lui-même directement sa nourriture (fonction réservée jusqu'alors aux seules plantes), et par conséquent capable d'adapter d'autant ses comportements naturels ancestraux -jusqu'alors inévitables- de prédation, avec des conséquences évolutives, notamment sociétales, très importantes.

Sommes-nous irrémédiablement des prédateurs ?

De sa naissance jusqu'à sa mort, l'organisme humain est en lutte constante pour sa survie. Jamais complètement en repos, même lorsqu'il dort, il doit maintenir son équilibre interne, lutter contre les agents nocifs, et produire assez d'énergie pour compenser son entropie naturelle. Et ceci, simplement parce que qu'il appartient au monde animal.

Car l'organisme animal (métazoaire multicellulaire mutable) provient initialement d'une cellule eucaryote, sans la paroi cellulosique protectrice typique des végétaux, mais qui a déjà réalisé une symbiose avec ses mitochondries et autres organites commensaux, et qui est capable de se développer par absorption (et prédation) d'autres cellules et molécules.

Depuis 700 millions d'années environ, cette cellule s'est divisée, puis multipliée, encore et encore, jusqu'à ce que ses cellules-filles se diversifient et s'organisent en société de cellules pour former un corps (principalement à symétrie bilatérale) constitué de tissus et d'organes fonctionnels spécialisés. Ce corps s'est de mieux en mieux adapté à son milieu de vie, et est devenu capable d'agir sur ce milieu, pour notamment y prélever de quoi nourrir son ensemble symbiotique. Et c'est là son principal problème existentiel biologique : sa survie dépend des ressources de son biotope hôte.

C'est pourquoi la recherche permanente, le bon choix, et la préservation, des ressources nécessaires à son développement (nutritives et au-delà), constituent une activité vitale de tout organisme, y compris humain.

Ce que l'Humain fait d'autant mieux qu'il est devenu "sapiens", sachant qu'une ressource externe, incluant autant la nourriture de son esprit que celle de son corps (et celle de leur interface commune, le cerveau), conditionne son développement et sa survie. D'où la nécessité notamment d'alimenter ce cerveau de nutriments et d'influx ad-hoc, l'adéquation des besoins et des ressources conditionnant la survie de tout organisme et de tout organe.

Optimiser consciemment ceci est donc une vocation majeure de l'éco-humanisme, qui suscite le meilleur du cerveau humain, individuel et collectif, en sachant que de l'activité intelligente de l'entité humaine peut désormais dépendre le sort de cette entité. Mais là, il y a une bonne nouvelle : l'animal mutant humain pouvant désormais synthétiser technologiquement les ressources, y compris nutritives, qu'il doit consommer et utiliser pour se développer, son devenir en est modifié, y compris dans son fonctionnement sociétal, puisque la prédation n'y est plus une fatalité s'il peut assumer autrement son autonomie évolutive. Les conséquences, scientifiques et spirituelles, en sont considérables.

LE MONDE ANIMAL

Comme nous venons de le rappeler dans les paragraphes précédents, les animaux sont incapables de fabriquer entièrement eux-mêmes, à partir de ressources inorganiques, la substance nutritive dont ils ont besoin pour vivre. Ce qui les distingue des plantes, qui produisent leur substance nutritive à partir de telles ressources, en exploitant notamment l'énergie lumineuse. Et au-delà, nous constatons que, comme pour les plantes, le corps, le fonctionnement, et les comportements des animaux, résultent de leurs nombreuses spécialisations et adaptations évolutives. À chacun sa nourriture, à chacun sa stratégie. Pour se procurer leur nourriture, les animaux ont développé des organes sensoriels et des aptitudes à mouvoir des parties de leur organisme, à élaborer et à coordonner les informations reçues du milieu, à communiquer entre eux, et à s'organiser en groupes sociaux.

Ce sont autant de caractéristiques qui, au cours de l'évolution, ont amené une remarquable diversification des formes animales. Il nous suffit de jeter un regard autour de nous pour nous apercevoir de la grande variété qui règne dans ce monde animal. Dans un banal parc urbain, nous pouvons rencontrer des animaux très différents les uns des autres : des limaces ou des escargots qui glissent lentement sur l'herbe, des araignées à l'affût sur leurs toiles, des papillons et des oiseaux en vol, des lézards sur les murets. Une promenade en bord de mer nous permet d'observer différents coquillages, avec des coquilles calcaires, vides ou pleines, des mollusques marins, et çà et là on remarque quelques poissons et crevettes, dans les flaques formées au creux des récifs, à côté d'éponges et d'actinies aux couleurs brillantes accrochées sur les rochers, et de nombreuses autres formes de vie animale.

Pour mettre utilement en bon ordre théorique cette grande diversité des formes animales, des zoologues ont donc établi depuis plusieurs siècles une classification, comme des botanistes le faisaient de leur côté pour les plantes. Et dans les deux cas, la classification a reposé sur les espèces. On entend par espèce un groupe d'organismes semblables capables de survivre dans un milieu donné, en s'y nourrissant et en s'y reproduisant ensemble.

Dans la classification zoologique, comme dans la classification botanique, chaque espèce est identifiée par une nomenclature à deux noms, promue au 18ème siècle par le naturaliste suédois Carl von Linné, selon des travaux de Jean Bauhin au siècle précédent. Le premier de ces noms, qui indique le genre, est commun à toutes les espèces liées par des rapports de parenté. Le deuxième est le nom propre de l'espèce, qui permet de la distinguer des autres membres du même genre. Canis lupus, par exemple, est le nom scientifique du loup. Le chacal, Canis aureus, qui partage avec le loup un ancêtre commun très proche, appartient au même genre, le genre Canis, mais il représente une espèce distincte, appelée aureus.

La classification ne s'arrête pas à l'espèce et au genre. Nous avons vu précédemment qu'on utilise des catégories encore plus larges, la famille, puis l'ordre, la classe, le phylum et enfin le règne. En reprenant l'exemple ci-dessus, le loup, le chacal et les autres espèces du genre Canis, parmi lesquelles figurent le coyote (Canis latrans) et le chien domestique (Canis familiaris), appartiennent, avec d'autres animaux comme le renard roux (Vulpes vulpes), à une même famille : les Canidés.

Qu'est-ce que cela implique ? Que le sens des différentes catégories de niveau supérieur à l'espèce étant hiérarchisé, les genres appartenant à la même famille partagent un ancêtre commun ; cela vaut pour les familles appartenant au même ordre comme pour les ordres qui relèvent de la même classe, et ainsi de suite. La hiérarchie qui caractérise la classification zoologique reflète à sa manière l'histoire de l'évolution. En montant de degré en degré, de l'espèce au règne, on parcourt en sens inverse les différentes étapes de cette histoire, et on y classe des formes vivantes dont les origines communes sont de plus en plus éloignées dans le temps.

Mais comment peut-on établir des liens de parenté entre les animaux, et comment peut-on discerner la proximité de ces liens ? En fait, tous les caractères d'un animal peuvent contribuer à son classement et à sa comparaison. La forme et la structure de son corps et des différentes parties qui le composent, son comportement, ses caractéristiques génétiques et écologiques, son type de développement embryonnaire, et la façon dont il se reproduit, sont des éléments distinctifs. Dans l'exemple canin, toutes les espèces du genre Canis partagent un ensemble de caractères hérités d'un ancêtre commun, et elles peuvent être facilement identifiées sur la base de ces caractères. De la même façon, tous les genres appartenant à la famille des Canidés doivent à leur origine commune, plus ou moins éloignée dans le temps, un ensemble de caractères uniques qu'on ne trouve pas chez d'autres animaux.

Mais la base commune, c'est que, quel que soit le niveau hiérarchique envisagé (genre, famille, ordre et ainsi de suite), quand on parle d'une origine ou d'un ancêtre commun, c'est presque toujours à une espèce qu'on se réfère d'abord. L'espèce est l'unité évolutive basique de ce classement, puisque dans l'histoire de la Terre, infiniment longue si nous la comparons à notre brève existence individuelle, et depuis les toutes premières cellules, c'est surtout à travers la formation de nouvelles espèces à partir d'espèces préexistantes que la vie s'est développée et diversifiée.

On prend ainsi en compte une évolution très longue, qui a duré des centaines de millions d'années, et qui se poursuit encore aujourd'hui, une évolution au cours de laquelle de nouvelles espèces, et de nouveaux groupes d'espèces, ont occupé tour à tour les espaces (ou niches) écologiques disponibles. Parfois, il s'agissait d'occuper des espaces entièrement nouveaux, d'autres fois il s'agissait d'espaces qu'avait libérés l'extinction d'autres espèces. Et c'est dans ces conditions que se sont développés les premiers animaux sur Terre, dont les plus vieux restes fossiles remontent au Précambrien (il y a plus de 600 millions d'années).

Il s'est agi d'abord d'invertébrés (éponges, méduses, coraux, vers marins, etc.) qui, dans leur diversité, n'avaient en commun que le fait d'être dépourvus d'un axe dorsal interne de soutien du corps, qui sera plus tard constitué d'os particuliers, les vertèbres. En effet, par mutation depuis l'un de ces groupes d'invertébrés, sont apparus des animaux dotés d'un squelette interne rudimentaire, qui a évolué ensuite en colonne vertébrale. Des poissons primitifs (agnathes) ont été les premiers représentants de ce groupe et, bien qu'ils soient apparus à une époque très lointaine (-530 ma), ils ont survécu et ils se sont assez diversifiés pour que leurs descendants colonisent de plus en plus de milieux. Leurs concurrents évolutifs (les crustacés, leurs descendants insectes, et les myriapodes) sont apparus peu après, à partir de -450 ma.

Après que ces poissons primitifs se soient adaptés à leur milieu marin, ils ont muté, et engendré d'autres vertébrés encore plus performants, et certains de ceux-ci ont conquis peu à peu les terres émergées. Les premiers émergents furent les amphibiens, qui aujourd'hui encore restent plus ou moins liés aux eaux douces, dans lesquelles ils doivent en général retourner pour se reproduire. Par la suite, certains amphibiens primitifs ont donné naissance aux reptiles, premiers vertébrés spécifiquement terrestres. Au cours du Mésozoïque, l'ère s'étendant de -230 à -65 millions d'années, ces reptiles, notamment diapsides (dinosaures), ont dominé la vie sur Terre. Leur succès évolutif était dû en partie à la structure particulière de leur œuf, et à la protection qu'il fournissait à l'embryon contenu.

L'œuf de ces reptiles, très semblable à celui de leurs descendants oiseaux, abritait un micro-milieu semi-liquide indépendant du milieu extérieur (sauf pour les échanges gazeux) dans lequel l'embryon fécondé, pourvu d'une quantité de nourriture abondante (le jaune), pouvait atteindre un développement suffisant pour naître. Avec les reptiles, grâce à l'œuf et à d'autres adaptations telles qu'une peau assurant une protection efficace contre la déshydratation, s'est amorcée une conquête progressive du milieu terrestre, en concurrence avec des organismes animaux à squelette externe.

Ce qui démontre que le succès évolutif d'un groupe ne se mesure pas seulement à la diversité de ses formes, éteintes ou actuelles, mais aussi à son aptitude à produire de nouveaux organismes capables d'améliorer leur organisation structurelle et adaptative, avec des caractéristiques ouvrant de nouveaux espaces et de nouveaux modes de vie. Ce fut le cas pour les reptiles et leurs descendants, oiseaux, reptiles mammaliens, puis mammifères. Les oiseaux, considérés à juste titre comme de petits dinosaures survivants, puisqu'ils descendent directement de ces derniers, ont pu coloniser le monde aérien grâce à la création de plumes et d'ailes.

Quant aux mammifères, ils ont fait encore mieux, avec leurs caractères particuliers (poils, développement du jeune à l'intérieur du corps maternel, glandes produisant du lait, etc), pour constituer le groupe de vertébrés présentant la plus grande radiation adaptative, c'est-à-dire la plus grande gamme de formes, d'habitudes et de milieux de vie. Les baleines et les dauphins vivent dans la mer, les chauves-souris s'orientent dans l'air au moyen d'ultrasons, les taupes vivent sous terre, l'Homme vit et va presque partout. Le succès des mammifères est dû à leur évolution particulièrement rapide, qui a impliqué non seulement leur structure corporelle et leurs fonctions biologiques, mais même, en ce qui concerne l'espèce humaine, une surcouche évolutive exceptionnelle produite et gérée par son système nerveux.

Ainsi, même si tous les caractères sont importants pour déterminer les capacités d'adaptation d'une espèce animale à son milieu, ceux qui gouvernent le comportement peuvent impulser une évolution plus rapide et plus efficace. À côté des comportements stéréotypés, c'est-à-dire des comportements à la fois peu variants et caractéristiques de chaque espèce, qui chez de nombreux animaux contribuent inconsciemment à la survie dans leur milieu, il y a chez les animaux supérieurs, à différents degrés, une aptitude à improviser et à trouver des solutions rapides à des problèmes nouveaux. Et cette aptitude est encore renforcée avec le développement d'une capacité à partager rapidement des connaissances au sein de la même espèce, jusqu'à pouvoir accumuler un patrimoine évolutif transmissible.

Ce qui, pour l'espèce humaine, a alimenté un processus évolutif majeur. Il est clair que nous devons surtout à ces facultés notre prédominance actuelle dans notre biome. Pour connaître ce que d'autres humains ont découvert, il n'y a pas besoin de répéter leurs expériences et leurs observations, il suffit de puiser dans des archives (ou jadis dans des informations et des traditions transmises oralement) pour réagir plus efficacement. Cette évolution bio-culturelle est la forme connue la plus efficace d'adaptation animale intelligente.

Ainsi, dans ses activités de gestion utilitaire de son environnement, l'intellect humain a pu intervenir de mieux en mieux au service de ses nécessités existentielles. Et parce que d'autres animaux pouvaient lui fournir des ressources variées, pas seulement alimentaires (instruments, matières, transport, etc.), dès l'époque préhistorique, il a eu besoin de les reconnaître et de comprendre leurs qualités et leurs comportements. Témoignant du progrès adaptatif humain, leur représentation a donc été à la fois utilitaire et artistique, comme on peut le voir dans des sculptures, ou dans des fresques rupestres qui ornent les parois de multiples grottes, dans les lieux les plus divers du monde. La zoologie est ainsi aussi vieille que les premiers Hommes cultivés.

Elle a acquis historiquement un statut de science véritable, dès l'antiquité, notamment grâce à Aristote (384-322 av. J-C), qui avait écrit le premier texte de zoologie connu. On attribue souvent à ce philosophe grec les premières tentatives de classification des animaux (Aristote a créé environ 500 subdivisions) et les premières observations d'anatomie et d'embryologie. Toutefois, l'intérêt des anciens pour les sciences naturelles s'est développé d'abord dans une minorité cultivée, et avec une valorisation variable, puisque pendant le Moyen Âge occidental, par exemple, les centres d'intérêt principaux des gens de science étaient encadrés d'abord par des considérations d'ordre théologique, tandis que la connaissance du monde physique, surtout pour les sciences de la vie, était temporairement cantonnée à des savoirs pratiques moins valorisés.

Puis, lors de la Renaissance européenne, la nature y a été culturellement réhabilitée, même si l'intérêt pour le monde animal restait en bonne partie lié aux nécessités de la vie quotidienne (élevage, chasse, et pêche) et à la curiosité pour certaines formes bizarres et insolites. Au début, les connaissances de l'époque étaient recueillies dans des bestiaires, et dans des commentaires des œuvres d'Aristote, sans méthode uniforme ni nomenclature unitaire. Mais au fil du temps, avec les premiers voyages des grands explorateurs du début du 16ème siècle, les découvertes de nouvelles espèces animales, inconnues auparavant en Europe, sont devenues plus fréquentes.

La nécessité de les ordonner et de les classer se faisant de plus en plus pressante, vers la fin du siècle, Ulisse Aldrovandi (1522-1605), professeur à l'université de Bologne, a donc publié une œuvre monumentale en dix volumes, où il proposait une classification des animaux, divisée en deux grandes sections, les animaux à sang rouge, et les autres. Une subdivision qui correspondait plus ou moins à celle d'Aristote, encore utilisée à cette époque.

Les 16ème et 17ème siècles virent ensuite la parution d'autres œuvres marquantes, parmi lesquelles l'encyclopédie zoologique de Konrad von Gesner (1516-1565) et l'œuvre, scientifiquement moins probante, de J. Johnson (1603-1675). Une contribution majeure de classification fut aussi celle de John Ray (1627-1705), qui, dans un ouvrage de 1693, établit un schéma de classification fondé sur des critères anatomiques plus clairs, et qui contribua à mieux définir la notion d'espèce, en introduisant le critère de descendance commune des individus d'une même espèce.

Au 17ème siècle, commencèrent à apparaître de nouvelles disciplines qui diversifiaient utilement la zoologie, à savoir la microbiologie, l'embryologie, et l'histologie. Leurs directions de recherche, renforcées par l'introduction du microscope dans les études naturalistes, marquaient une autonomie justifiée par le travail fécond des grands pionniers scientifiques de cette époque. Parmi ceux-ci, on peut distinguer le médecin et naturaliste Marcello Malpighi (1628-1694), auquel on doit la naissance de l'anatomie microscopique (avec la première étude anatomique complète d'un invertébré, le ver à soie), et on peut distinguer aussi Antony Van Leeuwenhoek (1632-1723), qui observa des micro-organismes dans des eaux stagnantes, notamment certains infusoires. On peut y ajouter aussi Francesco Redi (1626-1698), à qui l'on doit les premières expériences infirmant la génération spontanée des insectes.

Pour homogénéiser ces diverses contributions, John Ray effectua une première tentative d'introduction d'un critère naturel de classification, non pas uniquement fondé sur la seule forme extérieure des organismes mais aussi sur leur structure anatomique adaptée. Ce critère allait trouver un prolongement décisif avec Carl von Linné (1707-1778), qui dans son système, exposé dans une œuvre fondamentale dont la première édition remonte à 1736, regroupa les espèces semblables en genres, les genres semblables en classes, et les classes semblables en ordres.

Prolongeant Bauhin, Linné étendait au monde animal une nomenclature binominale (comme en botanique), où chaque espèce était définie par un double nom latin, le premier terme indiquant le genre et le deuxième l'espèce.

Cette nomenclature binominale est restée en vigueur depuis, et elle a fourni un critère unifiant pour ordonner le monde animal dans une classification hiérarchique plus consensuelle. On doit également à Linné l'affirmation de la notion d'espèce comme entité naturelle la plus cohérente dans le temps, ainsi que la subdivision des animaux dans six classes : Mammifères, Oiseaux, Amphibiens-Reptiles, Poissons, Insectes, et Vers.

Contemporain de Linné, Georges-Louis Leclerc de Buffon (1707-1788) a eu une autre conception de la nature, différente mais complémentaire de celle de Linné. Pour lui, tant qu'il était impossible de définir les espèces de façon assez nette, il considérait la subdivision en genres, classes et ordres comme un catalogage temporaire. En revanche, soulignant le plan unitaire d'organisation de tous les êtres vivants, il était plus intéressé par la détermination et la description des caractéristiques structurelles, physiologiques, écologiques et comportementales des animaux. Ce qui était novateur.

C'est à lui qu'on doit les premières intuitions transformistes, c'est-à-dire la théorie selon laquelle le milieu, le climat, l'alimentation, et l'apprivoisement, peuvent avoir un effet sur la transformation des espèces animales. Cette position remettait en cause la vision fixiste, c'est-à-dire l'idée de l'immutabilité de l'espèce, dominante chez Linné et chez Ray. Et ces avancées conceptuelles ont été prolongées par Cuvier.

Georges L.C. Cuvier (1769-1832), qui est considéré comme le fondateur de l'anatomie comparée et de la paléontologie, a apporté une contribution majeure au développement de la zoologie. Dans sa *systématique zoologique*, il ne se fonde pas seulement sur les caractères morphologiques extérieurs, mais aussi sur les caractères anatomiques fonctionnels, un autre critère fondamental pour le développement de l'anatomie comparée. Cuvier a modifié profondément les grandes divisions du règne animal, en relation avec un principe de subordination des systèmes et des organes, utilisés comme caractères pour sa classification.

Selon lui, les systèmes majeurs, nerveux et circulatoire, exercent l'influence la plus forte, suivis à différents degrés par les autres systèmes, tels que le système digestif. Sur la base de ces critères, Cuvier subdivisa le règne animal en quatre phyla (Vertébrés, Mollusques, Articulés et Radiés) indépendants les uns des autres. Par la suite, sur la base des caractéristiques du système nerveux, il distingua des types ; et sur la base de la combinaison des organes de la respiration et de la circulation, il distingua des classes, tandis que d'autres organes lui servaient à déterminer les ordres, les familles, les genres et les espèces. Et de là, ses successeurs sont allés encore plus loin.

Car ensuite, la théorie de l'évolution biologique a démontré une continuité évolutive du monde vivant, infirmant les suppositions du créationnisme, c'est-à-dire de la croyance ancestrale selon laquelle chaque être vivant serait, tel quel, le résultat d'une création spontanée ex-nihilo, voire divine. À travers l'étude des mécanismes évolutifs, on a pu comprendre que tous les êtres vivants avaient une origine commune, aussi reculée dans le temps soit-elle, et que les différentes espèces étaient nées les unes des autres.

Au fur et à mesure des démonstrations probantes de cette nouvelle vision scientifique, des études de zoologie, d'anatomie comparée, d'embryologie et de paléontologie s'y sont conformées. La première confirmation de l'hypothèse d'une modification des organismes vivants selon le milieu, et d'une dérivation des espèces les unes des autres, est apparue dans l'œuvre de Jean-Baptiste de Lamarck (1744-1789). Disciple de Buffon, il fonda la théorie transformiste, qui promouvait notamment l'idée de l'hérédité des caractères acquis. Une voie qui sera brillamment élargie par Darwin.

En effet, Charles R. Darwin (1809-1882) a publié une puissante théorie de l'évolution par sélection naturelle, qui avec ses nombreux ajouts et remaniements, est finalement devenue une référence majeure, procurant une nouvelle vision des sciences de la vie, auxquelles elle donnait un sens cohérent. Cette théorie a introduit une interprétation nouvelle des données paléontologiques qui témoignaient de la naissance et de l'extinction des espèces, et elle a incité à interpréter de manière plus dynamique l'anatomie comparée et la systématique. Son application a privilégié la recherche des rapports phylogénétiques entre les espèces, qui indiquaient la dérivation des unes aux autres, et elle a établi de façon plus étendue une évolution qui impliquait tous les groupes du règne animal.

Au 20ème siècle, la systématique a pu encore ajouter une nouvelle dimension à la théorie évolutionniste en la complétant par des connaissances améliorées en génétique, et par une explication rationnelle de la diversité et de l'adaptation. Dans cette démarche, l'un des objectifs principaux de la systématique devenait de reconstruire de la façon la plus vraisemblable possible la généalogie des différentes espèces, c'est-à-dire la phylogenèse. En édifiant un tableau plus complet des ressemblances et des différences, ce que les zoologistes essayaient depuis longtemps de classifier, elle a mis en évidence une logique qui ne dérivait plus de présupposés métaphysiques ou religieux, mais de l'histoire probante réelle des organismes. Le premier savant à avoir formulé ensuite la nécessité de fonder la classification sur les rapports de parenté des espèces fut, au début du 20ème siècle, H. Haeckel (1834-1919), auteur d'arbres généalogiques très élaborés.

Puis au milieu du 20ème siècle, une formulation encore plus explicite des principes de la systématique phylogénétique a été exposée, avec l'œuvre de l'entomologiste allemand Willi Hennig (1913-1976). Entre-temps, le développement de la théorie synthétique de l'évolution, fondée sur des études de la génétique des populations, avait favorisé une nouvelle confirmation populationniste de la systématique zoologique, avec une subordination de la notion typologique d'espèce à une prise en compte de la variabilité intra-spécifique, et avec une nouvelle approche de l'espèce dans un sens plus explicitement biologique et dynamique.

Dans les dernières décennies du 20ème siècle, la systématique a connu une autre période particulièrement féconde, qui a favorisé elle aussi une réactualisation de ses bases. C'était inévitable, car outre l'utilité pratique confirmée de la systématique dans la zoologie (rappelons que de nombreuses espèces animales attendaient encore leur inscription à l'inventaire des espèces), les problèmes que soulevaient les développements modernes de cette science induisaient nécessairement des avancées conceptuelles complémentaires.

C'est pourquoi, alors que l'école évolutionniste classique, représentée par Ernst Mayr (1904-2005) et par George G. Simpson (1902-1984), soulignait la nécessité d'envisager une population comme une unité évolutive et donc taxinomique, sont apparues deux écoles systématiques caractérisées par une approche et une philosophie différentes : l'école cladistique, et l'école dite phénétique nouvelle.

La première, née en 1966 après la traduction en anglais et l'expansion des travaux de Hennig, a prôné la nécessité d'une reconstruction phylogénétique plus rigoureuse, dont elle a précisé les méthodes. Sur la base de l'évaluation de l'état évolutif d'un caractère, c'est-à-dire d'une analyse de sa condition primitive puis dérivée, on pouvait réaliser des arbres généalogiques en forme de diagrammes hiérarchiques, appelés cladogrammes, dans lesquels on mettait en évidence les points où les espèces qui avaient les liens de parenté les plus étroits se détachaient de la souche ancestrale. Là, n'avaient d'ancêtre commun que les espèces (ou les groupes) où un caractère (ou un assortiment donné de caractères) se manifestait dans la même condition de dérivation ; par exemple l'apparition des ailes chez les insectes et les oiseaux ne les rapprochait pas au niveau phylogénétique.

De son côté, l'école phénétique nouvelle, qualifiée accessoirement par ailleurs de numérique, renonçait à la possibilité d'attribuer une signification phylogénétique aux systèmes de classification, et elle recherchait des méthodes aussi objectives et neutres que possible pour identifier et interpréter les similitudes des faits les plus objectivement comparables.

Dans le traitement numérique des ressemblances, on n'y parlait donc plus d'espèce (notion trop connotée du point de vue évolutionniste), on préférait utiliser le sigle OTU (Operational Taxonomic Unit). En l'absence d'hypothèses capables d'expliquer les différents degrés de ressemblance ou de différence entre les êtres vivants, donc en l'absence de cas d'où il serait possible de reconstruire une classification probante, il restait au zoologiste phénétique "cladiste" l'option d'une évaluation quantitative de ces ressemblances et de ces différences. Cela le conduisait à les traiter par des moyens informatiques intégrant un grand nombre d'informations et d'hypothèses sous une forme numérisée. Ce traitement fournissait un phénogramme, c'est-à-dire un diagramme ramifié qui faisait ressortir des regroupements définis par niveaux croissants de ressemblance.

Des débats animés qui, à la fin du 20ème siècle, ont rempli les pages des plus importantes revues scientifiques internationales sur les positions des uns et des autres, ont confirmé l'importance que ces recherches systématiques et taxinomiques avaient pris dans le cadre de la zoologie. La systématique biologique qui a émergé de ces développements n'était plus la systématique antérieure, qui évoluait dans le cadre de certitudes tranquilles. Elle a soulevé de nouvelles interrogations, incluant la définition de la notion d'espèce, et le choix des méthodes à utiliser dans la reconstruction des parentés, induisant un nouveau système de classification.

En outre, à côté de la systématique fondée sur une analyse des caractères morphologiques, des chercheurs ont essayé une introduction progressive, dans la classification, de données relatives à d'autres types de caractères, notamment de nature moléculaire (horlogerie moléculaire), qui ont amené d'autres chercheurs venant d'autres disciplines, comme la biochimie, la biologie du développement, et la biologie moléculaire, à s'intéresser eux aussi à la systématique. Ce qui a été également facteur de progrès.

En effet, alors que l'analyse phylogénétique s'était jusqu'alors appuyée sur des connaissances embryologiques, paléontologiques, comportementales, et écologiques, elle a pu être renforcée ainsi grâce aux progrès de la biologie moléculaire, et par des méthodes de reconstruction phylogénétique fondées sur l'étude des molécules, en particulier celles de l'ADN. Ces méthodes s'appuyaient sur l'hypothèse selon laquelle l'accumulation de différences dans les systèmes moléculaires, c'est-à-dire le changement dans les séquences de nucléotides d'ADN, ou d'acides aminés dans les protéines, se faisait de façon plus ou moins neutre, à la différence de l'évolution des caractères morphologiques, impactés par les conditions comportementales et écologiques, et par là soumis davantage à une sélection naturelle.

Étant donné que la fréquence des modifications fortuites y paraissait constante, quelques chercheurs ont utilisé des systèmes moléculaires en tant qu'horloges, pour dater la divergence entre des espèces qui présentaient des affinités. Selon ce procédé, la divergence évolutive pouvait être datée à partir de la distance génétique quantifiant la ressemblance ou la différence des molécules analysées. Et puisqu'on avait observé aussi que l'évolution moléculaire des premières protéines analysées n'était pas constante, seule une analyse statistique de très nombreuses protéines pouvait valider un marqueur temporel assez précis pour être utile. Sur la base de ces prémisses, les tenants de cette hypothèse ont conjecturé que, pour avoir des informations significatives sur la phylogenèse par l'horloge moléculaire, il fallait analyser les taux de changement nucléotidique d'un très grand nombre de gènes, sur une durée éventuellement très longue. Ce qu'ils ont entrepris de faire.

Un autre domaine important d'études en zoologie a concerné la distribution géographique des espèces animales, c'est-à-dire la zoogéographie. Là, pour chaque espèce (ou groupe taxinomique), on a défini une aire de distribution géographique, et on s'est efforcé de comprendre les causes possibles qui l'avaient déterminée. Cette discipline a adopté une approche combinée, à la fois descriptive et interprétative, permettant de considérer la présence d'une espèce animale dans une région déterminée comme le produit de facteurs écologiques (par exemple l'équilibre de cette espèce par rapport à d'autres espèces, au climat et à la végétation), et aussi de facteurs bio-historiques (c'est-à-dire la période où s'est produit le peuplement et les événements éventuellement accidentels qui ont eu lieu).

De plus, à partir des années 1950, l'affirmation de la théorie géologique de la tectonique des plaques est venue conforter l'hypothèse de la dérive des continents, avancée en 1912 par Alfred Wegener (1880-1930), mais qui jusqu'alors n'avait pas été assez considérée comme pertinente. Il en ressortit alors clairement que la configuration actuelle des terres émergées de la planète était le résultat d'une lente évolution de la croûte terrestre, encore en cours. Cette théorie a eu un impact dans le domaine géologique, et des répercussions considérables aussi sur les hypothèses zoogéographiques relatives au peuplement faunistique et floristique successif des continents. Des hypothèses antérieures ont dû être reconsidérées et révisées d'autant.

Parallèlement, l'étude du peuplement des îles, à partir des publications de Darwin, a pris aussi une importance croissante en zoogéographie. En effet, les îles pouvaient être considérées comme des laboratoires naturels, qui permettaient de vérifier les capacités de dispersion et les temps de colonisation de nouveaux habitats par des animaux.

On pouvait y étudier les effets dus à l'éloignement et à l'isolement. En 1967, Mc Arthur et Wilson ont proposé un nouveau modèle théorique sur l'interaction des différents facteurs responsables d'un peuplement insulaire. Selon l'hypothèse centrale de ce modèle (qui sert encore de fondement pour des études concernant ces processus), le nombre d'espèces sur une île est en équilibre quand le taux d'extinction y est égal au taux d'immigration. Cette hypothèse apparemment simple a été justifiée par l'observation de diverses situations naturelles, bien qu'une immigration ne soit pas toujours possible.

D'autre part, le besoin d'une meilleure classification de la vie animale a donné aussi de l'importance à l'éthologie, qui traite des comportements animaux. L'influence du comportement animal avait déjà fait l'objet d'études depuis des époques lointaines, et de nombreux naturalistes, dans leurs œuvres, avaient fait des observations sur ce thème. Mais on a fixé par commodité la naissance de l'éthologie-science aux dernières décennies du 19ème siècle.

Le terme éthologie (du grec ethos, mœurs habituelles) avait été créé en 1866 par Ernst H. Haeckel (1834-1919), trois ans avant son introduction d'un autre terme, non moins célèbre, l'écologie. À partir de ce moment, et en particulier après les recherches de Jacques Loeb (1859-1924) à la fin du 19ème siècle, puis celles de l'Autrichien Konrad Lorenz (1903-1989) au milieu des années 1930, l'étude du comportement animal a pris une importance croissante, devenant une discipline quasi-autonome au sein de la biologie, en synergie avec l'écologie, la génétique, et la physiologie générale.

Les chercheurs ont pris l'habitude de désigner par le terme éthologie l'étude des modèles comportementaux animaux, avec leur sens évolutif, car cette discipline traite à la fois de génétique, d'évolution du comportement animal (instinctif, acquis, et social), de transmission des informations, et de pathologie comportementale. Ce qui avait déjà été influencé par les idées de Charles R. Darwin (1809-1882) sur la sélection naturelle, élargissant d'autant l'horizon des interprétations et des applications possibles.

On a ainsi pu distinguer dans l'histoire de l'éthologie une longue phase précursive, classique, jusqu'au milieu du 19ème siècle, puis une phase de modernisation, dont les principales sources sont venues de régions distinctes géographiquement et culturellement, à savoir l'Europe et les Etats-Unis d'Amérique. En effet, s'étaient développées séparément une école européenne et une école américaine d'éthologie, où de leur côté, les éthologues de l'école américaine s'intéressaient plus particulièrement aux lois du comportement, en utilisant surtout des expérimentations allant dans ce sens.

Et d'un autre côté, les éthologues de l'école européenne préféraient insister sur les ressorts biologiques du comportement animal quand celui-ci pouvait être observé dans son milieu. Il y avait une différence de perspective, voire de philosophie, à la base de tout cela. Pour les éthologues de l'école européenne, comme pour la plupart des zoologues, le comportement exprimait une caractéristique biologique adaptative sous-jacente, ce que la morphologie mettait pour sa part en évidence en anatomie comparée.

Il s'agissait d'une conception intéressante, entre autres, pour trouver des homologies et des analogies dans la reconstruction phylogénétique et pour y identifier les modifications évolutives. De leur côté, les éthologues de l'école américaine étaient souvent des psychologues expérimentaux, qui s'intéressaient plutôt à l'apprentissage et à la façon dont celui-ci pouvait modifier le comportement animal.

Un autre pionnier de l'éthologie restait toutefois indépendant de ces écoles : Jean-Henri Fabre (1823-1915). De 1879 à 1903, il avait publié les 10 volumes de ses *Souvenirs entomologiques*, qui constituaient une compilation très instructive de comportements des insectes. Entre autres choses, Fabre avait remarqué pour la première fois que certaines actions des animaux n'étaient pas évidentes pour qui voulait y voir une forme de conscience ou d'utilité consciemment adaptative.

Son œuvre souleva quelques réactions d'opposition, car à côté de descriptions précises des habitudes des animaux cités, son ouvrage contenait aussi quelques observations erronées. Des insectes y étaient identifiés par des noms incorrects et, parfois, on avait l'impression que Fabre avait été le premier à effectuer des observations sur tel ou tel sujet, ce qui n'était pas exact. Si l'on pouvait émettre des doutes concernant Fabre en tant que chercheur, il fut néanmoins un écrivain remarquable dans la description de ses observations. Jean Rostand l'appela l'Homère des insectes, et son nom fut même proposé pour un Prix Nobel de littérature.

Mais il n'était pas seul dans cette voie. Au passage du 19ème au 20ème siècles, C. Lloyd Morgan (1852-1936) avait publié lui aussi deux ouvrages importants, *Animal Life and Intelligence*, et *Animal Beahaviour*, où il introduisait, entre autres, des principes de conscience efficace et d'autoconscience. Dans la même période, par des études et des observations sur le comportement des invertébrés et des protozoaires, Jacques Loeb (1859-1924) et Herbert S. Jennings (1868-1947) proposaient des concepts d'instinct, d'intelligence, et de tropisme, ce dernier concept ayant déjà été introduit par le botaniste Julius van Sachs (1832-1897) pour la physiologie végétale.

Mécaniste convaincu, Loeb avait cherché chez les animaux inférieurs des phénomènes analogues au tropisme, pouvant être décrits en termes de stimulus-réponse. Son hypothèse de travail était que les mouvements d'un animal étaient déterminés par des forces internes et externes combinées.

Loeb expliquait les phénomènes de tropisme (c'est-à-dire de tendance directrice) selon l'idée que, normalement, les processus qui mènent à la locomotion étant identiques dans les deux moitiés du système nerveux central, et la tension des muscles symétriques étant identique, l'animal se déplaçait suivant une ligne droite. Si, toutefois, la vitesse des réactions chimiques augmentait dans une partie du corps, par exemple dans un œil de l'animal, il n'y avait plus assez de symétrie physiologique entre les deux côtés de l'encéphale et, par conséquent, l'équilibre de tension des muscles symétriques pouvait être perturbée. L'animal étant amené inconsciemment à changer la direction de son mouvement, son comportement était déterminé par des influx et des mouvements en partie involontaires.

Ses résultats lui ont valu, en peu de temps, une grande renommée et, avec ceux de Jennings, ils mettaient en doute le fait que le comportement animal puisse être vu et interprété seulement comme le produit d'une volonté ou d'une intentionnalité de l'animal. C'était également le sens des recherches de O. Mast, qui étudiait les réponses des animaux aux stimuli lumineux, et surtout celles de John B. Watson (1878-1958) et de Burrhus F. Skinner (1904-1990), un psychologue expérimental de Harvard. Watson, auteur du volume *Behaviorism, an Introduction to Comparative Psychology* en 1914, a été considéré comme un père fondateur du behaviorisme (ou comportementalisme), doctrine qui attribuait à l'expérience un rôle central dans le développement du comportement animal.

Puis, dans la deuxième décennie du 20ème siècle, commencèrent les premières recherches d'Oskar Heinroth (1871-1945) en Europe sur les Anatidés (canards et oies), des recherches qui, avec celles menées sur les Columbidés (pigeons) par C.O Whitman aux États-Unis, indiquaient qu'il n'existait pas de comportement animal général commun, et que chaque groupe systématique présentait des modules comportementaux adaptés au fil du temps, des milieux de vie, et des interactions.

Il s'agissait d'une idée importante pour le développement de l'éthologie classique, en ce sens qu'elle définissait un domaine d'approfondissement prospectif, en expliquant l'existence de processus adaptatifs prédéterminés et involontaires, cohabitant avec des réactions d'adaptation aux conditions locales et particulières, ce dont la synergie était intéressante à explorer.

De son côté, entre 1917 et 1921, Wolfgang Köhler (1887-1967) avait réalisé des recherches qui démontraient l'habileté des singes anthropomorphes à construire une série d'actions enchaînées, visant un objectif. C'était l'un des premiers exemples d'étude sur l'intelligence animale, menée en utilisant des tests spécifiques à une telle investigation. Puis, entre 1924 et 1928, O. Heinroth et M. Heinroth avaient effectué des expériences sur le comportement de différents oiseaux, dans la nature et en captivité. Leurs conclusions, publiées dans l'ouvrage *Die Vogel Mitteleuropas* (Les oiseaux de l'Europe centrale), expliquaient que, quand les animaux étaient privés de certaines informations fondamentales, ou qu'ils en recevaient de mauvaises, dans des phases particulières de leur développement, ils présentaient des troubles comportementaux irréversibles.

À partir de ces conclusions, on a considéré qu'il existait une phase critique d'apprentissage, avant et après laquelle les informations structurantes n'étaient plus intégrées. Cela introduisait une notion de temps d'imprégnation, qui sera développée quelques années plus tard par Konrad Lorenz. Le courant de recherches sur l'imprégnation s'est révélé fécond pour l'éthologie, et a attiré, parmi d'autres, Nikolaas Tinbergen (1907-1988).

Dans la même période, commençait également l'étude de ce que l'on a appelé plus largement le comportement socialisé des animaux. On parvint à comprendre que les actions à caractère social d'un animal, au moins dans certains groupes taxonomiques, devaient être prises en considération pour éclairer l'organisation interne, et donc les facultés adaptatives, du groupe dans lequel vivait l'individu. Un exemple était est la hiérarchie du coup de bec parmi les poules, qui montrait les relations souvent très complexes qui se créent à l'intérieur d'un groupe animal socialisé.

Dans ces recherches, les contributions de W.C. Allee (1885-1955), qui a publié *Animal Aggregation*, en 1931, et *The Social Life of Animals*, en 1938, ont été essentielles. Ces recherches ont eu un développement considérable, dans les années 1970, grâce aux contributions d'Edward O. Wilson, pionnier de la sociobiologie.

Pour sa part, Karl von Frisch (1886-1982), est une autre figure remarquable de l'éthologie des premières décennies du 20ème siècle. Sa première publication sur le comportement des abeilles, *Der Farbesinn und Formesinn der Bienen*, date de 1914. Né à Vienne, où il avait obtenu une maîtrise en philosophie et en zoologie, von Frisch a travaillé d'abord à Munich en Bavière, puis à Wroclaw, puis de nouveau à Munich.

En 1911, avec des expériences ingénieuses utilisant des stimulations lumineuses et chromatiques, von Frisch réussit à démontrer que les poissons peuvent reconnaître des différences de couleurs et de luminosité. Et en 1923, à 37 ans, il fournit la première démonstration de l'ouïe des poissons. Par un sifflement émis chaque fois qu'il offrait de la nourriture, ce chercheur réussit dans son aquarium à dresser un poisson-chat aveugle en le faisant sortir de son refuge pour monter rapidement à la surface. Outre la preuve des facultés perceptives de ses animaux, il obtint là l'un des premiers exemples d'un processus de conditionnement dans un milieu semi-naturel. Grâce au crédit international obtenu par ces découvertes, et avec l'aide de la Fondation Rockefeller, von Frisch créa à Munich un Institut de zoologie, qui fut cependant détruit par des bombardements américains au cours de la Seconde Guerre mondiale.

À la fin de cette guerre, les recherches de von Frisch avaient repris, d'abord à Graz, ensuite à Munich. En 1948, elles aboutirent à la découverte que les abeilles ont une vision en quadrichromie, et à la description de ce que l'on appelle la danse des abeilles, une modalité de communication par laquelle les abeilles réussissent à communiquer aux autres individus de la ruche la position d'une ou de plusieurs ressources, ainsi que leur quantité.

Intervint ensuite Konrad Z. Lorenz (1903-1989) qui fut, avec Karl von Frisch et Nikolaas Tinbergen, l'une des figures principales de la période où l'éthologie s'affirma définitivement en tant que nouvelle science. Ces trois chercheurs ont reçu, en 1973, un Prix Nobel de médecine et de physiologie pour leurs découvertes sur l'organisation des formes de comportement, individuel et social. Né à Vienne, Lorenz avait étudié la médecine à la Columbia University de New York, puis chez lui à Vienne. Il obtint la chaire de psychologie humaine à l'université de Königsberg et, après 1945, il travailla au Max Planck Institut de Seewiesen en Bavière.

Les recherches de Lorenz débutèrent dans les années 1930, avec son rapport *Der Kumpan in der Umwelt der Vogels* (Le Compagnon dans l'environnement de l'oiseau) de 1935, où il aborda les problèmes sociaux et familiaux qui interféraient chez les oiseaux. L'année suivante, ses recherches sur les musaraignes montrèrent la difficulté de séparer l'instinct de l'apprentissage. Une grande partie de ses recherches visait à identifier les caractéristiques des actes instinctifs, analysés selon des modules comportementaux supposés prédéterminés génétiquement. La renommée de Lorenz a été liée en particulier à la description de l'imprégnation, forme d'apprentissage intervenant pendant une phase limitée et précoce de la vie animale.

Durant cette phase, se construisent des comportements irréversibles. L'imprégnation, telle que reprise par Lorenz en 1935 après Heinroth, a été surtout étudiée chez les oiseaux et les mammifères. Dans une étude désormais classique, Lorenz découvrit que les petits des oies, des poules, ou des perdrix, devant le premier objet qu'ils voient bouger, développent une forme d'attachement irréversible. Puisque, dans des conditions normales, après l'éclosion de l'œuf, cet objet est la mère, c'est elle qui devient le point de référence naturel. Cependant, si les nouveau-nés voient devant eux une poupée, un animal d'une espèce différente, ou un Homme, ceux-ci remplacent la mère. Chez ces oiseaux, l'image se fixe de façon permanente dans les 36 heures suivant l'éclosion. Dans cet intervalle, la mère peut être remplacée, mais par la suite, cela n'est plus possible. Lorenz s'impliqua personnellement dans ces expériences ; il se présenta en tant que premier être identifiable à un groupe de jeunes oies durant la phase de l'imprégnation et, dès lors, celles-ci le suivirent partout, même en nageant avec lui dans l'eau.

Lorenz est intervenu dans le débat entre les éthologues européens et nord-américains, concernant l'importance relative de l'inné et de l'acquis dans le comportement animal. Un débat qui, dans certains cas, a été vif mais productif. En effet, tandis que Lorenz et d'autres éthologues européens continuaient à parler d'instinct et de comportement inné, des éthologues et des psychologues behavioristes, tels que D.O. Hebb et D.S. Lehrmann, niaient la validité de telles affirmations. Ils soutenaient qu'il n'était pas possible d'effectuer des expériences pouvant mener à une distinction entre les informations apprises après la naissance, celles qui étaient assimilées au cours de la vie intra-utérine, et celles qui étaient guidées par le patrimoine génétique. En réponse à ces objections, les éthologues européens présentaient une longue liste de modules comportementaux que des animaux exploitaient même quand ils étaient élevés complètement isolés.

Pour expliquer le comportement stéréotypé de l'épinoche, Lorenz exposa notamment un principe de mécanisme inné de déclenchement, indiqué par les initiales M.I.D. Lorenz expliqua ce comportement instinctif selon l'hypothèse que chaque animal possédait plusieurs modèles innés de comportement, qu'il appelait modules fixes d'action, spécifiques à chaque espèce, et constants, tout comme leurs caractéristiques anatomiques. Chaque module d'action particulier restait en réserve, latent, tant que le stimulus de déclenchement n'activait pas le M.I.D. responsable d'un comportement automatique prédéterminé.

Selon Lorenz, chaque stimulus de déclenchement était adapté à un M.I.D., tout comme une clé l'est à une serrure.

Le stimulus de déclenchement pouvait être une image, une odeur, ou une action d'un autre animal, mais il existait une correspondance précise entre le stimulus et la réponse. Les recherches de Tinbergen montrèrent effectivement que l'épinoche mâle réagissait de façon plus agressive à un modèle grossier d'un autre mâle au ventre coloré de rouge, plutôt qu'à une reproduction plus exacte n'ayant pas la même coloration.

Cela signifiait en l'occurrence qu'un tel stimulus chromatique instinctif prévalait sur une identification précise. Les recherches de Tinbergen aboutirent à la publication de *The Study of Instinct*, en 1951. Le chercheur, après avoir enseigné la zoologie expérimentale à Leiden (où il rencontra Lorenz à un congrès sur l'instinct), alla à l'Institut de zoologie de Munich, puis revint à Leiden, où il fonda une école dédiée à l'étude du comportement animal. Dans son livre, Tinbergen illustra le point de vue selon lequel l'instinct était un mécanisme du système nerveux, organisé hiérarchiquement, capable de garantir la survie de l'organisme porteur, car il gardait la possibilité de répondre efficacement à des stimuli externes et internes, selon une expérience pré-codée.

Tinbergen étudia aussi le sens des parades, nuptiales ou de conquête de suprématie, au sein de certains groupes, liées par exemple aux habitudes sociales des mouettes, ou à l'accouplement des épinoches. En 1954, il récapitula finalement les trois éléments nécessaires qu'il distinguait dans l'éthologie moderne. Le premier élément était un recours nécessaire à une description préalable du comportement observable, comme base indispensable pour la formulation des hypothèses. Le deuxième était la nécessité de travailler sur des schémas comportementaux globaux, multifactoriels. Le troisième était la nécessité d'y situer les trois facteurs bio-adaptatifs fondamentaux, c'est-à-dire la causalité, la valeur de survie, et l'évolution.

Des travaux de I. Eibl-Eibesfeldt et de W. H. Thorpe, auteur de *The Study of Instinct in Animals*, publié en 1957, ont confirmé cela au cours des années 1950. Dans le même temps, d'autres études commençaient à démontrer qu'à la base de phénomènes tels que l'adoption ou l'abandon d'un certain comportement, pouvaient intervenir aussi des médiateurs biochimiques, plus ou moins polyvalents. C'est ainsi que l'on découvrit que des glandes productrices d'hormones responsables de la mue réglaient également le comportement grégaire. Sur la base des recherches de von Frisch sur la danse des abeilles, et en particulier grâce à la contribution de R. Jander, en 1957, on découvrit que d'autres animaux que les abeilles disposaient eux aussi d'un système assez fonctionnel pour s'orienter dans l'exploration du territoire, et pour retrouver, ensuite, la voie du retour.

Dans les années 1960, W. Schleidt et M. Schleidt enrichirent à leur tour les recherches sur les mécanismes innés qui activaient certains comportements. Ces chercheurs, en observant des femelles de dindon, avaient remarqué que si ces animaux étaient sourds, ils tuaient leurs petits, la surdité empêchant que le pépiement active le mécanisme responsable du comportement maternel protecteur. E. Kuenzer et P. Kuenzer parvinrent à des conclusions analogues. D'autres recherches sur le comportement social se poursuivirent, en particulier celles qui avaient pour but d'éclaircir le fonctionnement de sociétés complexes, telles que celles des insectes sociaux (abeilles, fourmis, termites), qui pouvaient expliquer des phénomènes apparemment en contradiction avec la théorie darwinienne, comme l'altruisme, pour vérifier quels étaient en fait les moteurs majeurs de la sélection naturelle.

Parmi les premiers à avoir des intuitions fructueuses à ce propos, se distingua le Sud-Africain Eugène N. Marais (1872-1936) qui, dans les années 1920, décrivit de façon approfondie aussi bien les sociétés de babouins, que celles des termites, pour lesquelles il évoquait un super-organisme communautaire. V.C. Wynne-Edwards (1906-1997) considérait pour sa part le comportement social en fonction de la structure spatiale et démographique de la population à laquelle l'individu appartenait. L'analyse des mécanismes d'autorégulation des populations, par exemple par le cannibalisme, l'amena à identifier une stratégie évolutive particulière, la sélection dans l'intérêt du groupe. Cette approche a été corrélée par les travaux d'Hamilton, de Trivers, et de Maynard-Smith, qui introduisirent également le principe de kin selection, c'est-à-dire de sélection relative à la consanguinité.

Dans cette nouvelle perspective, plus large, l'éthologie s'associa utilement avec la génétique moléculaire. L'idée de départ était que, bien que l'individu soit apparemment l'objet sur lequel agissent les forces sélectives, ces forces agissaient en fait sur un pool de gènes, véhiculés tant par cet individu que par ceux qui lui étaient apparentés. Il fallait donc vérifier si l'évolution tendait à préférer les solutions qui augmentaient l'aptitude adaptative réciproque de l'individu et de son groupe social (fitness mutuel).

Des comportements suicidaires, incompréhensibles d'un point de vue purement individuel, prenaient un nouveau sens dans cette recherche inclusive. Car ces processus semblaient préservés et préférés par l'évolution naturelle s'il y avait augmentation des probabilités de survie d'un pool de gènes, véhiculés non seulement par l'individu sacrificiel, mais également par ses parents. Les années 1970 et les années 1980 ont été marquées par la publication, en 1975, du livre d'Edward O. Wilson *Sociobiologie, la nouvelle synthèse*, et par le débat qu'il a provoqué.

La sociobiologie, écrivait Wilson, alors zoologue à Harvard (USA), pouvait être définie comme l'étude systématique des bases biologiques de toutes les formes de comportement social, y compris le comportement sexuel et parental, et dans toutes les espèces vivantes, y compris pour l'espèce humaine. Ce qui lui a valu des critiques.

En effet, le terme de sociobiologie avait déjà été utilisé par John P. Scott, en 1946, puis par Charles F. Hockett, dans un sens quelque peu différent, pour caractériser des sciences interdisciplinaires entre biologie, psychologie et sociologie. Mais en fait, Wilson n'a pas été critiqué pour une appropriation du concept, il a surtout été critiqué pour avoir voulu étendre au comportement humain des lois et des principes définis sur la base d'études menées sur d'autres comportements animaux.

Certaines critiques étaient justifiables dans la mesure où Wilson apportait surtout des contributions à la compréhension des sociétés des insectes, desquelles il tirait certaines considérations peut-être trop générales. Il n'était cependant pas dans l'erreur sur tous les points, en disant par exemple que le facteur essentiel des comportements sociaux était une communication réciproque, dont le résultat était une coopération d'intérêt commun. Ce qui a été maintes fois validé ensuite, y compris dans les sociétés humaines.

Quoi qu'il en soit, depuis la fin du 20ème siècle, et au-delà des thèses de Wilson, d'autres principes formulés par l'éthologie classique occidentale (euro-américaine) sont restés contestés. Le penseur allemand Wolfgang Schmidbauer, dans son ouvrage *Homme et nature*, a notamment critiqué l'attitude qui transfère à l'Homme de manière désinvolte des règles et des principes observés chez d'autres animaux. Selon lui, il n'est pas possible de démontrer l'instinct humain de propriété sur la base d'observations sur les rongeurs, ni de démontrer l'instinct territorial humain sur la base d'observations sur les oiseaux. Plus qu'aux principes fondamentaux de l'éthologie en elle-même, et à sa pertinence pour le monde animal, Schmidbauer a développé une prévention contre une extension arbitraire non probante de certaines observations éthologiques transposées au comportement humain.

Dans ce sens, l'éco-humanisme, qui s'attache prudemment à analyser les différences et les convergences les plus probantes entre l'hérédité animale et le comportement humain socialisé, admet seulement certains points de vue de Wilson, relatifs au fait que le facteur essentiel des comportements sociaux animaux, y compris humains, est une communication réciproque dont la tendance naturelle porte à une coopération dans l'intérêt commun des participants. Ce qui a effectivement contribué à faire de l'humanité l'espèce la plus puissamment entreprenante.

L'ADAPTATION DU VIVANT

Depuis son origine, la vie sur Terre a été fortement imprégnée de prédation.

Car la survie des uns y a été souvent liée à la destruction des autres. A l'état naturel, la Terre n'a été un paradis pour aucune espèce. Chacune a dû en permanence s'adapter et survivre.

L'une d'entre-elles a pu survivre et évoluer jusqu'à y devenir l'espèce supérieure.

Et malgré certaines apparences, c'est effectivement la plus puissante et la plus impactante de toutes : l'espèce humaine.

L'HUMAIN

Une longue évolution d'animal intelligent, porté à devenir à la fois de plus en plus responsable, et de plus en plus entreprenant.

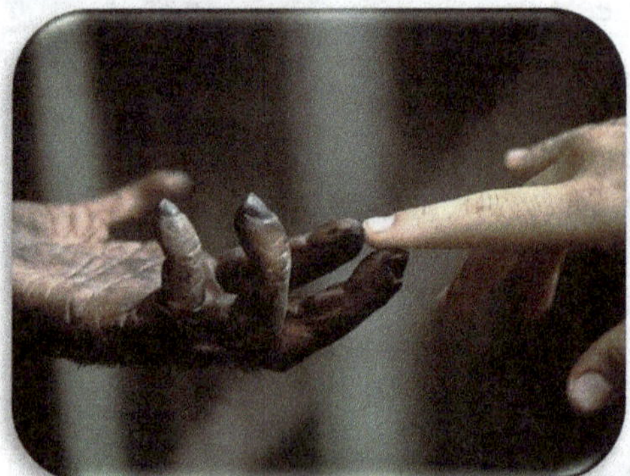

Une évolution qui est désormais la clé de l'équilibre de toute sa planète d'origine, et même au-delà au fur et à mesure qu'il se répand dans l'Espace.

L'ESPECE HUMAINE

Chaque Être humain a derrière lui plusieurs histoires. Il a d'abord une histoire biologique intime, commencée à sa naissance, ou plus exactement neuf mois avant, lors de la phase de fécondation. C'est celle de son développement corporel, qui ne se termine pas à sa maturité adulte, mais qui s'entretient jusqu'à sa mort. Puis il y a l'histoire ajoutée de sa transformation psychique, avec le développement de sa personnalité, et de son implication sociale. Une histoire très personnelle, faite des expériences et des souvenirs de sa propre vie.

Mais si l'on remonte dans le temps, il y a encore une autre histoire, beaucoup plus longue, que partagent tous les êtres humains, et qui au cours de plusieurs millions d'années, a conduit à l'apparition de nos premiers ancêtres à partir d'ascendants non humains. Plusieurs histoires donc, avec chacune des acteurs, des époques et des contextes différents. Alors que l'histoire dont nous sommes acteurs au présent se déroule sous nos yeux, une autre a eu pour cadre le monde douillet de l'utérus maternel, et une autre a été vécue sur une Terre très différente de celle d'aujourd'hui.

La reconstitution de ces histoires successives est une entreprise scientifique captivante, qui a aussi de fortes incidences culturelles. Il se peut que l'Homme descende du singe, mais au moins que cela ne se sache pas, commentait scandalisée une dame anglaise de la fin du 19ème siècle, en entendant les idées de Darwin sur l'évolution et sur l'origine de l'Homme.

En dépit des préoccupations de cette dame et de ceux qui partageaient ses réticences, l'important pour les scientifiques n'était pourtant pas alors de savoir comment garder une telle idée secrète, c'était de chercher les preuves qui la confirmeraient (ou qui la réfuteraient). Il s'agissait en fait d'expliquer de manière probante de quelle façon un singe velu avait pu faire évoluer sa descendance jusqu'au singe nu que nous sommes, capable de parole créative, et d'une projection culturelle de son propre développement.

Cette démarche portait à inclure des événements survenus non pas hier, mais il y a des millions d'années, rendant les recherches d'autant plus difficiles. Quoi qu'il en soit, à partir de traces et d'indices disséminés un peu partout dans le monde, des paléontologues et d'autres spécialistes de l'évolution sont parvenus à penser que, parmi nos lointains ancêtres, certains avaient effectivement pu être mi-Hommes/mi-singes, et plus loin encore dans le temps, complètement singes. Cette reconstitution recélait des difficultés et des zones d'ombre, car comment était-il advenu que des animaux qui avaient des alimentations et des morphologies si différentes soient à l'origine des Êtres humains ? Quelles avaient été les étapes qui avaient conduit du singe à l'espèce Homo sapiens ? Était-il possible d'attribuer des dates fiables à ces transformations ? De nombreuses questions restaient en suspens.

Un premier processus clé restait constatable : chaque fécondation voyait se répéter un même événement fondamental. À partir d'un œuf humain fécondé, à l'abri de l'utérus maternel, se formaient des milliers, des millions, puis des milliards de cellules qui, suivant un ordre préétabli, trouvaient leur place dans un embryon, puis dans un être complet. Avec des itinéraires et des destinations assez précis pour former, par exemple, cette usine chimique qu'est le foie, ou cette machine à penser qu'est le cerveau. Notre programme génétique continue à reproduire en séquence accélérée ce processus de complexification progressive de notre organisme, depuis sa cellule originelle.

Toutefois, même si des progrès scientifiques ont permis d'expliquer l'essentiel de ces fonctions pratiques, des incertitudes subsistent quant à notre trajectoire évolutive, tant pour notre passé que pour notre avenir. Le fonctionnement de notre organisme est mieux connu, mais nous en ignorons encore certaines particularités, notamment mentales. Intelligence, affectivité, mémoire, sont des facultés adaptatives auxquelles les psychologues ont déjà apporté beaucoup, mais où notre savoir reste en devenir. Comme notre organisme physiologique, nos facultés mentales évoluent et s'adaptent réactivement. On peut sourire aujourd'hui qu'un philosophe de la stature de Descartes ait pu penser en son temps que l'esprit de l'Homme était logé dans une petite glande du cerveau. Mais même si nous avons élucidé beaucoup d'énigmes que ce cerveau renfermait, nous ne faisons parfois encore que répondre à des interrogations en soulevant d'autres interrogations.

C'est pourquoi l'étude de l'Être humain en évolution dispose d'une discipline scientifique dédiée, l'anthropologie. Et là, si l'on considère l'étymologie du terme anthropologie (du grec anthrôpos, Homme, et logos, parole chargée de sens), il est implicite que nous sommes à la fois objets et sujets, et qui plus est, dépendants de notre auto-représentation culturelle.

Dans ses analyses, l'anthropologie a associé selon ses besoins des phénomènes sociaux, culturels et organisationnels (anthropologie socioculturelle) et des phénomènes plus spécifiquement biologiques (étant alors plutôt désignée dans les pays anglo-saxons sous le nom d'anthropologie biophysique).

Plus particulièrement, l'anthropologie socioculturelle a visé à comprendre l'organisation socialisée humaine, entendue comme celle de chaque ensemble d'individus partageant non seulement une zone géographique, mais aussi une histoire, et de façon plus générale, une culture. Par là, elle a alimenté en partie l'étude éco-sociétale de notre espèce, c'est-à-dire l'étude de la Maison (oïkos) humaine commune, dans son milieu. On y a analysé les activités humaines les plus diverses, y compris l'organisation familiale, politique, législative, etc.

L'ethnologie, la sous-discipline qui traite des différences morphologiques et comportementales entre les groupes humains, y a tenu un rôle important, et l'étude de la fonction et de la structure du langage (la linguistique) a contribué à l'anthropologie socioculturelle. Mieux encore, comprenant la complémentarité des intérêts et des objectifs de ces branches, des chercheurs ont cherché à établir des champs communs entre les thématiques environnementales et socio-culturelles, permettant de décrypter la complexité des problèmes liés à la compréhension des différents aspects de l'histoire et des activités du fait humain dans son biome, ce qui a alimenté l'éco-humanisme.

En ce qui concerne les contenus particuliers de l'anthropologie biophysique (ou physiologique), ses principaux contributeurs ont établi une formulation résumée de leurs objectifs :

1) définir les étapes et les modalités selon lesquelles la ligne évolutive de notre espèce s'est différenciée de ses précurseurs au cours du temps, et déterminer les rapports de parenté qui lient l'Homme à d'autres espèces ;

2) établir quand et comment sont apparus sur Terre les premiers véritables ancêtres de l'Homme, individus à l'aspect encore simiesque, mais qui marchaient debout, possédaient une certaine habileté manuelle, et commençaient à construire une organisation sociale spécifique.

3) reconstruire le parcours évolutif qui a fait de ces premiers ancêtres des Hommes véritables, jusqu'aux caractéristiques anatomiques et génétiques actuelles, dépendantes d'un développement cérébral amélioré ;

4) comprendre le rôle de l'interaction du patrimoine biologique humain avec son milieu naturel, accentuée à la fois par des facteurs culturels conscients et par des phénomènes adaptatifs fortuits, dans la détermination de la diversité que nous observons aujourd'hui, aussi bien entre les individus d'un même groupe qu'entre des groupes différents.

En traitant ces sujets importants, des anthropologues ont essayé d'en tirer des arguments aussi pertinents que possible pour retracer et projeter l'histoire évolutive de l'Humanité. Ils ont opéré notamment une reconstruction de l'identité biologique de notre espèce, dans l'espace et dans le temps, dont le point de départ précède de beaucoup celui de l'histoire écrite. Pour les Homo sapiens, cela remonte à environ 300.000 ans (voire à 400.000 ans), et à 2 ou 3 millions d'années si l'on étudie les premiers représentants du genre Homo, et même à 7 ou 8 millions d'années, si l'on considère l'époque où la ligne évolutive intermédiaire passant par l'Australopithecus s'est détachée de celle des grands singes anthropoïdes. Mais alors que les historiens pouvaient être aidés dans leur tâche par l'existence de documents écrits et de témoignages substantiels, les anthropologues, qui ne disposaient pas d'informations aussi directes sur les temps primitifs, ont dû accumuler et trier toute une série d'indications par un travail complexe de reconstitution, aussi bien sur le terrain qu'en laboratoire.

D'où une certaine spécialisation. Une première répartition fonctionnelle de l'anthropologie en sous-disciplines complémentaires avait été proposée en 1866 par Pierre-Paul Broca (1824-1880). Il distinguait une anthropologie zoologique (concernant les rapports de parenté entre l'Homme et les autres animaux), une anthropologie descriptive (visant à décrire la diversité humaine, surtout sur le plan morphologique) et une anthropologie générale (associant des processus complémentaires, génétiques, sociaux, et écologiques). Mais à la fin du 20ème siècle, cette répartition ne pouvait plus organiser de façon suffisante le vaste domaine de la discipline, qui s'était encore plus diversifié, et où l'introduction de méthodes innovantes impliquait une réactualisation des contenus.

L'ensemble des recherches anthropologiques était encore synthétiquement réparti en deux voies fondamentales, à savoir :

1) l'une qui était plutôt scientifique et analytique, avec un travail sur les caractéristiques génétiques et phénotypiques (aussi bien macroscopiques que microscopiques) des individus et des populations humaines, en vue d'une reconstruction des phénomènes évolutifs successifs de l'espèce ;

2) l'autre qui était davantage actualisée et prospective, avec un travail sur l'adaptation intelligente, l'état d'organisation et de santé, et la qualité de vie, des individus et des communautés humaines.

On pouvait y distinguer les principales branches spécialisées dans lesquelles s'était réparti le travail mené depuis le milieu du 20ème siècle par les chercheurs actifs dans les domaines anthropologiques.

L'une des plus médiatisées a été la paléoanthropologie, qui en étudiant les fossiles des hominidés et leur datation, s'est efforcée de reconstruire les parcours évolutifs qui ont mené au détachement de la lignée humaine de celle des primates, d'une part, et à son évolution ultérieure, jusqu'à l'apparition de l'Homo sapiens, d'autre part.

Cette paléoanthropologie est un secteur dans lequel ont travaillé bon nombre de spécialistes, parmi lesquels on peut distinguer les experts sud-africains Robert Broom (1866-1951) et Raymond Dart (1893-1988), l'américain John Napier (1917-1987), et l'allemand Franz Weidenrich (1873-1948). Parmi les paléoanthropologues plus récents, citons aussi le sud-africain Philip Tobias, l'anglais Cristopher Stringer, le français Yves Coppens, les américains Tim White, Milford Wolpoff et Erik Trinkaus.

Pour pouvoir effectuer une reconstruction plus complète des phases évolutives de l'Humanité, il a été nécessaire de compléter l'étude des fossiles par l'étude des paléomilieux qui ont influé sur les caractéristiques biologiques et culturelles humaines, aspects auxquels se sont consacrées respectivement les études de paléoécologie et de paléoethnologie humaines. Parmi les spécialistes qui se sont distingués dans ce domaine, on trouve le français François Bordes (1919-1981), connu surtout pour ses travaux sur le Paléolithique moyen, et l'américain Lewis Binford (1931-2011), qui a insisté sur l'importance de l'étude du comportement reconstitué des groupes primitifs.

Une autre branche complémentaire notable a été la paléobiologie. En effet, à partir de l'Holocène, les squelettes humains que l'on a pu retrouver n'étaient plus isolés, mais regroupés dans des nécropoles qui pouvaient compter de quelques dizaines à plusieurs milliers d'individus. L'approche paléoanthropologique a pu alors passer le relai à la paléobiologie humaine (Skeletal Biology), dans le cadre de laquelle l'analyse n'était plus seulement de type paléontologique mais aussi populationniste et statistique.

Là, on a pu prendre en considération des indicateurs démographiques (détermination du sexe et de l'âge à la mort), et des indicateurs relatifs à l'état de santé (p.ex. stress nutritifs, et pathologies). Et on y a ajouté des caractères métriques et morphologiques du squelette et de la dentition, qui ont permis de mettre en évidence les pressions du milieu et d'expliquer aussi bien un éventuel isolement que des rapports biologiques pouvant même encore exister entre des populations contemporaines. La paléobiologie a attiré plusieurs spécialistes notables aux USA (tels que George Armelagos, Dennis Van Gerven, Alan Swedlund et Jane Buikstra).

Des développements modernes des techniques de biologie moléculaire ont eu aussi pour leur part des conséquences significatives sur l'analyse de l'évolution de l'espèce, au point d'amener certains savants à préférer une pratique d'anthropologie moléculaire (proposée par Emil Zuckerkandl en 1962) pour initier une nouvelle branche moderne de l'anthropologie.

Outre Zuckerkandl, on peut distinguer parmi les fondateurs de l'anthropologie moléculaire d'autres chercheurs américains comme Vincent Sarich, Morris Goodman, et John Cronin. Et parmi les pionniers de ce secteur, peut figurer également le néo-zélandais Allan Wilson (1934-1991), auteur d'études importantes sur l'ADN mitochondrial et sur les relations évolutives entre notre espèce et les singes anthropomorphes. D'autres représentants notables de ce domaine ont travaillé eux aussi aux USA, tels que Henry Harpending, Mark Stoneking et Alan Templeton.

Presque tous se sont accordés sur le fait qu'une bonne compréhension de notre évolution doit tenir compte de l'ordre de mammifères auquel appartient notre espèce, avec notamment une co-étude des primates proches. Car la primatologie prend en considération des caractéristiques morphologiques, physiologiques, génétiques, écologiques et comportementales de tous les primates, dans le but d'en reconstruire l'histoire naturelle, et de définir leur rôle dans les écosystèmes. Pourquoi nos proches cousins n'ont-ils pas évolué comme nous ? Parmi les représentants les plus connus de ce secteur, figurent l'anatomiste anglais Wilfrid E. Le Gros Clark (1896-1971), le suisse Adolph Schultz (1891-1976) et l'américain George G. Simpson (1902-1984).

L'anthropologie a intégré encore d'autres domaines spécialisés avec l'anthropologie légale et l'ergonomie. L'anthropologie légale, dont le développement est dû principalement à des chercheurs tels que Larry Angel, Milton Krogman et Mehmet Y. Yscan, est le domaine d'application de l'anthropologie qui couvre l'analyse et l'interprétation de restes humains anciens, presque comme s'il s'agissait d'une identification médico-légale.

En effet, certains de ces restes humains, principalement osseux et dentaires, qui intéressent des études d'anthropologie, peuvent être soumis à des examens, en grande partie connexes à la paléobiologie, pour identifier des personnes qui ont pu être jadis victimes d'un meurtre ou d'un accident, ce qui éclaire aussi les rapports sociaux de leur époque.

Et même jusqu'au cadre de l'ergonomie, qui a comme but d'étudier et d'optimiser l'interface entre l'Homme et ses dispositifs technologiques, des anthropologues ont pu là aussi offrir une contribution utile.

Ils ont pu y éprouver des méthodes anthropométriques dans la recherche des critères morphologiques de détermination et d'analyse des dimensions, des formes, et de la constitution des objets et des dispositifs utilisés par l'Homme, incluant leurs conditions d'emploi et d'adaptation.

Enfin, à partir de la deuxième moitié du 20ème siècle, l'étude des polymorphismes génétiques, et des instruments utilisables par la génétique des populations, ont ajouté un secteur complémentaire de recherche, désigné par certains chercheurs sous le nom d'anthropologie génétique ou anthropogénétique. Parmi les experts qui ont fourni là des contributions importantes, on peut distinguer Luigi Cavalli Sforza, Masatoshi Nei, et Ranajit Chakraborty, lesquels ont développé et perfectionné des modèles théoriques novateurs pour la génétique des populations. On a découvert en particulier l'influence de la suractivité du gène NOTCH2 sur le développement du cortex cérébral, dès la phase embryonnaire, qui pourrait expliquer la mutation-séparation des humains depuis le tronc commun simiesque.

Plus largement, outre la prise en compte des variables génétiques, et en prenant aussi en compte d'autres variables biologiques, des chercheurs ont essayé d'interpréter les mécanismes qui déterminaient la variabilité adaptative socialisée de l'espèce humaine, avec une anthropobiologie des populations, qui a étudié les transformations de la structure des populations grâce à l'analyse de données, recueillies notamment dans les registres d'état civil et paroissiaux.

Et finalement, avec tout cela, lorsque la distribution des indicateurs biologiques a pu être assez mise en rapport avec les facteurs environnementaux, puis sociétaux, on a caractérisé le domaine moderne de l'écologie humaine, où ont pu être analysés et projetés encore plus largement les rapports symbiotiques de co-développement entre l'Homme et son milieu, tant naturel que sociétal. Ce qui a rejoint alors, en l'enrichissant, le champ conceptuel et pratique de l'éco-humanisme, science et philosophie prospective majeure de la Maison humaine commune.

Pour mieux situer cet éco-humanisme et cette Maison humaine dans le cadre de notre biome global, nous allons continuer à explorer successivement, dans les chapitres suivants, l'anatomie et la physiologie du vivant connu, puis l'environnement chimique et physique grâce auquel il se développe, et de là, ses symbioses et ses synergies liées, pour mieux mettre en prospective les conditions du développement adaptatif conscientisé de notre espèce, en justifiant d'autant l'intérêt de notre "esprit d'espèce" moderne.

portraits de famille

(iconographie réactualisée)

Australopithèque
de -3 millions d'années
(pré-humain)

Homo habilis de
-2 millions d'années
(premier Homme)

Femme Homo erectus
de -750.000 ans

Homo naledi de -300.000 ans
(Contemporain des premiers Homo sapiens)

Homo neanderthalensis
de -40.000 ans
(contemporain des Homo sapiens)

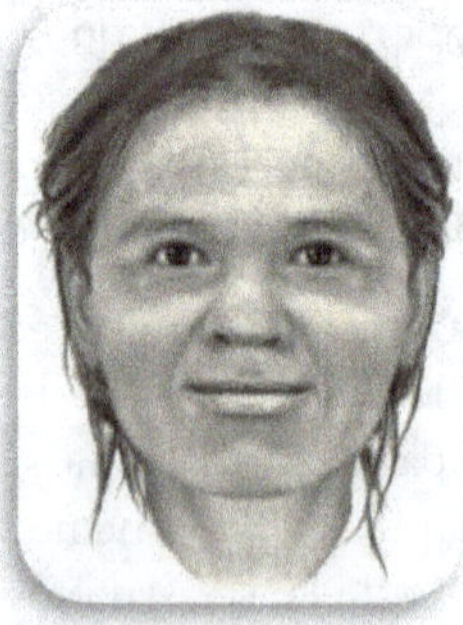

Femme Homo sapiens
(asiatique) de -13.000 ans

L'ANATOMIE

La connaissance anatomique a progressé en tenant compte de la façon dont étaient constitués les organismes vivants, animaux et végétaux, tant au niveau macroscopique que microscopique. Elle est devenue une science à partir du 16ème siècle, mais son histoire avait commencé bien avant, par ce qu'on a appelé l'anatomie fortuite, c'est-à-dire des observations plus ou moins bien mémorisées et transmises, effectuées sur des animaux morts ou blessés.

En fait, l'anatomie et la chirurgie se sont développées souvent ensemble, car elles se complétaient mutuellement. Les premières descriptions significatives connues d'anatomie humaine avaient été effectuées dans la Grèce Antique, notamment par Alcméon de Crotone (6ème siècle avJC), que beaucoup considèrent comme le père de l'anatomie, dans la mesure où il fut le premier connu pour avoir opéré des dissections. Mais on peut citer aussi les apports d'Empédocle d'Agrigente (6ème siècle avJC), d'Anaxagore (499-428 avJC), d'Hippocrate (460-377 avJC) et d'Aristote (384-322 avJC).

D'autres connaissances provinrent de l'école d'Alexandrie, entre 300 et 200 avJC, là où travaillaient Hérophile et Érasistrate qui, d'après certains récits, avaient pratiqué la vivisection sur des centaines de prisonniers. Hérophile fournit les premières descriptions du cerveau (qu'il considérait comme le siège des facultés mentales), et des descriptions de l'appareil reproducteur féminin, tandis qu'Érasistrate poursuivit des études sur le système nerveux, distinguant le cerebrum, plus grand, du cerebellum, plus petit. Longtemps après, Galien de Pergame (129-200) résuma les connaissances de son époque dans le traité *De anatomicis administrationibus.*

Suivirent plusieurs siècles de stase conceptuelle et pratique, consécutifs au déclin de l'empire romain. Puis des études recommencèrent au 13ème siècle en Europe post-romaine, où l'importance des connaissances en anatomie se réaffirma, entre autres, par un édit de 1240 de l'Empereur Frédéric II, qui ne permettait l'exercice de la chirurgie qu'à ceux qui possédaient une préparation suffisante en anatomie, ce qui relevait du bon-sens.

Ce même siècle vit les premières autopsies officielles documentées, dont Mondino dei Liuzzi (1270-1326) relata les expériences dans son œuvre *Anathomia*, le premier manuel connu de dissection.

Pendant la Renaissance européenne, l'anatomie était devenue une discipline autonome. Elle ne constituait plus seulement un support pratique de la chirurgie, mais elle avait profité de contributions scientifiques de savants célèbres, tels que Léonard de Vinci (1452-1519), Gabriel Fallope (1523-1562), Girolamo Fabrici d'Acquapendente (1533-1619), et André Vésale de Bruxelles (1514-1564). Ce dernier, auteur d'un ouvrage monumental publié en 1542 sur l'anatomie du corps humain, s'opposait à la tradition galiénique, coupable d'avoir voulu extrapoler, en les appliquant à l'Homme, des connaissances obtenues par la dissection d'animaux, en particulier des singes.

Au 16ème siècle, on disposait ainsi d'un cadre d'observation en amélioration et, grâce à l'invention de nouveaux instruments techniques, l'anatomie était prête s'aventurer dans le monde microscopique. L'analyse de la micro-structure des tissus, appelée étude structurelle, commença alors par les premières dissections d'organes effectuées selon une technique facilitée par des verres grossissants, qui à partir de la fin du 16ème siècle étaient utilisés aussi comme instruments d'enquête scientifique.

L'un des premiers ouvrages importants d'anatomie microscopique, publié en 1661, est une monographie de Marcello Malpighi (1628-1694) sur le tissu pulmonaire, dans laquelle l'auteur réfutait la vision traditionnelle des poumons. Il avait établi que ces organes n'étaient pas de simples amas de sang, mais que leur forme spongieuse dérivait du fait qu'ils étaient formés d'espaces remplis d'air, les alvéoles, délimités par une membrane.

Malpighi effectua également les premières études microscopiques connues du rein et de la peau. À l'intérieur des reins, il identifia les glomérules rénaux, unités fonctionnelles où était filtré le sang et où se formait la pré-urine, tandis que dans la peau, il identifia une structure à plusieurs couches et, en particulier, il en décrivit la couche réticulaire. En 1672, Bernardino Genga, un chirurgien qui opérait à Rome, publia un livre dans lequel il compilait toutes les connaissances utiles alors aux interventions sur le corps humain. Ce livre acta la naissance de l'anatomie chirurgicale, de par l'ensemble des connaissances apportées aux futurs chirurgiens pour effectuer leurs opérations. Le progrès continuant, au 18ème siècle, les savoirs et les références anatomiques bénéficièrent d'un développement accru dans les milieux médicaux. On commença à mieux distinguer les maladies en y associant une référence anatomique et une cause physiologique.

De sedibus et causis morborum per anatomen indagatis fut un ouvrage majeur, que Gian Battista Morgagni (1682-1771) avait orienté sur les causes anatomiques des maladies. Par la suite, grâce à René T. H. Laennec (1781-1826), la méthode morphologique devint fondamentale dans le diagnostic médical. Puis l'anatomie microscopique connut autre un essor significatif dans la première moitié du 19ème siècle, avec en 1830 la mise au point d'un microscope achromatique, qui permettait d'agrandir des objets en évitant les défocalisations colorées qui cachaient jusqu'alors des détails.

Une étude plus précise des tissus a alors pu être d'autant mieux entreprise par le médecin français François-Xavier Bichat (1771-1802), qui introduisit le mot tissu, et qui fonda la science qui les étudie, l'histologie, en lui impulsant un développement important, avec une caractérisation précise des différents types de tissus et de leur structure microscopique observée. On définit en conséquence l'un des principes fondamentaux de l'anatomie microscopique, celui selon lequel la différenciation morphologique se fait parallèlement à la différenciation fonctionnelle, impliquant que la forme et la fonction soient corrélées.

On observa effectivement peu après que l'organisation des tissus révélait des caractéristiques structurelles qui étaient à la base de leurs aptitudes fonctionnelles. Autrement dit, l'observation morphologique du tissu d'un organe permettait d'en tirer des informations utiles pour en établir la fonction. Il s'agissait de l'une des contributions les plus importantes de la méthode morphologique. Les études sur les tissus menèrent aussi à la définition d'une nouvelle théorie sur la constitution de la substance vivante, c'est-à-dire à l'énonciation de la théorie cellulaire, selon laquelle toutes les cellules de l'organisme dérivent d'autres cellules, ce qui était un progrès important.

Dans le domaine connexe de l'anatomie comparée, la plupart des historiens des sciences considèrent Georges L. Cuvier (1769-1832) comme le fondateur de cette discipline. C'est en effet à lui que l'on doit la première grande analyse comparative des organismes vivants, sur la base de leur structure anatomique et fonctionnelle.

Un thème fondamental orienta toutes ses recherches : le principe de la corrélation et du balancement des organes, fondé sur l'idée que, chez les êtres vivants, les organes ne sont pas simplement juxtaposés, mais qu'ils interagissent les uns avec les autres de façon précisément liée, en coopérant dans un but commun. Dans ses analyses, Cuvier a toujours mis en avant un point de vue fonctionnel, s'opposant en ceci à l'ancienne anatomie simplement morphologique. Et Darwin allait mener cela encore plus loin.

En effet, dans la seconde moitié du 19ème siècle, l'impact de la théorie darwinienne de l'évolution, sur la morphologie et sur l'anatomie comparée, induisit à son tour un bouleversement des structures conceptuelles et des critères d'explication. La découverte de la possible origine commune de toutes les espèces induisit même une interprétation rupturielle des connaissances. Les techniques de description et de classification étaient restées jusqu'alors inchangées, tant qu'on discutait surtout de l'importance respective des caractères selon leurs rapports de subordination, et que le problème central de l'anatomie comparée restait la recherche des homologies dans les différentes espèces ou groupes taxinomiques. Or, avec la théorie darwinienne, les ressemblances pouvaient être directement interprétées comme témoignant d'une origine commune, voire d'une parenté phylogénétique.

La contribution à la reconstruction d'arbres phylogénétiques devint par conséquent une activité notable de la morphologie dans la seconde moitié du siècle. Parmi les chercheurs célèbres qui se sont consacrés à cette activité vers la fin du 19ème siècle, on peut citer Ernst H. Haeckel (1834-1919) en Allemagne, et Thomas H. Huxley (1825-1895) en Angleterre.

Haeckel, auteur d'une œuvre de morphologie fondamentale utilisant les principes de la théorie de Darwin, et appuyée sur l'évolution biologique constatable, est connu surtout pour sa théorie de la récapitulation, selon laquelle le développement de l'embryon (l'ontogenèse) retrace très rapidement les étapes évolutives (la phylogenèse) qui ont mené jusqu'à l'espèce à laquelle il appartient. Cette théorie joua un rôle historique important en soutenant les théories évolutionnistes, car les données embryologiques étaient à l'époque plus complètes et plus facilement observables que les données paléontologiques.

En ce qui concerne Huxley, autre partisan fervent du darwinisme, on lui doit d'intéressantes études d'anatomie comparée sur les Coelentérés, et le fait d'avoir découvert que le crâne des vertébrés n'est pas, comme le soutenait la morphologie classique, une modification des vertèbres, mais une structure autonome. Ce qui allait aussi dans le sens d'une anatomie comparée d'inspiration darwinienne, mettant en évidence les liens étroits entre la structure et la fonction, et la pérennité génétique liée.

Le zoologue Carl Gagenburg, dans un ouvrage de 1870 sur la morphologie des vertébrés, qui a constitué le principal manuel de cette discipline jusqu'à la fin du siècle, affirmait de manière complémentaire qu'une tâche importante de l'anatomie comparée était aussi de trouver dans l'organisation du corps animal des indications utiles, jusqu'à l'influence génétique liée.

En effet, l'adaptation semblait résulter d'une variation physiologique de la fonction des organes, et c'étaient surtout les fonctions physiologiques qui modifiaient l'ensemble. Le morphologique était ainsi subordonné au physiologique, dans la mesure où la fonction créait l'organe, et la génétique suivait.

Toutefois, l'anatomie comparée d'inspiration darwinienne, pour laquelle chaque forme était fonctionnelle dans un objectif adaptatif, suscita des oppositions. Elle a notamment été accusée de finalisme par un autre courant de l'anatomie, défini comme structurel (ou déterministe), pour lequel c'est au contraire la forme et la structure qui déterminaient la fonction.

Cette querelle a abouti à un ralentissement temporaire de la recherche en anatomie, provoquant indirectement un désintérêt de chercheurs pour les écoles qui se bornaient à une simple description classique de l'organisme.

Mais elle a aussi ouvert la voie à de nouvelles orientations dans l'analyse morphologique, qui ont relancé ensuite de manière plus moderne l'anatomie. En effet, des chercheurs peu enclins à rester dans le cadre de questions de principe qui semblaient alors sans solution, étudiaient plus concrètement quels étaient les causes et les mécanismes qui déterminaient les formes, et ils commençaient à utiliser de nouvelles méthodes expérimentales dans le cadre de leurs recherches.

L'introduction de modifications contrôlées et ciblées dans des organes pour en suivre les conséquences, en observant les changements, et en répétant les processus en laboratoire, firent progresser l'anatomie. Cette pratique a été à la base des recherches de Wilhelm Roux (1850-1924), promulgateur de ce qu'il appela la mécanique du développement, c'est-à-dire l'étude des causes des conformations pratiques de l'organisme vivant, utilisant notamment les travaux de Hans Driesch (1867-1941) et de Hans Spemann (1869-1941) en embryologie.

Une autre orientation a résulté d'études d'anatomie microscopique, et en a impulsé un développement heureux. En effet, au moyen de microscopes de plus en plus puissants, il a été possible d'étudier davantage de phénomènes concernant la composition intime des structures microscopiques, que les microscopes optiques anciens ne pouvaient pas traiter.

C'est ainsi qu'a été ouverte la voie dite ultra-structurelle, par l'exploration des particules submicroscopiques, puis des molécules organiques, ce qui se développa pleinement à partir des années 1950, avec le perfectionnement de technologies de microscopie électronique qui rendaient possible des grossissements jusqu'à deux millions de fois.

Par l'enquête ultra-structurelle, l'anatomie a alors pu franchir les limites théoriques de l'étude morphologique du moment, en montrant que les facteurs qui déterminaient les formes étaient liés aussi à la nature de macromolécules organiques. Pendant la première et la deuxième décennies du 20ème siècle, ont alors été établies de nouvelles méthodes pour les disciplines morphologiques, et plus généralement pour l'anatomie.

Sur la base de travaux précédents de plusieurs naturalistes et statisticiens, notamment de Karl Pearson (1857-1936) et de Francis Galton (1822-1911), on a cherché à étudier des phénomènes, tels que l'évolution biologique et la morphologie des êtres vivants, de façon plus précisément quantifiée. Galton avait prévenu que tant que les phénomènes étudiés ne seraient pas soumis quantitativement au nombre et à sa mesure, leur étude n'atteindrait pas la dignité probante d'une science.

De là est donc née une discipline nouvelle, la biométrie. Son but principal a été de *fournir des informations assez exactes pour permettre de découvrir le début de variations évolutives trop petites pour pouvoir être observées d'une autre façon*, écrivit un éditorialiste de la revue Biometrika, organe officiel de la société anglaise de biométrie. En pratique, on tentait d'analyser synthétiquement les formes anatomiques pour y découvrir des relations numérisables, compte-tenu des moyens de plus en plus puissants disponibles.

Cette orientation vers la biométrie avait commencé avec une œuvre singulière de D'Arcy W. Thompson, qui avait publié en 1917 le livre *On Growth and Form*, consacré à la croissance biologique en relation avec les contraintes de forme, dans une approche partiellement philosophique de la biométrie, mais qui accordait une grande attention aux forces et aux contraintes qui étaient à la source des manifestations de formes.

Sa thèse affirmait même que l'esprit humain pourrait conceptualiser des modèles géométriques de transformations fonctionnelles (anatomiques et physiologiques), car ceux-ci étaient isomorphes avec l'être biologique humain, dans la mesure où ils avaient évolué avec lui, et où ils s'accordaient avec sa relation intelligente au même monde naturel.

Le courant de pensée éco-humaniste a développé une approche un peu semblable, en ce qui concerne l'adaptation du fait humain à la substance fondamentale de son environnement, en corrélation avec l'évolution biologique intelligente de l'espèce, en insistant sur l'importance de la maîtrise de l'information nécessaire au développement, et sur le caractère consubstantiel de l'Être humain et de son environnement naturel originel.

LA PHYSIOLOGIE

Jusqu'au 15ème siècle, les dissections des anatomistes avaient fourni des descriptions, qui étaient devenues progressivement plus claires et plus justes, de l'intérieur du corps animal. Mais on connaissait encore peu de choses sur les interactions, et sur la façon dont fonctionnaient la plupart des organismes vivants, tant animaux que végétaux. On ne disposait pas encore d'un modèle de fonctionnement valablement opposable aux conceptions traditionnelles, notamment à celle de Galien, selon laquelle le corps vivant était animé par des esprits. D'après Galien, l'esprit animal, qui siégeait dans le cerveau, donnait la sensation et le mouvement ; l'esprit vital, situé dans le cœur, régulait la circulation du sang et de l'air ; et l'esprit naturel, depuis le foie, contrôlait l'activité nutritive et digestive.

Les premières tentatives pour dépasser ces conceptions furent celles des iatrochimistes et des iatrophysiciens *(iatro signifiant médecine).* Les iatrochimistes, notamment Paracelse (1493-1541), pensaient qu'on ne pouvait expliquer le fonctionnement du corps humain que sur la base de réactions chimiques, mais ils ne parvenaient pas à aller au-delà de leurs observations et de leurs résultats incomplets. De leur côté, des iatrophysiciens tels que l'anglais William Harvey (1578-1657) s'inspiraient du modèle cartésien du corps, représenté comme une comme machine organique, impliquant que l'organisme vivant soit constitué de mécanismes liés et interdépendants.

Une opposition vive entre ces deux conceptions empêcha longtemps de tester consensuellement de nouvelles notions de chimie, de physique, et d'anatomie, sur un modèle de fonctionnement général de l'organisme vivant. Dans ces conditions, au début du 18ème siècle, a pu se constituer par défaut une théorie temporaire, dite vitaliste, créée par Georg E. Stahl (1660-1734). Comme dans la conception galénique, ce médecin allemand soutenait que les lois et les principes de chimie et de physique ne permettaient pas de connaître le secret des êtres vivants, dominés par l'action d'une force vitale, ou d'un esprit vital, de nature mystérieuse. Ce vitalisme, qui a influencé des études de physiologie et de biologie depuis le 18ème siècle, a décliné seulement à la fin du 20ème siècle.

Mais d'autres modèles novateurs, concevant plus scientifiquement les organismes vivants, étaient apparus eux aussi à partir du milieu du 18ème siècle, avec l'émergence de la physiologie, dont l'appellation introduite par Albrecht von Haller (1708-1777) signifiait littéralement étude de la nature. Selon ce savant, la physiologie devait être considérée comme de l'anatomie animée, puisque si l'anatomie décrivait la structure des organes et des appareils, la physiologie en exposait le fonctionnement. L'œuvre principale de von Haller, *Elementa physiologiae corporis humani*, décrivait cette physiologie, particulièrement explicative, de l'organisme humain en activité.

Des végétaux furent étudiés également dans ce sens, notamment par les travaux publiés du naturaliste Stephen Hales (1677-1761), qui rapporta des observations pertinentes et inédites sur la vitesse de croissance des plantes et sur la pression de leur sève. Grâce à ses observations Hales, fut considéré comme un initiateur notable de la physiologie végétale.

Successivement, selon l'organisme ou l'organe étudié, naquirent ensuite différentes disciplines sectorielles, telles que la physiologie animale, la neurophysiologie, ou la physiologie générale. Leur objectif était d'associer des informations chimiques, physiques, et anatomiques, propres à éclairer les fonctions fondamentales des organismes étudiés, comme par exemple la respiration, la nutrition, la reproduction, et la façon dont ces fonctions étaient gérées dans l'organisme. Au cours du 19ème siècle, des recherches plus particulièrement axées sur la chimie du vivant s'ajoutèrent aussi aux bases physiologiques, au point que l'image globale de la physiologie finit par se confondre avec celle de la chimie physiologique, puis de la biochimie.

Au début, il s'agissait d'études de processus particuliers à telle ou telle espèce, mais au cours du 19ème siècle et dans les premières années du 20ème siècle, on parvint à dresser un tableau bien documenté des transformations chimiques des cellules et de l'organisme dans l'ensemble du vivant. C'est ainsi qu'à la frontière entre la chimie et la physiologie, s'intercala une branche scientifique nouvelle, la biochimie, c'est-à-dire la chimie de la vie.

On peut souligner que, dans l'ensemble, plusieurs études de physiologie et d'anatomie, avaient déjà confirmé que les organismes vivants obéissaient à des lois communes, appliquées par de nombreux mécanismes élémentaires, partout dans le monde vivant, de la libellule à l'éléphant, et des champignons à l'Homme. Et pour rassembler en un corpus commun de connaissances les modes de fonctionnement des êtres vivants connus, le savant français Claude Bernard (1813-1878) a fondé au 19ème siècle la branche expérimentale dite de la physiologie générale.

Dès l'obtention de son doctorat de médecine, en 1843, et jusqu'à sa mort, il a étudié de nombreux problèmes de physiologie, en y apportant chaque fois de nouveaux éclairages. Du point de vue méthodologique, la contribution de Claude Bernard a été fondamentale. Son œuvre principale, publiée en 1865, *Introduction à l'étude de la médecine expérimentale*, a servi longtemps de référence, y compris dans la physiologie moderne. C'est un manifeste de la méthode expérimentale adaptée à la physiologie générale.

Sa méthode analysait les processus physiologiques communs à tous les êtres vivants, tout en incluant un doute méthodique, mais sans excès ni a-priori. Dans son esprit, les phénomènes vitaux, malgré leur spontanéité apparente, obéissaient à des lois précises et prévisibles ; ils apparaissaient animés par une finalité intrinsèque, et ils procédaient d'échanges auto-organisés entre les différentes parties du corps.

Cette conception de Claude Bernard, présentée sous l'appellation d'unité substantielle du monde vivant, reçut de nombreuses confirmations, apportées notamment par des études sur l'ultrastructure et sur le métabolisme. Au point qu'en 1929, quand K. Lohamann découvrira l'adénosine-triphosphate (ATP), on vérifiera que tous les êtres vivants utilisaient effectivement cette molécule comme moyen d'échanges interactifs et énergétiques.

Certains chercheurs utilisèrent alors cette nouvelle cohérence conceptuelle pour retracer le parcours possible et probable de l'évolution biochimique. En 1827, William Prout, un médecin anglais, avait déjà démontré de façon précise que trois classes d'éléments devaient être présentes dans l'alimentation : les sucres, les huiles, et l'albumine, laquelle fut requalifiée de protéine par Gerardus Mulder (1802-1880).

Des progrès trans-disciplinaires importants ont été accomplis ensuite par Justus von Liebig (1803-1873), qui publia en 1842 un traité, *Die Tierchemie*, dans lequel il appliquait ses théories chimiques à toute la physiologie, humaine, animale, et végétale. C'est à lui que l'on doit, entre-autres, la découverte du fait que, parmi les éléments indispensables à la nutrition des êtres vivants, il faut -en petites quantités dosées- des substances minérales telles que le sodium, le potassium, le calcium, et le phosphore.

Ces substances venant du milieu naturel, il fit remarquer l'appauvrissement progressif d'un sol au bout d'années et d'années de culture qui épuisaient ces substances. Liebig fut le premier à introduire la nécessité de l'apport d'intrants chimiques compensateurs, associés selon des concentrations bien dosées, capables de restituer au terrain les éléments nécessaires à la croissance des végétaux, ce qui fit aussi de lui le principal fondateur de l'agrochimie.

Jusqu'à la deuxième moitié du 19ème siècle, l'idée prédominante était que les substances nutritives organiques non minérales, telles que les sucres, les graisses et les protéines, suffisaient au métabolisme des animaux, y compris humains. Mais médicalement, les connaissances disponibles n'éclaircissaient pas la cause de maladies comme le scorbut, très commun chez les marins, ou le béribéri, répandu dans certaines zones du monde, et ne permettaient pas d'interpréter de façon correcte ce qu'avait découvert James Lind (1716-1794), un capitaine de la marine anglaise.

Observateur aigu, Lind avait remarqué, lors de plusieurs études cliniques conduites durant sa navigation, que l'ajout d'un peu de citron servait à prévenir le scorbut. Depuis, du jus de citron avait été ajouté aux rations des équipages qui travaillaient sur les bateaux. La raison pour laquelle le jus de citron était si important, et ce qu'il contenait, restaient encore toutefois un mystère.

Dans les deux dernières décennies du 19ème siècle, différentes recherches avaient ensuite vérifié qu'une alimentation fondée uniquement sur les graisses, les sucres et les protéines n'était pas suffisante pour satisfaire tous les besoins nutritifs des animaux (y compris humains).

En 1882, le directeur général du département médical de la marine japonaise, Kanhino Takaki, avait notamment pu éviter le béribéri en faisant ajouter de la viande fraîche à l'alimentation des marins, et on avait découvert par ailleurs que l'ajout d'huile de foie de morue prévenait le rachitisme, une maladie des os.

Au début du 20ème siècle s'affirma donc de mieux en mieux l'idée que certaines maladies pouvaient être dues à des carences alimentaires, et en particulier à un manque de petites quantités d'éléments nutritifs organiques, appelés vitamines (littéralement, amines de vie).

Ce terme a été introduit en 1912 par le biochimiste polonais Kazmierz Funk (1884-1967), quand il découvrit que la substance qui prévenait le béribéri avait des propriétés chimiques d'une amine. Même si l'on se rendit compte bientôt que d'autres vitamines n'avaient pas les mêmes propriétés, on a continué à les appeler ainsi. Leur dénomination, qui sera en usage longtemps, et qui utilise les premières lettres de l'alphabet, a été introduite en 1920 par J. C. Drummond.

On était donc alors parvenu à distinguer plus clairement les éléments nutritifs essentiels que l'organisme vivant devait tirer des aliments, et les éléments nutritifs qu'il pouvait auto-élaborer, même si les besoins des différents organismes vivants n'étaient pas les mêmes pour tous.

Une supplémentation de vitamine C, par exemple, paraissait indispensable à l'Homme, aux singes, aux cobayes, et aux chauves-souris, mais pas à la plupart des autres animaux. En fait, il devint plus clair qu'il fallait consommer à la fois des micronutriments (et pas seulement des vitamines), nécessaires en petites quantités, telles que des millièmes de gramme par jour, et aussi des macronutriments, tels que des sucres, des graisses et des protéines, en quantités très supérieures. Et il fallait pouvoir bien assimiler tous ces nutriments.

Dans ce domaine de l'assimilation, des découvertes sur la digestion avaient résulté de divergences entre iatrophysiciens et iatrochimistes. Les premiers pensaient que la fonction digestive consistait à réduire les aliments en fractions de plus en plus petites, à partir de la bouche. Mais les iatrochimistes la considéraient comme un processus de fermentation qui commençait dans l'estomac, avec des ferments acides, et qui se poursuivait avec le foie, par l'effet du fiel. Prout et d'autres insistaient sur l'action de ces sucs gastriques, contenant entre autres de l'acide muriatique (chlorhydrique).

La controverse avait été résolue par le génie expérimental de René-Antoine Ferchault de Réaumur (1683-1757), qui mit au point une technique pour observer la digestion chez certains animaux grâce à l'introduction de tubes métalliques. Cette technique mit en évidence deux mécanismes différents, à savoir une double fermentation chez les ruminants, et une digestion directe chez les carnivores. Par la suite, en perfectionnant les techniques de Réaumur, Lazzaro Spallanzani (1729-1799) avait vérifié l'importance de ces sucs gastriques, et il parvint à la conclusion que dans tous les cas la digestion était avant tout un processus chimique, une conclusion confirmée au cours du siècle suivant par la découverte de substances digestives comme la ptyaline de la salive, et le suc pancréatique.

Une autre grande fonction était restée à expliquer : la fonction respiratoire, qui posait aux savants deux problèmes depuis le 18ème siècle. Il y avait un problème mécanique (comment l'air pouvait-il pénétrer dans les poumons ?) et un problème chimique (quelle propriété avait le mélange de sang et d'air ?). Le premier problème fut résolu par le mathématicien et physicien napolitain Giovanni A. Borelli (1608-1679), mais ses travaux avaient été publié un an après sa mort. Dans le cadre des recherches guidées par son esprit mécaniste cartésien, ce savant déclarait que les muscles intercostaux étaient les agents actifs de la variation du volume thoracique. Plus tard, en 1694, Johann Bernoulli (1667-1748) expliqua le phénomène mécanique de la respiration en d'autres termes, en soulignant l'importance, dans l'acte respiratoire, de la présence de la cavité pleurale, un espace fermé délimité par une membrane, la plèvre, placée juste sous les poumons.

À chaque inspiration, le thorax se dilatait, ce qui abaissait la pression à l'intérieur de la cavité, à un point tel que la partie interne de la plèvre et le poumon qui y est attaché étaient eux aussi entraînés en dilatation. La dépression attirait l'air, qui remplissait alors les voies respiratoires.

Quant au processus de nature chimique, on en avait trouvé une première présentation dans les travaux d'Antoine-Laurent de Lavoisier (1743-1794). Le chimiste français suggéra, en 1785, que la respiration était une combustion semblable à celle d'une bougie qui brûle, parce qu'elle consommait de l'oxygène et produisait en retour du gaz carbonique, du fait de la combinaison de l'oxygène avec le carbone. Les observations de Lavoisier furent confirmées par Lazzaro Spallanzani, qui parvint à démontrer que les organes et les tissus vivants absorbaient effectivement de l'oxygène et libéraient du gaz carbonique. Chez les animaux privés de poumons, cette fonction était assurée par d'autres organes, mais elle existait.

En 1908, Otto H. Warburg (1883-1970) commença à étudier la respiration cellulaire, à travers les réactions chimiques d'oxydation permettant aux cellules d'utiliser un sucre, le glucose, comme une source d'énergie, en consommant de l'oxygène et en produisant du gaz carbonique. Ces gaz, par conséquent, devaient circuler dans l'organisme, depuis et vers les poumons. Le mécanisme responsable de ce transport fut décrit quelques années plus tard par J. Barcroft (1872-1947) et John S. Haldane (1860-1936), qui éclaircirent la fonction de distribution gazeuse du sang. On était donc parvenu peu à peu à la conception générale selon laquelle la matière vivante générait une transformation continue des substances chimiques et énergétiques nécessaire au maintien de ses fonctions.

Divers agents chimiques y contribuaient. Dès 1833, le chimiste français Anselme Payen (1795-1871) avait notamment découvert dans l'extrait de malt des substances capables d'accélérer la conversion de l'amidon en glucose, et il les avait appelées diastases (du grec séparer). L'étude des ferments, autre terme utilisé pour désigner de tels transformateurs biologiques, se poursuivit durant la seconde partie du 19ème siècle, et introduisit une distinction entre les ferments organisés, qui agissaient à l'intérieur de la cellule, et les ferments dits non organisés, qui agissaient hors de cette dernière.

Par exemple, les ferments digestifs étaient de type non organisé, et ceux du levain étaient de type organisé. Ce n'est qu'en 1878 que le physiologiste allemand Wilhelm F. Künhe (1837-1900) a introduit l'emploi du terme plus distinctif d'enzymes, dont le sens littéral indiquait que leur action était semblable à celle des cellules vivantes du levain.

Le terme d'enzyme fut par la suite appliqué à tous les catalyseurs biologiques, même inorganiques. En peu de temps, les biologistes avaient donc compris, et pris en compte, le fait que la plupart des réactions biochimiques étaient rendues possibles par l'effet catalyseur des enzymes.

Et l'action de ces enzymes était spécifique, ciblée, puisque chacune d'elles catalysait une réaction particulière. Structurellement, elles étaient composées de deux éléments, une protéine et un constituant non protéique, que le biochimiste anglais Arthur Harden (1865-1940) appela coenzymes en 1904. La nature chimique des coenzymes devint plus claire par la suite, quand on découvrit qu'en général, il s'agissait de vitamines.

Bientôt, l'étude des enzymes mit mieux en évidence leur rôle dans les structures et dans les fonctions de l'organisme vivant. La capacité de les produire semblait être une fonction héréditaire dont dépendait la transmission de la vie d'une génération à l'autre. Mais des recherches ultérieures démontrèrent que cette fonction héréditaire était limitée en fait à la production des protéines qui entraient dans la composition des enzymes. La biologie moléculaire, à partir des années 1950, devait donc approfondir encore ces processus, dont l'étude avait en fait commencé depuis longtemps.

Car l'un des pionniers à avoir étudié la chimie nutritionnelle avait été Aristote (384-322 av. JC), dont les idées, même rudimentaires, avait influencé peu ou prou ceux qui se consacrèrent à cette étude au cours des siècles suivants. Puisque les plantes naissent du sol, soutenait le philosophe grec, il semble évident que leur substance provient elle-aussi du sol. Il existe tant de goûts différents dans la chair des fruits, écrivait-il, qu'il est évident qu'il en existe autant dans le sol. Le sol était dans ce sens assimilable à un grand estomac qui préparait et qui fournissait des nutriments aux plantes. Cette conception fut par la suite appelée théorie de l'humus, le terme humus caractérisant la substance organique humide du terrain.

L'un des premiers à fournir une description plus exacte de la nutrition et du métabolisme des végétaux fut Marcello Malpighi (1628-1694). Il observa que, si l'on coupait les feuilles d'un plant de citrouille, sa croissance s'arrêtait, ce qui démontrait l'importance des feuilles. Sa conclusion fut que les feuilles avaient pour fonction de transformer en substance nutritive la sève que les racines tiraient du sol. Mais outre leur sève, comment et de quoi vivaient les plantes ? La réponse à cette question devait être apportée au cours du siècle suivant, par les études du chimiste et philosophe anglais Joseph Priestley (1733-1804). Là, pour la première fois, furent associées clairement des données chimiques et biologiques.

Priestley découvrit que la plante était capable de purifier l'air et de le débarrasser des substances contaminantes produites par la combustion, ou par la respiration animale, et que par conséquent, de façon plus générale, les plantes terrestres purifiaient l'air contaminé par l'activité animale.

D'autres confirmations de ce phénomène naturel furent apportées par un savant suisse, Théodore de Saussure (1767-1845). En 1804, celui-ci parvint lui aussi à la conclusion que les plantes produisaient de l'oxygène en relation avec leur consommation du gaz carbonique tiré de l'air, et que dans leur processus de fabrication de nutriment, les plantes utilisent l'eau et le gaz carbonique, avec tel ou tel complément tiré de l'humus.

En 1817, on fit une autre découverte : les feuilles des plantes contenaient une substance verte, la chlorophylle (mot dérivé du grec qui signifiait feuilles vertes). On n'en comprit pas l'importance jusqu'à ce que, en 1845, le biologiste allemand Julius R. Von Mayer (1814-1878) propose une théorie de conservation de l'énergie, en donnant comme exemple la nutrition végétale. Il démontra qu'à travers le processus de la photosynthèse chlorophyllienne, rendu possible grâce à la chlorophylle, les plantes vertes absorbaient l'énergie lumineuse, qu'elles utilisaient pour décomposer l'eau et le gaz carbonique, et pour élaborer des sucres, un nutriment particulièrement énergétique. Von Mayer comprit en outre que, après cette conversion d'énergie en matière, les plantes satisfaisaient aussi aux besoins énergétiques des animaux qui les consommaient.

On pouvait donc réviser les flux circulatoires du vivant, et corriger certaines erreurs passées. Comme Isaac Asimov le rappelait, en physiologie, contrairement à d'autres domaines, les Grecs anciens avaient fait peu de progrès, et certaines de leurs conclusions étaient erronées. Ils s'étaient trompés, par exemple, sur le fonctionnement du cœur, lorsqu'ils pensaient que les seuls conduits circulatoires étaient les veines, étant donné que les artères étaient toujours dépourvues de sang dans les cadavres (le mot artère signifie conduit d'air). Et là, le chemin vers la connaissance allait être long.

On avait l'exemple du romain Gallien (130-200) qui, faute de pouvoir observer un point de liaison entre les artères et les veines, avait introduit l'idée que le sang passait de la moitié droite à la moitié gauche du cœur à travers des trous microscopiques, une idée qui resta valide pendant des siècles, et qui se traduisit par un déploiement d'efforts visant vainement à identifier ces petits trous. Finalement, les premières reformulations d'anatomie qui jetèrent les bases de la vision moderne de la circulation ont pu être fournies par l'anatomiste André Vésale (1514-1564) en 1543.

Dix années plus tard, le médecin espagnol Michel Servet (1511-1553) put ajouter une explication plus précise de la circulation pulmonaire, appelée petite circulation, et l'italien Girolamo Fabrici d'Acquapendente (1533-1619) découvrit que les vaisseaux les plus gros étaient munis de valves qui forçaient le sang à couler dans une direction seulement.

Une description encore meilleure de la circulation fut ensuite proposée par un élève de Fabrici, William Harvey (1578-1657). Dans un livre publié en 1628, *De Motu Cordis et Sanguinis*, il expliqua pourquoi il n'était pas vrai que le sang se déplaçait selon un mouvement de flux et de reflux, comme on l'avait pensé jusqu'alors. Poussé par le cœur, le sang circulait d'abord dans les artères, puis dans des conduits trop fins pour être visibles, puis dans les veines jusqu'au cœur et ensuite de nouveau dans les artères, en cycle continu.

Le modèle proposé par Harvey fut accueilli d'abord avec scepticisme, puisqu'un important chaînon manquant était celui des très fins vaisseaux capillaires, qui ne seront découverts qu'en 1661 par Marcello Malpighi. Mais ce modèle de circulation chez l'Homme et chez les animaux a pu tout de même être complété et validé par des recherches accomplies en 1743 par Stephen Hales, utilisant un manomètre, qui détermina les différentes valeurs de pression sanguine dans les veines et dans les artères.

Malpighi, ainsi que l'anglais Nehemiah Grew (1641-1721), avaient de leur côté effectué des études microscopiques sur la structure interne des plantes, où ils décrivaient notamment les vaisseaux qui irriguaient le bois. Malpighi les identifia correctement comme des organes de circulation, même s'il pensait à tort qu'ils servaient aussi au transport de l'air. Stephen Hales approfondit un peu plus ces études, en fournissant des descriptions exactes de la circulation de la sève dans le tronc et dans les racines.

Au cours des décennies suivantes, ont pu être éclaircis en complément le mécanisme de l'activité électrique responsable du battement cardiaque, et l'existence de structures, contenues dans la paroi de l'artère carotide, dont certaines, les barocepteurs, étaient sensibles à la pression du sang, et d'autres, les chémocepteurs, étaient sensibles à son contenu chimique.

Les physiologistes commencèrent alors à dresser un tableau plus clair des mécanismes de gestion de la circulation, incluant les dispositifs qui signalaient les variations, et les réponses physiologiques qui tendaient à les réguler. Car en fait, ces mécanismes étaient à la fois nerveux et hormonaux, comme le démontra notamment la découverte en 1940 d'une hormone produite par les reins, l'angiotensine, qui avait un effet hypertenseur.

Un autre domaine majeur de la physiologie était celui de la reproduction des êtres vivants. Pendant des siècles, l'étude de ce domaine avait été reliée au thème sensible de l'origine du vivant, et il avait fait l'objet d'hypothèses plus ou moins pertinentes. Par exemple, comment, et à partir de quoi, naissaient les êtres vivants microscopiques qui peuplaient l'eau des étangs, et ceux qui grouillaient dans la matière organique en putréfaction ? Se généraient-ils spontanément ou se développaient-ils à partir d'œufs, comme les animaux plus grands ? Et si ces organismes se reproduisaient à partir d'œufs déposés par une femelle, quel était le rôle du mâle ?

En fait, on avait longtemps cru que de nombreuses formes de vie naissaient à partir de substances non-vivantes, par génération spontanée : les vers et les têtards à partir de la boue, et les mouches à partir de carcasses d'animaux. Mais cette croyance fut démentie par Francesco Redi (1626-1698), suivi deux siècles plus tard par Louis Pasteur (1822-1895).

Redi avait démontré en 1668 que les mouches ne pouvaient se développer à partir de la viande que si d'autres mouches y avaient déposé des œufs. Pasteur, quant à lui, confirma en 1861, que sur une surface stérilisée, c'est-à-dire d'où l'on avait éliminé toute trace de vie, il ne pouvait croître aucun organisme vivant, pas même microbien, malgré ce que continuaient à penser de nombreux autres savants de son époque.

Un thème connexe important était celui des modes de reproduction. Au 17ème siècle, le constructeur de lentilles hollandais Antony Van Leeuwenhoeck (1632-1723) avait observé pour la première fois en 1677 des spermatozoïdes au microscope, et il les avait appelés animalcules (littéralement petits animaux). Cette découverte eut un grand retentissement. Nombreux furent ceux qui décidèrent d'identifier là les responsables de la reproduction animale, puisqu'à l'intérieur des spermatozoïdes se trouvaient non seulement le modèle du nouvel être, appelé homunculus, mais aussi celui des enfants de toutes les générations suivantes.

Selon ce raisonnement, on avait donc d'abord considéré que le responsable de la reproduction était le père, tandis que la mère avait pour fonction d'accueillir le fœtus pendant la période de grossesse. De l'avis des partisans de ce modèle, appelés animalculistes, les éventuelles ressemblances de l'enfant avec la mère étaient seulement dues à des conditionnements prénataux. Mais en l'espace de quelques années une vive polémique naquit, parce qu'un autre hollandais, Reiner de Graaf (1641-1673), avait pu de son côté fournir la première description du follicule ovarien, la structure de l'ovaire contenant l'œuf.

Certains savants en avaient aussitôt déduit logiquement que le follicule contenait l'œuf, sans pourtant savoir que celui-ci ne serait observé expérimentalement que cent cinquante ans plus tard.

Quoi qu'il en soit, selon ces savants, c'était donc plutôt l'œuf et non le spermatozoïde qui jouait un rôle central dans la reproduction. Cette thèse fut baptisée ovisme et, par analogie avec ce que soutenaient les animalculistes, nombreux furent ceux qui arrivèrent à soutenir qu'à partir d'Ève, chaque œuf devait contenir ceux de toutes les générations suivantes. Mais en tout état de cause, le phénomène de la fécondation n'avait pas encore été assez éclairci à la fin du 18ème siècle, et il a fallu attendre presque deux siècles pour qu'il le soit, avec l'embryologie et l'endocrinologie.

Ces disciplines furent initiées dans la deuxième moitié du 19ème siècle par Claude Bernard (1813-1878), après la découverte du fait que certaines glandes maintenaient constantes les caractéristiques physico-chimiques du milieu interne de l'organisme vivant. Sur le plan clinique, Bernard étudiait des maladies dues à une activité excessive ou non appropriée de différentes glandes. Ce terme, dérivé de gland, était initialement utilisé pour désigner n'importe quelle accrétion particulière de tissu présente dans le corps, et émettrice de substance, notamment les glandes lymphatiques. Il devint ensuite courant de l'utiliser pour tout organe sécrétant des substances, jusqu'au foie et aux glandes mammaires. Puis on finit par en limiter l'utilisation aux seuls organes producteurs de substances chimiques actives, et les glandes lymphatiques furent alors requalifiées en ganglions lymphatiques.

Le domaine scientifique de l'endocrinologie a pu être encore mieux défini lorsqu'on découvrit que certaines glandes, par exemple les glandes salivaires, libéraient leurs produits sur la peau ou dans la bouche, tandis que d'autres glandes déchargeaient leurs substances directement dans le sang. Les premières furent appelées glandes exocrines, et les deuxièmes glandes endocrines. Et comme seules ces dernières produisaient des hormones, l'étude des hormones finit par être la science des glandes endocrines, ou endocrinologie.

La première démonstration expérimentale de la fonction endocrine a été apportée par Arnold Berthold (1803-1861), qui observa que la greffe d'un tissu testiculaire chez des poulets castrés compensait les effets de la castration. En 1889, Charles-Edouard Brown-Séquard (1817-1894) reprit cette idée, et il injecta du tissu testiculaire à différentes personnes, confirmant les résultats précédents, et soulignant que cela avait la surprenante capacité de soigner certains dommages causés par le vieillissement.

Vers la fin du siècle, Joseph von Merign (1849-1908) et Oskar Minkovsky (1858-1931) démontrèrent que l'ablation du pancréas chez un animal causait une brusque augmentation du sucre dans son sang, ce qui indiquait que cet organe produisait une substance ayant un effet régulateur du sucre.

Ces observations induisaient aussi que certains organes du corps produisaient une substance qui exerçait des effets importants, y compris inattendus, même sur des parties éloignées. On en eut une première confirmation en 1895, quand des physiologistes découvrirent qu'un extrait de surrénales injecté à une souris augmentait sa pression sanguine. Le chimiste japonais Jokichi Takamine (1854-1922) identifia en 1901 la substance responsable de ce phénomène, qu'il appela adrénaline. C'était la première fois qu'on isolait ce qui allait être appelé une hormone. Le terme d'hormone, dérivé d'un mot grec qui signifie exciter, fut utilisé dès 1905 par deux physiologistes anglais, William M. Bayliss (1860-1924) et Ernest H. Starling (1866-1978) pour définir la sécrétine, une substance produite par l'intestin et qui incitait le pancréas à produire des sucs digestifs.

Constatant que la coupure des nerfs qui arrivaient au pancréas ne bloquait pas la production hormonale de cet organe, Bayliss et Starling en avaient déduit qu'il devait exister un messager chimique, qu'ils identifièrent effectivement dans la sécrétine. Une fois introduit le concept d'hormone comme messager chimique, Bayliss démontra que d'autres glandes endocrines produisaient également des hormones. Des confirmations en furent apportées par Edward C. Kendall (1886-1972) qui en 1914 isola la thyroxine, l'hormone de la thyroïde. En 1921, Frederick G. Banting (1891-1941) et Charles H. Best (1899-1978) identifièrent l'insuline.

D'autres recherches montrèrent ensuite qu'une même hormone ne remplissait pas toujours les mêmes fonctions dans tous les organismes. Entre 1912 et 1918, par exemple, on découvrit que l'hormone thyroïdienne commandait une métamorphose des têtards de grenouilles. Dans les années 1930, on découvrit que les plantes elles aussi produisaient des substances ayant des fonctions hormonales. En 1933 et en 1934, on traita respectivement les auxines et les gibbérellines, hormones régulatrices de la croissance. Par d'autres découvertes dans le domaine végétal, on parvint à comprendre que des hormones jouaient un rôle fondamental dans la vie des plantes parce qu'elles étaient leur seul moyen de communication entre les racines, le tronc et les feuilles, et par conséquent le seul système de régulation des fonctions, de la croissance à la floraison, depuis les flux d'échanges du tronc et des feuilles jusqu'à la chute de ces dernières.

Les recherches en endocrinologie n'ont pas cessé depuis. Le nombre des hormones identifiées augmentant, on en a étudié de plus en plus leurs effets, et les mécanismes selon lesquels elles agissaient. Il apparut même que, chez les animaux, le système endocrinien établissait, en plus du système nerveux, une autre voie de liaison et de communication entre des parties éloignées du corps. Le système nerveux transportait le message de façon rapide et spécifique, sur des cibles précises, et les hormones faisaient cela de façon plus lente et aspécifique sur plusieurs cibles.

On a observé ensuite en complément que de nombreuses hormones n'agissaient qu'après avoir été au contact de sites spécifiques, qualifiés de sites récepteurs, qui se trouvaient à la surface de la membrane plasmique des cellules concernées, ou à l'intérieur de ces dernières.

La physiologie progressait également dans d'autres domaines importants. Elie Metchnikov, un zoologiste russe, avait découvert en 1882 que l'organisme vivant possédait un mécanisme de défense contre les pathogènes. En présence d'agents pathogènes, des cellules capables de les absorber et de les détruire étaient mobilisées. Metchnikov les appela phagocytes. Par la suite, on découvrit que dans certaines circonstances déterminées, ces cellules n'étaient pas indispensables, car le sérum (partie du sang dépourvue de cellules et qui ne se coagule pas), était en mesure de neutraliser lui-même des substances comme les toxines bactériennes.

Selon des résultats obtenus par Paul Ehrlich (1854-1915), cela se produisait en particulier grâce à la production d'antitoxines circulant dans le sang, et présentes également dans le sérum. Cela donna lieu à une vive discussion entre ceux qui soutenaient que, dans les défenses immunitaires, le rôle central était joué par des cellules, et ceux qui soulignaient l'importance des antitoxines, propositions auxquelles on donna respectivement les noms de théorie cellulaire et de théorie humorale de l'immunité. La controverse fut résolue par la découverte du fait que l'une et l'autre jouaient un rôle dans la défense de l'organisme.

Mais il restait encore à comprendre comment les antitoxines parvenaient à réagir de façon spécifique à une substance particulière, et comment ce mécanisme de défense pouvait être assez adaptable pour défendre l'organisme face aux nombreuses agressions possibles venant du milieu externe. Au début du siècle, Paul Ehrlich répondit en formulant l'hypothèse que le contact avec une toxine (ou antigène) déterminait la production d'une antitoxine correspondante (l'anticorps), grâce à des mécanismes qui agissaient à la surface de la cellule.

Selon cette hypothèse, l'anticorps préexistait à la rencontre avec l'antigène. Mais ceci laissait entière l'énigme du grand nombre de réactions spécifiques induites, impliquant au moins autant d'anticorps préexistants. Dans les premières décennies du 20ème siècle, on évoqua l'hypothèse que les anticorps puissent être totipotents, c'est-à-dire tous identiques et capables de réagir immunologiquement à n'importe quel antigène. Puis en 1940, Linus Pauling avança une explication différente, qui eut beaucoup de partisans durant les années suivantes. Pauling considérait que l'antigène pouvait fonctionner comme un moule, autrement dit qu'il avait la capacité de mettre en forme l'anticorps.

Or, cette théorie, qualifiée d'instructive parce que l'anticorps se serait alors formé sur la base des instructions chimiques de l'antigène, fut démentie par les recherches sur l'ADN au début des années 1950. Les anticorps se révélèrent être des protéines, et selon ces recherches, la possibilité de produire ces protéines était liée à la présence de gènes correspondants dans l'ADN. En d'autres termes, un organisme n'aurait pu produire qu'un éventail limité d'anticorps, et en tout état de cause, pas d'anticorps dont le gène correspondant n'existait pas déjà dans son ADN.

Ce n'est qu'en 1955 que Niels K. Jerne publia un article qui marqua un tournant décisif dans cette recherche en suspens. Dans son étude, il avançait l'hypothèse de l'existence d'un mécanisme sélectif analogue à celui de la sélection naturelle modélisée par Darwin, et qui présidait à la détermination de l'anticorps. Dans le modèle de Jerne, connu sous le nom de théorie sélective, l'anticorps existait déjà avant la rencontre avec l'antigène, à la surface des cellules immunitaires, et s'il était mobilisé, il se liait à l'antigène, déterminant la production de cellules d'intervention, et la destruction de l'antigène. L'étude de la façon dont étaient coordonnées ces différentes fonctions, et leur interactivité, allait devenir un nouveau thème important de recherche pour la physiologie dans les années 1920.

Dans ce sens, en 1923, Starling qualifia l'activité du système endocrinien de "sagesse du corps", pour souligner son importance dans le contrôle des différentes fonctions, et dans la coordination et la régulation des conditions endogènes de l'organisme. Cette qualification a été reprise en titre d'un livre de Walter B. Cannon en 1932, dans lequel l'auteur précisait l'importance du maintien de ces conditions, en introduisant pour cela le concept d'homéostasie, qui établissait que le milieu interne de l'organisme ne pouvait pas varier physico-chimiquement sans dommages possibles, et qu'en présence de variations, l'organisme activait des mécanismes régulateurs ad-hoc.

Là, dans de nombreux cas, des glandes endocrines rétablissaient directement les conditions de la normalité physiologique, et dans d'autres cas, c'est le système nerveux qui intervenait, avec en particulier l'une de ses parties, le système nerveux dit végétatif, composé de deux éléments, le système sympathique et le système parasympathique, chacun formé de circuits nerveux propres, respectivement localisés à l'intérieur du cerveau et de la moelle épinière, et en dehors du cerveau.

Dans les années 1950, on a observé effectivement que les deux systèmes de coordination (endocrinien et nerveux) avaient des points de contact dans le système nerveux. À travers la zone de l'hypothalamus, des processus activés dans le cerveau pouvaient influer sur le système endocrinien, parce que l'hypothalamus était relié à l'hypophyse, la glande directrice du système endocrinien. Pour mieux organiser ces domaines, une discipline a été constituée la neuro-endocrinologie, à mi-chemin entre la neurologie et l'endocrinologie.

Puis la neuro-endocrinologie a été prolongée par une nouvelle discipline qui en a intégré les connaissances, la psycho-neuroendocrinologie, laquelle a alimenté à son tour un secteur de la médecine qui, à la fin des années 1940, a connu une diffusion extraordinaire, la médecine psychosomatique. Ainsi s'était développée une complémentarité pratique que personne ne prévoyait, entre la psychologie et la physiologie, et entre la psychologie et la médecine.

Dans un autre domaine, celui du métabolisme, quand Claude Bernard avait jeté les bases de la physiologie générale, il était déjà clair que les organismes vivants avaient besoin de bien éliminer les déchets de leur métabolisme, de façon à maintenir leur équilibre interne. Dans ce sens, les découvertes relatives à l'excrétion se sont recoupées avec celles de la physiologie respiratoire, concernant l'élimination du gaz carbonique, et avec celles de la physiologie rénale, pour l'excrétion des substances azotées.

Ce deuxième point mérite d'être souligné parce que traiter de l'excrétion impliquait à la fois la physiologie rénale et le métabolisme des substances azotées. Des recherches combinées sur l'anatomie microscopique rénale et sur la formation de l'urine avaient déjà enregistré d'intéressantes avancées depuis les années 1920. En 1938, C. Fischer et S. W. Ranson avaient découvert qu'effectivement, dans le contrôle de l'activité rénale, intervenaient aussi des signaux à distance provenant de l'hypophyse, puisqu'à travers une hormone antidiurétique, l'hypophyse activait la réabsorption de l'eau dans les reins. Il était déjà admis par ailleurs que les reins étaient essentiels pour la régulation de l'équilibre hydrominéral du corps et de l'acidité (le pH) des liquides corporels. Et l'on a pu élargir ces connaissances.

Car dans les années 1920 on avait découvert aussi des liens entre l'excrétion de l'azote et l'état du milieu, c'est-à-dire entre la physiologie du métabolisme azoté et les cycles écologiques. En 1929, Joseph Needham précisait que l'azote qui se formait dans les organismes par effet du métabolisme protéique était libéré de façon différente selon les espèces. De nombreux vertébrés aquatiques et quelques invertébrés éliminaient leurs déchets azotés sous forme d'ammoniac, un composé toxique, mais qu'ils pouvaient évacuer dans leur milieu naturel. Par contre, les reptiles et les oiseaux rejetaient de l'acide urique, tandis que les mammifères et les amphibiens évacuaient leurs substances azotées après les avoir transformées en urée. Ces deux dernières solutions, plus coûteuses en termes énergétiques, leur permettaient toutefois d'économiser de l'eau et de retenir l'urine dans le corps sans risque. Needham souligna donc que le milieu dans lequel vivait l'animal conditionnait le choix de sa voie métabolique.

Dans un autre domaine encore, celui de la physiologie du mouvement musculaire, avaient été publiées depuis le début du 18ème siècle des études anatomiques sur les nerfs et les centres nerveux. Le mouvement musculaire était jusqu'alors expliqué en partie selon les idées de Galien (130-200), et nombreux étaient les praticiens qui pensaient qu'un fluide nerveux circulait dans les nerfs, comme le sang circulait dans les veines, et que les muscles se contractaient grâce à l'intervention d'esprits animaux ou de forces vitales.

Or, Albrecht von Haller (1708-1777) avait vérifié que les muscles étaient excitables, puisque si on les stimulait directement, ils se contractaient ; puis il découvrit qu'il pouvait obtenir le même résultat par une stimulation indirecte des nerfs reliés aux muscles. Étant donné que l'irritabilité du nerf était supérieure à l'irritabilité musculaire, von Haller en déduisit que les mouvements musculaires étaient commandés par une stimulation nerveuse. Cette théorie de l'irritabilité favorisait le dépassement des conceptions mécanistes précédentes, et ouvrait la voie à des recherches prometteuses, même au-delà de la contraction musculaire. Effectivement, Luigi Galvani (1737-1798) a développé des études sur l'électricité animale, et Antoine-Laurent de Lavoisier (1743-1794) a réalisé d'autres études sur le rapport entre l'exercice musculaire et la consommation d'oxygène.

On découvrit alors que la conduction du signal nerveux au muscle se faisait par un médiateur chimique, libéré sur la partie terminale de la fibre nerveuse. Entre celle-ci et le muscle, existait un espace de dimensions ultramicroscopiques, analogue à l'espace qui reliait les cellules du système nerveux. Mais comment se faisait la contraction musculaire proprement dite ?

Les recherches sur ce point ont pris un tournant décisif au milieu du 18ème siècle, quand on a observé que le muscle contenait des molécules particulières, assemblées de façon discontinue (actine, myosine, tropomyosine) et qui, à l'arrivée de l'impulsion nerveuse, glissaient l'une sur l'autre en produisant un raccourcissement du muscle par sa contraction. En distinguant la fonction nerveuse de la fonction musculaire, Albrecht von Haller put alors définir plus clairement la fonction du nerf, non pas en tant que conduit rempli d'esprit vital, mais en tant qu'organe ayant la spécificité de transmettre et de produire la sensation et l'impulsion. En outre, von Haller observa que tous les nerfs étaient reliés au cerveau ou à la moelle épinière, lesquels étaient par conséquent des relais centralisateurs de la perception sensorielle et des réponses de l'organisme.

L'œuvre de von Haller fut poursuivie par le médecin allemand Franz Joseph Gall (1758-1828), qui démontra en 1796 que les nerfs arrivaient dans une zone particulière du cerveau, la matière grise, qui entourait la matière blanche, considérée alors comme une simple substance conjonctive. Comme von Haller, Gall était convaincu que certaines parties du cerveau commandaient des parties déterminées du corps, et il alla même jusqu'à considérer qu'à des parties spécifiques du cerveau correspondaient des qualités émotionnelles et caractérielles particulières. Cette idée fut temporairement extrapolée sur une mauvaise voie par certains disciples, représentants de la phrénologie, selon lesquels ces qualités pouvaient être estimées en examinant les formes du crâne.

Malgré ces erreurs, l'idée selon laquelle, dans le cerveau, différentes zones remplissaient des tâches différentes, s'affirma tout de même, ce qui mena à des résultats finalement positifs. Au siècle suivant, Pierre-Paul Broca (1824-1880) identifia la zone du cerveau responsable de la parole. Et en 1870, par des expériences sur le cortex cérébral d'un chien, les neurologues allemands Gustav T. Fritsch (1838-1891) et Eduard Hitzig (1838-1907) découvrirent que l'hémisphère gauche du cerveau commandait la moitié droite du corps, et inversement. Au début du 20ème siècle, les études sur le système nerveux entretenaient ce regain d'activité, en prolongeant les expériences passées.

Peu avant, en 1873, Camillo Golgi (1843-1926) avait perfectionné une méthode de coloration du tissu nerveux, qui lui permettait d'en étudier la structure microscopique. Il semblait qu'il s'agissait d'un réseau, c'est-à-dire d'une structure continue, car il ne voyait pas d'espaces vides entre les neurones, les unités constitutives du réseau. Le neurologue espagnol Santiago Ramón y Cajal (1852-1934) pensait pourtant que de tels espaces existaient.

Mais il n'était pas encore possible d'en démontrer l'existence, ni le fait que le tissu nerveux soit formé d'unités cellulaires élémentaires. Les théories réticulaire et neuronale se confrontèrent jusqu'à ce que le microscope électronique confirme qu'il existait effectivement entre les cellules un mince espace vide, baptisé synapse par Charles S. Sherrington (1857-1952).

Les recherches sur les neurones dévoilèrent en outre la structure plus précise des nerfs. L'anatomiste allemand Wilhelm von Waldeyer (1836-1921) démontra en 1891 que les fibres des nerfs étaient de fins prolongements des cellules nerveuses. Et les premières expériences sur les mécanismes biochimiques responsables de la transmission dans ces circuits nerveux purent donc avoir lieu au début du 20ème siècle.

Ces expériences furent d'abord faites sur le cœur. En 1921, le chercheur Otto Loewi (1872-1961) identifia un mécanisme chimique par lequel le système nerveux régulait le battement cardiaque. Après une stimulation du nerf vague, appliquée sur un cœur placé dans une solution liquide, un extrait de cette solution modifiait le battement d'un autre cœur. La stimulation nerveuse du premier cœur avait donc libéré une substance chimique en mesure de conditionner le battement du deuxième cœur.

Tout ceci n'était pourtant qu'un début dans les recherches sur la transmission chimique de l'impulsion nerveuse entre les cellules, ce qui justifia bientôt la création d'une discipline dédiée, la neurochimie. Cette nouvelle discipline a peu à peu construit un panorama intéressant de ce qui avait lieu entre les cellules nerveuses au passage du signal chimique. On a notamment découvert qu'il existait de nombreux médiateurs chimiques de l'impulsion nerveuse, certains étant excitateurs, d'autres étant inhibiteurs. On a découvert aussi que ces médiateurs modifiaient le fonctionnement de la cellule cible, qui se trouvait de l'autre côté de la synapse, mais seulement après s'être liés à des récepteurs, faisant office de serrures moléculaires.

Le chercheur scientifique qui avait introduit le terme de synapse, Sherrington, était par ailleurs l'un des premiers à étudier ce que l'on appelait les réflexes nerveux, ces mécanismes automatiques qui nous font par exemple fermer les paupières dès que quelque chose effleure notre œil, ou retirer la main quand nous touchons un corps brûlant. Après une période pendant laquelle le système nerveux avait été un terrain de recherche plutôt réservé aux anatomistes, qui le considéraient plus comme un amas neutre de cellules que comme un lieu où étaient exercées des fonctions, Sherrington mit l'accent sur l'organisation de ces dernières, ouvrant une voie qui l'a fait finalement considérer comme le principal pionnier de la neurophysiologie.

Sa première découverte dans ce domaine fut que certains réflexes étaient dus à un circuit simple, formé d'une cellule sensitive qui recevait le signal, et d'une cellule motrice qui y réagissait par une impulsion, les deux étant reliées par une synapse. Ce circuit fut appelé arc réflexe.

Puis à la fin des années 1920, le physiologiste russe Ivan P. Pavlov (1849-1936) entama une étude des réflexes conditionnés. Au cours d'expériences visant à déterminer l'influence du système nerveux sur la circulation et sur la digestion, Pavlov découvrit que des sucs gastriques et de la salive pouvaient être produits par un animal à la seule vue d'une nourriture, avant même que celle-ci ait atteint la bouche ou l'estomac, en réponse à un signal particulier qui avertissait l'animal de l'arrivée de la nourriture. Pavlov expliqua que cela avait lieu parce que, en associant le stimulus responsable d'un réflexe avec un autre stimulus quelconque, au bout d'un certain temps, on obtenait que ce dernier détermine à lui seul le réflexe concerné.

Si, par exemple, pendant un certain temps, un chien recevait de la nourriture immédiatement après le son d'une cloche, le stimulus sonore seul finissait par faire saliver l'animal. Pavlov qualifia de réflexe inconditionné la production de salive en présence de nourriture dans la bouche, et il appela réflexe conditionné la production de salive due à un conditionnement préalable. Sur la base de ces observations, le chercheur formula une théorie générale des réflexes conditionnés, par laquelle il pensait pouvoir expliquer plusieurs aspects du comportement animal.

Dans les années suivantes, les recherches de neurophysiologie connurent une autre impulsion grâce à l'invention de techniques d'enregistrement de l'activité électrique des cellules nerveuses et des potentiels induits, ce qui créa le nouveau domaine de l'électroencéphalographie. On a pu effectivement suivre et enregistrer l'ensemble de l'activité électrique du cerveau, et contrôler l'intégrité des voies nerveuses chargées de la conduction de certaines impulsions, à travers l'étude des potentiels électriques induits, caractérisant des stimuli particuliers.

Plus tard, la tomographie à émission de positrons (PET), une technique qui a révolutionné la recherche en psychologie et en neurophysiologie, a permis encore mieux une étude fonctionnelle du cerveau. Et l'on pouvait mesurer le chemin parcouru, en se souvenant que jadis, les études et les théories sur le fonctionnement du cerveau et l'esprit humain avaient été dominées par le spiritualisme et l'animisme, jusqu'à la fin du 18ème siècle. Jusqu'alors, depuis le médecin romain Galien (130-200), on considérait le cerveau comme une glande sécrétant un fluide appelé esprit animal, distribué dans les différentes parties du corps par les nerfs, et substrat de l'âme.

Même le savant et philosophe René Descartes (1596-1650) pensait que l'âme était une substance qui se manifestait à travers l'épiphyse, une petite glande située dans la partie postérieure du cerveau.

En fait, les premières études systématiques sur les nerfs n'ont pu être réalisées qu'au début du 19ème siècle, parce qu'on manquait jusqu'alors d'instruments et de techniques permettant d'identifier les phénomènes cellulaires réels, biochimiques et électriques, impliqués dans l'activité du cerveau. Avec les moyens améliorés de cette époque, le physiologiste allemand Johannes P. Muller (1801-1858) avait pu montrer l'existence de nerfs sensitifs et de nerfs moteurs, la stimulation des premiers déterminant toujours le même type de sensation, indépendamment du type de stimulus utilisé. Puis en 1830, le physiologiste allemand Marshall Hall (1790-1857) avait commencé à distinguer les réflexes nerveux et à leur attribuer la qualité de réponses élémentaires. Et en 1840, Émile du Bois-Reymond (1818-1896), à l'aide d'un galvanomètre, avait identifié des courants nerveux.

A la même époque, un médecin allemand spécialiste d'anatomie, Franz J. Gall (1758-1828), en conflit avec les courants spiritualistes, soutenait que les fonctions mentales, comme toutes les autres fonctions de l'organisme, avaient une base physiologique dans le cerveau. Gall précisait que ce cerveau n'était pas un organe unitaire, mais un ensemble d'au moins trente-cinq centres, dont chacun était responsable d'une fonction. Étant donné que l'exercice d'une fonction, selon Gall, déterminait les dimensions du centre correspondant, et des os du crâne situés autour, l'extension des différentes zones du crâne -et donc la forme de la tête- pouvait alors servir à déduire certains profils de personnalité. Malheureusement, des dérives morpho-psychologiques à ressorts idéologiques et socio-politiques perturbants allaient temporairement dévoyer cette hypothèse novatrice.

Et d'autres scientifiques développaient eux aussi des points de vue erronés. Dans les années 1820 et 1830, le savant français M. J. Fluorens (1794-1867) soutenait que les fonctions mentales n'étaient pas localisées et que tout le cerveau participait à l'élaboration de la pensée, et ces idées avaient prospéré dans la première moitié du 19ème siècle. En réaction, l'Anglais John H. Jackson (1834-1911) d'abord, puis, en 1861, le Français Paul-Pierre Broca (1824-1880), et en 1876 l'Allemand Carl Wernicke (1848-1905), avaient publié des études mettant en relation le dommage à différentes zones du cerveau avec l'altération de telle ou telle fonction. Broca et Wernicke, en particulier, avaient identifié dans le lobe temporal de l'hémisphère gauche la zone responsable du langage.

Nous parlons avec l'hémisphère gauche, remarquait Broca, devenu un personnage important (élu sénateur) dans la France de la fin du 19ème siècle. En 1870, Gustav Fritsch et Edward Hitzig avaient pu confirmer que, chez le chien, la stimulation électrique de zones précises du cerveau causait des mouvements déterminés, la moitié gauche du cerveau commandant les mouvements de la moitié droite du corps, tandis que la moitié droite commandait ceux de la moitié gauche. Wernicke avait de son côté établi une carte des fonctions du cerveau, comparable au modèle de Gall, mais en soulignant que n'étaient localisables que celles qui jouaient un rôle comportemental basique (mouvement, sensibilité, langage, etc.), tandis que les autres relevaient de l'activité combinée du cerveau tout entier.

Portée par les nombreuses découvertes qui avaient continué à l'enrichir, la neurologie, en tant que science des fonctions du système nerveux, s'officialisa avec la création en 1882 d'une chaire à l'hôpital de La Salpêtrière de Paris, à laquelle fut appelé Jean M. Charcot (1825-1893).

Jusqu'en 1873, la structure du système nerveux était restée invisible à l'œil nu, mais cette année-là, Camillo Golgi (1843-1926), médecin dans un petit hôpital pour incurables à Abbiategrasso, avait mis au point une méthode de coloration par des particules d'argent, qui permettait de mieux observer au microscope les tissus nerveux et leurs cellules. L'avantage de cette méthode était que, même si elle ne colorait que 10% des cellules, ces dernières étaient bien mises en évidence, ce qui permettait de les analyser plus précisément. Les images obtenues montraient que chaque cellule était formée d'un corps central, duquel partaient un prolongement long et fin, l'axone, et d'autres prolongements courts, les dendrites, partaient en arborescence.

Ce n'était qu'un début, car Golgi ne parlait pas encore de neurone, terme qui sera introduit par H. W. Waldeyer en 1891 pour caractériser l'unité anatomique et fonctionnelle de base du système nerveux. En outre, il pensait que les cellules nerveuses étaient des entités qui formaient entre elles un réseau diffus, thèse pourtant contestée par Waldeyer, et par le professeur d'anatomie espagnol Santiago Ramón y Cajal (1852-1934).

Pendant quelques années, s'opposèrent alors la conception réticulaire de Golgi et la conception cellulaire de Cajal. Mais grâce à une variante de la technique de Golgi, le savant espagnol approfondit ses études du tissu nerveux. Et après avoir réalisé des recherches sur le développement embryonnaire du cerveau, il devint finalement convaincu de la théorie neuronale, selon laquelle les cellules étaient des unités distinctes, même s'il existait entre elles des contacts très étroits en certains points.

Là où les images au microscope montraient un contact entre les cellules, il y avait en fait un espace très petit, trop petit pour être vu, disait Cajal, qui avançait en outre l'idée que la conduction des signaux nerveux le long de la cellule se faisait dans un ordre précis, depuis les dendrites vers le corps de la cellule et l'axone, et jamais dans le sens contraire.

Dans un domaine parallèle, comme nous l'avons vu ci-avant, Ivan P. Pavlov (1849-1936) avait commencé en 1879 des études sur les réflexes conditionnés. Grâce à ses recherches sur les chiens, il démontra qu'un réflexe salivaire était stimulé non seulement de façon directe, par la présence de la nourriture dans la bouche, mais aussi de façon indirecte, conditionné par un signal. Des recherches sur la sécrétion gastrique aboutirent à des révélations analogues. Par un entrainement approprié, un chien pouvait sécréter du suc gastrique avant qu'il n'ait de nourriture en bouche.

Tout comme il était possible d'apprivoiser un animal, il était donc aussi possible de le conditionner psychiquement. S'inspirant de la théorie de Sechenov sur le mécanisme réflexe de l'activité psychique, Pavlov proposa alors un deuxième et un troisième ordre de réflexes conditionnés, pouvant même être utilisés dans l'apprentissage du langage et de la pensée symbolique. Son idée était que, au moyen de réflexes conditionnés, un organisme pouvait s'adapter aux changements du milieu en mettant au point des formes de comportement qui lui permettraient de mieux survivre.

Les études de Pavlov ont eu une influence profonde sur la physiologie et sur la psychobiologie ultérieures, malgré quelques erreurs résiduelles. Par exemple, on a pensé pendant longtemps que la production de sucs digestifs et la digestion étaient régulées par le seul système nerveux, alors que ce n'était pas exact. Mais c'est de Pavlov que se sont inspirées dès lors durablement de nombreuses études sur l'apprentissage et sur la maladie mentale et, en particulier, le courant de pensée appelé béhaviorisme.

Car à l'époque où Ivan P. Pavlov abordait l'étude des réflexes conditionnés, le physiologiste Charles S. Sherrington (1857-1952), de l'université de Londres, entamait une étude systématique des réflexes spinaux, réflexes élémentaires responsables, par exemple, de l'éternuement, ou de l'extension de la jambe percutée au genou par le marteau du médecin. Il se demandait si l'observation de ces réponses simples pouvait fournir des éléments utiles à la compréhension de l'organisation et du fonctionnement du système nerveux. Sherrington sectionna donc le système nerveux de différents animaux en différents points, entre la moelle épinière et le cerveau, et il en enregistra les conséquences sur certains réflexes.

Le sectionnement séparait des parties du système nerveux, par exemple la moelle épinière et les centres nerveux supérieurs. En observant à chaque fois si le réflexe y persistait, le chercheur essayait d'identifier l'origine de ces réflexes à l'intérieur du système nerveux, et de comprendre quel était le mécanisme impliqué. Sherrington observa alors que, chez des animaux différents, le sectionnement avait toujours le même effet, ce qui laissait à penser qu'il existait un ordre et une hiérarchie précis dans le système nerveux animal. Il conclut que l'interaction fondamentale de ce système nerveux (le réflexe simple) était due à un circuit de neurones coordonnés, sensitifs et moteurs. Le neurone sensitif recueillait les stimuli externes, par exemple des stimuli douloureux, et les menait à la moelle épinière, puis un neurone moteur envoyait des signaux aux muscles devant exercer la réponse motrice.

Sherrington, qui était un partisan de la théorie cellulaire de Cajal, appela synapse le point de contact fonctionnel entre les cellules nerveuses. À l'issue de recherches répétées, il conclut ensuite que le système à deux types de cellules n'était pas indépendant, mais qu'il était commandé par d'autres systèmes à cellules multiples, lesquels étaient commandés à leur tour par des systèmes encore plus complexes. Un même signal sensitif activait simultanément plusieurs voies nerveuses et plusieurs neurones, et en retour les impulsions reçues par le neurone moteur pouvaient y arriver par des voies différentes. Plus les systèmes étaient complexes et riches en cellules, plus ils s'étendaient de façon diffuse dans le système nerveux, et plus ils interféraient avec les signaux (Sherrington disait qu'ils les intégraient).

Et même dans un spectre large de réponses, par exemple dans la marche, on pouvait identifier telle ou telle chaîne de réflexes simples. Dans son ouvrage de 1906 *The Integrative Action of Nervous System*, Sherrington soulignait donc qu'il existait une continuité coordonnée de l'activité du système nerveux, depuis le réflexe le plus simple, qui définissait une unité comportementale basique, jusqu'aux réflexes les plus complexes, tels que le comportement coordonné d'un ensemble locomoteur.

Sherrington qualifiait de récepteurs les structures sensitives chargées de recueillir les stimuli du milieu. Et dans les premières années du 20ème siècle, on en découvrit plusieurs types différents, sensibles à la chaleur, au toucher, etc. Par ailleurs, ce concept de récepteur, introduit à la fin du 19ème siècle par le chimiste allemand Paul Ehrlich, avait rencontré aussi un accueil favorable chez les pharmacologues, qui l'employèrent notamment pour caractériser les molécules des cellules musculaires et nerveuses qui étaient capables de se lier à des substances chimiques déterminées.

Dans ce sens, en 1906, John Langley avait avancé l'hypothèse, vérifiée par la suite, que l'effet du curare et de la nicotine sur les muscles mobilisait plusieurs récepteurs. Mais comment les signaux nerveux traversaient-ils les synapses, d'une cellule à l'autre ? Cette question demeura sans réponse jusqu'en 1914. Cette année-là, Henry H. Dale (1875-1968) découvrit, après avoir identifié l'acétylcholine dans un champignon, que cette substance stimulait la contraction musculaire. Puis dans les années 1920, le physiologiste allemand Otto Loewi (1873-1961) découvrit que le nerf vague régulait une substance qui modifiait le battement cardiaque. Ces découvertes relancèrent indirectement le débat scientifique sur la structure des synapses. S'agissait-il de points de contact électriques, comme le pensait John C. Eccles, ou mixtes, à la fois électriques et chimiques, comme le pensait Dale ?

La question a été résolue dans les années suivantes par Dale lui-même. Il vérifia en effet comment l'acétylcholine intervenait chez les animaux, et il constata qu'elle était libérée à l'extrémité des fibres nerveuses motrices, à l'arrivée de l'impulsion nerveuse. Ce qui identifia le premier neuromédiateur, ou neurotransmetteur, termes utilisés ensuite pour désigner les substances biochimiques qui transmettent les signaux entre les cellules nerveuses, et entre celles-ci et les muscles.

Il était alors clair que l'arrivée d'une impulsion déterminait la libération d'un médiateur à la terminaison de l'axone, et que ce médiateur modifiait le potentiel électrique de la cellule réceptrice, qui pouvait générer une autre impulsion nerveuse. La propagation et la transmission de l'impulsion nerveuse étaient donc, en séquence, électrique-chimique-électrique. Restait à savoir pourquoi et comment la production apparemment continue d'un médiateur excitateur déterminait une réponse motrice séquentielle. La solution a été fournie par Otto Loewi, qui par des recherches expérimentales sur des animaux, montra que leur tissu musculaire contenait de l'acétylcholinestérase, une substance qui régulait l'acétylcholine.

Les recherches de Dale et Loewi leur ont valu un prix Nobel, en 1936. Mais même s'il était admis depuis les années 1920 que la transmission de l'impulsion nerveuse se faisait avec une modulation du potentiel électrique le long de la fibre nerveuse, le détail du processus n'était pas encore assez clair.

Intervint alors Edgar Adrian (1899-1977). Par une délicate technique de dissection des nerfs et par la mise au point d'un tube d'amplification capable de recueillir des signaux électriques de quelques millivolts, Adrian obtint les premiers enregistrements du passage d'un signal nerveux dans une fibre.

Cela confirmait sa théorie du tout ou rien dans la transmission du signal. Selon cette théorie, un neurone générait un signal nerveux quand il recevait une quantité adéquate d'impulsions excitatrices, et le signal transmis le long de la fibre avait toujours la même intensité. Une excitation plus intense faisait varier la fréquence des impulsions, mais l'intensité de chacune d'elles demeurait inchangée. Adrian, qui reçut un prix Nobel avec Sherrington en 1932, découvrit en outre que l'application continue d'un stimulus déterminait une adaptation atténuatrice, c'est-à-dire une réponse de moins en moins forte, qui pouvait même finir par disparaître.

C'est le phénomène grâce auquel nous parvenons à vivre dans un milieu sans être inondés par des millions de signaux sonores, visuels, etc, à chaque instant de notre vie. Enfin, Adrian a réactualisé aussi une ancienne découverte faite en 1924 par Johannes Berger (1873-1941), qui, au moyen d'un galvanomètre, avait identifié des ondes électriques d'origine cérébrale mesurables à la surface de la tête. C'est ainsi qu'a été mise au point la technique de l'électroencéphalographie, utile pour l'étude du système nerveux et pour le diagnostic de certaines maladies cérébrales.

Pour situer tout cela dans l'équilibre général de l'organisme, en 1932, le physiologiste Walter B. Cannon (1871-1945) proposa la notion d'homéostasie, expliquant que le corps commandait ses fonctions de telle sorte que ses conditions internes puissent rester constantes ou bien osciller peu autour de valeurs optimales. Et puisqu'un mécanisme de ce genre supposait l'existence de centres nerveux qui régulaient les différentes fonctions et les mécanismes de variation, Cannon situait ces centres dans l'hypothalamus, une zone du cerveau spécifiquement régulatrice, et aussi dans des parties du système nerveux associées à cette zone. L'idée se révéla exacte.

Car dans le système nerveux, on pouvait effectivement reconnaître deux parties ayant des fonctions opposées mais complémentaires : le système sympathique et le système parasympathique, respectivement responsables, par exemple, des réactions de fuite et d'attaque, et alternativement, des phénomènes de sommeil et de digestion. Cannon expliqua que quand le corps devait affronter une situation d'urgence, une hémorragie par exemple, ou bien une fièvre très forte, ou même une compétition sportive, l'hypothalamus excitait le système nerveux sympathique, qui augmentait le flux sanguin cardiaque vers les muscles, dilatait les bronches en améliorant l'échange de gaz, et activait les glandes sudoripares. Le système parasympathique avait des effets opposés ; il contribuait à maintenir basse la fréquence cardiaque, la respiration, et le métabolisme.

Pour démontrer que les choses se passaient effectivement de cette façon, Cannon mena des recherches dans lesquelles il priva des animaux de leur système sympathique, et d'où il ressortit qu'ils ne pouvaient survivre que s'ils étaient alimentés régulièrement et gardés au chaud. D'autres recherches menées par Walter R. Hess (1881-1973), physiologiste suisse ayant reçu un prix Nobel en 1949, ont été complémentaires à celles de Cannon. Par un patient travail de recherche mené à partir des années 1920 sur des animaux, Hess parvint à localiser dans une zone du système nerveux (le diencéphale) les centres qui commandaient le battement cardiaque, la pression sanguine, la respiration, les vomissements, l'appétit, et les mouvements pupillaires, jusqu'à la peur ou la colère.

Une autre contribution importante à l'étude de l'organisation du cerveau est venue des recherches effectuées dans les années 1960 par Roger Sperry et Michael Gazzaniga. Depuis les années 1950, on pensait que l'hémisphère cérébral gauche, siège du langage, jouait un rôle dominant par rapport à l'hémisphère droit, confiné à un rôle de frère pauvre, en particulier en ce qui concerne les fonctions psychiques. Au California Institute of Technology, Sperry mena des recherches qui lui valurent un prix Nobel en 1981. Sur la base de quelques indications expérimentales des années précédentes, il entama une étude systématique sur des personnes présentant des défauts du corps calleux, la structure qui relie les deux hémisphères cérébraux. Cette structure peut être déficiente à cause d'un défaut congénital, ou être enlevée à des fins thérapeutiques, par exemple dans des cas d'épilepsie. Là, la privation des fibres de connexion isolait les deux hémisphères, qui ne pouvaient plus communiquer normalement l'un avec l'autre.

Grâce à des techniques qui permettaient aux chercheurs de communiquer de l'extérieur avec l'un ou l'autre des deux hémisphères, Sperry démontra que l'hémisphère gauche était plus performant dans les capacités de calcul et dans la communication verbale et écrite, même si l'hémisphère droit était capable lui aussi de comprendre quelque chose du langage écrit ou parlé. L'hémisphère droit dominait en revanche dans les tests psychologiques qui requéraient la manipulation des objets ou leur représentation visuelle dans l'espace. Des études ultérieures amenèrent à confirmer que les animaux dont le cerveau était ainsi divisé avaient en quelque sorte deux esprits, dont l'un, le gauche, était sous le contrôle de la conscience et l'autre, le droit, fonctionnait de façon plus nettement semi-automatique, alimentant le subconscient et l'intuition.

Dans un autre domaine connexe, en psycho-pharmacologie, les années 1950 et 1960 enregistrèrent aussi des progrès importants.

En effet, sur la base des recherches commencées par Daniel Bovet (1907-1992), on a pu produire des antihistaminiques, qui combattent les effets de l'histamine, une substance responsable des réactions allergiques, mais qui remplit aussi une fonction de neuromédiateur cérébral. Certains antihistaminiques, en particulier la prométazine, avaient aussi un effet sédatif sur le cerveau, ce qui a induit la possibilité de les utiliser à des fins thérapeutiques. Au début des années 1950, en France, Henri Laborit, puis Jean Delay et Pierre Deniker, étudièrent les effets d'un dérivé de la prométazine, la chlorpromazine. Laborit pensait qu'il pourrait être utile aux anesthésistes, et Delay et Deniker ajoutaient qu'il pourrait servir aussi aux psychiatres. Ce médicament, utilisé en particulier pour soigner les maladies mentales, a effectivement été diffusé dans le monde entier sous le nom de Largactil. Un pays comme la France en consommait 428 kilogrammes en 1952, 75 tonnes l'année suivante, et 800 en 1955.

Entre-temps, l'exploration d'un autre filon de recherche avait déjà commencé. À la fin des années 1940, Frank Berger (1913-2008), un pharmacologue tchécoslovaque qui s'était réfugié à Londres pendant la seconde guerre mondiale, découvrit, au cours d'expériences sur de possibles médicaments antibactériens, que l'un d'entre eux, la méphénésine, avait un effet calmant, ou tranquillisant (pour employer ses propres mots) sur les animaux. Berger découvrit plus tard un composé semblable, le méprobromate, qui fut autorisé à la vente publique en 1955, et qui enregistra un net succès. Au début de la décennie suivante, en creusant dans ce filon des tranquillisants dérivés, les chercheurs des laboratoires de la société Roche Drug Company découvrirent le Librium, la première en date des benzodiazépines, substances appelées à connaître un gros succès commercial ensuite en tant que somnifères et anxiolytiques.

Une dernière avancée intéressante a concerné les centres nerveux de la veille. Jusqu'aux années 1950, les recherches sur le sommeil étaient orientées selon une représentation plutôt passive du phénomène. On croyait que nous nous endormons quand le milieu ne nous stimule plus assez pour nous tenir éveillés. De nouvelles recherches ont alors porté non pas directement sur le sommeil, mais sur l'identification des centres nerveux de la veille. Et dans les années 1950 et 1960, on a découvert que la succession sommeil-veille était commandée activement par un système de cellules distribuées sous forme de réseau dans la partie inférieure du tronc de l'encéphale. Ce système a reçu le nom de formation réticulaire, et les recherches les plus fructueuses ont été dues aux physiologistes Giuseppe Moruzzi (1910-1986) et Horace W. Magoun (1907-1991).

Ils ont identifié une partie de la formation réticulaire qui avait un effet sur la régulation de veille et de réveil, et par la suite, ils ont identifié une autre partie ayant un effet sur l'endormissement. Toujours dans les années 1950, William Dement et Nathaniel Kleitman ont identifié une activité cyclique au cours du sommeil, consistant en une alternance de phases de sommeil profond et de phases de sommeil semi-agité (sommeil dit paradoxal).

Ce sommeil semi-agité était caractérisé entre autres par des mouvements oculaires rapides (raison pour laquelle on l'appela sommeil REM, de Rapid Eye Movements), par une activité onirique plus intense, et par un tracé électro-encéphalographique typique de la veille. On a mesuré que la première phase REM du sommeil apparaissait à peu près 90 minutes après l'endormissement, et qu'il en venait trois ou quatre autres jusqu'au réveil, s'alternant avec des phases non-REM.

Il s'est avéré aussi, cependant, que certaines exploitations de ces recherches sur les systèmes nerveux ont été entreprises par des intérêts (notamment militaires et marchands) insuffisamment prudents, au point que leurs applications médicales et pharmaceutiques ont dû être encadrées par des normes éthiques et légales plus protectrices pour la santé publique. Cela concerne toutefois un sujet sociétal qui sera abordé plus loin dans cet ouvrage.

Après cette traversée guidée du domaine de la physiologie, et en continuant à suivre notre fil conducteur principal, nous allons maintenant revenir vers le domaine plus général de la biologie, dont la physiologie n'est qu'une partie plus particulièrement dédiée à l'étude des fonctions, pour arriver progressivement jusqu'aux découvertes de la bio-physique moléculaire, puis de la génétique, remises en perspective.

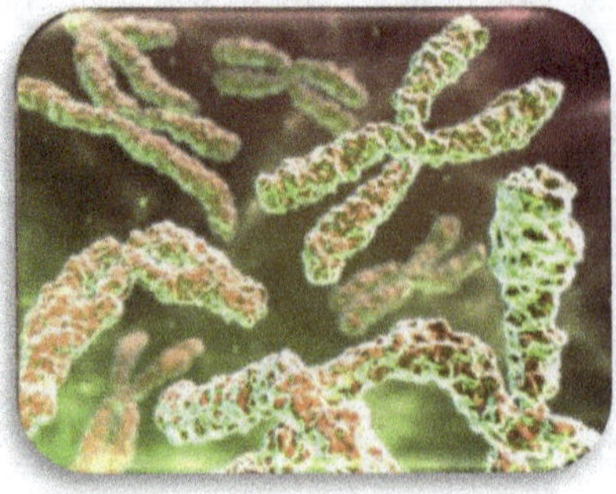

Chromosomes synthétiques
(La première synthèse
de gènes date de 1977)

L'UNITE COMPLEXE DE L'ENSEMBLE BIOLOGIQUE

Les nécessités de la recherche d'un plan général d'organisation du vivant, et de l'harmonisation des sciences de la vie, ont pu être opportunément rapprochées lors de l'élaboration de la théorie cellulaire, entre 1830 et 1850. Cette théorie proposait une idée simple mais révolutionnaire pour l'époque, selon laquelle plantes et animaux étaient tous formés de petites unités fondamentales, appelées cellules, chacune provenant d'une cellule précédente. La cellule était dès lors l'unité organisatrice et fonctionnelle, fondamentale et régénératrice, de toute la matière vivante. Outre le fait qu'elle représentait le premier niveau d'élaboration des fonctions vitales, elle fut considérée aussi comme l'élément de base du développement embryonnaire, et par là, comme l'instrument de la continuité de la vie à travers sa reproduction.

Plus tard, la découverte que son noyau, et en particulier ses chromosomes, étaient les agents responsables du transfert des caractères d'une génération à l'autre, ne fit que confirmer l'intérêt des nouvelles recherches sur la cellule, dans le domaine des sciences de la vie. On a effectivement vérifié que l'œuf fécondé étant lui aussi au départ une cellule, la vie se transmettait naturellement par voie cellulaire. Au fil des années, cette évidence n'a pas changé, et jusqu'à présent, pour la biologie, la cellule est la vie, et la vie est la cellule. Mais on a constaté aussi que le monde cellulaire renfermait plus de secrets, et plus d'informations, qu'on ne l'imaginait a-priori. La connaissance de ce micro-monde est donc devenue un préalable pour approfondir les lois qui gouvernent le vivant. Et sous le nom de biologie cellulaire, ou de cytologie, l'étude de la cellule est devenue un domaine important et quasi-autonome de la recherche scientifique.

Certaines structures cellulaires avaient déjà été décrites aux 17ème et 18ème siècles, en particulier pour des plantes, qu'il était plus aisé d'observer du fait de leur paroi cellulaire externe typique. Vers la moitié du 17ème siècle, Marcello Malpighi (1628-1694), au cours de ses observations au microscope, avait d'abord identifié ce qu'il appelait des utricules, des corpuscules bien délimités, rassemblés pour former des tissus compacts.

L'utricule a été appelé ensuite cellule, terme introduit quelques années plus tard, par le chercheur anglais Robert Hooke (1635-1702), lui aussi passionné de microscopie, et auteur d'un livre, *Micrographia*, où l'on trouvait des dessins d'observations au microscope d'une grande qualité. Au cours de ses recherches sur de minces tranches de liège, Hooke remarqua que chacune d'entre elles était constituée d'un fin réseau d'espaces vides qu'il appela justement cellulae, (du latin cella, espace vide).

À partir du 19ème siècle, l'étude de l'anatomie des plantes ayant retrouvé de l'intérêt, les observations sur leurs structures et leurs fonctions se multiplièrent. En 1825, Gottfried R. Treviranus (1776-1837) confirma que les cellules végétales étaient effectivement des unités séparées, entourées d'une paroi cellulaire fibreuse, ce qui permit de les considérer définitivement comme des entités biologiques distinctes, en mesure de croître, de se multiplier et de se modifier. Ce qui induisait aussi, par extension, que l'organisme vivant puisse être une société organisée de cellules.

Les premières contributions importantes concernant les cellules animales furent apportées en 1832 par Jan E. Purkinje (1787-1869) lorsqu'il observa au microscope des tissus animaux. Après avoir vérifié la consistance de ces tissus, ce physiologiste tchèque constata une analogie entre les structures élémentaires des plantes et celles des animaux. Ce constat, et d'autres observations de la première moitié du 19ème siècle, notamment celles de Félix Dujardin (1801-1860), amenèrent le directeur du laboratoire de physiologie de Fribourg, Max J. Shultze (1825-1874), à définir la cellule comme la particule microscopique la plus élémentaire de toute substance vivante, constituée d'une masse mucilagineuse contractile bien délimitée, non miscible avec l'eau, et qui contenait un corpuscule généralement arrondi appelé noyau.

Mais pour comprendre pleinement le sens et la fonction de ces structures, il était nécessaire d'étudier aussi la façon dont elles se reproduisaient. Plusieurs hypothèses furent émises, prenant d'abord en compte la paroi cellulaire, qui à cette époque définissait encore le concept de cellule. La multiplication cellulaire, dans ce contexte, résultait d'une division de l'espace intracellulaire, suite à la formation de parois internes à la cellule elle-même. On élargit cette conception lorsque l'accent fut mis aussi sur le contenu de la cellule, le protoplasme, terme par lequel Purkinje définissait, en 1839, la substance gélatineuse intracellulaire.

Puis l'élaboration d'une théorie cellulaire encore plus structurée, à l'origine d'une nouvelle conception de l'organisation biologique, a été réalisée par deux chercheurs allemands, le botaniste Mathias J. Schleiden (1804-1881) et le physiologiste Theodor Schwann (1810-1882).

Schleiden avait orienté d'abord ses recherches vers la phytogenèse, et notamment sur les processus de formation des plantes à partir de graines. Dans un ouvrage publié en 1838, il décrivait le développement des cellules végétales, aussi bien durant le processus de formation de la plante que pendant sa croissance. En allant plus loin, Schleiden avança pour la première fois l'idée qu'il existait une identité morphologique commune à toutes les espèces, fondée sur le fait que tous les corps étaient formés de cellules, lesquelles avaient été engendrées par des cellules préalables. Il s'agissait de la première énonciation récapitulative de la théorie cellulaire.

Mais il fallait encore préciser la façon dont les cellules se formaient et se reproduisaient. Refusant les présupposés de son époque, Schleiden démontra alors comment tout le développement des plantes pouvait être ramené à un processus de formation de cellules à partir de cellules préexistantes (par différenciation et multiplication), et comment dans ce développement le noyau cellulaire jouait un rôle déterminant.

De son côté, Schwann confirma l'extension de la théorie cellulaire aux cellules animales, après que certaines observations menées sur des embryons de grenouille et de porc l'aient porté à vérifier que la cellule était bien l'unité structurale commune du tissu vivant, tant végétal qu'animal. Dans un article de 1838, en se référant à l'essai de Schleiden, il démontra donc à son tour que les affirmations concernant la multiplication des cellules végétales pouvaient être appliquées également aux cellules animales. Schwann formula une théorie cellulaire conforme à cette nouvelle vision du monde vivant, selon laquelle la cellule représentant l'élément commun de tous les organismes, tout ce qui vit avait une origine cellulaire.

Il faut toutefois éviter de privilégier les seules contributions de Schleiden et de Schwann à l'élaboration de la théorie cellulaire, car à la même époque, d'autres chercheurs travaillaient eux aussi sur les cellules animales et sur la structure cellulaire. Mais l'idée qu'ils introduisaient et partageaient tous était que le noyau de la cellule constituait le centre générateur, ainsi qu'une caractéristique essentielle, de toutes les cellules, animales et végétales.

Cette conception commune changea profondément la façon même de considérer l'organisation biologique, par l'introduction d'un processus initial logique et chronologiquement probant. La conception de la cellule comme unité fonctionnelle originelle de la matière vivante fut appuyée par une expression en latin de Rudolf Virchow (1821-1902) et de Robert Remak (1815-1865) en 1855, "omnis cellula e cellula" (dans le sens que chaque cellule provient d'une cellule préexistante).

L'extension de cette conception aux domaines de la morphologie et de l'embryologie produisit des résultats considérables, y compris en médecine, grâce à son application à l'anatomie pathologique par Rudolf Virchow. Dans le sillage de la tradition de l'école médicale de Paris, Virchow rechercha le siège des lésions des tissus jusque dans les cellules. La cellule représentait pour lui la base de toute activité vitale, et l'unité organique des fonctions physiologiques. Grâce à ses recherches et à ses déductions étendues, la théorie cellulaire, née dans le milieu des botanistes et des zoologistes, devint donc aussi un sujet de recherche pour les physiologistes et les médecins traitant de la santé humaine.

La théorie cellulaire et l'expression omnis cellula e cellula ont ainsi été confirmées dans plusieurs domaines, impliquant notamment l'étude des tumeurs, et la reproduction. Là, entre 1840 et 1850, le physiologiste suisse Rudolf von Kölliker (1817-1905) fit remarquer que même si l'œuf et le spermatozoïde étaient des cellules indépendantes au départ, c'était à partir de leur réunion en une nouvelle cellule unique que commençait le développement embryonnaire, qui se poursuivait ensuite pendant des semaines ou des mois par une forte multiplication cellulaire programmée.

Par voie de conséquence, chaque organisme pouvait être considéré comme une société de cellules nées d'une même cellule initiale préalable. L'étude des tumeurs a permis de confirmer cette hypothèse, chacune d'entre elles étant un clone de cellules tumorales, c'est-à-dire une lignée cellulaire dérivée d'une cellule de départ ayant acquis des caractéristiques tumorales.

Vers la moitié du 19ème siècle, la cellule était ainsi définie morphologiquement comme une entité constituée d'un semi-liquide dense et presque transparent, le protoplasme, contenant un noyau, et délimitée par une membrane. Mais pour approfondir la compréhension de la fonction et de la structuration cellulaire, il fallait encore effectuer des études plus précises.

Entre 1860 et 1870, des observations plus détaillées ont donc pu mettre en évidence l'existence d'une structure à l'intérieur du protoplasme. Grâce à des techniques de coloration et à des microscopes plus puissants, la structure subcellulaire devint un nouveau centre d'intérêt majeur des cytologistes. Leurs découvertes furent essentielles, puisqu'on précisa alors les mécanismes de duplication du noyau cellulaire, de la membrane, des chromosomes (ou corps colorables) et leur rôle dans la division cellulaire. Des études sur la division du noyau, et la découverte des différentes phases de la mitose (le processus de division-reproduction cellulaire), se succédèrent dès le début des années 1870.

Un peu avant, de 1840 à 1870 environ, on avait observé la présence de très petites structures dans le noyau, auxquelles on n'avait pas encore porté une attention particulière. Elles acquirent de l'importance après des observations achevées en 1880 lors des travaux de Walter Flemming (1843-1906), où furent mises en évidence les différentes phases de la reproduction cellulaire, qui comportait, entre autres, une division du noyau (caryocinèse) et une division des brins de chromatine, (dans un processus appelé mitose, du grec mitos, filament). Au cours de la mitose, les chromosomes se divisaient en deux moitiés identiques, puis s'éloignaient vers les pôles de la cellule qui, à ce stade, commençait à s'allonger, puis à se diviser, pour former deux cellules, dont chacune était ainsi pourvue d'un noyau et d'une quantité de chromosomes équivalente à celle de la cellule originaire. À cette époque, on découvrit aussi que le nombre des chromosomes était constant pour toutes les cellules de chaque espèce.

La membrane cellulaire fut le dernier constituant élémentaire de la cellule à être mieux précisé. En 1895, les expériences d'Ernst Overton (1835-1933) sur les propriétés osmotiques des cellules végétales et animales, avaient amené à distinguer une paroi cellulaire caractéristique des végétaux, formée de cellulose, puis une membrane cellulaire commune aux végétaux et aux animaux, et enfin un protoplasme intérieur. Ces expériences furent à l'origine du développement de la recherche physico-chimique sur la structure et sur les propriétés des membranes cellulaires, une recherche qui tiendra une place importante dans la cytologie du 20ème siècle.

On savait en outre que pour fonctionner à un niveau d'organisation supérieur, des sociétés de cellules se formaient, en constituant des entités structurelles particulières. Ceci avait été souligné pour la première fois par le médecin français François-Xavier Bichat (1771-1802), qui avait choisi pour ces constituants le nom de tissus, initiant ainsi une nouvelle discipline, l'histologie, l'étude des tissus. Puis on avait pu observer qu'en dépit de toutes les différences entre les organismes animaux, ceux-ci étaient constitués de quelques types communs de tissus, respectivement de type épithélial, conjonctif, nerveux, et musculaire.

Autrement dit, même si l'aspect d'un papillon était totalement différent de celui d'une girafe, tous deux, ainsi que tous les autres êtres vivants, étaient faits des mêmes types de tissus. Ainsi, à la lumière de la théorie cellulaire, l'histologie avait trouvé une nouvelle dimension d'investigations, en tâchant de comprendre quels étaient les types cellulaires des tissus, compte tenu de leurs caractéristiques initiales, fonctionnelles, et évolutives.

Les biologistes constatèrent ensuite que dans les êtres vivants il y avait plusieurs niveaux imbriqués d'organisation. À la base de l'ensemble se trouvait le niveau cellulaire simple ; puis les tissus (formés de cellules du même type) constituaient un deuxième niveau ; les organes (constitués de tissus différents) en constituaient un troisième, et l'organisme (formé d'organes différents) était le quatrième et dernier niveau. Mais l'étude approfondie des tissus amenait à poser toujours plus de nouvelles questions.

Notamment, de quelle façon les cellules étaient-elles reliées entre elles ? Cette question intéressait en particulier le domaine de la neurologie. Car si le système nerveux constituait un ensemble organisé qui permettait le transfert des signaux nerveux à tout le corps, il devait par conséquent exister des moyens de liaison entre les cellules qui composaient les nerfs.

Nous avons vu ci-avant que des recherches histologiques, grâce à des techniques particulières de coloration, avaient permis à Camillo Golgi (1843-1926) d'identifier, en 1873, une espèce de réseau nerveux diffusé dans la substance grise du cerveau. Ce qui avait également amené le savant lombard à penser que les cellules nerveuses s'associaient pour former des réticulums nerveux.

En même temps, mais en utilisant des techniques d'étude développées sur la base de celles de Golgi, Santiago Ramón y Cajal (1852-1934) avait formulé une théorie neuronale, selon laquelle chaque cellule nerveuse (le neurone), avec ses prolongements (les dendrites et l'axone) constituait une unité morphologique en contact avec d'autres cellules à travers des jonctions dans lesquelles les cellules nerveuses gardaient leur identité, sans se fondre en amalgame commun. Golgi s'opposa à cette théorie, soutenant encore l'hypothèse d'un réseau nerveux diffus. Malgré leurs divergences, un prix Nobel a été attribué en 1906 à ces deux chercheurs. Et la recherche a continué en ce qui concerne la constitution particulière des tissus.

L'une des avancées les plus productives dans l'histoire de la biologie a alors résulté de la culture des tissus in vitro, technique inventée en 1907 par l'embryologiste américain Ross G. Harrison (1870-1969), qui préleva de petits morceaux de tissu de larves d'amphibiens et les fit reproduire en laboratoire. Puis le français Alexis Carrel (1873-1944) élabora une technique complémentaire qui permettait de cultiver des cellules sans limites de temps. Sa méthode de culture in vitro, longtemps utilisée dans les laboratoires, a permis d'analyser plus en détail le fonctionnement des cellules, les processus chimiques qui s'y produisaient, et d'en étudier le rôle dans le développement embryonnaire.

Les études des cultures de tissus et de cellules ont réservé quelques surprises. À partir des années 1950, avec les travaux de Rita Levi Montalcini et de Stanley Cohen, on a remarqué qu'on pouvait augmenter la croissance de cellules in vitro en ajoutant aux nutriments normaux des substances protéiques spéciales, appelées facteurs de croissance. Le premier facteur de croissance isolé par Stanley Cohen et par Rita Levi Montalcini (NGF, Nerve Growth Factor) fut testé sur la cellule nerveuse, où il guidait la croissance des fibres nerveuses qui se développaient des cellules vers leurs cibles Puis on constata que les facteurs de croissance avaient plusieurs autres effets dans l'organisme : non seulement ils nourrissaient les cellules mais de plus, particulièrement dans le cas du NGF, ils jouaient un rôle dans le développement embryonnaire.

Dans ce cadre, l'étude biochimique de la cellule, ou cytochimie, visait complémentairement à mieux identifier la composition chimique des différents organites cellulaires et d'en étudier l'activité et la fonction. La convergence entre la biochimie et la structure cellulaire a été soulignée en 1936 par Joseph Needham. Biochimie et morphologie, écrivait le chercheur, devaient se fondre l'une dans l'autre, au lieu d'exister comme elles tendaient à le faire, chacune de son côté.

Malgré tout, à ses débuts, la cytochimie a été regardée avec méfiance par certains milieux biochimiques officiels, qui critiquaient le manque de précision de ses méthodes expérimentales, pendant que les cytologistes la considéraient comme une opération plutôt artificielle.

C'est pourquoi la cytochimie trouva dans l'embryologie un terrain opportunément fertile pour démontrer sa pertinence. En effet, l'œuf, qui se présentait comme une grande cellule, devint un matériel permettant à la fois l'étude de la division cellulaire, de la structure, et du comportement des chromosomes. Il est intéressant de rappeler qu'à travers l'utilisation conjuguée d'un spectroscope et d'un microscope à haute résolution, avec des colorants et des enzymes spécifiques, il était devenu possible d'identifier dans la cellule des acides nucléiques, et que des études de cytochimie avaient été à l'origine de cette découverte, parmi les plus importantes du 20ème siècle.

Au cours des années 1940, le développement du microscope électronique avait effectivement permis d'observer toujours mieux les substances chimiques cellulaires, en tant qu'agents principaux du métabolisme. On découvrit au moyen de ces appareils d'endo-exploration améliorés le rôle de certaines structures moléculaires spécifiques : les mitochondries, les chloroplastes, et les microsomes (appelés finalement ribosomes).

Ensuite, jusqu'aux années 1950, avaient été créés de nouveaux instruments d'analyse, avec lesquels la cellule commença à révéler de façon de plus en plus claire sa microstructure. En 1945, par exemple, les premières photographies au microscope électronique des fibroblastes (cellules du tissu conjonctif) en culture, indiquaient qu'à l'intérieur de ceux-ci existait un réticulum semblable à une dentelle, appelé par Keith R. Porter (1912) réticulum endoplasmique.

Ce réticulum, au moment de la rupture des membranes endoplasmiques, se transformait en microsomes. George E. Palade, en 1955, décrivit soigneusement ces structures, montrant que dans celles-ci se trouvait de l'ARN, concentré en petits grains associés aux membranes. Richard B. Roberts, en 1958, appela ces grains ribosomes. Puis Palade mena les premières études sur la structure ultramicroscopique des mitochondries, qui par la suite révélèrent d'autres particularités intéressantes.

En effet, la possibilité observée de maintenir ces organites subcellulaires en vie in vitro, en l'absence de cellules entières, avait porté à leur reconnaitre une certaine autonomie physiologique. En outre, la découverte de deux membranes et d'un ADN spécifique a fait suspecter que la présence de ces organites dans la cellule pouvait être le résultat d'une symbiose, et qu'ils seraient alors des descendants de micro-organismes ayant jadis pénétré dans la cellule comme agents infectants ou parasites. Les mitochondries réalisaient une production endogène chimique d'énergie dans leur cellule, en utilisant de l'oxygène, en décomposant du glucose, et en synthétisant de l'ATP.

À partir de cette idée, on a commencé à représenter la cellule comme un ensemble de sous-unités indépendantes mais complémentaires, c'est-à-dire comme un ensemble structurellement organisé malgré une autonomie entre ses différents niveaux. Et certains chercheurs ont commencé à conjecturer dans cette structure organisée le résultat de processus évolutifs complexes.

De fil en aiguille, la biologie cellulaire a connu ainsi un développement considérable, principalement grâce à des techniques sophistiquées de génie biologique, comme par exemple celles qui ont permis de produire des anticorps monoclonaux.

Ceux-ci, résultant des progrès de la biologie cellulaire, ont permis ensuite de réaliser d'autres découvertes dans le même domaine, puis dans des domaines connexes. Une expérience a fait particulièrement avancer la recherche sur ces anticorps monoclonaux, après qu'on ait prélevé sur des tissus animaux des lymphocytes produisant un certain type d'anticorps.

On a introduit in-vitro ces lymphocytes dans les cellules d'une tumeur particulière appelée plasmocytome, formée de cellules productrices d'anticorps, qui se reproduisaient à des rythmes très élevés. On a alors constaté la naissance d'une lignée de cellules, appelées hybridomes, en mesure de produire un même anticorps en quantité presque illimitée. Cet anticorps dupliqué a été appelé monoclonal parce qu'il était produit par le même clonage cellulaire, c'est-à-dire par la même lignée de cellules. Les anticorps monoclonaux sont devenus un instrument majeur pour les études de cytologie. Ils sont capables de reconnaître une substance particulière -une protéine par exemple- même si elle se trouve à l'intérieur d'une cellule. Ces anticorps, traités de façon adéquate, se sont révélés être des indicateurs infaillibles, en mesure de marquer (à l'aide de substances fluorescentes par exemple) des protéines intracellulaires, qui peuvent alors être mieux identifiées et isolées dans des buts expérimentaux ou curatifs.

D'autres axes de recherche cytologique concernaient la structure et le fonctionnement cellulaire. Par exemple, on avait découvert que l'image traditionnelle de la membrane cellulaire était inexacte. On l'imaginait comme un revêtement souple mais constant, semblable à une combinaison. La fusion expérimentale d'une cellule de souris et d'une cellule humaine a pourtant montré que les protéines des deux cellules, au début confinées dans deux moitiés distinctes de la cellule hybride, se déplaçaient le long de la membrane, en se mélangeant entre elles. D'autres recherches concernant la membrane ont démontré que celle-ci était un véritable enchevêtrement filtrant de molécules qui transportaient des signaux chimiques de l'extérieur vers l'intérieur de la cellule.

Plusieurs de ces molécules faisaient office de récepteurs, c'est-à-dire de serrures chimiques filtrantes pour les hormones et les médicaments. D'autres molécules délimitaient des canaux qui pouvaient s'ouvrir ou se fermer, et donc permettre l'entrée ou la sortie de sels, tels que le sodium ou le potassium. Elles conditionnaient les échanges dans la cellule, à travers la membrane, ainsi que la propagation de l'impulsion nerveuse. Chacun de ces phénomènes, activant un récepteur ou un canal, pouvait être suivi de processus intracellulaires. Là, on pouvait presque comparer le travail de recherche de la biologie cellulaire avec la réalisation, image par image, du film des différents processus cellulaires connus.

Et le travail restant à faire ne manquait pas. Il restait notamment à approfondir le milieu microbien. En revenant quelque peu en arrière, en 1881, on peut rappeler que Louis Pasteur (1822-1895) avait introduit le terme de microbiologie, lors d'un congrès international de médecine à Londres.

En fait, l'histoire de cette discipline, qui étudie les plus petits êtres vivants (bactéries, levures, algues bleues, etc) avait commencé deux cents ans auparavant, avec l'invention du microscope. Grâce à cet instrument, Antony Van Leeuwenhoeck (1632-1723), un marchand hollandais passionné de microscopie, avait découvert que les minuscules corps en mouvement qu'il voyait sous sa lentille étaient de très petits animaux, des animalculæ, ou animalcules, appelés ensuite microbes. Mais il avait fallu attendre deux siècles pour que ces êtres vivants microscopiques suscitent l'intérêt du monde scientifique.

Au 19ème siècle, ils avaient alimenté un débat qui avait divisé les savants, à la fois sur la fermentation, sur la génération spontanée, et sur l'origine des maladies infectieuses. La fermentation était un processus connu de transformation de substances contenant des sucres, qui permettait de produire de l'alcool, du vinaigre et d'autres produits alimentaires. Au début du 19ème siècle, on donnait au phénomène de la fermentation deux explications différentes, l'une chimique et l'autre biologique. Pour les partisans de la première, tels que le chimiste allemand Justus von Liebig (1803-1873), la fermentation n'était qu'un processus chimique auquel ne participait aucune forme de vie. Pour les défenseurs de la seconde explication, il s'agissait en revanche d'un phénomène biologique dont étaient responsables des organismes vivants. Ces deux théories s'opposèrent longtemps, avec une prédominance de la théorie chimique, qui affirmait que son explication était la seule qui puisse faire progresser la science.

La situation changea lorsque Louis Pasteur décida d'intervenir dans le débat. Son intérêt était à la fois scientifique et utilitaire. En 1854, il avait été nommé professeur de chimie, et doyen de la toute nouvelle faculté des sciences construite dans la zone industrielle de Lille, afin d'affirmer un rapport plus étroit entre la recherche et l'industrie. Les premiers résultats obtenus dans le domaine de la fermentation lactique avaient déjà amené Pasteur à déclarer que le ferment lactique était un organisme vivant, son action sur le sucre résultant de son développement actif. Il avait découvert que cette fermentation produisait toujours non seulement du dioxyde de carbone et de l'alcool éthylique, mais aussi d'autres produits tels que de la glycérine, de la cellulose, et de la matière grasse, et que par conséquent il ne s'agissait pas d'un processus chimique simple. Selon ses expériences, la fermentation était un processus plus complexe dû à des organismes vivants, et en particulier à des levures.

Mais d'autres interrogations divisaient les chercheurs : quelle était l'origine des germes que l'on observait dans les bouillons de matière organique laissés à l'air ? Et celle des larves qui naissaient dans la viande ?

Ces interrogations avaient déjà été au centre d'âpres débats depuis le milieu du 17ème siècle. Certains pensaient qu'il s'agissait de phénomènes spontanés de génération de formes vivantes élémentaires à partir de matières en putréfaction, tandis que d'autres considéraient cela comme le résultat, favorisé par l'air, d'un développement de germes préexistants.

C'était à leurs yeux la seule façon d'expliquer la génération d'un organisme vivant. Le naturaliste Francesco Redi (1626-1698), voulant régler ces débats, avait donc mené une série d'expériences, dont les résultats furent publiés en 1668 puis en 1684, pour démontrer la réalité de l'ensemencement.

Il avait préparé huit ampoules remplies de viande. Il en scella quatre et laissa les autres à l'air. Dans les ampoules ouvertes se développèrent des larves de mouche, tandis que dans les ampoules fermées, la viande se putréfia, mais sans donner naissance à aucun insecte. Pour prouver que ce n'était par l'absence d'air qui empêchait la génération, Redi répéta l'expérience en couvrant simplement les ampoules d'un morceau de gaze qui, en isolant la viande des mouches, empêchait la ponte des œufs. On ne trouva pas de larves dans ce cas non plus. Redi en conclut que, même s'ils étaient invisibles, c'étaient les œufs des mouches qui produisaient les larves.

Presque cent ans plus tard, Lazzaro Spallanzani (1729-1799) démontra lui aussi, par des expériences analogues, l'impossibilité de la génération spontanée d'infusoires, des animalcules microscopiques découverts par van Leeuwenhoeck. Mais même si la polémique semblait close, certains considéraient encore que si les germes ne s'auto-généraient pas dans les ampoules expérimentales fermées hermétiquement, c'était seulement par manque d'air, la présence de ce gaz étant indispensable à la manifestation de la vie.

Louis Pasteur mit donc au point une série d'expériences visant à réfuter définitivement l'hypothèse de la génération spontanée. Il présenta en 1860 un mémoire à l'Académie française des sciences, dans lequel il démontra que, si l'on éloignait les germes suspendus dans l'air et que l'on réchauffait les infusions pour détruire d'éventuelles spores déjà présentes, il ne se générait jamais aucune forme de vie, puisque la vie était germe et le germe était vie. A la même époque, le triomphe de la théorie cellulaire selon laquelle toute cellule provenait d'une autre cellule, et la propagation de la théorie de l'évolution, qui rendaient plus cohérent l'ensemble du phénomène vivant, confirmaient l'idée qu'il était impossible de générer des êtres vivants autrement qu'à partir d'autres êtres vivants. Mais comme souvent, les vieilles idées ancrées étaient tenaces, et bousculer l'inertie conceptuelle nécessitait des efforts soutenus.

Ceci explique pourquoi, bien que l'existence des micro-organismes ait été connue, leur rôle dans de nombreuses maladies des plantes, des animaux, et de l'Homme, n'a été reconnu que depuis la deuxième moitié du 19ème siècle. C'est seulement en 1865 que le chirurgien écossais Joseph Lister (1827-1912), ayant observé que des plaies purulentes étaient infestées de germes, mit au point des techniques de stérilisation conformes aux principes avancés par Pasteur. Ces méthodes démontrèrent leur efficacité et permirent une amélioration très rapide de la chirurgie, en ajoutant un nouvel exemple fort infirmant la théorie de la génération spontanée.

On doit aussi à Louis Pasteur, en outre, les premiers travaux systématiques sur l'origine microbienne de certaines maladies très répandues. En 1865, Pasteur commença à étudier la manifestation et la diffusion d'une grave maladie du ver à soie. Puis il effectua des recherches sur le charbon (anthrax), une affection mortelle qui frappait surtout les ovins, mais qui pouvait être aussi transmise à l'Homme. D'autre part, des recherches complémentaires étaient entreprises par un autre grand contributeur de la microbiologie de l'époque, Robert Koch (1843-1910), qui découvrit dans le Bacillus anthracis, le micro-organisme responsable de la maladie. Pasteur, en 1880, confirma l'hypothèse émise par Koch sur la transmission du charbon à travers l'alimentation. Et à partir de ces recherches croisées, Koch développa une théorie de la spécificité des germes, qui disait que toute maladie était due à une bactérie qui restait inchangée, même quand la maladie était transmise à d'autres animaux.

Dans les années suivantes, grâce aux recherches de Koch et de son école en Allemagne, cette théorie sur l'existence d'agents infectieux spécifiques fut étendue à de nombreuses autres maladies (la tuberculose, la pneumonie due au pneumocoque, le tétanos, la peste), tandis que l'école française se concentrait surtout sur les processus immunitaires et sur leurs thérapies possibles. Pasteur mit notamment au point des techniques d'inoculation thérapeutique de bactéries atténuées (dont on avait diminué la virulence), et ces techniques vaccinales donnèrent des résultats si retentissants qu'ils firent du biologiste un héros national. Sous cette impulsion, un nouvel institut de microbiologie, l'Institut Pasteur, put être construit à Paris, principalement grâce à une souscription publique.

En 1892, des recherches du bactériologiste russe Dmitri J. Ivanovski (1864-1920) mirent en lumière un autre phénomène étrange : un liquide extrait de plantes, qui causait une maladie connue sous le nom de mosaïque du tabac, même s'il était filtré de façon à retenir d'éventuels germes, était encore en mesure de contaminer des plantes saines.

Cinq ans après, d'autres résultats semblables furent publiés dans le cadre d'expériences menées sur la fièvre aphteuse, une maladie qui infectait les bovins. Dans ce cas également, la maladie pouvait se transmettre par un sérum qu'on avait pourtant fait passer à travers un filtre capable de retenir les plus petites bactéries connues. Il existait donc dans ces liquides des principes qui demeuraient actifs même après un filtrage, et qu'un bactériologiste hollandais, Martinus W. Beijerinck (1851-1931) appela virus filtrabilis (poison filtrable). Au début des années 1930, il était clair que lesdits poisons/virus pouvaient provoquer des maladies chez les plantes, chez les animaux, et même chez les Hommes, comme la rougeole, la poliomyélite, la variole, et les oreillons.

Leurs très petites dimensions n'étaient pas leur seul élément caractéristique. Au cours de recherches sur l'agent responsable de la mosaïque du tabac, en 1935, le biochimiste américain Wendell M. Stanley (1904-1971) avait découvert de petits cristaux en forme d'aiguille, qui avaient tous les propriétés infectieuses des virus. Ce chercheur avait en fait découvert un virus cristallin, mais l'idée qu'il put y avoir un cristal vivant était difficile à accepter d'emblée à cette époque. De plus, ce virus ne pouvant survivre et se reproduire qu'à l'intérieur de cellules, sa nature demeura longtemps incertaine, jusqu'à ce que son étude recoupe celles de la biologie moléculaire relatives aux fonctions des acides nucléiques.

À la fin des années 1940, on avait observé que les virus étaient formés d'une ou de plusieurs protéines constituant leur capside, une sorte d'enveloppe qui contenait leur matériel génétique, constitué d'acides nucléiques. Sachant cela, quand le biochimiste germano-américain Heinz Fraenkel-Conrat étudia séparément les constituants des virus, il découvrit que leur agent actif était justement dans leur acide nucléique. Les virus partageaient donc avec d'autres êtres vivants, plantes et animaux, des caractéristiques chimiques et fonctionnelles telles que la capacité à se reproduire, mais ils avaient la particularité de ne pas pouvoir le faire de façon autonome, et de posséder une structure cristalline.

Ces recherches reçurent une nouvelle impulsion quand, grâce à l'invention du microscope électronique, on put observer des virus de façon directe et très détaillée, et par là mieux les étudier. On découvrit ainsi, par exemple, que certains d'entre eux présentaient une forme allongée, en bâtonnet, comme le virus de la mosaïque du tabac, et d'autres une forme sphérique, comme ceux de la poliomyélite ou de la fièvre jaune, par ailleurs de dimensions très réduites, ayant un diamètre compris entre 0,02 et 0,4 millièmes de millimètre.

Outre la nature des virus, les études de Heinz Fraenkel-Conrat éclaircissaient certains aspects concernant les modalités par lesquelles s'effectuait l'infection virale. Quand un virus attaquait une cellule, des protéines externes (de la capside) lui servaient d'agent de pénétration permettant à l'acide nucléique viral de parasiter la cellule hôte.

Au cours des années suivantes, on a découvert que ce qui se passait à ce moment dépendait du type de virus, en particulier du type de son acide nucléique. S'il s'agissait d'ADN, des fragments s'intégraient immédiatement dans l'ADN de la cellule, dont ils réduisaient les gènes en esclavage, obligeant la cellule à construire des protéines et d'autres molécules d'ADN viraux, qui ensuite étaient assemblés pour former de nouvelles copies du virus, destinées à migrer. Si l'acide nucléique était de l'ARN, ces opérations étaient précédées de la construction d'une molécule d'ADN complémentaire, capable de s'intégrer ensuite à l'ADN de la cellule contaminée.

Cette observation des virus à ARN a provoqué une révision du mécanisme classique de la réplication et de la transcription, impliquant que l'information ne circulait pas à sens unique, de l'ADN vers l'ARN, mais qu'il existait une enzyme (la transcriptase inverse) capable de transporter le message de l'ARN à l'ADN. Cette découverte suscita un grand intérêt, en particulier parce qu'elle contredisait un dogme central de la biologie moléculaire, selon lequel l'information génétique ne pouvait passer que de l'ADN à l'ARN, et de ce dernier aux protéines. Il a été vérifié plus tard que dans des virus comme le VIH, responsable du sida, contenant de l'ARN, il se produisait effectivement une transmission de l'ARN à l'ADN.

À la frontière entre l'organisme et la simple macromolécule, les virus donnaient donc lieu à différentes hypothèses sur leur origine. Le débat est resté longtemps controversé, de nombreux savants considérant que les virus n'avaient pas tous la même origine, et notamment que le virus était le stade extrême d'une évolution régressive de parasites intracellulaires, chez lesquels les caractéristiques d'organisme autonome s'étaient perdues progressivement. Mais d'autres savants ont considéré que les virus avaient évolué à partir de séquences nucléotidiques isolées, séparées du génome cellulaire et devenues progressivement indépendantes.

Il faut ajouter que l'étude de plus en plus approfondie du fonctionnement de ces formes quasi-vivantes élémentaires, ainsi que des cellules bactériennes, a fourni divers modèles et hypothèses sur l'origine à la fois des cellules eucaryotes (les cellules dotées de noyau et d'organites cytoplasmiques), des organismes pluricellulaires, et des organismes complexes.

L'une des découvertes les plus fécondes pour les développements de la biologie du 20ème siècle a été celle du parasitisme virus-bactérie.

En effet, le bactériologiste anglais Frederick W. Twort (1877-1950) avait identifié des corps infectieux particuliers, capables de produire une bactériolyse, c'est-à-dire une dissolution de certaines bactéries. De là naquirent de vives polémiques sur la nature de ces agents infectieux, considérés par la plupart des savants comme non-vivants. Félix d'Herelle (1873-1949), le microbiologiste auquel l'on doit, vers 1917, l'une des premières observations à ce sujet, était persuadé d'une nature particulière de ces phages, qu'il baptisa bactériophages, et qui n'étaient pas assimilables aux virus responsables des maladies virales des animaux et des plantes.

Leur fonctionnement paraissait même encore plus étrange par le fait qu'il était possible d'extraire le principe actif du liquide de culture après la lyse, mais en plus grande quantité que la quantité inoculée. Le virus se comportait donc comme un organisme vivant, puisqu'en présence de bactéries vivantes il était en mesure de se reproduire. D'Herelle expliqua cet apport particulier entre le phage et la bactérie comme un exemple de symbiose, mais d'autres savants n'acceptèrent pas son hypothèse, continuant à considérer le phage comme un agent non-vivant.

Il fallut attendre environ vingt années pour que l'on comprenne que chacune des deux positions comportait une part de vérité, puisque le processus de réplication du phage ne pouvait être compris qu'en tenant compte du fait qu'il contenait de l'ADN, l'une des découvertes ultérieures de la biologie moléculaire. Les bactériophages n'étaient donc que des virus infectant des bactéries. La recherche sur ces phages a accéléré l'étude des virus en général car, à la différence de ceux qui infectaient les animaux, ils pouvaient être cultivés facilement in vitro, avec leurs hôtes, les bactéries. Cela a permis de comprendre, par exemple, la façon dont avait lieu la colonisation des cellules cibles. Le bactériophage, comme du reste tout autre virus, après s'être accroché, perçait un trou sur la cellule, à travers lequel une molécule d'acide nucléique était introduite et activée.

Les processus de reproduction cellulaire ont dû être révisés en conséquence. Jusqu'aux années 1940, on considérait en général que la reproduction des organismes unicellulaires, qui avait lieu par simple division cellulaire, était plus simple que celle des organismes qui se reproduisaient sexuellement. Cette hypothèse s'accordait avec l'idée selon laquelle les organismes supérieurs avaient évolué de façon rapide et multiforme par voie sexuée, grâce au mélange des matériels génétiques mâle et femelle.

Or, en 1946, les généticiens américains Joshua Lederberg (1925-2008) et Edward L. Tatum (1909-1975) démontrèrent que la reproduction bactérienne était possible par voie asexuée, puisqu'ils pouvaient croiser différentes variétés de bactéries de façon à brasser leur matériel génétique.

Les études suivantes sur la conjugaison bactérienne ont réussi à démontrer et à photographier une rencontre entre deux organismes unicellulaires, qui opérait une transmission de matériel génétique à travers une protubérance appelée pilus ou pili. Chez la levure la plus commune, qui est eucaryote, et qui se reproduit habituellement par simple division, il pouvait ainsi exister une forme de reproduction quasi-sexuée, stimulée chimiquement par l'émission d'une substance spécifique émise par la cellule qui lui était complémentaire.

La virologie a généré encore d'autres découvertes. On pensait, par exemple, qu'il ne pouvait pas exister de particules infectieuses plus petites que les virus, mais c'était faux. En 1967, au cours de recherches sur une maladie végétale qui provoquait une forme fuselée anormale du tubercule de la pomme de terre, le microbiologiste T.O. Diener avait découvert que l'agent responsable était une particule constituée d'un brin d'ARN privé de revêtement protéique. Son poids était environ 300 fois inférieur à celui du virus de la mosaïque du tabac, et le brin d'ARN était réduit à l'essentiel : il était plus petit que n'importe quel chromosome viral connu.

Ces particules ont été appelées viroïdes et, pendant longtemps, on a pensé qu'elles étaient uniquement responsables de maladies végétales. Mais la découverte de l'agent delta, responsable d'une forme d'hépatite virale humaine, a montré qu'il existait de remarquables ressemblances entre cet agent et des viroïdes végétaux. Mieux encore, au cours des années 1980, le chercheur américain Stanley Prusiner avait recueilli des éléments qui faisaient soupçonner l'existence de particules encore plus curieuses.

Les recherches sur des maladies humaines, comme celle de Jacob-Creutzfeldt, ou sur des maladies animales, comme l'encéphalopathie transmissible du vison, la tremblante du mouton, ou l'encéphalopathie spongiforme bovine (BSE), dite maladie de la vache folle, ont suggéré que ces maladies pouvaient être causées par des particules qui semblaient privées de toute forme d'acide nucléique. On a observé par exemple que le matériel prélevé sur des animaux infectés et traité au moyen d'enzymes détruisant l'ADN ou l'ARN ne perdait pas son caractère infectieux, ce qui avait lieu en revanche s'il était soumis à un traitement au moyen de protéases, des enzymes qui détruisent les protéines.

Pour ces particules, Stanley Prusiner a créé le terme de prion, acronyme indiquant qu'il s'agissait d'une particule infectieuse protéique (proteinaceus infectious particle). L'idée de Prusiner n'a pas d'emblée reçu d'accord unanime dans le monde scientifique, mais il n'en restait pas moins que depuis qu'on en avait parlé pour la première fois, le nombre de ceux qui la considéraient au moins comme crédible avait augmenté, surtout depuis la crise de la "vache folle" qu'a connu l'Europe en 1996.

Il a été confirmé, en tout état de cause, qu'il existait des virus dits non conventionnels, ayant des caractéristiques inhabituelles, et qui restaient à mieux connaitre. L'expression avait été créée dans les années 1940 pour caractériser des particules virales qui provoquaient des maladies humaines au bout de nombreuses années d'incubation, sans déclencher dans l'organisme malade de réaction immunitaire ou inflammatoire.

Ces particules, qui s'attaquaient particulièrement au système nerveux, avaient été découvertes au cours de recherches sur une maladie appelée kuru, qui frappait les dernières populations primitives de Nouvelle Guinée pratiquant le cannibalisme. Cette maladie, qui causait des tremblements, une incertitude dans la marche, et des frissons (kuru dans le langage local), frappait à des années d'intervalle les personnes d'une même famille, et étant donné que les habitants avaient pour rituel de manger le cerveau du parent défunt, on a avancé l'hypothèse que la maladie dépendait de la transmission d'un virus non conventionnel, ayant une lente période d'incubation et attaquant le cerveau. L'idée a été confirmée, entre autres, par le fait que la disparition du cannibalisme a fait disparaître également la maladie.

Dans un autre domaine, après la découverte de l'interféron en 1957, ont été identifiés d'autres agents protecteurs immunitaires du même type, appelés globalement cytokines, qui sont apparus comme des médiateurs solubles libérés par les cellules immunitaires pour organiser leurs réactions protectrices, en mobilisant à cet effet tous les autres agents disponibles, afin notamment de réguler des conséquences inflammatoires problématiques.

En tenant compte de ces découvertes, beaucoup d'intervenants, chercheurs, médecins, mais aussi services publics, et journalistes scientifiques, ont poussé à rechercher des solutions aux problèmes non résolus de virologie, en développant autant que nécessaire de nouveaux moyens d'ingénierie génétique, et en particulier ceux de la biophysique optique. Ce nouveau domaine de recherche, exploitant les résultats et les conceptions des docteurs Jacques Benveniste et Luc Montagnier (prix Nobel 2008 pour le VIH) a permis de combiner des facteurs électromagnétiques et des propriétés biochimiques pour éclairer l'activité cellulaire, notamment virale.

Selon eux, les agents infectieux pouvaient émettre des ondes électromagnétiques qui pouvaient entrer en résonnance avec les potentiels électromagnétiques d'autres cellules vivantes, jusqu'à provoquer des comportements pathologiques en cas d'incohérences ou d'altération des signaux.

Nous allons voir ce qui a résulté de tous ces travaux, dans l'exposé suivant, en suivant notamment la progression de la biologie moléculaire.

A la recherche, toujours plus précise, des composants de notre organisme, et de leur rôle.

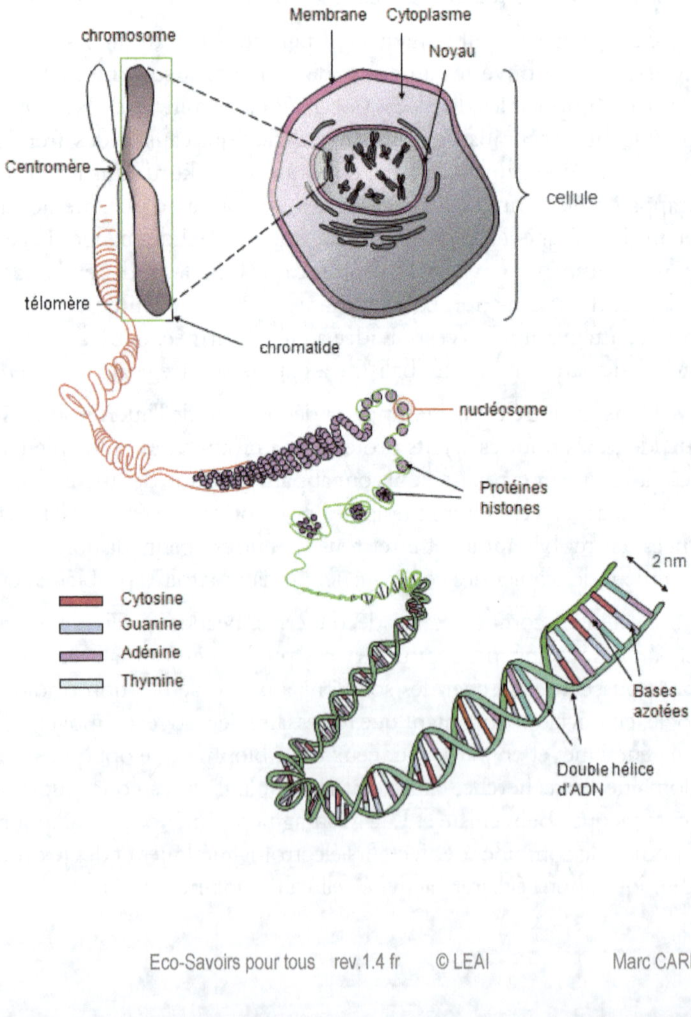

LA GENETIQUE

L'appellation de génétique, pour l'étude des gènes et de l'hérédité des caractères, a été introduite en 1937 par Warren Weaver (1894-1978), suivi notamment par William Thomas Astbury (1898-1961). Mais la branche scientifique qui s'y est consacrée ne s'est réellement développée qu'avec la biologie moléculaire, depuis le début des années 1950. Jusqu'alors, les molécules complexes qui intervenaient à la base des processus constructifs des êtres vivants, à savoir les acides nucléiques et les protéines, relevaient plutôt du domaine de la biochimie, qui visait à étudier les réactions chimiques produites dans et par les organismes vivants. Et cela relevait aussi en partie du domaine de la biophysique, qui étudiait les processus physiques impliqués dans les processus biologiques.

Préalablement, à partir des recherches initiales de Gregor J. Mendel (1822-1884), plusieurs chercheurs avaient déjà abordé, avec ou sans connaissances biochimiques, l'étude des mécanismes de l'évolution, et la vérification de la théorie chromosomique dans la transmission des caractères héréditaires. Mais dans les années 1950, ils comprirent qu'une approche fragmentaire et non coordonnée de l'étude de ces phénomènes était improductive. Ils créèrent alors une discipline ad-hoc, la biologie moléculaire, dont le but consistait à mieux étudier des molécules telles que celles des protéines et des acides nucléiques pour y trouver le fil directeur des processus biologiques fondamentaux. Cette nouvelle voie a été à l'origine de la mutation qui, à partir des années 1950, a permis à la biologie d'occuper, aussi bien pour les chercheurs que pour le grand public, l'équivalent de la place qu'avait occupé la physique dans la première moitié du siècle.

Les recherches qui marquèrent la naissance de la biologie moléculaire résultèrent de la complémentarité de plusieurs contributions. D'une part la cristallographie de la structure des protéines, étudiée notamment en Grande-Bretagne ; puis la génétique, avec les travaux de George W. Beadle (1903-1989) et d'Edward L. Tatum (1909-1975) ; et de plus, les travaux de ce que l'on appelle le groupe du phage, animé par le physicien Max Delbrück (1906-1981) et le microbiologiste Salvador E. Luria (1912-1991).

Les recherches de Beadle et de Tatum sur le champignon Neurospora en 1941 avaient été présentées sous un intitulé significatif quant au lien entre génétique et biochimie : "contrôle génétique des réactions biochimiques chez Neurospora". Ces chercheurs avaient démontré que chaque réaction biochimique était sous le contrôle d'un gène particulier, et que ce contrôle s'exerçait sur la protéine enzymatique qui catalysait la réaction. Ce qui confirmait la relation entre gènes et enzymes, proposée comme hypothèse par W. Bateson (1861-1926) et par A. E. Garrod au début du 20ème siècle.

La biologie moléculaire débuta donc en 1951 quand le biochimiste américain James D. Watson, qui avait déjà travaillé avec Salvador Luria, s'installa à Cambridge pour mener avec son collègue anglais Francis H. C. Crick, des recherches sur la structure de l'ADN, acide nucléique essentiel. Les acides nucléiques avaient été découverts en 1869 par le biochimiste suisse Friedrich Miescher (1844-1895), et désignés ainsi parce qu'ils avaient été trouvés dans le noyau (nucleus) des cellules.

On avait remarqué qu'ils se trouvaient aussi ailleurs, mais pendant des décennies, on s'était limité à en étudier la structure sans essayer d'en expliquer précisément la fonction, et sans lien avec la transmission des caractères héréditaires, car on imaginait que leur simplicité ne les prédisposait pas à une fonction déterminante. Ce fut un bactériologiste, Oswald T. Avery (1877-1955), et non pas un biochimiste, qui mena en 1944 les expériences qui ont changé cette approche. Ses recherches visaient à comprendre la raison pour laquelle certains pneumocoques, bactéries responsables de la pneumonie, avaient une capsule externe et d'autres non.

Une première expérience avait montré qu'un extrait de bactéries pourvues de capsules, ajouté à une culture de pneumocoques qui en étaient dépourvus, conduisait ces derniers à synthétiser cette enveloppe. Une deuxième expérience avait montré que la substance responsable de la métamorphose était un acide nucléique. Étant donné que la capsule était formée d'une protéine, le sens de l'expérience indiquait que l'acide nucléique guidait la production de la protéine.

La conclusion à laquelle était parvenu Avery fut confirmée plusieurs fois au cours des années suivantes. Toutefois, on ne savait pas encore comment et de quelle façon il était possible que des molécules d'acides nucléiques jouent un rôle aussi important. Quand l'étude de ces molécules fut plus avancée, on découvrit que les acides nucléiques étaient en réalité des macromolécules de grandes dimensions. Mais il fallait encore en préciser mieux la structure exacte.

En 1945, le physicien Erwin Schrödinger (1887-1961) avait suggéré pour sa part que la molécule du gène pouvait être un cristal apériodique. Seul un cristal de ce genre pouvait maintenir une forme rigide et servir de modèle à d'autres cristaux et, en même temps, avoir une structure non régulière, nécessaire pour servir de soutien à la variabilité du matériel héréditaire. De cette façon, Schrödinger contribuait en termes physiques à l'explication d'un processus fondamental de la biologie.

Plusieurs autres physiciens, à cette époque, commencèrent eux aussi à s'intéresser aux processus biologiques, en appliquant aux sciences de la vie leur méthode d'étude des objets complexes, amenant à les schématiser en utilisant autant que nécessaire une représentation complémentaire en 3D. De cette façon, la physique mathématique a pu apporter une contribution notable au développement de la biologie moléculaire, et de la génétique.

En ce qui concerne l'ADN, le problème central que l'on devait résoudre pour comprendre son action consistait à faire cohabiter dans une structure unique deux qualités apparemment opposées : la permanence et la variabilité. Dans les années 1940, plusieurs hypothèses avaient été émises sur la façon dont les chaînes polypeptidiques des protéines étaient disposées dans l'espace. Et l'une des techniques de vérification utilisables était la cristallographie à rayons X, une méthode qui permettait d'enregistrer sur une plaque photographique l'image produite par un faisceau de rayons X envoyé sur un cristal, et diffracté par celui-ci, ce qui permettait d'en reconstruire la structure par une sorte d'ombre chinoise.

Cette technique avait amené John C. Kendrew et Max F. Perutz, du laboratoire Cavendish de Cambridge à préciser la structure de deux protéines semblables, l'hémoglobine et la myoglobine. Leurs travaux se révélèrent particulièrement intéressants, puisqu'ils démontrèrent que la connaissance de la structure à trois dimensions de ces protéines pouvait expliquer leur fonction. Et cela encouragea ceux qui essayaient de résoudre des problèmes analogues concernant les acides nucléiques

Parmi ceux-ci, travaillait à Londres un groupe composé de Maurice H. Wilkins et de Rosalind Franklin. Un autre groupe était actif aux USA, où Linus C. Pauling (1901-1994) parvint à proposer en 1951 un modèle d'ADN dans lequel trois spirales polynucléotidiques étaient enroulées l'une sur l'autre. L'année suivante Rosalind Franklin en déduisit à son tour que la molécule devait ressembler à un escalier en colimaçon, et autrement dit, à une spirale ayant des groupes phosphoriques situés à l'extérieur, de façon à pouvoir lier entre elles les différentes unités (nucléotides).

Il s'agissait là d'un modèle précurseur de celui de la double hélice, proposé peu après en 1953 par Watson et Crick, qui s'inspirèrent probablement des travaux de Rosalind Franklin. En fait, Watson et Crick avaient compris que la stabilité de la structure, et son mécanisme de réplication, pouvaient être expliqués par la complémentarité entre les bases puriques (adénine et guanine) et pyrimidiques (thymine et cytosine) de l'ADN. Ces bases, situées l'une en face de l'autre à l'intérieur de la double spirale, pouvaient former entre elles des liaisons spécifiques selon une règle de complémentarité : adénine-thymine, et guanine-cytosine.

De cette façon, les chaînes polynucléotidiques étaient maintenues appairées, enroulées l'une autour de l'autre, dans une double hélice. La structure proposée par Watson et Crick fut officiellement acceptée, et en 1962, leur valut un Prix Nobel. En 1954, Crick avait écrit que ce qu'il y avait d'excitant dans ce modèle était qu'il suggérait immédiatement de quelle façon l'ADN pouvait produire une copie exacte de lui-même. Chaque chaîne pouvait être considérée comme une sorte de moule sur lequel la chaîne complémentaire pouvait se synthétiser. Et l'intuition s'était révélée exacte.

Mais ce n'est qu'en 1958 que Matthew Meselson et Franklin Stahl, en utilisant des isotopes lourds et en séparant les chaînes par ultracentrifugation (technique dans laquelle la force centrifuge est utilisée pour séparer des molécules selon leur dimension ou leur densité), démontrèrent que l'hypothèse avancée par Crick, à savoir que chaque hélice faisait office de moule pour la production d'une nouvelle hélice, était correcte.

La deuxième problématique qui restait à résoudre consistait à comprendre de quelle façon les gènes pouvaient exercer une influence aussi spécifique sur les cellules. Le modèle de Watson et Crick ne suggérant rien dans ce sens, personne alors n'était en mesure de dire comment la séquence des bases pouvait expliquer la spécificité de la chaîne des polypeptides dans les protéines, c'est-à-dire de quelle façon l'information passait de l'ADN à la protéine.

En 1954, le physicien George Gamow (1904-1968) proposa l'idée d'un code fondé sur quatre lettres (les bases) et se présentant sous la forme d'un long chiffre écrit selon un système à quatre chiffres, dans lequel les protéines seraient des mots écrits avec un alphabet de vingt lettres, et la double hélice serait la matrice servant à l'écriture. Le modèle de Gamow n'était pas correct (il ignorait par exemple le rôle de l'ARN), mais l'idée de base était assez suggestive pour amener des chercheurs à prendre en considération l'éventualité d'un code.

Les premières expériences furent faites avec des éléments simples (des molécules d'ARN synthétisées par la répétition d'un seul nucléotide), et on découvrit que ce message monotone menait bien à la synthèse d'une séquence d'un acide aminé unique. L'approfondissement de la façon de lire le code génétique occupa la biologie moléculaire pendant toutes les années 1960. En 1961, Sydney Brenner et François Jacob ouvrirent la voie en démontrant que l'information génétique était transmise à une molécule d'ARN qui s'associait aux ribosomes pour diriger la synthèse protéique. Cet ARN intermédiaire fut appelé ARN messager (ARNm) en raison de son rôle de porteur de l'information génétique du noyau, qui était mémorisée dans l'ADN, puis portée vers le cytoplasme, où se réalisait la synthèse protéique.

Mais ce n'est qu'au milieu des années 1970 que l'on découvrit la correspondance entre les acides aminés et les mots codés. On constata que le message était exécuté lorsque les bases de l'ARN messager étaient lues trois à trois, et qu'à chaque triplet correspondait un acide aminé, c'est-à-dire l'une des unités élémentaires qui constituent les protéines. De cette façon, au fur et à mesure que le message était lu, une protéine se construisait, avec un acide aminé puis l'autre, jusqu'à ce qu'une séquence de stop interrompe la lecture. À ce moment-là, la protéine était complète. Le premier déchiffrement intégral du code génétique permettait de prévoir quel acide aminé correspondrait à chaque séquence possible des bases d'un triplet. Les biologistes moléculaires disposaient alors des connaissances fondamentales qui devaient permettre les développements de cette discipline au cours des décennies suivantes, avec la possibilité d'intervenir directement sur le matériel héréditaire.

De là, le génie génétique est devenu l'ensemble des technologies utilisées pour agir directement sur les gènes, de façon à pouvoir les étudier et les manipuler, soit in-vivo en les transférant d'une cellule à l'autre, soit in-vitro, grâce à des techniques de recombinaison de l'ADN, qui permettent d'obtenir des gènes en éprouvette. Dans des conditions particulières, par exemple dans l'œuf fécondé, la fusion des noyaux de deux cellules d'espèces différentes pouvait mener à la réalisation de chimères, embryons contenant un mélange des caractères héréditaires des deux espèces de départ. Une variante de cette technique consistait à insérer le noyau isolé d'une cellule dans un œuf auquel on avait soustrait le noyau.

Cette expérience, réalisée pour la première fois par J. B. Gudron en 1968, a été à l'origine de plusieurs autres recherches, et aussi de nombreux débats. Il fallait en effet se prononcer sur les conséquences de la possibilité de cloner des êtres vivants, y compris pour faire des chimères.

Cela impliquait de continuer à provoquer la reproduction intégrale des caractères d'un organisme adulte dans des œufs auxquels on avait soustrait le noyau, sachant que le développement de tels œufs produirait de nouveaux individus génétiquement identiques à l'individu synthétisé.

Un autre clonage par des techniques de fusion bio-nucléaire a permis la création de cellules hybrides (hybridomes) formées d'un plasmocyte tumoral et d'un lymphocyte. Les cellules manipulées recevaient du lymphocyte la capacité de produire un certain type d'anticorps, et elles recevaient du plasmocyte la capacité d'une reproduction en grande quantité. De cette façon, il était possible d'obtenir des quantités illimitées de n'importe quel anticorps. Une autre manipulation technique, caractéristique du génie génétique, a été celle de l'ADN recombiné. Elle consistait à fragmenter des molécules d'ADN au moyen d'enzymes de restriction, et à relier les fragments obtenus (contenant les gènes que l'on voulait reproduire) à d'autres molécules d'ADN en utilisant une enzyme de collage (ligase). On obtenait ainsi des vecteurs d'ADN capables de transporter de l'ADN jusqu'aux cellules où l'on voulait leur réplication. De cette façon, on pouvait obtenir des segments reproductibles et constants d'ADN d'une espèce donnée, qui pouvaient être utilisés pour d'autres expériences.

Pour couper l'ADN en certains endroits déterminés, on utilisait des enzymes de restriction, dont la première fut isolée par deux microbiologistes américains, Hamilton O. Smith et Daniel Nathans, en 1970. La première molécule d'ADN recombiné obtenue par cette technique a été réalisée à la Stanford University en 1972. Ensuite, plusieurs succès ont été obtenus dans des domaines industriels et pharmacologiques. En 1982, on a ainsi commencé à produire industriellement de l'insuline, d'autres enzymes, et certaines hormones à effet thérapeutique, ce qui a permis d'en réduire sensiblement le coût. Le développement du génie génétique a accéléré aussi la mise au point d'instruments innovants et efficaces pour l'étude du génome d'organismes, jusqu'aux plus complexes. On a ainsi pu appliquer plus largement, tant aux plantes qu'aux animaux (y compris à l'Homme) des méthodes déjà expérimentées dans la manipulation génétique des micro-organismes.

Ces avancées (et leurs retombées commerciales) ont suscité une nouvelle accélération de la recherche. Mais de façon concomitante, des inquiétudes sont apparues, concernant les risques d'une manipulation incontrôlée du patrimoine héréditaire, d'où pourraient naître des organismes (y compris pathogènes) inconnus. C'est pour cette raison qu'en 1975, plusieurs spécialistes réunis à Asilomar, en Californie, ont décidé de formuler des règles éthiques, à respecter dans les expériences sur l'ADN recombiné.

L'année suivante le National Institute of Health des USA a interdit différents types d'expériences. Mais la recherche génétique est restée encouragée par de puissants intérêts marchands et financiers privés, et la communauté scientifique sponsorisée a fait décerner, en 1978, un Prix Nobel de médecine à Nathans et à Smith pour la découverte et l'utilisation des enzymes de restriction, puis en 1980, un Prix Nobel de chimie a été attribué à Frederick Sanger pour le développement de ses nouvelles techniques de séquençage.

L'un des résultats les plus surprenants obtenus dans les dernières décennies du 20ème siècle par la biologie moléculaire a été la démonstration selon laquelle l'organisation génétique des organismes complexes était différente de celle des simples bactéries. Alors que chez les bactéries la structure du chromosome était linéaire et continue, dans les organismes supérieurs les gènes étaient fragmentés, et interrompus par de longues séquences de bases non codantes. Durant le processus de transcription, ces parties étaient ignorées et l'unité du message était conservée. En 1978, Walter Gilbert (1932-1982) a proposé une terminologie ad-hoc, appelant exons les séquences de nucléotides qui font partie du gène et qui sont ensuite transcrites dans l'ARNm, et introns les parties non codantes ou silencieuses du génome.

Une transcription simple pouvait alors se compléter d'une rectification de la séquence de nucléotides composant l'ARNm, puisque certains traits de la molécule étaient éliminés (les séquences liées aux introns), tandis que d'autres traits étaient associés entre eux (les séquences correspondant aux exons), pour reformer l'intégrité du message génétique. En outre, un parallèle était remarqué entre les introns et des gènes appelés sauteurs, capables de changer de position sur le canevas génétique. Cela signifiait que des introns étaient capables de se déplacer sur des chaînes d'ADN, d'une manière déjà décrite par Barbara McClintock dès les années 1940.

Cette généticienne américaine, qui avait passé une grande partie de sa vie scientifique dans le Cold Spring Harbor Laboratory, était parvenue, au cours de ses études génétiques sur le plant de maïs, à la conclusion qu'il existait des éléments génétiques en mesure de modifier le comportement de gènes adjacents. Mais ce qu'elle trouvait surprenant, c'est que ces éléments semblaient disparaître de l'endroit où ils se trouvaient auparavant pour réapparaître ailleurs.

Même si les recherches de Barbara McClintock n'ont pas rencontré d'ostracisme de la part de la communauté scientifique, elles n'ont pas reçu immédiatement l'attention qu'elles méritaient. Car à cette époque, on concevait le génome comme une structure fixe, et l'idée que les gènes puissent sauter semblait trop étrange.

Au cours des années 1960, toutefois, des éléments présentant ces caractères ont tout de même été identifiés dans des bactéries, et Barbara McClintock a obtenu, elle-aussi, un Prix Nobel. L'introduction de la notion d'éléments génétiques mobiles et d'ADN silencieux modifiait les représentations de la biologie moléculaire. L'ADN perdait la rigidité qu'il semblait avoir jusque-là, ce qui a conduit notamment à une nouvelle interprétation des théories concernant l'évolution génétique. En effet, les reconstructions des lignes évolutives fondées sur le nombre des gènes ou sur la quantité d'ADN ont été révisées, étant donné qu'une plus grande quantité d'ADN n'entraînait pas une augmentation linéaire proportionnelle du nombre de gènes. Ce qui allait en outre dans le sens des travaux précurseurs de Mendel.

À cet égard, revenons un peu en arrière, car il est utile de rappeler le processus historique de découverte des lois de l'hérédité et de l'évolution génétique, initié par Mendel. En effet, au 19ème siècle, de façon indépendante mais simultanée, Hugo de Vries (1848-1935), Karl Correns (1864-1933) et Erich Tschermak von Seysenegg (1871-1972), trois botanistes qui travaillaient sur le croisement de différentes variétés végétales, avaient validé les lois de l'hérédité qu'un moine de Bohême, Gregor J. Mendel (1822-1884), avait découvertes et communiquées à la Société de sciences naturelles de Brno, dans un travail publié dès 1865, mais qui était resté malheureusement ignoré. Ces lois simples et rigoureuses décrivaient la façon dont, à travers des croisements, les caractères héréditaires se distribuaient à partir d'un couple de parents dans les générations suivantes, ce qui déterminait des faits importants : la contribution égale des deux parents, la conservation de la séparation des caractères parentaux, qui ne se mélangeaient pas entre eux, et l'existence de caractères dominants et récessifs.

La prise en compte des lois de Mendel donnait une explication à la conservation de variétés individuelles à l'intérieur des populations, variétés qui, dans l'hypothèse où les caractères se mélangeraient, devraient évoluer au cours des générations successives et des croisements. Les lois de Mendel apportaient un nouveau cadre théorique aux connaissances accumulées au cours des époques précédentes. Pourtant, même après leur validation, elles n'avaient pas été acceptées partout, ni sans difficultés. Jusqu'en 1910 environ, elles avaient commencé à se diffuser au sein de la communauté scientifique grâce, par exemple, au biologiste anglais William Bateson (1861-1926). Mais d'autres n'acceptaient pas la vision discontinue et particulaire invoquée par Mendel pour expliquer les mécanismes génétiques, surtout tant qu'ils n'avaient pas assez de preuves concrètes de l'existence des facteurs héréditaires.

Cette période de réticence a été considérée comme celle de la génétique dite formelle, parce que les facteurs héréditaires étaient admis comme de simples entités abstraites, utile pour établir des lois de distribution des caractères, mais pas comme des entités réelles, associées à une structure cellulaire spécifique. Les conversions à la réalité ont donc été laborieuses.

Même l'embryologiste américain Thomas H. Morgan (1866-1945), qui devait par la suite recevoir un prix Nobel en 1933 pour avoir démontré la valeur du schéma mendélien comme théorie générale de l'hérédité, avait qualifié d'abord dans un écrit de 1909 les explications mendéliennes d'acrobaties conceptuelles hasardeuses, mettant l'accent sur la nature purement formelle et arbitraire des formulations, et ajoutant que les facteurs de Mendel avaient seulement une consistance hypothétique. Cette aversion était due alors à une confusion fondamentale entre le patrimoine héréditaire et le caractère qui lui était associé, et qui se manifestait dans l'individu adulte.

Une distinction entre ce qui a été appelé le phénotype, c'est-à-dire l'ensemble des caractères d'un organisme, et le génotype, c'est-à-dire l'ensemble des facteurs héréditaires qui sous-tendent ces caractères, avait été faite en 1911 par le botaniste danois Wilhelm Johannsen. Cette distinction amenait à concevoir le gène (terme introduit par Johannsen en 1909) comme un facteur potentiellement producteur du caractère de l'adulte, en éclaircissant les concepts de récessivité et de dominance, et ne contredisait pas la théorie de Mendel dans un contexte scientifique.

Mais la distinction établie par Johannsen entre gène et caractère induisait une autre question essentielle : quelle était la relation de l'un à l'autre ? Comment les gènes contrôlaient-ils la réalisation des caractères ? Les gènes avaient-ils une réalité matérielle en vertu de laquelle cette relation pourrait être expliquée comme une interaction chimique ? Mendel lui-même, et après lui Johannsen et plusieurs autres chercheurs, s'étaient abstenus de toute hypothèse sur la nature physique du gène, considéré d'abord comme une pure notion théorique, utile pour faire des conjectures, mais sans consistance matérielle. Il était donc nécessaire de dépasser cette phase de génétique formelle pour ouvrir la voie à des confirmations, et à des découvertes appliquées, plus probantes.

Le passage de la génétique formelle à la localisation effective du gène à l'intérieur de structures matérielles se fit donc sous pression d'influences multiples, en particulier liées au développement de la théorie cellulaire, qui identifiait la cellule comme l'unité structurelle support de l'ensemble des fonctions biologiques.

Cette adaptation de la génétique s'opéra quand commença l'étude des chromosomes à l'intérieur du noyau de la cellule. Les études sur la division cellulaire, et en particulier la découverte des mécanismes de la mitose, jetaient une lumière nouvelle sur le rapport entre les chromosomes et lois mendéliennes, mais on ne savait pas encore assez de la fonction des chromosomes.

Un certain nombre de recherches menées au passage du 19ème au 20ème siècles, comme celles de l'embryologiste Theodor Boveri, et de Walter Sutton, à la Columbia University, laissaient penser que les chromosomes étaient des structures cellulaires chargées de la transmission héréditaire, mais tous les chercheurs ne souscrivaient pas encore à cette interprétation.

À partir de 1910, les recherches sur les liens entre les expériences de croisement et leurs effets sur les organismes furent dominée par des chercheurs américains, qui suivaient la tradition de recherche en biologie cellulaire inaugurée par E.B. Wilson (1856-1939) et par Thomas H. Morgan (1866-1945), lequel avait pourtant été l'un des premiers critiques de Mendel.

Les études de Morgan influencèrent une partie de la génétique dans les premières décennies du 20ème siècle. Sa première découverte, qui remontait aux années 1910, montrait qu'un caractère particulier, la couleur blanche des yeux de Drosophilia melanogaster (le moucheron du fruit) était toujours légué aux seuls mâles, et qu'il était donc lié au chromosome impliqué dans la détermination du sexe. Cette découverte initiale fut suivie par de nombreuses confirmations expérimentales, et par une mise au point de cartes chromosomiques, c'est-à-dire de représentations graphiques de la localisation, sur tel ou tel chromosome, des gènes qui régissaient des caractères déterminés. Les succès de Morgan ont été favorisés aussi par le choix d'un organisme de démonstration ad-hoc, la drosophile, qui se reproduisait avec une grande rapidité, et permettait de recueillir dans un laps de temps très court, à chaque génération, de nouvelles données à analyser.

Entre-temps, s'étaient réunis autour de Morgan, qui travaillait dans le laboratoire dirigé par Wilson à la Columbia University, d'autres brillants chercheurs, tels A. H. Sturtevant, Hermann J. Muller, et C. B. Bridges, qui en quelques années formèrent un groupe de recherche enthousiaste et productif, auquel on doit la définition des principes fondamentaux de la théorie chromosomique de l'hérédité. En 1915, Morgan et ses collaborateurs avaient publié un texte dans lequel ils exposaient clairement l'hypothèse selon laquelle les facteurs mendéliens, c'est-à-dire les gènes, étaient des unités physiques situées dans des positions définies (les loci) sur les chromosomes.

Chaque facteur-gène était considéré comme une unité indépendante des unités adjacentes, desquelles il se séparait durant les processus de rupture et de recombinaison génétique. Cette école de généticiens impulsa à la biologie, entre 1915 et 1930, une direction fortement expérimentale, mettant en relief l'importance des données quantitatives permettant la combinaison des acquisitions de la cytologie avec les données dérivant des expériences de croisement.

Mais vers le début des années 1920, grâce surtout à Hermann J. Muller (1890-1967), on constata que l'étude des combinaisons génétiques et des mutations qui se produisaient ne suffisait plus comme principale méthode d'analyse du gène. Pour comprendre les propriétés et les possibilités de la transmission génétique, et pour programmer des recherches dans ce sens, il devenait nécessaire d'étudier plus directement la mutation, c'est-à-dire le changement dans le matériel génétique, et ensuite de pouvoir reproduire cela expérimentalement.

En 1927, concluant une série d'expériences commencées en 1919, et après avoir remarqué que, chez les drosophiles, le taux de mutation augmentait proportionnellement avec la température, Muller démontra la possibilité d'induire des mutations chez les animaux au moyen des rayons X (qui dégageaient une plus grande énergie que la chaleur) et il indiqua des méthodes qui permettaient un décompte des mutations produites.

Cette découverte lui valut un prix Nobel. Après avoir observé que les mutations induites par les rayons X étaient de nature comparable aux mutations spontanées, il incita à utiliser ces rayons dans diverses expériences, ouvrant des perspectives de travail encore plus vastes. Parallèlement, on assista aussi aux premiers travaux sur les risques mutagènes des radiations sur l'Homme, et sur le danger de leur usage sans précautions.

Au début des années 1930, la génétique possédait ainsi la base nécessaire et suffisante, systématisée et bien documentée, de connaissances sur les lois de la transmission des caractères héréditaires. Il devenait d'autant plus facile d'étudier la structure des gènes, et le mécanisme par lequel les facteurs héréditaires s'exprimaient dans les caractères. Une contribution importante à ces recherches fut alors fournie par plusieurs laboratoires de biologie moléculaire et de génétique des micro-organismes.

Là, des bactéries, organismes vivants parmi les plus élémentaires, permettaient d'étudier ces processus sous une forme simplifiée et facilement analysable. Et des moyens étaient prêts pour étendre aussi ces travaux aux virus.

D'autant plus que le constat du fait que le monde des virus était lui aussi régi par les lois de la génétique avait confirmé non seulement la généralité des mécanismes de l'hérédité, mais avait ouvert la voie à l'utilisation de ces organismes particuliers, à mi-chemin entre les êtres vivants et les êtres non-vivants, comme matériel de laboratoire. C'est ainsi qu'en 1944, on a fait, dans un laboratoire de bactériologie, la découverte révolutionnaire que l'ADN était le matériel génétique de base, y compris pour les virus, et que toute l'information nécessaire pour perpétuer la vie de chaque espèce, de génération en génération, était contenue dans cette molécule.

Le processus de cette découverte est intéressant. Depuis le début des années 1940, le bactériologiste américain Oswald T. Avery (1877-1955) travaillait sur des pneumocoques, bactéries responsables de la pneumonie. Avery utilisait dans ses expériences deux souches différentes de pneumocoques : une souche virulente, à capsule lisse, et une souche non virulente, à capsule rugueuse. Il découvrit qu'il pouvait transmettre le caractère lisse aux bactéries à capsule rugueuse, en purifiant un extrait des premiers, contenant le principe transformant, alors même que la nature chimique de ce principe était seulement de l'ADN, sans aucune protéine. L'affirmation du fait que c'est l'ADN qui contenait l'information, et non les protéines, comme on le croyait jusqu'alors, ouvrit la voie à une réorientation réactive des recherches.

Une validation définitive de la découverte d'Avery fut apportée en 1952, quand Alfred D. Hershey et Martha Chase démontrèrent, au moyen de marqueurs radioactifs (radionucléides), que les bactériophages, en attaquant les cellules bactériennes, n'y faisaient pénétrer que leur ADN, et que celui-ci contribuait à la formation de virus dotés d'ADN et de matériel protéique modifiés. Ces résultats, fondamentaux sous de nombreux aspects, semblaient néanmoins déboucher sur un paradoxe. Si l'ADN était la substance de base dotée de spécificité génétique, il ne pouvait pas avoir la structure qu'on lui attribuait, et il devait posséder un mécanisme d'autoréplication pour transmettre et conserver en même temps son information.

Ce n'est qu'à partir de 1953, avec la découverte de la structure à double hélice de la molécule d'ADN par James D. Watson et Francis Crick que l'on commença à résoudre cette contradiction apparente. Nous avons vu au chapitre précédent comment les développements ultérieurs de la génétique, étroitement liés à ceux de la biologie moléculaire, avaient mené au déchiffrage du code par lequel les séquences nucléotidiques se traduisaient en séquences protéiques, et à la compréhension des mécanismes complexes de régulation de l'expression des gènes.

Toutefois, bien que les cultures expérimentales de Drosophiles et de micro-organismes aient constitué un premier champ d'analyse utile à la compréhension des mécanismes de transmission héréditaire, ce n'est qu'en étudiant des croisements au sein d'autres populations naturelles qu'il a été possible de mesurer la modification des fréquences des gènes au cours du temps, et sous différentes pressions sélectives, et donc de mieux raccorder la génétique à l'évolution et à l'histoire naturelles.

À cet égard, dès 1908, le mathématicien Godfrey Hardy (1877-1947), de Cambridge, et le médecin Wilhem Weinberg, de Stuttgart, avaient mis en évidence que, si les accouplements se faisaient au hasard, comme c'était le cas au sein des populations naturelles, les fréquences géniques demeuraient inchangées à travers les générations successives, à moins qu'elles ne soient altérées par des influences externes assez fortes pour cela.

Le modèle théorique proposé par ces deux savants, et publié sous le nom de loi de Hardy-Weinberg, constitua un point de référence important pour les Anglais Ronald A. Fisher et John B. S. Haldane (1868-1964) et pour l'Américain Sewall Wright, qui allaient s'en servir pour réaliser une formulation mathématique de la génétique des populations, et une introduction de modèles statistiques permettant de suivre le changement des fréquences géniques, sous l'influence de la sélection naturelle, et d'autres phénomènes tels que l'isolation géographique et la migration.

Des années 1940 jusqu'aux années 1960, Fisher, Haldane et Wright approfondirent ainsi l'analyse génétique de diverses populations naturelles, et ils proposèrent des modèles d'explication des fréquences alléliques, en combinant des études sur le terrain avec des recherches sur des populations qui s'étaient développées dans des conditions d'accouplement contrôlé, et avec des analyses cytogénétiques, c'est-à-dire portant sur la structure chromosomique et sa correspondance avec les caractères héréditaires.

À leurs études vinrent s'ajouter celles de Theodosius Dobzhansky (1900-1975), un biologiste d'origine russe qui donna une impulsion importante aux recherches de génétique des populations, en utilisant avec succès des outils statistiques dans l'étude des phénomènes de l'adaptation, et en contribuant ainsi à la formulation de la théorie synthétique de l'évolution.

Toutefois, la découverte de polymorphismes étendus chez les populations naturelles est venue contredire l'hypothèse selon laquelle la sélection naturelle favorisait toujours la combinaison génétique la mieux adaptée, et par là, le processus évolutionniste proposé par tous ces chercheurs.

Ce qui a amené des généticiens, tels que l'américain Richard Lewontin ou le français Albert Jacquard, à formuler des critiques à l'encontre de la théorie synthétique de l'évolution, et à poser des questions sur un impact génétique expérimental, possible mais risqué, sur le vivant, notamment humain.

En ce qui concerne la génétique appliquée à l'espèce humaine, elle a alors fonctionné plus prudemment. Et ceci d'autant plus qu'il existait des difficultés méthodologiques car, notamment pour des raisons éthiques, les croisements génétiques entre êtres humains ne pouvaient pas être faits librement en laboratoire. De plus, beaucoup de caractères humains s'étaient révélés complexes, déterminés par de nombreux gènes interagissant les uns avec les autres, et seuls quelques-uns de ces caractères, liés à des situations pathologiques particulières, avaient été étudiés.

Une nouvelle culture in-vitro de tissus a alors permis à la génétique humaine d'accomplir de nouveaux progrès. La possibilité de cultiver des cellules hors de l'organisme, découverte en 1912 par Alexis Carrel (1873-1944), n'avait pas donné de résultats importants, jusqu'à ce qu'on découvre une possibilité de faire fusionner en laboratoire des cellules de souches différentes (et même d'espèces différentes). Les études menées sur ces cellules hybrides permettaient d'établir des relations entre les chromosomes et les caractères phénotypiques correspondants, et de localiser de très nombreux gènes sur leurs chromosomes respectifs.

Ces techniques permirent d'obtenir des résultats importants en génétique, y compris humaine, car elles apportaient des possibilités d'expérimentation sur l'Homme jusqu'alors impensables. Un instrument complémentaire, non invasif et bien pratique pour les études sur l'hérédité humaine, a alors été la création d'arbres médico-généalogiques, qui permettaient d'établir si un caractère donné était héréditaire ou non. En observant la fréquence selon laquelle un caractère apparaissait chez les différents membres d'une famille, cela pouvait contribuer à déterminer s'il s'agissait d'un caractère simple, c'est-à-dire d'un caractère contrôlé par une seule paire d'allèles, ou bien d'un caractère dominant ou récessif.

Une autre technique utilisée pour étudier les bases héréditaires des caractères dans l'espèce humaine a consisté à étudier des jumeaux monozygotes, qui se développaient à partir d'un unique œuf fécondé, et qui avaient un patrimoine génétique théoriquement identique. Là, des différences observées entre deux jumeaux résultaient apparemment d'effets du milieu, non héréditaires. Et d'autres résultats expérimentaux importants ont amené à la découverte des bases génétiques de maladies héréditaires graves.

En 1932, un comité pour les études de génétique humaine fut donc créé en Angleterre, à la tête duquel fut nommé John B.S. Haldane, et dont la mission était de mener des recherches à grande échelle sur l'état de certaines maladies, afin de découvrir lesquelles avaient une origine héréditaire. Les recherches s'appuyèrent particulièrement sur les données figurant dans les dossiers cliniques des hôpitaux, qui permettaient de reconstruire avec une précision intéressante les arbres généalogiques des familles concernées, incluant des informations relatives à d'éventuels mariages consanguins, qui pouvaient déterminer une augmentation de la fréquence des gènes récessifs dans la descendance.

C'est ainsi que dans les années 1950 furent identifiées une série d'anomalies chromosomiques pouvant être liées à des pathologies comme la thalassémie, l'anémie falciforme (ainsi nommée en raison de l'aspect particulier, en forme de faucille, que prennent les globules rouges) et le syndrome de Down, ou trisomie 21. Dans plusieurs pays, on créa alors des dispensaires de diagnostic génétique prénatal, et on mit en place dans de nombreux hôpitaux des centres de consultation pour prévenir la naissance d'enfants porteurs de graves défauts génétiques.

D'autres résultats sensibles étaient introduits par des études de génétique statistique des populations humaines, desquelles il ressortait que les races n'avaient pas de signification génétique évidente. Ce qui a eu une incidence sur un concept discriminant, l'eugénisme, proposé au siècle précédent par le darwinien Francis Galton (1822-1911) pour la gestion des facteurs susceptibles d'améliorer ou de dégrader les qualités raciales transmissibles, tant physiologiques que cognitives, suite notamment aux travaux du médecin français Benedict Morel (1809-1873) qui avait publié en 1857 une étude sur la dégénérescence du patrimoine cognitif résultant de défauts de la sélection naturelle. Le développement de la génétique depuis le début du 20ème siècle avait donné à cette démarche une nouvelle vitalité, en établissant notamment que des caractères héréditaires humains pouvaient être altérés par des comportements socio-environnementaux contrariant la sélection naturelle. Des études et des expériences eugénistes se succédèrent entre 1910 et 1940, surtout aux États-Unis, en Grande-Bretagne et en Allemagne.

De nombreux savants y prirent part directement ou indirectement, avant que des oppositions croissantes freinent cet élan. En effet, les programmes eugénistes étaient de deux types. Le premier, l'eugénisme négatif, tendait à limiter puis à proscrire les unions entre individus susceptibles de donner lieu à une descendance présentant des caractères indésirables ou problématiques pour l'espèce.

Le deuxième, l'eugénisme positif, tendait à faire augmenter au sein d'une population la fréquence des gènes considérés comme positifs, en favorisant les unions entre des porteurs de bons gènes.

Or, dans ces programmes, la génétique médicale a pu servir aussi à justifier des valeurs sociales, voire des pratiques socio-politiques, abusivement discriminantes. Compte-tenu de l'expérience contestée du darwinisme social de la fin du 19ème siècle, la communauté scientifique, craignant des abus de la théorie évolutive, ne pouvait plus accepter de fournir des justifications biologiques aux inégalités sociales. Dans la plupart des milieux scientifiques, l'opposition au mouvement eugéniste augmenta donc progressivement, après 1945, avec la prise de conscience de ces implications, ceci atteignant son apogée quand on commença à savoir qu'un eugénisme excessif avait été appliqué dans l'Allemagne nazie. Dans ces conditions, les positions eugénistes ont perdu une partie de leur consensus socio-politique.

Par choix éthique, des généticiens ont alors publié de manière plus neutre, par exemple, sur les caractères phénotypiques comme la couleur des yeux ou les dimensions corporelles, qui pouvaient être déterminées par un nombre élevé de gènes différents. Et ils ont montré, au moyen de modèles mathématiques, que l'élimination d'un gène récessif hors du patrimoine génétique d'une population était un processus très lent (plusieurs milliers d'années), que de fortes pressions artificielles n'accélérait pas. Grâce à cette prudence, le déclin du mouvement eugéniste n'a pas effacé tous les principes sur lesquels il se fondait, en particulier la possibilité d'intervenir sur le patrimoine humain dans l'intérêt général, pour améliorer les conditions sanitaires, et les perspectives de préservation des générations futures.

Cette parenthèse eugéniste n'a donc finalement pas empêché la génétique de progresser dans d'autres domaines moins polémiques. Dans la deuxième moitié des années 1960, des progrès importants furent notamment accomplis pour les études génétiques de certains organites, les mitochondries et les chloroplastes. On a pu démontrer que dans tous les organismes, les mitochondries possédaient un ADN propre qui s'autoreproduisait, et qui était doté d'une information génétique propre.

C'étaient donc des parasites, mais symbiotiques et utiles, qui optimisaient les performances cellulaires dans l'intérêt général. Des observations analogues étaient faites sur la structure et la fonction des chloroplastes, et on a même pu établir une analogie structurelle entre l'ADN des chloroplastes et celui des algues bleues, organismes procaryotes très primitifs dans lesquels le matériel génétique de la cellule n'était pas délimité par une enveloppe.

Ces observations ont amené certains chercheurs, au nombre desquels la biologiste américaine Lynn Margulis, à formuler l'hypothèse que les cellules eucaryotes se seraient formées à une époque très éloignée, par la symbiose et la fusion de micro-organismes procaryotes.

Cette complémentarité de co-évolution symbiotique a été extrapolée pour renforcer l'hypothèse Gaïa de Lovelock et Margulis, ce dont a profité indirectement aussi l'éco-humanisme, promouvant son concept de développement symbiotique auto-corrigé de la Maison humaine commune.

Et la marche du progrès a continué. La nature des cellules et des gènes étant mieux déterminée, un projet de quelques généticiens a été d'identifier la structure de tous les gènes d'un organisme, c'est-à-dire leur génome complet. En 1978, un premier pas dans cette direction a été accompli, grâce à la détermination du génome du virus SV40. À terme, l'objectif principal était de réaliser des cartes chromosomiques du génome animal tout entier, voire de les personnaliser pour chaque individu (y compris humain).

En 1956, date de la détermination du nombre de chromosomes de notre espèce (il y en a 46), il était difficile de supposer qu'un peu plus de vingt ans plus tard un programme de recherche international pour la constitution intégrale de la carte du génome humain aurait été constitué, et qu'il bénéficierait d'une grande partie des fonds destinés à la recherche biologique. Certains ont jugé disproportionnée la masse des investissements (de plus en plus privés et spéculatifs) affectée à ce projet, et plus largement, à la génétique, dans l'ensemble des sciences biologiques. Mais d'autres ont regardé plus candidement cette entreprise, qui pouvait permettre notamment d'éradiquer un certain nombre de maladies héréditaires. Le proche avenir précisera la pertinence de ces appréciations.

En attendant, le programme génome humain s'est poursuivi, d'autant plus que le décryptage du génome, et la connaissance avancée de ses bases et mécanismes génétiques et physiologiques, peuvent désormais être exploités par la puissance de calcul croissante des ordinateurs modernes, pour modéliser et pour évaluer aux moindres risques (ce qui reste à confirmer) des clonages, des thérapies, et des formes de vie artificielles.

Mais des limites éthiques d'ordre public continuent à encadrer ces expérimentations-manipulations scientifiques, en raison de l'inquiétude grandissante de l'opinion publique internationale à ce sujet ; ce qui est légitime. Il est évident qu'un tel encadrement, et un contrôle efficace par la légitimité publique, restent des précautions indispensables, compte-tenu des implications et des risques pour l'ensemble de l'espèce humaine.

De curieuses similitudes naturelles entre la macro-anatomie stellaire et la micro-anatomie animale témoignent d'une certaine cohérence systémique et structurelle universelle.

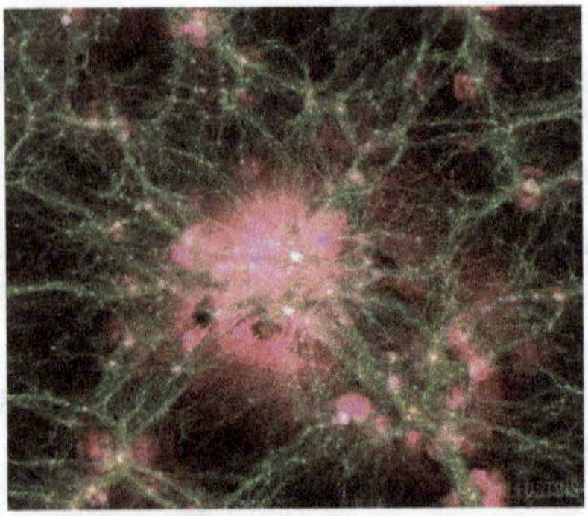

(réseaux filamentaires galactiques)

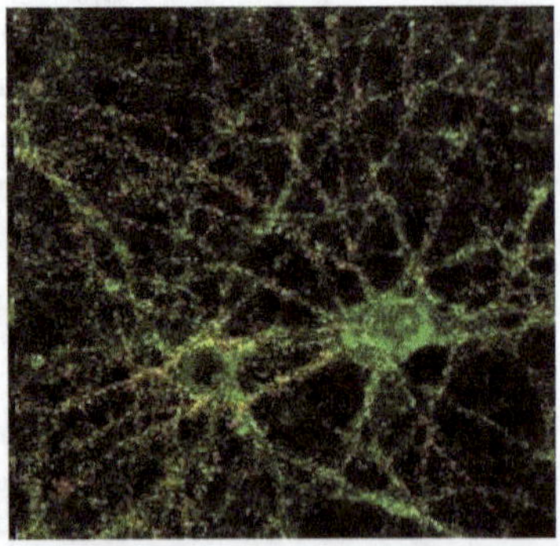

(réseaux de cellules gliales cervicales)

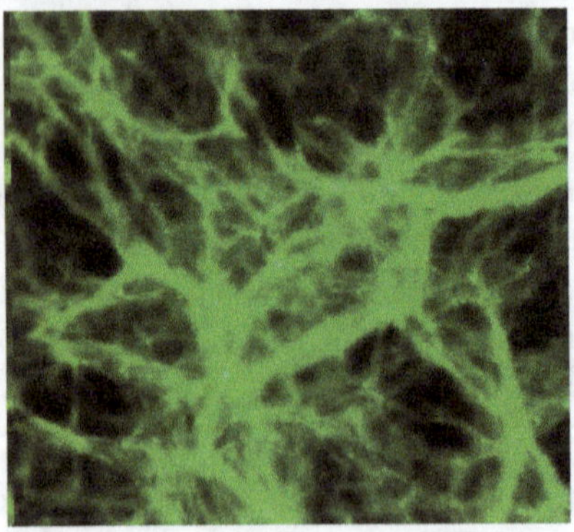

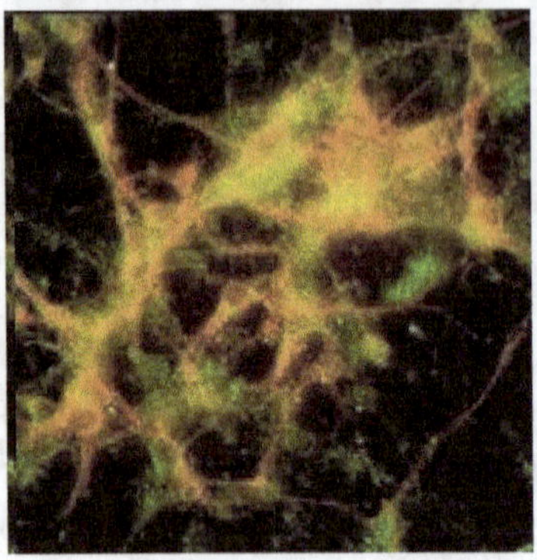

LA VIE ARTIFICIELLE ET VIRTUELLE

La vie artificielle est une discipline scientifique qui s'est d'abord structurée de manière informelle, avec un peu d'ambiguïté quant à l'objet et aux perspectives de ses études. Les organismes artificiels créés avec des moyens électroniques pouvaient-ils être considérés comme vivants ? Et les processus simulés étaient-ils de simples analogies de processus qui avaient lieu dans le véritable monde vivant, avec lesquels ils avaient seulement une ressemblance apparente, ou étaient-ils de véritables répliques, même simplifiées et sur un autre support physique, de ces processus ?

En d'autres termes, la vie artificielle pouvait-elle être l'objet fiable d'une véritable biologie théorique, et un instrument interprétatif et expérimental capable de donner une réponse aux derniers grands mystères de la vie ? Ou bien resterait-t-elle une simple curiosité intellectuelle, ou pis encore, un champ d'investigation pour apprentis-sorciers ? La discussion est longtemps restée ouverte, et parmi les chercheurs qui ont exploré les multiples possibilités de ce domaine d'études, deux interprétations ont été évaluées, une interprétation dite forte, et une autre dite faible.

Selon la première, qui considérait les organismes artificiels comme vivants à leur manière, et d'une structure logiquement comparable à celle des organismes vivants naturels, les processus structurels (qui exécutaient des séquences d'instructions) jouaient un rôle majeur.

Et là, si tous les processus, y compris naturels, étaient comparables à des processus informatisés, ils pouvaient être étudiés soit sous leur forme originale, soit selon des processus analogues, sur un ordinateur. L'hypothèse la plus extrême, soutenue par des chercheurs comme Edward Fredkin, était que l'univers tout entier serait un gigantesque phénomène quasi-informatique, un immense automate cellulaire, dont les instructions seraient les lois de la physique, et où les structures -même les plus complexes- de la nature ne seraient que des manifestations apparentes de cet automate.

Certaines références de cette conception remontaient jusqu'à Galilée (1564-1642), selon qui la nature était un grand livre écrit en caractères mathématiques. Mais la plupart des chercheurs qui se sont penchés sur le problème n'étaient pas vraiment sûrs que les mathématiques, produits de l'esprit humain, soient la vraie grammaire de la nature, sans oublier le fait que les automates cellulaires avaient d'abord été des machines régies en partie par la physique classique, qui ne décrivait pas aussi bien les phénomènes complexes qu'allait pouvoir le faire notamment la mécanique quantique.

La deuxième interprétation de la vie artificielle, l'interprétation faible, n'a pas considéré les organismes artificiels comme véritablement comparables aux organismes créés par la nature pendant près de quatre milliards d'années d'évolution, ou pour le moins, elle a considéré qu'il était encore trop tôt pour énoncer des analogies suffisamment probantes.

Quoi qu'il en soit, des organismes artificiels pouvaient être utiles pour vérifier certaines conjectures, et pour proposer des analogies aux spécialistes des systèmes vivants quand ils abordaient des problèmes de grande complexité, comme le développement embryonnaire, la régulation génique, le comportement animal, ou le fonctionnement des écosystèmes. Dans de nombreuses disciplines scientifiques, la nouvelle frontière de la connaissance était à la limite de la modélisation des systèmes complexes, ce qui requérait logiquement des approches au-delà de celles de la science classique, mais pouvant rester confirmables par l'expérimentation, y compris artificielle.

La vie artificielle ayant déjà bénéficié de quelques théories et modèles prometteurs pour analyser les phénomènes complexes qui régissaient notre monde vivant, la recherche continuait à y être tirée par des expériences pragmatiques. Car si un organisme artificiel qui n'existait que dans la mémoire d'un ordinateur était effectivement capable de développer un véritable comportement, et d'apprendre à partir de l'expérience, pourquoi ne pas l'observer hors de sa prison de silicium en lui donnant corps ? C'est devenu le but des chercheurs du Mobile Robot Group de l'Artificial Intelligence Laboratory, dirigés par Rodney Brooks. Ils ont créé une approche nouvelle de l'auto-création d'une intelligence artificielle, en la sortant de l'impasse des précédentes études dans ce domaine.

Leurs premiers robots, qui portaient des noms tels que Genghis, Attila ou Toto, ressemblaient à de grandes blattes mécaniques d'environ cinquante centimètres de longueur. Leur comportement résultait de l'application coordonnée, mais auto-évolutive, d'un nombre limité de règles du type « dans la situation A, appliquer le comportement B ».

Ces règles étaient codifiées dans la mémoire de petits ordinateurs compacts qui guidaient les robots. De cette façon rudimentaire, des chercheurs ont tout de même pu obtenir ce que durant des années des programmes très sophistiqués d'intelligence artificielle n'avaient pu atteindre ailleurs : faire en sorte que des robots soient en mesure de se mouvoir d'un point à l'autre du sol du laboratoire, en évitant les obstacles ou en les dépassant, sans pré-connaître le terrain, et sans instructions spécifiques.

Ce qui nécessitait beaucoup de travail préparatoire. Car pour des robots animés par une application d'intelligence artificielle, il fallait alors tout prévoir et enseigner du milieu dans lequel ils devaient se mouvoir. Ils devaient en reconnaître tous les points, les comparer avec leurs instructions, programmer leurs mouvements. Au début, en pratique, ils étaient lents, et dès que survenait un imprévu, ils se bloquaient parce qu'ils ne savaient plus quoi faire. Mais les blattes mécaniques réalisées par Brooks, qui n'avaient pourtant alors que quelques règles de comportement simples, les essayaient en séquence pour savoir laquelle fonctionnait. Et il s'en dégageait peu à peu un véritable comportement, assez semblable à celui d'un insecte réel, c'est-à-dire la capacité à se mouvoir et à résoudre des problèmes dans le monde réel, qui est souvent particulièrement compliqué et imprévisible.

À terme, l'objectif des chercheurs était de programmer, selon des principes évolutifs de vie artificielle, des robots autonomes fiables, pour des tâches plus difficiles que le simple déplacement sur le sol du laboratoire, telles que l'exploration spatiale, ou la réparation de machines dans des fonds marins ou dans des réacteurs nucléaires. Mais avec des doutes, car certains chercheurs avaient fait remarquer qu'un robot, dont le cerveau électronique était programmé selon les principes existants de la vie artificielle, pourrait facilement violer la première loi de la robotique imaginée par Isaac Asimov "un robot ne causera pas de dommage à un être humain, ou bien, en n'agissant pas, évitera qu'on lui en cause". Si une auto-mutation dans son code lui permettait d'ignorer cette règle, le robot intégrerait tôt ou tard cela dans son activité, avec tous les risques induits.

Sur ce point, l'une des expériences les plus importantes de simulation d'un mécanisme évolutif a été menée par Thomas Ray, un écologiste américain dont la formation avait comporté l'étude des forêts tropicales, l'un des milieux naturels les plus complexes de notre planète. Au début de 1990, Ray a créé sur ordinateur un écosystème artificiel, qu'il a appelé Tierra, pour lequel il a simulé dans son programme une forme de barrière électronique devant éviter que les organismes artificiels qu'il avait créés ne s'en échappent et ne deviennent nocifs pour d'autres programmes.

Le "bouillon" était le bloc de mémoire dans lequel Ray avait libéré l'"ancêtre", un programme auto-reproducteur composé de quatre-vingts instructions. À chaque cycle de réplication, certains organismes fils subissaient de légères modifications fortuites, semblables aux mutations que pouvait subir l'ADN des organismes vivants à chaque multiplication cellulaire. Et dans ces conditions, les habitants de Tierra étaient en concurrence les uns avec les autres pour l'espace commun de mémoire.

Ceux qui parvenaient à disposer du plus de mémoire possible survivaient mieux. Leur évolution étant autonome, Ray ne la dirigeait pas. Son but était seulement de comprendre si des forces d'évolution darwinienne étaient en mesure, à elles seules, de donner vie à un écosystème, puis de le maintenir en fonction. Les résultats ne se firent pas attendre. En l'espace de quelques heures, Ray a pu assister sur l'écran de son ordinateur à une espèce de big-bang évolutif. De petits parasites composés de quarante-cinq instructions, qui exploitaient les commandes de réplication des hôtes, furent parmi les premières nouveautés produites par Tierra.

Des organismes plus puissants apprirent à s'en défendre, ce qui donna lieu à une compétition croissante, d'où émergèrent des prédateurs, blocs d'instructions capables de s'emparer de tout l'espace de mémoire de leurs victimes. Et de là, commencèrent des cycles d'abondance de prédateurs et de proies, comme ceux qui étaient décrits dans les traités d'écologie. D'autres phénomènes familiers à l'écologiste et à l'évolutionniste eurent lieu sur Tierra, depuis une exclusion compétitive jusqu'à des extinctions occasionnelles de masse. Il était fascinant de voir naître spontanément les mêmes rôles et les mêmes schémas de relations que ceux que l'on pouvait observer dans un véritable écosystème, et c'était un bon point en faveur de l'universalité des processus de la vie.

L'exemple de Ray a été suivi par d'autres chercheurs qui ont fait émerger d'autres phénomènes évolutifs. C'est ce que fit en particulier Daniel Hillis, fondateur d'une grande entreprise productrice de superordinateurs à architecture parallèle, et formé à l'Artificial Intelligence Laboratory du Massachusetts Institute of Technology (USA).

À partir d'une grande simulation évolutive menée dans l'une de ses puissantes machines, ses résultats ont apporté de précieuses informations, par exemple sur le mécanisme génétique qui pouvait opérer derrière l'évolution d'organes complexes, dus à l'expression d'un grand nombre de gènes. Un point intéressant était de savoir si la sélection naturelle pouvait (ou non) éliminer les premières étapes de l'évolution de ces gènes, si elles ne donnaient à l'individu aucun avantage adaptatif (fitness)?

Hillis avait observé que certains groupes de caractères ne s'exprimaient pas, tant qu'ils ne se retrouvaient pas ensemble chez un même individu. Ses simulations avaient également mis en évidence le rôle des parasites dans la stimulation de l'évolution des espèces hôtes, expliquant en partie pourquoi l'évolution ne procédait pas par conquêtes continues mais par bonds séquentiels en avant, suivis de périodes durant lesquelles les espèces restaient plus ou moins telles qu'elles étaient, comme l'avait observé l'évolutionniste Stephen J. Gould.

D'autres chercheurs, qui travaillaient eux aussi à expérimenter des activités de vie artificielle semblables aux phénomènes évolutifs naturels, se sont demandé si une force évolutive aussi puissante ne pourrait pas être extrapolée vers quelque chose d'autre que la biologie. Le mathématicien américain John H. Holland, qui fut l'un des jeunes pionniers de la programmation des ordinateurs (il a été le premier docteur en science informatique), a alors proposé ce que l'on a appelé des algorithmes génétiques.

Un algorithme est une formule où une suite d'opérations logiques contribue à résoudre un calcul. Pour trouver une façon d'améliorer les algorithmes nécessaires à la résolution des problèmes génétiques, Holland travailla sur un modèle de mécanisme d'évolution par sélection naturelle, c'est-à-dire un système permettant à une espèce d'apprendre, au cours d'un certain nombre de générations, à résoudre les problèmes posés par son milieu. Un algorithme génétique pouvait être créé par une population fortuite -même constituée électroniquement- à laquelle était soumis un problème existentiel qui devait être résolu. Dans l'expérimentation considérée, on donnait aux individus qui approchaient le plus de la solution la possibilité de se multiplier, tandis que les autres étaient écartés, puis éliminés.

En passant d'une génération à la suivante, Holland avait prévu des mécanismes de recombinaison génétique entre les individus sélectionnés, portés par une sorte de reproduction sexuée, ainsi que des mécanismes générateurs de variations semblables aux mutations. En répétant le processus de sélection dans un très grand nombre de générations, la population fortuite initiale évoluait, et créait une série d'instructions ad-hoc -un algorithme- capable de résoudre les problèmes posés. Et ceci rapidement, puisque ce qui dans la nature avait lieu pendant des millions d'années, l'ordinateur pouvait le simuler en l'espace de quelques minutes ou, au maximum, de quelques heures.

De son côté, le biochimiste américain Gerald Joyce avait imaginé un autre processus évolutif, optimisé pour la vie artificielle, et il l'avait expérimenté sur des macromolécules biologiques d'ADN et d'ARN.

D'autres chercheurs encore ont mis au point des techniques permettant d'étendre ce processus à d'autres types de molécules, par une démarche nouvelle d'évolution moléculaire contrôlée, permettant d'obtenir une sélection de molécules dotées des propriétés requises par l'expérimentateur. Un avantage par rapport aux algorithmes génétiques virtuels était qu'on pouvait partir de populations initiales réelles plus nombreuses.

À chaque génération, les molécules qui résolvaient le mieux le problème proposé, par exemple favoriser une réaction chimique déterminée, ou se lier à une toxine bactérienne, étaient sélectionnées, puis légèrement modifiées, et soumises à une nouvelle épreuve. Une telle évolution moléculaire guidée visait à fournir rapidement des classes nouvelles de réactifs à usage industriel, et de nouveaux médicaments qui pouvaient aider la médecine à réagir à l'évolution des bactéries et des virus pathogènes, lesquels comme les autres organismes vivants, mutaient et s'adaptaient en permanence.

En effet, l'adaptation -donc la survie- de tout organisme dépend de sa capacité à se préserver en temps opportun et de manière efficace des impacts de son environnement *(un thème éco-humaniste récurrent)*. Une bonne façon d'y réagir opportunément est généralement dictée par une série d'instructions codifiées en réserve dans le patrimoine génétique de l'espèce. Mais comment un code génétique faisait-il pour prévoir tout ce qui pouvait arriver à l'organisme au cours de sa vie ? L'hypothèse qu'ont avancée les chercheurs spécialisés en vie artificielle était que le comportement adaptatif complexe d'un organisme vivant pouvait lui-aussi émerger de l'action combinée d'un certain nombre de règles simples, qu'il fallait donc chercher.

L'une des premières études dans ce sens, à la frontière entre la biologie et la conception assistée par ordinateur, a été menée par Craig Reynolds. Fasciné par la possibilité de recréer à l'écran des mouvements animaux, en l'occurrence ceux d'un vol de merles, Reynolds a imaginé pour eux l'existence de trois règles simples de comportement : rester unis, ne pas se rapprocher trop l'un de l'autre, et se déplacer tous à la même vitesse. Les mouvements du vol des oiseaux artificiels, qu'il avait programmés sur la base de ces règles, avaient une ressemblance impressionnante avec les mouvements d'un véritable vol. Certains autres chercheurs ont continué sur cette voie expérimentale, attirés par la possibilité de faire des expériences et des vérifications impossibles dans des conditions naturelles.

Une expérimentation particulièrement complète et intéressante, dans un domaine proche, a été menée par un chercheur de l'Université de Californie à Los Angeles, Robert Collins, qui pour sa part étudiait le comportement des insectes, et en l'occurrence celui des fourmis.

La moitié des chercheurs qui, durant l'été 1989, réalisèrent avec Collins une expérimentation consacrée au comportement social des fourmis étaient des informaticiens. Ce qui était logique, dans la mesure où ces insectes sociaux étaient des échantillons idéaux pour comprendre comment des adaptations et des comportements de grande complexité pouvaient émerger d'un petit nombre de règles simples, devenues informatisables. En effet, selon Edward O. Wilson, grand spécialiste mondial des fourmis, même si le comportement de la colonie était très complexe, le répertoire comportemental d'une fourmi était beaucoup plus simple, aboutissant selon les espèces en un ensemble de vingt à quarante-cinq actions.

Collins a décidé de décrypter ce processus en créant AntFarm, une gigantesque fourmilière artificielle. Sur un superordinateur, il est parvenu à simuler les activités de 16.384 sous-colonies, composées de 128 fourmis chacune. Toutes avaient le même bagage génétique de départ, un programme composé de 25.590 bits d'informations, suffisamment pour leur permettre de voir leur milieu proche, y chercher de la nourriture, la saisir, libérer des phéromones et flairer ceux des autres fournis, ainsi que s'orienter pour retrouver leur chemin. Chaque fourmi était un point rouge sur la grille de l'écran, et chaque paquet de nourriture un point vert. Le bagage génétique comprenait un petit noyau neuronal, qui permettait aux fourmis d'apprendre, à partir de l'expérience, en améliorant leurs performances de génération en génération.

À intervalles réguliers, les cyber-fourmis choisissaient une partenaire parmi celles qui avaient accumulé le plus de nourriture, et se reproduisaient en brassant leurs bagages génétiques (sans reine commune). Les sous-colonies qui parvenaient à s'emparer du plus de nourriture pouvaient produire plus de progéniture que les autres. L'espace disponible étant limité, certaines d'entre elles devaient donc disparaître, par conséquence de leur concurrence.

Quand on observait en activité toute la cyber-fourmilière, on voyait bien apparaître à l'écran l'évolution des comportements au travail. Au début, les cyber-fourmis avaient des difficultés à trouver leur nourriture, et elles ne revenaient chez elles qu'après de longs détours. Mais avec le temps, une sélection naturelle commençait à améliorer leurs performances.

Les fourmis apprenaient à chercher leur nourriture, à utiliser leurs phéromones, à revenir par le chemin le plus court, et le comportement de la fourmilière -qui n'avait pas de chef d'orchestre et qui fonctionnait sur la base des quelques règles d'amélioration génétique due à la sélection- devenait plus coordonné et complexe, semblable à celui d'une vraie fourmilière.

Finalement, à travers ces expériences, on a pu confirmer que la vie artificielle pouvait être une reproduction acceptable de l'organisation de systèmes animés complexes, avec des comportements semblables à ceux de certains systèmes vivants naturels. Ce qui constituait un bon outil d'exploration de la vie dans ses multiples manifestations, sans se limiter aux seules formes qui avaient évolué sur Terre, en associant des combinaisons biologiques et chimiques, des simulations sur ordinateur, et des spéculations théoriques. Son but était de proposer une modélisation logique de systèmes vivants, comme il avait été dit en introduction de la première Artificial Life Conference, tenue au centre de recherche de Los Alamos (USA), en septembre 1987.

Ainsi s'était auto-constitué un système de théories et de modèles scientifiques qui stimulait et qui alimentait de nouvelles directions de recherche dans des domaines aussi différents que la génétique, la biologie évolutionniste, l'embryologie, l'éthologie, la chimie, l'ingénierie logicielle, et l'intelligence artificielle. Modernité obligeant, et comme d'autres domaines scientifiques, cette vie artificielle a évidemment profité des nouvelles possibilités techniques de simulation et d'expérimentation offertes par l'ordinateur depuis 1980, avec l'idée directrice que pour comprendre ce qu'est la vie, il n'y avait pas de meilleure façon que d'essayer de la simuler, et de la recréer de manière observable. Après que la biologie moléculaire ait révélé l'unité et l'origine commune des organismes vivants connus, et malgré l'extraordinaire variété de formes sous lesquelles la vie naturelle pouvait se présenter, la vie artificielle exposait en complément dans quelles conditions ses propre modèles pouvaient se développer aussi, et de quelle façon on pouvait en extrapoler des formes utiles au développement animal (y compris humain).

En fait, il y avait deux prémisses principales d'élaboration des différents modèles de vie artificielle. La première était que la complexité extraordinaire des phénomènes biologiques résultait de règles simples, codifiées comme dans l'ADN, et modélisables aussi par traitement informatique. Là, on considérait implicitement que la complexité était une propriété émergente qui dérivait d'une capacité d'auto-organisation, et pour autant qu'il n'y ait pas de but initial dans l'évolution biologique, il n'y avait pas non plus d'intelligence dirigeante dans ce processus. Ce qui n'empêchait pas d'identifier des règles communes d'organisation et de les appliquer dans des expériences mobilisant des comportements d'organismes vivants, même artificiels. Ceci compensait le fait que malgré les nombreuses connaissances accumulées par les sciences biologiques, aucune définition satisfaisante parvenant à inclure tout ce qu'on était traditionnellement habitué à considérer comme vivant, n'avait été proposée jusqu'alors.

La seconde prémisse était que ce qui distinguait le vivant du non-vivant était sa capacité à utiliser de l'information (en partie codifiée génétiquement, pour les vrais êtres vivants) nécessaire pour se construire, chercher les ressources indispensables, évoluer et apprendre. La vie n'était alors pas une propriété de la matière, mais de l'organisation de la matière. Et le fait que le processus informationnel puisse s'exercer par la chimie du carbone (comme c'était le cas sur notre planète depuis plusieurs milliards d'années) ou dans la mémoire d'un ordinateur, n'avait pas d'importance dans cette démarche conceptuelle. Mais pour valider cela, y avait-il suffisamment d'autres points communs entre des organismes créés in-silico, c'est-à-dire dans la mémoire d'un ordinateur, et ceux qui existaient in vivo ? Les premiers étaient-ils seulement des simulations, dont le comportement n'avait qu'une ressemblance superficielle avec celui des véritables organismes, ou bien les deux organismes partageaient-ils une même réalité potentiellement concrétisable ?

Pour mieux comprendre ce problème, on peut remonter à l'origine de l'idée de vie artificielle, et à la voie de recherche qui avait été ouverte à la fin des années 1940 par le mathématicien John von Neumann (1903-1957), créateur notamment de l'ordinateur numérique. En fait, dans les années où John von Neumann commençait ses recherches, on venait juste de démontrer que le siège de l'information initiale de la cellule était dans l'ADN, mais on ne savait encore rien de la façon dont cette information était codifiée et exprimée, ni de la façon dont elle évoluait dans le temps.

En matière biologique, on ne savait presque rien sur la façon par laquelle cette série d'instructions appelée génotype donnait vie à des organismes complets faits de cellules, d'organes, et de membres, et dotés d'un métabolisme. Pour comprendre quelle était l'organisation logique d'un être vivant capable de se reproduire, c'est-à-dire en mesure de reproduire une autre entité du même niveau de complexité, von Neumann conçut donc un modèle simple d'organisme, qualifié d'automate simplifié.

Il voulut en déterminer d'abord les processus de base. À ses yeux, alors qu'un être vivant était une machine particulièrement compliquée, souple, et auto-évolutive, l'automate n'était qu'une machine dont le comportement devait être, en termes mathématiques, en mesure d'utiliser de l'information, en réagissant aux données reçues du monde extérieur, mais selon les instructions limitées avec lesquelles il était programmé. Le premier automate imaginé par von Neumann était cependant doté de la capacité de se reproduire. Techniquement, avec les matériels de l'époque, il était constitué d'un ordinateur doté d'une mémoire, d'un élément manipulateur apte à exécuter des ordres, et d'un dispositif mécanique destiné à assembler des parties.

Il était muni aussi d'un autre dispositif destiné à les séparer, ainsi que d'un capteur qui pouvait envoyer à l'ordinateur des informations sur le milieu extérieur. Cet automate devait démontrer expérimentalement les théories par lesquelles von Neumann imaginait qu'une machine de ce type, installée dans un milieu offrant en suffisance différentes ressources nécessaires, pouvait construire d'autres copies d'elle-même, lesquelles à leur tour pouvaient en construit d'autres, etc. D'éventuelles erreurs dans l'une des constructions pouvaient être comparées à des mutations, et tout le processus pouvait être globalement comparé à une forme d'évolution biologique.

Le schéma conceptuel d'un tel automate anticipait ainsi intuitivement ce que, dans les années suivantes, les biologistes moléculaires devaient découvrir dans les organismes vivants : un processus utilisant une molécule d'ADN qui codait une série d'instructions pour la construction d'un nouvel organisme, aidé d'un mécanisme pour sa réplication, d'un autre pour son expression, et d'une réactivité de l'organisme à l'influence du milieu.

L'objectif principal était de découvrir la logique formelle qui pouvait présider à la reproduction des êtres vivants. Mais le fait que sa propre théorie reste une abstraction simplifiée limitait von Neumann. C'est pourquoi, sur une suggestion du mathématicien Stanislaw Ulam (1909-1984), il transforma sa machine expérimentale en un automate cellulaire un peu plus amélioré, dont le principe fonctionnel utilisait une grille (une espèce d'échiquier de grandes dimensions) où chaque carré de cet échiquier était une cellule, c'est-à-dire une machine logique simple qui pouvait changer d'état à intervalles temporels réguliers, selon l'état des cellules environnantes, et selon ses propres instructions internes.

Un automate cellulaire étant un ensemble coordonné de cellules de ce type, l'automate cellulaire de von Neumann était constitué de 200.000 cellules, chacune pouvant se trouver en vingt-neuf états différents, exprimés par autant de couleurs. La plateforme-support était celle d'un plateau rectangulaire permettant les fonctions essentielles de l'organisme ainsi conçu, avec un alignement de cellules qui en constituait l'information génétique, le tout ne tenant pas compte de la symétrie du monde physique réel.

La couleur de chaque cellule déterminait l'état de l'organisme à tout instant. À chaque intervalle de temps prédéterminé, chaque cellule changeait d'état selon l'état des cellules environnantes et de ses propres instructions. Et l'exécution des instructions initiales simples de chaque cellule pouvait produire un comportement nouveau : une tendance à la duplication et à l'expansion des cellules sur l'échiquier, facteur espéré d'auto-organisation.

Car selon son concepteur, un tel automate cellulaire devait devenir suffisamment polyvalent et universel, c'est-à-dire à être une machine capable d'effectuer n'importe quelle tâche, en exploitant son programme d'application spécifique. Comme nous le verrons plus loin, ce point a été important pour comprendre les implications plus profondes de la vie artificielle, comme la concevaient les chercheurs impliqués.

Malheureusement, les possibilités offertes par l'automate cellulaire amélioré qu'imagina von Neumann ne purent pas être assez explorées, d'une part parce que les possibilités de calcul de l'époque étaient trop limitées, et d'autre part parce qu'à cette même époque ce mathématicien reçut de nouvelles responsabilités au sein de l'Atomic Energy Commission, dans le cadre du programme de réarmement nucléaire américain.

En 1957, von Neumann mourut, et la graine qu'il avait semée ne devait germer que plusieurs années plus tard, pour valider les processus d'auto-organisation du vivant, notamment le fait que l'application réitérée d'une série d'instructions simples par des constituants isolés pouvait donner lieu à un comportement de plus en plus complexe, y compris en matière biologique, où l'application d'instructions programmantes dans le génotype des cellules pouvait produire à terme un phénotype amélioré.

Entre temps, les questions en suspens étaient revenues. Dans quelle mesure l'activité naturelle pouvait-elle être simulée par une manipulation expérimentale informatisée ? Les organismes artificiels, malgré certaines ressemblances apparentes, pouvaient-ils modéliser le comportement des véritables organismes vivants ? L'auto-organisation appliquée à des organismes artificiels fonctionnerait-t-elle vraiment de la même façon dans les cellules naturelles ? Et si elle pouvait fonctionner de la même façon, pourrions-nous construire des machines fonctionnelles aussi complexes que des organismes naturels qui avaient évolué pendant des millions d'années ? Ces questions restaient au centre des discussions sur la vie artificielle.

Heureusement, le projet d'automates cellulaires de von Neumann put être repris en 1968, à l'université de Cambridge, en Grande-Bretagne, par un enfant prodige des mathématiques, John H. Conway. Son idée de départ était qu'un automate cellulaire pouvait sans problème être initialement simple, c'est-à-dire composé de peu de cellules, chacune d'entre elles pouvant se trouver dans deux états seulement, plein ou vide. En utilisant comme échiquier le sol carrelé du bar du département de mathématiques de l'université, et comme indicateur d'état la présence ou non d'un plat sur chaque carreau, Conway et quelques compagnons se mirent au travail.

Ils inventèrent le Jeu de la Vie, un automate cellulaire qui vécut pendant quelques centaines de générations. Là, pour chaque nouvelle génération, on calculait l'état à venir de chaque cellule sur la base de celui des cellules environnantes de la génération précédente, toujours sur la base des mêmes règles. Et ce Jeu de la Vie produisit effectivement des organismes artificiels, avec des configurations de cellules aux formes différentes, qui se mouvaient sur le sol du bar pendant quelque temps, puis qui se dissolvaient ou mouraient.

Conway ressentit alors le besoin d'éprouver des organismes virtuels plus durables. Il proposa cinquante dollars à toute personne qui parviendrait à en créer un, en publiant une annonce dans la rubrique de jeux mathématiques du mensuel Scientific American, en octobre 1970. Celui qui remporta les cinquante dollars fut William Gosper, l'un des meilleurs programmeurs de l'Artificial Intelligence Laboratory du Massachusetts Institute of Technology (MIT), aux USA, qui avait l'avantage de pouvoir accéder à l'un des plus puissants ordinateurs de l'époque, grâce auquel il parvint enfin à faire fonctionner le Jeu de la Vie pendant un grand nombre de générations.

Dans ce contexte d'émulation ludique, des programmes pour ordinateurs personnels, à mi-chemin entre l'instrument de recherche et le jeu vidéo, se répandirent parmi les passionnés. Mais une recherche plus stricte de la structure logique des organismes vivants fut aussi poursuivie par certains chercheurs mieux équipés, en particulier par Christopher Langton, qui avec Doyne Farmer devait être l'organisateur de la première Artificial Life Conference, à Los Alamos. Langton fut le premier à approfondir le concept d'auto-organisation par le bas, c'est-à-dire du potentiel évolutif collectif de petites actions, qui se combinent avec d'autres petites actions tierces, jusqu'à ce qu'en émerge un comportement global plus complexe et plus fort. Ce qui a conforté d'autant mieux les analyses prospectives éco-humanistes.

Car il s'agissait d'un processus analogue à celui qu'on pouvait observer en biologie, où le comportement de systèmes organisés émergeait de la combinaison des comportements de leurs différents organes, impactés à leur tour par les comportements de leurs différents composants, lesquels -notamment dans la vie artificielle- pouvaient être orientés par des instructions simples du type "si la contribution de A atteint le niveau B, il commence à produire C". Les modèles de vie artificielle élaborés selon ce schéma fonctionnaient principalement sur des ensembles organisés sans règles générales intangibles, où tout comportement d'un niveau plus élevé exprimé par le système pouvait être potentiellement utile et réorienté. Par analogie, tous les organismes pouvaient alors être définis comme des structures qui traitaient de l'information à la mesure de leur complexité potentiellement croissante.

Ils utilisaient cette information pour se construire, chercher des ressources, et maintenir -voire améliorer- leur propre structure. C'est surtout cette faculté qui était partagée par les objets artificiels et les objets vivants, et pas le fait d'être constitués ou non de protéines, de lipides, d'acides nucléiques, …ou d'un assemblage cybernétique. Les organismes vivants avaient par ailleurs une caractéristique importante : celle d'être des îlots d'ordre croissant dans un univers où le désordre (entropique) augmentait constamment. Et là, une même tendance s'observait avec des organismes artificiels créés et développés avec des ordinateurs où, si l'information était élaborée trop lentement, le modèle était arrêté, ou bien tournait en boucle, et où au contraire si elle était traitée trop rapidement, le modèle devenait chaotique.

L'information modulant le désordre, pour qu'un comportement complexe se crée, elle devait donc être traitée à l'intérieur d'un intervalle de temps (donc de vitesse) ad-hoc. Langton était parvenu à définir un paramètre mesurable qui indiquait cette vitesse, sachant que pour qu'un modèle acquière un comportement complexe, la valeur du paramètre devait se trouver à l'intérieur d'un intervalle particulier. La vie artificielle, et apparemment aussi la vie réelle, pouvaient alors exister en se maintenant à la frontière du chaos.

Et pour pouvoir situer cette limite (y compris pour elle-même), l'Humanité avait besoin de comprendre et de vérifier toujours mieux la structure et le fonctionnement des formes organisées et observables de la vie, au fur et à mesure du développement de leurs interactions, naturelles puis artificielles. Pour mieux pouvoir, l'humain devait toujours mieux savoir.

L'éco-humanisme admet et applique particulièrement la plupart de ces idées directrices, en retenant le fait que la complexité est une propriété émergente de l'auto-organisation, et que la vie est une propriété de l'organisation de la matière. En éco-humanisme, on ne plaque donc pas sur le vivant un modèle conceptuel arbitrairement présumé certain, mais on étudie et on perfectionne prudemment et en permanence la modélisation qui procède de l'évolution observable, pour en extrapoler peu à peu les formes les plus utiles à notre propre évolution. Des découvertes, telles notamment que le principe d'auto-organisation par le bas de Langton, confirment régulièrement et alimentent cette approche.

Ceci dit, reprenons le fil directeur de notre lecture, où nous avons déjà vu comment la vie avait résulté de processus à la fois électromagnétiques et biochimiques, ces derniers gagnant à être rappelés et situés encore un peu, sachant que l'évolution précursive des connaissances chimiques avait contribué à l'évolution de beaucoup d'autres connaissances.

Qu'il s'agisse de mutants, de dieux, ou de robots, l'Homme projette et construit des créatures artificielles à son image, parfois idéalisées, mais souvent anthropomorphes, ou d'un fonctionnement similaire au sien.

LA CHIMIE ANCIENNE

La technologie chimique humaine est née au Paléolithique, lorsque de lointains ancêtres avaient utilisé le feu pour faire cuire leurs aliments, et plus seulement pour les aider à se protéger du froid et des prédateurs. Leurs descendants ont appris ensuite à manipuler certaines matières, en modifiant leur consistance physique, puis chimique, avec ou sans chaleur. Ce qui les a rendus plus productifs, à partir du Néolithique, lorsqu'ils ont développé l'agriculture et la sédentarité, impliquant une spécialisation technique croissante.

Là, en plus d'améliorer sa capacité à cuisiner, et à conserver sa nourriture, l'Etre humain a commencé à appliquer des biotechnologies de fermentation, notamment alcoolique, pour obtenir des vins, des bières, des liqueurs. Il a appris la chimie des matières colorantes, ce qui a servi aussi au développement de sa sensibilité esthétique, appliquée dans le domaine de l'habillement, et dans le domaine artistique. L'Homme néolithique a appris ensuite à manipuler chimiquement des silicates, pour en obtenir des verres et les façonner. Les premières recettes écrites de vitriers remontent au deuxième millénaire avJC, alors que l'art de la céramique avait atteint déjà un bon niveau technique et esthétique.

En outre, l'Homme a commencé à développer une première forme de métallurgie, en apprenant à fondre et à travailler quelques métaux, comme l'or et le cuivre, qu'il trouvait dans la nature à l'état natif. Mais de nombreux autres métaux ne se trouvaient pas facilement à l'état natif, et gisaient plutôt sous la forme de minerais oxydés, et liés à d'autres éléments. Les processus d'extraction des minerais (oxydes et/ou sels) et de réduction du métal à l'état pur étaient longs et complexes, et les succès de la métallurgie humaine antique ont donc été obtenus par étapes, pendant une longue période, après beaucoup d'essais et d'erreurs. Le bronze, par exemple, a résulté d'une technique métallurgique rudimentaire, en ce sens que le peu d'attention portée en ces temps à la purification des minerais avait conduit à fondre, ensemble, des minerais de cuivre et d'étain.

C'est ainsi que l'on a réalisé, probablement par hasard, un alliage métallique qui présentait un double avantage par rapport au cuivre : il était plus dur, et d'autant plus facile à travailler que son point de fusion était plus bas. Puis on a découvert le plomb, et surtout le fer, que les Égyptiens appelaient baa-en-pet (fer du ciel), puisque le premier fer utilisé en Mésopotamie et en Égypte aurait été extrait de météorites, tombées effectivement du ciel.

L'ensemble de ces activités chimiques a induit progressivement une spécialisation. Et puisque la technologie des métaux revêtait aussi une importance militaire croissante, les spécialistes en métallurgie sont devenus une classe non seulement reconnue, mais puissante. Aussi bien en Mésopotamie qu'en Égypte, des dieux associés aux métaux ont fait l'objet d'une adoration particulière, et les hommes capables de travailler ces matières étaient parfois jugés dignes d'entrer dans la caste privilégiée des prêtres.

Mais d'où venaient de telles matières ? Bien que le développement véritablement scientifique de la chimie ait commencé beaucoup plus tard, (entre le 16ème et le 17ème siècles), une histoire précursive avait accompagné, et parfois précédé, divers progrès, notamment en métallurgie. Car les plus anciennes théories chimiques ont découlé d'une recherche des origines de la matière, et accessoirement d'une tentative d'explication de l'origine du monde. En effet, la plupart des peuples antiques s'aperçurent très tôt qu'il existait deux possibilités : ou bien le monde avait été créé tel quel ex-nihilo, depuis le néant, ou bien il devait son origine à une substance préalable. Dans ce cas, il avait certainement connu une série de transformations, dont les traces étaient recherchées, pour expliquer notamment les divers métaux.

Les juifs, puis leurs hybrides religieux abrahamiques, avaient choisi l'hypothèse d'un dieu qui aurait créé tels quels le Ciel et la Terre à partir du néant. Mais le néant était raisonnablement difficile à concevoir, et à admettre comme substance primordiale. D'autres peuples ont donc opté plutôt pour l'hypothèse d'une substance primordiale indéfinie, et intemporelle. Mais quelle que soit la confiance que l'on avait dans les capacités de la matière à se transformer, il était difficile de rendre compte, en partant d'une même substance d'origine, des oppositions constatées dans la nature, entre le chaud et le froid, l'humide et le sec, la lumière et l'obscurité.

C'est pourquoi jadis, en extrême Orient, ainsi qu'en Mésopotamie, en Égypte, et en Grèce, l'origine du monde avait été expliquée en partie par des cosmologies d'opposition et de complémentarité, dans lesquelles on faisait intervenir plusieurs substances originelles, mues selon des théories d'interactions devenant de plus en plus complexes.

Ces mythes originels ont été reformulés, et développés de manière plus logique, par les anciens grecs, héritiers de traditions védiques, syncrétisées avec des apports levantins. Par exemple, comme les babyloniens, l'ionien Thalès de Milet (625-547 avJC), auquel la tradition fait remonter l'origine de la pensée rationnelle grecque, considérait l'eau comme une substance primordiale. Ne pouvant pas dépasser les connaissances limitées de son époque, il avait cherché une explication générale aux transformations de l'eau, qui pouvait devenir gaz par évaporation, ou solide par congélation. Tous les états connus de la matière, concluait Thalès, tiraient leur modèle de l'eau. Mais ses disciples avaient révisé ensuite cette réflexion imparfaite.

Anaximandre (610-546 avJC) proposait magistralement un principe intemporel et illimité, l'apeiron, et d'autres disciples de Thalès, notamment Anaximène (580-528 avJC), concevaient une cosmologie des opposés, qui trouva ensuite en Héraclite (541-480 avJC) son plus grand théoricien, tandis qu'Anaxagore (500-428 avJC) introduisait une notion de minuscules grains increés et indestructibles (a-tomes), dont les interactions, mues par un esprit extérieur, expliquaient l'évolution de la matière. Empédocle d'Agrigente réduisit le nombre infini de graines d'Anaxagore à quatre atomes de base. Et il abandonna l'idée d'un esprit interactif extérieur, en expliquant la chimie par deux caractéristiques qui réglaient l'interaction des atomes et de leurs composés : la philia, l'attirance, et la neixos, la répulsion. La philia tendrait à faire se combiner les atomes, alors que la neixos, au contraire, tendrait à les séparer. Empédocle peut être considéré par là comme le père de la première théorie de l'affinité chimique.

De leur côté, Démocrite (460-370 avJC) et Leucippe peuvent être considérés comme des précurseurs audacieux de la première théorie physique atomiste. Les atomes, soutenaient-ils, se mouvaient au hasard dans l'espace vide. Leurs chocs, fortuits, donnaient naissance à différentes combinaisons. Pour Démocrite, ces combinaisons étaient possibles parce que des atomes différents avaient une géométrie différente. Ces théories matérialistes, qui atteignirent leur forme la plus achevée avec Leucippe et Démocrite, ont été incluses, mais non abandonnées, dans la pensée de Platon (428-347 avJC), puis dans celle d'Aristote (384-322 avJC), dont la pensée prévaudra durant les deux millénaires suivants.

Pendant cette période, aucune théorie de la science, et donc aucune théorie de la chimie, n'a pu surpasser l'influence de la théorie d'Aristote. Pour ce Stagirite, il n'y avait pourtant pas d'atomes, et pas de vide, mais une matière primordiale, où existaient quatre éléments fondamentaux (feu, air, eau et terre) et quatre qualités fondamentales (chaud, froid, sec et humide).

Leurs combinaisons en différentes proportions suivaient certaines lois, et rendaient compte des transformations du monde. La vision combinatoire des éléments d'Aristote était différente des combinaisons chimiques modernes, toutefois, il parvint à donner une explication logique, bien que non scientifique, à des phénomènes chimiques connus à son époque. Quant au mécanisme de l'univers, soutenait-il, il n'était qu'apparent. Selon lui, tous les événements avaient lieu en vertu d'une cause finale : les planètes tournaient autour de la Terre, les arbres fleurissaient, et les corps se transformaient, parce que c'était leur cause finale. L'empreinte de la pensée d'Aristote marquera longtemps de nombreuses théories chimiques.

Mais un développement parallèle intéressant avait eu lieu à Alexandrie, au 3ème siècle avJC, lorsque la chimie appliquée des artisans locaux et la chimie théorique des philosophes grecs s'y complétèrent. L'art de la manipulation de la matière y prit le nom de khemeia (chimie,) dérivé peut-être de l'égyptien khem, qui signifiait noir, et qui évoquait l'Égypte et sa terre ; le nom a pu aussi être dérivé du verbe grec qui ancien signifiait verser.

Les Ptolémée avaient alors fait d'Alexandrie un creuset culturel de la Méditerranée, un point de rencontre entre la pensée rationnelle des grecs, la pensée mystique du Moyen-Orient, et la technologie des égyptiens. Dans cette ville, la culture hellénique avait atteint des formes sophistiquées. La promiscuité culturelle et les différentes interprétations des phénomènes y avaient créé un esprit ouvert à l'étude de la nature, plus proche qu'à toute autre époque ancienne de ce que nous considérons aujourd'hui comme une démarche scientifique. Le travail manuel, pratique, expérimental des artisans et des ingénieurs (appelés alors mécaniciens) y était valorisé autant que le travail intellectuel et théorique des philosophes, et souvent associé.

En outre, ces qualités pouvaient coexister dans une même personne. Dans ces conditions, la culture scientifique de la période hellénique a connu des succès notables. La géométrie d'Euclide sera, pendant les deux millénaires suivants, une géométrie de référence, bien que n'étant plus unique. L'astronomie d'Hipparque et des Ptolémée dominera elle aussi les deux millénaires suivants. Même l'approche de la physique d'Archimède, mathématisée et expérimentale, avait déjà quelques ressemblances avec la méthode de travail d'un physicien moderne.

À Alexandrie, pour la première fois, des artisans mécaniciens et chimistes se trouvaient donc en contact fructueux avec des savoirs de philosophes ingénieux, savoirs qu'ils étaient encouragés à appliquer à leurs procédés, dans un contexte culturel plus stimulant que jamais auparavant.

C'est ainsi que naquit ce que les Arabes, plus tard, appelleront al khemeia, ou alchimia en langage occidental. Effectivement, les premiers alchimistes étaient des chercheurs pratiques, des artisans qui connaissaient aussi la philosophie et la physique d'Aristote, qu'ils essayaient d'appliquer à la manipulation concrète de la matière, en particulier pour les métaux. Mais le comportement des substances qu'ils manipulaient ne pouvant être expliqué par la simple lecture des textes d'Aristote, ces artisans cherchaient aussi à modifier cette théorie, et à défaut, à porter leur attention sur les parties qui s'accordaient le mieux avec leurs observations. D'un point de vue pratique, les efforts de ces premiers alchimistes d'Alexandrie visaient ainsi à mettre au point des alliages et des composés bon marché, de nature à remplacer même les métaux précieux, y compris et surtout l'or, avec aussi quelques pierres précieuses. Les techniques de plus en plus raffinées qu'ils utilisaient justifiaient le succès de la plupart de leurs productions.

Ayant des connaissances en philosophie, ils savaient que, notamment dans la pensée d'Aristote, tout devait tendre vers la perfection. Ils en retenaient plus particulièrement que l'or étant un métal réputé parfait, les autres métaux pourraient tendre vers la perfection aurifère. Par conséquent, concluaient les alchimistes alexandrins, ces alliages que nous préparons, si semblables à l'or qu'ils peuvent tromper les joailliers les plus experts, sont des étapes avancées vers la transmutation des métaux les plus vils dans le métal parfait. La nature, supposaient-ils, devait probablement opérer une transmutation semblable dans les entrailles de la terre. Bref, les artisans chimistes d'Alexandrie, devenus alchimistes, en étaient venus à penser que, en raffinant plus encore leur technique, ils arriveraient tôt ou tard à transformer des métaux communs en or pur.

L'alchimie naquit ainsi de pré-supposés faux, mais argumentables à l'époque, et même si elle était parfois accompagnée de pratiques magiques et astrologiques, cela ne l'empêchait pas de rester un art pragmatique et artisanal, qui s'intéressait certes aux métaux et à la chimie pure, mais aussi à des problèmes de teinturerie, de produits de beauté (huiles, essences), etc.

Renforçant la théorie, l'instrumentation joua un rôle important dans le développement de l'alchimie. Pendant la période hellénique, furent fabriquées des quantités importantes d'alambics, de bechers, de filtres, de bains chauffants (y compris le bain-marie), et de fours. Des alchimistes mirent au point de nombreux réactifs nouveaux, auxquels ils attribuèrent des noms particuliers, de façon à former une première nomenclature chimique. Leur jargon a joué un rôle important dans la création du halo d'ésotérisme qui a enveloppé plus tard les débuts de la chimie.

Puis, et jusqu'à sept siècles plus tard, l'alchimie s'est laissée influencer par le mysticisme oriental qui peu à peu envahissait l'empire romain, et la partie expérimentale magique et mystique de l'alchimie prit de l'ampleur. Au point que, la simulation de l'or y étant devenue accompagnée d'escroqueries, l'empereur Dioclétien, vers la fin du 3ème siècle, fut poussé à ordonner la destruction de tous les livres d'alchimie, pour essayer d'endiguer cette pratique, pénalisante pour l'économie de l'empire romain.

L'art alchimique en Occident a survécu difficilement à cette répression, puis à la chute de Rome, peu après. Mais bien qu'imprégné de philosophies ésotériques et encore confondu parfois avec des pratiques magiques, cet art restait vivant en Orient, surtout en Syrie et en Perse, où certains érudits traduisaient çà et là d'anciennes recettes alchimiques. C'est pourquoi l'incendie de la bibliothèque d'Alexandrie, déclenché par les chrétiens en 400, n'a notamment pas causé la disparition de tout le savoir alchimique écrit.

Les Arabes en avaient déjà hérité, et ils purent relayer l'alchimie hellénique, en l'augmentant même à l'occasion par des apports chinois. Car en Chine, l'art alchimique avait connu un développement parallèle à celui qu'il connaissait à Alexandrie, bien que le but des recherches alchimiques n'y soit pas seulement d'obtenir des produits semblables à l'or, mais aussi de rendre l'Homme immortel, ou pour le moins de lui permettre de vivre plus vieux, par la préparation d'élixirs de longue vie. La al-khemia des Arabes, renforcée par des bases et des apports de chimie hellénique, puis chinoise, connut un essor soutenu et tout à fait original, atteignant une formulation théorique déjà bien établie à la fin du 7ème siècle, avec les écrits attribués à Giabir ibn Hayyan, connu en Occident sous le nom de Geber, écrits qui représentaient une masse si importante et si pertinente qu'ils ont parfois été attribués à plusieurs auteurs.

Les concepts philosophiques fondamentaux de Giabir (ou du groupe de penseurs connus collectivement sous le nom de Giabir) étaient surtout des principes aristotéliciens propres aux alchimistes d'Alexandrie, avec les quatre qualités classiques qui caractérisaient alors la matière : chaud, froid, humide, et sec. Mais si, pour Aristote, ces qualités n'étaient que de simples accidents, pour Giabir elles étaient de véritables principes naturels, dont les substances simples pouvaient être séparées des substances composées, et recombinées, dans des proportions bien définies, pour former d'autres substances composées. Ainsi, les principes de Giabir mettaient en œuvre des éléments chimiques fondamentaux qui se combinaient entre eux de façon quantitative et qualitative pour se diversifier.

Les métaux, selon cet alchimiste arabe, avaient deux qualités extérieures, et deux qualités intérieures. Par exemple, les qualités extérieures de l'or étaient le chaud et l'humide, alors que ses qualités intérieures étaient le froid et le sec. L'argent, par contre, avait ses qualités respectives dans l'ordre inverse. Pour transformer l'argent en or, par conséquent, il suffisait d'extérioriser des qualités intérieures, ce qui pouvait se faire au moyen d'un élixir, dont Giabir ne donnait pourtant pas beaucoup de précisions.

Giabir valorisait le rôle de la balance, et s'approchait ainsi de ce que sera l'approche quantitative plus précise de la recherche chimique future ; mais il n'allait pas très loin sur cette voie. Sur le plan pratique, l'alchimie arabe obtint malgré tout de nombreux succès, avec l'invention de nouvelles méthodes expérimentales.

On peut y distinguer notamment la distillation à sec, et l'extension du nombre de recettes permettant d'obtenir des substances variées, comme les esprits qui se volatilisent, les corps métalliques, les pierres, les vitriols, le borax et les sels, selon une nomenclature proposée par un autre grand alchimiste arabe, Abu Bakr Muhammad ibn Zakariya al-Razi. L'alchimie arabe, sur le plan théorique et sur le plan pratique, présentait alors des caractères originaux de proto-science.

Ailleurs, la situation s'était dégradée. Dans l'Occident chrétien, l'alchimie avait dégénéré en une pratique quasi-magique, et en Chine, il y avait eu une mauvaise confusion entre la chimie et l'alchimie. Au contraire, dans le monde arabe, la science alchimique gardait son indépendance vis-à-vis des philosophies mystiques. Giabir et al-Razi croyaient peu en la transmutation, et ils n'en faisaient pas le centre de leur pensée, qui, beaucoup plus souvent, se consacrait à la chimie courante des substances naturelles, utilisables en outre, dans certains cas, dans la pratique médicale.

À tel point qu'à la fin du 10ème siècle, Abu'Ali al-Husain ibn Abdallah ibn Sina, connu en Occident sous le nom d'Avicenne (980-1037), grand médecin et grand alchimiste, réfuta ouvertement la thèse de la transmutation, et la tendance aristotélicienne vers une supposée perfection.

Les alchimistes, soutenait-il, peuvent obtenir d'excellentes imitations de l'or, propres à tromper l'œil le plus expert, mais qui n'étaient que des imitations. L'essence naturelle des métaux et des autres substances ne variait pas ; le cuivre restait du cuivre, et ne pourrait jamais devenir ni s'approcher de l'or. Le scepticisme lucide d'ibn Sina atteignit finalement l'Occident chrétien, et y contribua dans une certaine mesure à réorienter l'évolution de l'alchimie vers une vraie science, précursive de la chimie.

C'était utile, car l'alchimie occidentale avait souffert de l'écroulement de l'Empire romain d'Occident, et même l'art chimique appliqué y était resté, peu ou prou, longtemps marginalisé. Dans ce qu'on appellera les siècles obscurs du Haut Moyen Âge, ce n'était pas seulement la demande de culture qui avait diminué, c'est aussi la demande de biens matériels, les besoins de la société féodale étant restreints. Après l'an mil, toutefois, s'amorça une lente reprise, autant sur le plan culturel que pour l'expérimentation savante. Le savoir reconquit une certaine dignité, et dès 1144, année où apparut en Europe la traduction latine du *Morienus* effectuée par Robert Chester, on commença à traduire depuis l'arabe des textes variés, allant de certains classiques grecs aux travaux d'Avicenne.

D'autres textes, qui permettaient une relance de l'alchimie, étaient traduits aussi, en incluant leurs formes réactualisées par les Arabes. Les Européens reprirent ainsi contact avec des versions de l'alchimie mêlant plus harmonieusement mysticisme, rationalisme, et apports d'Extrême-Orient. On recommença pourtant à chercher la pierre philosophale, supposée pouvoir réaliser la transmutation des métaux vils en or, et qui serait à la fois la panacée de tous les maux et un élixir de longue vie. Ce qui entraina en parallèle la réapparition d'alchimistes escrocs, qui cherchaient, comme un millénaire auparavant à Alexandrie, à écouler pour de l'or de superbes imitations ; au point que, par sa bulle Spondet Pariter, le pape Jean XXII finit par bannir l'alchimie et excommunia les alchimistes, auxquels Dante, pour l'occasion, consacra une fosse entière dans son Enfer.

Mais grâce notamment à une pratique rationaliste qui s'inspirait d'alchimistes arabes non mystiques, un scepticisme méthodique et une approche proto-scientifique étaient restés malgré tout actifs en Europe. C'était le cas pour le moine anglais Roger Bacon (1214 - 1293) qui prônait la nécessité de l'expérimentation et de la méthode mathématique dans l'étude des phénomènes naturels. Et ce scepticisme méthodique eut l'opportunité de s'exprimer dans les nouveaux centres du savoir de l'époque, les universités.

D'autre part, des formes parallèles d'art chimique pratique s'étaient elles aussi maintenues en activité. En Italie, la production des verres s'était perfectionnée. Et la célèbre école médicale de Salerne, en 1100, raffina l'art de la distillation jusqu'à découvrir un nouvel esprit que Paracelse, au 16ème siècle, appellera plus tard l'alcool. Entre-temps, on découvrit des acides minéraux forts : l'acide sulfurique, l'acide nitrique et, plus tard, l'acide chlorhydrique. Cela permit aux nouveaux praticiens chimistes de mieux dissoudre des substances, et d'obtenir d'inédites réactions en solution.

En Orient, depuis le 7ème siècle, Constantinople avait résisté aux attaques arabo-musulmanes, notamment grâce au feu grégeois, un produit chimique qui brûlait et incendiait les navires sans pouvoir être éteint par l'eau. En outre, avec un retard par rapport à la Chine, le salpêtre avait été découvert, et de là, la poudre à canon. Certains historiens considèrent que la chimie a joué un rôle décisif pendant ces siècles-là, la découverte du feu grégeois ayant retardé la fin de l'Empire byzantin, tandis que la découverte de la poudre noire accélérait la fin de la société féodale. À l'aube de la Renaissance, la chimie pouvait enfin muter en une véritable science.

Toutefois, l'impulsion la plus forte de cette mutation n'est pas venue, au 14ème et au 15ème siècles, du milieu alchimiste, qui s'était replié en partie sur lui-même. Elle est venue plutôt du développement d'études médicales et naturalistes, de plus en plus utilisatrices de la chimie appliquée et de son approche quantitative. Par exemple, Nicolas de Cues (1401-1464), vers la moitié du 15ème siècle, proposait de peser de la terre et des graines, puis les plantes qui en provenaient, et enfin les cendres obtenues par la combustion de ces plantes, non seulement pour démontrer que la terre se transformait en organisme vivant végétal, mais aussi pour mesurer et calculer quelle quantité de terre se transformait.

De leur côté, des médecins, à commencer par Jean de Roquetaillade, (1310-1370) étaient de plus en plus intéressés par l'utilisation de substances chimiques comme médicaments. Certains médecins étaient aussi discrètement alchimistes, dans la mesure où l'alchimie recherchait encore l'élixir de longue vie, en plus de la transmutation des métaux en or. Mais la principale motivation était que la iatrochimie, c'est-à-dire le nouvel art qui consistait à utiliser des substances chimiques comme médicaments, avait un potentiel d'application pratique plus intéressant que ses à-côtés mystiques. Et les informations circulaient mieux dans les sociétés, surtout dès le 15ème siècle, qui marqua un tournant techno-culturel décisif en Europe, grâce à l'invention de l'imprimerie, impulsant une diffusion rapide et massive du savoir écrit.

Ailleurs, pendant que la découverte de l'Amérique ouvrait de nouvelles possibilités d'échanges outremer, la chute de Constantinople en 1453 provoqua la fuite vers l'Occident d'érudits byzantins porteurs de précieux savoirs grecs. La culture scientifique occidentale en tira rapidement bénéfice. Dès le début du 16ème siècle, André Vésale (1514-1564) refondait profondément l'anatomie, et Nicolas Copernic (1473-1543) refondait l'astronomie. Comparativement, les progrès de la chimie étaient plus lents, et moins visibles, mais pour la première fois, elle tentait de décrire de façon plus claire et plus complète l'ensemble de ses méthodes et recettes.

C'est ce que fit l'alsacien Hieronymus Brunschwig (1450-1512) dans son *Petit livre de la distillation* paru en 1500, puis de façon plus large et systématique dans son *Grand livre de la distillation*, paru en 1512.

Quelques années plus tard, Giovanni Battista Della Porta (1535-1625) décrivit en détail les méthodes de distillation des huiles essentielles, et leurs conditions d'application. Vannoccio Biringuccio da Siena décrivit la chimie des substances explosives dans son *De la pirotechnia.* Des manuels analogues étaient publiés en Allemagne, dans le domaine de la minéralogie et de la métallurgie. On y trouvait une description améliorée des minéraux, avec une façon ingénieuse de les classer et de les analyser. Ces manuels incitaient aussi à une utilisation plus rigoureuse de la balance.

Sous cette poussée, naquit une nouvelle typologie de chercheurs, qu'on pourrait définir comme les premiers technologues chimistes. Ils ne s'occupaient peut-être pas encore assez de théorie scientifique, mais ils n'étaient plus alchimistes, et ils ne spéculaient plus sur les pierres philosophales. Ils se fiaient en priorité à ce qu'ils observaient et mesuraient. Et ils constataient, par exemple, que les métaux naturels étaient plus nombreux que les 7 métaux décrits par les vieux textes alchimiques.

L'alchimie ne disparut pas pour autant. Elle continua comme mouvement mystique, parfois encore mêlé d'escroqueries, mais elle n'était plus en mesure d'apporter une contribution suffisante aux besoins culturels et scientifiques. La chimie se sépara alors de plus en plus de l'alchimie et commença de façon autonome à se structurer comme une science véritable. Ceci non sans quelques dernières contradictions, puisque Philippus Theophrastus Bombatus von Hohenheim (1493-1541), qui préférait se faire appeler Paracelse, entretenait encore une certaine confusion des genres.

Paracelse, qui contestait la médecine de son temps et les théories de Galien, avait une solide formation chimique, acquise dans de nouveaux manuels imprimés de minéralogie et de métallurgie. Mais il croyait encore un peu à l'alchimie, et même à la transmutation, tout en considérant que le but principal de cet art ne devait plus être la transformation de métaux en or, mais la préparation rigoureuse des arcana, c'est-à-dire des médicaments. Pour obtenir une préparation rigoureuse d'arcana, Paracelse utilisait une méthode rationnelle : il soumettait à une série de réactions standardisées un certain nombre de métaux, puis il dissolvait différents sels obtenus en solutions, qu'il appelait huiles. Il obtint de cette façon trois résultats. D'abord, il augmenta le nombre des médicaments connus, rapprochant la iatrochimie de ce qu'on appellera bien plus tard la chimiothérapie.

Son second résultat fut de corriger certaines théories médicales alors en usage. Enfin, il conféra, pour la première fois, un caractère généralisable aux différents types de réactions chimiques. À côté de cette œuvre, qui faisait de Paracelse l'un des premiers chimistes modernes, il promouvait une théorie chimique moins moderne, mais pas banale : la théorie de la tria prima.

Dans cette théorie, Paracelse modifiait par exemple la conception alchimique dualiste du mercure-soufre, qui était "esprit et âme, et liquide et gaz", en ajoutant un nouvel ingrédient, le sel, en corps solide. Alors que le soufre représentait le principe inflammable, c'est-à-dire l'âme, et que le mercure représentait l'eau, c'est-à-dire l'esprit, le sel représentait le corps matériel. Et quand il parlait de soufre, de mercure et de sel, Paracelse se référait à des principes abstraits d'inflammabilité, de vaporisation, et de solidification.

Ainsi, quand brûlait un morceau de bois, Paracelse soutenait que ce qui brûlait était soufre, ce qui se vaporisait était mercure, et ce qui devenait cendre était sel. Sa théorie semblait assez bien expliquer ce qui arrivait dans la distillation et dans la combustion, mais ses écrits restaient encombrés de concepts mystiques et de termes ésotériques. Ses idées suscitaient donc de fortes polémiques, au point que ses textes ne pourront être publiés, à titre posthume, qu'après 1560. Mais malgré sa théorie et son mysticisme ambigus, c'est pourtant la méthode de laboratoire utilisée par Paracelse qui a accéléré le développement, au 17ème siècle, de la nouvelle science chimique.

En 1610, le pharmacien français Jean Beguin publia un livre, *Tyrocinium Chimicum,* dans lequel il distinguait trois façons différentes d'observer scientifiquement les faits naturels : celle des physiciens, celle des médecins, et celle des chimistes. Tout en réaffirmant la validité de la méthode rationnelle proposée par Paracelse, et développée au cours des années précédentes par Andreas Libau (alias Libavius), Beguin proposait aussi une définition de l'objet de la chimie, en tant que science encore en construction, mais tendant de plus en plus à devenir autonome.

La chimie était un art, soutenait Beguin, qui enseignait à dissoudre les mixtures naturelles, et à les coaguler, pour en faire notamment des médicaments plus agréables, plus efficaces, et plus sûrs. Son objet était le mélange et le composé, non en tant que tels, parce que sous cet angle cela relevait de la physique, mais en tant que produits solubles et susceptibles d'être préparés d'une manière rationnelle. Poursuivant dans ce sens, un problème majeur de toute science étant de bien faire partager ses principes, il souhaitait que les physiciens et les médecins comprennent que les chimistes ne les dérangeaient pas quand ils établissaient leurs propres principes.

Selon lui, la chimie était devenue une science qui étudiait la composition de la matière, et les interactions entre ses différentes substances, c'est-à-dire les comportements de la matière, dans le but d'établir des principes qui permettaient de déterminer aussi bien sa composition que ses possibilités de transformation. Il y omettait volontairement les anciennes arcana.

Au début du 17ème siècle, la profession de chimiste obtint dans cet esprit une autonomie plus officiellement reconnue, et la chimie recouvrit un domaine de compétence autonome qui la différenciait à la fois de la physique et de la médecine. Les progrès réalisés dans l'étude de la composition de la matière et des interactions entre les différentes substances furent dès lors croissants. Johan Rudolph Glauber (1604-1670) non seulement prépara de l'acide sulfurique concentré et du sulfate de sodium, mais il expliqua aussi que les sels étaient des substances composées de deux parties, l'une qui dérivait des acides et l'autre qui dérivait d'un métal ou de l'une de ses terres (un oxyde). En outre, il démontra que deux sels neutres pouvaient interagir pour produire de nouveaux sels dans une réaction qui sera beaucoup plus tard appelée réaction de double décomposition.

Mais malgré ces avancées, les progrès dans la découverte des principes chimiques étaient moins fructueux que ceux qu'était en train de réaliser la physique. La raison en est que les chimistes, qui insistaient sur leur autonomie, avaient encore une formation et une proximité culturelle avec les médecins, et qu'ils ne parvenaient pas, de plus, à se détacher suffisamment des études empiriques pour se consacrer efficacement à la recherche des principes, ce que commençaient à mieux faire pour leur part les physiciens.

La situation commença à changer lorsque, parmi le petit nombre de ceux qui réussissaient à se faire connaître en recherche théorique, en sus de la recherche expérimentale et appliquée, se distingua, au début du 17ème siècle, Jan Baptiste Van Helmont (1577-1644), un médecin aisé, d'origine belge, qui s'autodéfinissait de manière originale comme un philosophus per ignem, un philosophe utilisant le feu. Et, ce qui n'était pas rare, mais sans pour autant être fréquent à son époque, il critiquait Aristote et sa théorie des quatre éléments fondamentaux. Pour Van Helmont, le seul élément fondamental était l'eau, une substance de base qui pouvait se transformer dans toutes les autres. Son hypothèse n'était pas moins erronée que celle d'Aristote, mais la nouveauté était que Van Helmont cherchait à la démontrer par une méthode expérimentale. C'est ainsi qu'il réalisa une célèbre expérience par laquelle il proposait de démontrer, contre l'évidence, que même un arbre était en réalité constitué uniquement d'eau.

Dans ce but, Van Helmont planta un arbre dans une quantité de terre pesée (164 livres) et il l'arrosa pendant 5 ans. Après quoi, il pesa la terre à nouveau et observa, comme il s'y attendait, que son poids était toujours égal à 164 livres. Cela démontrait, soutint Van Helmont, que le petit arbre, qui était devenu un arbre adulte, était fait d'eau. La conclusion était erronée ; mais l'utilisation de la méthode expérimentale quantitative pour démontrer une conjecture était une nouveauté, qui suivait le mouvement culturel en train d'influencer toute la nouvelle science de l'époque, et dont le physicien Galilée devenait un représentant prestigieux.

Mais malgré cette amélioration conceptuelle, la nouvelle chimie expérimentale avait encore du mal à obtenir des succès nets, parce que la matière restait plus difficile à analyser que la mécanique, et parce que la chimie ne parvenait pas à se séparer assez de l'approche scolastique d'Aristote, au moins jusqu'en 1661, année où en Angleterre Robert Boyle (1627-1691) publia son livre *The Sceptical Chymist* (le chimiste sceptique).

Sceptique sur quoi, sinon à l'égard des anciennes hypothèses aristotéliciennes, adoptées jusqu'alors comme un dogme par la culture scolastique. Effectivement, Boyle essaya de débarrasser la chimie des concepts occultes et des notions de sympathie et de haine qui devaient, selon la théorie pas encore répudiée du Stagirite, porter les substances matérielles à s'unir et à se décomposer.

Boyle chercha aussi à débarrasser la chimie de l'influence excessive du feu, encore considéré comme un élément fondamental, qui se dégageait de la matière qui brûlait, et dont l'unique action, selon Aristote, était de décomposer la matière, parce qu'il était doté d'un principe de combustibilité. Bref, Boyle essaya d'affranchir la chimie non seulement de la philosophie aristotélicienne, et des traditions alchimistes résiduelles et résistantes, ainsi que de toutes les interprétations ésotériques à la Paracelse, qui étaient encore en vogue parmi les chimistes-médecins.

Boyle entendait insérer les études chimiques dans une démarche de rationalité scientifique, associée en partie à une cosmologie mécaniste, une vision qu'avaient esquissés les travaux de Galilée, puis qui avait été plus explicitement formulée par Descartes, et qui était en train d'obtenir de nombreux et rapides succès dans le domaine de la physique. Boyle faisait sienne, en lui donnant une contribution originale, une vision de l'univers considéré comme un grand mécanisme d'horlogerie, dans lequel n'opéraient que la matière et le mouvement, et où il n'y avait pas de place pour des forces occultes, nées seulement d'esprits humains mal informés.

Ainsi, en approfondissant son domaine d'intérêt principal, qui était l'étude de ce que Paracelse appelait chaos, ou gaz selon Van Helmont, et qu'il rebaptisa air, Boyle redécouvrit l'atomisme de Démocrite et de Leucippe, et il se laissa guider par ce qu'il définissait comme une philosophie corpusculaire. Boyle pensait que l'air, comme toutes les substances naturelles, devait être formé de petites particules élémentaires (d'atomes) solides et physiquement indivisibles. Quant aux propriétés, tant physiques que chimiques, des substances naturelles, il considérait qu'elles étaient dues à la dimension et à la forme des agrégats constitués par ces particules qui s'aggloméraient, autant dans l'air qu'ailleurs.

Selon lui, le mouvement, comme expression de l'énergie, conférait une dynamique à la matière, parce qu'il permettait aux particules de venir en contact, de se réorganiser et, par conséquent, de changer de propriétés. Ainsi, les réactions chimiques n'étaient qu'une restructuration, dans leur forme et dans leurs dimensions, d'agrégats de particules fondamentales. Ce qui était pour l'époque une avancée conceptuelle majeure.

Il ajoutait que de grands ensembles de particules pouvaient participer aussi aux réactions chimiques, sans qu'il soit nécessaire qu'ils soient complètement dissociés pour donner naissance à une nouvelle réorganisation. Boyle faisait ainsi faire un saut qualitatif à la science chimique de son temps, non seulement parce qu'il cherchait à l'allier à la science physique, mais aussi parce qu'il créait les conditions pour qu'une nouvelle théorie scientifique de la combustion soit élaborée. Une première tentative sera effectivement engagée, avec la théorie du phlogistique. Et bien qu'erronée, cette théorie sera la première théorie générale, fondamentale et complète, de la chimie. Analysons-la donc un peu plus en détail, car elle allait constituer une théorie dominante pendant au moins un siècle.

Dans l'hypothèse de Boyle, le feu était une matière composée de toutes petites particules, animées d'un mouvement très rapide et tourbillonnant, ce qui permettait d'expliquer le dégagement de chaleur que produisait tout processus de combustion. Boyle s'aperçut aussi que, quand un métal était enfermé dans un récipient scellé en verre, et porté à une température élevée, ses propriétés changeaient : il se transformait en oxyde, et acquérait du poids. Il semblait évident, en concluait-il, que des petites particules de feu traversaient le verre et allaient remplir les interstices vides du métal.

Selon la théorie corpusculaire de Robert Boyle, par conséquent, la calcination des métaux n'était pas ce qui sera appelé plus tard une réaction chimique, mais c'était une absorption physique.

Boyle trouva un partisan convaincu de ses théories en la personne d'Isaac Newton, qui s'intéressait aux observations de la chimie, comme il le démontrait dans une grande partie de son livre *Opticks*. Newton, à vrai dire, avait aussi une hypothèse plus personnelle sur les raisons qui poussaient la matière à s'unir : il pensait que les particules dont parlait Boyle s'attiraient mutuellement. Mais il évitait d'avancer cela, parce que Boyle pouvait considérer cette attraction comme une force occulte. En outre, la théorie de Boyle n'était pas encore une théorie complète et vérifiée de la combustion, et il avait notamment essayé d'y démontrer (en se trompant) que l'air n'était pas un élément indispensable au processus.

Après Boyle, Robert Hooke (1635-1702) formula en 1665 une autre hypothèse rectificatrice selon laquelle seul un élément de l'air participait à la réaction. Mais personne n'était encore en mesure de donner une explication fondée et cohérente à des phénomènes tels que la calcination des métaux, et la combustion des substances organiques comme le bois. Et a fortiori, personne n'était alors en mesure de dire avec exactitude quels éléments fondamentaux participaient à ces processus.

Malgré le tournant culturel imprimé par Boyle à la science chimique, il subsistait donc un état de confusion théorique qui ne parvenait pas à se dissiper, au point que dans les années où la physique théorique obtenait un nouveau succès retentissant, grâce à la vision cohérente et fondamentale de la mécanique proposée par Newton, par contre dans le domaine de la chimie intervenaient des personnages somme toute dépassés, comme Johann Joachim Becher (1635-1682), qui proposait encore, comme éléments fondamentaux de la matière, l'air, l'eau, et la terre, selon l'héritage d'Aristote.

L'air, soutenait Becher, ne pouvait pas participer à des réactions chimiques. Et l'eau ne possédait que ses seules propriétés spécifiques évidentes à l'époque, si bien que toutes les substances chimiques n'étaient que différents mélanges des trois types de terre : la vitreuse qui, comme le pensait déjà Paracelse, donnait la matière ; la grasse, ou terra pinguis, qui fournissait l'aptitude à la combustion, et qui se dégageait de la substance brûlée ; et la fluide, qui conférait la densité et le brillant.

Cette théorie n'était qu'une nouvelle présentation d'anciennes hypothèses, et elle ne mériterait pas d'être citée si elle n'était le point de départ d'une nouvelle hypothèse plus solide qu'élabora un disciple de Becher, Georg Ernst Stahl (1660-1734). Cette hypothèse devint célèbre sous le nom de théorie du phlogistique. Stahl était un médecin prussien, vitaliste et de tendance mystique, mais qui connaissait bien les besoins et les problèmes de l'industrie métallurgique.

Sur le plan théorique, il adhérait à l'hypothèse atomiste. Mais il pensait, à la différence de Boyle, qu'en plus de leur forme, de leurs dimensions et de leur mouvement, les particules élémentaires, ou les éléments dits premiers, avaient aussi des propriétés intrinsèques spéciales. En particulier, les éléments premiers seraient dotés d'une force attractive qui tendrait à les faire s'unir en combinaisons. Pour Stahl, parmi les combinaisons simples, il y avait d'abord celles de l'or et de l'argent ; et les autres combinaisons étaient presque toutes considérées comme complexes et secondaires.

Les éléments premiers de Stahl étaient les mêmes que ceux de Becher, à cette différence près que, comme les quarks qui seront observés au 20ème siècle, ils ne se trouvaient jamais seuls dans la nature, et qu'ils ne pouvaient donc pas être isolés. Si un élément premier quittait une combinaison, ce n'était que pour entrer immédiatement dans une autre. Les propriétés des éléments premiers, par conséquent, ne pouvaient être observées qu'indirectement, en étudiant les propriétés de leurs différents composés.

Stahl appelait ainsi phlogistique ce que Becher appelait terra pinguis, et il se consacra à son étude dans les transformations des métaux, en supposant que, quand un métal était chauffé, il perdait son phlogistique, qui se dissipait dans l'air, et il mutait en chaux. Par conséquent, ce métal était à considérer comme un composé, ou mieux comme une combinaison, plus complexe que la chaux : la réduction de la chaux en métal se faisait chaque fois qu'elle pouvait fixer à nouveau le phlogistique perdu, par exemple en extrayant cet élément premier du carbone, qui en était riche.

L'air, par conséquent, n'était qu'un intermédiaire mécanique, un solvant, qui n'entrait pas dans la réaction de combustion. Quant aux végétaux, qui pouvaient brûler eux aussi, et qui contenaient par conséquent du phlogistique, ils le libéraient dans l'air au cours du processus de combustion. Les animaux, à leur tour, l'acquéraient par les végétaux. Il n'y avait pas d'exception au fait que toutes les substances brûlaient en cédant du phlogistique. Mais il était inutile de le chercher, car le phlogistique étant un élément premier, il ne pouvait pas être isolé.

Avec cette théorie, Georg Ernst Stahl donnait une explication unique à deux phénomènes apparemment différents : la combustion des matières organiques, et l'oxydation des métaux. Même inexacte, c'était une première théorie générale de la chimie. Et c'était une hypothèse en partie scientifique, en ce sens qu'elle présentait au moins une aptitude à la prévision, car, comme l'observa Leicester, après Stahl, tous les phénomènes que l'on observait dans l'oxydoréduction trouvaient leur place dans cette théorie.

Cette théorie ayant du succès, cela empêchait que ses incohérences soient immédiatement reconnues. Personne ne remarquait alors que, lorsque le bois brûlait, la cendre que l'on obtenait pesait moins que la substance de départ, alors qu'elle fixait, selon la théorie, beaucoup de phlogistique. À l'inverse, la calcination des métaux, qui produisait selon Stahl un dégagement de phlogistique, menait à des produits qui pesaient davantage.

Il fallut attendre 1732, et les études quantitatives de Hermann Boerhaave (1668-1738), pour que des chimistes ré-étudient expérimentalement ces phénomènes et tentent de mieux les théoriser. Mais cette démarche a été difficile. Boerhaave lui-même, reprenant une vieille théorie de Boyle, soutenait que durant la calcination, les toutes petites particules qui constituaient le feu allaient occuper les interstices vides du métal. D'autres chimistes confondaient le poids et le poids spécifique (volumique) des substances, soutenant qu'au fond, un volume de cendre de métal identique à celui du métal pesait moins que le métal lui-même, confirmant ainsi la théorie du phlogistique. D'autres encore introduisaient l'hypothèse que le phlogistique serait doté d'un poids négatif. En fait, aucun de ces chimistes ne tenait bien compte des relations quantitatives des phénomènes analysés, cela au moins jusqu'au moment où ces phénomènes ont été étudiés par un chimiste français exceptionnel, Antoine Laurent de Lavoisier.

L'époque s'y prêtait. Au cours du 18ème siècle, la chimie théorique avait encore des difficultés à s'affirmer, mais l'attitude des chimistes envers l'étude des phénomènes naturels était devenue plus scientifique, en ce sens qu'elle se fondait davantage sur des expériences rigoureuses, et sur des observations approfondies, seul moyen qui permettait de parvenir, comme le disait Galilée, à des démonstrations certaines.

Dans son *Dictionnaire de Chimie*, rédigé en 1766, Pierre Joseph Macquer avait écrit : " la théorie ne peut être utile que si elle naît d'expériences faites, et si elle nous indique les expériences à faire. La théorie sans l'expérience est toujours une vision trompeuse et mal fondée". Et il ajoutait en complément inverse, reprenant presque les mots de Galilée, que "si l'expérience n'est pas reliée à une théorie, c'est toujours un tâtonnement aveugle".

En bref, plus la chimie adhérait à la méthode galiléenne, et plus elle devenait une science fondée sur une conception matérialiste, au point que même si au début du 18ème siècle certains chimistes pensaient encore que des principes abstraits ou immatériels pouvaient contribuer à caractériser des éléments chimiques, à la fin du siècle, tous les chimistes pensaient que la chaleur et la lumière étaient dotées elles aussi d'une réalité matérielle.

Dès lors, même si cela ralentissait le succès potentiel de la chimie théorique, l'inertie culturelle de l'époque n'empêchait plus la chimie expérimentale d'obtenir des résultats utiles. Et dans ce cadre plus favorable, ont été découverts de nombreux éléments : le cobalt (1735), le platine (1740), le zinc (1746), le nickel (1754), le bismuth (1757), le manganèse (1774), le molybdène (1781), le tellure (1782), le tungstène (1785), et le chrome (1798).

Karl Wilhelm Scheele (1742-1786) découvrit l'acide fluorhydrique, et une série d'acides organiques. Le français Rouelle, maître de Lavoisier, élargit la définition des sels, en montrant qu'ils pouvaient être acides ou basiques, et pas seulement neutres. Une nouvelle chimie analytique profita à son tour de ce contexte expérimental émulateur, et se développa, surtout en Allemagne et en Suède. Et l'analyse par voie sèche atteignit un degré d'efficacité élevé, sans pour autant gêner l'analyse par voie humide, c'est-à-dire en solution.

Même la chimie pneumatique, la chimie des gaz, parvint à obtenir d'excellents résultats. En 1727, l'Anglais Stephen Hales publia un livre, *Vegetable Staticks*, dans lequel il présentait ses expériences quantitatives sur l'air dégagé par différentes substances. Hales ne situait pas encore bien les différences chimiques qui existaient entre les différentes substances gazeuses libérées, mais sur la base de ses résultats, Boerhaave comprit que l'air (ou plus généralement le gaz), au-delà de sa fonction physique, pouvait se combiner chimiquement aussi bien avec des substances solides qu'avec des substances liquides, ou gazeuses.

En complément, vers le milieu du 18ème siècle, l'Écossais Joseph Black découvrit non seulement certains principes importants pour le développement futur de la thermodynamique, tels que la quantité de chaleur, la chaleur spécifique et la chaleur latente, mais il identifia aussi l'air fixe (le gaz carbonique), ce qui aidait à démontrer que l'air, qui contenait différentes substances gazeuses, n'était pas une substance homogène. Grâce aux études de Black, la recherche sur les gaz se développa plus activement en Europe.

Au point qu'en 1766, Henry Cavendish découvrit l'air inflammable, l'hydrogène. Et en 1772, Daniel Rutherford isola l'air dit méphitique (l'azote), qui ne participait ni à la respiration ni à la combustion. Dans ces mêmes années, Joseph Priestley isola, à lui seul, plus de substances gazeuses que toutes celles déjà connues à l'époque, y compris l'air déphlogistique, c'est-à-dire l'oxygène, capable d'aider à brûler comme aucun autre gaz.

La chimie, renforcée par ces nouvelles connaissances, était dès lors suffisamment prête pour sa révolution conceptuelle de la fin du 18ème siècle, une riche période intermédiaire qui allait préparer la chimie moderne.

LA CHIMIE INTERMEDIAIRE

La substitution de la théorie de l'oxygène de Lavoisier à la théorie du phlogistique de Stahl marquait une avancée conceptuelle qui ouvrait une transition scientifique majeure. L'époque et les mentalités du 18ème siècle y étaient propices. Antoine Laurent de Lavoisier était né à Paris, en 1743, à un moment où la ville était traversée par l'esprit nouveau des Lumières. Même si Voltaire était sur le point de quitter Paris, la philosophie de la raison y avait déjà fait de nombreux prosélytes. Denis Diderot et Jean Le Rond d'Alembert étaient en voie de publier le premier volume de l'Encyclopédie (1751). Et la science européenne de ce siècle s'affirmait comme un moteur vigoureux du progrès culturel et technique de ses principales nations, grâce à la contribution de nouveaux esprits d'avant-garde.

Par exemple, au concours de l'Académie de Dijon, en 1750, pour le meilleur essai sur le thème "*Les arts et les sciences ont-ils apporté des progrès à l'Humanité* ?" le premier prix avait été attribué à la réponse négative mais bien argumentée d'un érudit genevois qui montait en notoriété, Jean-Jacques Rousseau. Le débat était vif, et les tensions sociales, à cette époque de changements rapides, étaient fortes. Lavoisier allait y prendre place.

La famille d'Antoine Laurent de Lavoisier avait connu une ascension sociale qui s'était achevée par un accès aux rangs de l'aristocratie. Conformément à son rang, le jeune, Antoine Laurent obtint un diplôme de droit, selon la tradition de ses parents. Mais ses centres d'intérêt, dans l'esprit du temps, étaient plus vastes et éclectiques, et parmi les premiers d'entre eux figurait son intérêt pour les sciences naturelles.

Sa curiosité avait été aiguillée et guidée par les meilleurs maîtres dont disposait la France dans cette deuxième moitié du 18ème siècle : le botaniste Bertrand de Jussieu, le chimiste Rouelle, et le minéralogiste Guettard. Et sa première recherche expérimentale avait montré d'emblée que le jeune apprenti-savant disposait déjà d'une méthode sérieuse.

En effet, à 21 ans, Lavoisier avait commencé à déterminer la quantité d'eau que perdait la pierre de gypse quand elle était chauffée, et celle qu'elle absorbait, en sens inverse, quand on l'utilisait comme enduit sur les maisons de Paris. Puis à 24 ans, il avait parcouru la France de long en large, avec un hydromètre de précision qu'il avait lui-même conçu, pour mesurer le poids spécifique des différentes eaux du pays.

Ces recherches avaient eu une utilité pratique, et elles étaient typiques des domaines d'intérêt des chimistes de cette époque, qui s'intéressaient aux activités industrielles liées à la géologie et à la minéralogie. Les résultats étaient publiés dans des études bien construites. En complément, le jeune Lavoisier commençait à utiliser une balance, non seulement pour analyser les minéraux, comme d'autres le faisaient, mais aussi pour vérifier les lois fondamentales de la chimie. Et cela, personne ne l'avait fait jusqu'alors. Armé de sa balance de précision, il entreprit d'abord une vérification expérimentale systématique d'une théorie aristotélicienne à laquelle Jan Baptiste Van Helmont et Robert Boyle avaient donné, au 17ème siècle, une nouvelle autorité : l'interconvertibilité de l'eau et de la terre. Lavoisier résolut ce problème ancien par une expérience assez simple : il chauffa de l'eau contenue dans un récipient clos en verre, puis il la pesa, et il établit que la masse d'eau n'avait absolument pas changé, et que le résidu solide qu'il recueillit provenait seulement de la dissolution partielle du verre par l'eau.

Par ce type d'expérience, Lavoisier non seulement contredisait la chimie d'Aristote, comme Galilée avait déjà contredit la physique du grand philosophe grec par l'expérience de la chute des corps, mais il posait aussi des bases d'études futures qui amèneront à définir la structure composite de l'eau, et à formuler le concept moderne d'élément chimique.

Socialement, Lavoisier devint membre de la Ferme Générale, qui accueillait les notables ayant reçu du gouvernement royal français le droit de percevoir les impôts appliqués aux aliments essentiels. Puis on lui confia la Direction de l'Administration Royale des poudres. Son activité sociale n'était donc pas moins importante que son activité professionnelle, et elle était plutôt non-conformiste. Il devint membre d'un nombre croissant de commissions, de conseils, de sociétés, engagés d'une façon ou d'une autre dans l'amélioration des conditions économiques et politiques du pays. Bref, il traitait de questions d'intérêt public, en y appliquant autant que possible des solutions scientifiques. C'est d'ailleurs en cherchant une solution aux problèmes sociaux de l'éclairage public des rues de Paris que son attention fut attirée par la combustion du carburant des lampes.

Et en 1772, à 29 ans, la chimie de la combustion était même devenue son centre d'intérêt scientifique principal, un intérêt qui l'amènera à définir de nouvelles lois générales de la chimie. Lavoisier était riche, ce qui lui permettait d'utiliser chez lui un laboratoire, moderne pour l'époque. Mais cette ressource pratique ne lui aurait pas suffi sans son génie intuitif et sa méthode de travail rigoureuse. Avant de décider une expérience, Lavoisier lisait toute la littérature disponible, puis il préparait son expérience, au besoin en construisant lui-même les instruments nécessaires, et enfin il l'exécutait. Il cherchait ensuite à distinguer, dans les résultats, des relations et des processus fondamentaux. Lavoisier lisait Boyle, Becher, Stahl, Booerhave, et il se rendait compte que dans la théorie du phlogistique (mais aussi dans d'autres hypothèses de ces chercheurs), nombreuses étaient les incohérences. Il était temps pour lui, par conséquent, de concevoir des expériences pour les lever.

Sa première expérience officielle, en 1772, fut plutôt spectaculaire. Avec un groupe d'autres chimistes, il démontra en public qu'il était possible de brûler même du diamant, si l'on fournissait suffisamment de chaleur, et pour ce faire, il atteignit les hautes températures nécessaires au moyen d'un grand miroir ardent.

Mais ce sont ses expériences quantitatives sur les gaz qui amenèrent Lavoisier à des succès plus scientifiquement significatifs. Dès la fin de 1772, il était en mesure d'annoncer à l'Académie Royale des Sciences, dont il devint le plus jeune membre (et le trésorier), que lorsque le phosphore brûlait, son poids augmentait parce qu'il se combinait avec l'air pour former un "esprit acide du phosphore".

Lavoisier se rendit compte qu'une combinaison analogue avec l'air se produisait lors de la calcination de divers métaux, qui augmentaient de poids en formant de nouveaux composés chimiques. Il parvint dans son laboratoire à effectuer une calcination de l'étain et du plomb, pour démontrer non seulement que le processus se faisait avec une augmentation de poids dans le cas de ces métaux, mais sans comporter pour autant, comme le croyait Boyle, une absorption de particules de feu.

Il suffisait en effet de calciner de l'étain et du plomb dans un récipient vide d'air, et scellé, puis de vérifier par pesée qu'il ne s'y produisait aucune augmentation de poids. C'est en ouvrant le récipient que l'air pouvait ensuite affluer, et le métal augmenter de poids, ce qu'indiquait la pesée. Il était évident, par conséquent, que la calcination se faisait non par absorption de particules de feu, mais par réaction chimique du métal avec l'air, l'augmentation de poids étant une conséquence du processus de combustion.

Il restait à établir si la réaction se produisait avec le constituant de l'air qu'avait découvert Joseph Black, et qu'il avait appelé air fixe, ou bien si elle avait lieu avec l'air commun tout entier, ou même avec un autre constituant inconnu. Entre-temps, il avait remarqué qu'en chauffant de la chaux métallique en présence de carbone, il se formait de l'air fixe, c'est-à-dire du gaz carbonique. Et en 1775, après avoir simplement répété les expériences de Priestley avec du mercure, Lavoisier se rendit compte que ce n'était qu'un seul des constituants de l'air, le plus pur et le plus respirable, qui réagissait avec les métaux pour donner des chaux, et que respiraient effectivement les êtres vivants pour entretenir leur métabolisme.

Dans les années suivantes, Lavoisier détermina que l'air était formé essentiellement de deux constituants. L'un, pur et respirable, réagissait avec les métaux durant leur calcination et permettait la vie en se combinant avec le carbone contenu dans les organismes biologiques. L'autre, qui ne permettait pas la vie, était considéré par Lavoisier comme une mofette, ou autrement dit, d'un air méphitique, déjà remarqué par Rutherford.

Plus tard, en 1778, Lavoisier changea d'idée et appela la mofette azote (du grec "sans vie"). Et en 1779, il nomma oxygène (du grec former un acide) le gaz pur et respirable qui semblait jouer un rôle si important dans la réaction de formation des acides de phosphore et de soufre.

Il y en aurait eu assez, à la fin des années 1770, pour faire entrer Lavoisier dans l'histoire de la chimie moderne, mais il n'en était qu'au début de sa contribution. En fait, le jeune aristocrate se rendit alors compte qu'il disposait d'assez de preuves pour soumettre à une attaque en règle la théorie du phlogistique, et il commença à concevoir le livre par lequel il portera un coup définitif à la théorie de Stahl. L'ouvrage ne paraîtra que dix ans plus tard, mais entre-temps, Lavoisier prépara le terrain. Dans une présentation à l'Académie, en 1782, il décrivit les points faibles du paradigme de Stahl, et il annonça qu'il pouvait proposer une autre théorie de la combustion capable d'écarter ces points faibles et de remplacer la théorie du phlogistique, en prouvant que dans toute combustion, c'était la combinaison avec l'oxygène qui produisait la chaleur et la lumière.

L'opportunité de sa démonstration définitive fut fournie, une fois encore, par son analyse critique de l'expérience d'un autre chimiste. En effet, en 1781, Henry Cavendish, en Angleterre, avait observé que si de l'air inflammable (l'hydrogène) brûlait avec de l'air normal, cela produisait de l'eau pure. Il avait remarqué aussi que si on faisait exploser un mélange d'air inflammable et d'air commun avec une étincelle électrique, il se formait de l'acide nitrique.

Mais l'interprétation des résultats obtenus, en particulier ceux relatifs à la formation d'eau, par le chimiste expérimental pourtant expert qu'était Cavendish, n'était pas exacte : l'air inflammable, déclarait de façon erronée l'anglais, était du phlogistique presque pur, alors que l'oxygène était de l'air dé-phlogistiqué, et il concluait que l'eau se condensait pour redevenir liquide quand elle pouvait se libérer de ces deux gaz.

Lavoisier prit connaissance de cette expérience en 1783. Il la renouvela, et il devina rapidement l'explication correcte du phénomène : l'eau ne libérait aucun gaz de cette manière. Au contraire, elle se formait par combinaison violente entre l'oxygène et l'air inflammable, qui était un élément chimique que, plus tard, Guyton de Morveau appellera hydrogène, c'est-à-dire générateur d'eau. Puisqu'on pouvait comprendre ainsi à la fois la nature de l'air, la nature de l'eau, et celle de la combustion, il était désormais temps pour lui d'associer tous ces faits dans une nouvelle théorie générale, et de rendre cela public. Sans négliger pour autant ses autres activités, Lavoisier s'engagea donc dans la rédaction de son célèbre *Traité élémentaire de chimie*, publié à Paris en 1789.

Ce livre représentait autant pour la chimie ce que les *Principia* de Newton représentaient pour la physique. C'était l'œuvre majeure par laquelle Lavoisier définissait les bases et la théorie d'une nouvelle chimie, en démontrant preuves à l'appui qu'il disposait d'une méthode que la chimie n'avait jamais connue auparavant. En fait, dans ce Traité, il expliquait et il interprétait une méthode qu'on qualifiera plus tard de réductionniste.

Lavoisier écrivit qu'en soumettant à des expériences les différents corps qui existaient dans la nature, la chimie visait à les décomposer pour qu'on puisse examiner séparément les différentes substances qui entraient dans leur composition. Il déclarait que la chimie marchait vers son but en divisant, subdivisant et resubdivisant, même sans savoir encore quelle serait la limite des découvertes. Et il établit dans ce sens une table des éléments.

En suivant cette voie, il lui sembla possible de remonter aux principes fondamentaux de la nature chimique, et de définir les substances simples qui appartenaient à tous les règnes de la nature, et qui pouvaient être considérées comme les éléments communs des corps. En fait, la première table des éléments de Lavoisier était largement incomplète, ce que d'ailleurs il reconnut lui-même. Mais, outre qu'elle normalisait le concept moderne d'élément chimique, elle se basait sur des principes qui resteront utilisés longtemps. Et elle peut être considérée comme le point de départ de ce qui constituera la future table moderne des éléments chimiques.

Le *Traité* établissait que dans les transformations artificielles humaines comme dans celles de la nature, rien n'était créé ex-nihilo. Un axiome récurrent stipulait que dans chaque transformation, avant et après qu'elle soit effectuée, on retrouvait la même quantité de matière.

C'est selon ce principe que découlait, selon Lavoisier, tout l'art de faire des expériences chimiques. Certes, depuis longtemps, les chimistes, dans la pratique de leur art, l'admettaient implicitement, souvent sans s'en formaliser. Et ce principe avait aussi été déjà explicitement affirmé par le savant russe Mikhaïl Vassilievitch Lomonossov.

Mais Lavoisier a été le premier à avoir formulé un principe de conservation de la matière, et à l'avoir appliqué clairement à la chimie. De ce principe découlait la possibilité, très tôt comprise par Lavoisier, de décrire les réactions chimiques par de simples équations algébriques. Une de ses équations, utilisée dans le Traité, peut être considérée comme la première équation simple de l'histoire chimique : moût de raisin = acide carbonique + alcool. La tentation de Lavoisier de suivre les traces de la physique et de rendre plus mathématique la chimie se confirma lorsqu'il dit " Nous pouvons vérifier nos résultats expérimentaux avec le calcul et, réciproquement, vérifier nos calculs par une voie expérimentale. J'ai souvent adopté avec succès cette méthode pour corriger les premiers résultats de mes expériences, et pour m'orienter sur une bonne voie, en vue de les répéter ".

Après avoir conçu ces nouveaux principes de base de la chimie et de sa méthode mathématique d'application, il put engager son offensive contre la théorie du phlogistique. La combustion, soutenait Lavoisier, était une réaction de l'oxygène avec une autre substance, et l'augmentation de poids de cette substance était exactement égale à la quantité d'oxygène qu'elle consommait. Quant à l'oxygène, c'était le plus universel des gaz (c'est-à-dire le plus répandu et le plus réactif), parce qu'il intervenait dans la formation de la majeure partie des substances composées : acides, bases, sels. En particulier, en réagissant avec un radical, l'oxygène formait un acide, et en réagissant avec un métal, il formait une base. La réaction d'un acide avec une base conduisait, ensuite, à la formation de sels. La théorie de l'oxygène se substituait ainsi définitivement à la théorie du phlogistique.

Dans ce Traité, on ne trouvait donc pas seulement l'exposition d'une nouvelle chimie. On y trouvait aussi une nouvelle façon de concevoir la chimie, devenue une science logique et axiomatique, qui précisément comme les mathématiques, pouvait être déduite d'une série de principes, ou axiomes, évidents en eux-mêmes.

Et les axiomes fondamentaux de la chimie venaient de faits qui pouvaient être démontrés par des expériences reproductibles. On trouvait toutefois quelques erreurs dans le *Traité*. La principale découlait de l'objectif final que Lavoisier s'était fixé, à savoir faire de la chimie une science aussi exacte que la physique, et donc éliminer, comme l'avait fait la physique, tout recours à des forces occultes. Pour cette raison, Lavoisier refusait d'interpréter la chaleur comme un mouvement. Il retenait, comme beaucoup de ses contemporains d'ailleurs, que la chaleur, y compris la chaleur produite en réaction, et aussi la lumière, étaient des substances matérielles, constituées chacune de corpuscules, ou d'atomes, très petits et élémentaires.

C'est pour cela que la table des éléments de Lavoisier commençait par la lumière et la chaleur, qu'il appelait le calorique. Ce calorique pouvant participer à la fois au phlogistique et aux réactions chimiques, Lavoisier maintenait seulement que lorsque l'oxygène s'unissait à un métal, il libérait du calorique. Cette façon d'interpréter la nature de la chaleur, et la conviction que tous les acides contenaient de l'oxygène, furent les deux erreurs les plus sérieuses du système chimique de Lavoisier. Elles créèrent des difficultés aux chimistes pendant une partie du siècle suivant.

Par ailleurs, le fait que Lavoisier s'inspire de Boyle et accepte la théorie corpusculaire ne le rendait pourtant pas, au sens strict, mécaniste. Au contraire, il faut éviter l'équivoque qui résulterait d'une conception selon laquelle Lavoisier réalisait tardivement une conversion à la mécanique. Et cela parce que, selon ses principes fondamentaux, les éléments chimiques n'étaient pas seulement des corpuscules porteurs de mouvement, ils étaient aussi porteurs de qualités. L'oxygène, par exemple, contenait intrinsèquement la qualité acide. D'autre part, soutenait Lavoisier, rien n'interdisait que la subdivision des corpuscules se poursuive à l'infini. Mais il avertissait que même s'il était possible de subdiviser le corpuscule à l'infini, celui-ci perdrait alors ses propriétés et ses qualités intrinsèques, liées à un minimum massique.

Mises à part ces erreurs d'interprétation, de caractère épistémologique, on peut dire qu'avec la sortie du *Traité* une révolution avait été accomplie. Et comme toutes les révolutions, elle suscita des réactions : c'est une rodomontade académique, disait Giorgio Santi (1746-1822), professeur à l'université de Pise. Mais elle suscita aussi de brillantes conversions, jusqu'à celle de Santi lui-même, qui ne tarda pas à reconnaître que cette révolution chimique était un torrent impétueux, qui rencontrait des obstacles, certes, mais qui les surmontait, et qui emportait beaucoup sur son passage.

Car Lavoisier ne proposait pas seulement une méthode et une théorie générale à la nouvelle science chimique, il impulsait la création d'un langage propre, et même d'un journal. Enfin, fait non moins important, il ouvrait une voie biochimique, qui deviendra dominante un siècle et demi plus tard. En effet, après la publication du Traité, Lavoisier s'engagea dans des recherches sur la respiration animale, avec le célèbre mathématicien Pierre-Simon de Laplace, puis avec le jeune Armand Séguin. Il parvint à démontrer que la source de la chaleur animale était une réaction endogène de combustion de composés du carbone avec de l'oxygène, qui produisait du gaz carbonique et de l'eau. Lavoisier remarqua aussi qu'au cours d'une intense activité physique, la consommation d'oxygène augmentait.

Malheureusement, il réalisait tout cela en 1789, quand la révolution chimique rencontrait et recoupait une autre révolution, la révolution politique française. Et dans ce contexte, Lavoisier, chimiste désormais célèbre dans le monde entier, était aussi un Fermier Général de Paris, qui percevait l'argent des impôts royaux. Il n'était pourtant pas opposé au changement de la société française ; et en tant qu'homme de science, il essayait de se rendre publiquement utile selon ses compétences, pendant cette période de transformations radicales. Avec Laplace, Monge et Condorcet, il travaillait même pour l'Académie des Sciences à la définition d'un nouveau système de mesure décimal, avec une nouvelle unité de mesure, le mètre.

Ses mérites scientifiques n'ont pourtant guère eu de poids lorsque la révolution cessa d'être modérée et, qu'avec la Terreur, elle provoqua un bain de sang. Marat l'attaqua explicitement dans ses Lettres sur le charlatanisme académique. Le 8 août 1793, l'Académie des Sciences fut fermée. Mais ce qui décida surtout du sort funeste de Lavoisier, c'est son activité de percepteur d'impôts, par laquelle il servait les intérêts de la monarchie. On se mit à rechercher l'illustre chimiste. En novembre, il se constitua prisonnier, et le 8 mai 1794, après un procès sommaire, il fut guillotiné.

Une fin paradoxale, puisqu'en quelques années, il avait fait de la chimie une science moderne d'intérêt public, en lui donnant une méthode, une théorie, un langage. En d'autres termes, il avait déclenché une révolution, mais chimique, comme il l'écrivait lui-même à Benjamin Franklin en 1790.

Antoine Laurent de Lavoisier n'a laissé derrière lui, pour ses successeurs, que deux erreurs à corriger et deux problèmes à résoudre. D'abord une erreur de nature physique, ou physico-chimique, par sa conviction que le calorique était une véritable substance. Et une autre erreur, de nature chimique, était que tous les acides soient des composés de l'oxygène.

Quant aux deux problèmes irrésolus, ils concernaient les fondements de la chimie : la nature de l'affinité, et la conception des corps purs composés. Mais le bilan restait globalement positif.

Car au début du 19ème siècle, les chimistes avaient désormais des moyens assez améliorés pour corriger leurs erreurs et traiter leurs problèmes en suspens. La diffusion des informations devenait de plus en plus rapide, et un dialogue entre les chercheurs d'Europe et d'Amérique s'intensifiait. La science prenait un caractère de plus en plus international, où la nouvelle chimie, grâce à Lavoisier, avait enfin acquis un statut de science autonome. Des universités créaient des cours de chimie, et les chimistes n'avaient plus besoin de recevoir une formation préalable de médecine ou de pharmacie.

L'industrie, pour sa part, induisait des problèmes technologiques où la distinction entre chimie appliquée et chimie théorique tendait à se réduire. Au point que tous les grands chimistes, au tournant du 18ème et du 19ème siècles, devenaient aussi bien théoriciens que praticiens. La plupart devinrent des contributeurs actifs au développement industriel, civil et militaire. Lavoisier lui-même avait fourni à l'armée française de puissants explosifs. Et, au cours des guerres que Napoléon entreprit en Europe, de nombreux laboratoires et de nombreuses pharmacies se transformèrent en centres de production pour les besoins militaires.

Dans ce développement, par lequel se constituait une science chimique à part entière, il subsistait une simple gêne, du fait que Lavoisier, Boyle, et d'autres, avaient été originellement des physiciens versés dans le domaine chimique. À l'époque suivante, en revanche, les chimistes ont été plus préoccupés par la recherche d'une formation spécifique, et par l'évolution d'une science distincte. Ceci avec quelques aléas, puisque, confrontés à la nécessité de consolider le succès rapide de leurs théories qualitatives, ils tendirent alors à moins utiliser la physique, ce qui entraîna un éloignement de fait des deux disciplines, lesquelles au contraire auraient probablement gagné à rester encore quelque temps en synergie pratique.

Pour la chimie, cela constitua un frein à l'exploration de nouveaux champs de recherche mixtes. Un exemple en a été fourni par le développement de la thermodynamique, et par le dépassement de la notion de calorique. La plupart des chimistes utiliseront, pendant au-moins un demi-siècle après la mort de Lavoisier, la notion de calorique, alors que les physiciens, par le développement de leurs études de thermodynamique, la rendaient obsolète. Le premier à mettre explicitement cette notion en doute, dès 1798, fut l'Américain Benjamin Thompson.

Ensuite, les physiciens devinrent progressivement de plus en plus convaincus que la chaleur n'était qu'une forme d'énergie. Et c'est en vertu de ce principe qu'au début du 19ème siècle, en étudiant le comportement des machines à vapeur, un jeune ingénieur de l'armée française, Nicolas Léonard Sadi Carnot (1796-1832), jeta les bases de ce qui deviendra plus tard le deuxième principe de la thermodynamique.

Robert Mayer avait déjà énoncé le premier principe de la thermodynamique en 1842, alors qu'il étudiait la couleur d'un rouge particulier que prenait le sang humain aux tropiques. Il en avait déduit alors que pour produire l'énergie nécessaire au corps humain, sous la chaleur des tropiques, une combustion même réduite suffisait. Puis il parvint à formuler de façon explicite le principe de conservation de l'énergie, rapidement accepté par presque tous les scientifiques. En 1850 et en 1851, Rudolf Clausius et Lord Kelvin (alias William Thomson), énoncèrent ensuite le deuxième principe de la thermodynamique, sur la base des travaux de Carnot, en démontrant l'irréversibilité de la transformation du travail en chaleur.

En 1854, Rudolph Clausius (1822-1888) exposa son concept d'entropie. Et en 1865, il résuma les principes de la thermodynamique en deux énoncés simples : d'une part, l'énergie de l'univers était constante, et d'autre part, l'entropie de l'univers tendait vers un maximum. Du côté de la chimie, il fallut attendre 1869, et August Friederich Horstmann, pour qu'on y applique ces nouveaux concepts de thermodynamique, lorsque Horstmann démontra que la sublimation du chlorure d'ammonium suivait les mêmes lois thermodynamiques que l'évaporation d'un liquide.

En 1875, l'américain Josiah Willard Gibbs, physicien mathématicien à Yale, apporta une autre contribution chimique originale à la thermodynamique. Gibbs formula en effet un concept de potentiel chimique, et en concluant ses études sur l'équilibre chimique des systèmes hétérogènes, il introduisit une règle dite des phases. Les travaux de Gibbs, largement utilisés au siècle suivant, ne seront d'abord connus (et reconnus) en Europe que par quelques grands savants, parmi lesquels Maxwell et Van der Waals, au moins jusqu'à ce que, en 1892, Wilhelm Ostwald les fasse traduire en allemand et qu'en 1899 Henri Le Châtelier en fournisse une traduction en français.

Mais d'autres domaines de la chimie restaient à améliorer. Rappelons notamment que Lavoisier attribuait (à tort) une grande importance au rôle de l'oxygène. Il avait été amené à penser que l'oxygène était un constituant essentiel et caractéristique des acides, et cette conviction sur la nature nécessairement oxygénée des acides a perduré.

Le fait qu'en 1789, Claude-Louis Berthollet ait démontré que l'acide sulfhydrique (HS) et l'acide cyanhydrique (HCn) ne contenaient pas d'oxygène n'avait pas suffi à infirmer cette conviction chez beaucoup de chimistes, encore trop conformés aux idées de Lavoisier pour que la théorie sur la nature chimique des acides soit modifiée ipso-facto.

Une autre confirmation des réticences à abandonner les idées du grand Lavoisier a été donnée en 1809 par Joseph Louis Gay-Lussac (1778-1850). Ce chimiste français achevait alors de longues études sur l'acide muriatique, et ses résultats indiquaient clairement qu'il ne s'agissait pas de l'oxyde d'un élément inexistant, le murium, comme on l'avait cru jusqu'alors, car cet acide en effet ne contenait pas d'oxygène. Mais Gay-Lussac préféra ne pas publier sa propre découverte, plutôt que de contredire Lavoisier. C'est l'anglais Humphry Davy, en 1810, qui reprendra ces résultats sur la nature non oxygénée de l'acide muriatique, et qui démontrera que le chlore, contenu dans l'acide, en était l'agent actif. En 1813, Gay-Lussac ré-analysa l'acide iodhydrique (HI) et dut reconnaître que Davy avait raison : les acides n'étaient pas nécessairement des composés oxygénés. La nature chimique des acides fut de nouveau confirmée, dans les années 1830, par Thomas Graham et par Justus Liebig. Graham démontra que les acides ortho, pyro et métaphosphorique, étaient des composés différents, qui contenaient, respectivement, trois, deux, et une molécule d'eau, et que l'eau pouvait y être remplacée par un nombre correspondant d'équivalents basiques.

Justus Liebig (1803-1873), ayant compris que de nombreux acides organiques pouvaient se lier à des équivalents basiques, généralisa les résultats précédents, et en 1838 il élabora sa théorie des acides polybasiques. Les acides, soutenait-il, étaient des composés hydrogénés, où l'hydrogène pouvait y être remplacé par des métaux, pour former des sels. La deuxième grande erreur de Lavoisier était ainsi corrigée. Mais Lavoisier, malgré ses lacunes, avait tout de même fait de la chimie une nouvelle science, où il avait bien démontré l'importance de la méthode quantitative.

Des chimistes théoriciens ont pu ensuite élargir cette voie en y ajoutant des processus de mathématisation, comme l'avaient fait les physiciens dans leur propre domaine. C'était d'autant plus aisé que l'outil mathématique utilisé en chimie n'était pas aussi complexe que celui utilisé en physique. Par exemple, l'une des premières tentatives pour appliquer des outils mathématiques en chimie théorique s'était portée sur le problème de la force et de la nature de l'affinité, un problème que Lavoisier avait laissé ouvert. Qu'est-ce qui poussait certaines substances chimiques à s'attirer et à réagir ? Et comment cette force pouvait-elle être mesurée ?

En 1792, Benjamin Richter publia à Breslau le premier volume de ses *Fondements de la Stœchiométrie*, qui répondaient à ces questions. Richter donnait le nom de stœchiométrie (du grec mesurer) à ce qui ne pouvait pas fonctionner sans proportion définie, greffant ainsi une nouvelle branche à la chimie. Il pensait, en effet, pouvoir mesurer l'affinité en déterminant la quantité d'acide nécessaire à la neutralisation d'une quantité donnée de base, et il rassemblait les résultats obtenus dans un tableau de neutralisation, qui fut en fait le premier tableau des équivalents. En étudiant la double décomposition de sels neutres, il parvint même à définir une loi des proportions définies : dans un composé, la proportion des éléments qui le composaient était toujours constante.

Mais à Paris, au début du 19ème siècle, Claude-Louis Berthollet (1748-1822), contesta l'usage de ces tableaux, et il souligna que l'affinité n'était pas une force absolue. En effet, le résultat d'une réaction chimique n'était pas défini uniquement par la nature des substances qui réagissaient, mais aussi par leurs quantités relatives. Berthollet anticipait de plus d'un demi-siècle l'énoncé de la loi d'action de masse, mais il était trop en avance sur son époque, et cela le portait à commettre une erreur : celle de considérer l'affinité comme une force générale, qui ne serait pas seule à intervenir dans les réactions chimiques, mais qui serait en mesure d'intervenir dans n'importe quel type d'interaction entre des substances.

En d'autres termes, un composé qui se dissolvait dans un autre pour former une solution, et deux composés qui réagissaient, étaient pour Berthollet des expressions de l'intervention d'une même force. Si bien que la loi des proportions définies, énoncée par Joseph-Louis Proust (1754-1826), n'était alors qu'un cas particulier de cette loi plus générale de l'affinité. Berthollet croyait qu'il existait une variation continue des proportions, plutôt que des proportions définies des différents éléments dans leurs combinaisons chimiques, où deux éléments pouvaient réagir entre eux en se combinant dans n'importe quelle proportion. Mais Proust démontra que les théories de Berthollet se fondaient sur une mauvaise démonstration appliquée (les composés qu'il étudiait étant très impurs), et que ces théories conduisaient à des conclusions indéfendables.

Une dissolution d'ammoniaque dans l'eau était une chose différente de la réaction entre l'hydrogène et l'azote qui produisait l'ammoniaque. De nouveaux moyens allaient le prouver, puisqu'en 1803, Jöns Jacob Berzelius et William Hisinger avaient commencé de leur côté à étudier la décomposition des sels à l'aide d'un nouvel instrument mis au point trois années auparavant par le physicien italien Alessandro Volta : la pile électrique.

D'autres chimistes s'intéressèrent à leur tour à cet instrument capable de démultiplier leur potentiel expérimental, comme William Nicholson et Anthony Carlisle, qui réalisèrent notamment une décomposition de l'eau. L'électrochimie s'organisa alors rapidement. Humphrey Davy, à Londres, donna une forte impulsion à cette nouvelle sous-discipline de la chimie, en isolant le sodium et le potassium à l'état de métaux, puis le baryum, le magnésium, le calcium et le strontium.

Parmi les disciples de Davy figurait Michael Faraday (1791-1867), un savant qui allait attacher son nom à la physique de l'induction électrique, en plus des résultats qu'il avait obtenus dans le domaine chimique. Entre 1832 et 1833, il démontra que la quantité de substance qui se décomposait dans une électrolyse était proportionnelle à l'intensité et au temps d'application du courant. Faraday, devenu un personnage important à la fois en électrochimie et en électrophysique, proposa alors d'introduire une nomenclature rationnelle. William Whewell lui suggéra de nommer électrodes les pôles où se déposaient les substances, en distinguant la cathode pour le pôle négatif, l'anode pour le pôle positif, et l'ion pour les particules chargées, lesquelles pouvaient être distinguées en anions pour les particules à charge négative, et en cations pour les particules à charge positive. Cette nomenclature a convaincu, a été appliquée, et est restée en usage depuis.

Mais dans le domaine électrochimique, c'est surtout le travail mené au début du siècle par Berzelius et Hisinger qui a conduit aux conséquences théoriques les plus fondamentales. En effet, il en ressortit que les bases migraient vers le pôle positif, et portaient donc une charge négative, tandis que les acides migraient vers le pôle négatif, et portaient donc une charge positive. Puisqu'on savait déjà que les acides et les bases réagissaient d'autant plus violemment qu'ils étaient forts, pour donner des sels, et qu'on découvrait qu'ils portaient aussi des charges électriques opposées, cela signifiait-il que l'affinité chimique avait un lien avec la charge électrique ?

Ce n'était pas un mince problème, étant donnée la confusion qui régnait encore dans le domaine de la chimie théorique. William Cruikshank, par exemple, avait avancé l'hypothèse selon laquelle le courant électrique était un fluide qui se présentait sous la forme d'une substance chimique semblable au calorique, et que quand certaines espèces chimiques, comme l'oxygène et l'hydrogène, atteignaient les électrodes, et se combinaient avec cette substance électrique, elles étaient libérées. De son côté, Davy pensait que les espèces chimiques se chargeaient électriquement en s'approchant l'une de l'autre, si bien qu'un composé pouvait naître de l'attraction de charges opposées qui essayaient de se neutraliser.

Mais Jöns-Jakob Berzelius (1779-1848), devenu à son tour une autorité dans la chimie mondiale, formula une théorie plus précise et plus juste de l'affinité. Il soutint que les espèces chimiques étaient constituées d'atomes, et que chaque atome était un dipôle, c'est-à-dire qu'il possédait à la fois une charge positive et une charge négative. Sur chaque atome, pouvait se former un excès de charge positive ou négative, ce qui le rendait plus ou moins électronégatif ou électropositif.

La seule exception était que l'oxygène, l'élément qui apparaissait comme le plus électronégatif, ne possédait qu'une charge négative, et se trouvait donc au sommet d'une échelle d'électronégativité. Tout autre élément pouvait être situé dans cette échelle, en étant plus électronégatif que les espèces qu'il précédait et plus électropositif que les espèces qui le précédaient. Dans ces conditions, des réactions chimiques se produisaient entre des espèces qui se trouvaient dans des parties opposées de l'échelle d'électronégativité, et qui essayaient de neutraliser leurs excédents respectifs de charge.

Toutefois, l'opération de neutralisation n'apparaissait pas toujours achevée. Par exemple, le soufre, espèce électropositive, réagissait avec l'oxygène pour donner du trioxyde de soufre (anhydride sulfurique), dans lequel subsistait une charge négative, et le trioxyde de soufre tendait à réagir avec d'autres espèces électropositives, jusqu'à ce qu'on obtienne une neutralisation maximum. La théorie de Berzelius n'expliquait donc pas seulement ce qui se produisait dans les opérations électrolytiques, elle donnait une explication plus cohérente de cette force, jusque-là mystérieuse, qu'était l'affinité, qui portait des espèces chimiques à réagir ou non entre elles. C'est pour cette raison qu'elle rencontra un succès rapide : les chimistes pensaient avoir résolu le grand problème laissé ouvert par Lavoisier.

La théorie de Berzelius avait pourtant deux points faibles. Le premier était qu'elle ne s'adaptait pas à tous les faits expérimentaux, notamment quand un composé n'avait pas de charge électrique, et donc pas de charge électrique négative. Le deuxième est qu'elle n'expliquait pas l'étrange hypothèse qu'avait avancée Amedeo Avogadro (1776-1856), selon laquelle deux atomes d'hydrogène, d'oxygène, et de nombreux autres éléments, pouvaient réagir et se lier entre eux pour former une molécule d'hydrogène, d'oxygène, ou d'autres espèces. Berzelius ignora le premier point faible sans démonstration, et il contra le deuxième en ignorant les théories d'Avogadro.

Mais finalement, même si Benjamin Richter en avait eu d'abord l'intuition, c'est à Joseph-Louis Proust (1754-1826) que reviendra le mérite d'établir et de démontrer l'affinité réelle, par sa loi des proportions définies.

En 1799, ce chimiste français, qui enseignait à Madrid, prouva que le cuivre et le carbonate étaient toujours liés dans les mêmes proportions, nonobstant la méthode de préparation du carbonate de cuivre. Puis il consacra les neuf années suivantes de sa vie à étudier d'autres composés afin de donner un caractère plus général à cette loi. Et il découvrit qu'effectivement, les proportions dans lesquelles les éléments s'associaient dans un composé donné étaient toujours constantes.

En 1808, les chimistes étaient encore loin de tous comprendre la nature de l'affinité ainsi expliquée, mais ils commençaient à regarder les composés chimiques presque de la même façon dont les regardera plus tard un chimiste moderne, bien qu'ils n'aient alors aucune théorie quantitative pour en expliquer la nature et le comportement.

L'anglais John Dalton (1766-1844) se chargea d'en élaborer une, après avoir étudié la chimie et la physique de l'atmosphère. Comme beaucoup d'autres à l'époque, il croyait que les atomes étaient les particules les plus petites de la matière, et il pensait que tous les atomes avaient les mêmes dimensions. Toutefois, il ne parvenait pas à concilier cette conviction avec le comportement que manifestaient les gaz. C'est pourquoi il proposa que les atomes soient représentés comme des sphères compactes, entourées d'un halo de chaleur qui expliquait leur répulsion réciproque, et dont les dimensions variaient selon leurs caractéristiques chimiques.

Puis il essaya de mesurer les différences de taille et de poids des atomes. Car sa théorie atomique avait besoin d'observations sur les combinaisons chimiques, en commençant par vérifier leurs structures basiques. Il voulait notamment vérifier si un composé de deux éléments pouvait contenir seulement un atome de chaque constituant. Or, cela n'était observable que pour des composés comme l'acide chlorhydrique (HCl), formé précisément d'un atome d'hydrogène et d'un atome de chlore. En supposant que ce cas était valable d'une façon générale, Dalton soutint qu'il avait trouvé une méthode pour déterminer le poids relatif des atomes : par exemple, en prenant comme unité de mesure le poids de l'atome d'hydrogène, il calculait que dans la molécule d'eau (H^2O) l'oxygène pesait 6 fois plus que l'hydrogène.

De la même façon, dans l'ammoniaque, l'azote pesait 4 fois plus que l'hydrogène. Sur la base de cette théorie, Dalton construisit en 1803 le premier tableau des poids atomiques. Et sa théorie fut exposée en 1808 dans la publication de son ouvrage *A new system of chemical philosophy*, qui deviendra un classique de l'histoire de la chimie. Dalton y affirmait qu'entre deux éléments pouvaient se former plusieurs composés différents.

Il exposait qu'un atome d'un élément pouvait s'associer avec un ou plusieurs atomes d'un autre élément, selon des proportions multiples, mais constantes, comme le soutenait aussi Proust. L'alcool, par exemple, selon Dalton, était constitué de 7 atomes : 4 de carbone, 2 d'oxygène et un d'hydrogène. La formule était erronée (on sait aujourd'hui que l'alcool éthylique a 2 atomes de carbone, 6 d'hydrogène et un d'oxygène), mais la théorie de Dalton, malgré quelques inexactitudes et rigidités, permettait aux chimistes de donner une meilleure base quantitative à la conception atomique de la matière, tout en donnant aussi un sens plus précis au concept d'élément chimique, et en expliquant la discontinuité des proportions selon lesquelles les atomes se combinaient entre eux. On pouvait commencer ainsi à représenter plus schématiquement la répartition des atomes dans les composés.

Dans ces années-là, le français Joseph Gay-Lussac (1778-1850) découvrait pour sa part que les gaz se combinaient entre eux selon des rapports simples de volume. Si bien qu'en 1809, il put lui aussi généraliser ses résultats expérimentaux et annoncer que les proportions selon lesquelles les gaz se combinaient étaient constantes, et définies selon des nombres entiers. Gay-Lussac, et Alexander von Humboldt, confirmèrent que l'hydrogène et l'oxygène se combinaient dans un rapport 2 à 1 pour constituer de l'eau, et d'autres chercheurs ajoutèrent que dans l'ammoniaque le rapport entre l'hydrogène et l'azote était de 3 à 1. Ces résultats n'ont pas été acceptés par Dalton, mais ils ont été pris en compte et valorisés par Berzelius.

Berzelius voulait vérifier la loi des proportions multiples et à déterminer avec précision les poids atomiques des éléments. En chemin, il identifia de nouveaux éléments, comme le silicium, le titane et le sélénium. Puis il introduisit une nomenclature des symboles chimiques. Dans le système symbolique de Berzelius, chaque élément était caractérisé par une lettre majuscule, la première de son nom latin, suivie par une deuxième lettre minuscule, en cas de confusion. C'est ainsi que le symbole de l'hydrogène devint H ; celui du sodium, Na ; du chlore, Cl ; de l'oxygène, O ; de l'azote N.

Ainsi, quelques années seulement après la mort de Lavoisier, la chimie devenait une science de plus en plus systématique et quantitative, avec des équations faciles à formuler et à résoudre, et des symboles plus simples à manipuler. En contribuant à cet élan porteur, le chimiste italien Amedeo Avogadro (1776-1856) allait même atteindre les résultats théoriques les plus intéressants de son époque. Car dès 1811, il reprit l'idée, avancée puis écartée par Dalton, suivant laquelle des volumes égaux de gaz différents contenaient le même nombre de particules, mais non pas d'atomes, précisait Avogadro, parce qu'il s'agissait en fait de molécules.

Une molécule était à la fois une particule fondamentale (en l'occurrence, de gaz) et une association de deux ou plusieurs atomes. Si l'on tenait compte de cela, soutenait Avogadro, le rapport entre les masses de deux volumes égaux de gaz pouvait fournir de façon simple et précise le rapport entre les masses de leurs molécules. De cette façon, le chimiste italien calculait (avec une bonne approximation) que le poids atomique de l'oxygène était égal à 15,074 fois celui de l'hydrogène et non pas 6 ou 8 fois, comme on le croyait. Autrement dit, l'intuition d'Avogadro était qu'il fallait faire une distinction entre les atomes, qu'il appelait molécules élémentaires, et les molécules, qu'il appelait molécules intégrantes.

Avogadro expliquait que les molécules élémentaires (atomes) pouvaient se combiner entre elles pour donner des molécules intégrantes. Par exemple, deux atomes d'hydrogène pouvaient se combiner entre eux pour donner une molécule d'hydrogène ($H+H=H^2$). À leur tour, les molécules intégrantes pouvaient réagir avec des molécules élémentaires ou avec d'autres molécules intégrantes, en se décomposant et en se recombinant pour produire de nouveaux composés.

Une molécule élémentaire d'oxygène, soutenait Avogadro, pouvait réagir avec une molécule intégrante d'hydrogène pour former une molécule intégrante d'eau ($H^2 + O = H^2O$). Amedeo Avogadro n'avait donc pas découvert seulement le concept de molécule, il avait aussi découvert la façon dont les éléments se combinaient entre eux pour constituer les composés les plus variés. Son hypothèse, toutefois, n'a pas été aussitôt acceptée. En particulier par les deux chimistes qui jouissaient de la plus grande autorité à l'époque, Dumas et Berzelius, qui ne réussirent pas à accepter cette façon dont deux atomes pouvaient se lier entre eux.

Il a fallu attendre encore un demi-siècle pour que tous les chimistes rendent justice aux hypothèses d'Avogadro. Entre temps, le problème de la combinaison chimique, qui aurait été en grande partie résolu par l'acceptation de ces hypothèses, est resté temporairement confus, notamment parce que les tableaux des poids atomiques, établis avec une bonne approximation par Berzelius, n'avaient pas encore de base théorique exacte.

Cette lacune était compensée par des chimistes qui préféraient utiliser temporairement un concept plus pratique : le poids équivalent, qui tenait compte du rapport entre les poids des éléments qui se combinaient entre eux. Tout le monde, toutefois, ne faisait pas une différence nette entre le poids atomique et le poids équivalent. Et William Prout, pour sa part, soutenait encore en 1816 que l'hydrogène était la matière primordiale à laquelle se référaient les anciens, ce dont la pertinence était discutable.

Il ajoutait néanmoins que toute la matière dérivait de l'hydrogène, et que, par conséquent, le poids de la plupart des éléments était un multiple entier du poids de l'atome d'hydrogène. Prout se trompait, parce qu'il ne connaissait pas la physique du noyau, ni l'existence des neutrons et des isotopes. Mais malgré son erreur, sa théorie aurait pu donner des résultats positifs, si Berzelius ne l'avait pas rejetée pour la seule raison qu'elle minait tout son système de tableau.

Ce problème de combinaison, même bien reformulé par Avogadro, étant resté ouvert, il a fallu attendre les progrès de la chimie moderne, notamment organique, pour clarifier tout cela. C'est ce que nous allons voir dans l'exposé suivant.

Amedeo Avogadro
(1776-1856)

LA CHIMIE MODERNE

Depuis le développement de l'Homo Sapiens, au paléolithique moyen, la transformation de la matière par nos ancêtres avait fait intervenir des substances organiques, même si ces substances leur paraissaient particulièrement complexes à connaître et à utiliser. Et à l'orée des temps modernes, l'essor de la chimie en tant que science n'avait pas encore modifié cette perception. Les chimistes précurseurs observaient cependant dans leurs laboratoires que les substances produites par les organismes vivants se comportaient d'une manière différente, étaient moins stables, et plus réactives, que les substances tirées du monde non-vivant.

C'est ainsi que le chimiste suédois Torbern Bergman, en 1780, distinguait trois types de substances : les substances minérales, qui étaient généralement simples, puis les substances pures extraites d'organismes, qui restaient complexes, et enfin les produits organiques, c'est-à-dire les fluides et les tissus, encore plus complexes, issus d'organismes vivants, animaux ou végétaux.

Berzelius utilisa volontiers cette différenciation. En 1814, il était parmi les premiers à parler de chimie organique, même si par ce terme il entendait ce qui sera défini ensuite comme la chimie biologique. Berzelius constatait aussi que les composés organiques obéissaient à la nouvelle loi des proportions, définies et constantes, comme le faisaient aussi les composés inorganiques. En réfléchissant plus loin, il imaginait que les constituants organiques pouvaient obéir aux autres lois générales de la chimie, malgré le fait qu'à son époque, il soit difficile de le démontrer.

Un obstacle à l'expérimentation restait le fait que Berzelius, comme presque tous ses confrères chimistes d'alors, pensait que les composés organiques ne pouvaient pas être obtenus en laboratoire, parce qu'ils étaient produits et contrôlés par une vis viva, une force vitale, qui avait seule la capacité de conférer la vie aux organismes. C'est avec une grande surprise, par conséquent, qu'en 1828 Berzelius et les vitalistes reçurent une information disant que Friedrich Wöhler (1800-1882) était parvenu à transformer un composé inorganique, le cyanate d'ammonium, en urée, un composé organique produit jusqu'alors seulement par les animaux.

Pour sa part, Michel-Eugène Chevreul, qui avait publié en 1823 un livre intitulé *Recherches chimiques sur les corps gras d'origine anim*ale, avait déjà pu démontrer que des savons obtenus par saponification des graisses, et traités avec des acides, donnaient naissance à des produits cristallisés, de véritables acides, comme l'acide butyrique et l'acide stéarique, qu'il avait isolés.

La graisse d'origine animale, par conséquent, était le résultat d'une combinaison de glycérine avec de tels acides organiques, à la faveur d'une liaison qui paraissait semblable à celle qui conduisait à la formation des sels dans le monde inorganique. Le processus de saponification, soutenait Chevreul, consistait en une décomposition d'un sel gras par une base, cette dernière prenant la place de la glycérine anhydre. Lavoisier, comme nous l'avons déjà vu, avait lui aussi travaillé dans le domaine de la chimie organique, en donnant du crédit à cette nouvelle discipline de la chimie.

Mais ce n'est qu'au début du 19ème siècle que la chimie organique allait connaître un développement vraiment significatif, grâce aux résultats auxquels nous venons de faire référence, mais grâce aussi à la méthode mise au point par Justus Liebig pour analyser les composés organiques, et grâce à la méthode d'analyse des composés azotés mise au point, en 1883, par Jean-Baptiste Dumas. Grâce à ces méthodes, peu à peu, les chimistes isolèrent, étudièrent, et même synthétisèrent dans leurs laboratoires, un ensemble croissant de produits organiques. Et ceci sans trouver ni trace ni empêchements d'une vis viva. Au point que Marcelin Berthelot put publier sans contestation, en 1860, un livre sur la chimie organique, où il démontrait la possibilité de synthétiser tous les produits organiques à partir de quelques corps simples, le carbone, l'hydrogène, l'oxygène, et l'azote. Il y démontrait que, bien que beaucoup plus complexe, la chimie organique ne semblait pas s'écarter des lois générales de la chimie.

Compte tenu de ces résultats, des chimistes abandonnèrent l'hypothèse vitaliste, et ils essayèrent d'expliquer le comportement des substances biologiques par de nouvelles théories. La première a été la théorie des radicaux, que l'on peut attribuer à Guyton de Morveau (1737-1816). Ce chimiste français soutenait en effet que dans chaque acide il existait une substance simple qui modifiait l'oxygène, et qu'il appelait radical de l'acide. Lavoisier admit cette idée, en vérifiant que dans les substances inorganiques, l'union avec l'oxygène était produite par un radical simple, tandis que dans les substances organiques, intervenait un radical complexe. Gay-Lussac reprit lui aussi ce concept, et il donna l'exemple du radical cyanure qui, résultant d'une liaison entre l'azote et le carbone, subissait une série de réactions, semblables à celles du chlore et de l'iode, sans présenter de modifications.

En d'autres termes, le radical cyanure, bien qu'il soit un composé, se comportait comme une substance simple. De la même façon, Justus Liebig et Friedrich Wöhler démontrèrent que l'huile d'amandes amères (la benzaldéhyde) était composée d'atomes de carbone, d'hydrogène et d'oxygène, qui pouvaient subir sans altération une longue série de réactions. Le groupe a été par conséquent appelé radical benzoyle. D'autre part, Liebig pensait que le radical éthyle, quand il réagissait avec l'oxygène, donnait de l'éther éthylique, et quand il réagissait avec de l'eau, donnait de l'alcool. En réalité, Liebig commettait une erreur, qu'on peut attribuer à son tempérament réactif personnel vis-à-vis du concept de poids atomique. L'éther éthylique, en effet, de formule brute $C^4H^{10}O$, avait la formule développée C^2H^5-O-C^2H^5. Il possédait donc deux radicaux éthyliques, tandis que l'alcool éthylique, de formule brute C^2H^6O, présentait la formule développée C^2H^5-OH où n'apparaissait qu'un seul radical éthylique. Mais, au-delà de ces erreurs formelles, le concept de radical, groupe d'atomes ayant chimiquement une action d'ensemble, devint l'un des concepts fondamentaux de la chimie organique. De guerre lasse, Berzelius finit par l'accepter.

En 1837, Liebig et Dumas purent donc affirmer que le concept de radical résolvait tous les problèmes de la chimie organique. La chimie inorganique, soutenaient-ils, était faite de radicaux simples, et la chimie organique de radicaux complexes, et du fait que tous, radicaux simples et complexes, étaient soumis aux mêmes lois de combinaison et de réaction, beaucoup de choses étaient éclaircies. Toutefois, Berzelius revint sur la structure du radical benzoyle, et il réfléchit au le fait qu'il contenait un atome d'oxygène, élément situé plus haut dans l'échelle des électronégativités. Comment l'oxygène, avec toute sa réactivité, pouvait-il jouer un rôle secondaire dans le radical benzoyle ? Il finit par comprendre que le radical benzoyle ne contenait pas d'oxygène, qu'il était formé seulement de carbone et d'hydrogène, et que plus généralement tous les radicaux étaient formés seulement de carbone et d'hydrogène, qui pouvaient ensuite réagir avec l'oxygène.

Mais dans sa tentative de démonstration de cette découverte, Berzelius décrivit une série si compliquée de radicaux composés seulement d'hydrogène et de carbone, que la plupart des chimistes ne le suivirent plus comme avant. Malgré cela, la complexité de la chimie organique devenait de mieux en mieux gérée, même si elle semblait plus complexe que celle que proposait d'expliquer la théorie des radicaux. Dumas, par exemple, découvrit en 1834 que les hydrogènes du radical éthylique pouvaient être remplacés par des halogènes (atomes de chlore, fluor, brome, et iode) dans une réaction produisant un volume égal d'acide halogénhydrique.

Son disciple, Auguste Laurent (1807-1853), déduisit les conséquences théoriques de cette découverte. Les hydrocarbures, composés seulement d'hydrogène et de carbone, pouvaient être considérés comme des radicaux fondamentaux, à partir desquels, soutenait Laurent, on pouvait obtenir au moyen de réactions de substitution appropriées des radicaux dérivés, qui conservaient pour l'essentiel les mêmes propriétés que les radicaux d'origine. La théorie de Laurent semblait constituer une nouvelle formulation améliorée de la théorie de Berzelius, mais le suédois réagit une fois encore avec énergie contre cette hypothèse. Je ne peux pas accepter, soutenait-il, qu'un atome électronégatif comme le chlore puisse remplacer un atome électropositif comme l'hydrogène. La théorie de Laurent fut attaquée également par Liebig et par son puissant maître, Dumas, membre influent de l'Académie des Sciences de France.

Bref, Laurent se retrouva pour longtemps relégué dans de petites universités de province, sanctionné pour avoir défié les grands de la chimie. Toutefois, sa théorie, appelée théorie unitaire pour la distinguer de celle de Berzelius, s'imposa lentement. Réussissant à convaincre finalement Dumas, Laurent se consola en obtenant une chaire à Paris, mais où il mourut, encore jeune, de tuberculose. La théorie des radicaux, surtout avec l'amélioration de Laurent, avait finalement contribué à éclaircir la chimie organique. Bien qu'elle ne soit pas rigoureusement correcte, elle avait permis d'établir l'existence des groupes fonctionnels, qui avaient un comportement particulièrement complexe, et qui échappaient aux lois dualistes qui semblaient régir la chimie inorganique.

Mais cette théorie des radicaux ne pouvait pas, en l'état, être la théorie définitive de la chimie organique, puisque les chimistes ne savaient encore pas comment les atomes se liaient entre eux dans un composé organique, et donc, comment ils pouvaient donner naissance à des groupes fonctionnels.

C'est pourquoi, quand l'affinité chimique a commencé à être mieux comprise, et après la fin du 19ème siècle, quand les précoces intuitions d'Avogadro ont été mieux acceptées, est née une théorie de la chimie organique plus complète : la théorie structurale. L'élaboration de cette théorie a été facilitée par une série de nouvelles découvertes de composés organiques, par lesquelles vers 1850, Hermann Kolbe obtint l'éthane, Edward Frankland le butane, et Charles Wurtz les amines primaires.

On commença alors à reconnaître les groupes fonctionnels de différents composés organiques, et des formules d'analogie furent élaborées, que Kolbe allait pouvoir rendre semblables aux formules développées modernes.

De son côté, l'allemand Friedrich August Kekulé (1829-1896) fit accomplir un nouveau grand pas qualitatif à la chimie organique. En 1858, il démontra que chaque atome de carbone avait quatre unités d'affinité, c'est-à-dire qu'il pouvait participer à quatre liaisons chimiques différentes. Il pouvait se lier à quatre atomes ne présentant qu'une seule unité d'affinité, comme l'hydrogène, ou à deux atomes disposant de deux unités d'affinité, comme l'oxygène. Mieux encore, Kekulé se rendit compte qu'un atome de carbone pouvait se lier à un autre atome de carbone, en laissant trois unités d'affinité libres pour chacun d'entre eux. Ainsi, les atomes de carbone pouvaient donner naissance à des chaînes aussi longues que l'on voulait. Et ces chaînes, plus ou moins longues, formaient la base des composés organiques. Les groupes fonctionnels qui caractérisaient les différents composés organiques se fixaient naturellement sur ces chaînes.

En 1861, Kekulé put donc résumer la chimie organique moderne en une chimie des composés du carbone. Cette conception a été renforcée à Paris par l'écossais Archibald Scott Cooper, qui représenta par une ligne chaque liaison d'affinité, ce qui améliorait la visualisation de la structure du composé, et l'écriture de sa formule développée. Et tout s'enchaina alors rapidement. Dans les mois suivants, furent découvertes les doubles et triples liaisons du carbone, qui donnèrent naissance à des classes entières de composés, respectivement nommés les alcènes et les alcynes.

Pourtant, si grâce à Kekulé et à Cooper, la nature des composés organiques était mieux comprise, c'était seulement pour la nature et la structure des composés aliphatiques, car celles des composés aromatiques restait encore mystérieuse. En 1865, Kekulé finit par résoudre aussi ce mystère, en imaginant que les chaînes des atomes de carbone pouvaient se replier sur elles-mêmes et se fermer en constituant un cycle ; et l'un de ces cycles, celui du benzène, constituait la base de la chimie organique aromatique.

Au cours des années suivantes se produisit une autre impulsion, dans le développement de la chimie expérimentale et théorique. On comprit que l'atome de carbone avait une géométrie tétraédrique, mais qu'il n'était pas toujours tétravalent. Puis on comprit, grâce à Markovnikov, que les groupes fonctionnels et la réactivité des atomes pouvaient être influencés par la proximité d'autres groupes sur la chaîne carbonée.

On approfondit ensuite les études sur les isomères et, notamment sur les isomères optiquement actifs découverts par Louis Pasteur. C'est ainsi que naquit la stéréochimie, et avec elle la chimie des carbohydrates. On synthétisa alors des centaines, puis des milliers, de composés organiques, conçus cette fois dans le sens de Kekulé, celui de composés de carbone.

Une nouvelle et puissante industrie a pu alors s'organiser et produire, surtout en Europe et en Amérique. La chimie organique du pétrole commença à traiter des produits variés dans les pays les plus avancés, mais tout cela sans que personne ne sache encore expliquer pourquoi les atomes s'unissaient ainsi entre eux. Le développement de la chimie organique après 1860 résulta quoi qu'il en soit du raisonnement logique quantitatif le plus remarquable que l'on ait eu jusqu'alors, et cette chimie, vers le milieu du 19ème siècle, mobilisait la plupart des chercheurs. À tel point que la chimie physique subsistait avec difficulté, peu nombreux étant les chimistes qui restaient attirés par l'étude de la matière inorganique. Ce domaine semblait plus ingrat, les travaux expérimentaux y précédant de beaucoup les succès théoriques, et une telle valorisation décalée des travaux, qui n'amenait pas de notoriété rapide, freinait les vocations.

Malgré tout, on y améliora, par exemple, les techniques qui permettaient de déterminer avec une meilleure exactitude les poids atomiques et les poids équivalents. Et dans les années 1820 et 1830 on isola de nouveaux éléments. Après le sodium et le potassium, déjà isolés au début du siècle, ce fut au tour du silicium et du zirconium en 1824, du titane et de l'aluminium en 1825, du thorium et du béryl en 1828, du magnésium en 1831.

Au cours des années suivantes, grâce au développement des techniques électrolytiques, ont été isolés tous les métaux du groupe platine, tandis qu'il devenait possible d'obtenir de nouveaux éléments sous une forme de plus en plus pure, comme les halogènes qui, bien que très réactifs, furent tout de même isolés à l'état pur. Il faudra attendre 1886 pour que le fluor soit isolé par Henri Moissan.

Dans la deuxième partie du 19ème siècle, on commença à identifier les terres rares, grâce à une découverte destinée à avoir un grand impact sur la chimie analytique : la spectroscopie. On savait depuis longtemps que les éléments chimiques absorbaient la lumière de façon diversifiée et caractéristique. Et en 1758, Marggraf avait remarqué que le sodium et le potassium prenaient une certaine couleur dans la flamme. Lavoisier lui-même, puis Laplace, avaient déjà effectué des recherches de colorimétrie.

En 1822, l'astronome Herschel avait pour sa part remarqué des lignes lumineuses et des espaces sombres dans le spectre d'absorption de la flamme du sodium et du potassium. Mais ce n'est qu'en 1859 que Robert Bunsen et Gustav Robert Kirchhoff démontrèrent que chaque élément présentait des raies d'absorption caractéristiques, et que ces raies pouvaient subir des perturbations par la présence d'autres éléments.

En outre, ils montrèrent comment on pouvait les mesurer au moyen d'un instrument qu'eux-mêmes avaient mis au point : le spectroscope, un instrument si sensible qu'il détectait les raies caractéristiques d'éléments présents même à l'état de traces. Bunsen découvrit avec cela deux nouveaux métaux alcalins : le césium en 1860, et le rubidium en 1861.

La première application pratique de l'analyse spectroscopique porta sur l'étude des principaux minéraux qui alimentaient le système industriel du 19ème siècle. La chimie inorganique expérimentale obtint de ce fait, dans la première moitié du 19ème siècle, toute une série de succès, comparables à ceux de la chimie organique. Pourtant, comme en chimie organique, on a d'abord eu du mal à y créer une théorie unitaire capable d'exploiter les succès pratiques. Car même si les chimistes obtenaient les mêmes résultats expérimentaux à Paris, à Berlin, à Londres, ou à Rome, leurs interprétations restaient souvent divergentes, comme si chacun s'exprimait dans des référentiels différents, parfois incompréhensibles pour les autres.

C'est pourquoi, pour unifier les langages et les interprétations, August Kekulé organisa avec son ami Carl Weltzein, et avec Charles Wurtz, un premier Congrès chimique international, le 3 septembre 1860 à Karlsruhe, en Allemagne. Ce Congrès obtint un succès de prestige remarquable, parce qu'il réunissait pour la première fois la plupart des chimistes du monde. Mais il n'aurait pas obtenu un tel succès pratique sans la contribution d'un un enseignant de chimie de l'université de Gênes : Stanislao Cannizzaro (1826-1910).

Ce chimiste italien était un grand connaisseur, et un adepte, des idées d'Avogadro. Et il considérait que le moment était venu de les relancer, en étant convaincu que ces idées pouvaient aider à constituer une base consensuelle d'interprétation d'une bonne partie des résultats expérimentaux obtenus pendant les années précédentes. À Karlsruhe, Cannizzaro apporta une de ses publications dans laquelle il démontrait que tous les grands chimistes de l'époque, de Berzelius à Dumas, avaient en fait accepté une partie des idées d'Avogadro. Il suffisait de les accepter plus officiellement comme un tout, pour donner à la chimie théorique un cadre cohérent et consensuel. Dans cette démarche, on pouvait distinguer clairement entre les atomes et les molécules, soutenait Cannizzaro, et on pouvait fournir une unité de mesure simple et cohérente pour la détermination des poids atomiques.

Car si l'on choisissait comme unité de mesure la demi-molécule (donc l'atome) d'hydrogène, il était alors possible de déterminer avec une grande simplicité et une grande précision les poids atomiques et les poids moléculaires de toutes les substances connues.

Pour donner plus de force à cette idée prometteuse, Cannizzaro présenta à ses collègues un tableau -correct pour l'essentiel- des poids moléculaires d'un grand nombre de composés. Le Congrès se montra réceptif à ce changement, radical mais simple. Aussi, lorsque, quatre années plus tard, l'Allemand Lothar Meyer publia un livre sur la nouvelle théorie chimique fondée sur les théories d'Avogadro, la plupart des chimistes du monde entier avaient déjà accepté ces concepts, et la chimie théorique, tant organique qu'inorganique, avait accompli un pas en avant décisif.

Il était possible dès lors de modéliser aussi bien les structures simples des composés inorganiques que les structures complexes des composés organiques, sur la base de quelques règles logiques. L'acceptation de la théorie d'Avogadro permettait de distinguer les atomes des molécules, et d'en expliquer le comportement, tandis que la découverte et l'isolement d'un grand nombre d'éléments permettait de vérifier que beaucoup d'entre eux présentaient des comportements semblables en groupe. Les halogènes, par exemple, étaient tous très réactifs et électronégatifs. Les métaux alcalins avaient des propriétés chimiques presque identiques. La même chose valait pour les métaux du groupe platine.

Il était donc évident, pour Johann Wolfgang Dobereiner, que les éléments chimiques se divisaient en groupes ayant des propriétés analogues, et que ces groupes étaient formés de trois éléments, ou triades. John A.R. Newlands remarqua en outre une correspondance entre les poids atomiques et les propriétés chimiques, et il montra que les constituants de chaque triade revenaient sur une échelle des poids atomiques tous les huit éléments.

Newlands appela cette périodicité règle des octaves, en hommage à sa culture musicale. Mais ses confrères restèrent d'abord sceptiques. Le russe Dmitrij Ivanovitch Mendeleiev essaya alors de surmonter cette défiance en rangeant les éléments dans un tableau par poids atomiques croissants. Chaque ligne était formée de sept éléments, et chaque colonne regroupait les éléments ayant des propriétés chimiques semblables. Mendeleïev était tellement sûr de la justesse de sa classification, qu'il alla jusqu'à prédire non seulement l'emplacement, mais aussi les propriétés chimiques, d'éléments non encore découverts. Dans la colonne de l'aluminium, par exemple, il y avait un vide qui devait être comblé par un élément, l'éka-aluminium, dont le poids atomique serait égal à 68. Cet élément formerait un trioxyde, Ea^2O^3, avec un poids spécifique 5,5. Il se dissoudrait dans les acides pour former des sels du type EaX^3, et pour former des hydroxydes qui se dissoudraient dans les acides et dans les alcalis. Les sels y seraient logiquement de nature basique.

Quelques années plus tard, cet élément sera découvert : le gallium. Son poids atomique était de 69,9 et il présentait toutes les propriétés chimiques prévues par Mendeleïev. De la même façon, Mendeleïev prédit l'existence du scandium et du germanium. Entre-temps, en 1870, l'Allemand Lothar Meyer arriva, de façon indépendante, aux mêmes conclusions que Mendeleïev. Si bien que l'échelle périodique des éléments devint rapidement l'un des piliers de la chimie théorique.

Le succès de cette classification fut renforcé aussi quand John William Strutt, baron de Rayleigh, découvrit, en 1892, un nouvel élément (l'hélium) et même un nouveau groupe, le huitième, celui des gaz rares, qui avaient une faible tendance à réagir et une valence zéro. Grâce aux théories d'Avogadro et de Mendeleïev, la chimie réussissait donc à prédire le comportement des atomes. Mais elle ne savait toujours pas en expliquer la cause.

En fait, la fin du 19ème siècle marquait une pause conceptuelle temporaire généralisée. Les physiciens pensaient que les découvertes fondamentales de leur science avaient été, désormais, toutes effectuées. La mécanique était décrite par les équations de Newton, l'électromagnétisme était calculable par les équations récentes de Maxwell, la thermodynamique semblait avoir résolu tous ses problèmes par la théorie statistique de Boltzmann. Rien de fondamental, proclamait Lord Kelvin, ne restait apparemment à découvrir.

Les chimistes avaient une perception identique en ce qui concernait leur science. On y connaissait désormais la plupart des éléments. On savait que les atomes se combinaient entre eux, selon des lois qui valaient aussi bien en chimie organique qu'en chimie inorganique, pour former des molécules. Il n'y avait apparemment plus rien à découvrir, sinon la raison pour laquelle les atomes tendaient à s'unir entre eux pour former ces molécules. Et là, l'intuition commune des chercheurs considérait que, de toutes manières, tout serait éclairci en son temps. Effectivement, cela allait bientôt arriver.

Ce cadre lénifiant changea, tant pour la physique que pour la chimie, le 19 octobre 1900, quand Max Planck définit le quantum élémentaire d'action. Les suites allaient être rapidement majeures. Certes, avant ce jour, date de naissance de la mécanique quantique, il y avait eu des découvertes précursives. Sans les citer toutes, on peut retenir notamment que Wilhelm Röntgen, en 1895, avait observé une nouvelle forme de radiation électromagnétique, les rayons X. En 1896, Antoine-Henri Becquerel avait découvert la radioactivité. Les époux Curie avaient observé ensuite qu'existaient différents éléments radioactifs dans la nature, et Ernest Rutherford annonçait que les substances radioactives émettaient deux types de radiations.

Enfin, en 1897, Joseph John Thomson avait démontré de son côté que les rayons cathodiques étaient des faisceaux de particules matérielles, lesquelles transportaient chacune une charge électrique négative ; il avait découvert en fait les électrons.

À ce point, même la théorie annoncée en 1883 par Svante Arrhenius redevenait pertinente, en tant que théorie de la dissociation électrolytique. Selon cette théorie, un électrolyte mis en solution se dissolvait, en se dissociant en deux ions (atomes ou molécules) de charge électrique opposée. Ces ions chargés étaient toujours présents en solution, et ils se mouvaient sans ordre ni direction. Quand la solution était traversée par un courant électrique, c'est-à-dire quand, aux deux pôles de la cellule électrolytique, était créée une différence de potentiel, les ions migraient vers le pôle de charge opposée.

Ce qui rejoignait la découverte quantique de Max Planck, d'autant mieux que Rutherford confirmait en 1906 que la radiation émise par les atomes radioactifs était le fait d'ions, et non d'électrons. On disposait donc d'assez d'éléments pour concevoir la structure réelle de l'atome, que Thomson décrivit comme une association d'électrons ayant une charge négative et d'ions ayant une charge positive. Dans l'atome de Thomson, la charge positive était répartie dans toute la structure, tandis que la charge négative était localisée sur les électrons. Mais en 1911, Rutherford s'aperçut que la plus grande partie du volume d'un atome était occupée par de l'espace vide, et que toute la charge positive était localisée dans un petit noyau central, tandis que les électrons semblaient tourner autour de ce noyau comme des planètes autour d'un Soleil.

Deux années plus tard, le jeune danois Niels Bohr découvrit que les orbites des électrons n'étaient pas distribuées de façon continue, mais de façon quantique. En d'autres termes, les électrons ne tournaient qu'à des distances bien définies autour du noyau, et les électrons les plus périphériques, attirés plus faiblement par le noyau, étaient responsables du comportement chimique de l'atome tout entier. Avec le modèle atomique de Bohr, la chimie pouvait vérifier alors les raisons de l'affinité observée, et son étroite parenté avec la mécanique quantique de Max Planck.

Après en avoir temporairement divergé au début du 19ème siècle, la chimie rejoignait ainsi de nouveau les domaines complémentaires de la physique et des mathématiques, que nous allons continuer à explorer ci-après en suivant les travaux de leurs principaux pionniers, et en reprenant le fil directeur pouvant mener à l'approfondissement de la mécanique quantique et à la relativité, et de là, à la projection prospective de l'Homme dans son univers.

PARTIE 3

LA MECANIQUE UNIVERSELLE

avec l'énergie qui la structure et les mathématiques qui en ont facilité la compréhension

LA SCIENCE

Sa science moderne a donné à l'Humanité des moyens, notamment technologiques et conceptuels, extraordinaires.

Mais ces moyens doivent être maitrisés et bien partagés, politiquement, techniquement, et culturellement, pour ne pas détruire l'Humanité.

LE CALCUL DE LA PHYSIS

Ce calcul a été rendu possible par un puissant outil conceptuel, les mathématiques, qui ont su formaliser et actualiser des savoirs très anciens. Le mot mathématique vient du grec *mathêma*, qui signifie science et savoir, et qui renvoie à l'idée d'apprendre. Les *mathematikoi* grecs étaient "ceux qui savent". Au point que les mathématiques ont su associer au fil du temps un ensemble d'idées, de concepts, et de méthodes, capables de constituer une base structurante des connaissances. Outils performants de traitement de l'information, les concepts mathématiques ont su manipuler aussi bien les quantités, que les configurations dimensionnelles, et les caractéristiques pratiques, de ce que l'Homme a pu comprendre de la Physis (nature) qui l'entourait.

Plus loin que le simple calcul numérique, ces savoirs ont peu à peu traité de questions liées à la logique, puis à la combinaison et à l'organisation de concepts et d'idées structurants, relatifs à la réalité concevable. Ce qui a concerné au début, par exemple, l'organisation des nombres dans un système de numération, tel que le système décimal, ou la description d'un ensemble de propriétés géométriques, telles que celles de la trigonométrie.

Au cours de leur long développement, en en particulier grâce à la culture grecque ancienne, les mathématiques sont devenues un modèle de raisonnement et de calcul, en recherche permanente d'exactitude, et un outil stimulant pour l'intelligence. Très tôt, des personnes à l'esprit éveillé se sont servi de leurs connaissances de calcul dans une vaste gamme d'activités, allant des échanges commerciaux aux techniques de construction, ou à l'élaboration de calendriers. Puis des mathématiciens confirmés ont élaboré des méthodes et des concepts qui ont élargi les champs d'application du simple calcul, principalement motivés par la curiosité et par le plaisir que pouvait procurer la déduction de résultats aussi utiles qu'ingénieux.

Au cours des siècles, les mathématiques ont ainsi contribué à la fois à la modernisation techno-industrielle et à la compréhension et à la maîtrise de la nature, tant leurs concepts et leurs méthodes se sont révélés efficaces pour étudier aussi bien le mouvement des corps célestes que celui des phénomènes et des objets du milieu terrestre.

Ceci a pu aller de la propagation du son, de la lumière, ou de la chaleur, jusqu'aux phénomènes de l'électricité et des ondes électromagnétiques, en passant par la structure de la matière, les réactions chimiques, le fonctionnement du corps humain, et bien d'autres choses. Les mathématiques ont permis de concevoir des modèles phénoménologiques selon des schémas cohérents, fournissant aux sciences un instrument efficace pour comprendre en profondeur le sens et la portée des découvertes réalisées par l'observation et par l'expérimentation. Les mathématiques ont ainsi pu rendre plus efficaces les bases conceptuelles des principales théories scientifiques, comme la mécanique universelle, la théorie de l'électromagnétisme, la théorie de la relativité, et la mécanique quantique. Mais avec des limites.

Car au 20ème siècle, les sciences physiques, les sciences humaines et sociales, et même les sciences de la vie, ont continué à apprécier de pouvoir disposer d'outils mathématiques avec lesquels elles pouvaient valider leurs découvertes et leurs théories. Mais ceci en remarquant que la véritable signification de certaines théories restait incertaine, et qu'une science trop mathématisée risquait de devenir une accumulation de théories spéculatives, en équilibre sur une base partielle de quelques faits apparents. De là, des doutes se sont instillés et installés. Au point que pour contribuer à cette réflexion, une discipline nouvelle, l'ethnomathématique, a même essayé de clarifier les relations entre les idées mathématiques et la vision du monde des différents peuples, à travers leur mentalité, leur culture, et leur relation avec leur contexte existentiel.

Ce qui est intéressant, puisque les idées mathématiques ont effectivement progressé sous des formes différentes dans les cultures humaines, depuis celles des Hommes primitifs, en passant par les civilisations antiques précoces (Mésopotamie, Égypte, Inde, Grèce, Chine), jusqu'aux cultures modernes les plus avancées technologiquement et sociétalement.

En fait, chaque culture a conçu l'espace géographique et physique qui l'environnait (le village, avec son territoire, les rivières, les montagnes, le cosmos) dans le cadre d'un certain ordre physique normé. Et le cadre conceptuel à travers lequel le monde extérieur était considéré influait en retour sur la perception humaine des faits physiques. Ainsi, depuis l'antiquité grecque, la culture occidentale avait longtemps conçu le monde physique selon la géométrie d'Euclide : un espace à trois dimensions, continu et uniforme (doté partout des mêmes propriétés), formé de points, de droites et de figures planes (comme le cercle, les triangles et les polygones) et de solides (comme la sphère, la pyramide et d'autres polyèdres). Mais ailleurs existaient d'autres conceptions.

Le mot géométrie signifie mesure de la Terre, et Einstein disait que la géométrie pouvait être considérée comme la référence la plus ancienne de la mesure. Or, même si la géométrie et les mathématiques doivent leur existence à un besoin de comprendre et d'utiliser les ressources naturelles, certaines idées géométriques se sont développées aussi sous l'influence de l'art et de la religion prédominants localement à leur époque. Dans la décoration d'objets en céramique, que l'on trouve dès les cultures les plus anciennes, on a eu recours à l'utilisation de formes, de figures et de symétries qui témoignaient des concepts géométriques ethno-culturels prévalant alors.

Utilitarisme et tradition ont donc amené chaque communauté à compter, à calculer, puis à tenir des registres d'informations, élaborés selon les principes logiques et numériques du lieu et du moment. Cela facilitait la distribution et les transferts des vivres, et d'autres biens, mais aussi les plans pour la construction des maisons, des temples et des fortifications, jusqu'aux différents aspects de l'administration (recensement de la population, prélèvement des impôts, etc.), aux calendriers et à l'enregistrement des événements astronomiques. Ces activités importantes pour la vie sociale se sont développées sous diverses formes et avec divers outils de numération, dans les sociétés humaines, depuis les opérations élémentaires d'une petite tribu nomade, en passant par la bureaucratie des scribes en Égypte et à Babylone, jusqu'à notre vaste civilisation de l'information, où des ordinateurs sont de plus en plus utilisés pour ordonner et combiner des nombres, jusqu'aux plus complexes.

Dans ces activités, une grande importance a été donnée aux nombres, à leurs représentations symboliques, et aux techniques permettant de les manipuler, autrement dit à ce qu'on a appelé l'arithmétique. En plus des opérations sur les nombres, un développement des calculs concernant l'espace, les figures et les formes, a permis aux Hommes d'améliorer leur connaissance du monde, de résoudre de nombreux problèmes pratiques, et de donner une réponse à certaines questions complexes caractéristiques de la psychologie humaine.

Par exemple, le peuple Malekula de l'Océanie avait une tradition de dessins de figures sur le sable qui était reliée à d'antiques croyances. Pour atteindre la Terre des Morts, gardée par un ogre semblable à une araignée, chaque Homme devait tracer sur le sable une figure particulière. La réalisation de ces figures, traçant un parcours, était soumise à certaines règles. Les figures devaient être dessinées sans lever le doigt du sable, en parcourant chaque ligne une seule fois et, si possible, commencer et finir au même point. Les Malekula avaient acquis une habileté à ce jeu, et ils avaient inventé des recettes particulières de traçage.

Dans ces recettes, on retrouvait l'idée du graphe, un objet mathématique de type géométrique qui sera perfectionné et utilisé par les mathématiciens jusqu'aux temps modernes. Un graphe est un ensemble de points, ou sommets, reliés par des lignes, dites arêtes. Il peut par exemple être réalisé de façon que chaque sommet soit relié à chaque autre sommet par une ou plusieurs arêtes. Cela peut être utilisé pour décrire schématiquement, et optimiser, la disposition d'un lieu ayant un sens symbolique ou utilitaire, mais aussi par simple goût du jeu intellectuel.

Ainsi, le mathématicien suisse du 18ème siècle Leonhard Euler (1707-1783), énonça le problème des sept ponts de la rivière Pregel à Königsberg, en cherchant comment il était possible de déterminer une promenade continue passant par tous ces lieux une seule fois. Autrement dit, il fallait trouver s'il était possible de commencer la promenade en un point choisi et d'y revenir en étant passé par tous les autres points une seule fois. On peut remarquer l'analogie conceptuelle entre le défi des Malekula et celui que se posa Euler, par goût du jeu ou de la devinette mathématique.

De tels schémas ont pu se révéler utiles aussi pour décrire et résoudre des problèmes plus abstraits, et de nature combinatoire. C'est pourquoi les graphes ont eu de nombreuses applications, jusque dans la science contemporaine, non seulement en physique et en chimie, mais aussi pour les problèmes techniques des circuits électriques, dans la théorie des transports, et même dans l'étude de la dynamique des groupes sociaux.

Un autre besoin avait aussi été satisfait jadis par un codage graphique des connaissances et des informations, permettant d'en extrapoler des propriétés utiles. En Extrême-Orient, et au Moyen-Orient, on avait utilisé dans ce but des systèmes d'enregistrement et de comptabilité tracés sur des supports d'argile. À la fin du 4ème millénaire avJC, ces systèmes avaient déjà permis de perfectionner les premières formes d'écriture et de notations des nombres et des mesures. Sur les rives du Tigre et de l'Euphrate, où se développèrent des villes et des cultures de la civilisation proto-historique de Mésopotamie, on a retrouvé les premières traces connues d'une telle écriture structurée, sous forme de tablettes présentant des incisions et des empreintes de caractères (dits cunéiformes) utilisant la langue sumérienne.

Ces tablettes ont été reconnues comme des registres ayant servi à l'un des premiers exemples d'organisation de type étatique. Les fonctionnaires au service du souverain ou du temple d'alors y inscrivaient des formules, pour conserver un enregistrement durable et précis de leurs différentes activités, en particulier le paiement et la répartition des impôts.

Parmi les différents caractères figurant sur les tablettes sumériennes, on trouvait effectivement des nombres, des calculs et des mesures concernant les dépôts de blé dans les temples, et aussi de nombreuses autres activités de comptabilité et d'administration des biens.

Le savoir mathématique, dans la civilisation mésopotamienne tout comme en Égypte, formalisait ainsi un ensemble de connaissances, encore rudimentaires mais pratiques, utiles pour l'exercice de certaines professions. En premier lieu, celle de scribe, un fonctionnaire dont la spécialité était l'écriture officielle, et qui s'occupait aussi d'arpentage et de comptabilité (d'où a été extrapolé le nom de géomètre). Ces connaissances servaient par ailleurs aussi aux maîtres maçons, aux architectes, et aux marchands.

Pour résoudre les principaux problèmes de l'activité quotidienne, des recettes méthodiques étaient élaborées et transmises. Par exemple, pour calculer la surface d'un champ (ce qui constitue un problème de géométrie), pour distribuer les vivres, la solde des troupes, pour attribuer un héritage, vendre ou acquérir des marchandises (ce qui pose un problème arithmétique et de métrologie, impliquant la nécessité de déterminer des procédés unifiés de mesure). Les calculs servaient non seulement aux actes marchands et notariés, et aux registres comptables, mais aussi en astronomie et en astrologie. L'observation et l'étude des étoiles ont constitué l'un des centres d'intérêt humain les plus anciens, et elles sont intimement liées aux mathématiques, qui de ce fait n'avaient pas un rôle seulement pratique.

À tel point qu'à Babylone, durant la période appelée paléo-babylonienne (2ème millénaire avJC), un intérêt se développa pour la résolution de problèmes mathématiques liés aux activités administratives de l'époque, mais aussi à des problèmes plus abstraits et ludiques, et dont la solution n'avait pas d'utilité pratique directe. Certaines personnes instruites éprouvaient du plaisir dans des défis intellectuels, et dans des activités artistiques, et à cette époque, on attribuait beaucoup d'importance à la valeur intellectuelle. Au-delà de leur travail bureaucratique, des scribes s'essayaient donc autant à la composition de textes littéraires qu'à des exercices d'habileté mathématique.

Ils en devinrent de plus en plus experts, tant par goût du divertissement que pour montrer leur talent, et se distinguer parmi leurs collègues. Leur formation fut renforcée au cours des siècles, grâce à des écoles où les connaissances acquises étaient conservées et transmises de façon plus organisée que ne le permettait la simple transmission orale en activité productive. Cela nécessitait une pédagogie, appuyée sur des démonstrations, visant à motiver les étudiants, ainsi qu'une organisation ordonnée des connaissances.

Dans ce but, ce genre d'école élaborait des problèmes didactiques destinés à mieux maitriser les notions apprises, et à savoir raisonner méthodiquement. De là sont nées ce qu'on pourrait appeler les premières mathématiques appliquées, et normées selon des moyens logiques de calcul.

D'autres moyens pratiques y contribuaient aussi. Dans le cadre des activités liées à l'administration, à l'arpentage ou aux constructions, les Babyloniens utilisaient des tables d'arithmétique (pour la multiplication, le calcul des nombres inverses, et les carrés des nombres), des tables métrologiques (pour la conversion des différentes unités de mesure dans leur système sexagésimal), et des tables techniques (qui fournissaient des constantes utiles pour les applications).

Grâce à tous ces moyens, on pouvait calculer l'aire des champs, le volume des canaux, ou des ouvrages d'art militaires. Les champs étaient divisés en triangles rectangles, en trapèzes rectangles et en quadrilatères rectangles, dont l'aire était calculable, et la superficie totale ressortait de l'addition de toutes ces superficies. Les Babyloniens savaient que les résultats n'étaient pas toujours exacts, mais ils se préoccupaient peu des petites erreurs. Ils résolvaient leurs problèmes pratiques au cas par cas, sans s'encombrer des questions théoriques perturbantes. Ils calculaient l'aire du cercle comme un multiple du carré de la circonférence, et la circonférence comme un multiple du diamètre, prenant 3 comme valeur de pi, et ils calculaient aussi les volumes de différentes figures. Une réalisation encore plus ingénieuse des Babyloniens était leur algèbre du second degré et des degrés supérieurs, puisqu'ils savaient résoudre des problèmes correspondant à des équations du second degré, voire plus, sans utiliser de symboles (comme l'inconnue x), ni de mots pour désigner des quantités inconnues.

Leur façon d'aborder ces problèmes se fondait sur une géométrie intuitive, qui consistait à associer des quantités (comme des prix ou des poids inconnus) à des segments de droite dont la longueur pouvait être calculée. Par exemple, l'équation que nous écririons x2 + x = A (et qui peut être aussi écrite sous la forme x (x + 1) = A) était conçue par eux comme un rectangle dont la longueur excédait d'une unité la largeur, et dont l'aire était A. Au lieu d'appliquer les transformations que nous utilisons pour isoler l'inconnue d'un des deux côtés de l'équation, les Babyloniens faisaient des manipulations avec le rectangle, comme celles que l'on pourrait faire avec du papier et des ciseaux. Mais ils ne fournissaient aucune preuve ou aucun argument pour convaincre de la justesse de cette procédure, puisqu'elle leur semblait suffisamment évidente et utile.

Dans la période qui a suivi la fin de l'Empire assyrien (6ème siècle avJC), des prêtres-astrologues babyloniens développèrent une astronomie planétaire sophistiquée. On ne connait pas précisément les concepts et les calculs qui fondaient leur vision des événements astronomiques, même s'il semble qu'ils étaient moins développés que leurs raisonnements arithmétiques. Mais en compilant de longues séquences d'observations, en utilisant leurs connaissances des progressions arithmétiques et des règles de proportionnalité, et en ayant recours à des tables complexes, ils étaient pourtant capables de prévoir, avec une précision assez remarquable, les positions de la Lune, du Soleil et des planètes, et jusqu'à des éclipses.

Des découvertes archéologiques relatives aux mathématiques égyptiennes antiques révélèrent elles aussi d'intéressantes notations numériques, retrouvées dans certains papyrus, comme le célèbre papyrus de Rhind. Là, le système de numération se fondait sur une base dix, non positionnelle, et les fractions utilisées étaient unitaires, c'est-à-dire ayant l'unité comme numérateur. Les scribes égyptiens développaient des procédures ingénieuses pour effectuer des opérations arithmétiques au moyen de ce système apparemment rudimentaire, et ils appliquaient des règles efficaces de géométrie pratique au calcul d'aires.

L'historien grec Hérodote affirmait que de cette façon ils étaient capables de redistribuer équitablement les champs à leurs exploitants après chaque inondation du Nil. Ils savaient aussi mesurer le volume et l'inclinaison de plans obliques, ce qu'ils appliquaient à la construction des pyramides, et au calcul de la capacité des greniers. En outre, ils avaient recours à un instrument de reproduction dimensionnelle basé sur la proportionnalité, pour décorer notamment les murs de leurs édifices.

D'autres traditions mathématiques autonomes se développèrent dans d'autres espaces civilisationnels importants de l'Orient, tels que la civilisation des fleuves Yangzi Jiang et Huang He, et celle de la vallée de l'Indus. Les Chinois utilisaient un système de numération positionnelle depuis le 14ème siècle avJC avec lequel ils développèrent progressivement leurs connaissances en géométrie et en astronomie. Le plus ancien texte mathématique chinois conservé a pour titre Jiuzhang suanshu (Prescriptions de calcul en neuf chapitres). Il fut écrit par un auteur inconnu, en chinois classique, dans la période Han (206-220 avJC) et il eut une grande influence. Il consiste en une collection de 246 problèmes, avec des solutions numériques correspondantes, et l'explication des règles permettant de les résoudre.

On y trouve surtout des problèmes pratiques, mais certains aussi de type ludique, comme celui du chien qui poursuit un lapin. L'âge d'or des mathématiques chinoises s'étendit sur la période allant de la chute de la dynastie Song jusqu'au début de la dynastie mongole Yuan, au 13ème siècle.

En Inde, les premiers textes traitant de questions mathématiques, au cours du 1er millénaire avJC, avaient été les Sulbasutras des Védas, dans lesquels était expliquée la technique de construction des autels pour les sacrifices de tradition védique. Selon la prescription religieuse en vigueur (qui rappelle aussi les conditions de dessin des Malekulas), il fallait construire des autels de différentes formes, mais ayant la même aire. L'autel se composait de cinq couches, chacune comprenant 200 briques, qui étaient disposées de façon que les interstices verticaux entre les briques de couches successives ne coïncident pas.

Ces exigences relevant à la fois de la théologie et de la maçonnerie pratique donnèrent lieu au développement de calculs sophistiqués et de procédures géométriques, pour calculer par exemple la diagonale d'un carré, ou pour transformer des figures sans en modifier l'aire, comme la transformation d'un carré en cercle ou d'un cercle en carré (ce qui est appelé en mathématiques la quadrature du cercle). Dans ces traités, on trouvait l'équivalent du théorème de Pythagore (580-495 avJC), présenté sous la forme d'une règle utilisant des triplets de type pythagoricien, c'est-à-dire des groupes de trois nombres permettant de vérifier le théorème de Pythagore, par exemple, 3, 4, 5, ou bien 5, 12, 13.

Le contexte culturel indien ancien, principalement védique, était naturellement favorable aux mathématiques. On y considérait la capacité à compter comme un atout important dans l'éducation, ce qui a contribué à développer le système de numération décimale positionnelle, qui permettait d'écrire des nombres ayant jusqu'à 18 chiffres, et qui utilisait le zéro.

Cela permettait de mobiliser une grande capacité de calcul, autant pour traiter les nombres que pour calculer des quantités inconnues (ce qui sera appelé plus tard algèbre). Dans la tradition indienne, les mathématiques se rattachaient à la science astrale (jyotihsastra), formée de trois branches : les mathématiques (ganita ou tantra), l'astrologie, et la divination. La première branche comprenait l'astronomie, l'étude du calendrier et les mathématiques à proprement parler. Les Siddhanta, ouvrages d'astronomie écrits en vers et en sanskrit, contenaient des chapitres spécifiques concernant les mathématiques. Parmi les auteurs les plus importants, on retient surtout Aryabhata (476-550) et Brahmagupta (598-670).

Le premier, dans son ouvrage Aryabhatiya, consacrait un chapitre aux mathématiques, illustré esthétiquement par des vers exprimant la géométrie, l'arithmétique, et l'algèbre, typiques de la tradition védique.

Puis une autre aire civilisationnelle majeure a pris le relai. Depuis le 7ème siècle avJC, avait commencé l'essor de la culture hellénique, une branche particulièrement fructueuse de la civilisation indo-européenne antique, qui rayonna dans tout le bassin méditerranéen par ses nombreuses cités et colonies. Cette culture a d'abord mûri en Grèce centrale et au sud des Balkans, puis dans les colonies grecques du sud-est de la péninsule italienne, et surtout en Ionie (Asie Mineure). C'est là en effet que se développa le mieux la pensée qui structura ensuite pour longtemps la philosophie et la science en Occident, avec le relai civilisationnel opportun de l'empire romain, où les modèles de raisonnement ioniens essaimèrent de manière féconde. Comme en Inde antique, les mathématiques, et en particulier la géométrie, y étaient considérées comme des savoirs de niveau supérieur aux connaissances ordinaires de la vie quotidienne. Ces savoirs, qui ont été exportés, ont contribué à perfectionner les connaissances, et à raisonner de manière logique et structurée, dans plusieurs autres grands peuples.

Les mathématiques, comme d'autres outils intellectuels des anciens Grecs, étaient considérées comme un moyen de poser d'importantes questions sur le monde et sa Physis, de façon rationnelle, et dans le but d'en comprendre la réalité. Les mathématiciens grecs élaborèrent pour cela des règles et des formules efficaces, faisant l'objet d'applications variées, reliées par une logique bien structurée. Le fait que nous considérions ces mathématiques comme un fondement de nos raisonnements rationnels modernes est un héritage de cette pensée grecque, où les mathématiques prirent progressivement le dessus sur d'autres savoirs, avec lesquels étaient maintenus cependant des échanges réciproquement utiles.

En outre, l'élite savante n'était pas la seule à en profiter. Des pratiques mathématiques plus simples mais utiles, parallèles aux mathématiques théoriques avancées, prospéraient aussi dans des milieux plus populaires, en se transmettant d'un pays à l'autre par l'intermédiaire des marchands et des navigateurs. Des historiens des mathématiques ont trouvé la trace de problèmes très particuliers et de devinettes mathématiques, énoncées par le mathématicien grec Diophante, et proposés au cours du Moyen Âge en Inde, mais également dans le monde arabe, et que l'on retrouvait jusque dans la tradition chinoise. On en a même remarqué dans un ouvrage de mathématiques récréatives d'origine grecque, écrit en latin, en France, à l'époque de Charlemagne.

Et d'autres découvertes ont été faites aussi sur l'ancienne Route de la Soie. L'un des problèmes populaires aux racines les plus anciennes a été identifié sur une tablette paléo-babylonienne de Mari, avec un bon niveau conceptuel, car des voyageurs éduqués de diverses cultures antiques colportaient eux aussi des pratiques de calcul populaires efficaces, en les citant, et en les expliquant de manière logique et pédagogique. Ceci avec réciprocité.

Car par exemple, comme par un curieux retour culturel védique, un ouvrage ancien en sanskrit datant de 269-270, où l'on utilisait un symbole pour le zéro -le point (bindu)- marquant une position sans unité dans le référentiel décimal, avait été traduit d'un ouvrage grec d'astrologie datant de l'an 100.

Un autre exemple également intéressant concerne le savoir mathématique traditionnel du Japon, appelé wasan, wa signifiant japonais, et san (sua en chinois) signifiant calcul ou arithmétique. C'était un savoir inspiré au 17ème siècle par les mathématiques chinoises, en particulier par la traduction d'un ouvrage chinois de 1299, *Suanxue quimeng* (Introduction aux études mathématiques). Cet ouvrage, déjà étudié jusqu'en Corée, avait été introduit au Japon à la fin du 16ème siècle au retour d'incursions militaires japonaises en Corée, à une époque où les mathématiques chinoises déclinaient par ailleurs, du fait de bouleversements politiques. Dans l'esprit des mathématiques chinoises, ce livre présentait plusieurs règles de résolution d'équations, mais il ne fournissait pas les explications nécessaires, et par là il était difficilement compréhensible.

Un groupe de chercheurs japonais réussit pourtant à en exploiter l'essentiel, et il en dériva un savoir mathématique autonome, à une période où le Japon connaissait un isolement politique et commercial qui se poursuivit jusqu'au milieu du 19ème siècle. Loin ailleurs, avaient subsisté également d'autres traditions mathématiques autochtones complètement indépendantes des grandes cultures mentionnées précédemment, comme celle de la civilisation maya, en Amérique centrale, qui atteignit son point culminant entre le 3ème et le 4ème siècles, puis qui disparut après la découverte et la conquête de l'Amérique par les Européens.

Les Mayas avaient élaboré une écriture hiéroglyphique indépendante de celles de l'Ancien Continent, avec un système de numération en base 20, dans lequel les nombres compris entre 1 et 19 étaient représentés en regroupant de façon appropriée deux types de symboles : les barres (de valeur 5) et les points (dont la valeur était 1). Dans cette civilisation aussi, il existait une caste sacerdotale et nobiliaire de scribes, pour laquelle le savoir mathématique avait une grande importance.

Ses intérêts dans ce domaine étaient surtout liés au calendrier, à la chronologie, et à l'astronomie. Des pièces archéologiques retrouvées contiennent de nombreuses représentations de ces scribes en train d'étudier ou d'écrire, à côté de symboles astronomiques et numériques typiques.

On peut finalement retenir de cette rétrospective quasi-planétaire la prédominance particulière réalisée par les mathématiques grecques, devenues ensuite pan-européennes, qui ont constitué au cours du temps un socle méthodologique sans frontières. Elles connurent un développement qui transforma et qui codifia utilement les méthodes et les concepts mathématiques des principaux pays européens, puis de leurs pays colonisés ou associés, en ancrant d'autant plus le rôle de ces mathématiques dans un système mondialisé de connaissances. Ce qui n'a pas empêché que parallèlement, d'autres savoirs mathématiques traditionnels aient été utilisés et préservés dans plusieurs domaines, jusqu'au 20ème siècle, en Inde, en Chine, dans certains pays de culture arabe, et dans la tradition wasan.

Mais d'une manière ou d'une autre, depuis le 15ème siècle, les connaissances d'utilité universelle telles que les mathématiques se sont brassées, unifiées, et mondialisées, principalement sous la pression de l'expansion géostratégique occidentale, imprégnée de la culture scientifique grecque. Sous cette pression, et y compris dans les principaux pays asiatiques, ont été créés des collèges et des universités où l'on a enseigné les mathématiques d'origine occidentale. Même en Chine, où subsistaient encore certains savoirs traditionnels de haute qualité (y compris en médecine), les mathématiques s'occidentalisèrent après la révolution de 1911, et ceci avec profit, puisque les mathématiciens chinois ont pu occuper une position tout à fait respectable au sein de la communauté mathématique mondiale moderne.

Les mathématiques modernes sont finalement devenues une forme de connaissance transculturelle, au développement de laquelle contribuent dorénavant des savants de tous les continents, sans prédominance d'un peuple ou d'un modèle civilisationnel particulier.

Après avoir rappelé et situé le domaine général de ces mathématiques, nous allons voir plus en détail, dans les exposés suivants, en quoi ont consisté les principaux apports qui ont contribué, époque par époque, à construire ce corpus conceptuel de calcul de la Physis. Dans un domaine aussi important, il est intéressant de savoir qui a fait quoi, et dans quelles conditions, pour apprécier la maturation progressive des systèmes de pensée humains rationnels.

La machine à calculer d'Anticythère. (2ème siècle avJC)

Reconstituée selon un modèle original retrouvé en 1900
au cours de fouilles archéologiques sous-marines en Grèce.

LES MATHÉMATIQUES ANTIQUES

Le philosophe et mathématicien Thalès (625-547 avJC) vivait à Milet, une puissante ville commerçante grecque d'Asie Mineure, pendant la période qui précéda la démocratie athénienne. Il fut le principal fondateur de l'école Ionienne, suivi par ses premiers disciples Anaximandre (610-546 avJC) et Anaximène (585-525 avJC). On lui attribue plusieurs contributions importantes de géométrie, notamment un fameux théorème éponyme, selon lequel l'angle inscrit dans une demi-circonférence est toujours droit. Il aurait proposé aussi une manière de mesurer la distance d'un navire à la côte, en appliquant un principe selon lequel deux triangles ayant un côté égal adjacent à deux angles égaux sont isométriques. On a relaté également, (même s'il semble que cela soit inexact) qu'il suscita l'étonnement de ses concitoyens en prévoyant une éclipse de Soleil observée en 585 avJC.

Cependant, dans un référentiel plus global, les sources des mathématiques grecques précédant l'époque alexandrine (c'est-à-dire antérieures au 3ème siècle avJC.) restent incomplètes, car reposant sur peu d'écrits. La source la plus importante a été écrite plusieurs siècles après l'activité de Thalès, dans un ouvrage concernant l'histoire des mathématiques, rédigé par un disciple d'Aristote, Eudème de Rhodes (370-300 avJC).

Un autre grand nom, enveloppé lui aussi de zones d'ombre, de cette première période des mathématiques grecques, est celui de Pythagore (580-495 avJC), l'un des disciples de Thalès. Fuyant la tyrannie de Polycrate à Samos, il émigra vers 530 avJC à Crotone, une colonie grecque de l'Italie méridionale, où il attira à son tour de nombreux disciples. Jusqu'à la fin du 5ème siècle avJC, ceux-ci ont formé une quasi-secte à la fois religieuse, philosophique, et politique, régie par une vie austère et disciplinée, communautaire, où l'on partageait les biens tout en se consacrant à la philosophie, et à des rites ésotériques. Les nombres jouaient un rôle essentiel dans les conceptions des premiers pythagoriciens.

Considérés comme des facteurs constitutifs de la matière, ces nombres étaient présumés être des clefs de l'explication globale du cosmos. Les pythagoriciens élaborèrent une véritable mystique des nombres, attribuant un nombre à chaque chose. Parallèlement ils développèrent l'arithmétique, et ils furent même -selon Aristote- parmi ceux qui firent le plus progresser les mathématiques, en prolongement de l'école Ionienne.

Les nombres des pythagoriciens étaient conçus comme des collections utiles d'unités, et représentés par des configurations géométriques de points. Chaque chose était représentable par une figure, constituée de points indivisibles. Selon ce principe, des nombres triangulaires, carrés, et polygonaux, étaient regroupés et étudiés pour essayer de comprendre notamment comment ces nombres contribuaient à la génération de ce qui existait.

Car les lois de formation des nombres étaient supposées être aussi des lois de formation des choses, permettant d'expliquer le monde physique, et ceci jusqu'au contexte moral. Une règle importante était l'opposition entre les nombres pairs et impairs. Selon les pythagoriciens, il existait dans le cosmos une tension entre le pair et l'impair, l'unité et la multiplicité, le mâle et la femelle, le bien et le mal, tension qui pouvait se résoudre en harmonisant les opposés.

La monade, le un, y était un principe d'identité. La dyade, ou deux, était le premier nombre pair et féminin. La triade était le premier nombre impair et masculin. Tandis que la décade, groupe de 10 unités, avait une valeur magique.

Il semble que les pythagoriciens appréciaient certains groupes particuliers de nombres, comme les nombres amis (deux nombres étaient amis si chacun était la somme des diviseurs propres de l'autre) et les nombres parfaits (c'est-à-dire les nombres égaux à la somme de leurs diviseurs propres). Ils avaient aussi théorisé certaines proportions entre les nombres.

Là, même la musique pouvait être régie par une théorie des nombres, car des sons harmonieux devaient résulter de proportions entre des nombres entiers. Dans les accords des cordes sonores, le rapport entre la longueur et la vibration des cordes pouvait s'exprimer. D'autres recherches des pythagoriciens leur permettaient d'établir aussi qu'il existait des proportions entre des grandeurs qui ne pouvaient pas être exprimées par ces nombres entiers. Par exemple, si l'on dessinait un carré dont le côté avait une longueur de 4 unités et si l'on comparait le côté avec la diagonale d, on n'obtenait pas un nombre entier. Dans ce cas, on qualifiait la diagonale du carré d'incommensurable avec le côté.

En langage mathématique moderne, on dirait que 4/d est un nombre irrationnel, comme pour rappeler le fait que pour les pythagoriciens, un tel nombre n'avait pas de sens. Mais globalement la nature avait un sens.

Et selon ce sens, malgré le peu d'informations disponibles sur les débuts des mathématiques en Grèce, il est établi qu'elles jouèrent un rôle moteur, non seulement dans le développement de l'astronomie et de la physique, mais également dans certains aspects philosophiques de la représentation de la nature. La recherche de propriétés mathématiques, dans des formes qui transcendaient les questions de la vie pratique, correspondait pour les Grecs à la recherche de l'essence des choses, dans un grand tout holistique. Même l'étude de la géométrie, motivée à la fois par la curiosité intellectuelle et par l'utilité pratique, incitait à une recherche de précision maximale dans laquelle les Hommes pouvaient exercer leurs capacités mentales, et même vivre des expériences de nature esthétique. Les Grecs considéraient la géométrie comme un cadre de raisonnement et une base du savoir.

Il y eut quelques mathématiciens sophistes (comme Hippias d'Élide), mais la plupart étaient de vrais philosophes, qui étudièrent notamment dans l'académie platonicienne, comme Thétète (415-369 avJC) et Eudoxe de Cnide (400-350 avJC). Platon (427-347 avJC) attribuait lui aussi une grande importance aux mathématiques dans l'enseignement et dans le développement du savoir, et comme facteur de compréhension des objets.

À l'entrée de son Académie, à Athènes, il était écrit *nul n'entre ici s'il n'est géomètre*. Cette importance attribuée aux mathématiques par Platon était due à l'influence de pythagoriciens, en particulier Archytas de Tarente. Avec Platon, les objets mathématiques furent conçus comme des entités abstraites, séparées des objets du monde physique : une droite ou un cercle dessinés sur le sol n'étaient que des reproductions imparfaites de la droite ou de la circonférence géométriques, lesquelles appartenaient à un domaine à mi-chemin entre le monde des objets sensibles et celui des idées.

De manière complémentaire à ce point de vue, se développèrent des concepts innovants de démonstration et de raisonnement déductif. La géométrie devait être présentée en partant de prémisses simples et évidentes, au moyen desquelles pouvaient être obtenus des résultats de plus en plus complexes, par une déduction logique mais abstraite, sans recourir forcément à des raisonnements fondés sur l'observation et l'expérience. Ce type de présentation était caractéristique de nombreux traités grecs, qui furent appelés de façon générique des Éléments de géométrie, et dont les plus importants ont été les *Éléments* d'Euclide.

Aristote (384-322 avJC) analysa et exposa clairement à son tour la structure de ce type de connaissance rationnelle. Il introduisit une distinction entre les axiomes (définitions ou hypothèses) et les thèses, et il formula des règles de logique sur lesquelles devait reposer tout raisonnement déductif, créant un modèle qui allait rester longtemps une référence classique. La géométrie constituait un savoir en partie abstrait, dans la mesure où, pour Aristote, les objets mathématiques étaient en fait des abstractions d'objets physiques, dont les propriétés étaient déduites selon les résultats mathématiques. Cette conviction, qui associait les mathématiques à la réalité en incluant leur abstraction, perdurera jusqu'au 20ème siècle.

La plupart des traités composés dans ces premiers siècles de développement mathématique ont disparu. Toutefois, on a retrouvé certains traités de la période hellénistique alexandrine, qui résument et classent cette importante tradition de recherche. Le plus célèbre de ces traités est sans aucun doute les *Éléments* d'Euclide. Composé de treize livres, il fut écrit au 3ème siècle avJC et il eut une influence considérable sur la recherche et sur l'enseignement des mathématiques pendant plus de deux millénaires.

Cette œuvre, qui représente la compilation la plus imposante des mathématiques grecques, a servi durablement de support et de référence à la construction de mathématiques ultérieures. Effectivement, avec cela, en partant de quelques thèses et principes fondamentaux, même en partie intuitifs, on pouvait déduire une grande quantité de résultats géométriques de plus en plus complexes, de façon claire et rigoureuse sur le plan logique.

Au début des *Éléments*, étaient énumérées les définitions des concepts de base qui pouvaient être utilisés tout au long de l'œuvre : le point est une entité qui n'a pas de parties ; la ligne est une longueur sans largeur ; la ligne droite est le plus court chemin pour aller d'un point à un autre ; une surface est une entité qui a une longueur et une largeur mais pas d'épaisseur. Ensuite étaient énumérés cinq postulats basiques, c'est-à-dire cinq propriétés que l'on considérait comme vraies afin de pouvoir développer le reste de la théorie. Euclide énumérait en outre des notions communes, ou axiomes, qui explicitaient certaines idées logiques servant à développer le raisonnement, en géométrie comme dans n'importe quelle autre science.

Cette approche structurée permit à Euclide (325-285 avJC) de mettre en bon ordre toutes les cartes alors connues du jeu intellectuel de la géométrie. Il y démontra la puissance d'un raisonnement qui permettait d'obtenir des résultats certains, et parfois très complexes, que l'intuition ou l'expérience seuls ne permettraient pas d'atteindre.

Car l'intuition seule pouvait dans certains cas induire en erreur, ou fournir un ensemble de données si confus que l'on ne puisse en tirer aucune conclusion utile. Ainsi, même si Euclide présentait prudemment ses postulats comme des hypothèses qu'il fallait accepter comme vraies pour raisonner, pendant plusieurs siècles les quatre premiers postulats ont été considérés comme des évidences vérifiables dans la réalité physique. Mais le cinquième postulat a laissé longtemps perplexes les mathématiciens, qui ont cherché à l'éliminer ou à l'interpréter en se servant des quatre autres.

Ce problème a été appelé postulat des parallèles, parce que, entre autres conséquences, il permettait de démontrer que, étant donnée une droite sur un plan, par tout point extérieur à cette droite, on pouvait tracer une seule droite parallèle. Au 19ème siècle, toutefois, on découvrit qu'Euclide avait eu raison de considérer cela comme un postulat, parce qu'il était possible de construire un édifice géométrique abstrait qui satisfasse aux autres hypothèses sans tenir compte du cinquième postulat. Cette découverte mit fin à la conviction que la seule géométrie possible était celle d'Euclide, et infirma l'assurance conceptuelle qui portait à croire que la structure réelle du monde physique était celle décrite par la seule géométrie euclidienne.

Quoi qu'il en soit, les quatre premiers livres des *Éléments*, consacrés à la géométrie plane, énonçaient et démontraient bien les propriétés fondamentales des figures rectilignes et des cercles. La droite et le cercle étaient, pour Euclide, des figures de base de toutes les constructions géométriques. Par conséquent, ces constructions pouvaient être tracées et pré-visualisées simplement sur un support graphique avec une règle et un compas. Dans le cinquième livre, le plus complexe, Euclide développait une théorie des proportions qui visait à améliorer la mesure en géométrie, et sa représentation conceptuelle. En effet, mesurer un segment de droite signifiait le comparer, le mettre en rapport avec un segment qui était considéré comme référence, ou comme unité. Et cela valait également pour les autres grandeurs, aires, volumes, angles, poids, intervalles de temps. Il s'agissait d'une théorie qui joua dans les mathématiques grecques le rôle que jouera, dans les mathématiques modernes, l'ensemble des nombres réels.

Toutefois, Euclide n'y utilisait ni nombres ni notions arithmétiques, et son argumentation se développait dialectiquement, par des mots. Elle apparaît donc différente de celles qui rempliront les livres modernes de mathématiques, où l'on a continuellement recours à des symboles et à des formules. La théorie des proportions s'appliquait en particulier aux problèmes de similitude des figures, qui seront repris dans le livre VI.

Là, on peut dire que deux figures sont semblables quand chacune d'elles peut être considérée comme un agrandissement ou une réduction de l'autre. En langage mathématique, deux figures semblables ont des angles correspondants égaux et des côtés adjacents aux angles égaux proportionnels. Dans les livres VII, VIII et IX, la théorie des proportions a été utilisée pour étudier les propriétés des nombres comme la divisibilité, les nombres premiers, etc. Dans le livre X est décrit l'algorithme éponyme (algorithme d'Euclide) qui sert à déterminer le plus grand commun diviseur de deux nombres, et ce livre traite de certaines quantités irrationnelles du type de V2 ou 3-V5, qui apparaissaient souvent dans les constructions géométriques. Dans les derniers livres, sont étudiées les propriétés des figures dans l'espace, et le traité se termine par l'étude des cinq polyèdres réguliers : tétraèdre, cube, octaèdre, dodécaèdre et icosaèdre.

On peut noter que ces solides représentent aussi des figures cosmologiques, ou des solides platoniciens, ainsi nommés parce que Platon, dans le *Timée*, les associait au cosmos, reprenant les conceptions de nature mystique des pythagoriciens. On y retrouve que toutes les choses seraient constituées de quatre éléments (terre, air, eau et feu), lesquels seraient constitués à leur tour, respectivement, de cubes, d'icosaèdres, d'octaèdres et de tétraèdres. Platon écrivit à propos du dodécaèdre qu'un dieu s'en servit pour compléter le dessin de l'Univers.

En complément de ses *Eléments*, Euclide rédigea un traité d'optique, dans lequel les rayons visuels étaient représentés par un faisceau de segments qui allaient de l'œil (considéré comme un point) aux différents objets géométriquement descriptibles. C'est le plus ancien exemple d'une tentative d'explication d'un phénomène physique (dans ce cas, le phénomène de la propagation de la lumière) au moyen du langage de la géométrie.

Euclide travailla et enseigna à Alexandrie, devenue la capitale de l'empire fondé par Alexandre le Grand. Après la mort de ce conquérant, Alexandrie était devenue la capitale de l'empire gréco-égyptien des Ptolémées, et à la fin du 4ème siècle, cette cité abritait une communauté active, cosmopolite, riche en activités culturelles. Sa célèbre bibliothèque avait recueilli de nombreux objets dans les différentes villes de Grèce et d'Asie Mineure (y compris dans la bibliothèque du lycée d'Aristote, à Athènes). Le musée d'Alexandrie était un grand centre d'études, où enseignaient des maîtres aidés par le monarque. Il y avait des salles d'étude, un observatoire astronomique, un jardin botanique. On y étudiait la littérature, les mathématiques, l'astronomie, et la médecine.

À l'époque grecque classique, la géométrie était déjà considérée comme un savoir mathématique noble. Parmi les philosophes mathématiciens officiant au musée d'Alexandrie, on peut notamment distinguer Apollonios de Rhodes (295-215 avJC), qui enseignait également à Pergame, autre important centre culturel de cette période. Apollonios a écrit un traité sur les sections coniques, c'est-à-dire sur l'ellipse, l'hyperbole et la parabole, figures qui résultaient de l'intersection d'un cône avec un plan, et qui avaient déjà été étudiées par d'autres mathématiciens grecs.

D'une manière générale, on a pu pourtant remarquer que pendant la période hellénistique (du 4ème siècle avJC au 4ème siècle de l'ère suivante) l'intérêt pour les systèmes à dominante philosophique avait progressivement diminué, tandis que l'attention se portait peu à peu sur des aspects plus pratiques de la connaissance. Au cours de cette période, s'est développée particulièrement l'étude de la mécanique, de l'optique, de l'astronomie, et même de la logistique (qui était alors l'art des comptes et des raisonnements liés).

Archimède de Syracuse (287-212 avJC) est représentatif de cette période. Il naquit et vécut à Syracuse, une ville florissante et concurrente de Rome, qui commençait à s'imposer dans la Méditerranée. Archimède était attiré autant par les inventions techniques que par les mathématiques. Il fut en contact avec des savants du musée d'Alexandrie, en particulier son directeur, Ératosthène de Cyrène, célèbre pour ses études de géographie. De nombreuses légendes ont été rapportées sur Archimède, notamment à propos des machines qu'il avait construites pour la défense de Syracuse contre les Romains, machines qui appliquaient le principe du levier, ou qui étaient munies de grands miroirs concaves destinés à mettre le feu aux navires romains (on lui attribue aussi par ailleurs, mais c'est controversé, la paternité de la machine à calculer d'Anticythère).

Archimède écrivit des traités sur l'équilibre des figures, et sur les corps flottants. Il s'occupa également de la mesure d'aires, et de volumes de figures aux contours curvilignes. Dans ses réflexions sur la géométrie, il s'aidait des idées intuitives de la statique, même si après l'obtention des résultats, il les rédigeait selon les lois du raisonnement déductif géométrique de l'époque. Archimède avait décrit cette façon de travailler dans un ouvrage intitulé *La Méthode*, en hommage à Ératosthène.

Par la suite, au 1er siècle, Alexandrie abrita d'autres savants, notamment Héron, qui s'intéressait lui aussi à la géométrie et à la mécanique pratique, ainsi qu'à la conception de machines militaires. Et au 3ème siècle, Diophante (200-284) y écrivit des formules renommées de calcul et de logistique.

Dans son ouvrage *Arithmétiques*, composé de douze livres, il énonçait dans un langage cohérent un vaste ensemble de connaissances, dont nous savons qu'il remontait pour partie aux cultures babylonienne et égyptienne. Diophante identifiait certains types de problèmes de façon abstraite, puis il y expliquait au moyen de données numériques plus concrètes l'application pratique de sa méthode. Dans les six premiers livres qui ont été préservés et transmis, 189 problèmes exemplaires étaient énoncés et résolus.

Dans chaque problème, on cherchait un nombre déterminé, celui que nous appellerions aujourd'hui une inconnue, mais que Diophante appelait arithmos (nombre), et qu'il représentait symboliquement avec un S. Il attribuait des noms et des symboles aux puissances de l'inconnue, jusqu'à la sixième. Le fait qu'il considérait les puissances supérieures à trois confirme que son intérêt pour les nombres allait au-delà de la géométrie. L'introduction d'abréviations et de symboles destinés à mieux représenter les problèmes arithmétiques est une tendance qui continuera ensuite à se développer, et qui mènera à la création de méthodes algébriques conçues pour résoudre des équations de plus en plus complexes.

Diophante utilisait le système attique de numération, fondé sur les 24 lettres de l'alphabet grec, et non positionnel, dans lequel les opérations étaient plutôt compliquées (en effet, les Grecs se servaient de l'abaque, un instrument qui continua à être utilisé dans l'Empire romain et jusqu'en Europe médiévale). En 1972, on a découvert en Iran une traduction arabe de quatre autres livres de l'œuvre de Diophante, qui ont fait l'objet d'études approfondies de la part d'historiens des mathématiques.

Enfin, au-delà du domaine philosophique et mathématique, la culture grecque ancienne contribuait aussi à l'essor de l'astronomie et de la géographie. La vision grecque du monde physique étant associée à des représentations de figures géométriques invariantes, les pythagoriciens, et Platon, soutenaient que le mouvement du Soleil, de la Lune et de tous les corps célestes, était circulaire et uniforme, le considérant comme un mouvement parfait, différent de celui qui était observable dans les objets du monde dit sublunaire (terrestre).

Eudoxe de Cnide, s'inspirant de cette idée, construisit un modèle géométrique de l'Univers formé de sphères concentriques autour de la Terre, la dernière sphère étant celle des étoiles fixes. Pour tenter d'expliquer les mouvements observables des astres, son modèle était enrichi par l'ajout d'autres sphères concentriques qui tournaient selon des périodes différentes et autour d'axes différents.

À cela s'ajouta, au 2ème siècle avJC, une nouvelle influence de l'astronomie babylonienne, d'orientation numérique, qui utilisait une arithmétique sexagésimale, plus maniable dans des applications pratiques. Et pour sa part, en vue d'obtenir les mesures des cercles dans les modèles géométriques, utiles aux observations astronomiques, Hipparque de Nicée (190-120 avJC) avait créé un tableau de longueurs approchées des cordes, initiant ainsi ce qui allait devenir la trigonométrie.

Des études de géométrie sphérique et d'autres méthodes de représentation dans un plan permirent ensuite à Claude Ptolémée (90-170) de parvenir à un modèle astronomique particulièrement avancé pour son époque. Claude Ptolémée avait optimisé les procédés d'approximation connus, et il avait émis d'intéressantes considérations sur les erreurs, et sur leur prise en compte compensée dans les opérations. En outre, des dispositifs ingénieux de calcul, tels que celui de la machine d'Anticythère, permettaient de prévoir précisément les positions des corps célestes visibles.

Au niveau historique, comme nous l'avons vu dans l'exposé précédent,, grâce à tous ces apports, siècle après siècle, les Grecs anciens avaient conçu et développé des mathématiques, tant théoriques que pratiques, qui devinrent un fonds culturel transnational, relayé et partagé dans l'ensemble des sociétés occidentales, notamment depuis leurs colonies méditerranéennes, puis au fur et à mesure de l'expansion de l'Empire romain, et finalement exporté dans le reste du monde à partir du 15ème siècle, au cours de l'expansion colonisatrice européenne.

Globalement, l'Empire romain a constitué un puissant intermédiaire de transmission des savoirs philosophiques et mathématiques hellénistiques, même si culturellement, les Romains ne s'intéressaient pas autant que les Grecs aux études mathématiques de haut niveau. Sous la tutelle de Rome, l'activité mathématique d'inspiration grecque avait surtout continué à briller à Alexandrie, jusqu'à ce que le 4ème siècle signe à la fois le début du déclin de l'Empire romain, et la fin de l'âge d'or culturel hellénistique.

Une longue période médiévale d'environ mille ans allait s'ensuivre sur les ruines de cet empire, dans toute sa zone d'influence occidentale. Mais ses parties orientales ont pu assurer un relai et une préservation des principaux savoirs anciens pendant cette période, jusqu'au puissant redémarrage culturel de la Renaissance européenne, dont les effets se sont fait ressentir de nouveau jusque dans les contrées les plus lointaines, y compris en Orient.

LES MATHÉMATIQUE MEDIEVALES ET CLASSIQUES

Elles se développèrent à travers une période rupturielle, suivie d'une stase civilisationnelle, puis d'une Renaissance culturelle essaimant à partir de l'Europe. Au début de ce puissant mouvement historique, en Orient, même le réputé précepteur grec Pappos, qui enseignait les mathématiques et l'astronomie à Alexandrie au 4ème siècle, et qui avait écrit en 360 le Synagogué, une collection mathématique qui retraçait la progression des grands classiques hellénistiques, ne pouvait pas imaginer qu'il allait être témoin d'une forte rupture civilisationnelle. Un bouleversement des valeurs et des savoirs allait pourtant découler de graves troubles socio-politiques, causés à la fois par la chute déjà amorcée de l'empire romain, et par l'expansion tumultueuse de la religiosité abrahamique. Au point qu'à Alexandrie, la célèbre femme philosophe Hypatie (370-415), fille de Théon d'Alexandrie, allait finir assassinée par un groupe de chrétiens hostiles à son savoir païen.

Pour mieux situer cette hostilité, il faut savoir qu'en 390 l'évêque Théophile avait ordonné la destruction d'une partie des volumes de la bibliothèque d'Alexandrie, non conformes aux dogmes chrétiens. Ce qui restait fut brûlé durant la prise de la ville par les musulmans, en 640. Huit ans plus tôt, le prophète Mahomet mourait. Il avait été l'inspirateur d'un ultime courant abrahamique, l'islam, qui allait créer un empire théocratique étendu de l'Atlantique jusqu'à l'océan Indien, avec le développement induit d'une nouvelle culture sémitique de langue arabe.

Et comme par une singulière facétie de l'histoire, tandis que le monde occidental médiéval se détournait temporairement de l'étude des mathématiques, le monde arabo-musulman montrait un intérêt accru pour cette science. Les mathématiques arabes se développèrent à partir du 8ème siècle, en s'appuyant sur les connaissances des Grecs, mais également sur les vestiges d'anciennes traditions mathématiques avec laquelle les Arabes furent en contact, en Perse, en Syrie, et en Inde. Comme dans d'autres peuples, la connaissance des mathématiques était considérée par les Arabes anciens comme importante dans l'éducation de leurs élites intellectuelles.

Ils appliquaient des formules de géométrie et d'arithmétique pratique, au commerce, au droit, à l'administration publique, et à l'arpentage. Un certain nombre d'applications liées à l'islam ont concerné ensuite le calendrier lunaire, les horaires des prières diurnes étant balisés selon des références astronomiques, et incluant le calcul de la direction vers laquelle devait prier le croyant musulman, quel que soit l'endroit où il se trouvait. Cela s'est appliqué aussi au calcul des héritages selon les préceptes coraniques, et au dessin géométrique des édifices. Certains calculs étaient arbitrés par des spécialistes de la loi religieuse, notamment parce que les savants qui s'occupaient d'astronomie ou d'astrologie pouvaient donner des réponses différentes aux mêmes problèmes, les uns en utilisant de simples techniques pratiques, et les autres avec des calculs astronomiques plus compliqués. Il fallait donc pouvoir choisir.

Après la division de l'empire musulman initial en royaumes indépendants, la dynastie abbasside orientale avait établi sa capitale à Bagdad. La culture continuant à y être encouragée, des astronomes indiens furent reçus à la cour, des œuvres sanskrites furent traduites en arabe, et les califes tentèrent de rassembler le plus possible des manuscrits de savants grecs encore préservés. De nombreux traités grecs sont ainsi restés connus grâce à leur préservation en Orient, et à leur traduction en arabe.

Au début du 9ème siècle fut fondé à Bagdad un centre d'étude, la Maison de la Sagesse, où sous la protection des premiers califes et d'autres mécènes, les sciences mathématiques connurent une grande prospérité, alimentée par des érudits issus de divers pays. Une nouvelle terminologie permettant une meilleure assimilation des œuvres grecques fut élaborée, grâce à un travail linguistique et à une homogénéisation conceptuelle.

La langue arabe devint peu à peu une langue transnationale reliant des lettrés des pays islamisés. En Espagne, avant que le califat des Omeyyades finisse par céder sous la poussée reconquérante des royaumes chrétiens du nord, pendant plusieurs siècles, trois cultures différentes (musulmane, hébraïque et chrétienne) avaient cohabité, avec comme conséquence des conflits politiques et religieux, mais aussi des échanges culturels réciproquement utiles. Ailleurs, des savants musulmans étudiaient plus paisiblement les mathématiques, l'astronomie, la physique et la médecine, mais également la philosophie, l'histoire, la géographie, la poésie, comme Omar Khayyam (1040-1125) un célèbre mathématicien et poète arabo-persan de Samarcande. En outre, dès la fin du 8ème siècle, le système de numération indien commençait à être utilisé par les Arabes pour écrire les entiers positifs.

En 830, Muhammad ibn Musa al-Kharezmi (connu sous le nom latinisé d'Algorizmi, origine du mot algorithme), écrivit un traité pour expliquer les nombres indiens, appelés ensuite indo-arabes. Cela mena au développement de deux systèmes de symboles, dont l'un est encore un peu utilisé au Proche-Orient, mais dont l'autre, celui des nombres gubari (ou nombres de la poussière, parce que les calculs étaient faits sur un tableau couvert de poussière), s'est répandu en occident en passant par l'Afrique du Nord et l'Espagne, et en y amenant les symboles 1, 2, 3, 4, 5, 6, 7, 8, 9 et 0.

En Orient, les astronomes continuèrent cependant longtemps à utiliser le système d'écriture numérique de *l'Almageste* de Ptolémée, qui recourait aux lettres de l'alphabet (grec, puis arabe) pour la partie entière, aux symboles grecs pour le zéro, et au système sexagésimal pour les fractions. Les Arabes appelaient le zéro sifr, qui signifie place vide (d'où provient le mots chiffre). Mais l'innovation principale des mathématiques arabes fut le développement de l'algèbre (al jabr).

L'algèbre est une partie des mathématiques visant à la solution des équations, qui s'est développée à partir de l'arithmétique. Comme nous l'avons vu, dès les temps les plus anciens, avaient été énoncés des problèmes mathématiques dans lesquels on cherchait un nombre (un prix, une aire, un héritage) dont on connaissait certaines conditions, qui pouvaient être quantifiées dans une équation. Dès l'Antiquité, différentes professions avaient développé des règles et des recettes pour résoudre ces équations.

Diophante avait tenté de les formuler de manière structurée, et il avait introduit certains symboles pour écrire de façon abrégée les termes mis en équation. Mais les savants arabes réussirent à faire encore mieux. Al-Kharezmi n'utilisait pas de symboles, si bien que son algèbre a été appelée algèbre rhétorique, avec quoi il expliquait la façon par laquelle les différents problèmes mathématiques à résoudre correspondaient à six types fondamentaux d'équations de second degré. Et il indiquait comment les résoudre au moyen d'opérations de al-jabr (remplissage) et al-muqabala (mise en équilibre, en opposition), qui correspondaient à des transformations élémentaires d'équations.

Pendant les siècles suivants, l'algèbre arabe connut un essor notable et devint une discipline théorique mature. Des savants comme al-Karagi et ses disciples, ainsi que le syrien Thabit ibn Qurrah, imaginèrent de nouvelles méthodes et tentèrent de démontrer les règles d'al-Kharezmi sur la base des *Éléments* d'Euclide, en ayant recours à des constructions géométriques, ou en se fondant sur une théorie des proportions.

Les Arabes ne concevaient pas les nombres négatifs, mais ils savaient manier les quantités irrationnelles, en particulier en géométrie et en trigonométrie, et ils contribuèrent efficacement à la résolution numérique approchée des équations algébriques.

Même s'ils tentèrent sans succès de résoudre algébriquement l'équation du troisième degré, ils réussirent à en obtenir une solution par voie géométrique. Ils y pensèrent en tentant de résoudre différents problèmes de construction hérités des Grecs, parmi lesquels des problèmes célèbres comme la duplication du cube, la trisection de l'angle, et la construction de polygones réguliers inscrits dans le cercle, qui ne pouvaient pas être résolus au moyen d'une règle et d'un compas, et qui en termes algébriques donnaient lieu à des équations du troisième degré.

Ailleurs, pendant qu'en terres d'islam, ainsi qu'en Chine, et en Inde, les mathématiques étaient étudiées de manière approfondie, l'Occident chrétien traversait une longue période de moindre intérêt pour les recherches et les constructions théoriques. Le progrès conceptuel y était ralenti.

À Byzance, certains savants de langue grecque publièrent des commentaires d'œuvres classiques, mais la culture byzantine imprégnée de fondamentalisme chrétien s'intéressait moins qu'avant à l'habileté théorique des anciens. Et dans les royaumes ouest-européens, l'enseignement des mathématiques (exercé d'abord dans des écoles ecclésiastiques puis, à partir du 12ème siècle, dans des universités) était organisé selon la classification introduite par Boèce, noble romain du 6ème siècle, conseiller du roi ostrogoth Théodoric. Boèce avait écrit quatre traités, *Aritmetica, Geometria, Astronomia*, et *Musica*, dont les matières formaient le Quadrivium, et dont le contenu se référait aux parties essentielles des grands traités classiques.

À côté de cela, les matières du Trivium (grammaire, logique et rhétorique) constituaient ce qu'on appelait les arts libéraux (ou triviaux), qui faisaient l'objet d'études préférentielles au Moyen Âge. Les mathématiques étaient cependant orientées vers un rôle de guide de l'intelligence vers la contemplation des choses supérieures (principalement religieuses) permettant d'apprécier la structure du monde, que Boèce, après Pythagore, comparait à une harmonie musicale. Mais même si les doctrines platoniciennes et néoplatoniciennes, introduites dans la pensée chrétienne par Saint Augustin, avaient eu une certaine influence sur la culture du début du Moyen Âge, cette culture manifestait encore une préférence marquée pour les disciplines du Trivium, négligeant celles du Quadrivium, en partie en raison de l'absence de textes suffisants.

Au 12ème siècle, d'importantes œuvres antiques, surtout grecques, furent enfin réintégrées grâce aux activités d'écoles de traducteurs qui opéraient en Espagne et en Sicile, terres d'échange avec la culture arabe. C'est ainsi qu'Adélard de Bath, originaire d'Angleterre, put traduire les *Éléments* d'Euclide et l'*Almageste* de Ptolémée. Des œuvres arabes complémentaires furent traduites elles aussi en latin. Par exemple, Robert de Chester traduisit celles d'al-Kharezmi sur les nombres indo-arabes et sur l'algèbre.

Cette période connut en outre un retour de l'aristotélisme, mais pas encore suffisamment pour rétablir un intérêt fort pour les mathématiques. Le dominicain Albert le Grand disait que "nombre des figures des géomètres ne se trouvent en aucune façon dans les corps naturels, et de nombreuses figures naturelles, en particulier celles des animaux et des plantes, ne sont pas déterminables au moyen de l'art de la géométrie". Malgré cela, un intérêt pour les mathématiques restait entretenu, et enseigné, même s'il était modérément pratique, et prudemment conforme aux dogmes religieux.

Les questions les plus traitées dans les universités d'Oxford et de Paris, par exemple, concernaient la nature du nombre et de la quantité, le concept de pair et d'impair, ainsi que des aspects logiques et méthodologiques de la géométrie. Mais à partir du 14ème siècle, certains savants commencèrent, en complément, à s'intéresser à la mécanique, c'est-à-dire à une branche qu'Aristote avait placé à mi-chemin entre les mathématiques et la philosophie naturelle.

Cette tendance contribua progressivement à atténuer la séparation entre le savoir spéculatif et le savoir pratique (qu'on appelait aussi arts mécaniques). Et ceci d'autant mieux qu'à partir du siècle précédent, avaient été publiés en Italie, en France et en Angleterre, des traités de géométrie pratique, dans lesquels étaient étudiés des problèmes concrets, comme l'usage de l'astrolabe et de l'équerre, pour la mesure du sol ou dans la construction de jauges, et la façon de les utiliser pour la mesure du volume des tonneaux. Ces traités, même remplis de recettes empiriques et parfois même de simples relations géométriques intuitives, n'avaient pas seulement une utilité pratique, ils étaient utilisés aussi comme supports d'enseignements dans les universités. Ce qui s'est révélé très utile.

Car certains permettaient d'élever réellement le niveau des connaissances mathématiques, même s'ils exposaient des procédés surtout pratiques, utilisant des constructions géométriques à la règle et au compas. C'est le cas, par exemple, de la *Praticae geometricae* de Leonardo Fibonacci (v. 1170-1250) et de *l'Ars mensurandi* du Français Jean de Murs.

Leonardo Fibonacci (connu aussi sous le nom de Léonard de Pise), fils d'un commerçant de Pise qui dirigeait une entreprise à Bougie (aujourd'hui Bejaia, en Algérie), grand comptoir commercial d'Afrique du Nord, y était en contact avec le savoir mathématique arabe. En 1202, il publia un ouvrage en latin, à mi-chemin entre le précis et l'encyclopédie de mathématiques, intitulé *Liber abaci*, qui contribua à relayer en Occident les méthodes de l'arithmétique arabe, fondées sur les nombres indo-arabes, et sur les façons de compter et de calculer dans ce système.

Le livre de Leonardo Fibonacci fut dupliqué et diffusé rapidement en Italie, où au 13ème siècle se réalisait une transformation économique et sociale privilégiant la puissance commerciale, puisque grâce à sa position géographique stratégique, l'Italie contrôlait une partie des échanges entre l'Europe et les pays du Proche-Orient. Cette période vit donc une prolifération de compagnies commerciales, qui entretenaient des succursales permanentes dans les villes les plus importantes, où des hommes d'affaires dirigeaient des flux croissants de marchandises et d'argent. Ce fut l'époque de la naissance des grandes banques et des premières compagnies d'assurance maritime.

Pour développer de manière rentable ces activités, furent alors créées et perfectionnées des techniques mathématico-commerciales applicables à la comptabilité, au calcul des intérêts, à la distribution des profits, et à la théorie des assurances. Dans plusieurs villes d'Italie, de nouvelles écoles apparurent, appelées écoles ou boutiques d'abaque, dans lesquelles les principes de base des mathématiques pratiques étaient enseignés, en langage courant, aux commerçants. Les enseignants de ces écoles (les maîtres d'abaque) composèrent de nombreux traités contenant des perfectionnements d'algorithmes des principales opérations, et des méthodes de résolution des problèmes arithmétiques et algébriques. L'algèbre était appelée "règle de la chose", et l'inconnue, appelée par les Arabes shay, était appelée en latin res et en toscan cosa. Plus tard, au 16ème siècle, Scipione del Ferro, Jérôme Cardan (1501-1576) et Niccolo Tartaglia (1499-1557) créeront une formule permettant la solution de l'équation du troisième degré, avec seulement les quatre opérations fondamentales et l'extraction de racine.

Partout en Europe, les chiffres indo-arabes et ces nouveaux types d'arithmétique commencèrent à supplanter les chiffres romains et leur calcul connexe. À Nuremberg et dans d'autres villes allemandes qui entretenaient des échanges commerciaux avec l'Italie, des écoles d'abaque virent aussi le jour et, à partir du 15ème siècle, les Rechenmeister (maîtres d'abaque) allemands, comme Christoph Rudolf, Michael Stifel et Adam Riese, développèrent intensément la coss (chose).

C'est ainsi que furent banalisées de nouvelles techniques d'abréviation et de notation des inconnues, des puissances, des signes d'addition et de soustraction et ainsi de suite. Cette pratique usuelle subsista en Allemagne jusqu'au début du 18ème siècle, même si elle restait séparée des mathématiques supérieures. Puis en 1591, le français François Viète (1540-1603) publia son œuvre *In artem analyticem isagoge*, dans laquelle il réorganisait les notations algébriques, et ramenait l'algèbre aux canons méthodologiques des mathématiques grecques classiques.

Finalement, d'une manière ou d'une autre, en utilisant tout cela, dès le 14ème siècle, la Renaissance italienne, et sa diffusion dans le reste de l'Europe, avaient pu impulser un processus de transformation des mathématiques, qui retrouvèrent peu à peu une place centrale dans la pensée rénovée de l'époque, et qui se renforcèrent de plus en plus en préparant la restructuration scientifique qui allait intervenir deux siècles plus tard.

L'ouverture sociale au renouveau culturel s'élargissait en conséquence. Outre à l'activité commerciale, la formation mathématique enseignée par les maîtres d'abaque s'adressait aussi à des cartographes, architectes, artistes. Des peintres, tels que Piero della Francesca, Leon Battista Alberti, et Albrecht Dürer, se montraient réceptifs aux savoirs géométriques liés notamment aux phénomènes de perspective. Ailleurs, la découverte de la poudre et la création de nouvelles armes à feu suscitèrent un intérêt pour la précision mathématique de la balistique, permettant l'étude non empirique des trajectoires des projectiles. Le problème de la fabrication des lentilles suscita également un intérêt pour les calculs d'optique. En outre, l'astronomie et la cartographie affinèrent leurs méthodes pour répondre aux besoins des grandes expéditions maritimes du 15ème et du 16ème siècles.

La vitalité de cette période ne s'exprimait pas seulement dans les arts et les activités pratiques appuyés sur les mathématiques, puisque l'intérêt pour les instruments et les observations naturelles stimulait aussi le développement de questionnements plus originaux. Au point que des penseurs remirent en question la philosophie aristotélicienne qui régnait dans les universités, et même le principe d'autorité qui en accompagnait la transmission.

Ils estimaient que la scolastique induisait un raisonnement vide et abstrait, trop formel et trop peu créatif. Ces nouvelles tendances favorisèrent par leur synergie une relecture des textes antiques, pour y chercher d'éventuelles voies de relance. Et heureusement, car bien que certains grands traités antiques, comme ceux d'Archimède et d'Apollonios, soient disponibles çà et là, ils avaient depuis longtemps été délaissés, car mal compris.

Aux 17ème et 18ème siècles, l'effort pour reconstruire les œuvres mathématiques anciennes, et redécouvrir les procédures que les Grecs utilisaient jadis, allait donc produire une relance de la recherche mathématique. Même le modèle géocentrique de l'Univers fut repensé, et dans les études astronomiques s'amorça un défi particulièrement déterminant contre les conceptions philosophico-théologiques médiévales.

Tout ceci était en germe depuis au-moins 1462, quand Marsile Ficino avait fondé à Florence son Académie dite platonicienne. Parmi les penseurs qui adhérèrent à ce platonisme -en opposition à l'aristotélisme alors mal compris- se développa un nouvel intérêt pour les mathématiques, dans le sens philosophico-mystique dont Platon avait hérité des pythagoriciens.

La brèche étant ouverte, des courants magico-ésotériques médiévaux, comme la numérologie, et même la kabbale hébraïque, se diffusèrent eux aussi dans la culture de la Renaissance, avec la conviction que les nombres et les mathématiques joueraient un rôle particulier dans l'interprétation de l'Univers. En outre, en 1515, Georg Peurbach et son élève Regiomontanus (pseudonyme de Johann Müller, 1436-1476) publièrent une nouvelle traduction, du grec au latin, de l'*Almageste* de Ptolémée, ce qui réveilla le débat sur le système astronomique ptolémaïque dans les universités.

Mais l'événement le plus retentissant pour l'astronomie fut la publication, en 1543, de l'œuvre *De Revolutionibus orbium coelestium* du savant polonais Nicolas Copernic (1473-1543). Dans cet ouvrage, le système ptolémaïque était remis radicalement en question. Copernic y affirmait que le Soleil était au centre de l'Univers connu, et qu'autour de lui tournaient la Terre et les autres planètes. Mais les formulations mathématiques de cette nouvelle astronomie ne différaient pas encore assez de celles de l'astronomie antérieure. Le système copernicien fut donc critiqué non seulement par l'Église pour des motifs religieux, mais également par un certain nombre d'astronomes, comme Tycho Brahe (1546-1601), en raison de certaines incohérences constatées entre la conception théorique copernicienne et certaines observations astronomiques.

Johannes Kepler (1571-1630), successeur de Tycho Brahe à la charge de mathématicien impérial de Rodolphe II à Prague, réussit pourtant à doter le système héliocentrique d'une meilleure formulation mathématique. Au début, Kepler s'occupait aussi d'astrologie, même s'il la considérait comme inférieure à l'astronomie, et ses premières tentatives pour donner une explication géométrique à l'Univers étaient imprégnées des conceptions mystico-mathématiques qui circulaient au 16ème siècle.

Dans son œuvre *Mysterium Cosmographicum*, publiée en 1596, il affirmait prudemment - pour désamorcer les réactions cléricales -avoir reçu une révélation divine du secret cosmique et du dessein de l'Univers l'année précédente. Selon cette révélation, le Soleil se trouvait au centre d'une configuration de sphères parcourues par les orbites planétaires, et disposées de façon à circonscrire les cinq polyèdres réguliers de la géométrie euclidienne.

La sphère de Mercure y était circonscrite à un octaèdre, contenu dans l'orbite de Vénus, lui-même circonscrit à un icosaèdre, contenu dans l'orbite de la Terre. L'orbite de la Terre était circonscrite à un dodécaèdre, qui à son tour était contenu dans l'orbite de Mars, circonscrit à un tétraèdre, contenu dans l'orbite de Jupiter, circonscrit lui-même à un cube contenu dans la sphère de Saturne.

Mais par la suite, Kepler allait modifier profondément l'esprit de ses recherches, en abandonnant toute approche mystico-platonicienne. En 1600, il fut appelé à Prague par Tycho Brahe, lequel s'opposait aux approches purement spéculatives, et prônait un renouvellement de l'astronomie fondé sur des observations précises. Brahe chargea Kepler de développer de nouvelles observations sur le parcours de Mars dans la voûte céleste. Mais malgré les laborieux calculs effectués par Kepler, il ne lui fut pas possible de les faire concorder avec une orbite circulaire, ni de la reconstruire en utilisant de petits arcs de circonférence.

Finalement, en 1609, Kepler trouva et publia la solution de cette énigme dans son *Astronomia nova.* Sa déduction était que les planètes décrivaient des orbites elliptiques, de sorte que le Soleil se trouvait en l'un des foyers de l'ellipse, et que la droite qui reliait le Soleil à la planète balayait des aires égales en des temps égaux. Ces résultats ont été connus sous le nom de première et deuxième lois de Kepler.

La troisième loi (qui établissait que le carré de la période de révolution de chaque planète était égal au cube de sa distance moyenne au Soleil) fut exposée dans son traité *Harmonices Mundi*, publiée en 1619, dans lequel Kepler maintenait quelques positions néoplatoniciennes. Kepler eut le courage de les défendre dans une période de controverses philosophico-religieuses âpres (et parfois sanglantes), en réaffirmant la légitimité des arguments rationnels dans les recherches de philosophie naturelle, malgré les avis des autorités théologiques. Ce même esprit a inspiré Galilée (1564-1642), mais sous une plus forte menace de l'Église catholique.

Comme Kepler, Galilée préféra à son tour déclarer prudemment que le livre de la nature lui avait été inspiré par Dieu dans le langage mathématique.

Ce langage, qui exprimait l'essence intime du monde, était donc un instrument divin permettant de discerner les lois simples qui se cachaient sous l'apparente complexité des phénomènes perçus par les sens humains.

La recherche de Galilée ne se limitait pas aux mouvements célestes, car selon lui il n'y avait pas de différence essentielle entre le monde céleste et le monde sublunaire (terrestre). La nature étant unique, elle pouvait être étudiée à l'aide d'une méthode et d'une forme de connaissance holistes. Il ne voyait pas non plus d'opposition fondamentale entre la recherche philosophique concernant les phénomènes célestes parfaits, et les connaissances liées aux pratiques artisanales et aux techniques. Il en conclut qu'il fallait développer un savoir rationnel large, même fondé sur des données empiriques, mais capable de les décoder en formulant telle ou telle hypothèse mathématisée, vérifiée ensuite par l'expérimentation.

Galilée donna une forte impulsion aux recherches sur le mouvement, d'abord en étudiant le problème de la chute des corps, puis celui du mouvement sur un plan incliné, et enfin les trajectoires des projectiles. La géométrie ayant déjà été brillamment appliquée à l'astronomie, à la statique et à l'optique, Galilée l'appliqua logiquement aussi à la dynamique. Il considérait l'espace physique comme un continuum géométrique uniforme. Et un outil conceptuel qui lui paraissait bien convenir pour mesurer et quantifier ces phénomènes était la théorie des proportions.

Mais malgré les efforts de Galilée et de son école pour compléter et renforcer cette théorie, afin de l'adapter à l'étude des nouveaux problèmes dynamiques, elle se révéla insuffisante pour guider les travaux d'autres savants de l'époque, qui voulaient plutôt élaborer de nouvelles mathématiques, différentes des mathématiques statiques qui traitaient des grandeurs fixes. Ils imaginaient des mathématiques plus dynamiques, adaptées à l'étude des grandeurs variables dans un monde naturellement non-statique.

C'est dans ce sens que le philosophe et mathématicien René Descartes (1596-1650) développa une nouvelle conception du rôle des mathématiques, dont il fit le fondement d'un système philosophique. Selon Descartes, la matière se concevait dans l'étendue, si bien que la construction d'une théorie géométrique générale pouvait amener à comprendre la structure de l'Univers. Sans entrer dans l'examen des différents phénomènes du mouvement, comme l'avait fait Galilée, ses efforts visèrent à élaborer ce qu'il appelait la mathesis universalis, c'est-à-dire une science universelle des rapports quantitatifs entre les objets du cosmos. Descartes créait ainsi une nouvelle géométrie ad-hoc, la géométrie analytique.

La théorie des proportions y jouait encore un rôle important, mais elle était exprimée plutôt dans le nouveau langage algébrique de François Viète (1540-1603). Descartes introduisit sa propre méthode des coordonnées, avec un système de droites servant de référence dans l'espace géométrique, sous une forme un peu différente cependant de celle qui sera utilisée au 20ème siècle. Il modifia la classification ancienne des courbes, en regroupant d'un côté les courbes qui pouvaient être décrites au moyen d'une équation algébrique (courbes algébriques), parmi lesquelles figuraient les coniques et celles qu'il était possible de tracer au moyen d'une règle et d'un compas, et d'un autre côté, il y avait le reste des courbes, qu'il appela mécaniques, et qui correspondront dans la classification moderne aux courbes transcendantes.

Une autre contribution importante au développement de la géométrie analytique a été apportée par Pierre Fermat (1601-1665), dont la conception des courbes comme lieux géométriques (c'est-à-dire comme ensemble de points qui vérifiaient une équation) était précursive des futures conceptions modernes, où l'algèbre pourra être appliquée indépendamment d'une interprétation géométrique. Fermat est devenu célèbre en outre pour ses études d'arithmétique approfondies, qui avaient comme point de départ une relecture attentive de l'œuvre de Diophante.

Ces études ont même servi à la théorie moderne des nombres, qui en a pris pour objet les propriétés intrinsèques. Il faut noter aussi que beaucoup des résultats obtenus par Fermat ont été écrits en marge de sa copie du manuel de Diophante, sans démonstration. Pour cette raison, on ignore s'il s'agissait de véritables théorèmes, c'est-à-dire de propositions dont il aurait pu donner une démonstration, ou bien de simples conjectures faites par un mathématicien quand il a l'intuition qu'un fait mathématique est vrai, même s'il ne réussit pas encore à le démontrer. Ces conjectures pouvaient être un guide intéressant pour la recherche, lorsqu'elles permettaient de focaliser des réflexions pour démontrer ou réfuter une proposition. Une célèbre conjecture de Fermat, présentée comme son dernier théorème, a résisté 350 ans à toute tentative de démonstration avant d'être démontrée, avec un grand impact alors dans le monde mathématique.

Mais la véritable innovation qui rendit finalement probante la description mathématique des phénomènes de la mécanique a été le développement du calcul infinitésimal, c'est-à-dire d'un calcul tenant compte de quantités infinitésimales, non constantes, et aussi petites que nécessaire. La mécanique, au moyen de ce nouveau type de calcul, a pu s'imprégner d'apports mathématiques, et les mathématiques à leur tour ont pu évoluer sous l'influence de certains concepts de la mécanique.

Isaac Newton (1642-1727) en donna l'exemple en concevant les courbes non comme des lieux géométriques, mais comme des trajectoires de mobiles. La vitesse d'un mobile en tout point était donnée par la tangente, et pour la calculer, Newton appliquait sa méthode dite des fluxions. Là, il considérait des quantités mathématiques qui augmentaient graduellement et indéfiniment, comme augmentait continuellement l'espace parcouru par un corps qui se mouvait sans opposition, et il les appela fluentes. La vitesse de croissance de la fluente était appelée fluxion.

Pour comprendre le type de raisonnement mathématique utilisé par Newton, imaginons un point déplaçable sur un plan, dont les coordonnées soient (x, y). S'agissant de fluentes, ces quantités varient continuellement. Supposons maintenant que la trajectoire décrite par le corps soit une parabole, dont l'équation est $y = x^2$. Cela signifie qu'à tout moment, la position du corps est donnée par les deux coordonnées (x, y), dans un rapport bien défini entre elles, puisque y est toujours égal au carré de x. Newton voulait déterminer la façon dont augmentaient ces grandeurs fluentes, c'est-à-dire qu'il voulait calculer les fluxions de x et de y.

Pour ce faire, il considérait un intervalle de temps infiniment petit o. Et il trouva une formule qui avait un lien précis avec ce que l'on appelle aujourd'hui la dérivée de y par rapport à x. En effet, cette dernière, quand $y = x^2$, est égale à 2x, et elle est égale aussi au rapport entre, d'une part, la dérivée de y par rapport au temps (ou fluxion de y), et d'autre part la dérivée de x par rapport au temps (fluxion de x). Cette idée originale de Newton a été développée et perfectionnée au cours des siècles suivants par de nombreux mathématiciens, jusqu'à arriver au concept moderne de dérivée.

De son côté, Gottfried Wilhelm Leibniz (1646-1716) promouvait d'autres fondements du calcul infinitésimal, indépendamment de Newton, et en utilisant une approche mathématique distincte, fondée sur une notion dite différentielle. Malheureusement, la simultanéité de ces développements fut à l'origine d'une violente dispute de priorité, entre les deux savants et leurs élèves et partisans respectifs.

Dans l'histoire des mathématiques, il y a eu de nombreux cas où l'on a discuté pour savoir quel savant avait été le premier à démontrer une thèse. Mais cette dispute sur la priorité dans la découverte du calcul infinitésimal a peut-être été celle qui a soulevé les polémiques les plus virulentes, et provoqué un éloignement temporaire entre les mathématiciens anglais et les autres mathématiciens européens du 18ème siècle. Et ce ne fut pas la seule polémique provoquée par les débuts du calcul infinitésimal.

Car le type de raisonnement utilisé par ses pionniers semblait obscur et très différent des méthodes de démonstration limpides de la géométrie classique, à cause notamment des quantités qui, selon les cas, étaient considérées comme non nulles, ou bien comme négligeables (et donc éliminées). Les quantités infinitésimales étaient appelées ironiquement, par certains critiques, les quantités disparues. C'est pourquoi, même si les idées de Newton sur la mécanique étaient liées à ces conceptions novatrices, il n'a eu prudemment recours qu'aux méthodes et aux raisonnements de la géométrie classique dans son œuvre fondamentale, *Philosophiae naturalis principia mathematica*, où il exposait sa théorie de la gravitation universelle.

Pourtant, même si les arguments ne manquaient pas aux critiques, parmi lesquels George Berkeley, le calcul infinitésimal progressait. Car l'histoire des mathématiques montre que des mathématiciens, tout en conservant l'idéal d'une science déductive et exacte, ont souvent développé leurs recherches en suivant leur intuition, ou en suivant une inspiration liée par exemple à des principes de physique, parfois en se trompant, mais très souvent en obtenant des résultats dont on a démontré l'exactitude par la suite.

D'autres différends ont porté malgré tout, non sur la pertinence, mais sur les méthodes, du calcul infinitésimal. Barrow (le maître de Newton), l'italien Cavalieri, et d'autres, préféraient ce qu'on appelait la méthode des indivisibles, applicable aux mesures des aires et des volumes. Là, en utilisant la méthode d'exhaustion d'Eudoxe et d'Archimède, le volume d'un solide était calculé en l'imaginant composé d'une infinité de feuilles très fines, dites indivisibles (comme l'atome qui était alors le composant indivisible de la matière). Après calcul des aires de ces feuilles, on disait que leur somme totale était le volume du solide. L'extrapolation de cette idée mena au concept moderne d'intégrale, dont le symbole introduit par Leibniz exprimait une notion de somme. Il s'agissait toutefois d'une somme infinie de quantités à la fois évanescentes et non nulles, qui donnaient lieu à des paradoxes semblables à ceux énoncés par le philosophe grec Zénon d'Elée.

En effet, si on considérait ces quantités comme nulles, la somme de quantités nulles infinies était de toute façon nulle, tandis que si on les considérait comme non nulles, cette somme était infinie. Mais Leibniz recourait avec désinvolture et maestria aussi bien à l'usage des quantités infinitésimales qu'à celui des indivisibles. Bien que son point de vue soit plus obscur que celui de Newton, il se révéla efficace sur le plan pratique, et, par la suite, des développements modernes de ce calcul, même s'ils étaient conceptuellement plus près de l'approche newtonienne, utilisèrent en partie le symbolisme de Leibniz.

Car l'adhésion aux méthodes géométriques classiques constituait une limite pour l'école newtonienne qui, même dans l'œuvre de ses successeurs, connut un déclin, tandis que l'école continentale de dérivation leibnizienne conquit une position hégémonique dans les enseignements du calcul. L'histoire officielle résuma cela au fait que le passage des mathématiques classiques à ces nouvelles mathématiques du continu avait provoqué des oppositions conceptuelles, et déclenché des disputes philosophiques sur les concepts d'infiniment petit et d'indivisibilité, et sur ceux de l'infini actuel et de l'infini potentiel (respectivement, l'infini comme donnée intangible, ou entendu comme une quantité croissante sans limites).

Ce débat se prolongea jusqu'aux premières décennies du 19ème siècle, mais ces premiers développements du calcul moderne avaient néanmoins jeté les bases de nouvelles mathématiques, qui devaient notamment permettre de réaliser un programme ambitieux de mathématisation de la nature. Le premier ensemble de phénomènes pour lequel fut mise au point une telle stratégie d'étude a été celui de la mécanique. Tout d'abord, on y avait établi un cadre général permettant d'y appliquer les mathématiques, c'est-à-dire qu'on avait conçu des abstractions conceptuelles du monde physique, comme une sorte de schéma intellectuel à l'intérieur duquel il serait possible de déterminer et de mesurer les phénomènes du mouvement. Ce qui incluait à la fois un espace géométrique homogène tridimensionnel, un temps lui aussi homogène mais réversible, et des corps en mouvement, considérés comme des points matériels dotés d'une masse m.

Newton avait ensuite formulé la loi selon laquelle un point matériel pouvait se mouvoir, c'est-à-dire qu'il avait établi que la force f impulsée audit point était proportionnelle à l'accélération acquise par celui-ci, et il avait transcrit cette loi en langage mathématique. L'accélération (y) était la dérivée de la dérivée de l'espace parcouru (s) par rapport au temps (t). La formule était dite différentielle, parce qu'il s'agissait d'une équation qui comprenait des dérivées de fonctions inconnues.

Le premier grand problème scientifique auquel furent confrontées ces nouvelles conceptions fut celui de la mécanique céleste. Puisque Newton avait donné l'expression quantitative de la force f due à l'attraction gravitationnelle, il suffisait de considérer l'équation du mouvement de chaque corps céleste, et de résoudre le système d'équations ainsi obtenu. Mais le problème était trop complexe s'il était considéré dans sa généralité. Des mathématiciens commencèrent donc par en traiter certains aspects assez simples, comme la théorie du potentiel, convaincus qu'ils pourraient réussir ensuite peu à peu à décrire un fonctionnement plus global de l'Univers.

Dans le langage des équations différentielles, il était déjà possible d'écrire les lois de nombreux phénomènes mécaniques, comme par exemple celui des cordes vibrantes (telles que les cordes des instruments musicaux). La route étant ouverte, de plus en plus d'applications ont été développées, connexes à la théorie des équations différentielles, comme la théorie des séries infinies, et le calcul des variations, d'où un nouveau secteur de recherche, appelé analyse mathématique, s'est constitué.

Les méthodes de cette nouvelle analyse, appliquées dans le domaine des phénomènes physiques, et inspirées des modèles de la mécanique, ont combiné deux phases complémentaires : une analyse empirique des forces qui déterminaient les phénomènes, puis une analyse mathématique des équations différentielles qui décrivaient l'évolution dans le temps de ces phénomènes. Au cours du 19ème siècle, ce type d'analyse a pu être étendu à de nombreux autres domaines, comme celui de la thermodynamique, donnant ainsi naissance à la physique mathématique. Cette discipline, même si son objet premier a été l'étude des phénomènes physiques, se caractérisait donc par une approche préférentiellement centrée sur les méthodes de l'analyse mathématique. Plusieurs savants ont contribué à cette démarche novatrice, parmi lesquels on distinguait les disciples de Leibniz en Suisse, les Bernoulli, et surtout Leonhard Euler (1707-1783), un mathématicien parmi les plus réputés, auteur d'importants traités dans lesquels il analysait de façon ordonnée des décennies d'intenses recherches.

Le nombre des savants de diverses disciplines intéressés par l'étude et par l'application de ces nouvelles mathématiques augmenta donc au 17ème et au 18ème siècles. Il s'agissait de personnes à l'esprit incisif et de grande ouverture culturelle, qui souvent voyageaient pour étudier et compléter leur formation, et dont certains étaient admis au sein des grandes cours européennes. Leurs intérêts n'étaient pas uniquement théoriques, mais parfois aussi inspirés par les problèmes posés par de nouveaux développements technologiques, auxquels ces mathématiques semblaient pouvoir offrir des solutions efficaces. C'est ainsi, par exemple, que la nécessité d'obtenir la configuration d'une voile qui exploiterait au mieux la force du vent fut à l'origine d'études sur les surfaces maximales et minimales, et de là, d'une importante branche du calcul des variations dynamiques.

Nombre de ces savants étaient en contact les uns avec les autres ; ils échangeaient des correspondances, et ils organisaient des réunions pour se communiquer leurs idées et leurs résultats. L'utilité de favoriser ces échanges stimula finalement aussi la constitution d'académies scientifiques.

En 1662, fut fondée à Londres la Royal Society, et en 1666 a été créée l'Académie des sciences de Paris. Les gouvernements d'autres pays européens commencèrent à accorder une attention croissante à ces activités, et à les financer. C'est ainsi que naquirent plusieurs autres académies (comme celles de Berlin et de Saint-Pétersbourg), qui publiaient des comptes rendus de leurs sessions, et des travaux présentés. Ces publications furent les premiers périodiques scientifiques, qui rendirent plus facile la diffusion internationale des progrès mathématiques et scientifiques.

Outre les mathématiciens établis à Bâle, en Suisse, comme les Bernoulli et Euler, d'importants savants du 18ème siècle opérèrent en France. L'école de physique-mathématiques française, où se distinguèrent Pierre Simon de Laplace (1749-1827) et Joseph-Louis Lagrange (1736-1813), réalisa l'objectif important de développer une analyse mathématique appliquée aux lois de la physique newtonienne. En effet, la diffusion de l'œuvre de Newton avait déjà eu une grande influence sur les philosophes français, et son exposé du système du monde était considérée comme la meilleure démonstration de la force des arguments rationnels et de la puissance de la connaissance moderne.

Un tel élan scientifique contribuait même à inspirer des initiatives de réforme des structures socio-politiques -surtout monarchiques- de l'époque, l'Homme de science étant considéré comme un modèle d'Homme cultivé, capable de guider une correction sociétale. L'un des tenants les plus représentatifs de cette capacité réformatrice fut Jean-Baptiste Le Rond d'Alembert (1717-1783), mathématicien confirmé, qui dirigea l'œuvre symbolisant le siècle des lumières, l'Encyclopédie. Il s'agissait d'une récapitulation systématique et raisonnée des progrès des arts, des sciences, des techniques, et des métiers, à laquelle d'Alembert ajoutait de nombreux articles sur les connaissances mathématiques. Dans la nouvelle société dont on prônait ainsi l'avènement, la science garantissait le progrès général, et constituait une trame utile pour la gouvernance des affaires sociales et économiques.

Les mathématiques étaient un vecteur de cette amélioration, au point que Napoléon Bonaparte reconnaitra plus tard que le progrès et le perfectionnement des mathématiques étaient liés à la prospérité de l'État. Ainsi, à la veille de la Révolution de 1789, la France comptait une élite de mathématiciens et de savants capables de jouer un rôle sociétal fort. En plus de Lagrange et de Laplace, on y distinguait Adrien-Marie Le Gendre (1752-1833), Gaspard Monge (1746-1818), le marquis Marie-Jean-Antoine Caritat de Condorcet (1743-1794) et Lazare Carnot (1753-1823).

Les trois derniers participèrent avec enthousiasme à la Révolution. Et sous leur impulsion, l'Académie des sciences de Paris forma un comité des poids et mesures, qui s'occupa de réformer les différentes unités de mesure, et qui introduisit le système métrique décimal.

Pour définir le mètre, ce comité décida d'utiliser les mesures disponibles alors (grâce au développement de la géodésie) et il calcula le mètre comme la quarante-millionième partie du méridien terrestre. En outre, Monge et Carnot jouèrent un rôle important dans l'organisation militaire de la Révolution, Monge étant notamment l'auteur d'un manuel intitulé Description de l'art de la fabrication des canons. Mais la réalisation la plus importante des savants français de la période révolutionnaire fut probablement la réorganisation de l'enseignement scientifique, à travers la création à Paris d'institutions comme l'École Polytechnique et l'École Normale. Dans ces écoles supérieures étaient formés de nouveaux ingénieurs militaires et civils, ainsi que des enseignants des sciences, dont l'instruction s'appuyait sur une étude approfondie des mathématiques.

Les matières mathématiques y constituaient un banc d'évaluation des capacités des élèves, et devaient leur fournir assez de connaissances et de méthodes pour traiter les principaux problèmes scientifiques et techniques. L'impact social était notable : si, jusqu'à cette époque, ceux qui voulaient apprendre les mathématiques devaient les étudier seuls ou prendre des leçons particulières, désormais cela pouvait être étudié dans des centres d'enseignement collectif pourvus d'une élite de professeurs. Au 19ème siècle furent créés d'autres centres similaires, dans de nombreuses villes d'Europe, et les universités, qui avaient jusque-là accordé à ces sciences peu d'importance, créèrent des facultés de sciences mathématiques, physiques, et naturelles. Si, par le passé, les mathématiciens étaient des passionnés se consacrant aux mathématiques pendant leur temps libre, ou tributaires de mécènes et de monarques capricieux, à présent l'activité de mathématicien pouvait devenir une profession socialement organisée, et plus accessible.

La géométrie y tenait une place centrale. Reliée depuis toujours aux arts et techniques de construction, elle s'appliquait traditionnellement à la taille des pierres et du bois, et aux calculs statiques nécessaires pour garantir la stabilité des ponts, des arches, et des fortifications militaires. Sa principale utilité était de représenter graphiquement sur un plan des éléments fondamentaux d'un projet, y compris en trois dimensions et en volumétrie. Monge réorganisa tout cela sous une forme didactique et jeta de nouvelles bases de cette discipline, dans un traité intitulé *Géométrie descriptive*, conçu pour l'enseignement dans l'école militaire de Mézières.

Ce traité, qui pendant longtemps ne fut pas publié librement parce qu'il était considéré comme un texte confidentiel important pour la défense nationale, eut une influence sur les études d'ingénierie pendant tout le 19ème siècle, et au 20ème siècle encore, sa géométrie appliquée a joué un rôle utile dans ce domaine. En particulier, le traité suscita un intérêt pour les propriétés géométriques liées aux projections, dans un sens différent de celles de la géométrie euclidienne classique.

Là, par exemple, les rails sur lesquels roulait un train correspondaient à deux droites parallèles qui ne se recoupaient jamais. Mais si un peintre les dessinait dans un tableau, selon les règles de la perspective et des impressions visuelles, elles se rencontraient en un point à l'horizon. En 1827, le mathématicien français Jean-Victor Poncelet (1788-1867) publia donc un traité sur les propriétés projectives des figures, qui fut à l'origine d'une branche nouvelle d'études géométriques théoriques, appelée géométrie projective. Pour sa part, Monge s'occupa de codifier de façon exacte et ordonnée, pour ses étudiants, les méthodes servant à résoudre des problèmes géométriques en combinant des coordonnées et des équations.

Il créa ainsi une autre nouvelle branche, la géométrie analytique, qui permettait d'étudier les propriétés des courbes et des surfaces, dans le plan et dans l'espace, avec leurs intersections et de nombreuses autres propriétés, sans utiliser de figures. Nous avons vu ci-avant comment des fonctions dérivables servaient à calculer la tangente à une courbe en un point, c'est-à-dire à étudier des propriétés géométriques autour du point.

En allant plus loin, Monge, ainsi que deux mathématiciens allemands qui travaillaient dans la ville de Göttingen, Carl Friedrich Gauss (1777-1855) et Bernhard Riemann (1826-1866), montrèrent comment les méthodes infinitésimales pouvaient aussi être appliquées avec succès à la géométrie, où l'étude infinitésimale des surfaces fournissait une base à la topographie et à la cartographie. C'est ainsi que naquit une autre branche des études géométriques : la géométrie différentielle. L'introduction de ces nouveaux concepts transforma profondément les études géométriques.

Pendant des siècles, la géométrie s'était occupée de l'étude des figures dans l'espace, cet espace étant considéré comme un simple récipient des corps, une étendue indéfinie et neutre, où l'espace géométrique était une idéalisation de l'espace physique réel, dont la géométrie euclidienne classique ne faisait qu'en refléter des propriétés apparentes. Mais les nouvelles recherches mathématiques faisaient naître de nombreux doutes sur ces propriétés, et suggéraient des possibilités différentes.

Elles induisaient l'idée audacieuse qu'il était possible de construire une théorie géométrique niant le cinquième postulat d'Euclide. Car après des siècles de tentatives pour remplacer ce postulat par un autre plus simple, ou pour le déduire des autres, certains mathématiciens s'étaient rendu compte qu'il était indispensable à l'édifice créé par Euclide, mais qu'en le modifiant il était possible de construire d'autres géométries, apparemment étranges, où les mesures étaient différentes de la géométrie euclidienne. Par exemple, les angles d'un triangle n'y avaient pas comme somme 180 degrés, et il existait plusieurs parallèles à une droite donnée passant par un point.

Un officier hongrois féru de mathématiques, Janos Bolyai (1802-1860), et un professeur russe de l'université de Kazan, Nikolaï Ivanovitch Lobatchevski (1792-1856), furent les premiers, en 1825, à exposer publiquement la possibilité de telles géométries.

Gauss l'avait compris lui aussi, et il avait même essayé de trouver quelle était la géométrie la mieux adaptée à la description de cette nouvelle réalité concevable, au cours de ses travaux de topographie et de géodésie, pour mesurer notamment le triangle formé par trois cimes de montagnes. Pourtant, même s'il participa aux travaux de ses confrères, il préféra longtemps ne pas exprimer clairement son point de vue sur ce thème pour ne pas avoir à supporter de critiques pénibles. La pertinence des géométries non euclidiennes ne fut donc acceptée, et avec de nombreuses réticences, que vers la fin du 19ème siècle.

Ces nouvelles conceptions furent toutefois analysées avec plus d'attention par Riemann, lequel reconsidéra de façon innovante l'étude de la géométrie et ses liens avec le monde physique. Dans cette démarche, il considérait les espaces de dimensions quelconques (même supérieures à 3) comme des entités abstraites formées de points représentables mathématiquement par n coordonnées x1,..., xn. À l'aide de cette méthode, il pouvait définir une nouvelle mesure de la distance entre deux points.

Le sens commun indiquait que, étant donné deux points, situant par exemple deux villes d'un pays, on pouvait mesurer sur un plan leur distance à vol d'oiseau (en imaginant une route droite sans montagnes ou fleuves provoquant des déviations). Mais on pouvait appliquer un degré plus grand encore d'abstraction, si l'on pouvait choisir conventionnellement quelle était la mesure entre les deux points. Ces espaces devenaient alors un objet d'étude en soi, et non plus un simple contexte des figures ; on n'étudiait plus les figures, mais leur structure abstraite. Par exemple, une sphère pouvait être imaginée comme un espace courbe à deux dimensions.

Dans cet espace, il suffisait de considérer que ce qui semblait être une paire de points aux antipodes était un seul point, et qu'une circonférence maximale était une droite. Étant donné deux points, il existait alors une seule droite qui les unissait. On peut remarquer toutefois que, dans ce cas, étant donné un point (en l'occurrence les deux antipodes) externe à une droite, il n'existait aucune droite parallèle passant par ce point, tout en rappelant que n'importe quelle paire de droites possédait un point d'intersection. Il s'agissait bien par conséquent d'une géométrie non-euclidienne.

Cette rétrospective des idées de Riemann permet de comprendre comment les représentations mathématiques, puis géométriques et topologiques, devinrent au 19ème siècle de plus en plus abstraites et éloignées de l'intuition naturelle. Mais cet éloignement temporaire se révéla productif. En effet, quand Albert Einstein (1879-1955) formula sa théorie de la relativité, il trouva dans le vaste catalogue des espaces de la géométrie différentielle riemannienne ce qui lui fallait pour décrire mathématiquement un espace-temps relativiste à quatre dimensions. L'analyse mathématique se ressentit évidemment de cette forte poussée vers l'abstraction, qui la conduisit vers une conception encore plus abstraite et générale (mais parfois productive) de fonctions et d'applications quantitatives.

En fait, l'idée intuitive de la relation entre les quantités était ancienne, de même que leurs manipulations arithmétiques, c'est-à-dire les opérations entre ces quantités. Il suffisait de penser aux tableaux de calcul dans lesquels à chaque nombre on associait son carré, son inverse, ou son logarithme. Grâce à l'introduction de l'écriture symbolique de l'algèbre, l'idée de la relation entre quantités avait été associée à sa représentation au moyen d'une formule, si possible en équation. Jusqu'alors, les formules étaient exprimées au moyen de polynômes, et plus généralement d'équations algébriques, dans lesquelles, à partir d'un nombre, on en obtenait un autre avec des opérations de puissance, d'extraction de racines, de multiplication et d'addition.

Or, il existait d'autres types de relations, comme celles qui liaient un nombre et son logarithme. Le logarithme avait été défini par John Napier (1550-1617) au début du 17ème siècle, pour simplifier les calculs trigonométriques de l'astronomie. Même la somme d'une série infinie pouvait y fournir un nombre. En effet, pour n'importe quel nombre x entre 0 et 1, $3 + 3x + 3x^2 + 3x^3 + 3x^4 + ... = 3/1-x$. Quand les termes de cette somme devenaient de plus en plus petits, le résultat ultime d'une somme infinie était une quantité calculable (pour x entre 0 et 1).

Cette idée de dépendance entre quantités a été encore renforcée quand les équations ont été associées à des courbes, et utilisées pour représenter une loi de variation mécanique, quantifiant la dépendance de l'espace par rapport au temps, de la vitesse par rapport au temps, et ainsi de suite. Ceci à plus forte raison lorsque le calcul infinitésimal introduisait des opérations de différentiation (calcul de la dérivée) et d'intégration (calcul de l'intégrale) donnant lieu à des équations encore plus complexes, dites différentielles.

Euler, dans son livre *Introduction à l'analyse infinitésimale*, avait défini le concept d'une fonction d'une quantité variable qui serait une combinaison quelconque (même en nombre illimité) d'opérations sur un nombre. Il distingua donc entre les fonctions algébriques (rationnelles, si l'on appliquait seulement les quatre opérations arithmétiques, ou irrationnelles, si l'on admettait aussi l'extraction de racine) et les fonctions transcendantes, comme le logarithme, la fonction exponentielle, les fonctions trigonométriques (sinus, cosinus, tangente, etc.). Dans la période suivante, les mathématiciens parvinrent même à manipuler d'autres fonctions arbitraires, qui faisaient correspondre à un nombre x un autre nombre y d'une façon quelconque. Et ils ne s'intéressaient plus seulement à la formule de la fonction, mais aussi à ses propriétés mathématiques extrapolées.

Auparavant, les mathématiciens du 18ème siècle ne distinguaient pas nettement entre la nouvelle analyse et l'algèbre antérieure. Ils appelaient souvent analyse algébrique simple ce qui est appelé aujourd'hui analyse mathématique, et analyse algébrique finie la théorie des équations algébriques. Or, la nouvelle analyse, à la différence de l'algèbre, impliquait des quantités infiniment petites et des sommes infinies. Au début du 19ème siècle, Augustin Cauchy (1789-1857), en préparant ses leçons à l'École polytechnique de Paris, commença donc à éclaircir et à formuler de façon rigoureuse ces idées, en tenant compte d'une quantité qui pouvait devenir aussi petite que l'on voulait, et d'une succession de nombres qui s'approchaient autant qu'on le souhaitait d'une valeur fixe (la limite), ou d'une série infinie convergente, c'est-à-dire dont la somme n'était pas infinie, mais était un nombre défini.

Le travail de Cauchy fut complété à la fin du siècle par le mathématicien allemand Karl Weierstrass (1815-1897), et ces recherches suscitèrent un nouvel intérêt pour les différents types de nombres et pour leurs rapports. Depuis l'origine, les nombres utilisés avaient été ceux que l'on appelait les nombres naturels, 1, 2, 3,...; puis les fractions, le zéro, et les nombres négatifs. Si l'on représentait tous ces nombres sur une droite, en prenant comme point de départ le zéro, il restait pourtant encore des places vides sur la droite.

En revanche, elle devenait continue si l'on prenait en considération d'autres nombres, parmi lesquels les irrationnels, comme, par exemple, la racine de 2, dont l'expression décimale n'est pas périodique. L'ensemble de tous les nombres qui la remplissaient de façon continue a été appelé depuis lors l'ensemble des nombres réels, dont la représentation abstraite mais calculable a été obtenue à la fin du 19ème siècle.

Les algébristes, pour trouver les solutions de leurs équations, avaient déjà eu recours à de nouveaux types de nombres, comme les racines carrées de nombres négatifs, dites aussi nombres impossibles ou nombres imaginaires. Le plus célèbre de ces nombres était V-1, à partir duquel s'écrivaient tous les nombres de ce genre. Gauss démontra que, même en utilisant ces nombres complexes, il était possible de démontrer le théorème fondamental de l'algèbre, lequel affirmait que toute équation de degré n avait exactement n solutions. Au cours du 19ème siècle, l'utilisation de ces nombres fut progressivement clarifiée et on étudia aussi les fonctions dont la variable ne représentait pas un nombre réel x, mais un nombre complexe z. Pourtant, malgré l'apport de Cauchy, ces travaux ne réglaient pas encore tout.

On pouvait remarquer qu'un théorème fondamental disait combien il y avait de solutions, mais sans expliquer comment les calculer. C'est notamment pourquoi le vieux problème consistant à trouver une formule générale pour la solution racines énièmes d'une équation algébrique, comme pour les quadratiques, cubiques, et biquadratiques, était resté irrésolu. Le fait que l'algèbre ait été négligée au 18ème siècle en faveur du calcul infinitésimal n'arrangeait pas les choses. En l'absence de méthodes exactes pour résoudre les équations de degré supérieur à quatre (c'est-à-dire en l'absence d'une formule générale), de nombreux mathématiciens utilisaient donc des méthodes approchées, dites numériques, c'est-à-dire utilisant des opérations sur les coefficients numériques des équations.

Il y eut finalement une initiative pour expliquer de façon théorique pourquoi il n'était pas possible de trouver une solution générale. En 1826, un mathématicien norvégien, Niels Henrik Abel (1802-1829) démontra effectivement l'impossibilité de résoudre l'équation de cinquième degré par racines énièmes, mettant ainsi un point final à ce chapitre des recherches mathématiques, et aux travaux directement liés.

Après lui, Evariste Galois (1811-1832) jeta pourtant les bases d'une étude théorique abstraite des rapports entre les solutions des équations algébriques et les ensembles numériques dans lesquels étaient définis les coefficients des équations elles-mêmes.

Mais cette tendance à l'abstraction, confirmée par le déplacement de l'intérêt des mathématiciens vers une manipulation de plus en plus formelle des symboles algébriques, tendait aussi à faire oublier qu'ils représentaient à l'origine des nombres et des opérations significatifs et utilement concrets. On continua néanmoins à décrire virtuellement des structures de groupe, d'anneau, de corps ou d'espace vectoriel, ce qui deviendra d'ailleurs l'objet principal d'étude de l'algèbre à partir de la fin du 19ème siècle.

Une autre occupation, plus utilitaire, était de dévoiler les mystères des jeux de hasard, qui semblaient réfractaires aux calculs mathématiques, et qui avaient constitué longtemps un défi pour de nombreux mathématiciens. Réussir à dominer d'une façon ou d'une autre l'imprévu et le hasard pouvait apporter de substantiels avantages économiques et stratégiques. Et ceci non seulement pour ceux qui jouaient et qui gagnaient aux cartes ou aux dés, mais aussi pour ceux qui géraient des compagnies d'assurances, et qui faisaient du risque le fondement de leurs affaires.

Des assurances maritimes s'étaient développées dans le réseau commercial européen, suivies par des assurances sur la vie, et le besoin prévisionnel touchait aussi la gestion de l'épargne, visant à obtenir une rente future. Dès le 17ème siècle, des mathématiciens avaient tenté de résoudre et de maîtriser les problèmes inhérents à ce domaine économique, en y quantifiant les probabilités, afin d'y rendre les activités plus prévisibles et réglementables.

D'autres questions subsistaient en outre dans le domaine de la théorie des jeux, liées aux objectifs de gains. Par exemple, en combien de coups pouvait-on espérer obtenir un double six avec deux dés ? Pour toutes ces raisons, des mathématiciens comme Blaise Pascal (1623-1662), Pierre Fermat (1601-1665), Christiaan Huygens (1629-1695), Gottfried Leibniz (1646-1716), Jacques et Daniel Bernoulli, Abraham de Moivre (1667-1754) et Pierre-Simon de Laplace (1749-1827) apportèrent chacun une contribution intéressante au développement du calcul des probabilités.

On doit notamment à Jacques Bernoulli (1655-1705) la loi des grands nombres, selon laquelle, étant donné un événement ayant une probabilité donnée (comme par exemple la sortie d'un six dans un jeu de dés, ce dont la probabilité est de 1/6), plus le nombre de tentatives est grand (dans notre exemple, plus de fois on lance un dé), plus l'écart entre le nombre de fois où l'événement se vérifie effectivement et le nombre prévu théoriquement par la probabilité est petit. Laplace proposa une définition qui contribuait elle aussi à clarifier la notion de probabilité, en spécifiant que pour étudier un phénomène, il fallait réduire tous les événements du même type au nombre de cas également possibles.

La probabilité d'un événement donné était alors une fraction, dont le numérateur représentait le nombre de cas favorables à l'événement, et dont le dénominateur représentait le nombre des cas également possibles. On pouvait se demander : qu'entend-on par cas également possibles ? Selon Laplace, il s'agissait des cas où il était impossible de décider si l'un ou l'autre d'entre eux se produirait. Cette définition pouvait être convaincante du point de vue du bon sens, mais elle n'était pas irréprochable du point de vue de la logique mathématique. Ce n'est donc qu'avec beaucoup de réticences que les compagnies d'assurances se décidèrent à appliquer ces probabilités théoriques et à utiliser, dans leurs activités, notamment dans les tableaux de mortalité. Malgré cela, au cours du 19ème siècle, naquit une profession spécifique, l'actuariat, ainsi qu'une nouvelle branche mathématique, la statistique, où la base mathématique théorique comportait un calcul des probabilités.

Mais parmi les mathématiciens, le sens et la définition mathématique des probabilités alimentaient des discussions animées. Nombre d'entre eux, comme d'Alembert, se méfiaient de cette nouvelle branche. Ils considéraient ses concepts comme douteux, et ses méthodes comme moins rigoureuses que celles de la géométrie et de la physique mathématique. Pour eux, le développement de la physique mathématique découlait de la capacité des esprits humains à connaître la structure et les lois de l'Univers, de façon telle que chaque phénomène puisse être ramené rationnellement à une cause, et qu'il soit possible de faire des prévisions exactes. Les probabilités ne leur semblaient pas convenir à une telle approche scientifique et mathématique rigoureuse. Laplace considérait que les phénomènes aléatoires ne l'étaient qu'en apparence, tant que leur complexité relative empêchait une explication causale exacte. L'études des probabilités pouvait par conséquent être considérée, voire acceptée, comme une aide complémentaire, mais seulement en attendant de pouvoir suffisamment approfondir la compréhension des phénomènes concernés, et de pouvoir leur appliquer une analyse mathématique plus exacte.

Une tendance naturelle à l'innovation persistait malgré tout, et au siècle des lumières, sous l'influence de l'œuvre de Newton, et dans l'idée qu'il était possible et même souhaitable d'appliquer les mathématiques à tous les secteurs des connaissances humaines, pour les élever au degré de perfection de la mécanique, se développa une réflexion sur l'équilibre, dont un exemple classique était fourni par l'équilibre du levier dans la statique.

Cette conception, qui fut étendue aussi à l'économie, y devint même la base d'une théorie dite de l'équilibre économique, qui permit l'introduction de méthodes de calcul infinitésimal là aussi.

Car là aussi, une tendance probabiliste et statistique s'affirmait. Quelques savants, notamment Condorcet, proposaient même que le calcul des probabilités soit un instrument mathématique utilisable pour une étude encore plus large des phénomènes économiques et sociaux. Selon Condorcet, dans la vérification de la légitimité d'une décision votée dans une assemblée ou d'un verdict rendu par un jury, entraient en jeu des facteurs comme la liberté humaine, et non pas des processus d'interaction réductibles au jeu de particules matérielles suivant les lois aveugles et déterminées de la physique. Il défendait l'idée d'une mathématique d'utilité sociale, et de là, il considérait que le calcul des probabilités puisse être une branche des mathématiques ayant un intérêt dans l'organisation sociétale.

Sous de telles influences, l'utilisation des mathématiques s'étendit effectivement à d'autres secteurs scientifiques, jusqu'à la biologie et à la médecine. Car là, le système musculaire et le mouvement du corps pouvaient être considérés comme relevant de la mécanique, la vision humaine comme relevant de l'optique, et l'évolution des populations comme relevant de la démographie, où le problème de la diffusion de la variole, par exemple, pouvait être analysé au moyen d'équations différentielles.

Dans ces nouveaux domaines d'intérêt, ces idées suscitèrent d'abord du scepticisme. Mais à la fin du 19ème siècle, Francis Galton (1822-1911) et Karl Pearson (1857-1936) furent pourtant convaincants quand ils suggérèrent d'appliquer aussi la statistique à l'étude des caractères héréditaires selon les idées de Charles Darwin. Et ils fondèrent une nouvelle branche d'études, la biométrie, qui joua un rôle important dans l'affirmation des probabilités comme discipline mathématique transversale.

Au cours du 19ème siècle, les mathématiques s'étaient donc développées dans de nombreuses directions, certaines étant complètement nouvelles, et parfois en opposition avec les orientations antérieures et traditionnelles de la pensée mathématique. C'est pourquoi, devant les doutes et les options alternatives qui subsistaient, des mathématiciens de cette époque avaient parallèlement mis en chantier un important travail de révision critique des concepts et des méthodes de leur discipline.

Car pendant que l'édifice des théories mathématiques semblait toujours plus renforcé et digne d'admiration, des certitudes apparentes sur la vérité des connaissances mathématiques devenaient contestées. Même certains savants qui avaient d'abord considéré les mathématiques comme étant en marche triomphale vers des conquêtes de plus en plus importantes en venaient eux aussi à relativiser leurs certitudes.

Ils se demandèrent finalement dans quelle mesure cette science avait un avenir aussi évident et central, face notamment à l'essor parallèle et mieux canalisé de la physique. D'autres confrères leur répondaient avec confiance que les mathématiques, qui avaient déjà surmonté beaucoup de crises et de transformations, gardaient leur capacité à apporter des solutions aux problèmes qui se présenteraient en entrant dans le 20ème siècle. Ils ne considéraient pas ce flottement temporaire comme problématique, et ils imaginaient positivement les effets de la créativité potentielle croissante des nouveaux mathématiciens.

L'opinion publique semblait rester convaincue pour sa part de l'importance des mathématiques dans l'ingénierie et dans les secteurs de la connaissance qui contribuaient au progrès et à la diffusion de la technologie et de l'industrie, ainsi qu'à la modernisation économique et sociale.

Dans ces conditions, le nombre des contributeurs éduqués augmentait, et ils s'organisaient. Si dans le passé la recherche mathématique ne s'était développée que dans quelques grandes structures, on sentait un nouveau besoin d'établir un réseau de contacts entre tous ceux qui étaient intéressés par les mathématiques, dans de plus en plus de pays : professeurs universitaires et de lycée, actuaires, ingénieurs civils et industriels, militaires, etc. C'est ainsi que se multiplièrent des sociétés mathématiques en France, en Angleterre, en Allemagne, mais également dans d'autres pays du sud et de l'est de l'Europe, ainsi qu'aux États-Unis, qui à cette époque commençaient à consolider leur présence dans la science internationale.

On assista en outre à la création, dans plusieurs pays, de revues consacrées spécifiquement aux mathématiques. Ce qui favorisa la mise en place d'un réseau de spécialistes entretenant des rapports transversaux d'un pays à l'autre. En 1897, se tint à Zurich le premier congrès international des mathématiciens. Cela devint une habitude, entretenue depuis, d'organiser tous les quatre ans de grandes réunions scientifiques pour permettre aux participants de se rencontrer, de discuter et de s'informer de l'évolution de la recherche. L'essentiel était donc en place pour les évolutions majeures qui allaient intervenir dès le début du 20ème siècle.

LES MATHÉMATIQUES MODERNES

Compte tenu de la réorganisation des mathématiques à la fin du 19ème siècle, le début du 20ème siècle s'est ouvert sur de nombreuses discussions quant à leur orientation future. Comme nous l'avons vu précédemment, une divergence des motivations et des projets avait résulté de l'abstraction croissante des concepts et des méthodes. En fait, alors que certains mathématiciens travaillaient de plus en plus abstraitement, d'autres insistaient sur la nécessité de préserver les parties intuitives des mathématiques, et leurs connexions avec des outils pratiques, voire empiriques, y compris de type physique ou géométrique.

À la fin du 19ème siècle, Georg Cantor (1845-1918) et Julius Dedekind (1831-1916) avaient analysé et commenté certaines idées fondamentales du raisonnement mathématique. Ils avaient étudié en particulier les propriétés des ensembles d'entités mathématiques, qu'il s'agisse des nombres ou d'autres objets (comme l'ensemble des polynômes ou des fonctions de variable réelle). Cantor s'intéressait en particulier aux ensembles infinis, qui exprimaient la notion d'infini actuel, à la différence de l'infini potentiel, auquel on se référait quand on parlait d'un nombre aussi grand que l'on voulait. Et il parvint à une première classification apparemment convaincante des différents domaines conceptuels infinis.

Il avait remarqué que l'ensemble de tous les nombres naturels et celui de tous les naturels pairs avaient le même nombre infini d'éléments, comme on pouvait le vérifier en établissant une correspondance qui associait un à un les éléments de ces ensembles. Il montra aussi que l'ensemble des nombres réels avait, par contre, une infinité d'éléments, plus grande donc que celle des entiers naturels et des entiers relatifs, car il n'était pas possible d'y établir une correspondance biunivoque, bien que l'ensemble des nombres réels contienne les deux ensembles de nombres.

Les idées de Cantor furent critiquées parce qu'elles étaient considérées comme de nouvelles abstractions inutiles et dépourvues de sens.

Il semblait superflu et absurde à de nombreux mathématiciens de vouloir parvenir à une définition des nombres naturels, dont chaque esprit humain possédait une intuition claire, ou qui -comme eut l'occasion de le dire Leopold Kronecker (1823-1891), adversaire de Cantor- étaient une œuvre présumée divine. D'autres mathématiciens soutenaient, au contraire, l'importance des concepts abstraits qui permettaient d'examiner d'un point de vue global de nombreux thèmes mathématiques apparemment privés de liaison entre eux. Ceci en reconnaissant toutefois l'utilité de resserrer le rapport entre mathématiques et logique, et le fait que le lien nécessaire entre mathématiques et logique avait déjà pu être validé dans les mathématiques grecques antiques.

Le problème était qu'au fil du temps, ce lien s'était relâché d'autant plus que les mathématiciens s'étaient abandonnés à des raisonnements et à des idées dictés par l'intuition, mais non justifiés assez rigoureusement ensuite d'un point de vue logique. À la fin du 19ème siècle, le développement de la logique mathématique, et l'exigence croissante de réexaminer rigoureusement les mathématiques, suggérèrent donc l'idée de ramener les secteurs originels des mathématiques, c'est-à-dire l'arithmétique et la géométrie, à des concepts logico-mathématiques plus stricts. Gottlob Frege (1848-1925), Bertrand Russell (1872-1970) et d'autres soutenaient un tel point de vue, qualifié de logiciste. Le relâchement du rapport traditionnel entre la vérité mathématique et la certitude intuitive était pour eux une conséquence d'une abstraction mal structurée. Bientôt, cette position devint plus argumentable, du fait de la découverte de paradoxes dans la théorie des ensembles.

Certains de ces paradoxes étaient connus depuis longtemps, même sous une forme non mathématique. Par exemple, le barbier d'un village doit raser tous les habitants de ce village qui ne se rasent pas eux-mêmes et eux seulement : le barbier doit-il se raser lui-même ou non ? Russell formula donc l'interrogation suivante : l'ensemble A de tous les ensembles qui ne sont pas éléments d'eux-mêmes était-il ou non élément de lui-même ? Dans les deux cas, on pouvait essayer de raisonner en supposant certaine l'une ou l'autre réponse, affirmative ou négative, mais on parvenait à une contradiction. Par exemple, si A n'est pas élément de lui-même, en tant qu'ensemble de tous les ensembles qui ne se contiennent pas eux-mêmes comme éléments, il l'est. Et si A est élément de lui-même, comme il contient seulement les ensembles qui ne se contiennent pas eux-mêmes, il ne l'est pas. On en déduisait que A était et n'était pas élément de lui-même, ce qui induisait une contradiction flagrante.

Face à ces antinomies qui semblaient miner le fondement de la théorie des ensembles, s'affirma alors un nouveau point de vue dit intuitionniste, exprimé par Henri Poincaré (1854-1912) et par Luitzen E.J. Brouwer (1881-1966). Pour ces intuitionnistes, les paradoxes en question étaient associés à des entités mathématiques dont on affirmait l'existence parce qu'elles étaient logiquement possibles, sans toutefois expliquer comment elles pouvaient être construites précisément.

Les démonstrations d'existence obtenues en montrant que, si nous supposions qu'il n'existait pas d'entités jouissant des propriétés requises, on parviendrait à une contradiction, n'étaient que des jeux d'esprit. Et ils critiquaient l'utilisation abusive, dans la théorie des ensembles, d'un des principes de la logique classique, le principe du tiers exclu, selon lequel, étant donné une proposition P, ou bien P se vérifiait, ou bien non-P se vérifiait.

En 1931, Kurt Gödel (1906-1978) porta un coup dur aux tentatives de reconstruire les mathématiques sur trop de logique. Ces tentatives visaient à établir une structure tellement logique, qu'en partant de quelques principes de base, on parviendrait à une définition des nombres et à la construction de l'arithmétique, et on pourrait réécrire toutes les branches des mathématiques, de façon parfaitement déductive et sans paradoxes.

Gödel, au contraire, démontra que, dans une telle structure logique incluant l'arithmétique, il existait toujours des propositions dont on ne pouvait décider si elles étaient vraies ou fausses : autrement dit, il existait des propositions indécidables. Pour certains mathématiciens, ces résultats furent la confirmation du point de vue de Brouwer, c'est-à-dire du fait que la mathématique ne présupposait pas absolument la logique, et que la base de ses concepts et de ses méthodes de démonstration était l'intuition, directe ou incidente, débloquant la dialectique. Un groupe réduit de mathématiciens, dits constructivistes, a élargi cette voie en tentant de développer les mathématiques selon les préceptes de Brouwer.

Or, pour d'autres mathématiciens, les réflexions de Gödel semblèrent tout de même être en contradiction avec la santé, la créativité et les succès de leur discipline structurée. Ils n'étaient pas disposés à renoncer à des résultats importants, uniquement parce qu'il fallait faire appel à des méthodes constructivistes, alors que leurs résultats étaient déjà démontrés selon les règles communes usuelles de la logique. Ils étaient prêts à se conformer à de nouvelles règles pour leur travail futur, mais seulement si on pouvait prouver suffisamment leur bien-fondé et leur efficacité.

David Hilbert leur fournit un instrument qui semblait pouvoir renouer le lien entre les mathématiques modernes et la tradition grecque, en introduisant des modifications substantielles inspirées des nouvelles orientations des mathématiques, mais intégrées à une nouvelle méthode dite axiomatique. Hilbert choisit comme premier exemple didactique les *Éléments* d'Euclide, et en 1899, il publia un livre intitulé *Fondements de la géométrie*, qui rappelait dans sa présentation la forme du grand traité d'Euclide, mais qui incluait des géométries non euclidiennes, qui d'étranges qu'elles étaient devinrent ainsi mieux acceptables.

Le traité d'Hilbert ne contenait pourtant aucune définition du point, de la droite et du plan. Il écrivait même, sous la forme d'une boutade, que ces trois noms pouvaient être remplacés par chaise, table, et chope de bière, car l'important n'était pas les objets, mais leurs propriétés. Ces propriétés étaient dans les axiomes, qui n'établissaient pas des propriétés vraies, mais des propriétés que l'on demandait de supposer comme vraies, tant elles semblaient aller de soi logiquement. En admettant différents groupes de propriétés et/ou d'axiomes, il devenait alors possible d'obtenir des géométries différentes mais démontrables.

De cette façon, la définition et l'exposé des axiomes fondateurs de chaque théorie devinrent une partie usuelle de la pratique de nombreux mathématiciens, ces axiomes étant la première source d'information concernant les objets de la théorie. Et même si un mathématicien se faisait une autre idée des objets, en se référant par exemple à des intuitions géométriques, dans ses démonstrations, il ne devait alors utiliser que ce qui était affirmé par les axiomes, ou par les théorèmes issus de ces axiomes.

La première théorie à être réécrite de cette nouvelle façon fut la théorie des ensembles, en excluant toutefois par précaution les ensembles étranges responsables de paradoxes. Après être entrée dans cette normalité, la théorie des ensembles fut plus largement adoptée comme langage basique, puisqu'on partait d'un ensemble d'objets, même peu précis, où l'on introduisait un processus de calcul selon certains axiomes convaincants.

Et une fois ces bases admises, des mathématiciens s'apprêtèrent à revoir les vieilles théories en tentant d'y résoudre les nombreux problèmes en suspens. Hilbert lui-même, dans une célèbre conférence tenue au colloque international des mathématiciens de Paris en 1900, avait énuméré vingt-trois grands problèmes restés ouverts. Au cours du 20ème siècle, plusieurs d'entre eux ont été résolus, mais d'autres restaient en attente d'une solution.

Toutefois, tous les mathématiciens ne participaient pas volontiers à cela. Et dans les années 1930, une partie d'entre eux s'était temporairement désintéressée des questions épineuses et dialectiques concernant les fondements des mathématiques, questions qui étaient restées d'autant plus cantonnées, puis associées, aux recherches de logique mathématique, développées durant tout le siècle comme une branche d'études indépendante.

Mais une nouvelle impulsion contribua à faire encore reporter temporairement le débat. Porté par la nouvelle tendance axiomatique, un groupe de jeunes mathématiciens français décida en 1935 d'entreprendre une œuvre ambitieuse de cohérence systématique, en publiant un imposant traité, les *Éléments de mathématique*, dont l'objectif était de recueillir et de classer le plus possible de théories axiomatisées.

Comme il s'agissait d'un travail dépassant les moyens d'une seule personne, ils décidèrent de travailler collectivement, et ils choisirent comme pseudonyme le nom d'un général napoléonien, Nicolas Bourbaki. Leur contribution eut une forte influence durant la deuxième moitié du 20ème siècle sur la recherche, et surtout sur l'enseignement des mathématiques, au niveau international. Mais après une période d'expérimentation, et de vives discussions, leurs propositions réformatrices finirent par être contestées.

Car les structures fondamentales auxquelles leur synthèse axiomatique s'intéressait étaient des structures algébriques définies entre la fin du 19ème et le début du 20ème siècles, ainsi que des structures appelées topologiques, qui étaient des généralisations, à des ensembles de n'importe quel type, des idées de limite, de point, et de continuité. Dans cette nouvelle démarche, les objets de la géométrie s'effaçaient devant les méthodes géométriques.

Et là, l'algèbre moderne, ou algèbre abstraite, qui n'avait plus grand-chose à voir avec l'ancienne théorie des équations dont elle procédait, y était utilisée dans une nouvelle topologie. Cette algèbre et cette topologie ont été insérées dans l'analyse, qui s'est transformée elle aussi en une nouvelle discipline, appelée analyse fonctionnelle parce qu'elle n'avait plus pour objet les nombres réels et les fonctions, mais les ensembles de fonctions sur lesquels agissaient des opérateurs, c'est-à-dire des fonctions de fonctions.

De ce croisement de disciplines, impulsé par l'axiomatique, naquirent cependant aussi de nouvelles méthodes opportunément applicables à différentes parties des mathématiques. Par exemple, l'extension aux nouveaux ensembles abstraits d'un besoin de mesure ad-hoc avait donné lieu à la théorie de la mesure abstraite, qui à son tour avait permis d'axiomatiser une branche des mathématiques, la théorie des probabilités.

L'axiomatisation des probabilités, due à Andreï Nikoïlaevitch Kolmogorov (1903-1987), n'a pourtant pas convaincu tous les mathématiciens. Certains ont considéré que cette présentation formelle vidait de son sens intuitif l'idée de probabilité, et ils y ont opposé d'autres approches, comme l'approche subjectiviste, défendue en particulier par le mathématicien italien Bruno De Finetti (1906-1985).

Le concept axiomatique, particulièrement expérimenté aussi en Union soviétique, a pourtant impulsé un élan notable à la pensée mathématique du 20ème siècle, stimulant même l'introduction des méthodes probabilistes et stochastiques dans d'autres secteurs des mathématiques.

Mais finalement, cette axiomatisation des mathématiques, qui conduisait à une nouvelle abstraction croissante, fut considérée avec méfiance par un certain nombre de mathématiciens, en raison du risque de centrage de la recherche sur des questions purement formelles, et de freinage de la réflexion sur les véritables problèmes qui avaient guidé la recherche mathématique depuis l'antiquité. Une conséquence inquiétante de l'axiomatisation des mathématiques était en outre la transformation du rapport entre les mathématiques et les autres savoirs. Dès leur origine, les mathématiques avaient joué un rôle important dans la relation de l'Homme à la nature, tant au point de vue théorique qu'au point de vue pratique.

Progressivement, puis plus rapidement lors de la révolution scientifique, s'était instauré un rapport fécond, induisant des influences réciproques, entre les mathématiques et d'autres sciences. L'exemple le plus significatif a été celui de la mathématique newtonienne, mais en général tous les secteurs de la physique avaient établi un lien avec les mathématiques, et la physique expérimentale s'était développée en relation avec la physique-mathématique. Au fil du temps, des chercheurs avaient introduit une méthodologie mathématique pour conférer à leur spécialité une plus grande valeur scientifique. Ce qui a impliqué, au 19ème siècle, la chimie et l'économie, et entre la fin du 19ème siècle et le début du 20ème siècle, jusqu'à certains secteurs de la biologie, de la psychologie, et des sciences sociales.

Il en résultait parfois des tensions, car plusieurs tentatives pour mathématiser davantage la physique s'étaient inspirées par exemple d'analogies avec l'analyse mécanique, considérée comme un modèle d'analyse scientifique, alors que ces tentatives utilisaient aussi les méthodes de l'analyse mathématique classique (le calcul différentiel et intégral, et la théorie des équations différentielles). Or, de son côté, depuis le début du 20ème siècle, la physique subissait elle aussi par ailleurs de notables tensions.

L'introduction de nouvelles grandes théories (la relativité et la mécanique quantique) et l'utilisation de nombreux instruments mathématiques innovants y avaient notamment provoqué une opposition entre la physique-mathématique classique et la nouvelle physique théorique.

Des tensions découlaient en outre d'une spécialisation accrue de la communauté scientifique. Si par le passé il pouvait arriver qu'un même savant s'occupe de mathématiques et de physique, désormais chacun tendait à se spécialiser. Et dans les spécialités universitaires, de nombreux mathématiciens se concentraient un peu trop sur la recherche mathématique pure, c'est-à-dire une recherche non appliquée, sans toutefois contester que le champ d'application des mathématiques puisse rester plus large.

Cela résultait du fait que la modélisation de type Bourbaki avait temporairement renforcé une conception axiomatique par laquelle les mathématiques étaient devenues une réserve de formes abstraites (les structures mathématiques), et où, sans que l'on sache bien pourquoi, certains aspects de la réalité expérimentale se conformaient à certaines de ces formes en vertu d'une sorte de préadaptation. Ces attitudes quelque peu ésotériques exprimaient d'une certaine manière une position idéaliste, voisine des pensées mystico-platoniciennes, et ceci a duré jusqu'à la fin du 20ème siècle.

Car les mathématiciens qui s'intéressaient à l'application pratique et concrète des mathématiques aux besoins sociétaux n'avaient pas pour autant disparu. Des mathématiciens appliqués travaillaient aussi bien dans les universités que dans des écoles techniques, des agences, des instituts de recherche nationaux, et de grandes entreprises de haute technologie, même si leur activité était considérée comme moins valorisante que la recherche pure.

Malgré ces tensions, au cours des dernières décennies du 20ème siècle, le rôle des mathématiques concrètement applicables dans la science et dans la technologie a donc pu garder une importance suffisante, inspirant quelques innovations technologiques notables, et créant de nouveaux domaines d'intérêt pour toute la recherche mathématique, appliquée ou non.

La contribution concrète de mathématiciens au progrès technologique général a notamment été appréciée par certains gouvernements entreprenants, dès la Seconde Guerre mondiale. Durant cette guerre, aux États-Unis, en Europe, et en URSS, des mathématiciens ont apporté une contribution importante, dans différents secteurs, y compris militaires (avec la construction de la bombe atomique), et dans des études de dynamique des fluides liées aux problèmes d'artillerie. Mais la plupart des mathématiciens appliqués ont apporté une contribution sociétale plus pacifique.

Grâce à eux, des progrès notables ont été réalisés, notamment dans l'optimisation de la distribution des ressources, humaines et matérielles, et dans des innovations technologiques civiles, ce qui a nécessité le développement de machines de calcul de plus en plus puissantes, jusqu'à aboutir à la création des ordinateurs électroniques modernes, outils-clés du futur.

Divers organismes spécifiques ont été créés pour optimiser ces activités pratiques de recherche, où de nombreux mathématiciens européens, qui avaient fui leurs pays après l'avènement temporaire du nazisme, ont été accueillis. Ils eurent un rôle déterminant dans le développement des mathématiques aux États-Unis, qui devinrent dès lors, avec l'Union soviétique, un pays leader des mathématiques mondiales. Et après 1945, les mathématiques appliquées ont continué leur développement, aussi bien dans le domaine militaire que dans le domaine industriel civil.

On a notamment assisté à l'essor de techniques logicielles de calcul numérique, qui permettaient d'obtenir des solutions approchées quand il n'était plus possible de résoudre théoriquement certaines équations, et qui proposaient en sus une estimation de l'erreur commise. Ces instruments ont permis de traiter des processus très complexes, comme ceux des prévisions météorologiques.

Par ailleurs, l'étude de ces phénomènes météorologiques avait amené à revoir l'intérêt des équations différentielles, en remettant d'actualité certains problèmes déjà observés au début du 20ème siècle, à commencer par l'analyse de ce que l'on appelait le chaos déterministe. Là, un problème résidait dans le fait que, dans certains cas où il était possible de décrire un phénomène naturel au moyen d'équations différentielles, il pouvait être impossible de fournir une prévision mathématique exacte de ses tendances. Et pour mémoire, une branche connexe -et féconde- d'application des mathématiques du chaos était la théorie des jeux, qui eut aussi de brillantes applications en stratégie militaire et en économie.

La démarche des mathématiciens appliqués du 20ème siècle a donc été différente de celle de leurs prédécesseurs. Comme le disait le mathématicien hongrois, émigré aux États-Unis, John von Neumann (1903-1957), le savant contemporain ne se proposait plus de décrire ni d'interpréter des phénomènes, mais tout au plus de construire des modèles qui fonctionnaient, c'est-à-dire qui décrivaient correctement un aspect, même partiel, de tel ou tel phénomène. Par conséquent, l'aspiration à proposer des explications globales et universelles était remplacée par la recherche de modèles ad-hoc évalués surtout pour leur efficacité pratique.

Un même modèle pouvait être appliqué, de manière transversale, à des situations diverses et dans des contextes différents, principalement ceux de la physique, de la chimie, de la biologie, et même de l'économie. Et un élément central dans l'élaboration d'un tel modèle était la recherche d'analogies formelles, fournies par un schéma mathématique, mais sans référence automatique ni nécessaire à un contenu conceptuel.

Or, cette approche faisait de nouveau courir le risque d'une abstraction excessive, dans la construction des modèles mathématiques -schémas abstraits de réalités possibles, comme disait le groupe Bourbaki- qui reléguaient à l'arrière-plan la vérification expérimentale, ou qui modifiaient excessivement les critères logiques hérités de l'approche classique.

Heureusement, le caractère intrinsèquement concret de la physique, fortement utilisatrice et inspiratrice des mathématiques, avait pu jusqu'alors constituer un frein salutaire aux excès d'abstraction. Ce qui a pu, et ce qui peut encore, entretenir une influence utile dans le domaine mathématique, car les besoins croissants de la physique moderne et de la technologie connexe alimentent une demande de nouveaux outils conceptuels et analytiques, assez forte pour que les mathématiques continuent à y répondre, l'intérêt étant réciproque. C'est ce que nous allons préciser dans les exposés suivants, après avoir retracé et situé le domaine d'application de la physique, et de la physique mathématique.

A noter. Comme en matière mathématique, mais plus globalement, les éco-humanistes raisonnent en termes d'équation, pour rechercher et analyser les conditions d'équilibre des forces et des éléments des phénomènes, et ils raisonnent aussi en termes d'adéquation, pour rechercher la place la plus juste et la plus utile de chaque élément étudié, dans l'équation à laquelle il participe, et dans son ensemble environnemental.

Depuis la tablette babylonienne de repérage rudimentaire sur 360°, et à l'apeiron d'Anaximandre, jusqu'à l'observatoire à laser du Cerga, en passant par Galilée : le long cheminement de l'esprit humain vers la connaissance de l'univers physique.

LA PHYSIQUE ANCIENNE

Nous avons vu dans les exposés précédents à quel point la culture de la Grèce ancienne avait marqué les civilisations et les cultures, jusqu'aux temps modernes. En relisant les textes par lesquels les anciens savants et philosophes grecs formulaient leurs théories, il apparait que leur façon d'argumenter était déjà assez semblable à celle de nombreux chercheurs plus modernes. Les uns et les autres essayaient de justifier des théories sur la base de l'expérience, cherchaient à tirer des conséquences logiques de leurs prémisses, et croyaient à l'utilité de partager leur savoir, pour mieux l'éprouver.

Mais il n'en avait pas toujours et partout été ainsi. Depuis l'antiquité, certains notables avaient pensé que le savoir ne pouvait être compris et possédé que par quelques "élus". Supposé émaner de pouvoirs externes mystérieux, il ne pouvait pas être formulé de façon claire et rationnelle, il ne pouvait pas être découvert par la recherche, mais seulement transmis parmi une élite. L'accaparement élitiste a constitué très tôt un handicap socio-culturel.

Les confiscateurs du savoir étaient souvent des prêtres ou des oracles, qui étaient initiés à un héritage secret et mystérieux, non communicable à la plèbe, et que presque personne n'avait le droit de contester. Transgressant cela, le savant grec (surtout à partir de l'école Ionienne) a préféré transmettre et discuter plus ouvertement. Entouré de disciples, d'amis et de collègues, il critiquait et il était critiqué, et il admettait le cas échéant s'être trompé. Il était convaincu de pouvoir progresser et conclure, sur la nature du monde qui l'entourait, par le raisonnement et les observations.

Évidemment, ce savant de la Grèce antique n'avait pas encore les connaissances, les outils, et l'organisation des chercheurs spécialisés des temps modernes. Et à son époque, il n'y avait pas de disciplines scientifiques cloisonnées, telles que nous les connaissons depuis le 20ème siècle. On ne distinguait pas la physique de la chimie et de la biologie. La physis était la nature en général, considérée comme un ensemble de choses et de substances en interactions réciproques, et par conséquent, en changement.

La plupart des savants-philosophes grecs ont voulu comprendre les ressorts et le sens des phénomènes observés, par une synergie de science et de philosophie. Et l'une des parties de la nature qui fascinait particulièrement les anciens était la voûte céleste. Dans les nuits claires, en l'absence d'éclairage artificiel, la voûte céleste apparaissait dans toute sa richesse et sa variété de lumières. Les découvertes scientifiques et les instruments d'observation les plus anciens ont donc concerné surtout l'astronomie, dont les observations devinrent progressivement plus précises et plus régulières.

Plus généralement, les savants-philosophes grecs essayaient de comprendre les phénomènes qu'ils constataient, en les analysant de manière ordonnée, et en tentant, quand c'était possible, de mettre en relation ce qu'ils observaient sur la voûte céleste avec ce qui avait lieu sur Terre. Leur principale attitude méthodologique consistait d'abord à distinguer les choses (la pomme de la poire, les métaux des roches, etc.), puis à répartir (ce sont des fruits, ce sont des minéraux, etc), c'est-à-dire à classer. La découverte de propriétés communes à plusieurs phénomènes ou substances leur permettait de distinguer ensuite quels étaient les éléments et les principes dont toutes les choses étaient faites, les causes qui les faisaient changer, et leurs caractéristiques essentielles, communes ou particulières.

Cette tendance à l'identification différenciée et au classement était typique de la science grecque, tout comme le fait de s'appuyer sur des différences et des analogies qualitatives. Pour consolider une telle démarche devenant scientifique, les Grecs développèrent des mathématiques, et une logique ad-hoc, qui les aidaient à distinguer entre ce qui était abstraitement parfait, ou idéal, et ce qui ne faisait qu'approcher en pratique ce comportement idéal. En complément, leurs principes de logique conduisaient à distinguer un raisonnement correct d'un raisonnement erroné, et à distinguer entre ce qu'il était possible de déduire et ce qu'il n'était pas possible de déduire de certaines prémisses. Pour toutes ces raisons, l'esprit du savant grec n'admettait pas facilement de dogmes ou de préjugés sans discussions, et soumettait à la discussion rationnelle et au contrôle phénoménologique ses idées, et celles des autres.

En l'absence de références quantitatives et qualitatives suffisantes, et surtout de capacités techniques d'analyse appropriées, beaucoup de sources d'information sur la nature du monde physique manquaient évidemment à cette époque, et notamment des résultats convaincants d'expériences. Lorsque ces savants-philosophes pouvaient en créer, ceci contribuait donc à infirmer certaines croyances populaires fausses ou ingénues, et à améliorer la culture collective, dans l'intérêt de leur Cité.

Pour cela, ils devaient faire une séparation habile entre la doxa et les connaissances plus certaines que l'observation, la réflexion rationnelle et la déduction logique leur permettaient d'atteindre, c'est-à-dire ce qu'ils appelaient l'epistêmê. Et c'est aussi dans cet esprit que se développa la science grecque antique, dont on peut situer les débuts historiques certains à l'époque où furent réalisées les travaux et les premières théories des naturalistes ioniens, qui exerçaient entre 650 et 500 avJC.

Les précurseurs les plus connus ont été ceux de l'école de Milet, c'est-à-dire Thalès (625-547 avJC), Anaximandre (610-546 avJC) et Anaximène (585-525 avJC). Sous l'appellation de physiciens naturalistes, ils tendaient à s'opposer aux certitudes des prêtres et des théologiens d'alors, en considérant qu'on pouvait amener plus rationnellement la nature à révéler ses secrets, et à en tirer parti. Un objectif important de leur recherche consistait à identifier les principes qualifiants, la substance, et l'essence, dont toutes choses tiraient leur origine. Ils s'efforçaient aussi de trouver l'unité (ou le Principe, l'Archè) à l'origine de la diversité du monde perceptible.

Pour Thalès, par exemple, le principe initial était l'eau ; pour Anaximandre, c'était une substance première indéfinie (l'apeiron) ; et pour Anaximène, c'était l'air. Ces présupposés se conformaient de façon suggestive aux théories cosmologiques et cosmogoniques qui prévalaient alors, et qui ont constitué jusqu'à Ptolémée la cosmologie traditionnelle grecque. Une exception cependant était l'apeiron d'Anaximandre, un héritage de représentations cosmiques védiques, conceptuellement très en avance sur ce que la science moderne découvrira ensuite sur l'origine et la consistance de l'univers.

Mais pour le reste, parce qu'ils étaient encore rudimentaires, opposés, et différemment interprétables, plusieurs de ces principes furent soumis à des critiques de la part des philosophes des générations suivantes. Au 5ème siècle, Empédocle d'Agrigente (492-430 avJC) leur préféra une théorie dite des quatre éléments, qui aura un développement ultérieur notable. Pour Empédocle, en effet, toutes les choses étaient formées de quatre éléments premiers, l'air, l'eau, la terre et le feu, qui se combinaient en diverses proportions. Dans sa conception, ces quatre éléments interagissaient les uns avec les autres par des attractions et des répulsions, conçues comme des manifestations respectivement d'amour et de haine, et ces attractions et répulsions permettaient d'expliquer les changements des choses.

Au 5ème siècle avJC, les outils physico-mathématiques grecs étaient donc déjà bien développés pour l'époque, synthétisant des bases indo-européennes de source védique avec divers emprunts égyptiens, assyriens et babyloniens.

Sous l'influence de Pythagore (580-495 avJC) et de son école, les nombres devinrent l'expression des choses dans leur consistance concrète, en tant qu'entités essentielles qui se concrétisaient comme des points matériels pour produire tout ce qui existait. L'étude de la nature tenait compte des proportions numériques entre les aspects des choses qu'il était possible de compter et de mesurer. Les idées pythagoriciennes eurent un succès durable.

Une autre influence importante sur le développement de la science physique, dans laquelle la description mathématique de la nature prenait un rôle central, fut exercée ensuite par Platon (428-347 avJC.). Selon Platon, seul le raisonnement mathématique était en mesure de mener à la certitude, en tant que modèle idéal d'intégration conceptuelle. Et à cette époque, pour un savant grec antique, le rôle des mathématiques et de la géométrie ne se limitant pas au calcul, l'essence idéale des choses sensibles qui l'entouraient devait être recherchée dans leur forme géométrique, harmonisée à leurs propriétés mathématiques. Par exemple, les quatre éléments d'Empédocle correspondaient à des compositions de figures géométriques représentées par quatre polyèdres réguliers : le tétraèdre (la terre), l'icosaèdre (l'eau), le cube (l'air), et l'octaèdre (le feu). Le dodécaèdre, cinquième polyèdre régulier connu, devait correspondre à une autre substance primordiale qui représentait la nature supposée des sphères célestes.

Par ailleurs, sachant qu'un socle essentiel de la physique moderne a résulté de la conception atomistique de la matière, rappelons que l'idée originale venait là encore d'un philosophe grec, Démocrite (460-370 avJC). Sa théorie a été la première théorie mécaniste connue, où il considérait toutes les choses existantes comme composées d'atomes minuscules, c'est-à-dire de minuscules morceaux de matière qui ne pouvaient pas être subdivisés en morceaux plus petits (le mot atome veut dire indivisible).

Pour Démocrite, tous les changements pouvaient être ramenés au mouvement de ces atomes, et aux inévitables chocs entre eux, intervenant dans un espace vide, c'est-à-dire dépourvu de matière ailleurs que là où agissaient les atomes. À son avis, toutes les choses, y compris la Terre, le Soleil et les planètes, découlaient d'agrégats d'atomes qui se produisaient par hasard, sans aucune intervention providentielle. De là, la nécessité de l'explication de la multiplicité des substances et des éléments avait conduit Démocrite à envisager divers types d'atomes, différents par leur forme et par leurs dimensions, et différents également par les forces d'attraction et de répulsion qui s'y exerçaient. Les idées de Démocrite furent reprises par Épicure de Samos (341-270 avJC).

Elles furent aussi reprises plus tard par le latin Lucrèce (98-55 avJC). Bien qu'elles aient été à plusieurs époques attaquées et condamnées, parce que jugées matérialistes, athées, voire immorales, l'atomisme durera, jusqu'à inspirer finalement d'importantes découvertes de la physique moderne.

Après Démocrite, intervint Aristote (384-322 avJC), dont la pensée, et celle de ses disciples, allaient constituer un important point de référence pour presque tous les savants jusqu'au début du 17ème siècle. La doctrine aristotélicienne constitua la première grande tentative d'organisation de tous les aspects du savoir, s'appliquant depuis le monde humain naturel jusqu'au cosmos pris dans son ensemble, en passant par les aspects les plus abstraits de la logique et de la méthode scientifique.

Les principes explicatifs de la physique et de la métaphysique aristotéliciennes étaient exprimés sous la forme de dichotomies, telles que matière/forme, puissance/acte, et substance/accident. La matière du monde sublunaire (terrestre) y était supposée constituée, comme selon Empédocle, de quatre éléments, ou essences : l'eau, l'air, la terre, et le feu. La matière des sphères célestes y était constituée par une quintessence (ou 5ème élément), l'éther. Et la forme était ce qui permettait d'identifier les objets matériels, ce qui leur assignait une spécificité et une individualité. Tout objet existant était donc une unité indivise de matière et de forme, précisément parce qu'il était telle chose et pas une autre.

De là, connaître les choses impliquait de connaître ce qui faisait partie de leur essence et de leur substance. Tout ce qui n'appartenait pas d'une façon nécessaire à cette substance (c'est-à-dire ce qui ne distinguait pas un objet en tant que propriété essentielle de cet objet) était un accident (par exemple le fait qu'un Homme soit blond ou brun). Et la signification du mot qui désignait une chose découlait du concept qui permettait de l'identifier selon ses propriétés essentielles.

C'est pour cette raison qu'il était important pour Aristote de classer les choses selon leurs noms, leurs différences, et leurs propriétés essentielles. Mais les objets changeaient : un enfant devenait adulte, une fleur se transformait en fruit, l'eau se transmutait en glace, même le mouvement dans l'espace était un type particulier de changement. Une grande interrogation était alors de savoir comment comprendre le changement. En réponse, l'axiome de base de l'interprétation aristotélicienne du changement était que si un objet ou l'un de ses aspects se transformait, le résultat de cette transformation était déjà présent en puissance dans l'objet même. Ce que l'objet était devenu, c'était l'objet en acte, et par conséquent, c'était aussi ce que l'objet était en puissance auparavant.

Et l'objet en acte pouvait continuer à être une nouvelle chose en puissance. Par conséquent, la matière possédait en puissance à chaque moment les formes qu'elle posséderait ensuite en acte. Et pour chaque changement, il existait initialement deux causes : une cause matérielle et une cause formelle. En vertu de la cause matérielle, l'objet était évident mais peu connaissable, et en vertu de la cause formelle, l'objet était mieux définissable. Puis, pour pouvoir devenir un objet en acte, l'objet était déterminé par deux causes complémentaires : une cause efficiente et une cause finale.

Les deux premières causes (matérielle et formelle) existaient hors du temps, et les deux autres agissaient dans le temps. La cause finale était l'agent de réalisation de la fin à atteindre, jusqu'à ce qu'elle soit atteinte. À travers elle, l'objet prenait telle forme et non pas telle autre, car de la sorte, il atteignait mieux son but (par exemple, les poumons avaient leur forme parce qu'ils étaient faits pour respirer). La cause efficiente était le moyen qui permettait à la cause finale d'agir, ou bien qui en empêchait l'action.

Si une fleur était destinée à devenir fruit afin de permettre la reproduction de la plante, elle était formée de façon à réaliser ce but, mais elle ne pouvait pas l'atteindre sans l'abeille, c'est-à-dire sans la cause efficiente, qui par le fait de butiner lui apportait le pollen d'autres fleurs. Les quatre éléments, dans leurs différentes combinaisons, constituaient la cause constitutive de tous les objets sublunaires. C'étaient des substances, dans la mesure où ils avaient une forme qui leur assignait des qualités essentielles (chaud, froid, sec, humide), et sur la base desquelles ils avaient chacun des propriétés spécifiques. Les mouvements ou les changements pouvaient être substantiels (génération et corruption), qualitatifs (dessèchement, réchauffement, etc.), quantitatifs (augmentation, diminution), et locaux (déplacement, éloignement, rapprochement, etc.).

Les changements se distinguaient en phénomènes, soit provoqués (qui avaient besoin d'une cause efficiente), soit naturels (qui se produisaient spontanément sur la base de leur cause finale). Les changements locaux naturels, pour les substances sublunaires, étaient le mouvement vers le bas ou vers le haut, selon que dans leur composition prédominaient des substances lourdes (l'eau et la terre) ou légères (l'air et le feu). Le mouvement circulaire était considéré comme un mouvement parfait, parce qu'il n'avait ni début ni fin, notamment pour les sphères célestes et l'éther. Il existait donc une hiérarchie des mouvements, où le mouvement rectiligne était un mouvement moins parfait que le mouvement circulaire, car il devait avoir un début et une fin. La substance la plus parfaite, la quintessence, c'est-à-dire l'éther, ne pouvait avoir qu'un mouvement circulaire.

Dans tous les cas, le monde de la matière brute (celui des cailloux, des mers, du feu, de l'air) était un monde de niveau inférieur, où la substance était à un niveau de complexité minimale, et où les tendances et les changements étaient banals, s'agissant principalement de changements de lieu.

Bref, le mouvement local ne méritait pas, du point de vue aristotélicien, une attention approfondie, et ne valait pas la peine d'y affecter une science. Et puisque, pour Aristote, la physique représentait la nature dans son ensemble, il proposait une philosophie de la nature dans laquelle il n'y avait pas de sens à essayer de spécialiser les disciplines scientifiques.

Il est important toutefois de souligner, dans cette conception globale et unitaire, holiste, quelques considérations relatives au mouvement local infériorisé des corps, car c'est sur cela que se concentrera l'attention polémique des physiciens ultérieurs. Ils remarqueront en particulier dans un passage de la *Physique* : "nous voyons que les corps se meuvent plus rapidement pour deux causes, soit parce que l'élément à travers lequel passe l'objet est différent (par exemple, s'il passe à travers l'eau, ou bien à travers l'air), soit parce que l'objet déplacé -si les autres facteurs sont les mêmes- diffère par excès de poids ou de légèreté".

Aristote décrivait là quelque chose d'évident pour le sens commun de son époque. En matière de projectiles, c'est-à-dire d'objets lancés, il semblait évident que la vitesse du projectile, à effort de lancer égal, serait d'autant plus grande que le milieu traversé serait moins dense (une balle de golf irait plus lentement à travers l'eau qu'à travers l'air), et serait d'autant plus grande en outre que le projectile serait plus dense (une balle de ping-pong va plus lentement qu'une balle de golf). Puisque le milieu exercerait de toute façon une résistance, peu à peu le mouvement naturel vers le bas tendrait à prévaloir. Mais comment le caillou faisait-il pour se mouvoir d'une manière différente de celle du mouvement naturel, quand il avait quitté la main qui l'avait lancé ? Son mouvement devait avoir une cause externe.

Aristote imagina que cette cause externe devait être recherchée dans le milieu (dans ce cas, l'air) où le caillou se mouvait. L'air, tendant à occuper à nouveau immédiatement l'espace vide que le caillou laissait derrière lui pendant son déplacement, finissait par le pousser plus encore en avant. La conclusion qu'Aristote tirait de cette vision paraît sensée. Si nous pensons que la vitesse du projectile est inversement proportionnelle à la densité du milieu qu'il doit traverser, alors, dans le vide où la densité est nulle, la vitesse du projectile devrait être infinie. Mais à l'époque, et selon la pensée d'Aristote, le vide ne pouvait conceptuellement pas exister. D'où les critiques susvisées.

Archimède (287-212 avJC) avait mené de son côté une démarche conceptuelle différente. Il n'était pas seulement mathématicien, il était aussi l'un des premiers savants à pratiquer une méthode expérimentale. Il a été considéré comme l'inventeur de nombreux dispositifs, de la vis sans fin jusqu'aux célèbres miroirs brûlants qui auraient été utilisés dans la défense de Syracuse, sa ville natale. Mais ses contributions à la statique et au problème du flottement des corps sont plus intéressantes d'un point de vue scientifique. Par exemple avec le principe du levier (il aurait dit : donnez-moi un point d'appui et je soulèverai le monde), et aussi l'utilisation de la balance, l'équilibre des corps lourds (il formula clairement le concept de centre de gravité), et l'explication des corps flottants sur la base du principe éponyme dit de la "poussée d'Archimède", qui établit que tout corps plongé dans un liquide reçoit, de la part de ce liquide, une force verticale dirigée de bas en haut, égale au poids du volume de liquide déplacé.

Dans un cadre plus lointain, le cosmos avait une grande importance pour les anciens grecs, qui vivaient plus au contact du ciel étoilé que les humains du 20ème siècle. Par les nuits claires, les rares et faibles sources d'éclairage nocturne les mettaient mieux en présence du mystère grandiose de la voûte céleste. Certains penseurs, ne voulant pas admettre que les étoiles étaient distribuées au hasard, imaginèrent dans leur disposition et dans leur mouvement visibles des signes chargés de sens pour les destinées humaines. Mais la plupart gardaient toutefois des préoccupations plus terrestres, liées surtout à l'agriculture et à la navigation, qui les portaient à définir des moments propices (pour semer, appareiller, pêcher, vendanger, etc.), ce qui les amenait à organiser et à mesurer le temps, en repérant soigneusement la durée des cycles que l'on observait : le jour, le mois, l'année, les saisons.

La culture scientifique grecque admettait pragmatiquement aussi des contributions de l'astronomie babylonienne, égyptienne, indienne, et chinoise. Ainsi, la pratique scientifique des anciens Grecs pouvait rechercher une compréhension, à la fois globale et précise, des phénomènes de l'Univers, où la physis et le kosmos étaient distincts mais complémentaires. La physis était la nature, dans sa multiplicité, sa vitalité spontanée, dans sa capacité à croître et à se développer, et dans sa caducité et sa mortalité. Le kosmos était ordre immuable, proportion, symétrie, stabilité, immortel. L'astronomie étant une branche des mathématiques, l'astronome grec antique était donc à la fois mathématicien (mathematikos) et physicien.

D'intéressants résultats d'observation astronomique sont venus de l'école ionienne. L'histoire dit que Thalès aurait prévu l'éclipse de Soleil de 585 avJC, et qu'en conséquence on fit de lui l'un des sept sages grecs majeurs.

Mais sa vision cosmologique, encore rudimentaire, se fondait sur une distinction imparfaite entre le haut et le bas, en vertu de laquelle la Terre avait besoin d'un support. Et il la décrivait comme plate dans sa partie habitée. Même son meilleur disciple, Anaximandre, représentait les terres émergées habitées comme la partie supérieure d'un cylindre dont la hauteur ne dépassait pas un tiers de la largeur. Sa représentation des étoiles était tout aussi rudimentaire, en tant qu'orifices pratiqués dans l'intérieur de la jante de grandes roues pleines de feu, qui tournaient constamment autour de la Terre.

De leur côté, les pythagoriciens, impressionnés par l'extraordinaire régularité des mouvements célestes, y étudièrent plus finement les rapports numériques calculés entre les périodes et les distances, y cherchant même des corrélations avec des accords musicaux (on leur doit l'idée de l'harmonie de l'Univers). L'une de leurs principales préoccupations était celle de la Grande Année, c'est-à-dire de la période de temps minimum nécessaire pour que l'ensemble des astres observables retrouve la même configuration. Une contribution majeure des pythagoriciens a consisté à théoriser la sphère comme une forme astrologique typique, y compris pour la Terre, suspendue au centre de l'Univers (sans qu'il n'y ait plus, par conséquent, de distinction absolue entre le haut et le bas). La perfection présumée du mouvement circulaire présidait au mouvement de tous les corps de la voûte céleste.

Avant cela, l'école platonicienne, avec en particulier Eudoxe de Cnide (408-355 avJC), avait déjà attribué à l'Univers une forme semblable, puisque ses modèles portaient à ramener les mouvements apparents observés dans le ciel à des mouvements circulaires parfaitement réguliers. Dans ce but, Eudoxe imaginait un Univers fait de sphères tournantes concentriques, les sphères célestes, où la sphère des étoiles fixes renfermait l'Univers entier, et où la durée de sa rotation la plus régulière était la durée du jour sidéral.

Le Soleil, la Lune et les planètes, appelés astres errants, y accomplissaient toutefois des mouvements plus complexes. Pour Eudoxe, le problème était de connaitre le nombre et la nature des sphères célestes tournantes, et de comprendre leur interdépendance selon leurs mouvements. De son côté, Aristote a maintenu la conception des platoniciens concernant la distinction entre ciel et Terre. Pour lui, le mouvement circulaire était une propriété naturelle des corps célestes (et de leur quintessence, l'éther), lesquels étaient distincts des corps terrestres, composés de quatre éléments, et qui se mouvaient selon un mouvement naturel rectiligne. Sur ces points, les différences entre Aristote et Eudoxe tenaient au nombre des sphères célestes (27 pour Eudoxe contre 55 pour Aristote), et dans l'affirmation que chacune d'entre elles disposait de son propre moteur.

Après Aristote, la recherche astronomique continua à évoluer, et se déplaça hors de Grèce, à Rhodes, à Pergame, et surtout à Alexandrie. Hipparque de Nicée (194-120 avJC), considéré comme l'un des plus grands astronomes de l'Antiquité, et à qui l'on doit la découverte de la précession des équinoxes, s'était établi à Rhodes. À Alexandrie, travaillaient Euclide (323-270 avJC) et Aristarque de Samos (310-230 avJC), le premier savant connu à avoir formulé une théorie, reprise au 16ème siècle sous une forme très voisine par Copernic, selon laquelle le Soleil était au centre de l'Univers.

Sous leur impulsion, la recherche astronomique se spécialisa, et créa des méthodes d'observation et de mesure plus précises. L'astronomie ancienne atteignit son apogée avec l'*Almageste* de Claude Ptolémée, dans lequel la spéculation cosmologique laissait désormais plus de place à la précision mathématique. Le système géocentrique y reçut sa formalisation la plus rigoureuse, mais aussi la plus complexe, car il devait être mis en accord avec les observations très incomplètes de l'époque.

Aux yeux des astronomes géocentristes, les planètes ne tournaient pas autour de la Terre. Celle-ci semblait située dans une position excentrique, c'est-à-dire décalée par rapport au centre de la rotation des planètes. En même temps, les planètes ne se mouvaient pas selon un cercle parfait, mais, tandis qu'elles tournaient sur leur cercle, elles accomplissaient aussi un mouvement circulaire autour des points du cercle, autrement dit, elles accomplissaient un épicycle. L'analyse de leur trajectoire butait alors sur le principe selon lequel tout mouvement céleste devait résulter de la composition de mouvements parfaitement circulaires. Les astronomes d'alors connaissaient seulement quelques corps célestes exceptionnels, comme les comètes, qui ne respectaient pas les règles et dont les mouvements (ou plutôt les apparitions) étaient associés dans la crédulité populaire à des événements également exceptionnels, presque toujours des désastres et des calamités. Plusieurs siècles passeront avant que ces bases conceptuelles changent.

En effet, jusqu'au 11ème siècle, la science n'avait toujours pas dépassé ces modèles, du fait notamment que les religions abrahamiques dominantes n'admettaient pas ce qui contredisait leurs dogmes. Le christianisme orientait la pensée conceptuelle vers des considérations supraterrestres et des polémiques théologiques, dans lesquelles se reflétaient des conflits politiques et sociaux plutôt que scientifiques. L'œuvre écrite des savants antiques était encore temporairement en bute à une intransigeance officielle, et en Europe, les quelques personnes qui continuaient à la traduire et à la commenter étaient rarement en mesure de bien la comprendre, faute de sources et de références suffisantes et disponibles.

Ce n'est qu'après la reprise des échanges avec l'Orient et le contact avec la culture arabe, au début du deuxième millénaire, que d'anciens savoirs recommencèrent à circuler. Du 11ème au 13ème siècle, on assista à un essor des traductions d'auteurs antiques, ce qui fut un support opportun de reconnexion culturelle, accélérant la fin de l'époque médiévale européenne.

Ce fut surtout l'œuvre redécouverte d'Aristote qui réveilla l'intérêt pour les sciences naturelles. Mais cette redécouverte d'Aristote fut plus difficile et contradictoire qu'on ne l'imagine communément. L'Église chrétienne occidentale ne voyait pas d'emblée avec sympathie un philosophe qui ne croyait pas à l'immortalité de l'âme, ni à la transmutabilité des substances, ni à la création biblique de l'Univers et de l'Homme. Des théologiens influents provoquèrent une violente campagne anti-aristotélicienne, allant même jusqu'à faire interdire l'enseignement de ses idées dans les plus importantes universités européennes.

Mais cette attitude dogmatiquement hostile eut pour effet indirect de stimuler les premières critiques scientifiques de la physique aristotélicienne, qui devaient être par la suite utilisées pour parvenir à une correction de cette physique. On peut rappeler à ce propos les discussions sur le mouvement des projectiles (c'est-à-dire les objets lancés selon un mouvement violent, dans une direction autre que celle de leur mouvement naturel). Pour Aristote, comme nous l'avons vu ci-avant, la tendance à se mouvoir vers le haut ou vers le bas était une caractéristique essentielle des corps et ne nécessitait pas d'explication, la cause de ce mouvement étant intrinsèque au corps même. En revanche, le mouvement d'un caillou lancé vers le haut, tant qu'il était dirigé vers le haut, devait avoir une cause externe au caillou lui-même, cause qui, précisément, semblait associée au tourbillon de l'air aspiré par l'espace laissé vide par le mouvement du caillou.

À cette théorie, s'opposa d'abord au Moyen Âge ce que l'on appela la théorie de l'impetus. Selon Jean Buridan (1292-1363), connu par ailleurs pour son paradoxe de l'âne, mais qui était aussi l'un des principaux tenants de cette théorie, l'impetus était une espèce de force incorporelle qui était imprimée au projectile au moment du lancement, et que le projectile tendait à conserver durant son mouvement. Seule la résistance du milieu causait un ralentissement progressif du corps dans la direction du lancement. Inversement, dans la chute vers le bas, Buridan pensait que le mouvement naturel comportait une augmentation continue de l'impetus. De cette façon, on pouvait commencer à avoir une explication de la déviation des corps lancés, qui tout en ayant été connue d'Aristote, n'avait trouvé aucune explication rationnelle dans son œuvre.

En même temps, on pouvait réfléchir aussi au fait que, s'il n'y avait pas eu de milieu résistant, le corps aurait poursuivi indéfiniment son mouvement dans la direction du lancer. Une observation qui allait déboucher plus tard sur la formulation du principe d'inertie.

Finalement, les emprunts des savants du 16ème et du 17ème siècles aux travaux de leurs prédécesseurs médiévaux ont été plus fructueux qu'on pourrait l'imaginer, au point qu'on ne peut pas parler de rupture mais de transition des uns aux autres. Le terrain principal où eut lieu la relance scientifique post-médiévale fut une nouvelle fois l'astronomie, bien documentée depuis l'Antiquité, au point que Nicolas Copernic put étayer sa théorie par des observations de Claude Ptolémée (90-168). Copernic, savant typique de la Renaissance, pensait que sa conception du monde était vraie, parce qu'il était convaincu qu'elle était issue de l'âge d'or grec.

Mais dans d'autres branches d'activité aussi, depuis les manipulations alchimiques jusqu'aux savoir-faire artisanaux, pratiques, et quotidiens, d'autres principes se référaient tout autant à des fondements hérités et transmis d'un riche passé. Et même des expériences astrologiques, cabalistiques, hermétistes, avaient pour référence, par exemple, l'idée pythagoricienne de l'essence numérique de la réalité, et de son organisation, selon des principes spirituels d'ordre géométrique.

Ces idées pythagoriciennes ont gardé une place dans l'héritage méthodologique qui s'affirma et évolua dans les avancées scientifiques de la Renaissance européenne. Et de manière plus générale, il est patent que l'évolution scientifique de cette Renaissance n'aurait pas eu la même force sans les recherches et les acquisitions transitoires médiévales de la mécanique, des mathématiques, de la logique et de l'optique, servant elles-mêmes de vecteurs actifs de transmission de savoirs plus anciens.

Pour s'en convaincre, il suffit de prendre l'exemple d'un savant tel que Léonard de Vinci (1452-1519), un génie renommé, mais au sujet duquel les recherches historiques ont permis de comprendre qu'il ne fonctionnait pas mentalement comme un savant ou un ingénieur moderne. En effet, son génie et ses recherches ne peuvent être bien compris que si Léonard de Vinci est replacé dans le contexte d'une période où le concept de science était différent de celui du 20ème siècle. Le Léonard savant ne peut pas être séparé du Léonard artiste, parce qu'à son époque la science et l'art étaient tous deux considérés comme des formes complémentaires de connaissance du monde, héritières d'un passé. Ce qui n'empêche pas Léonard de Vinci d'apparaître aussi comme une figure de transition et de rebond.

Mais son activité de recherche sur les harmonies et sur les lois naturelles, qui se traduisait presque toujours en dessins, croquis, et notes rédigées au moyen de sa méthode ingénieuse d'écriture inversée, procédait d'une activité d'assimilation et de retranscription de ce qu'avaient découvert et traité avant lui des savants de l'Antiquité et du Moyen Âge.

Il entretenait une part d'ambivalence entre ces assimilations, mais il a quand même fait avancer des problèmes relatifs à la statique et à l'équilibre (qui trouvaient ensuite une application dans son activité de sculpteur) ; il a étudié la détermination du centre de gravité de solides plus ou moins réguliers de façon originale ; et ses études d'hydraulique contenaient en germe des concepts capables de mieux représenter le mouvement des fluides.

Dans sa trousse conceptuelle, d'un côté des idées concernant la dynamique des corps se référaient en partie à la théorie de l'impetus, et d'un autre côté son travail pictural exploitait des techniques d'optique géométrique, pour lesquels il avait su apprécier des contributions de la science arabe. Il a assimilé et réélaboré finalement un savoir qui l'avait précédé, tout en disposant d'une exceptionnelle faculté de pouvoir pressentir certains thèmes majeurs de la science future. Et cette tendance a continué à prospérer après lui.

Effectivement, dans son sillage, la description mathématique et la méthode expérimentale ont constitué des introductions importantes à la révolution scientifique qui allait suivre. Un troisième apport s'y est ajouté : plusieurs savants du 17ème siècle, en effet, avaient commencé à soutenir et à diffuser une conception globaliste du monde matériel connu, qui pouvait être ramenée à l'affirmation que la nature était un gigantesque mécanisme, ou un ensemble de mécanismes, dans lesquels régnaient nécessairement l'ordre et la régularité. Pour démontrer cela, et dans la description des phénomènes naturels, il leur fallait analyser les changements qui pouvaient être ramenés à un mouvement local, c'est-à-dire au mouvement dans l'espace et dans le temps, des corps matériels.

Une caractéristique importante de cette révolution scientifique potentielle était en outre un retour à l'atomisme antique, puisque la réalité pouvait de nouveau être conçue comme pouvant découler du mouvement et de l'interaction de corpuscules matériels, trop petits pour être vus à l'œil nu, mais qui se heurtaient et se poussaient les uns les autres. Quand cette conception s'affirma et se répandit, outrepassant l'opposition des milieux intellectuels qui se référaient encore à des référentiels non seulement religieux, mais aussi magiques, occultes, spiritualistes, voire animistes, la trajectoire de modernisation de la science physique en a été durablement réorientée.

Et on peut distinguer là trois personnages clefs de cette révolution, dont l'œuvre et la diffusion eurent pour cadre l'Italie, la Grande-Bretagne, et la France, avec respectivement Galileo Galilei, dit Galilée (1564-1642), Francis Bacon (1561-1626), et René Descartes (1596-1650).

En ce qui concerne Galilée, deux facteurs eurent une importance décisive dans sa formation : l'étude approfondie des mathématiques les plus avancées de son temps, et l'étude conjointe de l'astronomie. Ces deux domaines étaient connexes, et leur lien prit chez Galilée le sens d'une profonde imbrication entre le discours mathématique et le discours physique. En même temps, il montrait un profond respect pour l'expérimentation, à condition qu'elle fût raisonnée, c'est-à-dire qu'elle ne se limite pas à une prise de contact superficielle, mais qu'elle puisse compléter efficacement les apparences, afin de mieux répondre aux questions posées par le savant qui souhaitait vérifier et approfondir ses hypothèses.

En complément de ses découvertes astronomiques fondamentales, Galilée réalisa d'autres découvertes physiques, qui étaient liées au domaine astronomique, mais dont elles constituaient un prolongement. Pour Galilée, le mouvement spontané des corps simples (c'est-à-dire le mouvement non altéré ou induit par des effets perturbants particuliers) était régi par des lois mathématiques, qu'il s'agisse de corps célestes ou de corps terrestres. Et pour éliminer l'un des principaux arguments anti-coperniciens contre le mouvement de la Terre, Galilée entreprit des recherches expérimentales sur la chute des corps.

Son premier problème était le suivant : si la Terre se meut, alors un corps peut-il tomber exactement au point de la surface terrestre qui se trouve à l'intersection entre la verticale passant par le corps et la surface même. Pour répondre à cette interrogation, Galilée dut imaginer son fameux principe de relativité du mouvement, et le principe de composition des vitesses, selon lesquels, si on laissait tomber un corps du sommet d'une tour et que la Terre tournait, alors le corps vu par un observateur parfaitement immobile, situé hors de la masse terrestre, ne partait pas à l'arrêt mais il avait une vitesse initiale en direction horizontale. Le corps effectuerait alors une trajectoire déviée quelque part devant la tour.

Mais pour un observateur situé sur la Terre, qui participait au mouvement de celle-ci, le corps partait à l'arrêt et tombait à la verticale. Tout observateur pouvait vérifier que s'il faisait tomber un objet à l'intérieur de la cabine d'un bateau en mouvement sur la mer, cet objet tombait exactement à la verticale sans être influencés par le mouvement du bateau.

Dans le problème de la chute des corps, l'objectif de Galilée était de dégager les lois du mouvement en l'absence de facteurs perturbants, et il voulut donc organiser des conditions de chute différentes de celles qui étaient considérées par les aristotéliciens. Pour faciliter sa première véritable expérience moderne, Galilée utilisa un plan incliné. Il était convaincu qu'on ne pouvait arracher à la nature ses secrets en se limitant à l'observer sans agir sur elle. Il fallait créer des conditions plus concrètes qui, en éliminant les facteurs qu'il jugeait perturbants, éclairaient l'observation.

En faisant rouler des billes sur un plan incliné -et c'était là une hypothèse plutôt audacieuse- Galilée n'altérait pas essentiellement la loi de la chute des corps, mais les billes gardaient des vitesses et des accélérations facilement mesurables. Par de telles expériences, il démontra alors que tous les corps tombaient avec la même accélération, indépendamment de leur nature et de leur poids, et que les espaces qu'ils parcouraient dans leur chute étaient proportionnels aux carrés des temps mis pour les parcourir.

Pour sa part, Francis Bacon apporta lui aussi une contribution novatrice, autant par ses travaux scientifiques que parce que, surtout dans les pays anglo-saxons, il devint l'une des références majeures de la modernisation de l'esprit cultivé. Dans ses œuvres, il théorisa avec clarté la transition de l'antique au moderne, avec son corollaire, l'idée de progrès. Bacon, qui était contre tout abus d'autorité, contestait le fait que le seul prestige d'un savant du passé puisse valider ses thèses. L'esprit humain, avec son intelligence déductive, alimentée par l'observation et l'expérience, devait se libérer du poids de la doxa et découvrir l'infinité des choses changeantes que le monde offrait en permanence, pour améliorer ses conditions de vie. Un objectif de la science, pour Bacon, était donc d'étendre plus largement les limites des moyens et de l'esprit humains. Ce qu'un éco-humaniste moderne (soit dit en passant) continue lui aussi à démontrer avec conviction.

En revenant à l'analyse de la chute des corps, Galilée devait admettre que la vitesse horizontale du corps au début de sa chute se conservait indéfiniment, et qu'à cette vitesse se superposait la vitesse verticale due à la gravité. Cela revenait déjà d'une certaine façon à affirmer un principe d'inertie, mais Galilée ne sut pas donner opportunément à cette idée un développement plus complet. C'est donc Descartes qui reprit cela dans sa philosophie de la nature, sous la forme d'un principe universel de conservation de la quantité de mouvement. Pour lui, tout corps matériel conservait indéfiniment sa vitesse (ou, mieux, le produit de sa masse par sa vitesse, la quantité de mouvement), à moins qu'il ne rencontre un obstacle, c'est-à-dire un autre corps, sur sa trajectoire.

Le monde cartésien était essentiellement mécaniste, comparable à une horloge, et ce monde était rempli de matière, consubstantielle à l'espace. Dans ce monde, les mouvements des corps se transmettaient d'un corps à l'autre à travers des contacts directs (par exemple, des chocs) ou indirects (par exemple, des pressions exercées par des flux ou des corps interposés).

Et dans cet ensemble de chocs et de pressions, une chose était présumée certaine : la quantité de mouvement se conservait toujours, au motif que Dieu ayant créé la poussée initiale, le reste ne pouvait que continuer ainsi.

Malgré ce théisme limitant, Descartes n'a pas été seulement le fondateur d'une nouvelle conception mécaniste du monde, il fut aussi l'auteur d'importantes découvertes mathématiques (nous utilisons encore les coordonnées cartésiennes, c'est-à-dire x, y et z). Et il fut l'auteur d'importantes recherches expérimentales en hydrostatique et en optique, dans lesquelles il établit avec exactitude les lois de la réflexion et de la réfraction de la lumière. Mais sa propre conception mécaniste, partiellement métaphysique tout en se prétendant non spiritualiste, suggérait des hypothèses sur certains phénomènes qui pourraient aujourd'hui apparaître fantaisistes.

En réaction, cela poussait parfois utilement d'autres savants à effectuer des expériences pour les vérifier. Et à l'occasion de ces expériences, les modèles mécanistes mis à l'épreuve pouvaient révéler, et d'une certaine façon illustrer, des processus cachés, attachés à tel ou tel phénomène étudié.

Descartes en donnait un exemple lui-même en critiquant les théories spiritualistes proposées par ses prédécesseurs dans l'interprétation des phénomènes magnétiques, lorsqu'ils imaginaient qu'entre les pôles d'un aimant, il y avait un flux continu de matière, permettant de ramener les attractions et les répulsions magnétiques à des phénomènes dus au mouvement, et à la collision réciproque, de parties invisibles de la matière microscopique.

Car la philosophie mécaniste cartésienne rejetait toute forme d'action à distance, et niait l'existence du vide. En outre, elle abolissait toute distinction essentielle entre les éléments naturels, en vertus de leurs qualités aristotéliciennes. Toutes les substances étaient supposées composées de corpuscules matériels qui différaient seulement par leur forme.

En particulier, la légèreté et la pesanteur n'étaient pas selon Descartes des propriétés absolues des éléments, mais des effets des mouvements des différentes parties de la matière. La découverte du fait que l'air avait aussi un poids allait donc prendre une importance particulière dans la réflexion scientifique de l'époque.

Pour prouver cette hypothèse, Evangelista Torricelli (1608-1647) réalisa une expérience, en remplissant de mercure un tube de verre d'environ un mètre, et en constatant qu'il se vidait légèrement lorsqu'il le retournait sur une cuve également remplie de mercure ; il avait réalisé en fait le premier baromètre à mercure. Avec ce baromètre, il démontra que le poids de l'air sur la surface de la cuve de mercure était contrebalancé par le poids de la colonne de mercure.

Autrement dit, c'était le poids de l'air qui maintenait à une altitude d'environ 76 cm le mercure, et non pas l'horror vacui des conceptions précédentes. Et c'était aussi la raison pour laquelle les pompes aspirantes ne pouvaient pas soulever l'eau à plus de dix mètres (étant donné que c'était le poids de l'air qui poussait l'eau vers le haut). Un problème restait cependant posé : que restait-il dans la partie supérieure du tube qui auparavant était pleine de mercure ? Était-ce du vide ?

Blaise Pascal (1623-1662) reprit l'analyse pour confirmer définitivement l'intuition de Torricelli. Il effectua une expérience déterminante, en faisant porter le tube et la cuve de Torricelli en haute montagne. La hauteur de la colonne de mercure diminuait proportionnellement à l'augmentation de l'altitude, comme on pouvait s'y attendre si on acceptait l'hypothèse qu'il s'agissait d'une mesure du poids de l'air situé au-dessus. Ces recherches menèrent à l'énonciation du principe de Pascal, c'est-à-dire au fait que la pression exercée par un fluide sur la base d'un récipient ne dépend ni de la forme du récipient ni de la quantité de fluide qu'il contient, mais seulement de la hauteur du fluide et de sa densité.

L'étude des propriétés dynamiques de l'air se poursuivirent aussi en Angleterre, où Robert Boyle (1627-1691) étudiait de façon expérimentale l'élasticité de l'air, découvrant la loi dite de Boyle-Mariotte : $pV = \text{constante}$ (pour une masse d'air donnée, p est la pression et V le volume). Il supposait que les atomes de l'air ressemblaient à de très petits ressorts qui se raccourcissaient et s'allongeaient quand l'air était comprimé ou décomprimé.

Ailleurs, Robert Hooke (1635-1703) étudiait les problèmes de l'élasticité des corps solides, et il analysait aussi les phénomènes optiques, en particulier ceux liés à la propagation de la lumière et à la genèse des couleurs. Ailleurs, en Hollande, Christiaan Huygens (1629-1695) approfondissait les études de mécanique et construisait la première horloge à pendule, instrument important pour la navigation et la recherche astronomique. Par la suite, il étudia à son tour l'optique, devenant l'un des premiers tenants de la théorie ondulatoire de la lumière.

Una autre figure très importante de la physique fut Isaac Newton (1642-1727). À l'âge de 19 ans, il était entré au Trinity College de Cambridge, où il se montra particulièrement doué, jusqu'à être nommé Master of Arts en 1668. Dans ses ouvrages de jeunesse, Newton se consacra à l'analyse critique de la physique cartésienne, qu'il entendait soumettre dès que possible à l'épreuve du contrôle expérimental. Les phénomènes optiques et, en particulier, la théorie des couleurs faisaient partie de ces préoccupations. C'est ainsi Newton qui, le premier, émit l'hypothèse que la lumière blanche pouvait être considérée comme un mélange de toutes les lumières colorées. Il put en faire la preuve en faisant passer un rayon de lumière blanche au travers d'un prisme qui diffractait le rayon lumineux en différentes lumières monochromatiques.

Mais Newton était particulièrement intéressé par les phénomènes mécaniques, et c'est sa conception mécanico-atomiste du monde qui l'amena à s'éloigner de plus en plus des conceptions cartésiennes. Si le monde cartésien était un plenum de matière, le monde newtonien était plutôt constitué d'atomes en mouvement dans un espace absolu, et essentiellement vide. Là, les atomes étaient les particules les plus petites de matière, qui auraient pu être créés par fait divin (faute de meilleure explication à l'époque) à l'intérieur d'un espace et d'un temps absolus. Et ces particules semblaient porteuses des qualités intrinsèques supposées de la matière (impénétrabilité, mobilité, opacité, dureté, capacité d'agir sur nos sens, etc).

Après avoir pressenti que la matière occupait un très petit volume de l'espace, Newton commença à s'interroger sur la nature de la gravitation. Mettant à profit ses connaissances mathématiques et sa pratique du calcul infinitésimal, il commença par chercher une explication physique aux lois déjà formulées par Kepler sur le mouvement des planètes. Et cette explication fut transcrite dans sa fameuse loi de l'attraction gravitationnelle, en établissant que l'attraction était inversement proportionnelle au carré des distances séparant les corps, et proportionnelle à leurs masses.

Plus encore, l'utilisation de cette loi pour l'explication des mouvements présupposait une série de principes qui devaient valoir pour tout corps soumis à des attractions ou à des répulsions, c'est-à-dire à des forces. Ayant compris ces principes, et dans le but de les formuler efficacement, Newton rédigea ses fameux *Philosophiae naturalis principia mathematica*, qui furent publiés en 1687 avec l'imprimatur de la Royal Society. Dans ces Principes, étaient formulées les trois fameuses lois du mouvement qui pendant longtemps allaient être considérées comme des bases de la mécanique classique.

Elles fondaient un édifice théorique présentant la matière comme inerte et passive, tant qu'elle n'était pas mise en mouvement par diverses forces. Et cette conception s'appliquait autant au niveau cosmologique qu'au niveau microscopique (Newton fut aussi quelque peu alchimiste et chimiste), sur la base d'un principe d'analogie universelle qui rendait le microcosme semblable au macrocosme. Bref, le monde de Newton était un monde dans lequel des corps matériels, constitués d'agrégats d'atomes, interagissaient entre eux au moyen de champs de forces.

Pour Newton, ces forces agissaient directement et à distance dans l'espace vide. Mais il ne prétendit jamais que là était la véritable cause du mouvement, pensant que l'intellect humain ne pourrait jamais parvenir à la connaissance des causes ultimes, qu'il pensait n'appartenir qu'au divin. L'intellect humain devait se contenter de décrire de façon mathématique ce qui lui était révélé par l'expérience concrète. À partir de Newton, un objectif majeur des recherches en physique consista donc à analyser les phénomènes universels à l'occasion de la manifestation de l'action de ces forces sur les corps matériels.

Ce sera le programme de la physique classique pendant plus d'un siècle, jusqu'à ce qu'interviennent d'autres profonds changements, que l'historien franco-russe des sciences Alexandre Koyré évoqua dans les titres de ses deux publications les plus connues : *Du monde de l'à-peu-près à l'Univers de la précision* (1948) et *Du monde clos à l'Univers infini* (1958 et 1962). Il mettait en perspective une nouvelle précision mathématique, non seulement dans la description des phénomènes, mais aussi dans la construction des instruments, et dans le changement de la vision du cosmos produite par les astronomes à partir des travaux de Copernic, puis de Galilée.

Le modèle copernicien avait d'abord été considéré comme hypothétique, utile peut-être pour effectuer des calculs et des prévisions, mais encore discutable. De même, la théorie intermédiaire de l'astronome danois Tycho Brahe (1546-1601) avait été admise elle aussi, mais par défaut, jusqu'au milieu du 17ème siècle. Comme Ptolémée, Brahe plaçait la Terre au centre de l'Univers, et il pensait que la Lune et le Soleil tournaient autour de la Terre. À la différence de Ptolémée, il pensait toutefois que les cinq autres planètes tournaient autour du Soleil.

Johannes Kepler (1571-1630) avait introduit dans ce schéma quelques corrections intéressantes en mesurant la position des astres. Sa contribution principale à l'histoire de l'astronomie fut la démonstration que les planètes n'effectuaient pas d'orbites parfaitement circulaires autour du Soleil, mais parcouraient des ellipses dont le Soleil occupait l'un des foyers.

Les trois lois de Kepler avaient pris leur place dans les manuels de physique de l'époque, et elles avaient constitué une base qui aida Newton à construire ensuite sa théorie de la gravitation universelle. Mais Kepler n'était pas un philosophe mécaniste. Des idées pythagoriciennes et platoniciennes imprégnaient son œuvre, au point que la découverte à laquelle il donna le plus de valeur fut celle qu'il considérait comme capable de dévoiler le mystère de l'Univers. Là, il présuma que les distances entre les planètes étaient déterminées par le fait que les sphères planétaires étaient séparées par des solides réguliers, dans un schéma où se succédaient : sphère de Saturne, cube, sphère de Jupiter, tétraèdre, sphère de Mars, dodécaèdre, sphère de la Terre, icosaèdre, sphère de Vénus, octaèdre. Cette conception induisait que l'œuvre divine serait géométrique, et que tout ce qui avait été créé serait l'expression de l'harmonie et de l'ordre divins. Si les triangles imaginaient un dieu, ils lui donneraient trois côtés, disait déjà Aristophane au 5ème siècle avJC. Et une telle harmonie avait déjà été imaginée par Pythagore, mais sans plus de succès.

Finalement, les découvertes astronomiques les mieux fondées, et qui conduisirent à un changement d'attitude majeur quant aux phénomènes célestes, ont été celles de Galileo Galilei (Galilée), après qu'il ait construit en 1609 une lunette qui ouvrait un monde nouveau aux recherches, et qui permit une impressionnante succession de découvertes, puisque :

- l'observation de la Lune révéla qu'elle était plutôt semblable à la Terre, avec des montagnes et des vallées, des cratères et des mers, ceci constituant un argument fort en faveur de la révision des différences entre la Terre et le ciel ;
- l'observation du ciel au moyen du télescope permettait de voir d'innombrables nouvelles étoiles, et par suite de calculer que ces étoiles ne pouvaient pas toutes être à la même distance de la Terre ;
- parmi les nouvelles étoiles, quatre corps, petits mais très lumineux, accomplissaient des mouvements particulièrement irréguliers à côté de la planète Jupiter. En quelques jours, Galilée trouva l'explication : il s'agissait des quatre satellites de Jupiter. Et cela signifiait que s'annulait l'une des objections les plus importantes opposées au système copernicien, c'est-à-dire celle qui soutenait que si la Lune avait tourné autour de la Terre et la Terre autour du Soleil, la Terre aurait dû perdre en route la Lune durant son mouvement ;
- la découverte des phases de Vénus apporta à Galilée un nouvel argument contre le système ptoléméen, et se révéla comme une preuve décisive en faveur du système copernicien ;
- enfin, la découverte et le suivi des taches solaires rendit évident le fait que le Soleil accomplissait une rotation autour de son axe.

Mais après avoir publié ces découvertes, Galilée fut déféré devant le tribunal de l'Inquisition, qui le condamna. Sa condamnation fut essentiellement due à son attachement au système de Copernic, dont l'œuvre avait été mise à l'Index en 1616, et qu'il refusait de considérer comme une simple hypothèse mathématique. L'Inquisition l'obligea à se rétracter en 1633.

On peut ajouter aussi à cette digression péri-religieuse quelques précisions quant aux visions différentes de Descartes et de Newton sur la nature et la structure de l'Univers. Pour Descartes le vide n'existait pas, et par conséquent, l'Univers était plein de matière, même si cette matière n'était pas accessible à l'observation. Puisqu'il ne pouvait pas exister d'attractions à distance (Descartes voyant en cela un élément spiritualiste inacceptable), les planètes étaient supposées mises en mouvement par un énorme tourbillon de matière invisible, au centre duquel se trouvait le Soleil. Pour Newton, en revanche, l'espace absolu n'était que l'ensemble des endroits où pouvait être, ou ne pas être, la matière. Newton cependant ne présupposait pas d'existence mesurable des actions à distances, qui n'étaient pour lui qu'une façon de schématiser ces phénomènes.

Un progrès important restait quoi qu'il en soit acquis avec sa loi de l'attraction gravitationnelle, puisqu'on pouvait dès lors prévoir mathématiquement avec exactitude les trajectoires elliptiques des planètes et des comètes. Newton avait des doutes sur l'attraction à distance mais, comme il le disait lui-même, il n'en tirait pas d'hypothèses, c'est-à-dire qu'il ne construisait pas de modèle mécanique hypothétique expliquant l'attraction gravitationnelle. Ce n'est que dans certains de ses écrits moins officiels qu'apparaissait l'hypothèse de l'existence d'un éther cosmique, composé de particules qui n'avaient pas de poids et qui tendaient à se repousser entre elles. L'attraction gravitationnelle aurait été alors un effet de la poussée de l'éther, lequel tendrait à déplacer les planètes des zones dans lesquelles il était plus dense vers des zones dans lequel il était moins dense.

Ainsi, comme ceux de ses prédécesseurs, l'héritage que Newton laissait à son tour à ses successeurs était perfectible. D'un côté il y avait une matière, composée d'atomes, qu'il présentait comme inerte et passive. Et de l'autre côté il y avait des forces, c'est-à-dire des manifestations mesurables de principes d'activité qui ne pouvaient être de nature matérielle, et qui renvoyaient faute de mieux à une intervention divine. Or, un problème important restait de ramener à une base d'interprétation aussi simple et exacte que possible la multiplicité des phénomènes naturels. En d'autres termes, comment expliquer scientifiquement les particularités entre les interactions physiques, mécaniques, électriques, magnétiques, thermiques, optiques ?

Ces interactions étant observées autant dans la vie quotidienne qu'en essais de laboratoire, il y avait essentiellement trois possibilités : admettre soit l'existence de différents types de matière, soit différents types de force, ou considérer une combinaison de ces deux possibilités. Ces hypothèses furent donc explorées et évaluées par les scientifiques du 18ème siècle, mais sous la pression des évolutions sociétales du temps, puisque

- ce qui, au début du siècle, était une activité éminemment spéculative de quelques philosophes, devenait déjà à la fin du siècle une activité professionnalisée et spécialisée de savants qui avaient reçu une formation améliorée, surtout en mathématiques, dans des universités et dans des institutions scientifiques ;
- à la fin du siècle, cette activité, à la différence de ce qui avait lieu auparavant, était mieux financée, même par des gouvernements, qui commençaient à apprécier l'importance de certaines applications d'intérêt public ;
- la description auparavant semi-qualitative de nombreux phénomènes devenait une démonstration mathématique plus rigoureuse, qui nécessitait une connaissance du nouveau calcul infinitésimal ;
- les démonstrations expérimentales jadis destinées à étonner le public par des manifestations étranges, et sans caractère systématique, devenaient des expériences plus précises qui utilisaient des instruments de mesure plus sensibles (par exemple, des thermomètres capables d'évaluer des variations de température d'un centième de degré, des baromètres capables de mesurer des variations de pression d'un dixième de millimètre de mercure, des électromètres susceptibles de mesurer des différences de potentiel d'un dixième de volt, etc).

Ces expériences pratiques étaient utiles pour valider les nouvelles théories qui prévoyaient mathématiquement l'évolution de certains phénomènes physiques. Elles étaient documentées en conséquence. Ainsi, à la fin du 18ème siècle, les principales œuvres systématiques visant à illustrer les connaissances de la physique (principalement des encyclopédies et des dictionnaires de physique) étaient développées dans cinq ou six gros volumes, et leurs auteurs avouaient souvent malgré cela qu'ils ne pouvaient pas y être exhaustifs. Ceci valait particulièrement pour ce qui allait être appelée la mécanique newtonienne, devenant une mécanique classique appliquant les idées de Newton, et qui n'avait été formulée de manière aboutie que dans la deuxième moitié du 18ème siècle.

Et comme nous l'avons déjà vu, tout ce développement était facilité par le progrès du calcul infinitésimal, qui révélait des capacités de prévision améliorées, applicables aussi à la science mécanique.

Cela permettait même de décrire plus précisément le mouvement des astres, de sorte qu'une explication probante pouvait finalement être apportée à la régularité des mouvements de tout le Système solaire. Cette régularité s'expliquait par le principe de conservation de la quantité de mouvement, conséquence directe des nouvelles lois de la mécanique.

Toutefois, si l'on considérait des phénomènes relatifs à certains mécanismes ou corps qui se trouvaient sur Terre, et qui étaient sujets à d'inévitables frottements, leur quantité de mouvement semblait progressivement diminuer. Plus encore, on se rendit compte que toute tentative de produire un mouvement perpétuel, c'est-à-dire un mouvement capable de continuer indéfiniment, ou même de croître dans le temps de façon à produire des effets utilisables du point de vue pratique, étaient nécessairement destinée à échouer. Ce constat semblait confirmer en outre une opposition entre la caducité constatée des phénomènes terrestres et l'éternité supposée des phénomènes célestes.

Gottfried Wilhelm Leibniz (1646-1716) fut le premier à ne pas accepter ces conclusions, en s'opposant ainsi à Newton, qui croyait à l'inévitable tendance à l'arrêt de tout mouvement, et donc à la nécessité implicite d'une intervention continue (d'un dieu) pour maintenir en vie l'Univers.

Leibniz soutint le principe d'une conservation de la force vive de tout mouvement, mouvement qu'il définissait comme le produit de la masse du corps par le carré de sa vitesse. Pour lui, la perte de mouvement du corps n'était qu'apparente car la force vive n'était pas détruite par le frottement, mais se transformait simplement en une force intégrant des constituants et des propriétés du corps lui-même.

Par exemple, si nous considérons la capacité de produire un effet quelconque par un corps en mouvement (par exemple, la capacité de déformer un autre corps en le heurtant, ou de le pousser dans un sens, etc), cette capacité était proportionnelle à la force vive du corps et non pas à sa quantité de mouvement. Pour cette raison, Leibniz est considéré comme le précurseur de ce qui devait devenir le principe de conservation de l'énergie.

Mais tout n'était pas éclairci pour autant : si l'on considérait le choc entre deux corps libres de se mouvoir, le principe de la conservation de l'énergie mécanique (cinétique) se vérifiait différemment selon que le choc était élastique ou inélastique, tandis que le principe de conservation de la quantité de mouvement continuait à valoir dans les deux cas. Cette différence suscita un long débat entre les partisans de chacun des deux principes.

La controverse fut résolue par Jean Le Rond d'Alembert (1717-1783), qui peut être considéré comme le principal fondateur de la mécanique rationnelle. D'Alembert fit la simple démonstration que les deux principes valaient, mais dans des situations différentes, puisque la force vive était le résultat de l'action d'une force agissant sur un espace donné, tandis que la quantité de mouvement était le résultat de l'action d'une force pour un intervalle de temps donné. Les deux grandeurs avaient donc une signification et un contexte d'application différents.

D'autres savants de cette époque, Leonhard Euler (1707-1783), et Joseph Louis Lagrange (1736-1813) ont eux aussi travaillé à l'approfondissement théorique et à l'extension du domaine d'application de la mécanique newtonienne. C'est en effet Euler qui énonça clairement la deuxième loi de la dynamique dans des termes bien connus depuis, c'est-à-dire par la formule $F = ma$ (F étant la force, m la masse, et a l'accélération).

Pour sa part, Lagrange, étant aussi bon physicien que mathématicien, fonda la mécanique analytique, que nous pouvons considérer comme la formulation la plus rigoureuse et la plus complète de la mécanique classique. En particulier, il parvint à démontrer le théorème des forces vives, en expliquant que dans les phénomènes mécaniques où était absente toute forme de frottement, il existait une grandeur qui se conservait et qui avait une valeur constante durant tout le mouvement du système.

Ainsi, les problèmes qui se posaient à la fin du 18ème siècle n'étaient plus tournés principalement vers l'astronomie, mais aussi vers la mécanique, ce qui incluait l'étude du fonctionnement des machines, c'est-à-dire des dispositifs, parfois très compliqués, par lesquels on cherchait à exploiter un agent moteur -jusqu'alors le vent, ou la chute de l'eau- pour obtenir un effet utile (la rotation d'une meule, le pompage, le mouvement d'un châssis, etc). Le fait qu'il paraissait impossible de maintenir un mouvement perpétuel laissait déduire qu'une partie de l'action de l'agent moteur était inévitablement perdue à cause des frottements et des chocs entre les parties de la machine. Les conditions définies par Lagrange devenaient donc un point de référence intéressant vers lequel on pouvait orienter la construction de machines de plus en plus efficaces.

Et cela allait encore s'améliorer avec la nouvelle fée électricité. Le phénomène selon lequel certains objets frottés (surtout l'ambre, en grec électron), attiraient d'autres objets (plumes, poussière, etc.) était connu depuis l'Antiquité. Mais tout cela se perfectionnait, et vers le milieu du 18ème siècle, les phénomènes électriques étaient devenus des sujets d'actualité.

Des démonstrateurs privés allaient de maison en maison, en particulier chez les nobles et les riches bourgeois, et en frottant un long tube de verre, ils électrisaient les cheveux des dames, faisaient jaillir des étincelles (l'une des expériences les plus célèbres était le baiser électrique, c'est-à-dire la petite étincelle qui jaillissait entre les lèvres rapprochées de deux personnes si l'une d'elles avait été auparavant électrisée), parmi divers autres effets curieux et amusants. Mais de vrais scientifiques s'y intéressaient eux aussi.

Intrigué par ces démonstrations, Benjamin Franklin (1706-1790) commença des recherches qui l'amenèrent à vérifier comment s'organisaient ces charges électriques. Il contribua alors de façon décisive au développement de l'électrologie, en utilisant la distinction, déjà découverte par Stephen Gray (1666-1737), entre conducteurs et isolants électriques, et il émit l'idée que l'électricité était un type particulier de matière fluide qui pouvait entrer ou sortir des corps. Cette idée fut approfondie par l'Allemand Franz Aepinus (1724-1802), qui commença à penser qu'une recherche ad-hoc pourrait peut-être mettre en évidence quantitativement les forces qui s'exerçaient entre les particules du flux électrique.

La progression fut laborieuse, car la seconde moitié du 18ème siècle était marquée par un débat entre ceux qui pensaient que l'électricité était un fluide unique -surabondant dans les corps chargés positivement et insuffisant dans les corps chargés négativement- et ceux qui considéraient en revanche qu'elle était constituée par deux fluides, l'un positif et l'autre négatif. Ce qui était constaté, c'est qu'entre les corps chargés d'électricité de signe opposé, se produisaient des actions d'attraction, tandis qu'entre les corps chargés d'électricité d'un même signe, s'exerçaient des actions de répulsion.

Pour clarifier ces observations, ont été construits des accumulateurs d'électricité, tels que les bouteilles de Leyde (les prototypes des condensateurs modernes), et des machines électrostatiques productrices d'électricité, telles que celle de Jesse Ramsden. En exploitant le frottement de disques de verre tournant sur du cuir, ces machines constituées de métal isolé étaient capables de génerer des différences de potentiels de centaines de milliers de volts, et de provoquer des étincelles longues de plusieurs dizaines de centimètres. Les recherches de Henry Cavendish (1731-1810) et de Charles-Augustin de Coulomb (1736-1806) finirent par faire de l'étude de l'électricité une nouvelle branche de la physique mathématique naissante. C'est à eux qu'on doit notamment la démonstration (réalisée entre 1770 et 1780) que les charges électriques s'attirent ou se repoussent avec une force proportionnelle à l'inverse du carré de la distance, comme l'attraction gravitationnelle.

L'importance de cette découverte était remarquable, parce que cela créait une cohérence calculable entre des phénomènes physiques élémentaires. Une autre découverte consécutive importante fut l'invention de la pile électrique par Alessandro Volta (1745-1827). La pile de Volta facilitait l'étude du courant électrique (les décharges électriques que l'on étudiait auparavant étaient des phénomènes de durée très brève) et aidait à valider l'idée que des phénomènes chimiques (la pile est un dispositif dans lequel ont lieu des réactions chimiques) pouvaient générer des potentiels électriques utilement stockables et disponibles.

Un autre domaine important pour les expérimentateurs et pour les théoriciens du 18ème siècle a été celui des phénomènes thermiques. Les recherches dans ce domaine avaient été d'abord accomplies par des chimistes, puisque la chaleur était un facteur qui influait de façon évidente sur les réactions chimiques. Et la chimie au 18ème siècle n'était pas encore aussi distincte de la physique qu'elle le sera au 20ème siècle. Le changement entre les états solide, liquide et gazeux d'une substance (influencé de façon déterminante par la chaleur) était donc un objet d'étude aussi bien pour les chimistes que pour les physiciens, et le problème de la nature de la chaleur avait été posé dans ces deux sciences dès le 17ème siècle. Boyle et Newton pensaient que la chaleur était l'effet d'un mouvement non directement visible des atomes des substances réchauffées. Contre cette théorie cinétique de la chaleur, Descartes pensait que la chaleur était associée au mouvement d'une matière particulièrement subtile, qui entrait ou sortait des corps. La polémique entre les partisans de l'une ou de l'autre de ces théories dura pendant tout le 18ème siècle.

Nous nous limiterons ici à rappeler les principales étapes de la conceptualisation de la chaleur, à travers l'action de deux savants qui ont consacré une grande partie de leurs recherches aux phénomènes thermiques. Le premier était Benjamin Thompson (1753-1814), un aventurier américain, amateur de physique expérimentale, devenu par la suite comte de Rumford, et accessoirement connu aussi pour ses activités politiques et d'espionnage. Le deuxième était Joseph Black (1728-1799), qui enseignait la chimie dans le système universitaire écossais.

Thompson, défenseur de la théorie cinétique, était connu pour ses recherches sur la production de chaleur par frottement, un phénomène qu'il considérait comme décisif pour démontrer que la chaleur pouvait être créée, et ne pouvait donc pas être une substance (pré-élément intemporel). Quant aux recherches systématiques de Black, elles furent décisives pour la validation, vers la fin du siècle, de la théorie substantielle de la chaleur.

Les problèmes traités par Black étaient relatifs, d'une part, à l'échange de chaleur entre deux corps à température différente, mis en contact entre eux, et d'autre part à la transition d'état (de l'état solide à l'état liquide, puis à l'état gazeux, et inversement) d'une substance réchauffée ou refroidie.

Il s'aperçut d'abord que dans l'échange de chaleur entre deux substances différentes, la même quantité de chaleur ne produisait pas la même augmentation de température dans toutes les substances. Ce qui ne pouvait s'expliquer qu'en admettant que les différentes substances avaient une réceptivité différente à la chaleur ou, comme on le dit de manière plus moderne, une chaleur spécifique différente.

Puis il vérifia que, lors d'un changement d'état, par exemple lorsqu'on faisait fondre de la glace en la réchauffant, sa température ne variait pas, même si on continuait à fournir de la chaleur. En d'autres termes, la chaleur fournie devenait latente, c'est-à-dire qu'elle ne pouvait pas être relevée et suivie par le thermomètre.

Indépendamment de ces recherches expérimentales, en 1769, l'ingénieur écossais James Watt (1736-1819), qui était en contact avec Black, avait breveté une amélioration pratique du rendement des machines à vapeur, ce qui permettait de construire dès lors des machines industrielles plus efficaces et puissantes. Cette invention donna une impulsion décisive à la révolution industrielle qui allait bouleverser le monde européen, en favorisant le développement de grandes villes et de grandes usines. Car la machine à vapeur pouvait dès lors fournir de grandes quantités de puissance motrice n'importe où, et pas seulement là où se trouvaient des cours d'eau.

Quant aux observations de Black, elles étaient difficilement interprétables à travers une théorie cinétique, mais elles l'étaient plus facilement dans le cadre d'une théorie substantielle. Et là, la validation de la théorie substantielle -ou plus officiellement, la théorie du fluide calorique- à la fin du siècle, fut due à ses avantages méthodologiques, et à son soutien en France.

Car pendant la Révolution française, puis à l'époque napoléonienne, la France était devenue une puissance avancée, tant en matière industrielle qu'en matière culturelle. Les universités françaises et les établissements publics comme l'Institut de France et l'École Polytechnique (une véritable faculté d'ingénieurs), dispensaient une préparation de grande qualité. Dans ce cadre, parallèlement aux grands développements de l'analyse mathématique et de la géométrie analytique, se développait une physique mathématique modernisée, où l'étude des phénomènes physiques devint aussi quantitative.

Cela impliquait à la fois une généralisation et une rationalisation de la mécanique classique. Pour expliquer un phénomène physique, il fallait trouver la loi mathématique de son comportement, et cette loi dépendait de la connaissance des forces mécaniques appliquées entre les corps concernés. En suivant cette voie, la physique française de l'époque a pu être considérée comme la promotrice de la physique des fluides impondérables. Les physiciens français résolvaient le dualisme newtonien entre matière et force en imaginant l'existence de différents types de matière qui, tout en étant distincts de la matière pondérable -c'est-à-dire de la matière qui formait la masse constatable d'une substance- se combinaient et se liaient avec la matière, et étaient responsables de différents phénomènes physico-chimiques non exclusivement mécaniques. Ainsi, on imaginait un fluide électrique, un fluide magnétique, un fluide calorique, un fluide lumineux, responsables respectivement des phénomènes électriques, magnétiques, thermiques et optiques.

Les forces par lesquelles les particules de ces fluides interagissaient entre elles et avec les molécules de matière pondérable étaient descriptibles par des expressions mathématiques, grâce auxquelles on pouvait théoriquement prévoir des lois mathématiques d'évolution de ces phénomènes.

Le principal chef de file de cette école de pensée fut Pierre-Simon de Laplace (1749-1827), à qui l'on doit l'énonciation claire d'un idéal de connaissance, appliqué par les physiciens mathématiciens français dès l'époque napoléonienne. Dans son testament spirituel, écrit en 1814, Laplace affirmait : "nous devons envisager l'état présent de l'Univers comme l'effet de son état antérieur, et comme la cause de celui qui va suivre. Une intelligence qui pour un instant donné connaîtrait toutes les forces dont la nature est animée et la situation respective des êtres qui la composent, si d'ailleurs elle était assez vaste pour soumettre ces données à l'analyse, embrasserait dans la même formule les mouvements des plus grands corps de l'Univers et ceux du plus léger atome : rien ne serait incertain pour elle, et l'avenir, comme le passé seraient présents à ses yeux".

Dans une réalité plus prosaïque, l'esprit humain, malgré la qualité des découvertes de l'époque, n'avait pas encore atteint une telle intelligence et un tel savoir. Mais les découvertes en mécanique et en géométrie, jointes à la découverte de la pesanteur universelle, aidaient déjà à traiter dans les mêmes formes analytiques certains états passés et futurs. Et dans ce sens, outre le fait que les affirmations de Laplace s'appuyaient sur les progrès de l'astronomie du 18ème siècle, la théorie de Newton permettait elle aussi des prévisions mathématiques utiles.

Au point qu'elle se révéla bientôt, en référence aux mouvements observables dans le Système solaire, plus efficace qu'il ne l'avait supposé lui-même. Et dans ces conditions, beaucoup de faits restaient de nouveau à vérifier et à améliorer. Dont acte. Edmund Halley (1656-1727) commença à vérifier les orbites de quelques comètes, et il découvrit qu'il s'agissait de corps denses qui accomplissaient des orbites très allongées autour du Soleil.

Il découvrit en outre que les comètes apparues en 1531, 1607 et 1682 étaient en réalité une seule comète, qui réapparaîtrait en 1759, ce qui se produisit effectivement (après sa mort). Accessoirement, cet événement contribua à convaincre le monde scientifique européen du potentiel de la théorie de Newton, et accéléra d'autant l'effacement des cartésiens.

Mais l'importance des recherches de Halley ne se limita pas à cet événement. En comparant les positions de certaines étoiles, telles qu'elles apparaissaient dans les vieux catalogues astronomiques, avec celles qu'il venait d'observer, il s'aperçut qu'elles s'étaient déplacées, ne serait-ce que légèrement. Cela permettait d'écarter le mythe des étoiles fixes et l'idée qu'elles étaient placées sur une sphère unique. On découvrit par la suite d'autres déplacements semblables, réguliers et périodiques.

De son côté, James Bradley (1693-1762), en contrôlant la position d'une étoile, découvrit qu'elle décrivait une ellipse. Et peu après, il s'aperçut que ce mouvement était commun à toutes les étoiles. L'explication du phénomène fut trouvée par Bradley lui-même. C'était un effet apparent dû à la combinaison de la vitesse de la lumière provenant des étoiles et de la vitesse de la Terre sur son orbite. Ce phénomène dit d'aberration astronomique apporta une preuve irréfutable au fait que le mouvement de la Terre autour du Soleil n'était pas seulement une hypothèse pratique.

Grace à ces contributions, et au fait que la précision des instruments augmentait, et que les télescopes devenaient de plus en plus grands et puissants, les découvertes commençaient à se succéder avec une rapidité impressionnante. On constata même que la Terre n'était pas une sphère parfaite, mais qu'elle était légèrement aplatie à ses pôles. On fit des études sur la queue des comètes, qui était toujours dirigée dans la direction contraire à celle du Soleil. Et l'on commença à comprendre que les nébuleuses étaient dans de nombreux cas composées de myriades d'étoiles, que les télescopes ne parvenaient pas encore à distinguer suffisamment.

Friedrich Wilhelm Herschel (1738-1822) fut l'un des principaux contributeurs à cette nouvelle astronomie appuyée sur les télescopes.

En utilisant de gigantesques télescopes (dont le dernier avait une distance focale de 12 m, et un miroir parabolique d'un mètre et demi de diamètre), considérablement perfectionnés également du point de vue optique, il se consacra à l'exploration systématique du ciel dans des zones encore inexplorées. Et dans la nuit du 13 mars 1781, il découvrit un astre aux dimensions singulières, qui accomplissait une orbite pratiquement circulaire : Uranus, la septième planète du Système solaire. Il découvrira ensuite les satellites d'Uranus et de Saturne, il observera des étoiles doubles, ainsi que d'autres nébuleuses auparavant inconnues, et divers amas stellaires.

Entre-temps, avaient commencé à être formulées de nouvelles hypothèses cosmologiques. Certaines d'entre elles partaient de l'idée que la distribution des étoiles autour du Système solaire n'était pas uniforme dans toutes les directions. En particulier, Johann Heinrich Lambert (1728-1777) fut le premier à théoriser l'existence, dans l'Univers, d'une hiérarchie d'objets : les systèmes planétaires (comme le Système solaire), les amas d'étoiles, puis les galaxies, et les ensembles de galaxies. Herschel, par ses observations systématiques, découvrit pour sa part que le Système solaire se trouvait effectivement à l'intérieur d'un impressionnant système d'étoiles, c'est-à-dire d'une galaxie, la Voie Lactée, qui par ailleurs avait une forme aplatie. Il reconnut également la possibilité théorique qu'il y ait de nombreuses galaxies, et qu'elles puissent être considérées comme de véritables îles d'Univers.

Grâce à tous ces apports, le développement analytique de la mécanique céleste a pu fournir des moyens permettant d'effectuer des prévisions de plus en plus logiques et fiables sur l'origine et l'évolution du Système solaire. L'hypothèse la plus probante, soutenue par le jeune Emmanuel Kant (1724-1804), puis perfectionnée par Laplace, était celle qui reliait la naissance du Système solaire à la présence initiale d'une matière diffuse, formant une mini-nébuleuse animée par un mouvement rotatoire, dans tout l'espace occupé par le Système, ceci étant suivi par la condensation de cette matière jusqu'à former le Soleil et ses planètes.

La mécanique céleste de Laplace analysait tout cela comme un ensemble animé par des lois mécaniques qui entretenaient des conditions particulières de grande stabilité, et qui maintenaient la pérennité du système. Grâce à toutes ces contributions, depuis Newton, la science du 18ème siècle avait tellement avancé qu'interrogé par l'empereur Napoléon 1er sur le rôle de Dieu dans la formation et dans l'entretien d'un Univers si stable et parfait, Laplace aurait répondu : « Sire, je n'ai pas eu besoin de cette hypothèse ».

LA PHYSIQUE CLASSIQUE

Au cours du 19ème siècle, la physique ayant pu consolider ses acquis du siècle précédent, la recherche était en voie de professionnalisation, menée surtout dans des universités, et dans des laboratoires partenaires. Les savants indépendants ayant un laboratoire privé étaient devenus moins nombreux, et une normalisation était en cours. Les physiciens s'organisaient en associations nationales et internationales, et ils se réunissaient en congrès. Ils établissaient des normes standard pour recadrer la façon d'exposer et de publier les nouvelles théories et les résultats expérimentaux, en officialisant des unités de mesure consensuelles. Une nouveauté importante, pour l'organisation universitaire et la recherche dans la discipline, a été l'affirmation de la physique théorique et mathématique comme support préférentiel des recherches, en concurrence avec la physique expérimentale antérieure.

Cette nouvelle organisation s'accompagnait d'une transformation des contenus, et des méthodes d'enseignement et de recherche, ce qui constituait aussi une adaptation scientifique majeure. La physique mathématique, qui était née dans le cadre de la réputée école de Laplace, avait intégré de nouveaux outils (le développement du calcul infinitésimal, la solution des équations différentielles, l'étude d'autres formes de représentation mathématique) qui pouvaient être utiles aussi pour la résolution des problèmes physiques et technologiques pratiques. De son côté, la recherche en physique expérimentale était souvent menée par des savants assez habiles pour construire des instruments et pour effectuer des mesures, mais dotés d'une moindre préparation mathématique. La démarcation entre ces deux types de recherche dépendait surtout des buts visés et du choix entre une attitude conservatrice ou une attitude non-conformiste.

En effet, d'un côté, le traitement des problèmes mathématiques liés à l'enquête physique ne mettait presque jamais en discussion les théories acceptées, et tendait à les appliquer avec une certaine rigueur. D'un autre côté, des physiciens expérimentaux cherchaient à affiner leurs instruments et à améliorer la précision de leurs mesures, avec plus de liberté.

Mais dans la mesure où ils n'avaient pas, en mathématiques, de savoir suffisant pour formuler des théories à la fois sophistiquées et innovantes, ils se bornaient à des comptes-rendus de travaux effectués en laboratoire, souvent sans perspective théorique très claire.

Les nouveaux physiciens théoriciens, au contraire, étaient des chercheurs dotés d'une formation mathématique plus approfondie, qui pensaient que les mathématiques étaient un instrument capable d'ouvrir de nouvelles voies, potentiellement utilisable avec audace. Ils étaient convaincus que, pour faire face à la croissance des connaissances expérimentales, il fallait imaginer de nouveaux objets physiques théoriques et de nouvelles formes d'interactions.

Pour ce faire, ils construisirent donc des théories et des modèles, parfois sans trop se préoccuper de rigueur (quand ils ne prétendaient même pas être logiquement cohérents), ni d'un caractère complet, et encore moins du fait qu'ils soient en parfait accord avec toutes les données expérimentales. Ils proposaient des conjectures audacieuses, pour ouvrir de nouvelles voies d'exploration et de nouveaux points de vue, qui supportaient difficilement les limitations méthodologiques et métaphysiques.

Dans ce contexte, une contestation de la physique des fluides impondérables, et de l'action à distance entre les hypothétiques particules qui les constituaient, vint mettre en cause les théories de la consistance de la lumière. L'hypothèse de la nature ondulatoire de la lumière avait été introduite à la fin du 17ème siècle, mais l'autorité de Newton tout d'abord, puis de Laplace, avaient imposé l'idée que la lumière était composée de particules qui se mouvaient en ligne droite. Pour aller plus loin, Thomas Young (1773-1829) avait commencé en 1802 à étudier les phénomènes d'interférence produits par le passage de la lumière provenant d'une seule source à travers deux orifices très petits et très proches l'un de l'autre.

Puis en 1816 Augustin Fresnel (1788-1827) et François Arago (1786-1853) avaient effectué des expériences d'interférence et de diffraction de lumière, qui vinrent corroborer la théorie ondulatoire. Jusqu'alors les réticences à cette théorie étaient liées au fait qu'on pensait que les ondes lumineuses étaient analogues aux ondes acoustiques, c'est-à-dire qu'elles étaient caractérisées par des vibrations longitudinales (qui se produisaient dans la direction de la propagation de la lumière). Mais Fresnel imaginait qu'il pouvait s'agir de vibrations transversales (c'est-à-dire qui se produisaient dans une direction perpendiculaire à celle de propagation), ce qui pouvait donner aussi une nouvelle interprétation des phénomènes de polarisation optique.

Or, la principale interrogation sur la nature de la lumière portait alors sur la vibration. Les ondes sonores étaient des vibrations de l'air, et les ondes sur l'eau étaient visiblement des vibrations du liquide, mais qu'est-ce qui caractérisait les ondes lumineuses ? Puisque la lumière arrivant des étoiles éloignées semblait voyager dans l'espace vide, l'idée de Fresnel (la seule concevable à l'époque) était que l'espace universel n'était pas vide, mais rempli d'une matière imperceptible, capable de servir de support aux ondes. Pour donner un nom à cette matière, son choix se porta sur le terme alors le plus usuel, l'éther. Ainsi, à partir de Fresnel et jusqu'à Einstein, tout l'espace a été supposé plein d'un éther luminifère dans lequel se propageait, sous forme d'ondes, la radiation lumineuse. Mais des découvertes dans d'autres domaines, couronnées notamment par celles de Maxwell et Hertz, allaient remettre en cause ce schéma.

Car le Danois Hans Christian Œrsted (1777-1851) observa en 1820 un phénomène qui apparemment ne produisait pas l'effet attendu. Une aiguille magnétisée approchée d'un fil parcouru par un courant n'était en effet ni attirée ni repoussée par le fil, mais effectuait une rotation sur elle-même tendant à se disposer perpendiculairement au fil. Cette découverte était importante, non seulement parce qu'elle n'entrait pas dans le schéma des attractions et des répulsions entre les corps, dirigées le long de la ligne reliant ces corps, mais aussi parce qu'elle indiquait que les phénomènes électriques et les phénomènes magnétiques n'étaient pas aussi distincts qu'on le pensait. D'où l'émergence, puis l'exploration croissante, de l'électro-magnétisme.

André-Marie Ampère (1775-1836) entreprit de mettre autant que possible ces nouveautés en bon ordre pour ses recherches. Il imagina que le supposé fluide magnétique n'existait pas, et que le magnétisme des corps n'était que le produit, à l'intérieur de ces corps, de très petits courants circulaires, comme si les atomes étaient entourés de charges électriques en rotation continue. Un courant circulaire, pour Ampère, était équivalent à l'effet d'un aimant orienté dans une direction perpendiculaire à ce courant (c'est ce qu'on a appelé le théorème d'équivalence d'Ampère). Un corps magnétisé était alors un corps dans lequel les atomes n'étaient pas disposés de façon désordonnée mais -pour l'essentiel- de façon telle que leurs courants circulent dans la même direction et sur des plans parallèles. Il en découlait que les actions entre aimants, et les actions entre courants et aimants, pouvaient être ramenées à des actions entre courants et courants, ce qui pouvait être étudié pour éclairer la nature des attractions et des répulsions, puisque dans ce cas, le phénomène s'appliquait entre des éléments de courant électrique, et pas entre des particules de fluides.

Mais le physicien et expérimentateur anglais Michael Faraday (1791-1867) s'opposa fermement à ces propositions d'Ampère. Faraday, s'inspirant des doutes de Newton, ne croyait pas à l'action à distance. Ses recherches sur les phénomènes d'induction électromagnétique (c'est-à-dire sur les courants produits par le déplacement d'aimants à proximité de circuits électriques, ou inversement, et par les variations du courant dans le circuit, ou dans un circuit situé à proximité), et aussi sur les actions mécaniques entre circuits et aimants, l'amenèrent à imaginer que ces actions ne se faisaient pas à distance. Son idée était que l'espace était plein de lignes de force.

Ces lignes n'étaient pas une façon de représenter virtuellement des forces à distance, mais selon Faraday elles correspondaient à quelque chose de physiquement réel, présent dans l'espace. Un argument qu'il utilisait en renfort de cette hypothèse était de montrer que ces lignes de force étaient presque toujours des lignes courbes et non pas des lignes droites. L'hypothèse de l'existence d'un éther, et l'observation des actions électromagnétiques, le conduisit donc à prendre en compte l'idée que les actions à distance présumées pouvaient être des actions transmises. Plus précisément, elles pouvaient être transmises à travers un milieu, impliquant des actions de contact. D'où la déduction que l'espace était plein de substance matérialisable, ce qui remettait à l'honneur la conception cartésienne.

Dans ce contexte, l'un des événements les plus impactants de la physique du 19ème siècle fut la découverte de la conservation de l'énergie, ce qui réactualisait les conditions d'équilibre de l'Univers connu.

Mais là, l'hypothèse de l'existence d'un éther soulevait le problème de l'éventuelle résistance que ce milieu pouvait opposer au mouvement. On ne pouvait alors plus considérer le Système solaire comme éternellement stable ; il était au contraire soumis à un déclin inévitable. Et l'impossibilité connue d'un mouvement perpétuel indiquait que les résistances, les frottements, les chocs inélastiques, ne pourraient jamais être complètement éliminés. Le mouvement, la force vive, et la capacité de produire des effets, semblaient en diminution continuelle dans les phénomènes terrestres, et raisonnablement aussi dans les phénomènes cosmiques. Et l'idée même que quelque chose se conserve était incompatible avec l'évidence empirique constatable. Pourtant, cette idée commença à se diffuser de façon surprenante et apparemment inexplicable. Ceci jusqu'à aboutir à une mise en évidence de la conservation de l'énergie, simultanément dans plusieurs pays, par des chercheurs qui s'occupaient de problèmes différents, et qui souvent n'étaient pas en communication entre eux.

Dans ce sens, il est intéressant de distinguer une série de facteurs concomitants, et en premier lieu, la découverte de la corrélation entre les différentes forces et les différents agents naturels impliqués. La physique des fluides impondérables tendait à distinguer différents types de matière, en leur attribuant des phénomènes différents. Mais des recherches, pendant la première moitié du 19ème siècle, avaient montré que ces distinctions ne pouvaient pas être aussi évidentes.

Non seulement les phénomènes électriques pouvaient ne pas être séparés des phénomènes magnétiques, mais la pile électrique, comme tous les phénomènes électrolytiques, relevait à la fois de la chimie et de l'électricité. En outre, dans les phénomènes électrolytiques, il se produisait une émission de chaleur, et il y avait donc une liaison avec des phénomènes thermiques. La lumière elle aussi produisait de la chaleur et pouvait intervenir dans les réactions chimiques, alors que le magnétisme influait sur la propagation de la lumière, en modifiant le plan de polarisation. Enfin, les décharges électriques produisaient des effets magnétiques, des effets optiques, et des effets thermiques. Tout cela était complexe, mais lié.

Cette série de découvertes amena donc à penser que la capacité de produire des effets par les principaux agents naturels (c'est-à-dire la chaleur, la lumière, l'électricité, le magnétisme) ne se perdait pas, et que l'action d'un agent pouvait se transformer en celle d'un autre, dans une mesure équivalente. Une étape décisive fut accomplie lorsque l'étude du fonctionnement des machines, et en particulier des machines thermiques (comme la machine à vapeur), fit reprendre en compte l'idée que ce qui se perdait -à cause notamment des frottements- pouvait se retrouver sous forme de chaleur. De là, il fallait admettre que la chaleur pouvait être créée par un frottement. Or, une substance comme le fluide calorique ne pouvait théoriquement pas être créée ou détruite. La seule possibilité logique était de revenir à la vieille idée selon laquelle la chaleur était liée à une forme de mouvement.

Ce qui fut confirmé par les recherches sur ce qu'on appelle la chaleur rayonnante. Ces recherches profitèrent d'une contribution décisive de l'italien Macedonio Melloni (1798-1854), qui démontra que la chaleur rayonnante (identifiée par la suite comme radiation infrarouge) se propageait comme la lumière, de façon ondulatoire. Par conséquent, la chaleur rayonnante pouvait être elle aussi, comme la lumière, une forme de mouvement de l'éther supposé. James Prescott Joule (1818-1889), qui étudiait les phénomènes électrochimiques, devint un partisan convaincu de cette corrélation entre l'action chimique et l'action électrique.

Au cours de ses recherches, il découvrit l'effet (qui portera son nom) par lequel le passage de courant électrique produit de la chaleur. En même temps, il commença à étudier les premiers moteurs électriques, en cherchant à en évaluer le rendement. Quand on étudiait le fonctionnement d'un moteur ou d'une machine, l'effet utile était en général évalué comme un effet mécanique, appelé travail, qui était mesuré en fonction de la capacité à soulever un poids à une certaine hauteur, ou bien à mettre quelque chose en mouvement avec une certaine quantité de force vive.

Au cours de ces recherches, Joule commença à penser que l'action électrique et l'action chimique pouvaient se convertir, soit en chaleur (qui ne pouvait donc être qu'équivalente à une forme de mouvement), soit en effet mécanique (travail ou force vive) et que, à action électrique égale, plus on produisait de chaleur et moins on produisait d'effet mécanique, et inversement. Si cela était vrai, la chaleur et l'effet mécanique étaient deux manifestations d'un même phénomène, c'est-à-dire qu'ils pouvaient se convertir l'un en l'autre. Dans les machines hydrauliques et mécaniques, la puissance mécanique perdue par frottement se transformait en chaleur, et inversement, dans les machines thermiques, l'effet mécanique produit dérivait de la consommation d'une quantité équivalente de chaleur. À ce stade, une solution semblait en vue.

Effectivement, par des expériences répétées, Joule démontra qu'en faisant perdre par frottements la capacité d'effectuer un travail à un poids soulevé à une certaine hauteur et qu'on laissait tomber, on obtenait toujours la même quantité de chaleur. De cette façon, il fut en mesure de déterminer ce qu'il appela l'équivalent mécanique de la chaleur. La seule hypothèse physique en mesure d'expliquer cette équivalence était que la chaleur n'était autre que de la force vive transférée sous la forme de mouvements au corps réchauffé. Il fallait, par conséquent, accepter de nouveau la théorie cinétique de la chaleur.

Hermann von Helmholtz (1821-1894) donna finalement une base théorique commune à toutes ces observations. Il reprit le théorème des forces vives de Lagrange, et il postula qu'il était généralisable à tous les phénomènes physiques, car en chacun d'eux, on pouvait identifier une force de tension (qui fut ensuite appelé énergie potentielle) et une force vive (qui fut par la suite appelée énergie cinétique), dont la somme, en considérant tous les corps qui prenaient part au phénomène, restait de toute façon constante. Le dénominateur commun de tous les agents naturels était ainsi leur capacité à produire des effets.

Cette capacité se conservait, même si parfois elle se transférait à des mouvements qui n'étaient pas observables à l'œil nu, mais qui mobilisaient les particules microscopiques dont les corps étaient faits, ce qui se révélait dans l'augmentation de la température des corps. Cette capacité à produire des effets, ou cette capacité à produire du travail, fut par la suite appelée globalement énergie, et les moyens et les conditions de conservation de l'énergie allaient déterminer tout le développement moderne.

Pour les expérimentateurs du 19ème siècle, l'énergie se transformait continuellement, et ce qui était apparemment perdu se retrouvait sous une autre forme, et pouvait même se reconvertir dans sa forme originale. Ce qui était encourageant, jusqu'à ce qu'on se rende compte que les différents types de conversion entre les formes d'énergie n'étaient pas tous équivalents.

Pour comprendre cette problématique, il faut faire un retour en arrière. En 1824, le jeune officier du génie français Sadi Carnot (1796-1832) avait publié un court ouvrage intitulé *Réflexions sur la puissance motrice du feu et les machines propres à développer cette puissance*. C'était un petit traité sur les principes généraux du fonctionnement des machines thermiques, qui contenait en germe ce qui allait devenir la thermodynamique. Carnot y mettait en lumière des aspects du fonctionnement des machines thermiques qui allaient se révéler d'une grande importance. Il disait que pour qu'il soit possible de produire de la puissance motrice (on dira ensuite du travail mécanique), en utilisant la chaleur émise par la combustion d'une substance, il fallait pouvoir disposer d'une différence de température dans le système.

En d'autres termes, une machine thermique ne pouvait fonctionner que si à côté de la source de chaleur, qui se trouvait évidemment à une température élevée, il y avait une autre source qui devait être maintenue à une température plus froide que la source de chaleur. En général, cette source était le milieu où la machine travaillait, et sa température était la température naturelle ambiante. Selon Carnot, la chaleur produisait du travail lorsqu'elle passait de la source chaude à la source froide.

Le physicien et mathématicien Jean-Baptiste Fourier (1768-1830) avait lui aussi déjà remarqué cela. Dans ses études sur la propagation de la chaleur par conduction thermique, il avait indiqué cette tendance spontanée généralisée. Dans la nature, la chaleur tendait à se distribuer uniformément dans un corps, jusqu'à ce que toutes ses parties se trouvent à la même température. A contrario, le processus inverse, c'est-à-dire la concentration de chaleur dans une partie du corps (suivie du réchauffement de cette partie) ne se produisait pas spontanément dans la nature.

Mais on pouvait le faire artificiellement. Carnot s'était aperçu qu'une machine thermique pouvait aussi fonctionner dans le sens inverse. On pouvait, autrement dit, appliquer du travail mécanique pour faire monter la chaleur d'une source froide à une source chaude, et utiliser ainsi entre deux corps une différence de température qui auparavant n'existait pas (c'est selon ce principe que fonctionneront plus tard les réfrigérateurs).

Sa conclusion était qu'en disposant d'une différence de température, on pouvait produire du travail mécanique, et qu'inversement, avec du travail mécanique, on pouvait créer une différence de température. Avec la formulation de cette nouvelle notion d'énergie, il fut clair que le travail produit par une machine thermique résultait de la conversion d'une quantité de chaleur équivalente. La chaleur se transformait en travail. Et de là, puisque la chaleur était une forme d'énergie comme les autres, les deux physiciens Rudolf Clausius (1822-1888) et William Thomson (1824-1907), lequel fut anobli par la suite en Lord Kelvin pour ses mérites scientifiques, théorisèrent cette propriété, pour essayer d'aller plus loin que la seule loi de la conservation de l'énergie, encore insuffisante pour expliquer le fonctionnement plus complexe des machines.

Il leur fallait démontrer l'applicabilité d'une autre loi physique, que l'on appellera ensuite la deuxième loi de la thermodynamique. Cette loi devait établir que la température ne pouvait pas passer spontanément du froid au chaud (dans la version de Clausius), et qu'il n'était pas possible de produire du travail en refroidissant un corps au-dessous de la température du milieu environnant (dans la version de Thomson). En d'autres termes, il fallait établir que certains processus physiques, considérés comme de première espèce, étaient naturels et spontanés, comme par exemple la dissipation d'énergie mécanique par frottement, et la production de chaleur qui s'ensuivait, ou le passage de chaleur de la température la plus élevée à la température la plus basse. Au contraire, d'autres processus dits de deuxième espèce, opposés aux précédents, et relatifs à la production d'énergie mécanique par consommation de chaleur, ou au passage de chaleur depuis des corps à température basse vers des corps à la température plus élevée, ne se produisaient pas spontanément dans la nature, mais seulement dans des conditions provoquées.

Le fait est que, pour qu'un processus de deuxième espèce se produise, il fallait exploiter (comme l'avait dit Carnot) un processus spontané de première espèce. C'est pourquoi, si l'on n'exploitait pas la tendance spontanée de la chaleur à équilibrer des différences de température, une machine thermique ne pouvait pas fonctionner.

Par conséquent, les processus de deuxième espèce ne pouvaient pas fonctionner s'ils n'étaient pas résultants ou compensés par des processus de première espèce. Et dans les processus naturels, il y avait une asymétrie à cet égard. Les processus de première espèce pouvaient se produire seuls (et naturellement), mais pas les processus de deuxième espèce. La balance naturelle penchait inévitablement en faveur des processus de première espèce. Cela signifiait que l'énergie mobilisée tendait à se dissiper en chaleur, qui tendait à se diffuser dans les corps connectés, et que tous ces corps tendaient à prendre une température inférieure uniforme, après quoi, il n'était plus possible d'en obtenir de l'énergie utilisable, et aucune réversibilité ou changement ultérieurs n'étaient possibles naturellement.

En continuant ce raisonnement, les conclusions amenaient à envisager une tendance irréversible vers ce qui pouvait être appelé une mort thermodynamique de l'Univers. À une vision optimiste favorisée par la découverte de la première loi de la thermodynamique (c'est-à-dire la loi de conservation de l'énergie étendue aux phénomènes dans lesquels intervenait la chaleur), s'opposait donc dès lors une vision plus pessimiste induite par la découverte de la deuxième loi de la thermodynamique. Le mérite de Clausius fut de rendre claires et quantifiables les conclusions pratiques de tout cela, en définissant une mesure de la variation afférente à tout processus de la première et de la deuxième espèce. Au phénomène dont la variation représentait cette mesure, il donna le nom d'entropie (du grec entropé, contenu de changement).

Or, si dans les processus de première espèce on considérait cette variation comme positive, c'est-à-dire comme une augmentation, et non comme négative, c'est-à-dire comme une diminution, la deuxième loi impliquait théoriquement que l'entropie de l'Univers ne pouvait qu'augmenter. Autant localement que globalement, en considérant les deux grandeurs qui décrivaient l'état d'un système physique, aussi complexe soit-il, l'énergie circulait mais restait constante, tandis que l'entropie tendait de toute façon à croître. Cette tendance induisait que l'Univers était constamment en diminution d'énergie mobilisable, et que le temps physique avait un lien avec le temps vécu, en ce sens qu'il était impossible de revenir en arrière dans le temps, où le passé vécu était irrémédiablement révolu, car dissipé.

Dans un autre domaine, l'analyse des phénomènes électromagnétiques, qui avait commencé par les recherches d'Œrsted, Ampère, et Faraday, fut achevée, dans la seconde moitié du 19ème siècle, par James Clerk Maxwell (1831-1879), qui étudiait en synergie ces nouveaux champs de la physique, depuis la thermodynamique jusqu'à la théorie moléculaire de la matière.

Sa méthode, fondée sur une solide argumentation mathématique, incitait à une construction hypothétique de modèles de ce qu'aurait pu être la réalité physique, de façon à y comparer les phénomènes observés. C'est précisément en suivant cette méthode que Maxwell arriva à la deuxième grande découverte du 19ème siècle, celle du champ électromagnétique.

Son idée reprenait la tendance de Faraday et d'autres physiciens anglais à refuser l'action à distance. En cherchant à établir les propriétés d'une substance hypothétique qui, en remplissant l'espace entre les circuits et les corps chargés (les aimants) était responsable des actions électromagnétiques observées, Maxwell atteignit en 1861 deux résultats importants. En premier lieu, il vérifia que les propriétés du milieu qui transmettait les actions électromagnétiques étaient représentables par un système d'équations (appelées dès lors équations de Maxwell) qui concordaient avec tous les résultats expérimentaux connus jusqu'alors. En second lieu, à partir des propriétés d'un tel milieu, et par conséquent à partir des équations qui représentaient son comportement, il lui était possible de déduire que, dans le milieu, se propageaient des ondes. Et en calculant théoriquement la vitesse de ces ondes, on obtenait une valeur particulièrement proche de celle, calculée expérimentalement, de la vitesse de la lumière.

La conclusion de Maxwell fut que la lumière consistait en une propagation d'ondes dans le même milieu que celui qui était responsable de la transmission des actions électriques et magnétiques. La théorie électromagnétique de la lumière était née. Mais la thèse de Maxwell n'était encore qu'une hypothèse théorique. Certains phénomènes électromagnétiques pouvaient continuer à être expliqués par des théories basées sur un concept d'action à distance, tant qu'il n'existait aucune preuve expérimentale de la nature électromagnétique de la lumière. Il fallut plus de vingt ans, et le travail du chercheur allemand Heinrich Rudolf Hertz (1857-1894), pour obtenir une démonstration qui soit considérée comme une confirmation expérimentale suffisante de la théorie de Maxwell.

Hertz commença à étudier l'influence de matières diélectriques (c'est-à-dire isolantes) sur l'action électrique entre circuits, lorsque ces matières étaient interposées entre ces circuits et lorsque ceux-ci étaient parcourus par des courants oscillants. Peu à peu, il s'aperçut que ses méthodes d'observation permettaient d'établir comment cette action se propageait sous forme d'ondes, qu'il appela ondes électriques, même lorsqu'il n'y avait que de l'air entre les circuits. En quelques mois, en 1888, il produisit effectivement une preuve expérimentale qui établissait de façon irréfutable l'existence d'ondes électriques, ce qui confirmait la théorie de Maxwell.

Là, les ondes électriques apparaissaient comme des radiations semblables aux radiations lumineuses, mais avec une longueur d'onde plus importante. Il constata aussi que les radiations électromagnétiques avaient un large spectre radiatif. Dans ce spectre, à l'extrémité minimum des longueurs d'onde se trouvaient les radiations ultraviolettes, suivies par des longueurs d'onde de plus en plus grandes, jusqu'aux radiations visibles (c'est-à-dire la lumière), puis venaient les radiations infrarouges (ce qu'on appela la chaleur rayonnante), et enfin les ondes électriques (appelées, dès lors, ondes hertziennes, puis ondes radio) qui pouvaient avoir des longueurs d'onde très grandes.

Les processus d'interprétation de tout cela allaient amener d'autres découvertes. Les physiciens de la seconde moitié du 19ème siècle avaient d'emblée cherché à interpréter selon la mécanique classique la structure et le comportement des différentes entités et substances électromagnétiques. Maxwell et Hertz imaginaient donc d'abord l'éther électromagnétique comme une substance mécanique sans doute faite de micro-matière fluide et légère, où se propageaient les forces et les oscillations électromagnétiques. Dans la mesure où la chaleur pouvait être conçue comme une agitation thermique des molécules des corps, la température mesurait l'énergie de cette agitation.

Puis Clausius et Maxwell commencèrent à étudier plus systématiquement les relations du mouvement et de la chaleur, en cherchant à construire des modèles à partir de ceux de substances simples, à savoir les gaz parfaits. Dans leur modélisation mécaniste, les molécules des gaz étaient de petites boules qui se heurtaient les unes les autres à l'occasion de chocs élastiques, et qui heurtaient les parois du récipient dans lequel le gaz était contenu. Par ce modèle, on réussissait, par exemple, à retrouver l'équation d'état des gaz parfaits, la loi $pV = nRT$, si l'on interprétait la pression p comme l'effet des chocs des molécules avec les parois du récipient, et la température T comme l'expression de l'énergie cinétique moyenne des molécules (V étant le volume, n le nombre de moles, et R la constante des gaz parfaits). Mais il fallait pouvoir extrapoler utilement tout ceci.

Justement, pendant ces expériences, Maxwell observa que les molécules d'un gaz à une température uniforme n'avaient pas toutes la même vitesse, mais que certaines d'entre elles étaient plus lentes, d'autres plus rapides, et qu'en général leurs vitesses se distribuaient de façon fortuite entre les différentes molécules. Il comprit alors que le modèle atomiste d'un corps macroscopique, ayant à traiter un nombre élevé de molécules, ne pouvait décrire le comportement des molécules une à une, mais seulement ce qui se produisait globalement et en moyenne.

Pour travailler utilement sur ce modèle, il devait donc utiliser aussi des hypothèses statistiques. Cette approche fut particulièrement validée quand elle devint nécessaire au savant autrichien Ludwig Boltzmann (1844-1906), l'un des plus grand physiciens théoriciens du 19ème siècle. Le problème que Boltzmann devait résoudre était de trouver une description mécanico-atomiste d'un système physique macroscopique qui permette d'expliquer la deuxième loi de la thermodynamique, c'est-à-dire la tendance irréversible du système à atteindre une situation d'équilibre, excluant toute autre possibilité d'évolution.

Comme pour Maxwell, la recherche de Boltzmann recourut à la statistique, faute de pouvoir décrire l'évolution du système molécule par molécule. Et sa méthode d'analyse utilisa le modèle d'un gaz parfait, dont la description de l'état macroscopique était aussi celle que la thermodynamique proposait en termes de température, de pression, et de grandeurs qu'on pouvait calculer à partir de celles-ci, c'est-à-dire l'énergie et l'entropie. À chaque état macroscopique correspondrait une fonction particulière de distribution des vitesses des molécules (c'est-à-dire un tableau indiquant la vitesse de chaque groupe de molécules, l'énergie totale du système étant connue).

Encore fallait-il trouver la façon par laquelle une fonction de distribution pouvait varier dans le temps, selon le choc des molécules entre elles et avec les parois du récipient. Boltzmann réfléchit au fait que le mécanisme des chocs, à lui seul, était tel qu'une fonction de distribution initiale quelconque tendrait à rejoindre la fonction de distribution qui avait été trouvée par Maxwell, et qui était typique de la situation d'équilibre. Là, le gaz présenterait le comportement unidirectionnel prévu par la deuxième loi de la thermodynamique. On pourrait calculer une grandeur, dépendante de la fonction de distribution, et qui ne pourrait qu'augmenter, atteignant sa valeur maximale quand le système serait en équilibre. Cette grandeur mesurerait, par conséquent, l'effet que l'entropie devait avoir.

Boltzmann tenait donc compte du fait qu'étudier l'évolution d'une fonction de distribution à laquelle correspondait un grand nombre d'états microscopiques (c'est-à-dire les états définis exactement par les positions et par les vitesses de chaque molécule) était une chose en théorie, alors que suivre et corréler l'évolution de chaque état microscopique en était une autre en pratique. Et de plus, les hypothèses sur les modalités de collision entre les molécules n'étaient pas purement mécaniques. En fait, elles posaient un certain nombre de problèmes liés au caractère fortuit du mouvement des molécules, incompatible avec une vision déterministe classique.

Ces difficultés furent invoquées par ses opposants, surtout les physiciens qui réfutaient l'hypothèse atomiste. Mais la réponse de Boltzmann marqua un tournant dans la façon d'aborder ces problèmes et d'interpréter le sens de la deuxième loi de la thermodynamique. En effet, pour Boltzmann, le principal problème ne consistait pas tant à suivre l'évolution de l'état microscopique à travers ses innombrables éléments, mais à réussir à calculer combien d'états microscopiques correspondaient au même état macroscopique.

Si l'on pouvait démontrer que, parmi tous les états microscopiques où le système pouvait se trouver instant par instant, ceux qui correspondaient à l'état macroscopique d'équilibre (appelons-les de type A) étaient beaucoup plus nombreux que les autres (appelons-les de type B), le problème était résolu. En effet, le système aurait occupé, vraisemblablement, l'un des états de type A et, de toute façon, partant d'un état de type B, il serait logiquement parvenu à un état de type A. La proposition de Boltzmann fut de considérer l'entropie comme une mesure des probabilités de l'état macroscopique et, par conséquent, d'interpréter la deuxième loi de la thermodynamique comme la tendance d'un système à passer spontanément d'états de probabilités inférieures à des états de probabilité supérieure.

Parce qu'il était évident que le raisonnement de Boltzmann se fondait sur une hypothèse atomiste, il fut contesté. En particulier, certains physiciens n'admettaient pas le fait que l'augmentation d'entropie soit une tendance seulement probable (même si la probabilité était grande) et non pas certaine. Boltzmann soutenait que des fluctuations fortuites pouvaient se produire, impliquant une diminution de l'entropie, même localement et pour une durée limitée. Rien n'excluait que notre Univers, même assez ordonné pour permettre la vie, ne soit que l'effet d'une fluctuation fortuite à partir d'un état originaire chaotique et désordonné. Ce qui relançait, philosophiquement et scientifiquement, le concept et le sort de l'univers.

Quoi qu'il en soit, l'un des problèmes que Maxwell et Hertz n'avaient pas réussi à résoudre restait encore celui de la nature de la charge et du courant électriques. Les recherches électromagnétiques ne vérifiaient alors que les effets, généralement mécaniques, de ce courant. Et la théorie du champ électromagnétique semblait pouvoir lier ces effets à quelque chose qui avait lieu dans un éther, et pas à l'intérieur de corps chargés ou de conducteurs. Des recherches électrochimiques avaient mis en évidence en outre le fait que ces phénomènes étaient interprétables aussi (mais pas seulement) selon l'hypothèse que l'électricité ait une structure atomique, et que la charge électrique d'un corps soit toujours un multiple d'une unité naturelle. Tout cela devait donc être encore clarifié et validé.

Le physicien théoricien Hendrik Anton Lorentz (1853-1928) suggéra alors une hypothèse nouvelle. Intrigué par la théorie électromagnétique de la lumière, il commença à en étudier les phénomènes de propagation au sein de différents matériaux transparents, dans le cadre de cette théorie. Et il parvint à une interprétation nouvelle des différents résultats expérimentaux obtenus, en supposant que dans les corps dits transparents, en l'occurrence des matières diélectriques, il y avait des charges microscopiques oscillant autour de positions d'équilibre, et libres de se déplacer dans les conducteurs.

Ces charges devaient être considérées comme les sources du champ électromagnétique. Elles excitaient l'éther présumé, qui à son tour agissait sur elles, en n'interagissant qu'indirectement avec les corps matériels. Pour expliquer le magnétisme, on pouvait ainsi revenir à la précédente hypothèse d'Ampère, selon laquelle il était engendré par le mouvement des charges électriques.

En outre, le phénomène des raies spectrales (c'est-à-dire le fait que les gaz émettaient de la lumière dans une série de fréquences bien définies) pouvait être expliqué aussi en supposant que les radiations des différentes fréquences provenaient des oscillations des petites charges qui se trouvaient à l'intérieur de leurs atomes. Et en faveur de cette hypothèse, qui fut appelé par la suite la théorie des électrons, il existait une preuve expérimentale, obtenue par l'étude des phénomènes optiques, de la production d'un mouvement relatif entre la source de la lumière et le milieu dans lequel la lumière se propageait.

Il restait néanmoins à savoir si un corps en mouvement entraînait ou non un éther où il était contenu. Une première réponse à cette question avait été fournie par Augustin Fresnel au début du siècle, établissant que s'il y avait un entraînement, il ne pouvait être que partiel.

Lorentz reprit le raisonnement et démontra qu'avec son hypothèse, le problème était résolu. En effet, les corps en mouvement à travers l'éther n'interagissaient pas avec lui, et la matière ordinaire était complètement perméable à l'éther, ce qui signifiait deux choses :

a) que l'éther restait dans tous les cas parfaitement immobile, et que par conséquent la vitesse de la lumière était tout à fait indépendante du mouvement de la source,

b) qu'entre la matière ordinaire et l'éther, il ne se produisait aucune forme d'interaction mécanique (l'éther n'opposait aucune résistance au mouvement de la matière), avec la conséquence que probablement l'éther était une substance de nature non mécanique.

Ces réflexions, purement conjecturelles, furent publiées en 1892, et quelques années plus tard, elles connurent une confirmation expérimentale. Cette confirmation découla indirectement d'un débat animé qui eut lieu dans les dernières années du 19ème siècle, et auquel participèrent des physiciens théoriciens et expérimentaux qui s'étaient occupés d'un phénomène connexe, la décharge électrique dans les gaz. Dans ce domaine, l'utilisation de pompes à vide avait permis d'étudier la nature de la décharge qui se produisait dans un gaz à basse pression lorsqu'une différence de potentiel suffisante était produite entre la cathode (l'électrode négative) et l'anode (l'électrode positive). Les phénomènes observés apparaissaient étranges : on voyait des bandes lumineuses alterner avec des espaces sombres, et ces configurations variaient selon la pression du gaz.

Un autre phénomène particulièrement étrange se produisait en outre lorsque la pression du gaz devenait très basse. La décharge cessait alors d'être lumineuse, sauf pour une faible lueur verdâtre (comme celle des objets phosphorescents) qui se produisait à l'intérieur du tube, en face de la cathode. L'étude de ce phénomène mena, dès les années 1870-1880, à considérer que les cathodes émettaient une nouvelle forme de radiation qui, quand elle entrait en contact avec le verre du tube à décharge, produisait des effets de fluorescence. On avait découvert les rayons cathodiques (qui seront utilisés plus tard dans les premiers téléviseurs). Ce qui soulevait une nouvelle question délicate : de quelle nature étaient ces rayons ? C'est sur ce thème que naquit une longue controverse entre les physiciens anglais et les physiciens allemands. L'Anglais William Crookes (1832-1919) commença une série systématique d'observations sur la base desquelles on pouvait supposer que les rayons cathodiques avaient une nature corpusculaire, et qu'ils étaient composés d'une matière très fine, voire plus fine que celle des gaz mêmes.

Au contraire, l'Allemand Philipp Lenard (1862-1947), influencé par Hertz qui ne croyait pas à la nature corpusculaire de l'électricité, soutenait au contraire qu'il s'agissait d'une nouvelle forme de radiation, différente de la radiation lumineuse, qui se propageait dans l'éther. Sans le vouloir, Lenard fit pourtant une découverte importante, en voulant démontrer que les rayons cathodiques pouvaient franchir de fines plaques métalliques (et qu'ils ne pouvaient donc pas être matériels).

Il s'aperçut effectivement qu'une plaque métallique sur laquelle on projetait des rayons cathodiques émettait une étrange forme de radiation, qu'il pensa être constituée de rayons cathodiques secondaires.

Son confrère Wilhelm Konrad Röntgen (1845-1923) réussit ensuite à démontrer que cette radiation était d'un type particulier, et qu'elle avait des propriétés différentes des rayons cathodiques, dont l'une d'elles était fascinante : ces rayons étaient en mesure de traverser de très importantes épaisseurs de matière. Röntgen avait identifié les rayons X.

C'est l'Anglais Joseph John Thomson (1856-1940) qui précisa finalement la nature de ces rayons. Il démontra que si les rayons cathodiques, qui transportaient une charge électrique négative, étaient déviés par des champs électriques et/ou magnétiques, il ne s'agissait donc pas de radiation éthérée, mais de véritables particules chargées.

Thomson parvint même, en 1896, à mesurer le rapport entre la charge électrique et la masse de ces corpuscules, qui montrait que ces derniers étaient environ deux mille fois moins lourds qu'un atome d'hydrogène. Thomson conclut prématurément qu'il avait trouvé l'état le plus élémentaire de la matière, les particules les plus petites qui puissent la composer. Mais il s'agissait en fait des électrons de Lorentz, qui étaient ainsi mis opportunément en évidence, ce qui allait éclairer beaucoup d'autres travaux.

Car l'identification de l'électron conduisit presque immédiatement à penser que les atomes matériels étaient des structures complexes, d'autant plus que l'électron étant de charge négative, il pouvait y avoir dans l'atome une contrepartie positive, de façon à rendre l'atome neutre. Mais il était alors difficile de modéliser un système de charges positives et négatives suffisamment équilibré, c'est-à-dire n'explosant pas ou ne s'écroulant pas spontanément, et expliquant les phénomènes atomiques connus à l'époque.

Sur ce sujet, et même pendant toute la première décennie du 20ème siècle, s'affrontèrent donc essentiellement deux modèles. Le premier assimilait l'atome à un système planétaire, avec une charge positive centrale concentrée, et des électrons orbitant autour d'elle. Et le deuxième imaginait que les électrons tournaient le long d'anneaux concentriques à l'intérieur d'une sphère diffuse de charge positive.

Ce deuxième modèle fut soutenu, avec de nombreux arguments, par Joseph John Thomson. Mais Ernest Rutherford (1871-1937) voulut démontrer que le premier était préférable. Dans le cadre d'une série d'expériences, commencées dès les premières années du 20ème siècle, et destinées principalement à déterminer clairement la nature des radiations alpha, beta, et gamma, Rutherford commença à recueillir des arguments en faveur de l'hypothèse planétaire.

Des expériences décisives furent effectuées entre 1908 et 1911 dans son laboratoire. Rutherford et ses collaborateurs, en effet, parvinrent à observer que les particules alpha, si on les faisait entrer en collision à une vitesse élevée avec des plaques métalliques fines, subissaient de grandes déviations, et étaient parfois réfléchies en arrière. La seule façon d'expliquer ce phénomène était de penser qu'elles étaient repoussées par des charges positives très concentrées, qui ne pouvaient être les sphères diffuses de Thomson. Ils en déduisirent que l'atome devait avoir un noyau positif très petit par rapport à ses dimensions globales.

Les recherches concernant le monde micro-atomique ne s'achevèrent évidemment pas là. Quelques mois après la découverte de Röntgen, Henri Becquerel (1852-1908) avait observé des radiations émises par des composés de l'uranium. Marie Curie (1867-1934) et son mari Pierre Curie (1859-1906) avaient découvert peu après d'autres éléments qui émettaient des formes de radiation semblables, le polonium et le radium (d'où le nom de radioactivité). Ces découvertes ont été exploitées dans d'autres laboratoires européens. Rutherford démontra en 1899 que la radiation de Becquerel était en réalité composite. Elle se composait de rayons alpha, qui étaient facilement déviés même par les petites épaisseurs de matière, et de rayons beta, qui étaient beaucoup plus pénétrants. Peu après, on découvrit également un troisième constituant, les rayons gamma, qui apparaissaient encore plus pénétrants. Ce n'est que dans les premières années du 20ème siècle qu'il allait devenir clair que :

- les rayons alpha étaient des particules relativement lourdes (leur masse était environ quatre fois plus importante que celle de l'atome d'hydrogène) et qui avaient une charge positive égale au double de la charge élémentaire de l'atome d'hydrogène ionisé (la même charge qu'un électron, mais de signe opposé) ;
- les rayons beta étaient de la même nature que les rayons cathodiques, c'est-à-dire constitués d'électrons ;
- les rayons gamma étaient en revanche des radiations extraordinairement pénétrantes, dont la nature, comme au demeurant celle des rayons X, était encore peu connue, même si dans les deux cas l'hypothèse la plus communément admise était alors qu'ils utilisaient des formes de propagation analogues à celles de la propagation ultraviolette.

Ce n'est que plus tard, après 1910, que l'on constata que ces radiations avaient une nature ondulatoire, et qu'elles pouvaient être considérées comme des radiations électromagnétiques de longueur d'onde très courte.

Cette découverte continue de nouvelles formes de radiation, et les valorisations personnelles qu'elles comportaient, déclenchèrent une course à la publication, annonçant par divers expérimentateurs (de bonne ou de mauvaise foi) l'identification de nouvelles formes de radiation. C'est ainsi que fut annoncée la découverte des rayons N, de la lumière noire, et ainsi de suite.

Effectivement, beaucoup de physiciens expérimentaux du début du 20ème siècle avaient cherché à atteindre la célébrité en identifiant telle ou telle nouvelle forme de radiation. À tel point que des expérimentateurs perspicaces durent parfois contrôler eux-mêmes les données annoncées de façon retentissante par leurs collègues, et en dévoiler les éventuelles erreurs, ou pire encore, les trucages. Mais les controverses n'étaient pas épuisées pour autant, car même si on avait accepté l'idée -très ancienne- que la matière ne pouvait se diviser à l'infini, et qu'il existait des petits morceaux de matière qu'on ne pouvait plus scinder, les objections aux théories atomistes restaient essentiellement de trois types :

- une objection épistémologique : la physique devait s'occuper de phénomènes observables et non pas d'entités inobservables et/ou spéculatives ;

- une objection théorique : l'idée d'une matière continue, c'est-à-dire divisible à l'infini, paraissait à certains plus pratique que l'idée d'une matière discrète, c'est-à-dire composée de particules de dimensions petites mais finies. À cet égard, l'idée de continuité était pertinente dans l'utilisation et dans l'application à la physique du calcul différentiel, lequel en revanche était d'un usage plus délicat dans le cas des processus discontinus (ce n'est pas par hasard que les principaux adversaires de l'atomisme appartenaient au milieu de la physique mathématique). Et l'éther, pour que la radiation lumineuse puisse s'y propager sans se disperser, devait alors être une matière continue ;

- enfin, une objection méthodologique, qui réunissait les deux précédentes : au fond, ces théories physiques étaient principalement des systèmes d'équations mathématiques qui décrivaient et qui coordonnaient des ensembles de phénomènes, en les ramenant à quelques principes fondamentaux, mais arbitraires. Les modèles microscopiques qui pouvaient être utiles pour alimenter ces équations devaient pouvoir être outrepassés. Car l'idée que ces modèles représentaient quelque chose de réel qui se cachait sous les phénomènes observables était une idée presque métaphysique, d'autant plus que cette réalité était représentée sous la forme d'une structure mécanique, et qu'on ne comprenait pas pourquoi la véritable nature du monde devait être nécessairement mécanique.

Ces objections semblaient raisonnables, mais elles furent pourtant infirmées par de nouveaux résultats de la physique expérimentale, qui découvrait chaque jour des niveaux de réalité microscopique inconcevables auparavant. Une fois encore, la réalité était donc encore un peu plus loin.

Ces découvertes induisaient notamment l'idée que cette réalité avait une nature corpusculaire, non représentable dans une conception continue de la matière. Et ceci devait décider du destin de la physique du 20ème siècle, dont le domaine principal de recherche allait devenir la structure élémentaire de la matière, et les lois qui régissent le comportement des particules élémentaires.

Les physiciens qui ne voulaient pas croire à l'existence des atomes cultivaient généralement l'idéal ancien d'une physique phénoménologique se limitant à la description de ce qui était observé directement, sans spéculations hypothétiques, notamment parce qu'ils préféraient penser que la matière était continue. Mais leurs résistances furent définitivement balayées par le résultat de travaux qui allaient mieux mettre en évidence la réalité de l'atome et de son mouvement.

L'intuition en a pourtant été indirecte. Le physicien français Jean-Baptiste Perrin (1870-1942) eut en effet l'idée de concentrer son attention sur un phénomène observé dès 1827 par le botaniste Robert Brown (1773-1858), qui avait remarqué que de minuscules grains de pollen, observables uniquement au microscope, suspendus dans un liquide, effectuaient une étrange danse, indépendamment du fait qu'ils étaient vivants ou morts.

Perrin eut l'intuition que ce mouvement, appelé dans ces conditions mouvement brownien, pouvait peut-être aider à préciser la théorie cinétique de la chaleur, en portant à évaluer le fait que les constituants de la matière pouvaient être animés par un mouvement d'agitation continu, qui ne s'arrêtait qu'au zéro absolu. Et il vérifia cela par une série brillante d'expériences, grâce à l'utilisation de puissants microscopes. L'atome actif, concentré d'énergie vibrante, devenait ainsi une certitude de la physique, laquelle pouvait entrer définitivement dans sa période moderne en explorant cette voie. C'est ce que nous allons voir plus en détail dans l'exposé suivant.

LES RESSOURCES ENERGETIQUES

L'équilibre écologique général dépend de leur bonne gestion.

Les progrès technologiques doivent permettre de capter et d'utiliser les ressources énergétiques les moins polluantes.

LA PHYSIQUE MODERNE

Malgré les contributions de J.B. Perrin, l'étude de la structure microscopique de la matière n'avait cependant pas encore remis en cause, au début du 20ème siècle, tous les schémas classiques d'explication des phénomènes physiques. Et trouver les lois de ces phénomènes, y compris désormais pour les particules les plus élémentaires, impliquait encore de recourir à des principes de mécanique et d'électrodynamique, qui permettaient d'expliquer le mouvement de ces particules, par lequel un corps identifiable suivrait notamment une trajectoire définie dans l'espace et dans le temps. Dans cette approche, les objets de la physique classique étaient analogues à des planètes, ou tout au moins, ils pouvaient être schématisés comme des entités matérielles qui se mouvaient sous l'action de champs de forces.

À côté des corpuscules élémentaires (les électrons, les particules, etc.), il y avait des radiations, comme la lumière, qui se propageaient sous forme d'ondes. Mais dans tous les cas, les mouvements de ces objets élémentaires étaient déterminés par leurs conditions initiales. En connaissant la ou les lois applicables, certains chercheurs pouvaient alors espérer prévoir la trajectoire future d'un corps, et ils pouvaient dans un certain sens la représenter comme le déplacement de quelque chose dans l'espace et dans le temps. Si des calculs probabilistes intervenaient, comme en mécanique statistique, ou dans le cas des phénomènes de désintégration radioactive, on pouvait considérer que ce n'était qu'un palliatif simplificateur provisoire, pour traiter les systèmes trop complexes, compensant l'ignorance des circonstances précises dans lesquelles se produisait le phénomène.

Or, tout comme la physique aristotélicienne et la physique cartésienne abhorraient le vide, dans le même esprit, la physique classique abhorrait le hasard. On ne pouvait pas y admettre facilement l'existence de phénomènes échappant à toute loi, et intrinsèquement fortuits. En outre, dire que tout objet suivait une trajectoire déterminée dans l'espace, impliquait que l'on considérait le temps comme un paramètre distinct.

Cela impliquait qu'il devait exister un temps de référence qui s'écoulait de façon uniforme, et par rapport auquel on mesurerait l'évolution de tout système. La troisième révolution scientifique et l'entrée dans la physique moderne ont résulté de la révision de ces certitudes traditionnelles.

La théorie des électrons de Lorentz contribua à impulser ce processus en voulant amener une réponse au problème du mouvement relatif de la matière et de l'éther. Lorentz défendait l'idée que l'éther supposé était traversé par des corps matériels en mouvement, sans être entraîné par eux. Il en découlait que l'éther dans son ensemble restait toujours immobile.

En pratique, le système faisant référence au repos par rapport à l'éther était privilégié dans l'espace absolu newtonien. On imaginait que des ondes s'y propageaient, et en particulier la radiation électromagnétique, avec une vitesse fixe et constante -dont la valeur dépendait des propriétés de l'éther- et uniquement dans le système de référence dans lequel l'éther était au repos, tandis que dans un système en mouvement par rapport à l'éther, on aurait dû observer de petites variations de la vitesse.

Or, un système de référence en mouvement par rapport à l'éther était précisément celui des laboratoires terrestres, étant donné que la Terre effectuait en permanence un mouvement de rotation autour de son axe accompagné d'une révolution autour du Soleil.

On aurait donc dû y observer des effets du mouvement de la Terre sur la vitesse de la lumière. Mais la théorie de Lorentz rendait difficiles de telles observations, puisqu'il en découlait que les effets du mouvement de la Terre (et de tout autre corps animé par une vitesse v par rapport à l'éther) étaient proportionnels au carré du rapport v/c, c indiquant la vitesse de la lumière, dont la valeur était très élevée.

Un habile expérimentateur américain, Albert Abraham Michelson (1852-1931) construisit un appareil capable de révéler ces éventuels effets. Son objectif consistait à vérifier si la Terre entraînait l'éther, ou si l'éther restait toujours immobile. Les résultats de l'expérience de Michelson, répétée plusieurs fois avec des équipements de plus en plus précis et perfectionnés, montrèrent qu'il n'était pas possible de déceler un quelconque mouvement relatif de la Terre et de l'éther supposé, ce qui allait donc en faveur de la première hypothèse.

Lorentz ne pouvait pas accepter ce résultat, et la recherche d'une solution à ce problème fut au centre de ses préoccupations à partir de 1892, l'année où il formula sa théorie des électrons.

La seule explication qu'il parvint à trouver fut que le mouvement à travers l'éther produisait sur les corps matériels des effets (par exemple la contraction de leur longueur dans la direction du mouvement) qui empêchaient une révélation expérimentale. C'était une conclusion étrange : il y avait quelque chose qui se produisait, mais qui ne pouvait en aucun cas être observée expérimentalement. En fait, c'était comme si dans le passage du système de référence de l'éther au système de référence du laboratoire, il fallait appliquer des transformations de coordonnées particulières (qui furent ensuite appelées transformations de Lorentz), qui reflétaient l'action de l'éther sur les corps en mouvement.

Mais ces conclusions ne satisfaisaient pas un jeune physicien, Albert Einstein (1879-1955), qui travaillait à l'office des brevets de Berne. Il avait des doutes sur l'existence même de l'éther, notamment parce que les recherches qu'il avait effectuées sur les phénomènes d'émission et d'absorption de la lumière par la matière l'avaient convaincu que la lumière devait avoir une nature corpusculaire, comme le pensait Newton. En même temps, il était convaincu que le principe de relativité (c'est-à-dire l'impossibilité de découvrir un système de référence en repos absolu, et l'équivalence qui s'ensuivait de tous les systèmes de référence en mouvement rectiligne et uniforme l'un par rapport à l'autre) avait une validité fondamentale. Einstein se fixa donc comme objectif de concilier le principe de relativité avec la thèse de Lorentz, selon laquelle la vitesse de la lumière était indépendante de la vitesse de la source qui l'émettait. La seule façon de le faire consistait à remettre en cause les anciennes idées d'espace et de temps.

Il lui fallait d'abord redéfinir le concept de simultanéité entre des événements distants les uns des autres, et ensuite redéfinir le concept de la longueur d'un corps en mouvement par rapport au système de référence dans lequel ce corps était observé. De cette façon, on vérifiait les transformations de Lorentz, non pas comme effet physique du mouvement à travers l'éther, mais comme effet d'une nouvelle cinématique fondamentale, fondée précisément sur la révision des concepts d'espace et de temps. Les conséquences de la nouvelle théorie étaient peu intuitives, et dans certains cas déroutantes. C'est pourquoi elle eut beaucoup de mal à s'affirmer dans la communauté des physiciens. Il fallait en effet leur faire admettre :

- que la simultanéité entre deux événements ne pouvait pas être considérée comme absolue, mais seulement comme relative au système de référence dans lequel les événements étaient observés ;
- que la vitesse de la lumière avait la même valeur dans tout système de référence (c'est-à-dire qu'elle était une constante universelle) ;

- que la durée d'un processus accompli par un système en mouvement par rapport au système de référence de l'observateur était plus longue que celle du même processus dans le système de référence (phénomène de dilatation du temps) ;

- que la longueur d'un corps en mouvement par rapport au système de référence de l'observateur était plus petite (dans le sens du mouvement du corps) que celle du même corps, mesurée dans un système de référence au repos par rapport à ce corps (phénomène de contraction des longueurs) ;

- que la masse d'un corps augmentait au fur et à mesure qu'augmentait la vitesse du corps lui-même ;

- qu'aucun corps et aucune action physique ne pouvaient se déplacer à une vitesse dépassant celle de la lumière.

À partir de ces prémisses et du principe de conservation de l'énergie, Einstein (après Poincaré en 1900) déduisit une autre conséquence importante, à savoir que la masse d'un corps était équivalente à son énergie, c'est-à-dire qu'elle pouvait se convertir en énergie, et inversement. La conséquence générale, qui fut soulignée par le mathématicien lituanien Hermann Minkowsky (1864-1909), était que l'espace et le temps ne pouvaient plus être séparés l'un de l'autre. La variable temporelle n'était que la quatrième coordonnée d'une même entité, dans un espace-temps à quatre dimensions. Mais Einstein n'était pas encore satisfait. Le fait que sa théorie doive se limiter aux systèmes de référence inertiels (c'est-à-dire en mouvement rectiligne et uniforme) lui semblait une limite inacceptable.

Et notamment, il restait un phénomène qui jusqu'alors n'avait pas encore été expliqué : la masse inertielle (celle qui opposait une résistance à n'importe quelle action d'une force) était identique à la masse gravitationnelle (celle qui jouait le rôle de source de la force de gravité). Selon Einstein, cela ne pouvait pas être une situation fortuite.

Si, dans un système accéléré, se produisait une telle force, la force gravitationnelle elle aussi pouvait être affectée par le même effet. Et il observait en outre qu'à l'intérieur d'un système en chute libre, on ne percevait aucune force de gravité.

La solution géniale d'Einstein fut la suivante : l'espace-temps à quatre dimensions n'était pas un espace euclidien, mais est un espace courbe, dont la courbure s'accentuait à proximité des corps massifs. Et il y avait une manière d'observer cette courbure. En effet, puisque la lumière se propageait en ligne droite, si l'espace était courbé, quand la lumière passait, par exemple, à côté du Soleil, elle devait subir aussi une déviation.

Une occasion permettant de vérifier cette hypothèse fut l'éclipse du 29 mai 1919 (on peut observer les étoiles derrière le Soleil seulement lorsque celui-ci subit une éclipse). Une équipe d'astronomes anglais effectua des observations et vérifia qu'effectivement, la position apparente des étoiles qui se trouvaient à ce moment-là près du Soleil s'était déplacée par rapport à celle que l'on devait observer normalement. La lumière était courbée par le champ gravitationnel du Soleil. Einstein devint ainsi un symbole du génie scientifique. Mais il allait devoir partager son aura.

Car à la fin du 19ème siècle, une autre découverte très importante avait été effectuée, dont le mérite revenait au physicien théoricien Max Planck (1858-1947). Cela marquait un tournant dans la description des phénomènes physiques, aussi radical que celui qui était marqué par la théorie de la relativité. Planck, spécialiste de thermodynamique, s'intéressait à l'émission et à l'absorption des radiations électromagnétiques par les corps chauffés.

Au fur et à mesure que la température d'un corps augmentait, il émettait des radiations d'une longueur d'onde toujours plus petite. Un radiateur émettait une radiation infrarouge non visible, une poêle commençait à émettre même dans le champ du visible, et la couleur d'un métal incandescent devenait de plus en plus claire et intense au fur et à mesure que la température augmentait. En mesurant la lumière émise par le Soleil, il était possible de déduire que sa surface avait une température d'environ 5 500 °C. Et à des températures plus élevées correspondaient des radiations de fréquences plus élevées (donc de longueurs d'ondes plus courtes).

L'objectif de Planck était d'expliquer ce phénomène à partir de l'hypothèse selon laquelle les radiations étaient émises et absorbées par les particules élémentaires chargées qui formaient les atomes des corps. Il supposa qu'au fur et à mesure que la température augmentait, l'énergie se transférait à des particules dont la fréquence d'oscillation augmentait d'autant. Or, si l'on admettait, suivant la théorie classique, que chaque particule oscillante pouvait se mouvoir avec n'importe quelle quantité d'énergie, indépendamment de sa fréquence d'oscillation, on parvenait à des conclusions tout à fait absurdes et contraires aux données expérimentales.

La seule façon de résoudre le problème consistait à supposer que les particules oscillantes ne pouvaient recevoir que des valeurs discrètes d'énergie. Si une particule oscillait suivant une fréquence v, son énergie devait être proportionnelle à cette fréquence tout en étant un multiple entier d'un quantum élémentaire d'énergie. Et ce quantum était égal à la valeur d'une constante fondamentale.

Planck attribua la lettre h à cette constante (depuis lors appelée constante de Planck), et la formule E = hv marqua le début, en 1900, de la physique quantique. Les conséquences de cette théorie étaient radicales. Elles impliquaient en effet que toute particule ne pouvait avoir son énergie modifiée que par un saut d'une valeur, par exemple, hv à une valeur 2hv, et ainsi de suite. Cela signifiait l'abandon de l'un des principes essentiels de la description classique, à savoir celui selon lequel les variations d'énergie se produisaient de façon continue.

Cette idée suscita d'interminables controverses, mais elle commença à être appliquée, puis vérifiée, dans différents domaines de la physique. En particulier, elle connut une extrapolation très importante dans la théorie de la structure atomique. On doit cette extrapolation à un jeune physicien théoricien danois, Niels Bohr (1885-1962), qui était parti travailler en Angleterre grâce à une bourse d'études, et qui avait fréquenté les laboratoires de Joseph John Thomson et d'Ernest Rutherford.

Bohr avait observé des propriétés de stabilité exceptionnelles des atomes (si un atome subissait une perturbation, un choc par exemple, il revenait rapidement à sa configuration initiale). Ceci, ainsi que les propriétés de régularité des processus qui s'y produisaient (un atome émettait une lumière toujours sur une même fréquence exactement définie), ne pouvait pas être expliqué de façon classique. La théorie de Planck lui servit de support pour en dériver à son tour une théorie très innovante. Bohr déclara que les électrons qui tournaient autour du noyau occupaient des états stationnaires qui étaient stables par définition, et qui correspondaient à une succession de valeurs discrètes de leur énergie. Les électrons n'émettaient des radiations que lorsqu'ils effectuaient une transition d'un état stationnaire à un autre (c'est-à-dire lorsqu'ils effectuaient un saut quantique).

De cette façon, le mystère des raies spectrales trouvait une explication pertinente. La stabilité et la régularité des processus atomiques était dès lors bien expliquée par Bohr, en établissant que les variables dynamiques de l'atome, (l'énergie et le moment angulaire) ne pouvaient pas varier de façon continue, mais seulement à l'occasion de processus essentiellement discontinus, et que l'on ne pouvait pas concevoir comme les autres processus observables dans l'espace et dans le temps. Car on ne pouvait plus prévoir exactement quelle était, et quand avait lieu, une transition électronique, ce qui fut mis en évidence par les développements ultérieurs de la théorie. Par conséquent, on ne pouvait plus prévoir théoriquement que la probabilité d'une transition.

Tout comme les phénomènes d'émission radioactive, les phénomènes d'émission et d'absorption de la radiation électromagnétique semblaient ainsi être dominés par une incertitude intrinsèque. Et ce n'est pas tout. La radiation émise au cours de la transition (ou saut) d'un électron d'un état stationnaire à l'autre (ou, comme on le dira par la suite, d'un niveau d'énergie à un autre) ne dépendait pas seulement des conditions initiales dans lesquelles l'électron se trouvait, mais aussi de son état final, qui ne pouvait pas être prévu a priori. La physique atomique, comme Bohr devait le dire par la suite, ne concernait plus seulement la divisibilité limitée de la matière, mais elle s'étendait aussi à la conception de nouveaux processus physiques élémentaires. C'est aussi en cela que la découverte de Planck était révolutionnaire.

De son côté, Einstein continuait d'avancer sur sa voie. Pendant la même année où il publiait l'article fondamental de sa théorie de la relativité, il en ajouta un autre qui contenait une hypothèse singulière : la lumière devait avoir une structure corpusculaire. Vingt ans devaient s'écouler avant que les physiciens commencent à prendre au sérieux cette hypothèse, car les phénomènes de diffraction et d'interférence ne pouvaient être compris que dans le cadre de la théorie ondulatoire. Mais Einstein disposait de preuves à la fois théoriques et expérimentales. Du point de vue théorique, l'hypothèse des quanta de lumière (comme fut appelée par la suite l'hypothèse de la nature corpusculaire de la radiation) expliquait déjà assez bien la loi du corps noir étudié par Planck.

Elle offrait aussi dans un certain sens un modèle intuitif permettant de comprendre pourquoi l'énergie ne pouvait varier que par quantités discrètes. Au niveau expérimental, cette hypothèse décrivait bien un phénomène problématique découvert vers 1880, mais pas encore expliqué : l'effet photoélectrique. Lorsqu'un corps illuminé par une radiation lumineuse émettait spontanément des électrons, on pensait que la lumière fournissait aux électrons l'énergie suffisante pour s'échapper du corps. Mais trois aspects paraissaient étranges :

- chaque corps ne commençait à émettre des électrons que lorsque la lumière avait une fréquence dépassant un certain seuil ;
- l'émission se produisait instantanément dès que le corps était illuminé ;
- l'énergie des électrons émise était proportionnelle à la fréquence de la radiation. Or, selon la théorie ondulatoire, l'énergie de la radiation, représentée par l'intensité de la radiation, n'avait rien à voir avec la fréquence.

Une lumière très intense transportait davantage d'énergie qu'une lumière moins intense, indépendamment de sa fréquence (ou longueur d'onde). Par conséquent, il ne semblait exister aucun lien direct entre l'énergie et la fréquence, et on pouvait encore moins expliquer une fréquence de seuil. En outre, si l'émission photoélectrique était l'effet d'une résonance entre la fréquence de la radiation et la fréquence d'oscillation des électrons à l'intérieur de la matière, il aurait fallu un certain temps pour que les électrons accumulent l'énergie suffisante pour rompre les liaisons par lesquelles ils étaient unis.

Ce problème devait animer le débat des physiciens pendant deux décennies. Et c'est Arthur Holly Compton (1892-1962) qui a finalement apporté un point final à la réflexion. L'effet éponyme (effet Compton), qu'il découvrit au début des années 1920, montrait clairement que lorsque la lumière heurtait un électron et le lançait dans une direction donnée, cette lumière subissait une diminution de fréquence qui dépendait de la direction dans laquelle elle était diffusée. Cela pouvait être interprété en imaginant l'interaction entre l'électron et la radiation comme un choc entre deux boules de billard, où se conservait aussi bien l'énergie que la quantité de mouvement. Pouvait-on considérer ce phénomène comme une confirmation définitive de l'hypothèse des quanta de lumière ? Pas vraiment, puisque les propriétés ondulatoires de la lumière ne pouvaient pas non plus être négligées.

En 1924, le physicien théoricien français Louis de Broglie (1892-1987) avait alors avancé l'hypothèse selon laquelle les particules matérielles, notamment les électrons, pouvaient avoir aussi une nature ondulatoire. Et en 1927, étaient effectivement observés des effets de diffraction et d'interférence dans un faisceau d'électrons, justement parce que le fonctionnement du microscope électronique se fondait sur le caractère ondulatoire des électrons. Par conséquent, non seulement la lumière, mais aussi toute la matière pouvait révéler une nature duale, où les particules élémentaires pouvaient se comporter comme des ondes ou comme des corpuscules selon les situations. Mais même dans ces conditions, le modèle de la structure atomique de Bohr restait imprécis. Trop de principes restaient injustifiés et trop de problèmes restaient à résoudre.

Les recherches du savant danois se poursuivirent donc, et en 1918, il parvint à expliquer les différences d'intensité des raies spectrales émises par un gaz incandescent comme autant de probabilités d'effectuer les transitions (ou les sauts quantiques) correspondantes. Dans cette démonstration il utilisa ce que qu'il a appelé un principe de correspondance.

Il expliquait avec ça que pour des énergies très élevées par rapport au quantum élémentaire, l'atome pouvait se comporter comme un système classique. Mais un problème demeurait : comment déduire, par exemple, le nombre et les valeurs d'énergie des différents états stationnaires dans lesquels orbitaient les électrons autour de l'atome ? Le problème impliquait ni plus ni moins que de définir une nouvelle théorie mécanique.

Ceci fut mis en chantier par quatre jeunes physiciens théoriciens. Plus précisément, Hendrik Anthony Kramers (1894-1952), Wolfgang Pauli (1900-1958), Werner Heisenberg (1901-1976), et Pascual Jordan (1902-1980), qui travaillaient dans les centres de Copenhague et de Göttingen, étaient guidés par Niels Bohr et par Max Born (1882-1970), ainsi que par le physicien autrichien Erwin Schrödinger (1887-1961), lequel suivait toutefois un chemin différent, suggéré par les recherches d'Einstein et De Broglie. Quoi qu'il en soit, les quatre jeunes physiciens parvinrent en 1925 à une formulation symbolique abstraite, appelée mécanique des matrices, dans laquelle toute grandeur dynamique (l'impulsion, l'énergie, le moment angulaire, etc) était représentée par un tableau de nombres (une matrice).

Schrödinger formulait de son côté une mécanique ondulatoire qui supposait que l'état d'une particule dans un champ de forces soit représenté par une fonction d'onde, obtenue grâce à la solution d'une équation particulière, qui allait porter dès lors son nom. Schrödinger démontra effectivement en 1926 que les deux façons de représenter la mécanique étaient équivalentes. Ce qui rouvrait la voie à la mécanique quantique.

Mais l'année suivante, Heisenberg en montra un aspect déroutant. En effet, la connaissance précise de l'une des variables dynamiques, impliquait qu'une autre variable, liée à celle-ci, était indéterminable. Par exemple, si l'on connaissait exactement la position d'une particule, alors son impulsion (c'est-à-dire sa quantité de mouvement, ou si l'on veut, sa vitesse) était tout à fait indéterminée et pouvait recevoir n'importe quelle valeur.

Le principe d'indétermination de Heisenberg posait une limite insurmontable à la possibilité même de concevoir une particule élémentaire dans un raisonnement de physique classique. On ne pouvait plus imaginer un électron ou un photon comme un corpuscule qui suivrait une trajectoire définie dans l'espace et dans le temps.

En 1927, Max Born et Niels Bohr donnèrent tout de même une interprétation un peu plus pratique de cette nouvelle façon de comprendre et de décrire les objets subatomiques élémentaires.

Selon Born, la fonction d'onde de Schrödinger ne décrivait pas la distribution dans l'espace et dans le temps d'une substance matérielle, mais permettait d'obtenir uniquement la probabilité qu'en effectuant une mesure sur l'une quelconque des variables qui définissaient l'état d'un système, cette variable recevrait telle valeur ou telle autre.

Et selon Bohr, le changement de description imposé par la nouvelle mécanique imposait un principe de complémentarité, sur la base duquel les appareils de mesure qui permettaient d'obtenir la valeur de certaines variables, et qui permettaient d'imaginer la particule comme un corpuscule, excluaient la possibilité d'obtenir la valeur d'autres variables et d'imaginer la particule comme une onde.

En d'autres termes, entre le point de vue ondulatoire et le point de vue corpusculaire, il n'y avait pas de contradiction, à condition que les deux représentations physiques ne soient pas utilisées simultanément pour décrire la même situation expérimentale. Cette interprétation, qui sera appelée par la suite l'interprétation de Copenhague de la mécanique quantique, n'a jamais été acceptée à l'unanimité par tous les physiciens, et, ce qui est singulier dans l'histoire de la physique, elle a continué à susciter des polémiques et des débats sans issue. En particulier, Albert Einstein a toujours déclaré son désaccord à ce sujet.

Pour lui, la description ultime de la réalité ne pouvait pas être probabiliste. Si je ne connais que des probabilités, dit-il, cela veut dire qu'il manque quelque chose à ma connaissance, et aucun résultat expérimental ne pourra jamais me convaincre que Dieu joue aux dés avec le monde. Hormis le fait qu'on ne puisse pas prouver le divin par la science, et réciproquement, la discussion épistémologique entre Einstein et Bohr sur l'interprétation de la mécanique quantique a été l'un des débats les plus fondamentaux de l'histoire de la physique, comparable en importance et par la capacité intellectuelle de ses participants au débat entre Newton et Leibniz sur les fondements de la nouvelle physique à la fin du 17ème siècle.

Quoi qu'il en soit, avec la mécanique quantique, la conception de la structure des atomes et des molécules qui composaient la matière semblait acceptée. Entre 1927 et 1929, cette mécanique fut aménagée de façon à tenir compte aussi de la théorie de la relativité restreinte et à traiter de façon plus utile les processus d'interaction entre radiation et matière.

Ensuite, la mécanique quantique relativiste, et l'électrodynamique quantique, furent reformulées grâce à la contribution décisive du physicien anglais Paul Adrien Dirac (1902-1984).

Sa théorie quantiquo-relativiste précisait les propriétés de l'électron telles qu'elles découlaient à la fois des recherches connues sur la structure atomique, et de la théorie statistique quantique, laquelle pouvait traiter des systèmes constitués par de très nombreux objets quantiques élémentaires.

En particulier, elle rendait compte d'une propriété quantique des particules élémentaires, qui devaient avoir un moment angulaire intrinsèque, auquel correspondait un moment magnétique intrinsèque. Et parce que la seule façon de se représenter cette propriété était de penser aux particules comme à de petites toupies en rotation continue autour de leur axe, cette propriété fut appelée spin (sens de rotation). Sur la base des valeurs de spin, il était possible de subdiviser toutes les particules élémentaires en deux classes distinctes : celles qui avaient un spin égal à un nombre semi-entier (1/2, 3/2, etc.) et celles qui avaient un spin entier (0, 1, 2, etc.).

Les premières, comme par exemple les électrons, respectaient un principe dont l'hypothèse avait déjà été formulée par Pauli en 1923, appelé principe d'exclusion, sur la base duquel, dans un même système, il ne pouvait pas y avoir deux particules ayant exactement le même état dynamique. Les particules de la deuxième classe, comme par exemple les photons, n'avaient pas à respecter cette condition.

Les particules de la première classe furent appelées fermions, étant donné que leurs propriétés caractéristiques -qui se révélaient dans des systèmes constitués par un grand nombre de particules identiques, et donc traitables statistiquement- avaient été mises en évidence en 1925 dans le premier travail théorique d'Enrico Fermi (1901-1954). Pour leur part, les particules de la deuxième classe furent appelées bosons, du nom du physicien indien Satyendranath Bose (1894-1974) qui en avait conçu la statistique.

Une autre conception innovante était aussi introduite : en analysant le comportement statistique des électrons, Paul Dirac était parvenu à la conclusion qu'il n'y avait rien en théorie qui puisse empêcher ces particules d'occuper des états d'énergie négative. On pouvait même penser que ces états, nécessitant moins d'énergie que ceux d'énergie positive, étaient déjà normalement occupés.

Plus précisément, selon Dirac, on pouvait observer expérimentalement que des électrons pouvaient passer d'un état à énergie négative à un état d'énergie positive. Effectivement, en 1932, Carl Davis Anderson (1905-1991) observa une particule qui avait la même masse que l'électron, mais qui était de charge opposée, et qui fut donc appelée positron. L'interprétation de Dirac y recevait une confirmation.

Les positrons pouvaient par ailleurs être conçus comme des places laissées vides (c'est-à-dire des lacunes) par les électrons qui avaient été extraits de la quantité d'états d'énergie négative.

Avec cette découverte, commença de fait une nouvelle recherche sur les particules élémentaires, qui a impulsé une interaction féconde entre les hypothèses théoriques et les résultats expérimentaux. De nouvelles techniques expérimentales se sont appuyées dès lors sur la conception et la construction d'appareils de mesure de plus en plus efficaces, qui enregistraient les effets d'événements, souvent très rares, qui avaient lieu dans le monde microparticulaire, de façon à en reconstruire la dynamique.

Ainsi, la chambre de Wilson, la chambre à bulles, des émulsions photographiques spéciales, des compteurs, des scintillateurs, ont pu signaler et enregistrer le passage de particules chargées, et à travers leurs traces, ont permis de révéler le parcours de ces particules. Pour les impulser, on utilisait des sources d'émission naturelles, comme les matériaux radioactifs et les rayons cosmiques, et des sources artificielles, comme les accélérateurs de particules, capables de produire des particules de très haute énergie, que l'on faisait ensuite entrer en collision contre des cibles.

Tout cela conduisit en peu de temps à une multiplication du nombre des particules élémentaires identifiées, et à la recherche de schémas unifiants, capables de les regrouper en familles, et plus encore, de les concevoir comme étant composées de particules encore plus élémentaires. En même temps, ces avancées ont fait évoluer l'organisation pratique de la physique. Une nouvelle fois, les petits laboratoires comprenant une dizaine de chercheurs ont cédé la place à de plus grands laboratoires dans lesquels des centaines et parfois des milliers de personnes travaillaient, affectés à des tâches spécialisées, mais sur des projets communs, tout ceci constituant finalement ce qu'on a appelé le domaine de la big science.

Une impulsion précursive dans ce sens avait eu lieu aux USA, durant la Seconde Guerre mondiale. Les principaux physiciens disponibles avaient été recrutés pour réaliser rapidement l'engin le plus destructeur que l'esprit humain ait jamais conçu jusqu'alors : la bombe atomique. Cette dangereuse application technologique devait être un premier aboutissement de la recherche en physique nucléaire qui avait commencé au début des années 1930.

Ce nouveau domaine profita particulièrement des capacités géniales d'Enrico Fermi, et du groupe de jeunes physiciens réunis à l'université de Rome par son directeur de l'époque Orso Mario Corbino (1876-1937).

Corbino, dans un discours célèbre et prophétique tenu en 1929, avait indiqué que la recherche sur le noyau était le principal terrain vers lequel les efforts devaient être orientés, puisque le problème de la structure atomique était considéré comme déjà réglé par la mécanique quantique.

En 1932, James Chadwick (1891-1974) a pu définir expérimentalement la structure du noyau atomique, en y établissant l'existence de particules neutres de masse à peu près égale à celle des protons, les neutrons. Dès lors, Fermi et ses collaborateurs Emilio Segrè (1905-1989), Franco Rasetti (1901-2001), et Edoardo Amaldi (1908-1989), aidés par le théoricien Ettore Majorana (1906-1938), commencèrent à travailler sur la radioactivité en visant une nouvelle exploration expérimentale des propriétés nucléaires. Leur découverte majeure eut lieu en 1934, quand ils parvinrent à rendre radioactives plusieurs substances, en les bombardant au moyen de neutrons de basse énergie. Le noyau atomique pouvait dès lors être rendu instable, exploré, et modifié par la technologie humaine.

Ce dernier aspect semblait réaliser le rêve des anciens alchimistes, au point que plusieurs physiciens se tournèrent alors vers la production d'éléments chimiques artificiels. Mais l'aspect observé le plus impliquant était l'instabilité. En effet, en 1938, Otto Hahn (1879-1968) et Fritz Strassmann (1902-1980) observèrent qu'un noyau d'uranium bombardé par des neutrons se scindait en deux noyaux d'éléments plus légers, dans un processus de fission nucléaire. Et ce processus comportait la libération d'une énorme quantité d'énergie. L'importance, y compris militaire, de la découverte fut remarquée presque immédiatement, en particulier par Einstein.

C'est ainsi que, quand les États-Unis entrèrent en guerre contre l'Axe, fut lancé un projet ambitieux (baptisé Manhattan) qui devait mener à la découverte de divers modes d'emploi de l'énergie nucléaire. Fermi lui-même, ayant entre-temps émigré en Amérique pour des motifs politiques, réalisa en 1942 la première pile atomique. Quand Arthur Compton, leader des physiciens américains, informa de ce succès le président Roosevelt, il utilisa la phrase codée "*Le navigateur italien a débarqué dans le Nouveau-Monde*".

Avec la mécanique quantique, la physique classique semblait définitivement dépassée, mais un nouveau problème apparaissait : la complexité des systèmes révélés rendait d'autant plus aléatoires leur compréhension et leur analyse en l'état des connaissances. Ce qui freinait le progrès et l'acceptation de la nouvelle physique, même si ce progrès était entretenu par les découvertes de sous-particules fondamentales, et par conséquent par la capacité de révéler des secrets de plus en plus ultimes de la matière.

En fait, la tendance de la recherche, qui trouvait des possibilités de développement jusque dans l'éclaircissement des phénomènes relatifs à la nature et à l'origine de l'Univers, avait comme objectif l'idée de pouvoir comprendre et gérer le comportement des systèmes complexes (notamment constitués d'un très grand nombre de particules), selon les lois connues qui régissaient le comportement collectif de leurs constituants.

La complexité semblait résulter du grand nombre des éléments interagissants, qu'on ne pouvait gérer que par une meilleure compréhension, et une meilleure maîtrise, des interactions collectives observables.

Ce qui était difficile, car dans la physique du 19ème siècle, on déjà avait exploré une voie, qui avait semblé problématique à l'époque, et même possiblement vouée à l'échec. Là, le mathématicien français Henri Poincaré (1854-1912) avait mis en lumière une impasse, quand il avait traité par des outils mathématiques ce qui semblait être un simple problème de mécanique, le problème de l'évolution d'un système constitué par trois corps qui interagissaient sous l'effet de forces gravitationnelles. Après toutes ses tentatives, Poincaré avait conclu que ce problème ne pouvait pas être résolu en suivant les méthodes connues du calcul différentiel.

Car tant que le système était considéré comme régi par des équations différentielles non linéaires, la solution ne pouvait pas être trouvée par une simple série d'opérations mathématiques. Ce que l'on réussissait seulement à entrevoir, c'était que les solutions, c'est-à-dire les mouvements des corps interagissants, devaient être particulièrement compliquées et incertaines.

En pratique, s'il était vérifié que l'un des corps accomplissait une trajectoire déterminée en ayant initialement une position et une vitesse déterminées (c'est-à-dire avec des conditions initiales déterminées), il était vérifié également que le même corps avec des conditions initiales imperceptiblement différentes suivait une trajectoire complètement différente. C'est ainsi qu'avait été identifié le phénomène théorique de l'instabilité dynamique (ou, comme on dit depuis, de la dépendance sensible aux conditions initiales).

C'était comme si, par exemple, considérant un système composé d'une sphère qui tombe du sommet d'une montagne, il était pratiquement impossible de prévoir dans quelle direction elle tomberait. Une différence si minime soit-elle de position faisait qu'au lieu d'aller vers le versant sud, elle se dirigerait vers le versant nord, ou vers un autre.

Poincaré confirma que, dès que les interactions, même les plus minimes, se compliquaient trop, l'évolution d'un système devenait effectivement imprévisible.

Mais le domaine de la complexité systémique, où semblait résider une limite aux possibilités explicatives de la physique classique, devait malgré tout se révéler fécond à l'époque suivante.

En effet, quand l'évolution d'un système devenait imprévisible, comme dans le cas cité ci-avant, on disait que cette évolution était chaotique. Et on ne pouvait pas traiter cela par les raisonnements et les outils classiques, tant conceptuels qu'expérimentaux, utilisés jusqu'alors.

Or, dans de nombreux systèmes, leur complexité ne requérait pas nécessairement, pour être expliquée, l'analyse d'un nombre important de sous-systèmes constituants qui interagissaient entre eux, mais cela nécessitait une approche d'ensemble différente. Et la recherche d'une telle approche adaptée allait finalement impulser une conception nouvelle des systèmes dynamiques, impliquant notamment leurs phénomènes de turbulence, et traitable par les théories du chaos, que nous allons aborder dans les prochains chapitres, après y avoir re-situé la relativité et la mécanique quantique.

D'ores et déjà, toutefois, il était clair que pour avancer malgré les incertitudes qui la freinaient, la science moderne avait besoin d'outils de traitement toujours plus efficace de l'information. Ce qui n'allait pas manquer de venir, notamment avec les nouveaux outils informatiques. De tous temps déjà, pour mieux pouvoir, l'esprit humain avait toujours dû mieux savoir, en accumulant et en traitant le plus possible d'information sur son environnement. Et là, une telle nécessité, fréquemment rappelée en éco-humanisme, allait être satisfaite au-delà des espérances de l'époque, notamment dans le traitement des systèmes dynamiques complexes.

Un "oiseau du chaos"
(graphe en 3D
d'attracteur étrange)

LES RESSOURCES DE L'INFORMATION

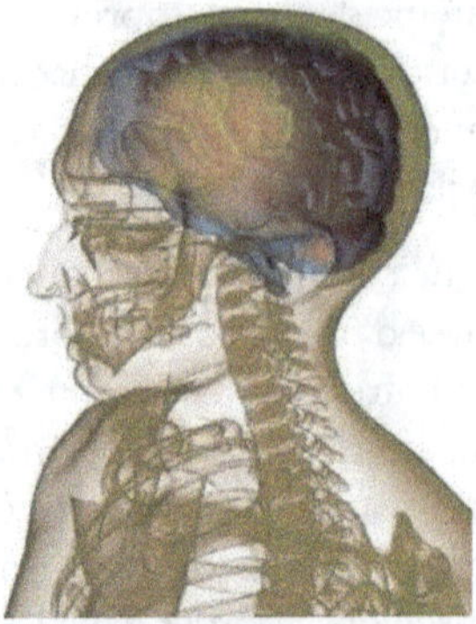

La vie n'est pas une propriété de la matière, mais de l'organisation de la matière.
Elle ne peut pas se développer sans recevoir ni utiliser d'information.

A la frontière entre l'ordre nécessaire à notre structuration et le chaos universel, l'équilibre entre le rythme, la quantité, et la qualité de l'information, conditionne notre évolution, et de là, notre (sur)vie.

LES SYSTEMES DYNAMIQUES

Dans la deuxième moitié du 20ème siècle, le langage de la science s'est vite adapté aux nouvelles découvertes, notamment avec des expressions révélatrices de nouvelles conceptions, qui avaient fait leur apparition les unes après les autres dans un processus ininterrompu d'amélioration de la description de l'environnement universel. Parmi ces nouvelles expressions figurait celle de système dynamique, qui représentait un ensemble interactif animé par une force propre, et en mouvement entretenu.

Le mot dynamique avait d'abord été utilisé en mécanique classique (dynamis signifie force en grec), où l'étude du mouvement des corps, déterminé par les forces appliquées, avait occupé une place importante au cours des siècles précédents. Parmi les principaux systèmes dynamiques étudiés, il y avait eu celui du corps en chute libre (qui avait fait l'objet des recherches de Galilée), le pendule qui oscillait, ou même le système solaire, avec l'ensemble mobile des planètes qui orbitaient autour du Soleil.

Puis l'avancée conceptuelle moderne a amené à parler de systèmes dans un sens plus large, en considérant non seulement les systèmes mécaniques, mais aussi d'autres phénomènes ou d'autres situations, comme par exemple une réaction chimique complexe entre différentes substances mélangées dans une éprouvette, un écosystème naturel dans lequel coexistaient et luttaient pour l'existence différentes espèces, ou le fonctionnement de l'appareil circulatoire animal, ou même l'évolution de l'économie d'un pays. Il n'est pas jusqu'à l'évolution de l'équilibre stratégique établi entre des puissances militaires qui n'ait pu être étudiée comme un système. Le terme système, issu du mot grec systema (ensemble uni), qualifie un ensemble interactif, ordonné et cohérent, qui fonctionne selon sa dynamique propre.

Auparavant, la science classique avait tendance à focaliser son attention sur les constituants des systèmes qu'elle étudiait, et elle procédait par décomposition de leurs principaux éléments, de façon à appliquer des techniques d'analyse appropriées à chaque partie.

Mais la science moderne a modifié cette démarche, en privilégiant une analyse des processus qui tenait compte de leur globalité. C'est ainsi que par exemple le cœur, avec ses valves et ses cavités, et le réseau des veines, des artères et des capillaires, pouvaient être mieux compris si l'on considérait ce système circulatoire dans sa fonction globale, et si l'on centrait l'attention sur le mécanisme (et aussi sur ses éventuels dysfonctionnements) qui permettait de faire fonctionner harmonieusement les différents organes, et qui rendait possible la circulation du sang et la réalisation des fonctions physiologiques. Le tout était dans ce cas irréductible à ses parties, car l'interaction des éléments qui constituaient le système générait des propriétés et des comportements qui déterminaient le potentiel de l'entité composite globale.

Et cela s'élargissait. Alors que la science classique héritée du 19ème siècle se concentrait particulièrement sur l'étude des systèmes physiques (surtout mécaniques) qui servaient de cadre pour la recherche et pour l'analyse, on avait vu au 20ème siècle s'affirmer l'idée que des phénomènes non physiques ou mécaniques pouvaient aussi faire l'objet d'études systémiques, notamment des phénomènes de biologie, d'économie, de psychologie, ou de sciences sociales. Cet élargissement nécessitait à son tour une adaptation des habitudes et des outils des scientifiques, comme l'écrivit Ludwig von Bertalanffy dans sa *Théorie générale des systèmes*, publiée aux Etats-Unis en 1968.

Toutefois, malgré ces évolutions dans les conceptions, les méthodes, et les fins de la recherche scientifique, un aspect était demeuré inchangé, et avait gardé une importance fondamentale : le rôle des mathématiques comme instrument principal d'analyse. Or, les mathématiques avaient déjà des limites, et ne pouvaient pas résoudre tout. Pour mieux estimer la pertinence de leur rôle d'aide au raisonnement, considérons les limites de l'analyse d'un dispositif physique, en l'occurrence un système simple : une balle, reliée à une extrémité fixe 0, au moyen d'un ressort. Puis nous verrons comment on pouvait sortir de ces limites.

Si l'on étire le ressort d'une certaine longueur, puis qu'on le lâche, la balle commencera à osciller. Le savant anglais Robert Hooke, après avoir vérifié cela par de nombreuses expériences, en avait énoncé une loi éponyme sur le comportement des corps élastiques : tout corps élastique déformé exerce une force proportionnelle et opposée à la déformation. Toutefois, ci-après, dans l'exemple d'analyse mathématique de cette propriété, les conditions ont été simplifiées afin de souligner les aspects fondamentaux du mouvement déterminé par le phénomène élastique, et d'écarter les aspects de moindre importance pour sa compréhension.

C'est ainsi qu'on va mesurer la masse de la balle (en grammes, par exemple), tout en considérant comme négligeable la masse du ressort, c'est-à-dire en supposant que cette masse est nulle. Bien entendu, si cela était vrai dans la réalité, le ressort n'existerait pas et il n'y aurait pas de mouvement, ce qui constitue un paradoxe. Nous pouvons aussi complètement ignorer le frottement, qui est pourtant présent dans les expériences réelles. Enfin, seul le déplacement longitudinal de la balle nous intéressera, si bien que même si le système physique est placé dans un espace réel à trois dimensions (longueur, largeur, profondeur) et que nous le dessinons schématiquement en deux dimensions (les dimensions de l'écran de l'ordinateur), nous l'analyserons de cette manière simplifiée.

Après cette simplification arbitraire, examinons le mouvement. La balle acquiert une vitesse v, et dans un mouvement à vitesse constante, la vitesse peut être calculée en divisant l'espace parcouru par le temps écoulé. Et même si la vitesse change continuellement, la vitesse de la balle à tout instant est tout de même mesurable mathématiquement par la dérivée de l'espace par rapport au temps.

Ensuite, la variation de la vitesse, lorsque le mouvement est accéléré ou ralenti, est donnée par la dérivée de la vitesse par rapport au temps. L'accélération est par conséquent la dérivée de la dérivée de l'espace par rapport au temps, ou autrement dit la dérivée seconde de l'espace par rapport au temps. Et puisque la deuxième loi de Newton affirme que la force appliquée au corps est égale au produit de sa masse m par l'accélération, on peut alors faire une simple transformation, qui nécessite seulement un passage algébrique élémentaire.

Une équation de ce type, dans laquelle interviennent une variable x et ses dérivées (dans notre cas, seulement la dérivée seconde), s'appelle en mathématiques une équation différentielle. En l'occurrence, il s'agit de l'équation différentielle d'un mouvement. Et un théorème mathématique affirme que, si on connaît les conditions initiales d'une action (dans notre cas, l'allongement initial du ressort et sa vitesse initiale, qui est ici égale à 0), il existe une seule et unique solution à l'équation.

En d'autres termes, cette équation différentielle, avec ses conditions initiales, fournit théoriquement une information suffisante sur le mouvement. Et puisqu'il est souvent simple de déterminer les valeurs des variations de la variable, c'est-à-dire des dérivées, et d'obtenir de la sorte une équation différentielle, cette méthode de calcul est agréable pour un esprit éduqué et conformé à cette gymnastique conceptuelle.

Quelle est l'étape suivante de la démarche, une fois obtenue cette équation différentielle ? La voie la plus implicitement évidente est d'essayer de la résoudre. Résoudre cette équation différentielle, cela veut dire obtenir une formule décrivant l'évolution de la variable en fonction du temps. Outre des opérations arithmétiques élémentaires, cette formule implique l'usage d'une autre fonction mathématique, la fonction cosinus, qui associe à chaque instant de temps t une certaine valeur.

Le résultat est une fonction un peu plus compliquée, qui fournit pour chaque valeur du temps (mesuré, par exemple, en secondes), le déplacement longitudinal de la balle (mesuré, par exemple, en mètres). Ce mouvement reste décrit de façon vérifiable expérimentalement. Et quoi qu'il en soit, on peut retenir qu'une équation différentielle est une formule d'usage général qui permet de décrire différents systèmes. Pour chaque système, la variable peut être interprétée de façon appropriée, où les coefficients correspondent à des données de différente nature. Au lieu du déplacement longitudinal de l'exemple précédent, on peut suivre la variation de température d'un corps, ou la concentration ionique d'un plasma, etc.

Dans ces conditions, chaque système en mesure d'être décrit par une équation, comme celle que nous venons de prendre en exemple, est ce qu'on appelle un oscillateur harmonique. Mais il ne faut pas en déduire que la résolution d'une équation différentielle est toujours facile. Il peut être souvent impossible d'obtenir la loi horaire d'un mouvement.

C'est pourquoi les mathématiciens des 18ème et 19ème siècles avaient élaboré des équations différentielles qui décrivaient de nombreux phénomènes physiques, mais tout en constatant que l'analyse mathématique était souvent incapable de fournir une solution explicite complète de ces équations. En complément, certains ont donc mis au point une méthode d'analyse complémentaire, fondée sur une représentation géométrique de l'évolution du système dynamique. Cette méthode se fondait sur un type de représentation graphique compatible avec celle des oscillations du ressort, et qui parvenait à la détermination d'une courbe, représentative d'une trajectoire.

Dans ce cas, le temps n'apparaissait pas clairement et précisément, mais on pouvait -faute de mieux- situer la position et la vitesse de l'objet étudié, c'est-à-dire les principales variables d'état du système. L'ensemble de tous les états possibles (x, v) est appelé espace des états, ou espace des phases. Pour différentes amplitudes (donc pour différentes conditions initiales), on obtenait toujours des courbes fermées, puisque -dans notre exemple- la balle réoccupait cycliquement les mêmes positions à la même vitesse.

L'ensemble des trajectoires représentatives de toutes les évolutions possibles du système a été appelé diagramme des états, ou diagramme des phases. En poursuivant notre exemple, nous pouvons considérer maintenant la résistance que l'air oppose au mouvement, qui fait que la balle accomplit un certain nombre d'oscillations, dans lesquelles le ressort s'allonge de moins en moins, jusqu'à revenir à sa position de repos. Il s'agit d'un mouvement particulier, appelé oscillateur amorti. Là, le diagramme des phases est un ensemble de spirales qui s'enroulent autour du point O = (0,0), où le déplacement est 0 et la vitesse 0, quand l'oscillateur est au repos, et qu'il occupe une position d'équilibre.

L'examen d'un tel diagramme a l'avantage de permettre de comparer toutes les évolutions possibles d'un système dynamique, en fournissant une vision globale. En fait, même si les conditions initiales peuvent avoir une infinité de valeurs et de combinaisons différentes, le diagramme nous fait comprendre de quel type sera en règle générale le mouvement. Et un phénomène important ainsi illustré est le comportement des trajectoires sur chaque période qui nous intéresse.

Dans le langage des mathématiques, ce comportement est dit asymptotique, et il caractérise le comportement du système dans un temps qui peut tendre jusqu'à l'infini. Lorsque le point O semble attirer toutes les trajectoires vers lui, comme s'il les engloutissait, il est appelé puits. Cette image didactique correspond au fait qu'à long terme, le système qui oscille atteindra toujours l'état d'équilibre, de repos. On dit alors que le point O est un attracteur, qui peut être caractérisé par un mouvement périodique plutôt que par un état d'équilibre. Mais même si un système peut initialement emprunter une voie différente, avec le temps (ou comme on dit, quand le temps tend vers l'infini), il reviendra vers une oscillation préférée. Ce qui est le cas, par exemple, du pendule d'une horloge mécanique.

Et c'est particulièrement là qu'on a longtemps eu recours aux équations différentielles, utilisées d'abord pour représenter des phénomènes mécaniques, c'est-à-dire des phénomènes qui dépendaient des mouvements des corps. La complexité de certains systèmes justifiait l'emploi de tels outils. Pensons à un problème de la mécanique céleste, comme celui que pose le mouvement du système formé par le Soleil, la Terre et la Lune, sous l'influence de la force d'attraction gravitationnelle. Pour connaître la position de chacun de ces astres, on avait besoin de trois coordonnées, et dans l'analyse du système intervenaient neuf variables de position, qui dépendaient du temps, et auxquelles il fallait ajouter les variables vitesse, si bien que le mouvement était déterminé par dix-huit coordonnées.

Dans ces cas, le processus était descriptible par des équations différentielles ordinaires, car ces variables dépendaient d'un seul paramètre : le temps. Mais dans la conduction de la chaleur, par exemple, on devait utiliser des équations différentielles aux dérivées dites partielles, parce que dans ce cas, la variable (la température du corps qui conduit la chaleur, tel qu'une barre de fer) dépendait non seulement du temps, mais aussi de la localisation des points concernés du corps, ce qui impliquait une dérivée partielle par rapport au temps et une dérivée partielle par rapport à la position.

D'autres phénomènes étaient descriptibles aussi par des équations différentielles aux dérivées partielles : le mouvement régulier d'un fluide, qu'il soit compressible, comme l'air, ou incompressible, comme l'eau ; la vibration d'une corde ; la déformation des matériaux soumis à une pression ; et les ondes électromagnétiques. Les principales équations différentielles décrivant ces phénomènes avaient été écrites au cours des 18ème et 19ème siècles par des savants tels que Euler, Laplace, Fourier, et Maxwell, qui avaient jeté les bases de nouvelles théories de la mécanique, de la chaleur, de l'élasticité, du potentiel, de l'électromagnétisme, et de la dynamique des fluides.

Et au fil du temps, ces théories et ces méthodes avaient renforcé une physique mathématisée, dont l'instrument principal était l'analyse mathématique. Mais ceci malgré un doute sur le fait que les mathématiques soient vraiment la grammaire de la nature. La physique mathématique est restée pendant longtemps un noyau dur de la science. Parler de science au 19ème siècle, c'était presque toujours parler tôt ou tard de physique mathématique, tant cette dernière constituait un modèle de référence de toute autre étude à prétention scientifique sur la nature. Et ceci parce que tout le monde avait accepté le fait que, faute de mieux, les résultats et les méthodes de type expérimental étaient insuffisants si l'on ne parvenait pas à les étayer avec un soutien théorique mathématique.

De ce fait, non seulement les spécialistes des phénomènes du monde inorganique, mais aussi certains scientifiques intéressés par des phénomènes biologiques, et même par des phénomènes économiques et sociaux, avaient privilégié la physique mathématique. Elle était considérée comme un exemple de rigueur et de scientificité, et elle était admirée en raison des succès qui en avaient marqué l'ascension. Sa description des phénomènes physiques les plus variés et les plus complexes, si elle utilisait des équations différentielles, semblait être adéquate pour s'accorder à l'un des principes de base de la science classique : la croyance dans le caractère fondamentalement simple et logique des lois naturelles.

Or, quand il examinait un phénomène, le savant du 19ème siècle devait déployer une ingéniosité particulière pour éliminer les éléments non inhérents au processus (c'est-à-dire ce qui en gênait la perception) et pour mieux en isoler la quintessence. C'est ce que Galilée appelait éliminer les obstacles. Nous avons vu dans l'exemple du ressort étiré comment, en partant d'un phénomène réel, on le traitait de manière assez simplifiée pour pouvoir y appliquer une théorie et des calculs justifiables mathématiquement. Mais même si les résultats étaient généralement convaincants, ce qui était convaincant n'était pas juste pour autant, c'était seulement convaincant.

La science de l'époque appliquait ainsi une méthodologie conçue pour que ses résultats ne perdent pas trop leur lien objectif avec le phénomène réel. Mais dans les faits, les données d'un problème -en particulier les conditions initiales- n'étaient souvent connues et prises en compte que de façon approchée, et les facteurs n'étaient pas tous sous contrôle. Par conséquent la prévision théorique scientifique, et les calculs liés, ne décrivaient que de façon approximative ce qui avait lieu réellement.

Cette incertitude était prise en compte par les ingénieurs, dont la réussite concrète nécessitait un mélange prudent de calculs et d'expérience pragmatique. La recherche appliquée, et la plupart des ingénieurs, restaient convaincus que pour l'essentiel les phénomènes naturels pris en compte étaient régis par des lois fondamentalement simples. Ils se basaient notamment sur un principe largement partagé, qui trouvait même aussi une confirmation dans la formulation mathématique, en termes d'équations différentielles : le principe de causalité, ou pour utiliser l'expression la plus courante dans le domaine scientifique, le principe du déterminisme. Ce principe découlait à l'origine d'un principe philosophique général selon lequel tout événement possédait une cause intrinsèque pré-existante.

Les expérimentateurs qui étudiaient la nature selon cette idée cherchaient donc les lois générales qui sous-tendaient les phénomènes, et ils cherchaient une explication des événements en termes de cause à effet. Croire à l'existence de telles lois était un préalable pour le travail de la plupart d'entre eux. Dans cet esprit, si un chercheur devait faire de grands efforts pour ne parvenir à expliquer que des fragments isolés des phénomènes naturels, il pouvait attribuer ceci aux limites de l'esprit humain, et penser que le monde n'en restait pas moins théoriquement déterminé et régi par des lois universelles. Le savant français Pierre-Simon de Laplace, tenant influent de ce point de vue, l'expliquait en recourant à une métaphore : il affirmait, après Aristote, que l'état présent de l'Univers était un effet de son état précédent et la cause de son état suivant.

Et il ajoutait qu'une intelligence qui, à un moment donné, connaîtrait toutes les forces qui animent la nature, et la situation respective des êtres qui la composent, si elle était assez élevée pour soumettre toutes ces données à l'analyse (c'est-à-dire à l'analyse mathématique), renfermerait dans la même formule les mouvements des plus grands corps de l'Univers et ceux de l'atome le plus léger : rien ne serait incertain pour elle, et l'avenir comme le passé serait présent à ses yeux.

Des découvertes ultérieures allaient infirmer ce point de vue réducteur, mais jusqu'à ces découvertes, le principe du déterminisme a longtemps été considéré comme inné, parce qu'il conférait un sens psychologiquement confortable à la réflexion scientifique et technique. Ce sens résultait notamment du présupposé que les mêmes causes produisaient toujours les mêmes effets, et que l'effet ne pouvait pas précéder la cause. Et pour cela, la science devait procéder d'une connaissance rationnelle qui démontrait les connexions réelles entre les causes et les effets, sans avoir recours à des éléments non déterministes dans ses explications. Cette idée avait accompagné le développement de la mécanique classique, jusqu'à parvenir à cette formulation qu'en donna Laplace à la fin du 18ème siècle.

Plus encore, la démonstration du théorème d'existence et d'unicité des solutions d'une équation différentielle ordinaire, validée grâce au travail de plusieurs savants du 19ème siècle, avait renforcé ce principe, menant à ce qu'on peut appeler un déterminisme mathématique. Selon ce concept, puisque dès qu'on connaissait les conditions initiales d'un système d'équations différentielles ordinaires, il existait une et une seule solution aux calculs, le passé et le futur étaient calculables à partir du présent, et la formulation des solutions, même les plus difficiles, était théoriquement possible à condition de posséder une capacité de calcul suffisante (en fait, pratiquement illimitée). Ce principe du déterminisme niait donc arbitrairement la possibilité que le hasard (ou l'aléatoire chaotique) puisse constituer une cause explicable et mesurable d'un phénomène. Dans cet esprit, lorsqu'il semblait que quelque chose avait lieu par hasard, c'était présumé dû en tout ou partie à l'imperfection des sens et de l'intellect humains.

Mais il y eut une brèche dans cet édifice intellectuel lorsque, là où il n'était plus possible d'appliquer l'analyse mathématique, selon Laplace, on avait pu tout de même appliquer des techniques efficaces de calcul des probabilités. Pensons, par exemple, à l'étude du comportement des gaz. Dans une substance à l'état gazeux, il y avait une abondance de molécules qui se heurtaient entre elles continuellement, et qui rebondissaient dans toutes les directions.

On pouvait considérer a-priori que leurs trajectoires étaient strictement déterminées par les lois du mouvement. Mais dans l'impossibilité d'étudier un trop grand nombre de trajectoires individuelles, c'est-à-dire dans l'impossibilité de tirer des conclusions et de faire des prédictions par les méthodes d'analyse mathématique, on avait dû faute de mieux utiliser un calcul statistique tendanciel de l'ensemble des trajectoires. Cette possibilité donna naissance, à la fin du 19ème siècle, à un nouveau secteur de la physique, la mécanique statistique, qui se distinguait des méthodes classiques de la physique mathématique, même si elle ne mettait pas encore en cause les convictions fondamentales de type déterministe.

Et outre la physique mathématique, certains savants, voulant trouver vite des confirmations de la théorie de l'évolution grâce à des observations et à des expériences biologiques, avaient employé eux-aussi faute de mieux des méthodes statistiques. Ces méthodes étaient supposées convenir même à l'étude des phénomènes biologiques et sociaux, qui de par leur nature pouvaient échapper au déterminisme. Ce qui constitua un point de départ des études de biométrie, et un soutien de plus pour l'outil statistique.

Mais le déterminisme tenait encore bon. Quelques chercheurs travaillaient notamment à insérer des équations différentielles dans l'analyse économique, et en particulier dans l'étude du fonctionnement du marché libre occidental. Ce qui allait contribuer à justifier des pratiques socialement et économiquement pernicieuses. Au début du 20ème siècle, on tenta aussi d'appliquer des équations différentielles à des phénomènes de type biologique aussi divers que la diffusion des épidémies, la lutte pour la vie dans la nature, ou le rythme cardiaque. À l'appui de cela, quelques savants déclaraient que le comportement des êtres vivants, qui avaient eu -depuis les formes de vie les plus élémentaires- un certain degré de comportement déterminé, c'est-à-dire une volonté visant un but, ne pouvait pas être décrit en termes de hasard aveugle.

À cause de toutes ces réticences, on ne reconnut pas facilement au calcul des probabilités un statut de science exacte, au même titre que d'autres branches des mathématiques, car même dans le domaine des jeux de hasard, qui lui semblait pourtant adapté, il passait pour n'être qu'une béquille de l'ignorance scientifique. Le mathématicien français Henri Poincaré, par exemple, parlant du jeu de la roulette (un raisonnement analogue serait valable pour le lancer d'une pièce de monnaie), faisait remarquer que le mouvement y suivait les lois, prévisibles, de la mécanique. Et ceci perdura jusqu'à la crise que connut la science classique dans les premières décennies du 20ème siècle, consécutive surtout à l'avènement de la théorie de la relativité et de la mécanique quantique.

Cette crise engendra un floutage des certitudes, non seulement pour la physique mathématique, et pour l'utilisation des équations différentielles, mais même aussi dans le domaine des probabilités. Toutefois, alors que de nombreux physiciens se recyclaient dans les nouveaux secteurs de la recherche quantique, quelques mathématiciens ont pu les accompagner en utilisant malgré tout des outils de probabilités. Ce qui favorisa l'activité de secteurs innovants, et les discussions sur la définition et le sens de la probabilité continuèrent à s'enrichir de contributions qui facilitaient une reformulation de cette théorie dans un nouveau langage, et l'affirmation de sa discipline en tant que branche mathématique productive.

La pertinence de l'outil mathématique classique restait elle aussi en débat, accusée de biais conceptuels. Les physiciens-mathématiciens avaient gardé longtemps une prédilection pour les équations linéaires, non seulement parce qu'elles pouvaient être résolues, mais aussi parce que décrire un phénomène par ce moyen semblait aller dans le sens de la simplicité supposée des lois naturelles. Par conséquent, même dans le cas où la description d'un phénomène menait, en termes mathématiques, à une équation non linéaire, ils linéarisaient le problème, c'est-à-dire qu'ils éliminaient les termes non linéaires, considérés comme peu importants pour comprendre l'évolution d'un phénomène. Cette procédure simplificatrice permettait de calculer sans trop perdre le contrôle du problème traité, mais elle restait insuffisante.

Car c'est dans ces conditions que Poincaré, qui avait consacré sa thèse de doctorat aux équations différentielles, avait vainement cherché à résoudre le problème central de la mécanique céleste newtonienne, appelé problème des n corps, qui consistait à déterminer le mouvement de n corps sujets à la force d'attraction gravitationnelle. Le cas où n = 2, dit problème des deux corps, avait déjà été résolu par Newton selon des méthodes assez simples. En revanche, le problème des trois corps (par exemple le système Soleil-Terre-Lune) avait résisté à toute tentative de solution pendant environ deux siècles. Les équations newtoniennes étant en général non linéaires, Poincaré y appliqua une série de nouveaux instruments d'analyse qualitative, à la création desquels il avait apporté une contribution fondamentale. Il s'agissait de méthodes de type géométrique qui favorisaient l'intuition plus que les méthodes abstraites de l'analyse mathématique classique.

Plus précisément, sur la base des diagrammes de phase, on pouvait procéder à des considérations de type topologique, permettant de traiter des problèmes dans des espaces de dimension supérieure à trois, ce que des géomètres avaient commencé à considérer et à étudier à partir de la seconde moitié du 19ème siècle.

À première vue, ces espaces semblaient être des objets étranges, et leur introduction avait rencontré des résistances, comme cela avait eu lieu par le passé pour les nombres imaginaires, qui appartiendront pourtant plus tard aux notions de base des mathématiques, au même titre que les concepts d'ensemble et de fonction. Pour étudier le problème des trois corps, il fallait travailler sur un espace de phases de dimension 18 (neuf variables de position + neuf variables de vitesse). Mais Poincaré, étant l'un des fondateurs de la topologie, qu'il appelait analysis situs, il l'appliqua tout de même de son mieux à ce problème difficile. En vain, puisque ses conclusions, contenues dans un grand traité en trois volumes intitulé *Les nouvelles méthodes de la mécanique céleste*, publié entre 1892 et 1899, furent aussi brillantes qu'ambigües, voire décevantes.

En effet, il démontrait qu'il était impossible d'obtenir une solution générale exacte au problème des trois corps. Plus encore, tentant d'en interpréter le diagramme des phases, il insistait sur l'intense complexité de la situation, induisant un désordre apparent qui empêchait d'obtenir une description simple et claire du mouvement. C'était la première fois qu'était remise en question la simplicité supposée des problèmes mathématisables, et l'ordre inhérent aux problèmes décrits par les équations différentielles. On devait accepter l'idée d'une complexité présente même dans des schémas mathématiques qui semblaient simples, et donc accepter l'existence d'un chaos intrinsèque, par la difficulté notamment de suivre l'évolution d'une trajectoire d'un système dynamique à partir d'un état initial donné.

Poincaré ne s'opposait pas à une nouvelle analyse des systèmes dynamiques qui pouvait permettre de traiter aussi les systèmes décrits par des équations non linéaires. Mais compte tenu de la perplexité résultant de son échec, l'intérêt pour la physique mathématique resta faible dans les premières décennies du 20ème siècle, au profit de la mécanique quantique, et d'études sur les oscillations linéaires (dont l'exemple le plus typique était l'oscillateur harmonique) qui prenaient une nouvelle place importante dans la physique théorique existante, sans tenir compte des apports de Poincaré.

Ceci mobilisait surtout des chercheurs de culture occidentale, car ailleurs, cette physique théorique provoquait une réaction plus réticente, notamment en Union soviétique, où l'intérêt des mathématiciens et des physiciens-mathématiciens restait davantage tourné vers la mécanique appliquée, la radiophysique, la théorie des vibrations, et la théorie du contrôle et des servomécanismes (mécanismes de contrôle à rétroaction). L'école russe, où se distinguait Andrei N. Kolmogorov, jeta même les bases d'une intéressante théorie alternative des phénomènes non linéaires.

Mais en raison, entre autres, des difficultés de communication entre l'Union soviétique et les pays occidentaux, les études des savants soviétiques furent souvent ignorées jusqu'aux années 1990. Et les apports de Poincaré n'eurent pas un meilleur sort, puisque même si en 1927 le mathématicien américain George David Birkhoff avait publié un livre intitulé *Systèmes dynamiques*, dans lequel il développait les idées de Poincaré, la tendance majoritaire chez les mathématiciens occidentaux avait été d'abandonner progressivement les travaux liés à la physique classique, pour se concentrer sur des recherches utilisant notamment un nouveau langage axiomatique.

De leur côté, dans des laboratoires industriels, des ingénieurs et des mathématiciens appliqués traitaient plus pragmatiquement des phénomènes qui ne pouvaient pas être résolus par des approches linéaires classiques, notamment des phénomènes d'électronique, de régulation automatique, et d'aérodynamique. Une équation innovante d'auto-oscillateur avait été introduite par l'ingénieur hollandais Balthasar Van der Pol, en 1922, pour expliquer le comportement d'un dispositif radiotechnique. Il remarquait opportunément que cette équation pouvait servir à expliquer le fonctionnement d'autres systèmes, comme le battement cardiaque ou le marteau pneumatique, anticipant une approche scientifique potentiellement plus large.

C'était d'autant plus intéressant que dans les applications utilitaires, on réglait déjà les problèmes de façon aussi concrètement utile que possible. Même durant la seconde guerre mondiale, alors que les recherches liées aux applications pratiques étaient une priorité de défense nationale, notamment dans le laboratoire américain de Los Alamos, où était construite la bombe atomique, les problèmes à résoudre ne ressortissaient pas tant de la physique nucléaire que de la dynamique appliquée des fluides.

À la fin de cette guerre, le mathématicien John von Neumann manifesta pourtant un nouvel intérêt pour la physique mathématique. En observant que la situation des problèmes non linéaires restait pendante, il affirma que sous les incertitudes mathématiques du moment se cachaient certainement d'importantes découvertes potentielles, mathématiques et physiques.

Von Neumann pensait que de nouveaux calculateurs électroniques pourraient faciliter le développement de la recherche dans ce domaine. Après lui, entre les années 1960 et 1970, sans partir d'une conception théorique abstraite, mais séduits en revanche par la possibilité d'effectuer un grand nombre de calculs à l'aide des plus récents dispositifs électro-mécaniques, certains savants tentèrent d'obtenir de nouveaux résultats dans l'étude de phénomènes décrits par des équations non linéaires.

Pendant un certain temps, il s'est agi de travaux isolés qui avaient une faible diffusion. Mais à la fin des années 1950, un spécialiste américain de topologie parmi les plus connus, Stephen Smale, décida de s'occuper plus efficacement des systèmes pour lesquels avaient été pensées les méthodes de la topologie. En reprenant des résultats obtenus pendant les premières décennies du développement de la topologie, Smale put effectivement traiter d'une manière originale d'anciens problèmes, en commençant par l'étude d'oscillateurs non linéaires. De ce point de vue, en effet, l'objet d'étude pouvait être traité en tenant compte de transformations topologiques. Par exemple, lorsqu'une perte d'énergie due au frottement dans un système provoquait une contraction de trajectoire dans l'espace des phases, jusqu'à la réduire à un point.

Les travaux de Smale et de son école à l'Université de Californie de Berkeley, suivis avec intérêt ailleurs, y compris par certains collègues d'Union soviétique, réveillèrent progressivement la motivation des mathématiciens occidentaux pour ces processus, ouvrant la voie à une meilleure prise en compte des contributions russes, puis à un débat élargi sur ces thèmes. Par conséquent, depuis le milieu des années 1970, les études sur la non linéarité recommencèrent à avoir une diffusion croissante dans la communauté scientifique internationale, en débordant du cercle restreint de la science appliquée et de ses cloisonnements géo-politiques.

Une suite prometteuse en fut l'étude des manifestations du phénomène particulier de la sensibilité aux conditions initiales, aboutissant par la suite à l'élaboration d'une théorie plus structurée du chaos, et entrainant ensemble la météorologie, le déterminisme, l'ordinateur, et bien d'autres outils et domaines, dans des interactions de plus en plus fructueuses.

Tour en continuant à suivre le fil de notre propos, nous allons dans l'exposé suivant clarifier un peu mieux le chaos et la complexité, avant de revenir à la mécanique universelle à travers la relativité et le quantique.

John von Neumann
(1903-1957)

Thalès de Milet (625-547 avJC) ne pouvait pas imaginer ce que serait un graphe d'attracteur étrange plus de 2.600 ans après lui.

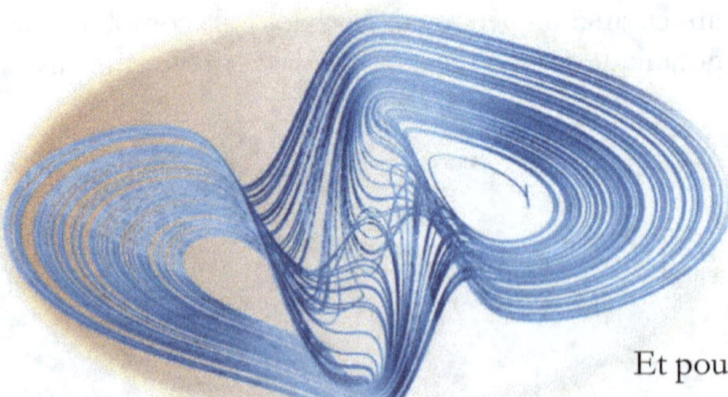

Et pourtant …

CHAOS ET COMPLEXITE

Pour continuer dans la cohérence des exposés précédents, on peut rappeler qu'au début du 20ème siècle l'un des principaux domaines utilitaires où la physique avait pu appliquer concrètement ses progrès, était celui de la météorologie (étymologiquement, la science des météores, c'est-à-dire de "ce qui se passe en haut"). Les phénomènes atmosphériques visibles, qui se manifestaient par des nuages, de la pluie, du vent, ou des variations de températures, étaient surtout physiques. Il était donc normal de vouloir leur appliquer des lois physiques, notamment celles de la dynamique des fluides et de la thermodynamique, pour en améliorer l'analyse scientifique. Et une fois réalisée cette analyse, il devenait possible d'en extrapoler des tendances utiles, et un futur probable, autrement dit, il était envisageable d'en obtenir des prévisions météorologiques. Les conséquences socio-économiques pouvaient en être importantes.

Depuis la fin du 19ème siècle, différents savants avaient avancé dans cette voie, et ils avaient essayé de modéliser la dynamique atmosphérique au moyen d'équations différentielles. Mais le problème s'était révélé être d'une complexité rédhibitoire, même avec de tels outils. En effet, on devait tenir compte de nombreux facteurs -c'est-à-dire, mathématiquement parlant, de variables- qui jouaient un rôle dans le développement des phénomènes. Ces variables avaient chacune une action propre, tout en étant liées réciproquement par de multiples interactions et rétroactions. Par conséquent, même si pour obtenir des résultats exploitables, on opérait une simplification, le schéma mathématique restait encore tellement compliqué qu'il rendait impossible une analyse prospective fiable.

Tant que des méthodes numériques n'étaient pas techniquement applicables, et en raison de la trop grande quantité de calculs requise, les météorologues continuaient donc à appliquer faute de mieux des recettes traditionnelles, en élaborant des prévisions sur la base de l'interprétation pragmatique des données relevées et des cartes actualisées du temps.

L'élément subjectif, l'expérience du météorologue, et la qualité de la documentation pratique (cartes des différents profils météorologiques), joints à certains savoirs de physique, étaient leurs outils principaux.

Mais dès que furent disponibles les premiers grands calculateurs électro-mécaniques, dans les années 1940, plusieurs de ces machines ont été affectées à l'analyse météorologique. Et dans les années 1950, on continua activement dans cette voie. Les phénomènes météorologiques semblaient être l'exemple-type d'une problématique complexe qui restait à traiter scientifiquement, et d'autant mieux avec des outils de calcul puissants. Mais ce n'était pas le seul domaine traitable, et une activité de recherche caractéristique de la seconde moitié du 20ème siècle avait appliqué aussi des méthodes de physique mathématique, puis de calcul informatisé, à divers secteurs de la technologie, de l'économie, et de la biologie.

Or, là aussi, lorsqu'on allait au-delà des schémas de physique classique bien organisés, régis pour la plupart par une logique de type linéaire, on se trouvait face à des problèmes et à des systèmes caractérisés par un grand nombre de composantes, de variables, et d'interactions. Même si l'on introduisait des simplifications et qu'on les étudiait par parties, le schéma n'en restait pas moins complexe. Pour l'aborder, on ne pouvait donc pas éviter d'envisager tôt ou tard un traitement non linéaire, et informatisé.

Dès que ceci a été réalisé, et l'amélioration des ordinateurs augmentant de plus en plus la puissance des calculs numériques, beaucoup de domaines scientifiques ont pu en profiter, jusqu'à la physique mathématique, qui a pu elle aussi faire l'économie de certaines de ses pratiques antérieures. Des chercheurs ont accompagné ce changement avec de nouveaux schémas mathématiques, applicables transversalement à de nombreux domaines, et dégagés de la nécessité d'une analyse classique pour chaque phénomène étudié.

Mais en météorologie, cette nouvelle orientation n'a pas d'emblée remis en question certains fondements déterministes, et certaines habitudes, qui réunissaient encore de nombreux spécialistes. Dans la mesure où il fallait étudier rapidement des phénomènes réels, et favoriser opportunément une décision en conséquence, on s'est d'abord contenté de la possibilité d'obtenir informatiquement au-moins des prévisions utiles à court terme, en attendant qu'une découverte future permette de mieux faire.

Et justement, au début des années 1960, le météorologue américain Edward Lorenz publia, dans une revue consacrée aux recherches sur les sciences de l'atmosphère, un article qui contenait d'intéressantes réflexions.

Lorenz, en faisant usage d'un simple ordinateur personnel, avait construit ce qu'il considérait comme un petit modèle didactique d'atmosphère. Il ne se préoccupait pas de comparer son modèle avec une situation réelle complexe, comme l'avaient fait des pionniers tels Richardson ou von Neumann, mais il tentait une simulation innovante, en accumulant et en traitant les données de sa petite atmosphère imaginaire. Il utilisait en particulier une reproduction graphique qui lui permettait d'imprimer une figure capable d'illustrer l'évolution du système étudié.

Un jour, il voulut examiner l'une des séquences de données sur une période de temps plus longue, et au lieu de repartir de zéro, il reprit ses opérations à partir des données affichées par l'ordinateur au milieu de la session du calcul précédent. Ces données ont servi de nouvelles conditions initiales, et selon le déterminisme mathématique, les données produites après la reprise du calcul par l'ordinateur devaient rester cohérentes avec celles de la première exécution, au moins pour une séquence comparable.

Or, Lorenz remarqua alors que la prévision précédente s'éloignait rapidement de la nouvelle. S'agissait-il d'une défaillance de l'ordinateur ? Ou ces données étaient-elles contraires à la logique applicable ? Il vérifia son dispositif, et tout y semblait normal. Mais la possibilité d'obtenir des prévisions météorologiques fiables, valables pour plusieurs jours, disparaissait. Il en trouva finalement la raison dans l'introduction de données arrondies, c'est-à-dire avec moins de chiffres décimaux que ceux que le calculateur conservait en mémoire (0,432 au lieu de 0,432152). Entre ces nombres, il existait une différence minuscule (de 0,000152) mais qui suffisait à provoquer une évolution du système complètement inattendue. Ce qui révélait un phénomène préoccupant de sensibilité aux conditions initiales ou, en d'autres termes, d'instabilité due à de petites incidences.

Cette découverte allait impulser beaucoup de changements. Lors d'une conférence sur le Programme mondial de recherche atmosphérique, tenue en 1972, Lorenz avança de façon un peu provocante la possibilité que le battement des ailes d'un papillon au Brésil puisse déclencher une tornade au Texas. L'image allait faire le tour du monde, et Lorenz exposa un certain nombre d'observations sur l'analyse des situations météorologiques, permettant d'y situer l'instabilité de l'atmosphère, en rappelant toutefois que l'aspect essentiel de sa découverte consistait seulement en une représentation de l'atmosphère au moyen d'un modèle mathématico-informatique, où en l'état, la sensibilité aux conditions initiales apparaissait comme une singularité accidentelle, mais qui induisait une complexité préoccupante.

Et cette complexité était accentuée par une connaissance insuffisante des principes physiques qui régissaient le temps, ainsi que par la façon d'opérer (en partie aléatoire) de l'ordinateur ainsi programmé et alimenté.

Pour justifier sa réflexion, Lorenz travailla sur un modèle météorologique encore plus simple, lié à un phénomène particulièrement important dans ce contexte : la convection, c'est-à-dire le mouvement d'un fluide (liquide ou gaz) sous l'effet de la chaleur. La chaleur de la surface de la Terre provoquait des courants ascendants dans l'atmosphère, donnant éventuellement lieu à des nuages orageux. Ce phénomène avait pu être décrit par certaines équations aux dérivées partielles classiques, qui liaient la vitesse du fluide et la propagation de la chaleur.

En introduisant quelques simplifications, Lorenz parvint donc d'abord à une description du phénomène au moyen d'un système de trois équations différentielles ordinaires : $dx/dt=10y-10x$, $dy/dt=xy+28x-y$, $dz/dt=xy-8/3z$. Mais le calcul numérique de la valeur des variables x, y, z révélait ensuite une grande complexité de la dynamique du système, qui ne tendait ni vers un état stationnaire, ni vers une évolution périodique. En effet, les oscillations, régulières au début, devenaient par la suite complètement chaotiques. Et le diagramme des phases, en trois dimensions, montrait que les trajectoires s'enroulaient autour d'un objet en prenant une forme étrange.

Une telle figure, inscrite dans l'espace des phases, était effectivement l'un des premiers exemples d'un nouveau type d'attracteurs, décrit pour la première fois par David Ruelle et Floris Takens dans le contexte de la théorie des systèmes dynamiques, et qui se présentait en systèmes de dimension trois (comme celui de Lorenz) ou supérieure à trois. L'attracteur avait été qualifié d'étrange parce qu'il n'était pas comme un point (qui indique un état asymptotique stationnaire) ou un cycle-limite (qui indique un état asymptotique périodique), mais parce qu'il pouvait présenter les formes les plus improbables, et même des formes impossibles à produire sans l'aide d'instruments graphiques informatisés.

De cette façon, en présence d'un attracteur étrange, le comportement asymptotique d'un système apparaissait aléatoire, en ce sens que chaque ensemble de conditions initiales -même lorsqu'il s'agissait de conditions initiales très proches, presque identiques- pouvait donner lieu à un comportement très différent au cours du temps. Par conséquent, puisqu'en réalité les conditions initiales d'un système n'étaient jamais connues avec une précision absolue, une prévision exacte était impossible, même si en théorie le comportement du système était supposé déterminé.

La découverte du chaos déterministe dans les systèmes dynamiques n'était pas une bonne nouvelle pour certains chercheurs, notamment pour ceux qui travaillaient en prévision météorologique. Toutefois, elle introduisait la possibilité d'étudier des phénomènes physiques dans lesquels semblait intervenir un caractère aléatoire, sans avoir recours à des méthodes stochastiques (c'est-à-dire fondées sur la théorie des probabilités). Par conséquent, on pouvait essayer d'y éprouver une théorie des systèmes dynamiques (théorie de type déterministe), par exemple dans le cas de la turbulence, l'un des plus anciens problèmes irrésolus de la physique classique.

Depuis le début du 19ème siècle, les physiciens mathématiciens étaient en mesure de décrire le flux régulier d'un liquide ou d'un gaz, mais l'origine des flux turbulents, qui revêtaient une grande importance du point de vue des applications, n'avait pas encore trouvé une véritable explication théorique. Les ingénieurs en aéronautique, et ceux qui dessinaient des conduits et des canalisations, étaient capables, dans leur pratique, de résoudre des problèmes de turbulence, d'en prévenir et d'en éliminer certains effets, qui pouvaient diminuer le rendement d'un dispositif et provoquer des catastrophes. Mais en ce qui concerne la transition exacte de la régularité à la turbulence, on ne pouvait que faire des hypothèses.

Le travail sur les attracteurs étranges fut donc pris en compte par Ruelle et Takens, dans le cadre d'une nouvelle théorie mathématique de la turbulence, fondée sur la théorie des systèmes dynamiques de Smale. C'est ainsi que naquit un nouveau domaine de recherche affecté à l'étude déterministe de la turbulence, c'est-à-dire à la recherche de l'ordre à l'intérieur du chaos.

Il y avait de la place pour cela, mais il fallait dépasser le cadre conceptuel des mathématiques héritées du 19me siècle, et leur idéal d'austérité et de rigueur, comme le faisaient déjà de nouvelles intuitions de type géométrique, qui infirmaient la perfection de la méthode axiomatique, et plus largement, qui contrariaient l'autonomie et le caractère formel abstrait des mathématiques. Or, ce cadre conceptuel traditionnel ayant joué un grand rôle dans l'histoire des mathématiques, de nombreux mathématiciens, parmi lesquels Poincaré, insistaient encore sur son importance dans le développement et l'orientation future des recherches.

Le développement de la théorie qualitative des systèmes dynamiques, qui avait mené à la découverte du chaos déterministe, a donc contribué à la persistance de cette tension entre les principaux points de vue sur la nature et la méthode mathématique, et sur leurs possibles dépassements.

Mais peu à peu, l'utilisation combinée de diagrammes et de figures, le recours fréquent à l'ordinateur et à l'analyse numérique, et même l'analogie physique (dans la description de comportements complexes en hydrodynamique, en cinétique chimique, en mécanique et en électronique) ont tout de même déstabilisé les points de vue classiques, et ont poussé à la création de ce qu'on a appelé les mathématiques expérimentales.

Dans la seconde moitié du 20ème siècle, l'étude des objets fractals, inaugurée par Benoît Mandelbrot, a ainsi fourni un cadre intéressant de recherches alternatives, qui ont produit des interactions profitables avec les mathématiques du chaos. Mandelbrot avait reçu sa formation mathématique dans un centre d'enseignement de haut niveau, l'École normale supérieure de Paris. Par la suite, il partit vivre aux Etats-Unis, où il travailla dans le secteur de recherche de la compagnie IBM.

Son activité s'exerçant aux marges de la science universitaire, Mandelbrot avait une grande liberté pour explorer de façon autonome des questions mathématiques non orthodoxes. Il conçut un nouveau type de représentation géométrique, développée avec l'aide d'un ordinateur, et susceptible d'être appliquée jusqu'aux processus naturels et sociaux les plus variés. L'un des premiers exemples qu'il traita concernait les oscillations du prix du coton sur le marché mondial. Son objectif était de découvrir l'ordre et les lois qui sous-tendaient une masse de données apparemment incohérentes. Puis Mandelbrot a pu mettre en évidence la présence d'un type de symétrie lié à l'invariance d'échelle. Il arrivait en effet que, dans un phénomène, on enregistre une structure particulière à telle ou telle échelle, mais qui pouvait se répéter aussi à des échelles plus grandes ou plus petites.

Et ceci comme dans le prix du coton, où la courbe de fluctuation à l'échelle mensuelle et la courbe à l'échelle quotidienne étaient semblables. D'autres exemples concernaient la distribution des mots, la distribution des grandes et des petites villes, ou l'apparition d'un bruit perturbant dans les transmissions téléphoniques. Mandelbrot considérait que son nouveau concept pouvait éclairer des aspects du monde jusqu'alors négligés ou intraitables. C'est ainsi qu'en 1967 il publia, dans la revue américaine Science, un article devenu célèbre, dans lequel il se penchait sur la question de savoir quelle était la longueur de la ligne d'une côte découpée comme celle de la Bretagne ? Il parvenait à la conclusion qu'il n'était pas possible de fournir une réponse exacte. En effet, si l'on procédait à une reconnaissance aérienne en survolant cette côte à diverses altitudes, les dimensions obtenues étaient très différentes.

Plus l'avion descendait, plus étaient visibles, dans les photographies, de nouveaux détails géographiques, baies, promontoires, et caps. La précision augmentait encore si l'on mesurait la côte au moyen d'instruments de mesure utilisés sur la terre ferme. Un nombre encore plus grand de détails était observable dans le parcours (même imaginaire) d'un escargot sur la ligne côtière. Ce processus de zoom, d'un point de vue mathématique, n'avait pas de fin, et la longueur mesurée croissait sans limites.

Selon le point de vue de Mandelbrot, il en ressortait que les formes et les systèmes de mesure de la géométrie ordinaire n'étaient pas adaptés aux formes et aux distributions irrégulières présentes dans le monde réel. Des mathématiciens avaient déjà décrit d'autres figures géométriques, considérées d'abord comme monstrueuses ou difformes, mais précursives tout de même d'un nouveau type de mesure (la reproduction de la structure à des échelles de plus en plus petites) qui intéressait Mandelbrot.

Un autre modèle précurseur, qui rappelait celui de la ligne côtière, avait été proposé en 1904 par le suédois Helge von Koch (1870-1924). Vue de loin, sa figure pouvait apparaitre comme un simple triangle équilatéral. Mais au fur et à mesure qu'on s'en approchait, on pouvait voir que chaque côté du triangle contenait une petite protubérance, ayant à son tour la forme d'un triangle équilatéral, puis que sur chacun des côtés de ces petits triangles se trouvaient des protubérances identiques, et ainsi de suite.

On pouvait parvenir ainsi à une figure qui avait l'apparence de ce que l'œil humain réussissait à distinguer, alors que mathématiquement le processus pouvait se poursuivre à l'infini, et que la véritable courbe était la limite calculable de ce processus. Le périmètre de cette courbe, dite courbe en flocon de neige, était infini, mais la courbe avait une particularité intéressante : sa représentation structurelle mathématisable.

Représentée par une courbe, elle ne pouvait être qu'unidimensionnelle. En effet, les lignes de la géométrie classique (droite, ellipse, etc) étaient toutes unidimensionnelles. Un petit être vivant au-dessus d'elles ne pouvait se mouvoir que dans une seule direction. Un plan ou une surface sont en revanche bidimensionnels, puisqu'il existe deux directions possibles de mouvement (longitudinalement, et en profondeur). Mais la véritable courbe, la courbe limite, présentait des dimensions intermédiaires entre l'une et l'autre, c'est-à-dire qu'elle avait une dimension fractionnaire. Ce type de figure avait déjà été proposé, au passage du 19ème au 20ème siècles, à une période où les mathématiciens menaient de nombreuses réflexions sur les fondements logiques de leur discipline.

Il était alors devenu évident que l'idée de dimension, même si elle avait une base intuitive évidente, échappait à une définition rigoureuse. On dut admettre des cas limites, où l'intuition pouvait aider, et qui illustraient cette problématique. Le mathématicien italien Giuseppe Peano (1858-1932) avait proposé pour sa part un exemple de courbe qui remplissait un carré.

On peut aussi citer l'ensemble de Cantor (utilisé par Mandelbrot pour modéliser le problème de la perturbation des transmissions) et l'éponge de Sierpinski. Tous ces modèles donnèrent lieu à de nombreuses recherches sur le concept de dimension structurelle, et amenèrent différentes définitions, qui incluaient la possibilité de valeurs fractales différentes. Si l'on applique la définition la plus employée pour les ensembles fractals, que l'on doit à Hausdorff et à Besicovich, la dimension de similarité de la courbe de Koch est de 1,2618, tandis que, par exemple, celle de l'ensemble de Cantor est de 0,6309 (soit la moitié).

Mandelbrot obtint par la suite un grand nombre d'autres figures de ce genre, qu'il appela justement fractales (du latin fractus, c'est-à-dire brisé, qui évoque à la fois l'idée de fraction et celle de fracture, de fragmentation ou de découpe, caractéristiques de ces formes). En 1977, Mandelbrot publia un livre intitulé *Les objets fractals : forme, hasard et dimension*, dans lequel il présentait la géométrie fractale comme un nouveau modèle de représentation de la nature, capable de mesurer d'autres qualités des figures, comme la rugosité, la découpe, l'irrégularité, et les modalités selon lesquelles un objet remplissait l'espace. Mandelbrot recourait à des exemples tirés de domaines très différents et il faisait un large usage des possibilités graphiques de l'ordinateur. Mais il reconnaissait que le comportement fractal d'un élément extrapolé du monde réel, comme la ligne côtière de la Bretagne, n'était pas aussi simple et modélisable que celui des figures mentionnées ci-dessus.

Mandelbrot mena des recherches sur diverses fractales dans lesquelles le mode de reproduction changeait en permanence, et il montra la présence d'irrégularités de type fractal dans des systèmes dynamiques complexes (c'est-à-dire dans les modèles mathématiques d'évolution temporelle dans lesquels étaient impliqués des nombres complexes). Il reprenait là certaines idées des mathématiciens français Gaston Julia et Pierre Fatou, lesquels, toujours au début du 20ème siècle, avaient exploré ces thèmes, même si leurs recherches avaient été entravées -comme dans le cas de Poincaré- par la difficulté de représenter les objets mathématiques décrits. Dans ce domaine, des ordinateurs, de plus en plus performants, allaient heureusement permettre d'améliorer les calculs et les représentations.

L'une des premières figures obtenues par Mandelbrot avec assistance informatique -appelée ensemble de Mandelbrot- illustrait effectivement le comportement autoreproducteur des fractales, lié au comportement des systèmes dynamiques. Et dans de nombreux exemples de dynamique chaotique, une analyse qualitative pouvait mettre en évidence aussi l'émergence de structures géométriques de type fractal. Le livre de Mandelbrot, republié sous le titre *La géométrie fractale de la nature*, est devenu célèbre, et ses idées ont été adoptées jusque dans des études de physiologie et d'astronomie, et dans des recherches industrielles sur la structure des matériaux et sur les contacts entre surfaces. Les possibilités graphiques spectaculaires des fractales, utilisées pour la création d'effets spéciaux cinématographiques à l'aide d'ordinateurs, ont eu aussi un impact remarquable. Toutefois, tous les chercheurs ne se sont pas enthousiasmés pour ses idées, et Mandelbrot a été une figure controversée. De futures recherches devraient pouvoir confirmer ou non la pertinence de la géométrie fractale, et mieux en départager les avis.

Pour leur part, les conclusions de Lorenz, et celles d'autres chercheurs s'occupant de la dynamique non linéairc (en astronomie, en électricité), n'avaient eu d'abord qu'un faible écho, notamment parce que la science de la seconde moitié du 20ème siècle avait atteint un tel degré de spécialisation, et produit une telle masse de résultats dans chaque domaine spécifique, que l'émergence de certains faits nouveaux n'y était plus toujours aisée.

En 1974, Li et York renforcèrent cependant le terme et le concept d'un chaos présenté comme un néologisme suggestif et global, qui évoquait notamment des champs d'investigation mixtes philosophiques et scientifiques, tels que l'ordre, la causalité, les prédictions, le déterminisme, et le hasard.

Dans les années 1980, ces nouveaux champs d'investigation ont pris une place croissante sur la scène mathématique, et plus largement, scientifique. Ils ont poussé à introduire de nombreuses hypothèses et descriptions, incluant jusqu'à une certaine réorientation philosophique de la science. Le monde intellectuel et médiatique s'est alors d'autant plus intéressé à ces extensions conceptuelles, qui ont été portées à la curiosité du grand public, à travers des journaux et des livres de vulgarisation.

En 1987, le journaliste américain James Gleick publia notamment un livre intitulé *La Théorie du Chaos*, appuyé sur plusieurs interviews de savants opérant dans ces domaines de recherche, parmi lesquels Smale, Lorenz et Mandelbrot, et dans lequel il écrivait que là où commençait le chaos, s'arrêtait la science classique. Bien qu'excessif, c'était suggestif.

Il remarquait que la science classique avait délaissé le caractère irrégulier, discontinu et désordonné de la nature, dans ses phénomènes comme la mer turbulente, le désordre de l'atmosphère, les variations des populations animales, les oscillations du cœur et du cerveau, phénomènes parfois considérés comme des énigmes, voire comme des aberrations.

Effectivement, même la physique des particules, phare de la science au 20ème siècle, avait produit de brillantes théories sur les forces fondamentales de la nature et sur l'origine de l'Univers, mais sans rien dire de vraiment intéressant sur certains phénomènes complexes, et sur le monde tel qu'on peut le connaître par l'expérience quotidienne. Selon Gleick, la physique théorique avait perdu contact avec la représentation intuitive que les Hommes se faisaient du monde, et elle stagnait lorsqu'elle se limitait à développer les conceptions des fondateurs de la relativité et de la mécanique quantique, sans produire de nouvelles interprétations véritablement génératrices de progrès utile. De nombreux savants ont vu dans cette analyse une confirmation de l'impasse déjà évoquée par Poincaré, qui assortissait ce qui semblait être le fruit du hasard à une impossibilité de le prévoir.

Mais d'autres savants y ont vu plutôt une opportunité de relance, en considérant la théorie du chaos comme une mini-révolution scientifique, même si elle était potentiellement porteuse de difficultés philosophiques, et même si la découverte de processus imprévisibles pouvait saper les conceptions déterministes sans compensation. En effet, le chaos pouvait induire que dans des systèmes complexes, y compris économiques et biologiques, il existait une composante non déterministe, autonome, ingérable dans les modèles conçus de façon strictement déterministe, mais sans pouvoir dire jusqu'où cela conduirait. C'est donc la modélisation, notamment prospective, de tels phénomènes complexes, qui a constitué un défi majeur pour de nombreux savants des dernières décennies du 20ème siècle.

Comprenant l'intérêt d'avancer dans ce sens, des mathématiciens ont commencé à mettre au point de nouveaux instruments pratiques d'aide à l'analyse de la complexité, approfondissant la théorie des jeux (en modélisant les situations d'équilibre stratégique et la prise de décisions), ou la théorie des catastrophes (en modélisant les phénomènes caractérisés par de brusques discontinuités, dans le domaine biologique ou même socio-politique).

L'instrument central commun de ces recherches a été une informatisation croissante, qui a permis de simuler l'évolution des systèmes complexes grâce à des potentialités graphiques et de calcul augmentées par des techniques de plus en plus sophistiquées de classement et d'analyse numérique.

Ce qui était d'autant plus utile qu'on pressentait déjà que la relativité générale et la physique quantique étaient des théories intermédiaires, qu'il faudrait tôt ou tard dépasser, avec des outils conceptuels et pratiques (notamment quantitatifs) de gestion de la complexité, jusqu'à pouvoir synthétiser une éventuelle théorie plus intégratrice et plus globale.

Dans les exposés suivants, nous allons donc reprendre le fil des découvertes et des réflexions particulières qui avaient mené jusqu'à la relativité et au quantique, pour voir quelles peuvent en être les perspectives, compte-tenu notamment des technologies et des conséquences qui leur sont associées, et des incidences éventuelles des nouveaux outils conceptuels.

Paul Dirac a dévoilé sa conception de l'anti-matière en 1928.

L'un des premiers lasers (perfectionnement des masers) avec Charles Townes. 1964

LA RELATIVITÉ

Comme nous l'avons vu, la théorie de la relativité d'Einstein avait modifié les lois de la mécanique qui permettaient jusqu'alors de définir le mouvement des corps à partir des forces qui s'y exerçaient. Sa théorie de la relativité, élaborée entre 1907 et 1915, s'était substituée à la théorie de Newton sur la gravitation universelle. Mais les lois de Newton restaient utilisables tant qu'une vitesse ne rejoignait ni ne dépassait celle de la lumière, qui est tellement rapide (environ 300.000 kilomètres par seconde) que, quelles que soient les performances des trains, des avions ou même des fusées, ces lois pouvaient être probablement encore longtemps utilisées pour décrire les phénomènes de la vie quotidienne.

Par contre, l'étude de la cosmologie pouvait mieux se faire dans le cadre de la relativité d'Einstein, qui n'avait fait d'ailleurs que tirer des conséquences, et prolonger des principes, déjà énoncés par Galilée et Poincaré. Pour en donner une illustration simple, rappelons que le principe de relativité restreinte dit que les lois de la physique sont les mêmes dans un train immobile et dans un train qui roule en ligne droite à vitesse constante.

Autrement dit, les résultats d'expériences effectuées à l'intérieur d'un train ne permettent pas de déterminer si ce train roule ou non ; pour le savoir, il faut regarder par la fenêtre. Du point de vue du physicien, on ne peut pas considérer d'immobilité ou de mouvement absolus, mais seulement le mouvement du train par rapport au sol, ou le mouvement du sol par rapport au train, puisque le mouvement d'un corps est défini relativement à un autre, d'où la notion et le terme de relativité. Lorsqu'on y rattache le qualificatif "restreinte", c'est à cause de la restriction sur les mouvements du train, qui sont envisagés seulement en ligne droite et à vitesse constante.

Ce principe de relativité était connu depuis 1632, lorsqu'il avait été formulé par Galilée dans le *Dialogue* concernant les principaux systèmes du monde. Voici un court extrait de cet ouvrage, dans lequel le principe galiléen de relativité était expliqué.

Il y est écrit : " Enfermez-vous avec un ami dans la plus vaste cabine d'un grand navire, et faites en sorte que s'y trouvent également des mouches, des papillons et d'autres petits animaux volants, et qu'y soit disposé un grand récipient empli d'eau dans lequel on aura mis des petits poissons ; suspendez également à bonne hauteur un petit seau et disposez-le de manière que l'eau se déverse goutte à goutte dans un autre récipient à col étroit que vous aurez disposé en dessous; puis alors que le navire est à l'arrêt, observez attentivement comment ces petits animaux volent avec des vitesses égales quel que soit l'endroit de la cabine vers lequel ils se dirigent; vous pourrez voir les poissons nager indifféremment dans toutes les directions; les gouttes d'eau tomberont toutes dans le récipient posé par terre.

Une fois que vous avez observé attentivement tout cela, faites se déplacer le navire à une vitesse aussi grande que vous voudrez; pourvu que le mouvement soit uniforme et ne fluctue pas de-ci de-là, vous n'apercevrez aucun changement dans les effets nommés, et aucun d'entre eux ne vous permettra de savoir si le navire avance ou bien s'il est arrêté : les gouttes d'eau tomberont comme auparavant dans le récipient qu'on aura mis en dessous, sans qu'une seule goutte ne tombe du côté de la poupe, bien que pendant le temps où la goutte est en l'air le navire ait parcouru plus d'un empan; les poissons dans leur eau nageront sans plus d'effort vers l'une ou l'autre partie du récipient dans lequel on les aura mis et ils se dirigeront avec autant d'aisance vers la nourriture quel que soit l'endroit du bord du bocal où elle aura été placée; enfin les papillons et les mouches continueront à voler indifféremment dans toutes les directions. Et on ne les verra jamais s'accumuler du côté de la cloison qui fait face à la poupe, ce qui ne manquerait pas d'arriver s'ils devaient s'épuiser à suivre le navire dans sa course rapide ".

S'il a pris, à son époque, une importance considérable par sa rupture avec la description aristotélicienne et religieuse du monde, le principe de la relativité galiléenne n'a rien pour étonner en l'an 2000. Dans un train roulant à sa vitesse de croisière, le café servi au bar coule dans la tasse de la même façon qu'au buffet de la gare. Lorsqu'on se déplace dans les couloirs, tant que le train ne tourne ni ne freine, il n'est pas nécessaire de faire plus d'efforts que ceux que nécessite la marche sur le quai.

Mais lorsqu'en 1905, Einstein a étendu son principe de la relativité à toutes les lois de la physique, cette démarche a impliqué des conséquences. En effet, pour énoncer et utiliser les lois de la physique selon son principe, il lui fallait un système de positionnement de référence.

Et notamment des axes gradués (longitude, latitude et altitude, par exemple) et une horloge, qui permettaient de préciser la position et l'instant où se produisait chaque événement. Un tel ensemble est appelé un référentiel, c'est-à-dire un système auquel on se réfère pour se situer. Dans notre exemple du train, le référentiel peut être celui dans lequel le train reste immobile, l'horloge étant embarquée à bord du train.

On pouvait formuler le principe de relativité restreinte d'Einstein de façon plus précise en disant que les lois de la physique avaient les mêmes fondements et les mêmes effets dans tous les référentiels qui se déplaçaient à vitesse constante les uns par rapport aux autres. Rappelons que, pour les physiciens, la vitesse est représentée par un vecteur, et qu'une vitesse constante signifie généralement que le mouvement a lieu en ligne droite. Mais pour mieux comprendre les conséquences intéressantes du principe de relativité d'Einstein, on peut les mettre en correspondance avec la mécanique selon Galilée et Newton, où la description d'un mouvement dépend aussi du référentiel. Et là, par exemple, le conducteur du train, qui ne doit pas quitter la locomotive, est immobile dans le référentiel du train.

Dans le référentiel de la Terre, au contraire, il se déplace d'une gare à une autre à une vitesse égale à celle du train. On dit alors que l'espace est relatif, car l'écart qui sépare les événements est relatif au référentiel (sauf si les deux événements sont simultanés). Ainsi, le départ du train de la gare A et son arrivée dans la gare B sont des événements distants, par exemple de 1000 kilomètres dans le référentiel de la Terre, mais qui ont lieu au même endroit dans le référentiel du train : le conducteur n'a pas eu besoin de marcher pour participer aux deux.

En mécanique classique, le temps est absolu. L'intervalle de temps entre deux événements y garde la même valeur dans tous les référentiels : la durée du voyage est la même, qu'on la mesure à l'aide de la montre d'un passager du train ou en utilisant les horloges qui se trouvent dans les gares.

Considérons maintenant un contrôleur qui arpente le couloir du train en marche : sa vitesse mesurée dans le référentiel du train est d'environ 1 mètre par seconde. Quelle est sa vitesse dans le référentiel de la Terre ? Elle est plus grande, car si le contrôleur se déplace vers l'avant du train, sa vitesse par rapport au sol est égale à la somme de sa vitesse par rapport au train et de la vitesse du train par rapport aux rails. Bien entendu, s'il se déplace vers l'arrière du train, sa vitesse par rapport au sol est la différence des deux vitesses. S'il laisse tomber sa sacoche, celle-ci aura une trajectoire verticale dans le référentiel du train, et une trajectoire oblique dans le référentiel de la Terre.

De façon générale, la vitesse d'un objet par rapport au référentiel de la Terre est la somme (vectorielle) de sa vitesse dans le référentiel du train ajoutée à la vitesse du train relativement à la Terre. Les lois de Newton qui régissaient le mouvement des corps satisfaisaient au principe de relativité restreinte, car elles ne faisaient intervenir ni la position, ni la vitesse, mais elles faisaient intervenir le temps et l'accélération, dont les valeurs ne changeaient pas d'un référentiel à l'autre. Newton rappelait cependant que, pour modifier la vitesse d'un objet, c'est-à-dire pour lui communiquer une accélération, il fallait une cause, à laquelle il donnait le nom de force.

Dans certains référentiels, que l'on appelait galiléens, ou encore référentiels d'inertie, le principe fondamental de la dynamique de Newton prenait une forme particulièrement simple : il stipulait que, à chaque instant, l'accélération d'un objet était proportionnelle à la force qui s'exerçait sur lui. Le coefficient de proportionnalité suivait la masse inertielle du corps. Plus un corps avait une masse importante, et plus il était difficile de modifier sa vitesse, car plus il avait d'inertie. Et si l'on connaissait un référentiel d'inertie, alors tous les référentiels en mouvement de translation uniforme par rapport au premier étaient également galiléens, et réciproquement ; tous les référentiels d'inertie se déplaçaient les uns par rapport aux autres à vitesse constante.

Newton avait formulé ensuite sa la loi de la gravitation universelle, qui expliquait pourquoi nous retombons toujours sur Terre, pourquoi la Lune tourne autour de la Terre, et la Terre autour du Soleil. Cette loi de la gravitation disait que deux corps, même situés à distance l'un de l'autre, exerçaient l'un sur l'autre une force, proportionnelle à une propriété de chacun d'eux, que l'on appelait sa masse. A priori, la masse ainsi définie, qui n'avait aucune raison d'être égale à la masse d'inertie, était appelée la masse gravitationnelle. Jadis, on ne pouvait pas mettre en évidence une différence de valeur entre la masse inertielle et la masse gravitationnelle.

Cette impossibilité est restée inexpliquée jusqu'à la théorie de la relativité générale d'Einstein. En effet, les lois de Newton, aussi bien celle de la dynamique que celle de la gravitation, étaient compatibles avec les formules de changement de référentiel de la relativité galiléenne, et en particulier avec la formule d'addition des vitesses. Ces lois et formules supposaient que les forces de gravitation, qui agissaient entre deux corps éloignés l'un de l'autre, s'établissaient de façon instantanée (ce qui signifie que, si la Terre venait à diminuer soudainement sa masse, le mouvement de la Lune en serait immédiatement modifié, sans délai).

Mais de telles forces de gravitation n'étaient perceptibles que lorsqu'elles faisaient intervenir au moins un objet astronomique massif (étoile ou planète) dont aucun expérimentateur ne pouvait modifier l'état ou la position à volonté : il n'était donc pas facile de vérifier si les forces de gravitation étaient effectivement instantanées ou non. Heureusement, il existait d'autres actions à distance mieux mesurables : les forces qui s'appliquaient entre les objets porteurs des charges électriques. Les équations de Maxwell, qui les formalisaient de façon concise, étaient en accord avec les expériences déjà réalisées. Mais ces actions n'étaient pas instantanées, puisque la force subie par une particule chargée à un instant donné dépendait des positions et des vitesses qu'avaient toutes les autres charges à des instants antérieurs. Or, l'information concernant l'état d'un objet donné arrivait en tout point de l'Univers avec une vitesse finie. Il existait donc une vitesse limite qu'aucun signal ni aucun corps ne pouvait dépasser ; et cette vitesse limite était celle de la lumière dans le vide, indiquée par le symbole c, dont la valeur était 299.792,458 kilomètres par seconde.

Or, dans le cadre de la mécanique classique, l'existence d'une vitesse limite n'était pas en accord avec le principe de relativité. En effet, la formule d'addition des vitesses lors d'un changement de référentiel conduisait à des valeurs différentes de la vitesse de la lumière dans les divers référentiels : le résultat d'une mesure physique de la vitesse de la lumière devait donc donner des résultats différents dans un train qui roulait et dans un train immobile par rapport au sol, et donc permettre de déterminer si le train roulait. C'est pourquoi les physiciens du 20ème siècle avaient été amenés à supposer que la lumière se propageait dans un milieu aux propriétés particulières, l'éther, dans lequel la vitesse de la lumière était la même dans toutes les directions.

Ce qui contrariait tout principe de relativité, puisque l'éther pouvait alors être considéré comme absolument immobile. Et longtemps, les connaissances en astronomie ont été insuffisantes pour que l'on sache si cet éther présumé interagissait effectivement avec la Terre. Michelson et Morley, dans une expérience célèbre réalisée en 1887, tentèrent de mettre en évidence le mouvement de la Terre par rapport à l'éther supposé, car une Terre en mouvement relativement à l'éther aurait été soumise à un vent d'éther, de sens opposé à sa vitesse. On s'attendait dans ce cas à ce que la lumière ne se propage pas à la même vitesse dans la direction du mouvement et dans la direction perpendiculaire. C'est pourquoi leur expérience cherchait à mesurer la différence du temps pris par la lumière pour parcourir sur Terre une même distance, dans deux directions perpendiculaires.

Cette différence a toujours été trouvée égale à zéro. En 1905, Einstein en tira donc des conséquences logiques. Il abandonna le concept d'éther et il énonça son principe de relativité restreinte, selon lequel les lois de la physique avaient le même effet dans tous les référentiels d'inertie. Et là, si l'on ajoutait le fait que la vitesse de la lumière était la même dans tous les référentiels, la première conséquence que l'on devait en tirer était que les formules d'addition des vitesses n'étaient pas valables. En effet, la vitesse de la lumière dans le référentiel de la Terre, qui valait c, ne pouvait pas être égale à la somme de la vitesse du train relativement à la Terre, et de la vitesse de la lumière par rapport au train, qui valait c elle aussi.

De là, a dû être introduite une formule de composition des vitesses qui n'opérait pas une addition pure et simple : il y avait un facteur correctif qui faisait que la composition de la vitesse de la lumière c avec n'importe quelle vitesse donnait toujours c. En fait, le facteur correctif introduit par la relativité était d'autant plus négligeable que la vitesse de translation d'un référentiel par rapport à l'autre était petite par rapport à c.

C'est pourquoi les formules de la relativité donnaient les mêmes résultats que les lois de Newton lorsque les vitesses considérées n'étaient pas du même ordre de grandeur que la vitesse de la lumière. C'est ce qui se passe dans la vie courante sur Terre. Les trains ou les autres mobiles que nous évoquons dans cet exposé ne sont donc pas des trains réels, mais des trains imaginaires, dont la vitesse peut atteindre, par exemple, 80 ou 90 % de la vitesse de la lumière.

Plus encore, le principe de relativité imposait de renoncer au caractère absolu du temps, et c'était parfois déroutant pour des esprits non éduqués à cette logique. Pour expliciter cela, supposons qu'au milieu d'un train soient émis simultanément deux signaux lumineux, l'un vers l'avant et l'autre vers l'arrière, et cherchons quand ces signaux vont arriver sur des récepteurs situés l'un sur la locomotive en tête, et l'autre sur le wagon de queue. Dans le référentiel du train, la lumière se propage à la même vitesse vers l'avant et vers l'arrière, et les deux signaux, qui ont la même distance à parcourir, arrivent au même instant aux deux extrémités du train.

Pour un observateur au sol, au contraire, la locomotive fuit le signal qui se propage vers l'avant, tandis que le wagon de queue vient à la rencontre de celui qui se propage vers l'arrière. En mécanique classique, cette différence de distance à parcourir par les deux signaux est compensée par le fait que le signal qui se dirige vers l'avant est plus rapide que celui qui va vers l'arrière.

Mais le principe de relativité impose que, dans le référentiel du sol aussi, la vitesse de la lumière reste la même dans les deux directions. Le récepteur situé à l'arrière du train reçoit donc son signal plus tôt que celui qui se trouve sur la locomotive. Les arrivées des signaux sur les deux récepteurs, qui sont simultanées dans le référentiel du train, ne le sont pas dans le référentiel du sol. Autrement dit, les phénomènes de propagation des signaux, qui ont la même durée dans le référentiel du train, ont des durées différentes dans le référentiel du sol.

C'est pourquoi dans la théorie de la relativité, le temps, tout comme l'espace, a un caractère relatif : sa valeur dépend du référentiel dans lequel on le mesure. Et c'est pourquoi il y a, dans la théorie de la relativité, des formules qui relient les positions et les dates d'un événement dans les divers référentiels : on les appelle les transformations de Lorentz. Elles mélangent de façon symétrique les coordonnées d'espace et de temps, si bien que l'on ne peut plus considérer séparément un espace à trois dimensions permettant de situer l'emplacement des choses et le temps : on est amené à considérer un espace à quatre dimensions, l'espace-temps.

Dans cet espace-temps, chaque événement est repéré par un point, où trois de ses coordonnées décrivent l'endroit où il s'est produit (l'espace), et une quatrième coordonnée en indique le moment (le temps). Puisque l'intervalle de temps qui sépare deux événements dépend du référentiel dans lequel on se place, cet intervalle de temps prend sa valeur minimale dans le référentiel où les deux événements se produisent au même endroit. C'est-à-dire qu'il y suffit d'une seule pendule pour repérer les deux instants ; on dit alors qu'il s'agit d'un temps propre. Dans tous les autres référentiels, l'intervalle de temps qui sépare les mêmes événements est plus grand, et cette propriété est connue sous le nom de dilatation des temps. Symétriquement, les longueurs se contractent, ce qui signifie que c'est dans le référentiel où il est immobile que la longueur d'un objet est la plus grande. On appelle longueur propre cette longueur d'un objet mesurée dans le référentiel où il est immobile.

Par exemple, la longueur propre d'un wagon peut se mesurer dans le référentiel du train, ce qui est facile. Si l'on veut mesurer la longueur d'un wagon dans le référentiel de la Terre, par contre, quelques corrections s'imposent. Il ne s'agit pas de repérer la position de l'avant du wagon à midi et celle de l'arrière dix minutes plus tard. Les deux repérages doivent être réalisés en même temps, et comme le temps est relatif, il faut préciser que les deux repérages devraient avoir lieu au même instant dans le référentiel de la Terre.

Voyons plus large, et imaginons qu'un vaisseau spatial se rende de la Terre jusqu'à une autre planète B, à une vitesse constante de 0,8 c par rapport au référentiel appliqué à la Terre et aux corps célestes à position stable. Dans ce référentiel, la distance Terre-planète B est une longueur propre, par exemple égale à 10 années-lumière. Dans le référentiel du vaisseau, compte-tenu de la contraction des longueurs et de la vitesse, cette distance ne vaut que 6 années-lumière. Le pilote du vaisseau voit d'abord la Terre s'éloigner, puis la planète B se rapprocher de lui à la vitesse de 0,8 c. La planète B, qui est à une distance de 6 années-lumière, est en fait atteinte 7,5 années après le départ du vaisseau depuis la Terre.

Le pilote peut utiliser la même montre, la sienne, pour repérer les temps de passage de la Terre à la planète B : c'est donc dans le référentiel du vaisseau spatial que la durée de ce voyage est un temps propre. Dans le référentiel de la Terre, la durée du voyage est un temps impropre (le départ et l'arrivée n'ont pas lieu aux mêmes coordonnées), qui doit être plus grand que le temps propre correspondant, d'après le phénomène de dilatation des temps. En effet, dans le référentiel de la Terre, la fusée parcourt la distance de 10 années-lumière en 12,5 années. Imaginons maintenant que le vaisseau spatial, arrivé à côté de la planète B, fasse rapidement demi-tour et revienne sur Terre. D'après les calculs précédents, qui sont valables aussi bien pour l'aller que pour le retour, le voyage total aura duré 25 ans dans le référentiel de la Terre et seulement quinze ans pour le pilote.

Lors de leurs retrouvailles, le pilote est donc plus jeune que son frère jumeau. Pourtant, les perceptions des deux frères semblent réciproquement symétriques : le frère resté sur la Terre a vu le pilote partir puis revenir, et le pilote a vu son frère s'éloigner puis se rapprocher. D'après le principe de relativité, si le frère resté à Terre trouve que le pilote est plus jeune que lui au retour, alors le pilote devrait trouver lui aussi que son frère est plus jeune au moment où ils se retrouvent. Cette incompatibilité des deux points de vue est connue sous le nom de paradoxe des jumeaux. En fait il n'y a aucun paradoxe : le principe de relativité affirme l'équivalence des points de vue d'observateurs situés dans des référentiels d'inertie, en mouvement de translation uniforme les uns par rapport aux autres. Or le pilote a fait demi-tour : il n'a donc pas eu en permanence un mouvement de translation uniforme par rapport à la Terre.

D'ailleurs, les accélérations nécessaires pour faire reprendre à la fusée le chemin de la Terre étant physiologiquement perceptibles, le pilote doit savoir qu'il a fait un demi-tour.

En toute rigueur, le mouvement du pilote ne relève pas de la relativité restreinte, mais le résultat trouvé reste valable, car on peut toujours faire en sorte que la durée du demi-tour (pendant lequel la théorie de la relativité restreinte ne s'applique pas) soit très petite par rapport à la durée totale du voyage : le pilote peut alors théoriquement revenir de son voyage plus jeune que son frère resté à Terre.

L'expérience décrite au paragraphe précédent a été vérifiée avec des horloges atomiques en 1976 : l'une des horloges, embarquée à bord d'une fusée, retardait à son retour par rapport à l'horloge restée à Terre, et le retard coïncidait avec celui prédit par la théorie.

Une autre preuve a été fournie par l'observation sur Terre de muons (ou mésons mu) produits par des collisions de rayons cosmiques avec des atomes dans la haute atmosphère. Les muons sont des particules instables, dont la durée de vie n'est que de 2 microsecondes. Plus précisément, dans son propre référentiel, c'est la durée moyenne d'existence avant désintégration d'un muon. Si l'on appliquait la mécanique classique, même en se déplaçant à la vitesse de la lumière, les muons ne pourraient parcourir que 600 mètres avant de se désintégrer, ce qui ne leur permettrait pas de traverser l'atmosphère pour arriver sur Terre.

En fait, dans le référentiel de la Terre, la durée de vie des muons est beaucoup plus grande, car la vitesse des muons par rapport à la Terre est effectivement proche de celle de la lumière. Par exemple, les muons qui ont une vitesse égale à 0,99 c par rapport à la Terre ont un temps de vie de 14 microsecondes dans le référentiel de la Terre, ce qui leur permet de parcourir plus de 4 km avant de se désintégrer, et donc de traverser l'atmosphère. Et certains muons ont une vitesse encore plus proche de c, et donc une durée de vie (dans le référentiel de la Terre) encore plus grande. Ces conséquences du principe de relativité sont analysées et utilisées en cinématique, qui considère le mouvement sans se préoccuper de sa cause.

En ce qui concerne la dynamique, voyons maintenant comment sont modifiées théoriquement les lois du mouvement de Newton, et les conséquences. Nous savons déjà que la masse inertielle est un coefficient de proportionnalité entre l'accélération d'un corps et la force qui la cause. Par ailleurs, dans un référentiel donné, aucun corps ne peut avoir une vitesse supérieure à celle de la lumière, et la même limite s'impose à la propagation des informations. Ceci induit que la masse inertielle d'un corps augmente avec sa vitesse, et tend vers l'infini lorsque la vitesse tend vers c. En dynamique classique, on trouve cette loi de Newton écrite indifféremment sous deux formes.

Il s'agit soit de F=ma=m(dv/dt), où v est la vitesse, et a l'accélération d'un objet de masse m, soit de F=(dp/dt)=d(mv)/dt, où p est sa quantité de mouvement, égale à mv. Ces deux expressions sont équivalentes parce que, en mécanique classique, la masse d'un corps est une constante. Mais en dynamique relativiste, il n'en va plus de même : on doit nécessairement utiliser une formule dans laquelle la masse inertielle dépend de la vitesse. Les accélérateurs de particules, les accélérateurs linéaires, les synchrotrons, les anneaux de collision, ont été construits en tenant compte des lois relativistes du mouvement, car les particules y atteignent des vitesses voisines de celle de la lumière : s'il n'en avait pas été ainsi, ils ne fonctionneraient pas.

Sachant cela, on peut vérifier que l'énergie d'un objet est effectivement calculée par la célèbre formule $E=mc^2$. Et en conséquence, même isolé et immobile, un corps possède une énergie bien déterminée, son énergie de masse, qui est égale à $m0c^2$, m0 étant la masse au repos, qui est en fait la véritable masse car elle ne dépend que des propriétés intrinsèques du corps, et pas de son mouvement. Une des autres conséquences de cette expression de l'énergie est que, contrairement à ce qu'avait cru Lavoisier, les réactions chimiques ne conservent pas la masse (au repos). Il peut y avoir disparition d'énergie et création de masse, ou au contraire transformation de masse en énergie.

Par exemple, la masse d'une molécule d'eau est inférieure à la somme des masses de l'hydrogène et de l'oxygène qui la composent. Pour séparer l'eau en oxygène et en hydrogène, il faut fournir de l'énergie, qui se transmute en masse. Lorsqu'on décompose 1000 tonnes d'eau, l'oxygène et l'hydrogène libérés pèsent mille tonnes et 0,3 g. Et lorsqu'une réaction inverse se produit, la masse au repos des corps produits est inférieure à celle des corps avant la réaction. La masse manquante, qu'on appelle le défaut de masse, a été transformée en énergie. Bien que ce défaut de masse soit en général très faible, il peut représenter, à cause de la très grande valeur de c, une énergie considérable.

Après l'explosion d'une bombe atomique d'énergie équivalente à 20 kilotonnes de TNT, les poussières produites ont une masse au repos inférieure de 1 g à la masse des corps entrant dans la réaction. Nous savons que la démonstration la plus (dé)flagrante de cette équivalence de la masse et de l'énergie a été l'explosion de bombes atomiques pendant et depuis la Seconde Guerre mondiale, mais beaucoup d'autres conséquences, plus pacifiques, sont vérifiées de façon quotidienne par les physiciens qui étudient les particules élémentaires composant les atomes.

Quoi qu'il en soit, Einstein n'était pas encore satisfait de sa théorie de la relativité restreinte, tant qu'elle limitait la validité du principe de relativité aux seuls référentiels d'inertie. Il souhaitait établir une homogénéité entre tous les référentiels, et il l'a fait avec sa théorie de la relativité générale, qui stipulait que les lois de la physique étaient les mêmes dans tous les référentiels. Einstein élabora cette théorie à partir de 1907, après avoir eu l'intuition -qu'il qualifia lui-même de la plus heureuse de sa vie- que la gravitation et l'inertie étaient deux aspects d'un même phénomène. Il partit de l'idée qu'un observateur qui tombe en chute libre du haut d'un immeuble pourrait à juste titre considérer que la pesanteur n'existe pas, puisque, qu'il les tienne ou les lâche, tous les objets restaient immobiles par rapport à lui, quelle que soit leur nature physique ou chimique.

En mécanique classique, on explique ceci par le fait que, par rapport au référentiel de la Terre, l'accélération des corps au cours de leur chute ne dépend pas de leur masse, à cause de la coïncidence entre la masse inertielle et la masse gravitationnelle. Mais si nous considérons dans l'espace, loin de toute étoile ou planète, un observateur enfermé dans une cabine ayant une accélération égale à 1g (la pesanteur terrestre), la direction de l'accélération définit un haut et un bas dans la cabine, et l'observateur est plaqué sur le bas de sa cabine, tout comme nous sommes maintenus sur le sol par l'attraction gravitationnelle de la Terre. Lorsqu'un objet se trouve dans la main de l'observateur, il est soumis à la même accélération que toute la cabine. Si l'objet est lâché, il tombe vers le bas de la cabine.

L'idée directrice d'Einstein était qu'il n'existait aucune façon de déterminer si nous sommes dans un référentiel d'inertie, en présence de forces de pesanteur, ou dans un référentiel accéléré. Dans sa théorie de la relativité, la dynamique était donc remplacée par la géométrie : la présence d'un corps ayant une masse donnait une courbure à l'espace-temps à quatre dimensions. Là, il ne faut pas imaginer un espace préexistant, qui serait déformé par les masses qu'on placerait à l'intérieur. Dans la conception d'Einstein, ni l'espace ni le temps n'existaient en l'absence de matière. Outre l'équivalence de tous les référentiels et le fait que la masse inertielle et la masse gravitationnelle soient identiques, selon les postulats qui fondaient sa nouvelle théorie, celle-ci répondait à une autre nécessité : jusqu'alors, les forces de gravitation avaient gardé théoriquement leur caractère instantané, alors que dans la théorie de la relativité générale, ni les forces gravitationnelles ni les forces électromagnétiques ne s'établissent de façon instantanée, car l'information les concernant se propage à une vitesse définie.

Mais quelle que soit sa qualité dialectique, une théorie physique devait aussi pouvoir être vérifiée expérimentalement. Einstein avait lui-même signalé trois points sur lesquels sa théorie devait pouvoir être vérifiée. Pour le premier point (la précession de périhélie de Mercure) elle a pu être vérifiée selon les prévisions relativistes, alors que la théorie de la gravitation classique avait été incapable d'expliquer totalement le mouvement de Mercure autour du Soleil. L'action des autres planètes n'expliquait pas une petite précession, qui avait été découverte par Le Verrier. Mais la théorie de la relativité générale rendait compte de ce mouvement, en accord avec les mesures effectuées, et Einstein raconte avoir été transporté de joie pendant plusieurs jours lorsqu'on vérifia cela.

Le deuxième point expérimental s'appliquait à la courbure des rayons lumineux provenant des étoiles lorsqu'ils passaient à proximité du Soleil. Cet effet n'était mesurable que lors d'une éclipse totale du Soleil, sinon la lumière du Soleil empêchait de distinguer celle qui provenait des étoiles. À cause de la première Guerre Mondiale, la confirmation ne put être donnée qu'en 1919 par une expédition britannique. Mais Einstein avait confiance (il prétend avoir dormi toute la nuit sans la moindre inquiétude sur le résultat) lorsqu'on observa dans le ciel deux quasars tellement identiques qu'ils ne pouvaient être que deux images différentes d'un même quasar. C'est la déviation des rayons lumineux en passant à proximité d'une galaxie massive qui avait produit cet effet de lentille gravitationnelle, ici encore conformément à la nouvelle théorie.

La troisième expérience suggérée par Einstein concernait le ralentissement des horloges dû à la gravitation, provoquant un déplacement vers le rouge gravitationnel : selon sa théorie, une horloge placée à la cave, et donc plus proche du centre de la Terre, devait retarder par rapport à une horloge placée au grenier. L'effet était minime : une différence d'altitude de 25 mètres faisait retarder une horloge de 1 seconde en dix millions d'années. Néanmoins, Pound et Rebka l'ont vérifié en 1959, en mesurant des sources de rayons gamma, placées en haut et en bas d'une tour. La fréquence des rayons émis par la source située en bas était effectivement plus faible, dans la proportion prévue par la théorie.

La théorie de la relativité prédisait en outre l'existence de trous noirs, des objets de masse tellement grande que rien, pas même la lumière, ne pouvait échapper à leur attraction. Si l'on n'a jamais, et pour cause, exploré de trou noir, leur présence décelée dans certaines galaxies a pourtant été la meilleure explication possible aux observations des astrophysiciens.

En 1949, Einstein écrivait : « Newton, excuse-moi ! La voie que tu as ouverte était la seule qu'un Homme doué d'une intelligence brillante et d'un esprit créateur pouvait trouver à l'époque. Les concepts que tu as élaborés guident encore aujourd'hui nos raisonnements en physique, même si nous savons qu'il faut désormais les remplacer par d'autres concepts qui, plus éloignés de l'expérience directe, nous permettront de parvenir à une compréhension plus profonde des relations entre les choses ».

Il voyait juste. Les lois de Newton avaient permis de décrire avec précision les mouvements de divers éléments du système solaire, et de prédire des éclipses plusieurs siècles à l'avance. Et les nouvelles théories de la relativité ont suivi à leur tour cette progression conceptuelle. Rien n'indique donc qu'on n'observera pas un jour prochain des phénomènes qui ne seront pas en accord avec les conceptions actuelles. Il faudra alors créer une nouvelle théorie, dont la relativité selon Einstein sera un cas limite. Et quelqu'un écrira peut-être alors, « Einstein excuse-moi : …! ».

Albert Einstein
(1879-1955)

L'essor de l'ordinateur électronique programmable.

Là, tout est allé très vite, en l'espace d'une seule génération. Les bases du calcul automatisé et programmable moderne ont d'abord été théorisées par Alan Turing en 1936. Aussitôt après, en 1937, Howard Aiken a développé avec l'entreprise IBM une première machine à calculer programmable électromécanique, l'ASCC. De son côté Konrad Zuse créait en Allemagne en 1941 un système comparable, mais qui fut détruit en 1943 par les services secrets des USA. En 1946 a été construit l'ENIAC de Presper Eckert et John W. Mauchly, suivi en 1948 par le SSEM de John von Neumann, puis à partir de 1952 par plusieurs types d'ordinateurs d'IBM. Le premier microprocesseur électronique, l'Intel 4004 de 1971, a finalement donné à IBM, puis à ses concurrents, les moyens de construire des ordinateurs électroniques de plus en plus compacts et performants, dont la puissance de calcul a augmenté de manière étonnante (par doublement tous les 2 ans environ).

Pour pouvoir dépasser les limites technologiques de la fin du 20ème siècle, la recherche-développement informatique s'est orientée vers des ordinateurs dits quantiques, exploitant des processus de superposition et d'intrication de bits, et muni de processeurs utilisant des supraconducteurs et des pièges à ions. A suivre.

LE DEVELOPPEMENT DE LA MÉCANIQUE QUANTIQUE

La mécanique quantique est une théorie élaborée au début du 20ème siècle, qui a permis notamment de traiter des résultats expérimentaux, de plus en plus nombreux, que la physique traditionnelle devenait incapable de prévoir et d'expliquer dans le domaine de l'infiniment petit. Comme l'a écrit le physicien Richard Feynman, "à très petite échelle, les objets ne se comportent pas comme le sens commun peut l'imaginer. Ils ne se comportent ni comme des ondes, ni comme des particules, ni comme des nuages, ou des billes de billard, ni comme des poids placés sur des ressorts, ni comme quoi que ce soit que vous ayez jamais vu". Pour expliquer ce comportement, il a donc fallu utiliser une théorie ad-hoc, dans laquelle la plupart des grandeurs physiques, comme l'énergie par exemple, ne pouvaient prendre que des valeurs discrètes, et varier par sauts quantifiés, d'où le nom de mécanique des quantas, ou mécanique quantique.

Les succès de la mécanique quantique ont été spectaculaires, et aucun résultat expérimental ne s'est trouvé en contradiction avec ses prédictions. Certes, lorsqu'il s'agissait de décrire le mouvement des objets dont la taille était grande par rapport à celle des atomes, ne serait-ce que des microbes, les effets quantiques étaient négligeables, et l'on pouvait continuer à utiliser la mécanique classique. Mais celle-ci était incapable de rendre compte des propriétés des atomes, ni d'expliquer pourquoi certains solides conduisaient l'électricité, pourquoi certains corps étaient semi-conducteurs, et d'autres étaient supraconducteurs. Des quanta avaient déjà été introduits auparavant par certains physiciens, comme une astuce mathématique qui leur permettait de faire coïncider telle ou telle formule avec leurs résultats expérimentaux, mais aucun d'eux ne croyait que ces quanta puissent avoir une réalité physique, utile dans d'autres conditions.

Le premier à introduire une explication, en 1900, fut Max Planck (1858-1947), pour décrire le rayonnement d'un corps chauffé, parce que lorsqu'un morceau de fer était chauffé, il émettait une luminosité, d'abord rouge, puis qui devenait de plus en plus blanche lorsqu'on augmentait sa température.

En fait, tous les corps chauffés émettaient un rayonnement selon leur température. À la fin du 19ème siècle, on avait déjà réalisé une analyse spectrale de ce rayonnement, c'est-à-dire que l'on savait, pour chaque température, quelle était la puissance rayonnée dans un domaine précis de fréquences. Mais bien que la communauté des physiciens se soit penchée attentivement sur ce problème, aucun d'entre eux n'avait trouvé une formule qui expliquait exactement les résultats expérimentaux. Planck y arriva en déduisant que l'énergie émise à une fréquence donnée ne pouvait être qu'un multiple entier d'un quantum d'énergie, proportionnel à la fréquence émise.

Cette proportionnalité impliquait une référence à une constante, appelée depuis constante de Planck, et notée h, dont la valeur a été calculée à $6x10^{-34}$ joules/seconde. La fréquence de la lumière visible étant de l'ordre de 1015 hertz, les quanta d'énergie ont une valeur telle qu'un petit insecte pesant 1 milligramme qui s'élèverait de 1 millimètre par rapport au sol fournirait une énergie égale à cent milliards de ces quanta d'énergie. Planck lui-même n'avait d'abord pas cru à la réalité des quanta, et il avait qualifié leur utilisation d'acte de désespoir, destiné à obtenir coûte que coûte un résultat utile. Puis il en comprit mieux l'utilité.

En 1905, Albert Einstein a franchi un autre pas décisif dans ce domaine en voulant expliquer l'effet photoélectrique. Avant lui, Hertz avait déjà remarqué qu'un morceau de métal soumis à un rayonnement ultraviolet acquérait une charge électrique, et Thomson avait montré que cette charge venait du fait que des électrons étaient arrachés au métal par effet photoélectrique. Or, la lumière à une fréquence trop basse était incapable d'arracher le moindre électron, quelle que soit l'intensité du rayonnement.

Pour expliquer cela, Einstein proposa l'hypothèse que la lumière soit constituée de particules, appelées photons, qui avaient une énergie égale à hf, où ***h*** était la constante de Planck et ***f*** la fréquence du rayonnement. Pour comprendre l'effet photoélectrique, il fallait donc admettre (outre qu'un atome ne puisse absorber qu'un photon à la fois) que lorsque la fréquence était trop basse, l'énergie reçue par l'atome était insuffisante pour lui arracher un électron. Certains contemporains attendaient qu'Einstein dise qu'il s'agissait là encore d'une astuce de calcul, mais il a maintenu l'existence de ses photons, et il leur a attribué une quantité de mouvement, ce qui est le propre des particules. La réalité de ces particules a ensuite été démontrée par ce qu'on appelle l'effet Compton (1923), qui décrit la collision entre un électron et un photon, comme on décrirait la collision de deux billes. La lumière présentait dès lors une double qualité.

Car les expériences d'interférence et de diffraction pouvaient s'interpréter en considérant que la lumière était une onde, tandis que pour expliquer le rayonnement du corps noir, l'effet Compton, ou l'effet photoélectrique, il fallait considérer que la lumière était constituée de particules.

En fait, la lumière se manifestait sous l'un ou l'autre de ces deux aspects, particule ou onde, mais jamais sous les deux à la fois. C'est pourquoi, dans une expérience où un faisceau lumineux passait par deux petits trous, on observait des franges d'interférence sur la partie de l'écran où arrivait la lumière, en provenance des deux trous. Mais dès que l'on tentait de placer des capteurs pour savoir par quel trou étaient passés les photons, la figure d'interférence disparaissait. Toute une génération de physiciens, et non des moindres, a tenté d'imaginer des expériences qui permettraient de voir une figure d'interférence tout en sachant par où étaient passés les photons, mais nul n'y est parvenu. Par ailleurs, dans le domaine subatomique, en 1897, John Joseph Thomson avait déjà découvert que les atomes contenaient des électrons, minuscules particules de charge négative, alors que le reste de l'atome, le noyau, était chargé positivement. Puis Ernest Rutherford avait montré en 1909 que le noyau était lui aussi très petit. Mais comment tout cela fonctionnait-il en équilibre ?

En prenant l'exemple du plus simple des atomes, l'atome d'hydrogène, qui ne contenait qu'un seul électron, et en sachant que des charges de signe opposé s'attiraient, il était assez naturel d'imaginer que là, l'électron tournait autour du noyau, comme notre planète autour du Soleil. Mais cette analogie présentait des difficultés. Tout d'abord, le rayon de l'orbite d'une planète pouvait être quelconque, et en effet les planètes du Système solaire se trouvaient à des distances du Soleil apparemment quelconques. Au contraire, les atomes d'hydrogène avaient tous la même taille. Or rien, dans la physique classique, ne permettant de déterminer la dimension de l'orbite de l'électron, il était étrange que l'on ne trouve pas d'atomes d'hydrogène de toutes les tailles. Par ailleurs, la théorie de l'électromagnétisme montrait qu'une charge qui décrivait un cercle rayonnait, c'est-à-dire émettait une onde électromagnétique. L'électron dans un atome devait donc émettre une onde, et ce faisant, perdre de l'énergie, emportée par l'onde. Perdant de l'énergie, l'électron ne devait pas rester sur la même orbite mais se rapprocher du noyau et s'écraser sur lui tôt ou tard. Or, cela n'arrivait pas. Les atomes d'hydrogène étaient très stables et pouvaient durer très longtemps.

En 1913, Niels Bohr put enfin proposer une solution, avec des règles qui ne découlaient d'aucune loi physique connue alors, mais qui avaient le mérite d'être en accord avec les résultats expérimentaux.

La première de ces règles énonçait que toutes les trajectoires circulaires n'étaient pas accessibles à l'électron de l'atome. Seules certaines, appelées stationnaires étaient possibles. Les orbites stationnaires étaient telles que le moment cinétique de l'électron y prenait une valeur égale à un multiple entier de la constante de Planck. Compte tenu de la relation qui existait entre le rayon d'une orbite et la vitesse à laquelle elle était parcourue, cette condition sur les valeurs du moment cinétique suffisait à déterminer le rayon des orbites stationnaires, et l'énergie de l'atome dépendait de chaque orbite. La deuxième règle stipulait que, lorsqu'il se trouvait sur une orbite stationnaire, l'électron ne rayonnait pas ; il n'émettait une onde électromagnétique que lorsqu'il passait d'une orbite à une autre.

La fréquence qu'il émettait alors était égale au quotient, par la constante de Planck, de la différence d'énergie entre les deux orbites. Cette règle, qui était en contradiction avec la théorie de l'électro-magnétisme classique, était par contre en accord avec les résultats de la spectroscopie, et elle coïncidait avec une formule élaborée en 1885 par Jakob Balmer. Cette formule donnait déjà avec précision le spectre de l'hydrogène, c'est-à-dire les fréquences des raies lumineuses émises par ce gaz.

Mais Bohr n'avait pas résolu ainsi de manière directement quantique sa description de l'atome, même si elle avait pu être reprise utilement par la mécanique quantique. Le modèle de Bohr avait utilisé des concepts de mécanique classique, comme la trajectoire, que ne reconnaissait pas la physique quantique, et les résultats s'étaient rejoints. La mécanique quantique, élaborée de 1920 à 1930 en partant d'un nombre limité de postulats, ayant permis de vérifier des résultats expérimentaux déjà connus, elle avait ensuite recoupé les résultats de la mécanique classique quand elle était appliquée à des corps de taille macroscopique. Elle fut donc de plus en plus suivie.

Il faut pourtant admettre que cette mécanique quantique avait de quoi sembler étrange. Le bon sens commun ne préparait pas à la comprendre. Une des implications surprenantes de cette mécanique est que, alors qu'on ne pouvait définir des propriétés physiques que lorsqu'on pouvait les observer, lorsqu'on voulait observer un système quantique, on utilisait un instrument de mesure dont l'utilisation le perturbait.

Imaginons qu'on veuille étudier le mouvement d'une boule de billard. Pour suivre sa position et sa vitesse, en physique classique, il faut suffisamment l'éclairer, et même si l'on utilise des projecteurs puissants, le faisceau lumineux ne freine pas la boule. Mais il n'en va plus de même lorsqu'on observe un atome dans des conditions quantiques.

Dans ce cas, l'énergie des photons qui constituent le faisceau lumineux n'est pas négligeable par rapport à celle de l'atome, dont l'état est modifié par le simple fait qu'on l'observe sous éclairage. Effectivement, dans un système quantique, même si certaines grandeurs physiques peuvent être mesurées simultanément, il existe des grandeurs incompatibles que l'on ne peut pas mesurer ensemble. C'est le cas en particulier de la position et de la vitesse d'une particule : toute intervention faite pour connaître de façon précise sa position perturbe la particule, de telle façon qu'on ne peut plus connaître sa vitesse réelle.

Pour donner un exemple, considérons un faisceau lumineux qui passe dans une fente percée dans un mur opaque, et cherchons à mesurer, au moment où les photons traversent ce mur, leur distance au bord de la fente, et leur vitesse dans la direction perpendiculaire à la fente. Si la fente a une largeur égale à 1 cm, et si le réglage est bien fait, la tache lumineuse qui se forme sur un écran parallèle au mur a une largeur de 1 cm elle aussi. On peut donc en déduire que, au moment où ils sont passés par la fente, les photons qui constituent le faisceau lumineux avaient une vitesse nulle dans une autre direction.

Mais leur abscisse au moment où ils ont traversé le mur n'est connue qu'à 1 centimètre près, puisque tout ce que l'on sait est qu'ils sont passés par la fente. Pour améliorer la précision de la mesure de l'abscisse, on peut envisager de réduire la largeur de la fente. Or, lorsqu'on la réduit trop, il arrive un moment où, à cause de la diffraction, la tache éclairée sur l'écran devient plus grande que la fente elle-même. Le quantique l'explique.

Car en mécanique classique, si l'on connaît les forces qui s'exercent sur un objet, la mesure de sa position et de sa vitesse permet de prévoir sa trajectoire. Et ces mesures sont possibles avec une précision suffisante, même si l'on ne dispose pas d'instruments très précis. Par contre, en mécanique quantique, l'impossibilité de mesurer de façon précise à la fois la position et la vitesse n'est pas due à une défaillance des instruments de mesure, elle est fondamentale, et elle interdit de prévoir une trajectoire.

La notion même de trajectoire n'a d'ailleurs pas de sens en mécanique quantique. Dans l'exemple de la lumière passant par une fente, que nous venons d'utiliser, c'est le phénomène classique de diffraction, lié à l'aspect ondulatoire de la lumière, qui explique la faible précision de la mesure de la vitesse des particules (photons). Mais le principe quantique d'incertitude est lié à un autre phénomène, la dualité onde/corpuscule, que nous avons déjà mentionnée pour la lumière.

Et cette dualité est universelle, puisqu'une onde, dite onde de de Broglie, est associée à chaque particule. La diffraction des électrons, observée par Davisson et Germer, est une manifestation de cet aspect ondulatoire. Tout ce qu'il est possible de connaître sur une particule est alors contenu dans une fonction mathématique, appelée fonction d'onde, dont l'évolution dans le temps est régie par l'équation de Schrödinger.

Mais il existe des solutions de l'équation de Schrödinger, appelées états stationnaires, qui n'évoluent pas avec le temps : toutes les propriétés physiques de la particule y restent constantes, en particulier son énergie, lorsqu'elle est en état stationnaire. Là, il n'est plus nécessaire d'utiliser arbitrairement, comme dans le modèle de Bohr de l'atome d'hydrogène, des valeurs discrètes d'énergie. La quantification est une conséquence de la continuité de la fonction d'onde, qui ne doit s'annuler qu'à l'infini. Le processus est un peu comparable au comportement d'une corde de piano qui, étant fixée à ses deux extrémités, ne pourrait vibrer qu'à des fréquences déterminées (le fondamental et les harmoniques).

Évidemment, cela contrevenait au déterminisme de la mécanique classique où, comme le disait Laplace, si une intelligence connaissait à un moment donné les positions et les vitesses de tous les objets possibles, elle pouvait en déduire leur trajectoire ultérieure et même antérieure. Inutile dans ce cas de faire sans cesse de nouvelles mesures, même quantiques, si ces calculs permettaient de savoir où se trouvait chaque objet à tout instant.

Et ceci a fortiori si la mécanique quantique ne donnait d'informations que sur les résultats des mesures que l'on pourrait éventuellement faire, donc seulement sous forme de probabilités. L'information qu'elle pouvait donner était du genre : si je mesure l'énergie de l'atome qui m'intéresse, je sais quels résultats je suis susceptible de trouver, et je peux calculer la probabilité de trouver chacun d'eux. Mais pas plus.

En physique classique aussi, on pouvait éventuellement avoir recours à l'analyse des probabilités : quand on lançait un dé, sans connaitre ni la hauteur de laquelle on le lâchait, ni les propriétés de rebond de la surface qu'il atteignait, on pouvait évaluer mathématiquement certaines probabilités, même sans avoir toutes les informations qui permettaient de calculer sur quelle face allait s'arrêter le dé. Mais en mécanique quantique, ce n'était pas une option ; les résultats d'une mesure ne pouvaient être prédits qu'en termes de probabilités, même quand on avait toutes les connaissances possibles sur l'histoire antérieure du système.

Le fait de tenter une mesure n'y changeait rien, puisque l'appareil d'observation perturbait le système, et qu'on ne pouvait pas affirmer qu'une grandeur avait, juste avant d'être mesurée, la valeur qui était trouvée. Cet aspect non déterministe de la physique quantique n'a pas été accepté facilement par tous les physiciens de l'époque, et en particulier il indisposait Albert Einstein, qui disait ne pas croire que Dieu jouait aux dés.

Des physiciens opposants à l'école de Copenhague pensaient pour leur part qu'une telle formulation sous forme de probabilités était utilisable faute de mieux, mais qu'un jour, on découvrirait de nouvelles propriétés physiques qui permettraient de revaloriser le déterminisme, en les libérant de la nécessité d'utiliser les probabilités. Ils spéculaient sur l'existence de variables cachées, que l'esprit humain ne connaîtrait pas encore, mais qu'il découvrirait un jour. Cela faisait sens, car notamment sous le nom de paradoxe EPR, Einstein avait lui-même décrit une possible situation dans laquelle l'existence de variables cachées lui semblait plausible.

Or, des expériences réalisées par Alain Aspect dans les années 1980 ont penché en faveur de la théorie quantique, mais sans présumer l'existence de variables cachées. Cela rappelait par ailleurs que dans le modèle de Bohr de l'atome d'hydrogène, l'électron était décrit sur une trajectoire circulaire de rayon déterminé, ce qui n'était pas compatible avec la mécanique quantique, où cette notion de trajectoire était dénuée de sens.

Pour mieux comprendre cela, reprenons le cas de la mesure de la position d'un électron dans un atome par rapport à son noyau. Avant de faire la mesure, on sait que l'électron peut se trouver en n'importe quel point de l'espace, et pour chaque point on connaît la probabilité d'y trouver l'électron. La probabilité qu'il se trouve à une distance du noyau inférieure au rayon de l'orbite circulaire de Bohr est environ égale à 1/3 et il n'y a qu'une chance sur 100 de le trouver à une distance supérieure à quatre fois le rayon de l'orbite de Bohr. Il est donc plus commode de représenter globalement l'électron comme formant un nuage de charge négative autour du noyau, même si, quand on fait une mesure, on trouve l'électron tout entier en un seul point.

Dans d'autres conditions de représentation des comportements quantiques, on avait donné le nom d'effet tunnel à une conséquence étonnante de cette mécanique. Imaginons que nous lancions une bille sur une piste constituée d'une bosse suivie d'une grande descente. En mécanique classique, de deux choses l'une : ou bien l'énergie communiquée à la bille lancée est suffisante pour lui faire franchir la bosse, et la bille arrive jusqu'à la descente, où elle roule de plus en plus vite ; ou bien l'énergie au lancer est insuffisante, et la bille ne peut pas franchir la bosse.

Elle revient alors vers son point de départ. En mécanique quantique, on peut démontrer au contraire que la probabilité de trouver la particule de l'autre côté de la bosse n'est pas nulle, même si son énergie est inférieure à celle qu'il lui faudrait pour arriver au sommet de la bosse.

C'est comme si un prisonnier, qui ne peut sauter qu'à une hauteur de 1 mètre, pouvait tout de même, après plusieurs sauts, se retrouver hors de sa prison, dont le mur d'enceinte est haut de de 6 mètres. Malgré les impossibilités raisonnables d'un tel exemple, l'effet tunnel quantique permettait pourtant d'expliquer ainsi un certain nombre de phénomènes, en particulier la radioactivité, ou encore la fusion nucléaire spontanée qui avait lieu dans les étoiles et qui les faisait briller, et ceci même jusqu'aux propriétés de l'atome d'hydrogène.

Dans un autre domaine, pour expliquer la classification périodique des atomes à plusieurs électrons dans le tableau de Mendeleïev, bien connu des chimistes, on avait pu introduire et justifier une nouvelle propriété purement quantique, appelée le spin (torsion imaginaire), auquel correspondait un moment cinétique qui n'avait pas d'équivalent en mécanique classique. Ce spin avait une valeur égale à un nombre entier ou à la moitié d'un nombre entier. On appela bosons les particules ayant un spin entier, ce qui était le cas des photons. Et l'on appela fermions les particules dont le spin était égal à la moitié d'un nombre impair (1/2, 3/2...). Les électrons, les protons et les neutrons étaient des fermions, qui avaient un spin ½, et chaque composante de leur moment cinétique de spin pouvait prendre deux valeurs.

Les comportements d'un ensemble de fermions et celui d'un ensemble de bosons étaient différents, par le fait que les fermions étaient soumis à ce que l'on appelait le principe d'exclusion de Pauli, qui interdisait qu'il y ait deux fermions dans le même état quantique. C'est ce principe d'exclusion, appliqué aux électrons dans les atomes qui permettait de vérifier le tableau de Mendeleïev. C'est aussi ce principe qui permettait de démontrer pourquoi les solides étaient rigides et les liquides pratiquement incompressibles, bien que les atomes soient principalement constitués de vide. C'est encore lui qui expliquait l'empêchement de l'effondrement des naines blanches, ces étoiles très denses et presque éteintes.

Enfin, on pouvait constater que la mécanique quantique ne se contentait pas d'expliquer les résultats d'expériences déjà faites ; elle permettait aussi d'en prédire d'autres. Et elle a été à l'origine de nouvelles technologies, puisque les lasers, les composants électroniques, les diodes luminescentes, pour ne citer que cela, ont été élaborés selon ses principes.

Finalement, même si elle continuait à susciter des débats et des interrogations, elle n'était pas difficile à utiliser lorsqu'elle était bien apprise, et beaucoup d'étudiants y arrivaient. Pourtant, personne ne la comprenait vraiment, comme le disait Feynman, qui avait reçu un prix Nobel pour avoir mis au point l'électrodynamique quantique. Heisenberg lui-même reconnaissait que "nous voulons vous parler de la structure des atomes, mais on ne peut pas en parler dans le langage ordinaire".

Et tout ceci sans certitude, même pour ses spécialistes, au point qu'en 1961, Eugene Wigner (1902-1995) a pu démontrer expérimentalement la possibilité de l'existence simultanée de plusieurs réalités objectives dans un contexte quantique, par le fait que l'état d'une même particule observée en même temps par plusieurs observateurs (conscients ou non) pouvait être différent. Un relativisme de plus en plus complexe en découlait.

Dans le prochain exposé, nous allons malgré tout, après cette relativisation de la démarche conceptuelle quantique et de ses limites, reformuler de manière aussi claire que possible la représentation de la substance universelle, et plus particulièrement de ses micro-structures.

Là, nous arriverons aux dernières balises provisoires de la connaissance de notre monde, qui ont marqué l'entrée dans le 21ème siècle. Au-delà, un immense domaine inconnu nous attend, que nous devrons rester capables de toujours mieux explorer. Et dans cette marche en avant, l'éco-humanisme devra continuer à être un catalyseur des meilleures initiatives conceptuelles et adaptatives possibles, notamment grâce à sa volonté d'optimisation permanente de l'information, et au bon partage de cette information, ce qui peut motiver des contributions de plus en plus d'esprits (notamment scientifiques) bien informés et bien formés.

Une courte incidence pour cette fin d'étape de lecture : notre univers apparait comme un gigantesque bain d'énergie fluctuante et circulante, dont une partie se densifie temporairement pour former des agrégats structurés locaux (matérialisés) maintenus plus ou moins stables et durables, notamment selon la cohérence respective de leurs fréquences vibratoires. Le fait humain, l'organisme humain, y ont la particularité de comprendre et d'entretenir cette organisation naturelle, pour être et durer aussi bien et aussi longtemps que possible, y compris en intervenant sur les équilibres impliquant la matière et l'énergie.

Anticipation de colonies spatiales humaines.

La réalité sera probablement différente, mais on peut rêver...

LA CONSISTANCE UNIVERSELLE
jusqu'à ses dernières micro-structures connues

Nous allons commencer cet exposé final par un résumé simplifiant où, pour illustrer nos derniers concepts physiques, on peut rappeler d'abord qu'un corps simple est un corps pur constitué d'un seul type d'atomes, et qu'un corps formé d'atomes d'au-moins deux éléments différents est un corps composé. L'eau, formée d'atomes d'hydrogène et d'oxygène, dans une proportion de deux atomes d'hydrogène pour chaque atome d'oxygène, est ainsi un composé des éléments hydrogène et oxygène.

Mais les différents atomes d'un composé ne sont pas mélangés entre eux n'importe comment : dans leurs multiples associations possibles, les atomes sont liés de façon à former des groupes discrets et définis, appelés molécules. Et comme pour les atomes, les molécules seules ne présentent pas séparément les mêmes propriétés physiques que lors de leur assemblage en nombre. Une seule molécule d'eau ne peut geler à 0°C ou bouillir à 100°C, ceci n'est possible qu'avec un nombre suffisant de molécules.

Pour affiner encore cette présentation, retenons qu'une molécule biatomique est formée de deux atomes, comme le monoxyde de carbone (CO), dont chaque molécule possède un atome de carbone et un atome d'oxygène. Une molécule polyatomique est formée de plus de deux atomes, comme notamment le bioxyde de carbone ($C0^2$), formé de molécules contenant un atome de carbone et deux atomes d'oxygène. Toutefois, en plus, selon leur répartition proportionnelle, les mêmes atomes peuvent former des assemblages moléculaires ayant des propriétés différentes. Par exemple, l'hydrogène et l'oxygène peuvent former de l'eau simple ou de l'eau oxygénée.

Il existe ainsi plus de cent atomes répertoriés dans un tableau périodique officiel, qui peuvent s'assembler entre eux, en formant, selon leurs liaisons particulières, des substances et des consistances variées, gazeuses, liquides, solides, ou plasmiques. Ceci rappelé, voyons maintenant le détail des atomes.

Ce n'est que dans les premières décennies du 20ème siècle qu'on avait pu véritablement analyser la nature des atomes. Des philosophes avaient pressenti dès l'antiquité que la matière était composée de petites particules indivisibles, mais c'est bien plus tard seulement que le progrès des connaissances, au cours des 18ème et 19ème siècles, a permis de réaliser des expériences probantes sur la nature atomique de la matière. Ces expériences ont abouti à la conception de plusieurs modèles d'atomes, le modèle de Thomson, le modèle de Rutherford, et le modèle de Bohr.

Puis la mécanique quantique a révisé la conception de l'atome. Cette théorie, complexe mais capable d'expliquer de nombreux phénomènes physiques, induisait des bases de représentations nouvelles de la micro-structure de la matière. Chaque atome est alors apparu comme constitué de trois types de particules : les électrons, les protons et les neutrons. Les deux premières portaient une charge électrique de quantité identique mais de signe opposé. Les neutrons, par contre, ne portaient pas de charge électrique. Dans un atome, les protons et les électrons étaient présents en nombre égal, de sorte que la charge totale soit équilibrée. Les protons et les neutrons y formaient un noyau autour duquel orbitaient un ou plusieurs électrons, attirés et équilibrés par la charge positive des protons.

Mais selon la mécanique quantique, les électrons n'étaient pas des grains décrivant des orbites circulaires autour d'un noyau (comme le présentaient les premiers modèles de Rutherford et de Bohr). Ils ont pu s'analyser ensuite comme des nuages de charges électriques. Ce qui impliquait qu'on ne pouvait pas être sûr de la position de l'électron comme on pouvait l'être de celle d'une planète tournant autour d'un Soleil. On pouvait seulement tenter d'établir qu'il était plus ou moins probable que l'électron se trouve à une distance calculable du noyau, dans une couche du nuage virtuel.

D'autre part, la matière avait beaucoup changé au cours du temps. Certains atomes avaient été fabriqués il y a des milliards d'années, depuis les tout-premiers instants de l'Univers. D'autres avaient été produits dans le cœur d'étoiles, désintégrées ensuite par leur propre explosion, qui avaient disséminé leurs éléments dans l'espace. Ceux-ci avaient réussi à se regrouper çà et là par gravité, pour former de nouvelles étoiles, et des planètes, jusqu'aux êtres vivants, dans un grand brassage énergétique cosmique permanent. Mais quelle que soit leur origine, la classification des atomes connus avait pu être schématiquement basée sur le nombre de protons et d'électrons qu'ils contenaient. Par exemple, un atome d'hydrogène contenait un proton (dans le noyau) et un électron, alors qu'un atome d'oxygène contenait 16 protons et 16 électrons.

Scientifiquement, l'étude moderne des noyaux atomiques a pu se développer surtout grâce à la physique nucléaire, donc après la découverte de la radioactivité. En effet, les processus de transformation qui affectaient les noyaux étant accompagnés d'émission de radiations, comportant des particules de différentes natures, l'analyse de ces radiations a permis de comprendre comment le noyau atomique était véritablement constitué, et d'éliminer certaines hypothèses, comme celle selon laquelle des protons et des électrons cohabiteraient dans le noyau.

Le noyau atomique est ainsi apparu constitué de nucléons - les protons et les neutrons - qui, même s'ils différaient quant à leur charge électrique, avaient beaucoup de caractéristiques en commun. Pour les distinguer, le nombre de protons dans le noyau atomique a été indiqué par la lettre Z, tandis que le nombre de neutrons a été indiqué par la lettre N.

La quantité totale de nucléons (Z + N) a été appelé le nombre de masse, et noté par la lettre A. Presque toute la masse atomique était concentrée dans ce noyau, qui pouvait avoir un rayon inférieur à la dix millième partie d'un milliardième de centimètre (10^{-13} cm), et la masse des électrons dans l'atome était négligeable par rapport à celle des protons et des neutrons.

Dans ces conditions, la valeur de A caractérisait les atomes selon le nombre de leurs différents nucléons, et le rayon de leur noyau croissait proportionnellement au nombre de particules Z+N qui le composaient.

Rappelons aussi que la stabilité des noyaux atomiques dépendait de l'équilibre maintenu entre deux effets : l'interaction électromagnétique, et l'interaction dite forte. Les protons contenus dans le noyau tendaient à s'éloigner l'un de l'autre à cause de leurs charges électriques qui se repoussaient, et cet éloignement était compensé par l'interaction forte, qui était de nature attractive, et qui affectait non seulement les protons mais aussi les neutrons, dont la présence dans le noyau était essentielle. En leur absence, l'interaction forte ne pouvait pas contrer la répulsion électrostatique réciproque des protons.

À la fin du 20ème siècle, il restait toutefois à comprendre certains phénomènes, puisqu'on avait décelé expérimentalement des noyaux uniquement composés de neutrons, et de formes non sphériques. En outre, les forces qui s'exerçaient entre les protons et les neutrons n'étaient pas encore toutes connues. C'est pour cette raison qu'il n'existait pas encore de description rigoureuse du noyau, et que l'on utilisait faute de mieux des modèles qui s'approchaient le plus possible de ce que l'on observait lors des expérimentations.

Les modèles les plus utilisés étaient le modèle en goutte et le modèle en particules indépendantes. Dans le modèle en goutte, les protons et les neutrons étaient considérés comme constituant un même corps unique. Dans le modèle en particules indépendantes, ils étaient libres de se mouvoir chacun pour son compte. Un autre modèle, moins utilisé, les décrivait en couches pelliculaires superposées.

Dans tous ces modèles, les processus de transformation des noyaux mobilisaient de l'énergie. Quand un noyau lourd, c'est-à-dire riche en protons et en neutrons, se scindait en noyaux plus légers, cela produisait une fission, qui pouvait être spontanée ou provoquée, et qui s'accompagnait d'une forte émission d'énergie et de particules. Dans l'opération inverse, c'est-à-dire quand deux noyaux s'unissaient pour former un noyau plus lourd, cela produisait une fusion, qui s'accompagnait également d'une forte dissipation d'énergie. La fusion, qui maintenait notamment en activité les étoiles, produisait une émission radiative, mais pas de corps radioactifs. Et par cette absence de résidus radioactifs problématiques, la fusion a représenté un intérêt de plus en plus important pour l'Humanité dans sa recherche de sources d'énergie pérennes, et polluantes a-minima.

En participant activement à l'étude de ces phénomènes nucléaires, la physique des particules a permis d'observer la structure de la matière à une échelle de plus en plus réduite. Et c'est là qu'on s'est aperçu que les neutrons et les protons n'étaient pas des constituants élémentaires ultimes : en fait, ils étaient constitués à leur tour de particules plus petites, les quarks. Ces quarks ont alors été considérés à leur tour comme ultimes et indivisibles, et ils ont fait partie par conséquent du nouveau cercle restreint des particules élémentaires.

Par conséquent, parce qu'elle s'occupait de la structure la plus intime du noyau, la physique des particules a été qualifiée de physique sub-nucléaire, puis de physique des hautes énergies, puisque pour scinder des particules complexes en leurs constituants élémentaires, on avait besoin d'énergies très élevées, que seuls de puissants accélérateurs de particules permettaient de produire. Et dans cette nouvelle physique des particules, les constituants ultimes et indivisibles de la matière ont dû être redéfinis et reclassifiés de manière aussi utile et exacte que possible, au fur et à mesure des découvertes.

En accord avec le modèle dit standard, les particules élémentaires ont alors pu être considérées comme des paquets (ou quantas) d'énergie, de différents types de champs. Un champ est une zone de l'espace dont les points sont tous identifiés par les valeurs d'une substance physique.

On pouvait tenir compte d'un type de champ pour chaque sorte de particule élémentaire, donc un champ électronique dont les quanta étaient les électrons, et un champ électromagnétique dont les quanta étaient les photons. Il n'existait pas de champ associé aux structures composites des neutrons et des protons, mais il existait des champs dont les quanta étaient ceux de leurs différents types de quarks, considérés comme les particules élémentaires ultimes.

Historiquement, le 20ème siècle peut être considéré comme fertile en découvertes dans ce domaine. Après que le physicien anglais Joseph John Thomson ait identifié la première particule élémentaire, l'électron, le physicien américain Arthur Holly Compton avait démontré expérimentalement en 1923 l'existence physique des quanta de lumière, les photons. Cinq années plus tard, Paul Dirac avait prédit l'existence du positron, ou anti-électron, c'est-à-dire l'électron de charge positive, et cette particule fut découverte dans le rayonnement cosmique, au cours d'une expérience menée par Carl David Anderson, Patrick Blackett et Giuseppe Occhialini en 1932. En 1935, l'analyse des rayons cosmiques avait permis de découvrir aussi le muon, de charge électrique positive, et son antiparticule, le muon négatif. En 1930, Wolfgang Pauli avait prédit l'existence d'une particule appelée neutrino, qui fut effectivement découverte en 1956 par Frederick Reines.

Nous avons vu ci-avant que ces découvertes ayant nécessité de nouveaux concepts ad-hoc, les recherches de Robert Hofstadter avaient suggéré que les constituants du noyau atomique, les protons et les neutrons, soient considérés comme des objets composites sub-divisibles. Et les validations effectuées en 1969 au Stanford Linear Accelerator Center indiquèrent qu'ils étaient effectivement constitués d'objets plus petits, les quarks, dont l'idée avait été introduite en 1963 par Murray Gell-Mann et George Zweig, lesquels avaient prédit en outre l'existence de trois types différents de quarks.

Dans les années 1960, grâce au développement d'accélérateurs suffisants, la liste des nouvelles particules subatomiques découvertes par les physiciens s'allongea. Il était devenu par conséquent important de pouvoir les resituer dans une structure d'ensemble appropriée. C'est ce que firent en 1968 Sheldon Glashow, Abdus Salam et Steven Weinberg avec le modèle dit standard, qui corroborait les observations expérimentales. Là, les particules et les forces observées dans la nature se constituaient en combinant peu d'ingrédients de base, avec d'abord les entités physiques élémentaires des quarks et des leptons, auxquelles s'ajoutaient les particules qui transportaient les forces fondamentales, avec respectivement le photon pour la force électromagnétique, les bosons W+, W- et Z0 pour la force faible, et les gluons pour l'interaction forte.

Le modèle standard ne faisait pas de prévisions concernant l'interaction gravitationnelle, mais laissait supposer qu'existait une particule supplémentaire, le graviton, à laquelle serait associé le champ gravitationnel.

En 1974, Burton Richter et Sam Ting découvrirent un quatrième quark, appelé charmé, prédit par Glashow, Illiopulos et Luciano Maiani. En 1977, l'équipe du Fermilab (USA, Illinois) mit en évidence un cinquième quark, appelé bottom. Neuf ans plus tard, les chercheurs du CERN de Genève, sous la direction de Carlo Rubbia, observèrent pour la première fois les trois bosons responsables de l'interaction faible, W+, W- et Z0. Enfin, en 1994, les physiciens du Fermilab annoncèrent qu'ils avaient capté le dernier des éléments du modèle standard, le quark top. Dans ces conditions, la physique des particules pouvait ressembler à un jeu de poupées russes. À l'intérieur des molécules, il y avait des atomes, à l'intérieur desquels on avait trouvé des électrons et des noyaux ; puis dans les noyaux, résidaient le proton et le neutron, qui à leur tour contenaient des quarks. Quelques physiciens ont estimé qu'avec la découverte des quarks, le jeu était enfin terminé, et qu'on avait découvert la poupée la plus petite, celle qui n'en contenait plus aucune autre.

Mais ce n'était pas certain. L'électron avait lui aussi été considéré quelque temps avant comme un constituant ultime de la matière, avant que soient observées deux particules qui lui ressemblaient beaucoup : le muon et la particule tau. Et pour compléter la revue actualisée de la famille particulaire, étaient apparus les neutrinos, particules très légères et dépourvues de charge électrique. On en avait observé trois types : l'un associé à l'électron, le deuxième associé au muon, le troisième à la particule tau. Les électrons, les muons, les particules tau, et les trois types de neutrinos, globalement désignés sous le nom de leptons, étaient insensibles à l'interaction forte, l'une des forces nucléaires fondamentales. En cela, ils différaient des six types de quarks existants, puisque c'étaient les interactions fortes qui liaient les quarks entre eux, donnant consistance aux protons, aux neutrons et à d'autres particules. Dans l'état de la recherche à la fin du 20ème siècle, les six quarks et les six leptons étaient pouvaient être considérés comme les derniers constituants de base de la matière universelle.

En fait, selon les dernières observations astrophysiques, le cosmos apparaissait peuplé, outre de photons, surtout de neutrinos électroniques, d'électrons, de protons et de neutrons. Et ces deux dernières particules ne combinaient que deux types de quarks. Si l'on considérait par conséquent seulement la matière la plus répandue, on arrivait à la conclusion surprenante que presque tout ce qu'on pouvait toucher et voir était le résultat de l'agrégation complexe de quatre particules élémentaires.

La liste des particules élémentaires ne s'arrêtait pourtant pas à ces constituants de la matière. Elle devait inclure aussi les particules messagères qui transportaient les forces fondamentales de la nature, forces respectivement qualifiées de gravitationnelle, électrofaible, et forte. Quand deux objets interagissaient sous l'effet de ces forces, ils échangeaient des particules messagères. La Terre et la Lune, par exemple, liées par l'attraction gravitationnelle, échangeaient des gravitons. Un aimant et un morceau de fer échangeaient des photons, particules messagères de la force électromagnétique. Au cours des processus régulés par les interactions faibles, les objets impliqués communiquaient par l'intermédiaire de trois particules, appelées bosons intermédiaires. Enfin, les trois quarks qui formaient un proton étaient collés l'un à l'autre grâce à l'échange continu de gluons, les particules messagères de l'interaction forte.

Pour mieux étudier les relations et les interactions entre toutes ces particules sub-atomiques, il est donc paru utile de les classer sur la base de leurs principales caractéristiques, telles que la masse atomique, la charge électrique, et le spin (moment angulaire). Pour la masse d'une particule, variant selon son état de mouvement, on a pris comme référence sa masse au repos.

Ce qui n'a pas été simple, car s'il existait des particules relativement lourdes, comme la particule tau, dont la masse de repos était de 1850 MeV, il y avait aussi d'autres particules, telles que le photon, dont la masse au repos était théoriquement nulle (égale à zéro). Or, même si cela pouvait sembler paradoxal, ces particules-photons n'étaient jamais réellement au repos, car leur masse nulle impliquait qu'elles se mouvaient toujours à la vitesse de la lumière, selon la théorie de la relativité.

En ce qui concerne les charges électriques, pour les calculer utilement malgré ces incertitudes, la charge unitaire a été fixée par convention comme égale à celle de l'électron, à laquelle on a assigné une valeur négative (-1). La charge électrique effective était par conséquent toujours un multiple entier de cette valeur unitaire.

Quant au spin des particules, il pouvait prendre théoriquement des valeurs multiples de 1/2. C'est ainsi que le photon avait un spin 0, l'électron, le proton et le neutron un spin 1/2, et il existait des particules ayant un spin 3/2. Selon cette valeur théorique du spin, on a opéré une division fondamentale des particules en deux classes. D'une part les particules ayant un spin entier (0, 1 ou 2), qui ont été appelées bosons, du nom du physicien indien Satyendranath Bose (1894-1974); et d'autre part, les particules caractérisées par un spin semi-entier (1/2 ou 3/2), qui ont été appelées fermions, du nom du physicien Enrico Fermi.

Les bosons et les fermions se comportaient d'une façon différente. Les fermions étaient notamment sujets au principe d'exclusion de Pauli, selon lequel deux particules identiques de spin semi-entier ne pouvaient occuper le même état quantique.

La classification utilitaire des particules subatomiques a nécessité d'autre part la prise en compte des interactions fondamentales auxquelles lesdites particules participaient. Il en est ressorti que dans cette classification, la force gravitationnelle interagissait avec toutes les particules dotées d'énergie, y compris les particules dépourvues de masse au repos (photons). L'interaction faible opérait elle aussi sur toutes les particules. L'interaction électromagnétique n'agissait par contre que sur les particules porteuses d'une charge électrique non nulle (moment magnétique). Et l'interaction forte, utile pour expliquer la coexistence de protons et de neutrons dans les noyaux atomiques, n'agissait que sur les hadrons.

En résumant le tout, l'ensemble des particules non sujettes à l'interaction forte a été regroupé dans la catégorie des leptons, qui comme leur nom l'indique (chose légère, en grec ancien) avaient une masse relativement faible, sauf la particule tau, qui pesait 3.700 fois plus que l'électron. Les leptons se présentaient en outre comme des objets indivisibles, sans structure interne.

Autrement dit, les leptons étaient des particules élémentaires qui avaient un spin ½, qui relevaient de la catégorie des fermions, et qui d'autre part pouvaient avoir une charge électrique ou en être privés. Le premier lepton découvert, et le mieux connu, a été l'électron. Un second lepton a été le neutrino, qui avait comme caractéristiques importantes sa légèreté et l'absence de charge électrique. Les neutrinos n'étaient sensibles ni à l'interaction forte ni à l'interaction électromagnétique.

C'est pourquoi un neutrino pouvait traverser sans problème des couches épaisses de matière. Cette insensibilité rendait cependant difficile sa détection, et avait retardé la découverte de ses propriétés, qui n'a pu avoir lieu que lorsque, grâce aux réacteurs nucléaires, on en a produit à la demande en quantités assez importantes.

On ne connaît pas encore bien la masse du neutrino, qui est certainement très petite, comparée à celle des autres particules élémentaires. La détermination de la masse des neutrinos représente pourtant l'un des objectifs les plus importants de la physique des particules. On considère en effet que l'Univers étant rempli d'un nombre très élevé de neutrinos (selon certaines théories, 1 milliard pour 1 électron), la valeur de leur masse est très importante, du fait de ses implications cosmologiques.

Si un neutrino pesait un dix millième de ce que pèse l'électron, la masse globale de l'Univers serait telle que la force gravitationnelle finirait tôt ou tard par vaincre le mouvement d'expansion universelle. Une contraction de l'Univers, puis un effondrement gigantesque pourraient s'ensuivre, éventuellement, quelques dizaines de milliards d'années plus tard.

Un autre lepton intéressant à étudier a été le muon. Il ressemblait beaucoup à l'électron ; il avait la même charge électrique, le même spin, et il était sujet aux mêmes interactions. Il avait toutefois une masse supérieure, et était instable : son existence, quand il était au repos, ne durait que deux millionièmes de seconde, après quoi il se transformait en électron, ou en couple de neutrinos. Pour sa part, la particule tau, malgré sa masse importante, se comportait elle aussi de façon analogue à l'électron et au muon.

Pour compléter ce tableau des leptons, les neutrinos s'y subdivisaient en 3 variantes, à savoir le neutrino électronique, le neutrino muonique et le neutrino tauonique. Quoique très semblables, ils se distinguaient dans des situations différentes. C'est ainsi que le neutrino électronique apparaissait quand, par exemple au cours d'une désintégration bêta, un électron était généré. De la même façon, les deux autres types de neutrinos accompagnaient la création de muons et de particules tau. Cette distinction entre les neutrinos portait à six le nombre de leptons : électron, muon, méson, neutrino électronique, neutrino muonique et neutrino tauonique.

L'énumération continuait avec les hadrons. Contrastant avec le nombre modéré de leptons, il y avait beaucoup plus de hadrons, les particules sujettes à l'interaction forte. Les hadrons les plus connus étaient les constituants du noyau atomique, protons et neutrons. Mais des centaines d'autres hadrons ont été découverts à partir des années 1950, caractérisés par une instabilité élevée, qui les portait à transmuter après des périodes inférieures au millionième de seconde. Et un autre fait important avait émergé : en classifiant les hadrons sur la base de leur masse, de leur charge électrique, et de leur spin, on avait remarqué des symétries qui laissaient entrevoir l'existence de relations structurelles communes entre leurs constituants.

Ceci avait soulagé les physiciens théoriques, dont le travail pour déterminer les ingrédients les plus élémentaires qui donnaient consistance à l'Univers, avait d'abord achoppé sur le nombre élevé de hadrons, jusqu'à la découverte du fait que chaque hadron était constitué lui aussi de quarks.

On y a effectivement identifié trois types de quarks : les quarks up (u), les quarks down (d) et les quarks strange (s).

C'est ainsi que le proton est apparu composé d'un quark down et de deux quarks up, tandis que le neutron se composait d'un quark up et de deux quarks down. Puisque les protons avaient une charge électrique unitaire égale à celle de l'électron, les quarks qui les constituaient ont été caractérisés par une charge fractionnaire compatible, les quarks up ayant une charge 2/3, et les quarks down une charge -1/3. Mais leur masse n'était pas encore précisément connue au début, même si l'on savait que le plus lourd était le quark strange.

La charge en quarks des hadrons a éclairé de nombreux phénomènes de la physique sub-nucléaire. Il a été notamment possible de décrire la désintégration bêta d'un neutron en termes de transformations de quarks. Rappelons que les hadrons, et donc aussi les quarks qui les composaient, se distinguaient par l'interaction forte à laquelle ils étaient sujets, mais ils étaient sensibles également à l'interaction faible, autrement dit à l'interaction responsable de la désintégration bêta. Dans ce processus bêta, un neutron se transformait en un proton, en émettant un électron et un antineutrino. Et puisqu'on avait calculé que le neutron contenait deux quarks down et un quark up, tandis que le proton était fait d'un quark down et de deux quarks up, pour que se produise la transformation, il était nécessaire que l'un des quarks down du neutron devienne un quark up.

Ce qui était justement possible grâce aux interactions faibles auxquelles ils étaient sensibles. Le passage du quark down au quark up comportait une variation de charge électrique d'une unité (on passait de -1/3 à 2/3). Et pour que la charge électrique globale du processus reste inchangée, cela mobilisait un électron.

Enfin, comme nous l'avons vu, en plus des quarks up, down et strange, trois autres avaient été identifiés pour expliquer l'existence de certains hadrons découverts dans les années 1970. Il s'agit du quark charmé (c), du quark bottom (b) et du quark top (t). Il existait donc dès lors six quarks, tout comme il existait six leptons (électron, muon, particule tau, et leurs neutrinos respectifs). Pour la plupart des physiciens théoriciens, cette analogie était logique, et le fait que toute la matière de l'Univers soit le résultat de la combinaison de douze micro-entités élémentaires leur semblait finalement pertinent.

Ils définissaient déjà la matière la plus commune comme constituée de quatre particules fondamentales : les quarks up et down (qui constituent les protons et les neutrons), l'électron, et le neutrino. Mais ils pressentaient qu'il s'agissait seulement de la première famille identifiée, parmi les trois familles de quatre éléments dont ils avaient besoin pour leur conception de la totalité.

Le modèle dit standard, c'est-à-dire la théorie qui est parvenue à mettre de l'ordre dans la physique sub-nucléaire, a finalement pu classer ces douze entités élémentaires en trois familles. L'idée directrice de ce modèle était que les leptons et les quarks, quoiqu'ils diffèrent substantiellement en ce qui concerne leur comportement par rapport à l'interaction forte, s'associaient dans des groupes (familles) fonctionnels. Par exemple, l'électron et le neutrino électronique faisaient partie de la même famille que les quarks up et down. La deuxième famille était constituée du muon, du neutrino muonique, du quark charmé et du quark strange. La troisième comprenait la particule tau, le neutrino tauonique, le quark bottom et le quark top. Ces trois familles se ressemblaient beaucoup, même si elles différaient quant à la masse des particules qui les composaient, puisque la première contenait les particules les plus légères, et que la troisième contenait les plus lourdes.

En théorie, il pouvait encore exister d'autres familles, contenant des leptons et des quarks encore plus lourds que ceux que l'on connaissait déjà. Cependant, leur découverte potentielle était rendue difficile par leur masse théoriquement élevée, et par l'énergie nécessaire à leur production expérimentale. De plus, des considérations de caractère cosmologique théorique portaient à écarter cette hypothèse. En effet, divers calculs portant sur la masse de l'Univers, ainsi que sur les processus nucléaires qui se seraient produits au cours de ses premiers instants, faisaient penser qu'il n'existait pas plus de trois types de neutrinos, autrement dit pas plus de trois familles de particules.

Il faut tenir compte aussi du fait que le schéma du modèle standard avait son équivalent théorique dans le monde de l'antimatière, puisque selon la mécanique quantique, il pouvait exister pour chaque particule une antiparticule, une sorte de négatif symétrique dans lequel toutes les caractéristiques, comme par exemple la charge électrique, étaient inversées. Là, même si notre Univers semblait fait substantiellement de matière positive, on pouvait donc penser que s'y tenaient aussi des antiélectrons ou des antiprotons, constitués d'antiquarks. Que se passerait-il alors en cas de rencontre massive d'antimatière ? Et pourquoi ceci ne pourrait pas arriver ?

En extrapolant plus loin, l'Univers pourrait-il être constitué pour passer alternativement, selon des cycles d'expansion-contraction de quelques milliards d'années, d'un big-bang à un big-crunch (si notamment la masse de neutrinos le permettait), ou pour s'auto-décomposer en rencontrant un autre univers constitué surtout d'antimatière, se réduisant là encore en un point infiniment petit, et renaissant aussitôt dans un nouveau big-bang ?

Avant de pouvoir répondre à cela de manière sérieuse, beaucoup de choses sont restées évidemment à découvrir et à comprendre, surtout quand on sait que nous ne pouvions théoriquement observer et représenter, à la fin du 20ème siècle, que moins de 5% de l'univers qui nous entoure.

C'est notamment pourquoi, en quête d'éléments de réponse suffisamment pertinents, des chercheurs ont alors essayé d'élaborer une théorie plus globale capable de concevoir une force universelle intégrant au-moins la force de gravitation, la force électrofaible, et la force nucléaire forte.

Mais la force de gravitation n'avait pas encore été assez explorée. Et par exemple, si l'on conjecturait que l'univers se serait initialement créé sans gravité, puis que s'y serait formé un potentiel gravitationnel, il aurait pu s'y former aussi un potentiel compensatoire antigravitationnel (dans des conditions de symétrie et d'équivalence qui resteraient à démontrer). Cela laissait supposer en outre qu'il y ait eu une certaine séparation des potentiels, puisqu'au moins depuis que l'univers a acquis sa transparence, la matière et l'antimatière semblent s'être réciproquement assez écartées pour ne pas s'annihiler massivement. Dans ces conditions, l'antimatière pourrait-elle rester localement porteuse d'antigravité, et son support (l'énergie noire ?) pourrait-elle disposer d'une quantité de gravité négative (répulsive ?) contribuant (mais jusqu'où ?) à l'expansion universelle et au refroidissement cosmique global ?

D'une manière ou d'une autre, la suite de ce passionnant feuilleton scientifique sera dévoilée au cours des prochaines grandes découvertes. En attendant, faisons de notre mieux pour rester capables de faire ces découvertes, en évitant de nous auto-détruire prématurément à cause d'une science et d'une organisation sociétale mal gérées. C'est l'une des préventions les plus récurrentes de l'éco-humanisme.

Car si l'on peut être admiratif en découvrant quel chemin, quelle aventure, nous avons parcourus et vécus depuis le début de notre processus de civilisation, en surmontant beaucoup d'erreurs et de dangers de notre évolution et de notre environnement, cela résulte d'une exceptionnelle autocorrection adaptative, qu'il nous faut toujours continuer à renforcer et parfaire, pour rien de moins que la survie de notre espèce. Une nécessité centrale de cette auto-correction étant notre cohésion proactive, les deux dernières notes résumées, ci-après, peuvent aider à ne pas oublier cela

Quoi qu'il en soit, merci d'avoir suivi ces exposés jusqu'ici. Et si cela vous a plu, n'hésitez pas à relayer et à partager, à votre tour, les savoirs qui ont contribué, et qui continuent à contribuer, au meilleur développement possible de notre grande Maison humaine commune dans son univers.

De la mécanique universelle au développement humain.

Par adaptation au sens naturel de la systématique universelle connue, l'éco-humanisme promeut une auto-correction éveillée, éduquée, et proactive, des individus et des groupes, conçue et appliquée selon l'intérêt général prioritaire de l'ensemble humain civilisé. Cette auto-correction permanente conditionne la cohésion dynamique et la survie du système vivant global humain, autrement dit de la Maison humaine commune.

Car la force de cohésion qui maintient l'intégrité du système humain est différente des forces endogènes qui maintiennent les systèmes physiques en équilibre dynamique. Le système humain n'est qu'une infime déclinaison particulière de la grande mécanique universelle, mais il a une qualité décisive : l'aptitude à analyser le chaos, et à s'y adapter en réaction opportune, notamment par une auto-correction proactive. Cette singularité évolutive est une condition essentielle de sa survie durable dans l'espace et dans le temps.

L'application consciente d'un tel processus d'auto-correction et de cohésion doit permettre notamment que notre constitution biologique naturelle ne soit pas modifiée ou empêchée contre l'intérêt général vital de notre espèce. Là, même sans intention nuisible, trop peut être aussi nocif que pas assez : des avancées aventureuses et/ou excessives (p.ex. trans-humanistes) peuvent être aussi nocives qu'un manque de prise de conscience et de réactivité.

Une correction permanente doit s'appliquer, car des causes apparemment bénignes peuvent produire des effets désastreux. Par exemple, un éventuel allongement artificiel de la durée de vie pourrait affaiblir notre dynamique reproductive naturelle, et de là notre adaptabilité réactive. Idem pour un défaut de correction à temps d'anomalies génétiques, ou une corruption d'intelligence artificielle, et d'autres causes encore.

D'une manière générale, il est prudent de ne remplacer les processus adaptatifs naturels que nous voulons modifier que par d'autres processus soigneusement évalués comme au-moins aussi bénéfiques et efficaces. Eviter notre propre auto-destruction nécessite une technologie prudente, une veille correctrice permanente, et une réactivité à la mesure des risques. Le hasard n'étant pas nécessairement notre ami, nous devons toujours renforcer notre efficacité réactive collective, laquelle dépend de notre information, de notre éducation, et de notre cohésion. L'éco-humanisme va dans ce sens.

En conclusion : toujours mieux réagir et s'adapter pour survivre.

Dans notre univers connu, tout système organisé (grand ou petit, matériel ou immatériel, vivant ou non, cosmique ou sociétal) ne peut durer que tant qu'il est alimenté par une ressource suffisante, qu'il peut utiliser tant qu'il reste, grâce à cela, assez actif, cohésif, et équilibré.

Les relations dans le système organisé humain (couples, familles, groupes, nations, etc) sont soumises aussi à cette synergie universelle, qui commence avec le maintien sain de notre propre micro-système individuel, notre corps.

C'est pourquoi l'existence du fait humain dépend des efforts permanents effectués en temps utile pour bien utiliser nos ressources nécessaires, tout en surmontant les forces nocives et entropiques, et les accidents, et en exploitant au mieux notre réactivité auto-correctrice et protectrice héréditaire.

Notre avenir humain dépend ainsi de la bonne utilisation de nos ressources, ce qui dépend de notre cohésion d'ensemble, laquelle dépend de notre auto-correction efficace, laquelle dépend de notre savoir et de notre volonté. Alors, continuons à oser savoir et à savoir oser. C'est l'une des principales prescriptions de l'éco-humanisme.

Et tout cela résulte de processus évolutifs naturels, que notre espèce humaine a déjà su exceptionnellement bien adapter à ses propres nécessités de survie.

En effet, au cours de l'évolution naturelle du vivant, des collectivités organisées de cellules ont pu jadis s'assembler suffisamment bien pour constituer des organismes de plus en plus complexes et adaptables.

C'est ainsi qu'au fur et à mesure de leur complexification, des organismes invertébrés primitifs (des vers marins, par exemple) ont pu munir leur corps d'un squelette interne, pour devenir des vertébrés, qui ont pu réaliser une adaptation et un bond évolutif importants.

Dans cette progression naturelle, le niveau ancien a subsisté et s'est codéveloppé avec le nouveau niveau pour constituer un ensemble encore mieux adapté à l'évolution de l'espèce.

Ce phénomène a continué à opérer aussi dans notre espèce moderne, jusqu'à nous y faire améliorer notre organisation sociale par un processus sociétal, qui agit comme un squelette structurant l'organisation sociale, en améliorant l'intégration et l'interaction d'un nombre croissant de sous-groupes et d'individus, d'autant plus aptes à réaliser ensemble un nouveau bond évolutif dans l'intérêt de notre espèce. Continuons

vers un grand destin
commun, incertain
mais pas impossible,

où il faudra toujours améliorer
nos savoirs pour renforcer
notre survie commune.

Autant pour notre bonheur mutuel que pour notre survie, renforçons-nous donc d'abord sur le socle de Gaïa, notre symbolique Terre-Mère originelle, pour mieux aller vers un avenir commun exceptionnel.

En terminant ce livre, j'ai espéré que ma petite-fille ci-dessus puisse y trouver elle aussi, à son tour, de quoi découvrir et aimer assez la beauté naturelle et la fragile valeur du monde où nous devons encore nous renforcer et survivre, en continuant à partager notre meilleur patrimoine de développement avec d'autres Êtres humains, qui pourront faire de même à leur tour, et ainsi de suite, chacun osant savoir et sachant oser, avec *pistis et andreia* *, vers un grand destin commun, incertain mais pas impossible.

*(*foi et courage)*

D'autres livres du même auteur relatifs à l'éco-humanisme :

Le grand projet humain
Tirage 2012   version mixte 3.22 compatible eBook

Synthèse introductive de l'éco-humanisme
Tirage 2012   version mixte 3.22 compatible eBook

De la grande crise à la grande purge
Tirage 2012   version mixte 3.12c   compatible eBook

L'auteur

Achevé d'imprimer en France
Dépôt légal initial 04.2012

ISBN 979-10-359-6348-4

www.ingramcontent.com/pod-product-compliance
Lightning Source LLC
La Vergne TN
LVHW052215200926
848481LV00001B/113